W0087166

Digitale Farbe in der Medienproduktion und Druckvorstufe

Helen Weber

Digitale Farbe in der Medienproduktion und Druckvorstufe

Bibliografische Information Der Deutschen Bibliothek
Die Deutsche Bibliothek verzeichnet diese Publikation in
der Deutschen Nationalbibliografie; detaillierte bibliografische
Daten sind im Internet über http://dnb.ddb.de abrufbar.

ISBN 3-8266-1605-7
1. Auflage 2006

Alle Rechte, auch die der Übersetzung, vorbehalten. Kein Teil des Werkes darf in irgendeiner Form (Druck,
Kopie, Mikrofilm oder einem anderen Verfahren) ohne schriftliche Genehmigung des Verlages reproduziert oder
unter Verwendung elektronischer Systeme verarbeitet, vervielfältigt oder verbreitet werden. Der Verlag übernimmt keine Gewähr für die Funktion einzelner Programme oder von Teilen derselben. Insbesondere übernimmt
er keinerlei Haftung für eventuelle, aus dem Gebrauch resultierende Folgeschäden.

Die Wiedergabe von Gebrauchsnamen, Handelsnamen, Warenbezeichnungen usw. in diesem Werk berechtigt
auch ohne besondere Kennzeichnung nicht zu der Annahme, dass solche Namen im Sinne der Warenzeichen-
und Markenschutz-Gesetzgebung als frei zu betrachten wären und daher von jedermann benutzt werden dürften.

© Copyright 2006 by mitp, REDLINE GMBH, Heidelberg
www.mitp.de

Lektorat: Katja Schrey
Korrektorat: Elisabeth Schüsslbauer
Illustrationen: Helen Weber
Satz: DREI-SATZ, Husby, www.drei-satz.de
Druck: Media-Print, Paderborn

Printed in Germany

Inhalt

1 Farbentstehung

1.1 Grundlagen zum Verständnis der menschlichen Farbwahrnehmung

Was ist denn eigentlich Farbe – das, was wir als Rot, Orange, Zitronengelb, Himmelblau oder Maigrün bezeichnen? »Maigrün« macht doch den Eindruck, als würde die Bezeichnung einer reinen Sinnesempfindung entspringen – einem Grün, das man eben nur gerade im Mai sieht.

Farbe als Sinneswahrnehmung

Es ist auch tatsächlich so, dass Farbe eine Sinneswahrnehmung ist, ähnlich wie das Wahrnehmen von Kälte oder Wärme, von Freude oder Trauer, von einem Geruch oder Geschmack. Farbe ist keine physikalische Größe wie etwa die Masse oder das Gewicht. Jeder von uns wahrgenommene Gegenstand bzw. Körper im Raum hat eine farbliche Erscheinung, wodurch er für uns als solcher erst wahrnehmbar wird. Farbe ist für uns eine geradezu lebensnotwendige Informations- und Orientierungsquelle. Sie liefert uns Informationen über Größe und Form eines Gegenstandes, über die Oberflächenbeschaffenheit und die räumliche Distanz dazu. Farbe hat auch Signalwirkung, indem wir ihr eine symbolische Bedeutung zuordnen. So soll uns beispielsweise das Rot der Signalanlage daran hindern, die Straße zu überqueren. Allerdings kann sich die symbolische Bedeutung je nach Zeitepoche und Kulturkreis ändern. Farben bewirken in uns Gefühle und Emotionen, die unser Handeln und unsere Entscheidungen beeinflussen. Damit wir Farbe überhaupt wahrnehmen können, ist Licht notwendig, das heißt sichtbare Strahlung. Ohne Licht sehen wir gar nichts und empfinden nur Schwarz, denn unsere Augen sind die Empfänger dieser sichtbaren Strahlung, welche das einfallende Licht durch die Rezeptoren in der Netzhaut aufnehmen, in Nervenimpulse umsetzen und zum so genannten Sehzentrum im Gehirn weiterleiten, wo schließlich das subjektive Farbempfinden ausgelöst wird. Die Wahrnehmung und das Empfinden von Farbe sind unter anderem auch abhängig vom körperlichen Zustand des Betrachters; bei Vorhandensein einer Farbfehlsichtigkeit (Anopie) werden Farben falsch bzw. anders wahrgenommen als bei Normalsichtigkeit (Trichromasie). Ebenso kann es bei Übernächtigung oder unter Drogeneinfluss zu einer veränderten Farbwahrnehmung kommen.

Entstehung der Farbempfindung

Der ganze Sehvorgang beginnt mit einem Nervenreiz und endet in einer Sinneswahrnehmung – dem Farbempfinden. Es handelt sich um ein weitgehend subjektives Ereignis, das von einer objektiven Erscheinung ausgelöst und von mehreren Faktoren beeinflusst wird. Von wesentlicher Bedeutung für das Farbempfinden sind die Lichtquelle, mit der ein Objekt bestrahlt wird, das Objekt selbst bzw. dessen Oberflächenbeschaffenheit sowie der momentane körperliche und seelische Zustand des Betrachters. Die Farbvalenzmetrik kennt drei Begriffe, um die verschiedenen Stufen des menschlichen Sehvorgangs zu beschreiben.

Erste Stufe: Farbreiz (Physik)

Als so genannten Primär- oder Farbreiz bezeichnet man die elektromagnetischen Wellen oder Schwingungen, die von einer Lichtquelle emittiert werden und von außen auf unser Auge treffen. Bei der Lichtquelle kann es sich um natürliches Licht, andere direkte Quellen oder indirekte Strahlung über ein remittierendes Material handeln. Somit ist der Farbreiz auch stark abhängig von der gerade herrschenden Lichtart S^λ, dem Remissionsgrad β^λ und/oder dem Transmissionsgrad T^λ einer Farbprobe. Elektromagnetische Wellen sind grundsätzlich physikalisch messbar und eine objektiv nachweisbare Erscheinung, womit diese Stufe des Sehvorgangs auch als *objektive* oder *physikalische Welt* bezeichnet wird.

Zweite Stufe: Farbvalenz (Auge)

Die auf das Auge auftreffenden elektromagnetischen Wellen erzeugen einen Reiz im hinteren Teil des Augapfels – der mit Millionen von Nervenzellen besetzten, lichtempfindlichen Netzhaut (Retina) – und lösen dadurch einen elektrochemischen Nervenimpuls aus, der die Information über den Sehnerv an das Sehzentrum im Gehirn weiterleitet. Da sowohl der Reiz wie auch der ausgelöste Nervenimpuls bei jedem Menschen grundsätzlich anders ablaufen können und objektiv auch nicht messbar sind, wird die zweite Stufe des Sehvorgangs als *physiologische*, mit den Lebensvorgängen verknüpfte *subjektive Welt* bezeichnet.

Dritte Stufe: Farbempfindung (Großhirn)

Erst der im Sehzentrum des Gehirns eingetroffene Nervenimpuls der Zapfen und Stäbchen erzeugt das Farbempfinden und somit für uns Begriffe wie Zitronengelb, Erdbeerrot oder Maigrün. Die Empfindung wird dabei in der Schaltzentrale des Gehirns mit bereits gespeicherten Langzeitgedächtnisinhalten – das heißt mit bereits Bekanntem – verknüpft und ausgewertet. Das Farbempfinden ist ein Grundphänomen bewussten und unbewussten seelischen Erlebens, das wiederum von Mensch zu Mensch sehr unterschiedlich sein kann. Folglich ist auch diese Stufe der Farbempfindung ein Teil der *subjektiven Welt*.

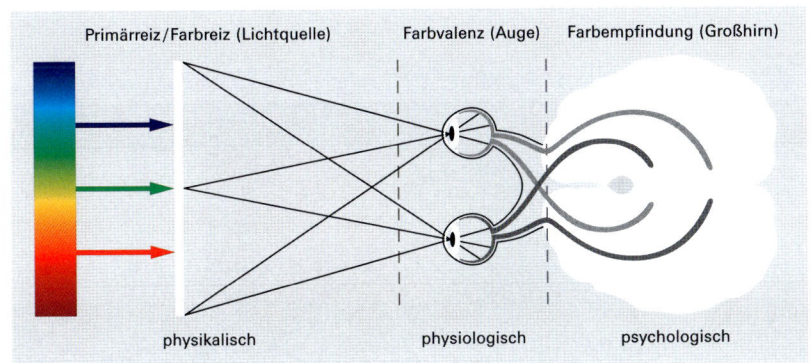

Abbildung 1.1
Entstehung der Farbempfindung

Das Zustandekommen von Farbe ist damit sehr vereinfacht beschrieben. Um das Thema der digitalen Farbe und insbesondere auch das Colormanagement vollständig zu verstehen, muss man sich mit den Zusammenhängen und den Wechselwirkungen zwischen Licht, Farbprobe (Körperfarbe) und den biologischen Gegebenheiten des menschlichen Auges noch etwas eingehender beschäftigen. Denn es geht um weit mehr als nur um Licht, das in unser Auge gelangt. Es geht um Lichtarten, Lichtfarben, Körperfarben (zum Beispiel Druckfarben), Farbmischungsgesetze, um Eigenschaften von Oberflächen, Papiersorten und um vieles mehr. Ändert sich eine dieser Komponenten, ändert sich auch das Ergebnis des ganzen Farbwahrnehmungsprozesses.

1.2 Licht

Licht erleben wir grundsätzlich als eine elementare Erscheinung, die wir im Normalfall kaum weiter differenzieren. Wir unterscheiden im besten Fall zwischen hell und dunkel, aber kaum zwischen gelblich oder bläulich. Eine Differenzierung, ob eher gelbliches oder bläuliches, ob rötliches oder grünliches Licht vorhanden ist, kann praktisch nur in einem direkten Vergleich stattfinden und hat weitgehend damit zu tun, dass sich das menschliche Auge sehr gut an die gerade herrschenden Umgebungsbedingungen anpassen kann, womit wir auch nicht mehr in der Lage sind, solche feinen Unterschiede wahrzunehmen.

Licht setzt sich aus einer Anzahl elektromagnetischer Schwingungen verschiedener Wellenlängen zusammen. Das gesamte Spektrum elektromagnetischer Strahlung, das von der Sonne ausgesendet wird, beginnt bei der kurzwelligen und energiereichen Gammastrahlung und endet bei den langwelligen Radiowellen. Zwischen der Ultraviolettstrahlung (UV) und der Infrarotstrahlung (IR) liegt das sichtbare Spektrum, das vom menschlichen Auge als Strahlungsempfänger wahrgenommen werden kann. Dieses sichtbare Spektrum, das nur einen verschwindend kleinen Teil aus dem riesigen Bereich elektromagnetischer Strahlung darstellt, bezeichnen wir als »Licht«. Gewisse Tierarten haben zum Teil andere Sehbereiche als der Mensch. So sehen zum Beispiel Schmetterlinge kein rotes Licht, während Tiefseefische nur blaues Licht wahrnehmen; andere Tiere wiederum können mit Tageslicht nichts anfangen und sehen nur bei Dunkelheit gut.

Abbildung 1.2
Wellenspektrum des
sichtbaren Lichts

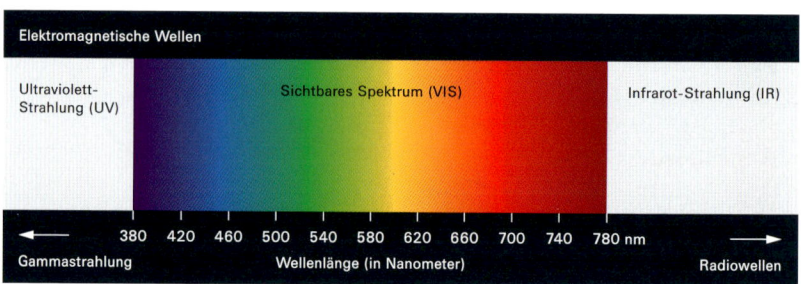

Ultraviolettstrahlung (UV)

Der sich unmittelbar vor dem sichtbaren Wellenlängenbereich befindliche UV-Bereich, der bei etwa 30 nm (1 Nanometer = 1 Milliardstel Meter) beginnt und bei 380 nm endet, ist ein kurzwelliger Teil des Spektrums und für uns weitgehend unsichtbar. UV-Licht ist im Bereich von 200 bis 310 nm biologisch wirksam und vermag unter anderem die Pigmentbildung in der Haut anzuregen und chemische Reaktionen auszulösen. So werden auch Druckplatten in der so genannten CtcP-Technologie (Computer-to-conventional-Plate), die im UV-Wellenlängenbereich ihre höchste Empfindlichkeit haben, belichtet. Dazu werden spezielle UV-Lichtquellen eingesetzt. UV-Strahlung wird beispielsweise auch dazu verwendet, um Farbstofftinten moderner High-End-Tintenstrahlsysteme oder spezielle UV-Druckfarben zu härten.

Infrarotstrahlung (IR)

Der Infrarotbereich, der unmittelbar auf den sichtbaren roten Bereich folgt, ist für das menschliche Auge ebenfalls unsichtbar. Hier an der Grenze zwischen sichtbar und unsichtbar beginnt der Bereich der so genannten *thermischen Strahlung* oder *Wärmestrahlung*. Infrarotstrahlung wird beispielsweise eingesetzt für Gerätefernbedienungen, Lichtschranken, Heizungstechnik und in der grafischen Industrie zur Belichtung von Thermodruckplatten mittels Infrarot-Dioden oder Nd:YAG-Lasern. Das als *Digital ICE* oder *CleanImage* bezeichnete Verfahren, das mittlerweile von verschiedenen Film- und Kleinbilddia-Scannern eingesetzt wird, verwendet eine Infrarot-Lichtquelle, um Staub, Kratzer, Fingerabdrücke und andere Verunreinigungen auf Dias und Negativen zu lokalisieren und mittels Software zu entfernen. Die Vorlage wird in einem Vorscan zuerst mit Infrarotlicht nach Störungen abgetastet. Das entstandene »Störbild« wird nun beim Feinscan als Maske verwendet, um genau diese Stellen auszublenden und durch benachbarte Farbinformationen zu ersetzen. Im Gegensatz zu den durchsichtigen Farbstoffen eines Farbfilms funktioniert dieses Verfahren bei Schwarzweiß-Filmmaterial nicht, und zwar aufgrund der verwendeten Silberkristalle, die für Infrarotlicht nicht durchsichtig sind.

Sichtbares Spektrum (VIS-Bereich)

Das gesamte für uns sichtbare Spektrum beginnt bei einer Wellenlänge von 380 nm – am Ende des UV-Bereichs – mit Violett und erstreckt sich über Blau, Cyan, Grün, Gelb bis hin zu Rot bei 780 nm. Ein normales, mittleres Tageslicht ist ein Gemisch bzw. eine Synthese aus allen Wellenlängenbereichen (Frequenzen) des sichtbaren Spektrums, die in ihrer Summe und bei gleicher Intensität (Amplitude) weißes Licht ergeben.

Wellen von unpolarisiertem Licht breiten sich geradlinig und nach allen Seiten aus, solange sie nicht von einem undurchsichtigen Körper daran gehindert werden, der die Eigenschaft haben kann, gewisse Teile des Spektrums zu reflektieren – das somit teilpolarisiert wird – und wiederum andere Teile des Spektrums zu absorbieren, das heißt in Wärme umzuwandeln und für uns somit unsichtbar zu machen. Die Summe der reflektierten Spektralanteile bezeichnet man als *Körperfarbe*.

Dispersion von Licht

Beim Übergang von weißem Licht in ein optisch dichteres Medium (zum Beispiel Luft–Glas) wird es infolge eines Geschwindigkeitsverlustes – die in Luft etwa 300000 km/s beträgt – gebrochen. Je kürzer die Wellenlänge ist, desto stärker wird sie von ihrer Richtung abgelenkt. So werden die blauen Wellenlängen stärker gebrochen als die roten. Indem man nun weißes Licht durch einen schmalen Spalt auf ein dreikantiges Glasprisma lenkt (Newton'scher Versuch Nr. 1), lässt es sich in seine verschiedenen Farbanteile, in ein kontinuierliches Spektrum (das so genannte *Spektralband*) auffächern (Dispersion). Das Licht einer Spektralfarbe lässt sich allerdings mit einem Prisma nicht mehr weiter zerlegen (Newton'scher Versuch Nr. 2). Auch ein Regenbogen zeigt uns die einzelnen Spektralfarben infolge Brechung und Spiegelung (Totalreflexion) des Lichtes an den Wassertropfen. Gut erkennbar sind in diesem Spektralband drei dominante Hauptspektralbereiche: Blau (400–500 nm), Grün (500–600 nm) und Rot (600–700 nm). Diese Spektralhauptfarben werden auch als *Primär-* oder *Grundfarben* des Lichtes bezeichnet. Da durch Addition der Lichtenergien von Rot, Grün und Blau bei voller Intensität wieder weißes Licht entsteht, nennt man sie auch die Grundfarben der additiven Farbmischung (*Lichtfarben*). Man bezeichnet sie kurz als »RGB«, obschon die Spektralfarben grundsätzlich aus vielen schmalen Bereichen von wenigen Nanometern Bandbreite bestehen – bei rund 400 nm Gesamtbandbreite des VIS-Bereichs.

Abbildung 1.3
Newton´scher Versuch Nr. 1

1.3   Farbmischprinzipien

Man unterscheidet grundsätzlich zwischen zwei verschiedenen Formen der Farbmischung, die man je nach ihrem Zustandekommen als *additive* oder *subtraktive* Farbmischung bezeichnet. In der Natur begegnet man diesen beiden Farbmischgesetzen praktisch gleichzeitig, nämlich in dem Augenblick, in dem eine Lichtquelle (Lichtfarben) auf ein farbiges Objekt auftrifft, das die Eigenschaft hat, bestimmte Anteile (Wellenlängen) des Lichts zu absorbieren, transmittieren oder zu remittieren (Körperfarben).

Das Prinzip der additiven Farbmischung (Lichtfarben)

Rot, Grün und Blau (RGB) werden als Grundfarben oder Primärfarben des Lichtes bezeichnet, weil sich mit rotem, grünem und blauem Licht die Farbnuancen des Spektrums, die vom menschlichen Auge wahrnehmbar sind, nachbilden lassen. Dies geschieht durch einfache Addition der Lichtenergien von zwei oder drei Grundfarben in unterschiedlicher Kombination und Intensität sowie verschiedenen Anteilen. Um das Prinzip der additiven Farbmischung besser zu verstehen, kann man sich drei Scheinwerfer vorstellen: Ein Scheinwerfer emittiert blaues Licht mit Wellenlängen von 400–500 nm, der zweite grünes Licht mit Wellenlängen von 500–600 nm und der dritte rotes Licht von 600–700 nm. Durch Überlagerung der Lichtkegel und somit Addition verschiedenfarbigen Lichtes ergeben sich neue Farben. Durch Überlagerung von Rot, Grün, Blau bei voller Intensität resultiert weißes Licht (Synthese).

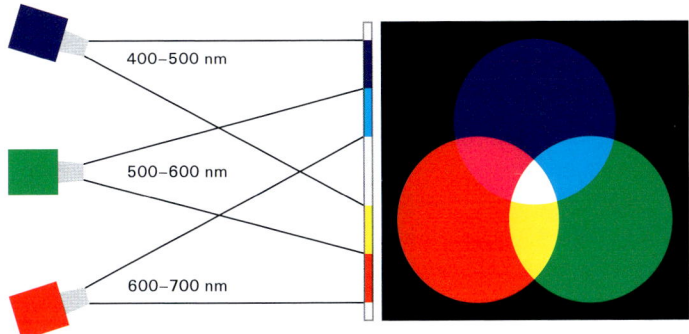

Abbildung 1.4
Das Prinzip der additiven Farbmischung

Wird die Intensität gleichmäßig um die Hälfte reduziert, entsteht ein mittleres Grau. Wird sie noch weiter reduziert, gibt es schließlich Schwarz, weil gar kein Licht mehr vorhanden ist. Werden jeweils nur zwei Primärfarben zu gleichen Teilen addiert, ergeben sich die so genannten *Sekundärfarben* Blaugrün (Cyan), Purpur (Magenta) und Gelb. Da Lichtenergie addiert wird, sind die resultierenden Mischfarben grundsätzlich heller und weniger gesättigt als die zugrunde liegenden Primärfarben. Man bezeichnet sie auch als die Grundfarben der subtraktiven Farbmischung C M Y; sie sind vorwiegend in der grafischen Industrie von großer Bedeutung.

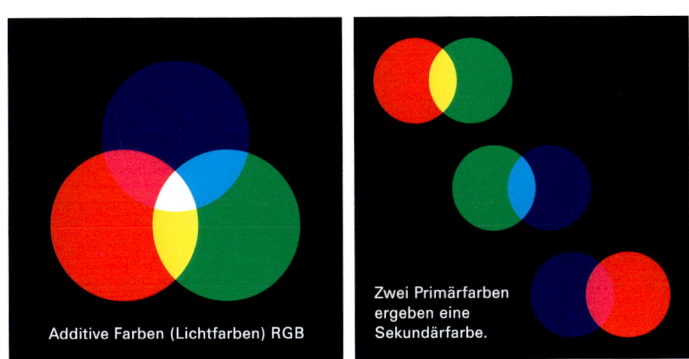

Abbildung 1.5
Primär- und Sekundärfarben in RGB

Additive Farben (Lichtfarben) RGB

Zwei Primärfarben ergeben eine Sekundärfarbe.

Ein Orange beispielsweise entsteht beim additiven Mischen von rotem und grünem Licht, wobei die Intensität des grünen Scheinwerfers um die Hälfte reduziert ist. Mischt man noch etwas Blau dazu, wird die Sättigung der Mischfarbe reduziert durch eine leichte Verweißlichung. Man erinnert sich: R, G, B bei voller Intensität ergibt Weiß (R=G=B=1). Mischfarben aus allen drei Primärfarbkomponenten sind also grundsätzlich weniger gesättigt. Durch Farbkombination, Farbanteil und deren Intensität beim Mischen von farbigem Licht lassen sich nahezu alle Farbnuancen erzeugen. Dabei spielt es für das Auge keine Rolle, ob es zwei schmale Ausschnitte (Spektrallinien) des Spektrums mit einer hohen maximalen Energie oder einen breiteren Ausschnitt mit niedrigerer maximaler Energie aufnimmt. Wenn die Summe der Lichtenergie identisch ist, entsteht im Gehirn der gleiche Farbeindruck. Das Prinzip der additiven Farbmischung findet auch bei TV-Geräten und Farbmonitoren Anwendung. Bei CRT-Monitoren wird eine additive Mischung durch Fluoreszenz kleinster Farbtriples (R, G, B) in der Bildröhre erzeugt. Zum Leuchten angeregt werden sie durch drei unsichtbare Elektronenstrahlen, die vom Videosignal auf der Grafikkarte gesteuert werden.

Komplementär- oder Ergänzungsfarben

Ordnet man die durch Zerlegung des weißen Lichtes entstandenen Primärfarben RGB und die dazwischen liegenden – durch additive Mischung entstandenen – Sekundärfarben CMY in ihrer geordneten Reihenfolge in einem Kreis an, lässt sich gut erkennen, dass einer Primärfarbe (Spektralfarbe erster Ordnung) diametral gegenüber eine Sekundärfarbe (Spektralfarbe zweiter Ordnung) liegt.

Abbildung 1.6:
Komplementärfarbenpaare
bei der additiven
Farbmischung

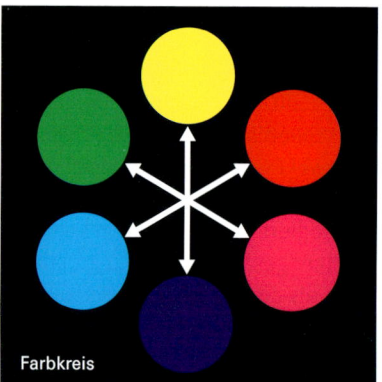

Die Addition der Lichtenergien eines solchen Farbenpaares (Primärfarbe und Sekundärfarbe) ergibt in ihrer Summe immer Weiß. Zum Beispiel ergeben das Farbenpaar Cyan – als Sekundärfarbe aus der Mischung der benachbarten Farben Blau und Grün – und Rot (Primärfarbe) als die ergänzende Komponente zusammen Weiß. Man bezeichnet ein solches Farbenpaar auch als *Komplementär-* oder *Ergänzungsfarben* (R=G=B=Weiß oder 1).

Mithilfe der drei Grundfarben RGB und einem Farbkreis können die Gesetzmäßigkeiten der additiven Farbmischung formuliert werden.

Gesetzmäßigkeiten der additiven Farbmischung

1. Jede Farbe des Farbkreises erhält man durch Mischen von zwei benachbarten Farben.

2. Das Mischen aller drei Grundfarben bei voller Intensität ergibt Weiß (R=G=B=1).

3. Farben, die sich im Farbkreis gegenüberliegen, ergeben beim Mischen Weiß (Komplementärfarben).

Das Prinzip der subtraktiven Farbmischung (Körperfarben)

Anders als die additive Farbmischung (Lichtfarben), wo Lichtenergie zu Lichtenergie addiert wird – als Emissionserscheinung einer Lichtquelle – basiert die subtraktive Farbmischung auf Wegnahme von Lichtenergie, das heißt auf Absorption gewisser Spektralanteile des weißen Lichtes an Oberflächen. Sowohl die molekulare Oberflächenbeschaffenheit als auch die Reflexions-, Transmissions- oder Absorptionseigenschaften von Pigment- oder Farbstoffschichten sowie die Art der vorhandenen Strahlung haben einen Einfluss auf die farbliche Erscheinung eines nicht selbst leuchtenden Körpers. Daher spricht man auch von *Körperfarben*, die aufgrund der Subtraktion von Lichtenergie dunkler und gesättigter sind als die zugrunde liegenden Ausgangsfarben. Die Grundfarben der subtraktiven Farbmischung sind Cyan, Magenta und Gelb (die Sekundärfarben der additiven Farbmischung). Wie bereits erwähnt, sind neben sichtbarer Strahlung (Licht) unsere Augen als Strahlungsempfänger sowie eine Körperoberfläche, die sichtbare Strahlung reflektiert (zum Beispiel eine Farbprobe oder Druckfarben) oder transmittiert (Farbdia, Farbfilter oder Farbfolie), notwendig, um Farben überhaupt wahrzunehmen. Ein Gegenstand, der mit weißem Licht bestrahlt wird, erscheint uns weiß, wenn er aufgrund seiner Oberflächenbeschaffenheit das gesamte sichtbare Spektrum von etwa 380–780 nm reflektiert. Das heißt, alle drei Spektraldrittel Rot, Grün und Blau werden vollständig zurückgeworfen, zumindest theoretisch. Erscheint uns eine Körperfarbe als Gelb, werden die blauen Spektralanteile von der Oberfläche absorbiert (verschluckt), während die grünen und roten Wellenlängen zurückgeworfen werden. Gleichzeitig erfolgt wiederum eine additive Farbmischung der roten und grünen Wellenlängen im Auge, und wir empfinden Gelb (siehe »Das Prinzip der additiven Farbmischung« weiter oben). Eine Körperfarbe hat also eine gewisse Filterwirkung. Farbige Filter haben die Eigenschaft, ihre Eigenfarbe durchzulassen und die übrigen Farben zurückzuhalten, das heißt zu absorbieren. So lässt beispielsweise ein cyanfarbiger Filter nur die blauen und grünen Wellenlängen durch, während die roten Wellenlängen absorbiert werden. Nach dem gleichen Prinzip funktionieren auch die Druckfarben in der autotypischen Farbmischung (siehe Kapitel 12, Abschnitt »Die autotypische Farbmischung«). Werden alle Spektraldrittel Rot, Grün und Blau von einer Oberfläche absorbiert, entsteht durch die vollständige Subtraktion der gesamten Lichtenergie Schwarz. Die Umkehrung des Prinzips der additiven Farbmischung ist anhand des sechsteiligen Farbkreises leicht zu erkennen.

Abbildung 1.7
Das Prinzip der
subtraktiven Farbmischung

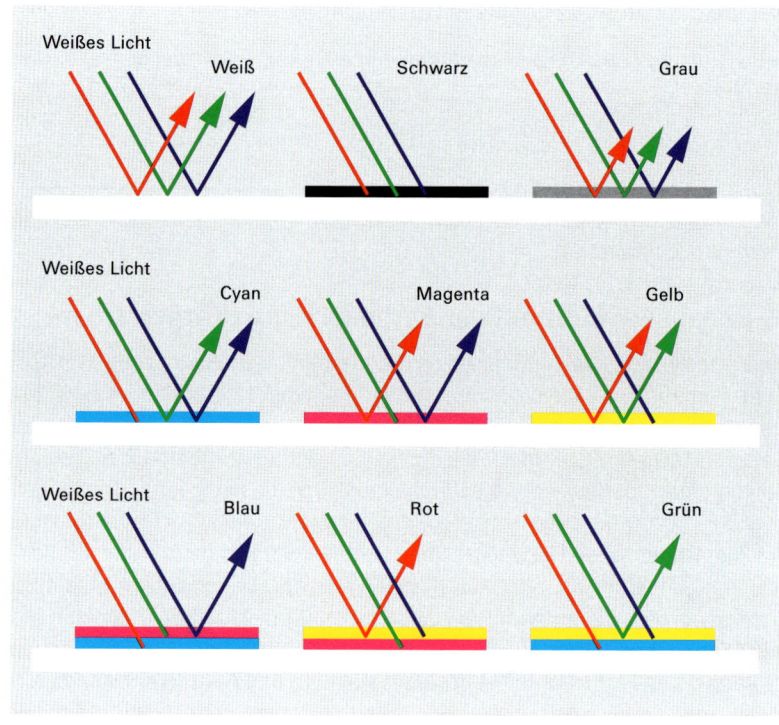

Komplementärfarben

Ein sich im Farbkreis gegenüberliegendes Farbenpaar ergänzt sich bei der subtraktiven Farbmischung zu Schwarz (bei der additiven Farbmischung zu Weiß). Auch hier besteht das Komplementärfarbenpaar wieder aus einer Primär- und einer Sekundärfarbe der subtraktiven Farbmischung.

Abbildung 1.8
Komplementärfarbenpaare
bei der subtraktiven
Farbmischung

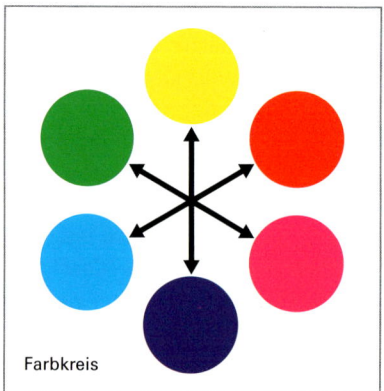

Eine subtraktive Farbmischung findet grundsätzlich bei jeglicher Art von künstlerischer Maltechnik statt, beim Mischen von Farbstoffen, farbigen Lösungen, beim Hintereinanderschalten von Farbfiltern, bei Farbdias oder beim Übereinanderdrucken von lasierenden Farbschichten wie beispielsweise im Offsetdruck.

Beim Übereinanderdrucken von zwei lasierenden, subtraktiven Grundfarben entsteht entweder Rot, Grün oder Blau, die wiederum die Grundfarben des additiven Modells darstellen. Kommt eine dritte Farbe dazu, ergibt das Schwarz. Die enge Verknüpfung von additiver und subtraktiver Farbmischung ist offensichtlich. Beim Übereinanderdruck mehrerer Farbstoffschichten wirken folglich auch mehrere »Farbfilter«.

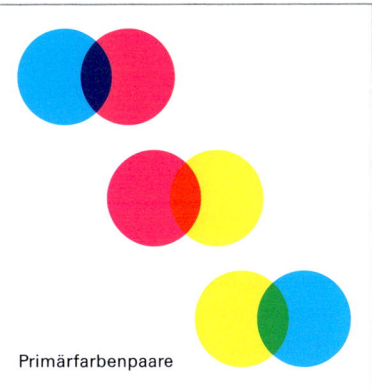

Subtraktive Farben (Körperfarben) CMYK

Primärfarbenpaare

Abbildung 1.9
Zusammenhang zwischen subtraktiver und additiver Farbmischung

Transparente Körperfarben

Als transparente Körperfarben bezeichnet man alle durchsichtigen Farbschichten. Dazu zählen jegliche Arten von Farbfiltern, wie sie allgemein in der Reproduktion und Fotografie häufig eingesetzt werden. Ebenso zählen aber auch lasierende Farbmittel, wie zum Beispiel Aquarellfarben oder die Druckfarben des Offsetdrucks und anderer Druckverfahren, dazu (siehe Kapitel 12, Abschnitt »Die autotypische Farbmischung«). Auch Farbdias bestehen aus drei übereinander angeordneten, transparenten Farbfilterschichten.

Um die Farben von lasierenden bzw. transparenten Farbschichten zu erkennen, muss man sie vor einer Lichtquelle mit weißem Licht (Diaprojektor) oder auf weißem Untergrund (Bedruckstoff) betrachten, da sie selbst keine Reflexionseigenschaften haben. Denn transparente Farbschichten besitzen die Eigenschaft, gewisse Teile des Spektrums zu absorbieren und wieder andere zu transmittieren, womit die Farbe des Substrates bzw. des Durchleuchtungslichtes mit ins Spiel kommt.

1.4   Das menschliche Auge

Die beim Menschen paarweise angeordneten Augen sind ein äußerst kompliziertes und komplexes Organ. Sie enthalten wichtige optische Bauteile, um Bilder von Gegenständen und unserer Umwelt zu erzeugen. Das Auge ist auch der Strahlungsempfänger für die elektromagnetischen Wellen des sichtbaren Spektrums zwischen 380–780 nm. Die vor (UV) und nach (IR) diesem Wellenlängenbereich auftreffende Strahlung kann vom menschlichen Auge nicht weiter ausgewertet werden.

Der in der knöchernen Augenhöhle liegende Augapfel (mit seiner etwas botanisch anmutenden Bezeichnung) ist ein komplexes Linsensystem. Er besteht aus der (auf der Augapfelvorderfläche durchsichtigen) Hornhaut, der Iris oder Regenbogenhaut (die je nach Dichte und Anordnung der Pigmente grau, blau, grün oder braun sein kann), der Pupille, einer Linse und schließlich dem gallertartigen Glaskörper, der eigentlichen Hauptmasse des Augapfels, der am hinteren Ende in den Sehnerv übergeht. Das Linsensystem, das wie eine Sammellinse wirkt, ist vergleichbar mit dem Objektiv eines Fotoapparates, das von einem Gegenstand ein verkleinertes, umgekehrtes und seitenvertauschtes Bild einfängt und auf die mehrschichtige, gelbliche Netzhaut im hinteren Teil des Augapfels projiziert, welche das Bild an das Gehirn zur Weiterverarbeitung weiterleitet. Das Auge passt sich dabei an verschiedene Bedingungen an, um Gegenstände, die sich in unterschiedlicher Entfernung befinden, immer in der bestmöglichen Schärfe abzubilden. Der Augenmuskel verändert die Krümmung der Augenlinse und somit ihre Brennweite – in der Regel 23 mm – stufenlos. Beim Betrachten eines Gegenstandes in der Ferne wird die Linse abgeflacht und somit das einfallende Licht nur schwach gebrochen. Bei der Anpassung an einen nahen Gegenstand wird die Linse gewölbt und das Licht stark gebrochen. Kann sich das Auge nicht mehr auf unterschiedliche Gegenstandsentfernungen fokussieren, besteht ein Sehfehler, der mittels einer Brille oder Kontaktlinse – die nichts anderes als Linsen unterschiedlicher Brennweite sind – korrigiert werden kann. Das Auge arbeitet also ähnlich wie eine Fotokamera, wobei die Augenlinse das Objektiv darstellt und die Netzhaut die Filmebene. Im Gegensatz zur Kamera wird aber die Krümmung der Linse und nicht die Länge des Auszugs verändert, um ein scharfes Bild zu erhalten. Diese Regulierung der Schärfentiefe erfolgt blitzartig und für uns nicht wahrnehmbar, wodurch wir den Eindruck erhalten, in jeder Gegenstandsentfernung gleichzeitig scharf zu sehen. Doch dem ist nicht so. Konzentrieren wir unser Auge alternierend auf einen Gegenstand in der Nähe und einen Gegenstand in der Ferne, stellen wir fest, dass nie beides gleichzeitig scharf ist.

Nahpunkt

Der so genannte Nahpunkt beschreibt die geringstmögliche Entfernung eines Gegenstandes, den wir gerade noch scharf sehen können. Bei jungen Menschen liegt er bei etwa 10 cm und bewegt sich mit zunehmendem Alter immer weiter weg vom Auge.

Deutliche Sehweite

Die kürzeste Entfernung, bei der man einen Gegenstand ermüdungsfrei über einen längeren Zeitraum betrachten kann, wird als deutliche Sehweite bezeichnet und liegt bei rund 25 cm. Solche optischen Gesetzmäßigkeiten werden von der grafischen Industrie weitgehend berücksichtigt. So findet man in der Typografie beispielsweise für bestimmte Schriftgrade Begriffe wie Konsultationsgrößen (6 bis 8 Punkt), Lesegrößen (9 bis 12 Punkt) und Schaugrößen (ab 14 Punkt) und bezeichnet damit die optimalen oder minimalen Schriftgrößen, die unter bestimmten Bedingungen am besten lesbar sind. Auch kennt man eine ideale Lesedistanz, die in etwa der Diagonalen einer A4-Seite entspricht und damit weitgehend der deutlichen Sehweite.

Adaption

Um sich an die Intensität des einfallenden Lichtes so anzupassen, dass die jeweils optimalsten Erkennungs- und Orientierungsmöglichkeiten für das Auge geschaffen werden, bedient sich unser Sehorgan einer so genannten »Blende«. Diese Blendenfunktion übernimmt die Iris oder Regenbogenhaut mit ihrer Pupille – dem schwarzen Sehloch in der Mitte –, die sich stufenlos an die gerade herrschenden Lichtbedingungen anpasst, und zwar durch Öffnen (Vergrößern) bei geringer Beleuchtung und Schließen (Verkleinern) bei starker Beleuchtung. Sie reguliert sich damit auf eine mittlere Leuchtdichte ein. Dieser Anpassungsmechanismus wird als *Adaption* des Auges bezeichnet.

Auflösungsvermögen des Auges

Die physikalischen Eigenschaften und Fähigkeiten des menschlichen Auges spielen auch in der Reproduktion von Bilddaten eine wesentliche Rolle. So zum Beispiel bei der Frage, wie viele Bildpunkte das Auge beim Betrachten von Bildern benötigt, um Details noch genügend klar zu erkennen. Das Auflösungsvermögen des Auges ist unter anderem abhängig von der Anzahl bzw. dem Abstand der Photorezeptoren in der Netzhaut – zu vergleichen mit der Anzahl lichtempfindlicher Sensoren pro Streckeneinheit eines CCD-Zeilensensors in einem Flachbettscanner –, von der Präzision des Linsensystems (mögliche Sehfehler) sowie vom vorhandenen Helligkeitskontrast. Unter normalen Bedingungen ist das Auge in der Lage, zwei Linien – oder Rasterpunktlinien – gerade noch zu unterscheiden, wenn ihr Abbild auf der Netzhaut nicht auf zwei unmittelbar nebeneinander liegende oder gar nur auf eine Sehzelle (Zapfen oder Stäbchen) trifft und mindestens eine Sehzelle dazwischen liegt. Der kleinste Sehwinkel des menschlichen Auges liegt bei etwa 0,02°. Je kürzer der Betrachtungsabstand, desto mehr Linien kann das Auge noch unterscheiden. Ebenso wichtig ist dabei aber auch der vorhandene Kontrast. Details mit sehr wenig Kontrast werden zunehmend schwerer erkennbar, je weiter sie vom Auge entfernt sind. Die flexible Anpassungsfähigkeit bzw. die Augensensibilität kommt uns hier aber weitgehend entgegen, in dem es für bestimmte Feinheiten der Auflösung eine umso größere Kontrastempfindlichkeit aufweist. Hohe Auflösungen erfordern also einen möglichst hohen Schwarzweiß-Kontrast. Bei Farbkontrasten hingegen ist das Auflösungsvermögen bereits wesentlich geringer. So weiß man beispielsweise, dass eine Rasterfrequenz von 60 Linien/cm bei einer Betrachtungsdistanz von etwa 20 cm mit bloßem Auge nicht mehr als einzelne Rasterpunktlinien erkennbar ist. Beim Bilderdruck hängt dabei der mögliche Kontrast zum großen Teil von der Beschaffenheit des verwendeten Bedruckstoffs ab. So erreicht Zeitungspapier einen Kontrastumfang von etwa 1:20, während ein gestrichenes Offsetpapier einen Kontrastumfang von 1:63 bis 1:80 erreichen kann. Bei einem großen Betrachtungsabstand von mehreren Metern sind folglich auch die Rasterpunkte eines sehr groben Rasters (zum Beispiel ein Plakatraster) nicht mehr erkennbar. Aus der Relation von Größe und Betrachtungsabstand ergeben sich folgende *Rasterweiten*:

DIN A0	15er–24er Raster
DIN A1	18er–36er Raster
DIN A2	24er–36er Raster
DIN A3	30er–48er Raster
DIN A4	36er–60er Raster
DIN A5	48er–60er Raster

Optische Täuschungen

Das Auge ist auch zahlreichen optischen Täuschungsmanövern unterworfen. So weiß beispielsweise ein guter Designer, dass die geometrische Figur eines waagerechten Balkens bei genau gleichen Abmessungen breiter erscheint als derselbe Balken in senkrechter Richtung. Oder dass ein Kreis mit beispielsweise 20 mm Durchmesser neben einem Quadrat mit demselben Durchmesser kleiner wirkt. Weiter gibt es auch optische Täuschungen, die allein durch die farbliche Erscheinung eines Objekts hervorgerufen werden. So kann ein weißer Kreis bei gleicher Größe auf schwarzem Grund größer wirken als ein schwarzer Kreis auf weißem Grund. Tendenziell wirken auch hellere Farben immer etwas weiter und größer als ihre dunkleren Kollegen. Solche und andere optische Täuschungen müssen insbesondere von Schriftdesignern berücksichtigt werden, indem man Schriftzeichen in ihrer optischen Wirkung anpasst, was eine große Herausforderung darstellt, damit schließlich auch bei sehr kleinen Schriftgraden ein ausgewogenes, gut lesbares Schriftbild entsteht. Auch die gegenseitige Beeinflussung von nebeneinander liegenden Farben kann ein und dieselbe Farbe wärmer oder kälter, heller oder dunkler, bunter oder unbunter erscheinen lassen.

Das Phänomen der optischen Täuschung findet man beispielsweise auch im Offsetdruck und bei allen anderen Druckverfahren, die nicht in der Lage sind, echte Halbtöne zu drucken. Die Wiedergabe von Tonwerten wird nur möglich, indem man eine Halbtonvorlage in kleine Rasterelemente zerlegt, die in Größe (AM-Raster) oder Anzahl (FM-Raster) proportional dem jeweiligen Tonwert der Vorlage entsprechen. Auf Papier gedruckt, lässt sich das Auge täuschen, indem sich der volle Farbauftrag der Rasterelemente mit dem benachbarten Papierweiß optisch zu einem Tonwert »vermischt« (siehe Kapitel 12, Abschnitt »Die autotypische Farbmischung«). Nach dem gleichen Prinzip entsteht aus den Buchstaben einer Satzspalte zusammen mit den Buchstaben- und Wortzwischenräumen (Papierweiß) bei genügend großem Betrachtungsabstand eine graue Fläche. In der Typografie gilt dies als ein wichtiges Gestaltungskriterium, das in seiner Grauwirkung durch Verändern der verschiedenen Parameter wie Laufweite, Zeilenschaltung, Schriftgrad und Schriftschnitt maßgeblich beeinflusst werden kann.

Abbildung 1.10
Optische Täuschung

Die kürzeste Entfernung bi der man einen Gegenstand ermüdungsfrei über einen längeren Zeitraum betrach kann, wird als deutliche Se weite bezeichnet und liegt bei rund 25 cm. Solche opt schen Gesetzmässigkeiten werden von der grafischen

Die kürzeste Entfernung b der man einen Gegenstan ermüdungsfrei über einen längeren Zeitraum betrac kann, wird als deutliche S weite bezeichnet und lieg bei rund 25 cm. Solche o schen Gesetzmässigkeiten werden von der grafische Industrie weitgehend berü sichtigt. So kennt man in

Farben sehen

Nachdem wir nun die allgemeine Funktionsweise und die verschiedenen Anpassungsfähigkeiten des Auges betrachtet haben, interessiert uns natürlich auch die Frage, wie denn nun »Farbe« als Sinneswahrnehmung zustande kommt. Mittlerweile ist klar geworden, dass es ohne Licht oder sichtbare Strahlung auch keine Farbe geben kann. Aber auch unser Sehorgan als Empfänger dieser sichtbaren Strahlung ist notwendig, um den von den elektromagnetischen Wellen ausgehenden Farbreiz in entsprechende Nervenimpulse umzusetzen und an das Gehirn weiterzuleiten, wo schließlich die Farbempfindung zustande kommt.

Netzhaut

Die Netzhaut – vergleichbar mit der Filmebene eines Fotoapparates oder des CCD-Sensors einer Digitalkamera – ist die eigentliche lichtempfindliche Struktur des Auges und besitzt zwei grundsätzlich verschiedene Typen von lichtempfindlichen Nervenzellen, die so genannten Photorezeptoren. Ihrer Form entsprechend werden sie als *Stäbchen* und *Zapfen* bezeichnet. Es handelt sich im Grunde um Sensoren oder Messfühler, die Sehfarbstoffe oder Photopigmente (chemische Substanzen) enthalten, die bei Lichteinwirkung zerfallen. Der Zerfall bewirkt einen elektrischen Impuls, der über den Sehnerv – mit dem die Netzhaut verbunden ist – an das Sehzentrum im Gehirn weitergeleitet wird, wo schließlich der Farbeindruck, das Farbempfinden entsteht.

Abbildung 1.11
Aufbau und Funktions-
weise des Auges

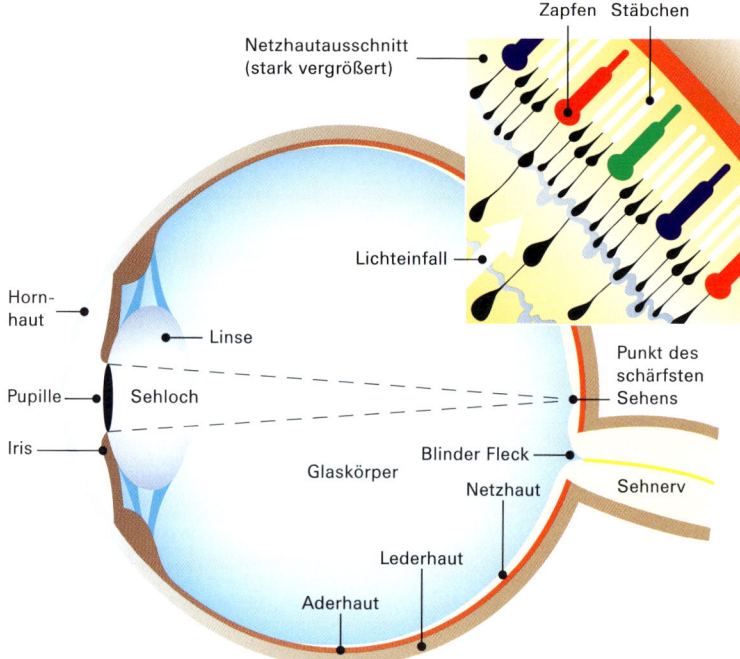

Stäbchen

Die lichtempfindlichen Stäbchen, von denen es in der Netzhaut etwa 20 Millionen gibt, sind »farbenblind«; sie reagieren nur auf die Lichtstärke, also die Leuchtkraft, die von einer Lichtquelle ausgeht, und vermitteln lediglich die Wahrnehmung von Helligkeitsunterschieden (Nachtsehen). Sie sind also zuständig für die Helligkeitsempfindung in der Dämmerung und registrieren bei normalem Tageslicht 100 % Helligkeit.

Zapfen

Die rund 5 Millionen Zapfen in der Netzhaut hingegen sind »farbtüchtig« und zuständig für das »Tagsehen«. Es gibt insgesamt drei verschiedene Typen von Zapfen, die je ein spezifisches Photopigment besitzen und für je ein Spektraldrittel (Rot, Grün, Blau) empfindlich sind. Zumindest theoretisch und für das bessere Verständnis ziehen wir eine klare Grenze zwischen den Empfindlichkeitsbereichen. So ist eine Zapfenart für die kurzen Wellenlängen des blauen Spektraldrittels (400–500 nm) empfindlich, die zweite Zapfenart für das grüne (500–600 nm) und die dritte Zapfenart für das rote (600–700 nm) Spektraldrittel. Die Zapfen absorbieren die vom Auge empfangene Lichtenergie ihres jeweiligen Wellenlängenbereichs. Da sie Lichtenergie über einen breiteren Bereich des Spektrums absorbieren, kann es durchaus verschiedene Spektren geben, die aber grundsätzlich die gleiche Farbwahrnehmung erzeugen. So kann ein schmaler Bereich des Spektrums (von einer monochromatischen Lichtquelle) mit einer hohen maximalen Energie oder ein breiter Bereich (aus mehreren Wellenlängen) mit niedrigerer maximaler Energie den gleichen Farbeindruck hervorrufen. Werden beispielsweise zwei Zapfentypen maximal gereizt, entsteht eine Sekundärfarbe der additiven Farbmischung: Cyan, Magenta oder Gelb (siehe »Das Prinzip der additiven Farbmischung« weiter oben). Werden alle Zapfentypen maximal gereizt, entsteht Weiß. Unsere Sehorgane arbeiten also nach dem Prinzip der additiven Farbmischung. Beim so genannten Dämmersehen werden sowohl die Stäbchen als auch die Zapfen gleichsam angesprochen.

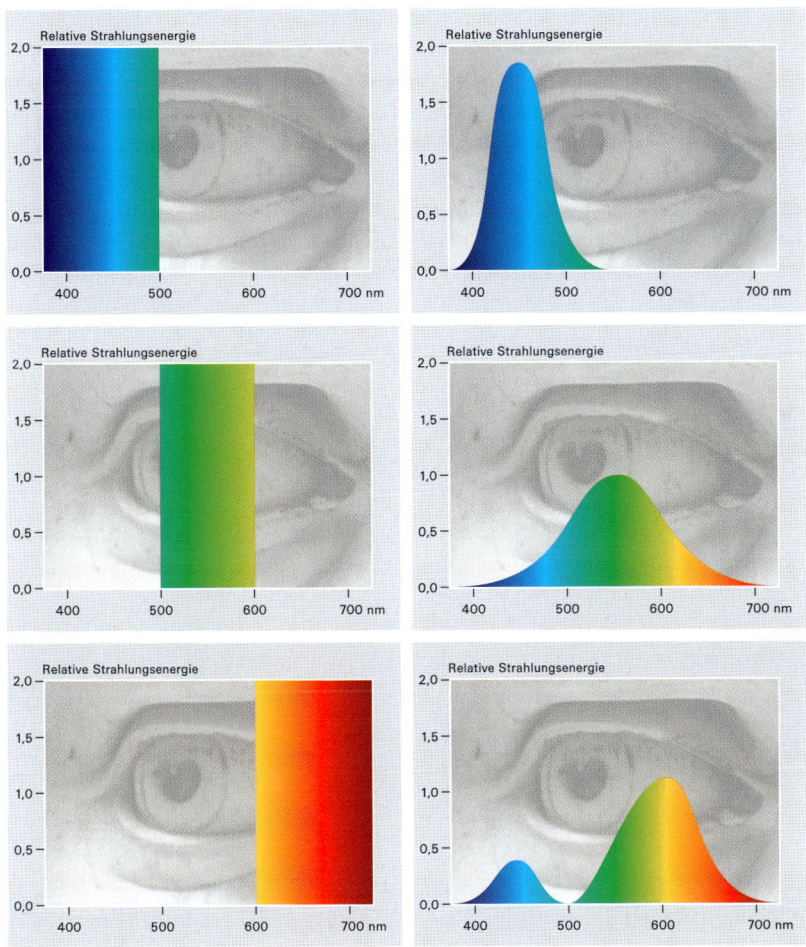

Abbildung 1.12
Theoretische (links) und tatsächliche (rechts) Absorbtionsspektren der drei Zapfentypen

Das erläuterte Modell ist grundsätzlich sehr theoretisch zu verstehen, denn die tatsächlichen Absorptionskurven der drei Zapfentypen überlappen sich. So haben blauempfindliche Zapfen ihr Maximum an Lichtabsorption bereits bei 450–470 nm erreicht. Das Maximum der grünempfindlichen liegt bei 550–570 nm, und das der rotempfindlichen zwischen 600–610 nm.

Somit werden bei zahlreichen Wellenlängen immer gleichzeitig mehrere Zapfentypen in unterschiedlicher Stärke angeregt und dadurch jede Farbe durch ein typisches Erregungsverhältnis der drei Photorezeptoren bestimmt.

Empfindlichkeitsebenen des menschlichen Auges

Das Auge als Strahlungsempfänger besitzt also zwei verschiedene Empfindlichkeitsebenen: einerseits eine spektrale Hellempfindlichkeit und andererseits eine spektrale Farbempfindlichkeit. Sämtliche lichtempfindlichen Fotorezeptoren der Netzhaut – die »farbenblinden« Stäbchen gleichermaßen wie die »farbtüchtigen« Zapfen – sprechen praktisch nur auf die elektromagnetischen Wellen des sichtbaren Bereichs an. Die kurzwelligen UV- und die langwelligen Infrarotstrahlen können bei ungünstiger Einwirkung auf die Netzhaut mitunter sogar zu Erblindung führen. Vergleichbar mit fotografischem Filmmaterial, besitzen Fotorezeptoren eine spezifische spektrale Farbempfindlichkeit (Zapfen) und eine spektrale Hellempfindlichkeit (Zapfen und Stäbchen), die man in einer Versuchsreihe zahlenmäßig erfasst hat. Dabei stellte sich heraus, dass die »farbenblinden« Stäbchen ihr Hellempfindlichkeitsmaximum bei 510 nm (Grünbereich) haben, während die »farbtüchtigen« Zapfen ihr Hellempfindlichkeitsmaximum bei 555 nm (Grünbereich) erreicht haben.

Abbildung 1.13
Spektrale Hellempfindlichkeitskurven

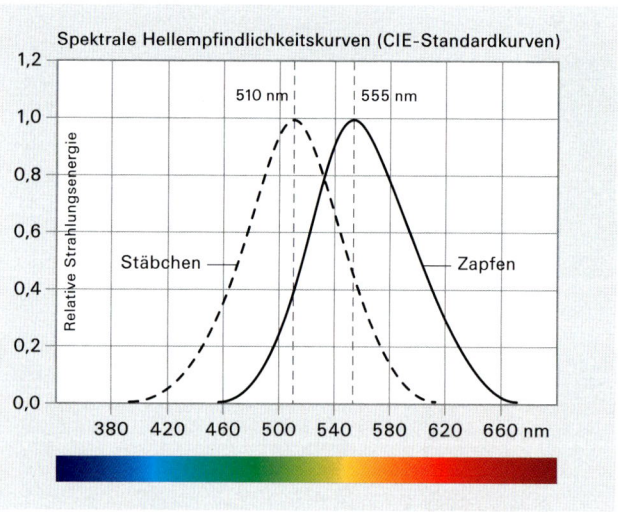

Solche und andere messtechnisch erfassten Zahlenwerte beruhen auf Messungen an rund 200 normalsichtigen Versuchspersonen, so genannten photometrischen 2°-Normalbeobachtern. Sie haben als Durchschnittswerte eines normalsichtigen Betrachters Gültigkeit und wurden 1931 von der CIE, der Commission International de l'Eclairage – welche die Versuche durchführte – als Standard-kurven erklärt. Diese »spektralen Hellempfindlichkeitskurven« des photometrischen 2°-Normalbeobachters werden in der Farbmetrik grundsätzlich berücksichtigt.

Der 2°- oder 10°-Normalbeobachter

Der Begriff des 2°-Normalbeobachters bezeichnet den Betrachtungsausschnitt, unter dem im Jahre 1931 rund 200 normalsichtige Versuchspersonen bei normiertem Umgebungslicht und einem auf 2° eingeschränkten Gesichtsfeld auf das Netzhautzentrum eine Fläche betrachten mussten, die mit Licht einer bestimmten Wellenlänge des sichtbaren Spektrums angestrahlt wurde. Die Probanden mussten nun anhand von drei farbigen Lichtquellen (Rot, Grün, Blau) – den so genannten Primärreizen – auf einer daneben liegenden Fläche versuchen, die Spektralfarbe möglichst präzise nachzumischen. Die dabei ermittelten Zahlenwerte wurden normiert und haben in der Farbmetrik eine tragende Bedeutung. Diese als *Normspektralwertfunktion* bezeichneten Kurven stellen – linear zwischen Stützwerten interpoliert – die visuelle Farbwahrnehmung bzw. die Augenempfindlichkeit eines durchschnittlichen Normalbeobachters dar. Ebenso wurden 1964 die Zahlenwerte ermittelt, die bei einem Gesichtsfeld von 10° resultieren.

In der grafischen Industrie fließen ohne spezielle Angabe in der Regel die Messwerte des 2°-Normalbeobachters in weitere Berechnungen ein. Die Verwendung der Messwerte des 10°-Beobachters muss explizit erwähnt werden.

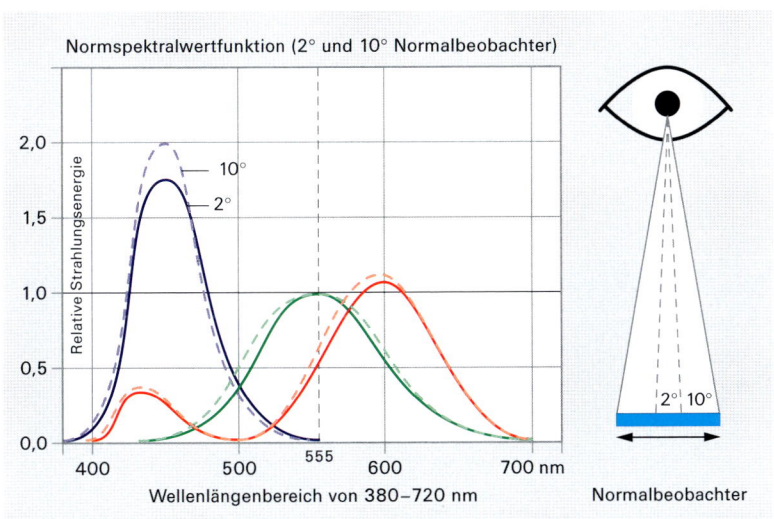

Abbildung 1.14
Normspektralwertfunktion

Hinweis

Farben erscheinen leicht unterschiedlich, je nachdem welches Blickfeld sie abdecken. Das CIE hat daher die beiden Standardverfahren (2° und 10°) zum Messen von Farbkoordinaten definiert.

Kapitel **2**

Licht

2.1   Lichtentstehung

Denkt man an Licht, macht man sich normalerweise keine Gedanken darüber, wie es denn eigentlich genau entsteht oder was es ist. Um eine Erklärung zu finden, gibt es zwei Theorien bzw. zwei Denkmodelle, die sich ergänzen (Welle-Teilchen-Dualismus).

Wellenaspekt

Die Wellentheorie geht zurück auf den britischen Physiker James Clerk Maxwell (1831–1879). Wie bereits an früherer Stelle erwähnt, ist Licht, auf dem die farblichen Erscheinungen der Natur, unsere Farbwahrnehmung und unser Farbempfinden basieren, nur ein winzig kleiner Teil aus dem riesigen Gebiet elektromagnetischer Wellen. Wie soll man sich aber eine elektromagnetische Welle oder elektromagnetische Strahlung vorstellen? Anhand eines simplen Modells lässt sich das Prinzip sehr einfach erklären. Ein Atom (als kleinstes Elementarteilchen) kann man sich vereinfacht vorstellen als Schalenmodell. Um den Atomkern aus positiv geladenen Protonen und ungeladenen Neutronen kreisen auf unterschiedlich entfernten Bahnen bzw. Orbitalen Elektronen im energetischen Gleichgewicht – zu vergleichen mit einem planetarischen System. Im Ruhezustand des Atoms verbleiben die Elektronen auf ihren Energieniveaus. Durch eine äußere Energiezufuhr, beispielsweise durch starke Erhitzung oder durch Beschuss mit anderen Elektronen, springen sie vorübergehend auf ein höheres Energieniveau, weiter vom Kern entfernt. Die dazu aufgewendete Energie ist nun gewissermaßen im Elektron gespeichert. Fällt es wieder auf sein ursprüngliches Energieniveau zurück, wird diese Energie bzw. die Energiedifferenz, die durch den Wechsel zwischen dem energiereicheren und energieärmeren Zustand entsteht, in Form einer elektromagnetischen Strahlung emittiert. Springt das Elektron um zwei Energiestufen höher, ist die emittierte Energie entsprechend größer. Durch das ständige »Springen« bzw. Oszillieren der Elektronen zwischen unterschiedlichen Energieniveaus wird das elektrische Feld laufend gestört, was eine ständige Änderung des Magnetfeldes bewirkt. Dadurch entsteht eine elektromagnetische Störwelle, die sich wellenförmig in alle Richtungen (dreidimensional) ausbreitet. Je nach Oszilliergeschwindigkeit (Frequenz) entstehen Wellen unterschiedlicher Länge. Je kürzer die Wellenlänge, desto größer die Energie. So sind beispielsweise die kurzwelligen Ultraviolettstrahlen (UV) energiereicher als die langwelligen Infrarotstrahlen (IR).

Die Wellenlänge bestimmt den farblichen Eindruck, die Amplitude die Intensität der Strahlen (Helligkeit).

Frequenz = Schwingung pro Sekunde

Wellenlänge = Abstand zweier Perioden

Amplitude = Auslenkung der Welle

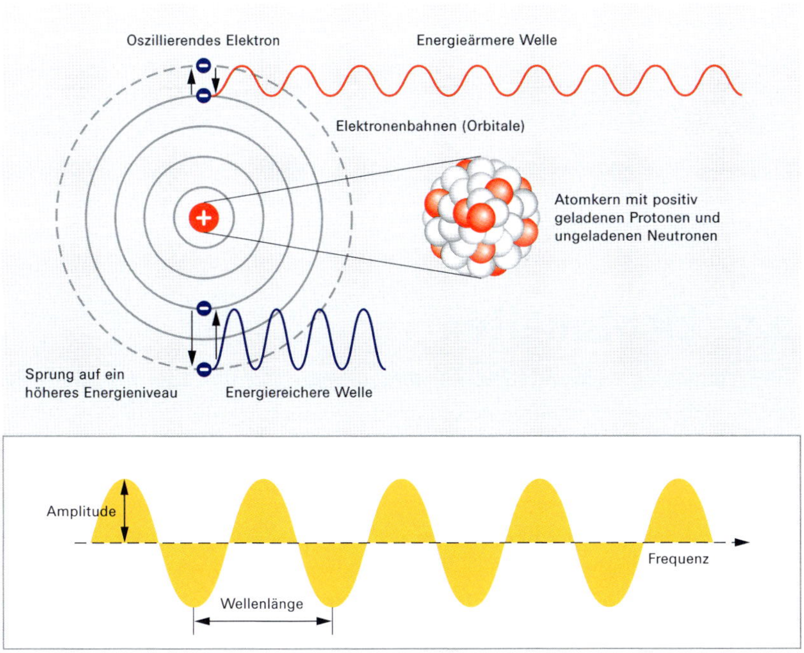

Abbildung 2.1
Wellenaspekt des Lichts

Teilchenaspekt

Die so genannte Korpuskulartheorie von Albert Einstein (1879–1955) ist besser geeignet, um die Emissions- und Absorptionserscheinungen zu erklären. Die Theorie besagt, dass Licht nicht nur als elektromagnetische Wellen beschrieben werden kann, sondern für bestimmte physikalische Phänomene besser als Teilchen betrachtet wird. Winzig kleine masselose Elementarteilchen, die man als Photonen oder Lichtquanten bezeichnet, sind die Träger des elektromagnetischen Feldes, das heißt des Lichtes. Je kurzwelliger die elektromagnetische Strahlung, desto energiereicher sind sie. Der von Elektronen umkreiste Atomkern besteht aus positiv geladenen, massereichen Protonen und ungeladenen Neutronen. Tritt der Fall ein, dass sich ein Proton in ein Neutron umwandelt (unter bestimmten Voraussetzungen), verliert es dabei seine positive Ladung. Bei dem als *Beta-Zerfall* bezeichneten Vorgang entstehen gleichzeitig ein so genanntes Positron (positives Elektron) und ein Neutrino (ungeladenes Elektron). Trifft nun ein solches Positron auf ein normales Elektron, heben sich die beiden entgegengesetzten Ladungen auf, und die Masse der Teilchen verschwindet und wird in Energie umgewandelt. Bei diesem als *Paarvernichtungsprozess* bezeichneten Vorgang entsteht ein Energiepaket, das aus zwei Photonen (Lichtquanten) besteht. Die Korpuskulartheorie besagt, dass Licht entsteht, indem Energieteilchen nach allen Seiten abgeschossen werden.

Abbildung 2.2
Teilchenaspekt des Lichts

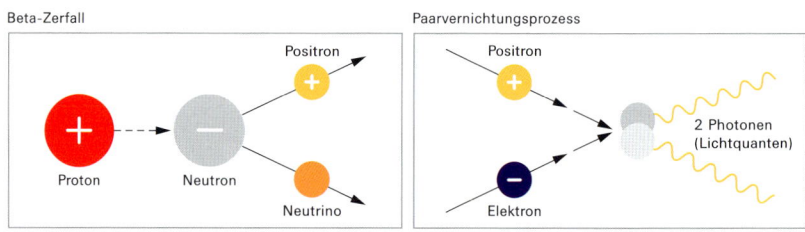

2.2 Lichtquellen

Als Lichtquellen werden die so genannten *Selbstleuchter* oder *Primärstrahler* bezeichnet, wie die Sonne, eine Glühlampe, eine Leuchtstoffröhre usw. Zu den *Nicht-Selbstleuchtern* bzw. *Sekundärstrahlern* zählen alle Objekte, die erst dann sichtbar werden, wenn sie von einer Lichtquelle bestrahlt werden und das auftreffende Licht remittieren oder transmittieren und keine eigene Strahlungsemission aufweisen (zum Beispiel der Mond). Jede Lichtquelle hat ihr eigenes Strahlungsverhalten durch die unterschiedlichen Wellenlängen, die sie aussendet. Man bezeichnet es auch als Lichtart, die in Form ihrer spektralen Strahlungsfunktion (S) definiert ist. Dazu werden in einem Koordinatensystem die vorhandenen Wellenlängen (in Nanometern) sowie die jeweilige Energie (relative Strahlungsintensität) im Rahmen des sichtbaren Wellenlängenbereichs eingetragen. Daraus wird leicht ersichtlich, ob es sich um bläuliches, gelbliches, grünliches, rötliches oder weißes unbuntes Licht handelt.

Licht wird auf unterschiedliche Weise erzeugt, womit es sich auch in der spektralen Strahlungsverteilung S (λ) bzw. Strahlungsemission unterscheiden kann und je nach vorgesehenem Verwendungszweck mehr oder weniger gut geeignet ist. Lichtquellen mit kontinuierlichem, lückenlosem Spektrum und energiegleicher Strahlungsverteilung erzeugen weißes, dem mittleren Tageslicht von etwa 5000 K (Kelvin) entsprechendes Licht und werden in der grafischen Industrie für die Bilderfassung mit Scannern (Xenonlampe) und für spektralfotometrische Messungen eingesetzt. Auch Licht, das mit einem Blitzlicht erzeugt wird, oder spezielle Leuchtkästen zur Beurteilung von Dias weisen eine nahezu gleichmäßige Verteilung der Wellenlängen über das ganze Spektrum auf. Lichtquellen mit so genanntem Linienspektrum emittieren ein diskontinuierliches, lückenhaftes Spektrum – jede Spektrallinie hat eine der Wellenlänge entsprechende Farbe –, womit sie für die Bilderfassung ungeeignet sind. Denn fehlen Teile des Spektrums in der Vorlagenbeleuchtung, werden Farben der Vorlage, die in diesem Bereich Licht remittieren bzw. transmittieren, verschwärzlicht wiedergegeben, das heißt es entstehen partielle Farbverschiebungen. Denn der Farbton einer Körperfarbe erscheint nur, wenn er auch in der Lichtquelle bzw. im Licht vorhanden ist, das auf eine Oberfläche fällt.

Lichtquellen mit ungleichmäßiger Strahlungsverteilung erzeugen beispielsweise gelbliches (Glühlampe), rötliches (Kerze) oder bläuliches Licht, weil sie in bestimmten Wellenlängenbereichen höhere Anteile aufweisen als in den übrigen Bereichen. Wird zum Beispiel ein weißes Objekt mit einer Glühlampe beleuchtet, erscheint das Objekt gelblich, genau wie die Lichtquelle. Wird es mit bläulichem Licht bestrahlt, erscheint es infolgedessen leicht bläulich.

Lichtemission kann aufgrund unterschiedlicher Entstehungsweise auch unterschiedliche spektrale Eigenschaften aufweisen.

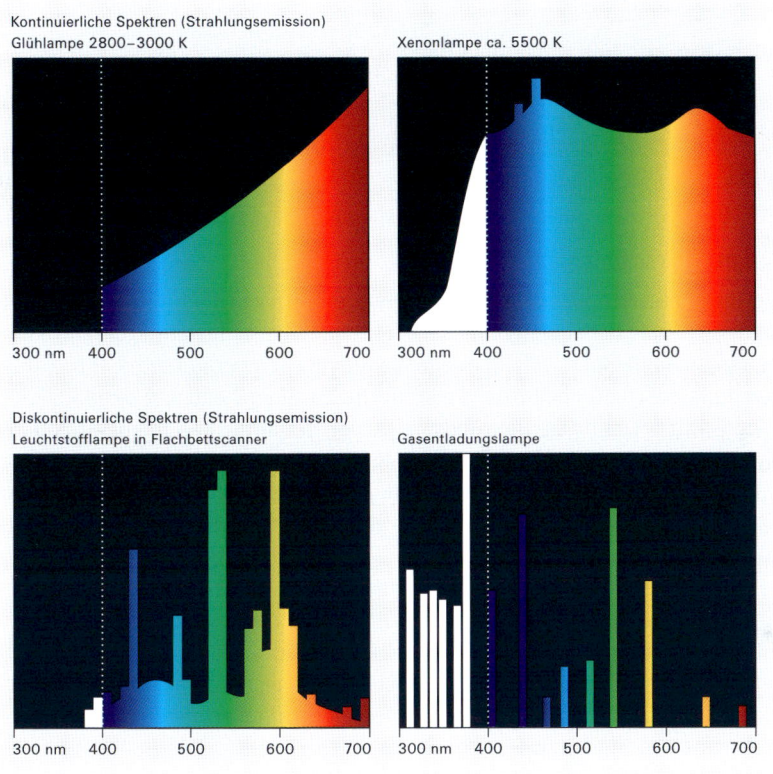

Abbildung 2.3
Strahlungsemissionen verschiedener Lichtquellen

Einfluss der spektralen Strahlungsverteilung auf die Farbwahrnehmung

Ein ganz besonderes Phänomen ist die so genannte *Metamerie*. Von Farbmetamerie spricht man, wenn zwei Körperfarben mit unterschiedlicher spektraler Remission unter einer bestimmten Beleuchtung als gleich empfunden werden – wenn kein Unterschied im Farbton zu erkennen ist. Würde man nun die beiden Farbproben unter einer anderen Lichtquelle betrachten, würde sich die Spektralverteilung des reflektierten Lichtes sehr wahrscheinlich ändern, womit die beiden Farbproben auch tatsächlich unterschiedlich aussehen würden. Verursacht werden solche Metamerien und somit Farbtonverschiebungen durch die spektrale Strahlungsverteilung einer Lichtquelle S (λ). Man spricht auch von Scannermetamerie, wobei hier das Verursacherprinzip grundsätzlich dasselbe ist wie beim menschlichen Auge. Der Scanner »sieht« zwei identische Farben.

Abbildung 2.4
Metamerie

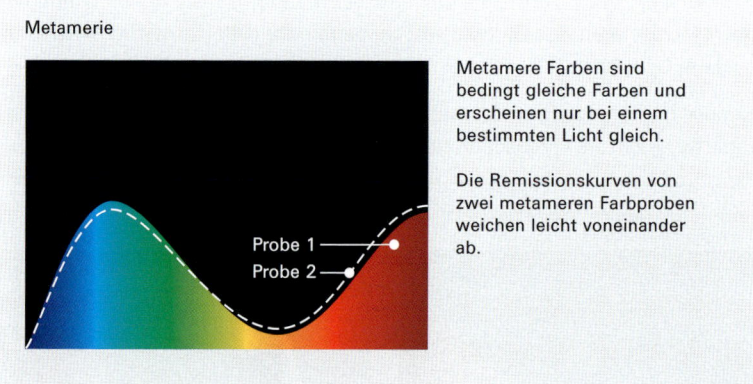

Metamerie

Metamere Farben sind bedingt gleiche Farben und erscheinen nur bei einem bestimmten Licht gleich.

Die Remissionskurven von zwei metameren Farbproben weichen leicht voneinander ab.

Probe 1 —
Probe 2 —

Temperaturstrahler

Als Temperaturstrahler werden alle Lichtquellen bezeichnet, die infolge starker Erhitzung eines beliebigen Stoffes – mit normalerweise festem Aggregatzustand – zu glühen beginnen, sobald er eine bestimmte Temperatur erreicht hat. Dabei spielt die Beschaffenheit bzw. die stoffliche Zusammensetzung keine Rolle. Die ausgestrahlte Lichtfarbe ist grundsätzlich von der erreichten Temperatur abhängig und somit immer gleich. Bei der Glühbirne beispielsweise wird die Metallwendel – die von einem luftleeren Glaskolben umgeben ist, der das Verbrennen der Leuchtwendel verhindert – durch einen elektrischen Strom einer starken Erhitzung unterworfen, worauf diese zu glühen beginnt, sobald sie eine bestimmte Temperatur erreicht hat. Temperaturstrahler erzeugen also Licht über den wenig wirkungsvollen Weg von Wärme. Die effektive Lichtausbeute einer Glühbirne beträgt nur etwa 10 %, die restlichen 90 % werden als Wärme freigesetzt. Zu den Temperaturstrahlern zählen die Sonne, Fixsterne, Glühbirnen, aber auch Feuer und Kerzenlicht. Die beiden letztgenannten erzeugen Licht durch Verbrennen eines Stoffes, wie auch ein normales Blitzlämpchen (Kolbenblitz), das Magnesium-, Aluminium- oder Zirkoniumwolle »blitzartig« verbrennt. Das von Temperaturstrahlern emittierte Spektrum ist kontinuierlich und enthält alle Spektralfarben.

Nichttemperaturstrahler (Gasentladungslampen)

Lichterzeugung ohne Wärmeentwicklung, eine so genannte Lumineszenz-Erscheinung, erfolgt durch Anregung von Gasatomen in einer Glasröhre mittels Elektrizität. Da keine gleichzeitige Wärmeentwicklung stattfindet, spricht man auch von »kaltem Licht«. Das emittierte Spektrum ist ein diskontinuierliches bzw. Linienspektrum, erzeugt durch leuchtende Gase unter niedrigem Druck. (Gasentladungslampen werden auch in Hoch- und Niederdruckstrahler unterschieden). Zu den Nichttemperaturstrahlern zählen Leuchtstoffröhren, Neonröhren, Elektronenblitzröhren, Natrium- und Quecksilberdampflampen sowie Xenonlampen. Die Natriumdampflampe beispielsweise emittiert nur Licht einer einzigen Wellenlänge und wird daher auch als *monochromatisches* (einfarbiges) Licht bezeichnet. Die Xenonlampe hingegen ist bei hohem Druck durchaus in der

Lage, ein weitgehend lückenloses kontinuierliches Spektrum zu emittieren, womit es dem Tageslicht sehr ähnlich ist. Deswegen wird die Xenonlampe auch sehr oft in Räumlichkeiten von Druckereien und Druckvorstufenbetrieben verwendet, die einen tageslichtähnlichen Charakter aufweisen müssen und wo man auf eine exakte Farbwiedergabe in der täglichen Praxis angewiesen ist.

Fluoreszenz

Die Eigenschaft gewisser Substanzen, durch eine anregende Primärstrahlung zum Eigenleuchten angeregt zu werden, wird als Fluoreszenz bezeichnet. Als Primärstrahlung kommen neben den sichtbaren Lichtstrahlen auch Ultraviolett- oder Röntgenstrahlen (beide unsichtbar) in Frage. Unter »Fluoreszenz« fallen zum Beispiel das Umwandeln der Röntgenstrahlen in sichtbares Licht auf dem Röntgenbildschirm oder die winzig kleinen Fluoreszenz-Triples einer Fernseh- oder Monitorröhre, die mittels Elektronenstrahlen zum Aufleuchten angeregt werden. Bei einer Leuchtstoffröhre ist es die Innenwand, die mit einem Fluoreszenzstoff belegt ist und im sichtbaren Bereich zu strahlen beginnt, sobald sie von kurzwelliger UV-Energie der Gasentladung getroffen wird. Das Leuchtverhalten verschwindet unmittelbar mit dem Wegfallen der anregenden Bestrahlung.

Phosphoreszenz

Als so genannte *Nachleuchter* werden gewisse Phosphorstoffe bezeichnet, die die Eigenschaft haben, mehr oder weniger lange nachzuleuchten, auch wenn sie nicht mehr durch Primärstrahlung angeregt sind. Leuchtfarben, Leuchtziffern von Uhren und sogar faulendes Holz sind typische Nachleuchter.

Laserlicht

LASER ist ein Kunstwort und bedeutet *Light Amplification by Stimulated Emission of Radiation* oder zu Deutsch »Lichtverstärkung durch induzierte Strahlenemission«. Laserlicht ist ein extrem scharf gebündeltes, fast streuungsfreies Licht von gleicher Wellenlänge und Schwingungsart und weist eine große Kohärenz auf, das heißt gewöhnliche Strahlen werden durch besondere Maßnahmen so umgeformt, dass lauter Wellenzüge von gleicher Wellenlänge entstehen, deren Phasen absolut deckungsgleich sind. Die Lichtstärke eines Lasers ist um ein Mehrfaches höher als die anderer Lichtquellen. Daher ist es unter anderem auch möglich, mittels Laserstrahl eher lichtunempfindliche Druckplatten zu belichten. Eine Belichtungsreaktion ist die direkte Folge der hohen Energiedichte und der Parallelität des Lichtstrahls. Laserlichtquellen für die Druckplattenbebilderung in der grafischen Industrie liegen sowohl im sichtbaren (400–700 nm) als auch im unsichtbaren thermischen (700–1200 nm) Infrarot-Bereich.

Laserlicht hat einige besondere Eigenschaften:

- Es ist einfarbig (monochromatisch) und hat nur eine Frequenz.
- Es besitzt eine energiereiche, intensive Strahlung.
- Es wird in einem sehr schmalen, parallelen Lichtbündel ausgestrahlt.

Laserbauarten

In der grafischen Industrie finden folgende Laserbauarten bei CtP-Belichtern Anwendung:

Festkörperlaser:

▸ Nd:YAG-Laser 1064 nm

▸ Fd Nd:YAG-Laser 532 nm

Gaslaser:

▸ Argonionen-Laser 488 nm

▸ Helium-Neon-Laser 633 nm

▸ Helium-Neon-Laser 542 nm (Grün)

Laserdioden:

▸ Violett-Laserdioden 405 nm

▸ Rotlicht-Dioden 670–680 nm

▸ IR-Dioden (High-Power-Infrarot-Dioden) 830 nm

▸ Infrarot-Laserdioden 1100 nm

Laserlicht findet auch Anwendung in der Augen- und Mikrochirurgie, Endoskopie, Spektroskopie, Landvermessung, Längenmessung, bei Radar, Leitstrahlsteuerungssystemen (Tunnelbauten) und in der Nachrichtentechnik, beispielsweise für das Schreiben und Lesen von CD- und DVD-ROM/RAM. Es eignet sich zum Bohren feinster Löcher, zum Schneiden, Schmelzen, Schweißen von Metallen, Keramik, Kunststoffen und Diamanten. Seit kurzem gibt es sogar eine Lasergesteuerte Computer-Maus von Logitech.

2.3 Farbtemperatur

Wesentliches Kennzeichen aller Lichtquellen ist ihre spektrale Strahlungsverteilung S, die durch Angabe einer Farbtemperatur beschrieben wird. Die Temperaturangabe erfolgt dabei in der »absoluten Temperaturskala« von Kelvin (K). Hier liegt der »absolute Nullpunkt« von null Kelvin (0 K) im Vergleich zur gewohnten Celsius-Skala (°C) bei -273 °C. Das würde heißen, dass gefrierendes Wasser (0 °C) eine Temperatur von 273 K hat. Die Farbtemperatur einer Lichtquelle bezieht sich auf die Färbung eines Referenzfarbkörpers, dem so genannten »Schwarzen oder Planck'schen Strahler« bei einer bestimmten Temperatur. Dieser Strahler ist ein idealisierter Hohlkörper (zum Beispiel aus Platin), der alles Licht, das auf ihn fällt, vollständig absorbiert. Wird nun dieser Strahler erhitzt, durchläuft er mit zunehmender Temperatur eine Farbskala die von Dunkelrot, Rot, Orange, Gelb über Weiß bis hin zu Hellblau reicht. Der diesen verschiedenen Färbungen entsprechende Kurvenzug mit den Farborten im XYZ-Farbraum wird als *Planck'scher Kurvenzug* bezeichnet.

Abbildung 2.5
Farbtemperatur in Kelvin

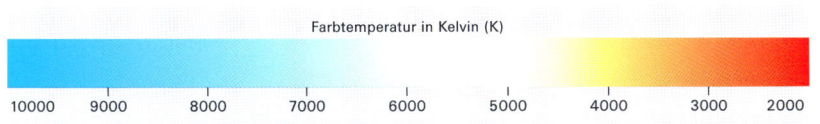

Aus der Grafik wird ersichtlich, dass das Licht bei höheren Temperaturen immer bläulicher und bei tieferen Temperaturen immer rötlicher wird. In der Mitte bei etwa 5000 K bis 6000 K wird es weißlich.

Farbtemperatur verschiedener Lichtquellen	
Kerzenlicht	1900 K
Glühlampe (40 bis 100 W)	2800–3000 K
Leuchtstofflampe	2865–3200 K
Halogenlampe	3300 K
Blitzlicht	3600 K
Mondlicht	4100 K
Sonnenlicht	5600–6500 K
Xenonlampe	6000 K
Blaues Blitzlicht	6000 K
Daylight Leuchtstofflampe	6500 K
Bedeckter Himmel	6500–7000 K
Blauer Himmel	10 000–27 000 K

Die Bezeichnung Tages- oder Kunstlicht bzw. kaltes oder warmes Licht verdeutlicht wie stark die einzelnen Wellenlängen im Licht enthalten sind.

Normlichtarten

Es dürfte mittlerweile deutlich geworden sein, dass es sehr unterschiedliches Licht gibt. Das verursacht sowohl der grafischen Industrie wie auch zahlreichen anderen Industriezweigen, die mit Farbe zu tun haben, gewisse Probleme, denn die farblichen Ergebnisse sind je nach herrschendem Umgebungslicht nicht vorhersehbar. Es ist aber absolut undenkbar, farbliche Erzeugnisse so herzustellen, dass sie unter verschiedenen Lichtbedingungen perfekt sind. Man kann aber typische Lichtbedingungen wählen und standardisieren, womit man eindeutige Bezugsgrößen hat, die man sowohl bei der Produktion als auch bei der späteren Prozesskontrolle einsetzt. Für lichttechnische und farbmetrische Messungen muss das verwendete Licht eindeutig definiert werden. Die Commission International de l'Éclairage (CIE), hat bereits 1931 so genannte Normlichtarten festgelegt, die bis heute in zahlreichen Normen und Empfehlungen als Grundlage dienen. Die Druckindustrie hat sich dabei auf die beiden Lichtarten D50 und D65 festgelegt und bezeichnet sie auch als Abmusterungslicht. Das »D« steht für

Daylight und deutet darauf hin, dass es sich hier um tageslichtähnliche, kontinuierliche und somit lückenlose Spektren handelt. Die Lichtart D50 setzt sich immer mehr als einziges Abmusterungslicht durch.

Nach CIE-Norm werden folgende Lichtquellen unterschieden:

- ▸ **Typ A**   entspricht etwa einer gängigen Glühlampe mit 2800–3000 K.

- ▸ **Typ D50**   entspricht einem mittleren Tageslicht (weißes Licht) ohne UV-Anteil bei 5000 K (wird von der grafischen Industrie bevorzugt).

- ▸ **Typ D65**   entspricht einem mittleren Tageslicht mit UV-Anteil bei 6500 K (wird von Fotografen bevorzugt und dient in der Fernsehtechnik als Standard-Weiß).

- ▸ **Typ E**   ist eine theoretische Lichtquelle, deren Intensität bei allen Wellenlängen gleich hoch ist.

- ▸ **Typ F**   mit 12 Unterarten gilt für bestimmte fluoreszierende Lichtquellen.

Alle diese normierten Lichtquellen sind rein theoretische Konstrukte, die aber von Geräten in der grafischen Industrie näherungsweise gut nachgebildet werden können.

Abbildung 2.6
Relative spektrale
Strahlungsverteilung einer
Lichtquelle

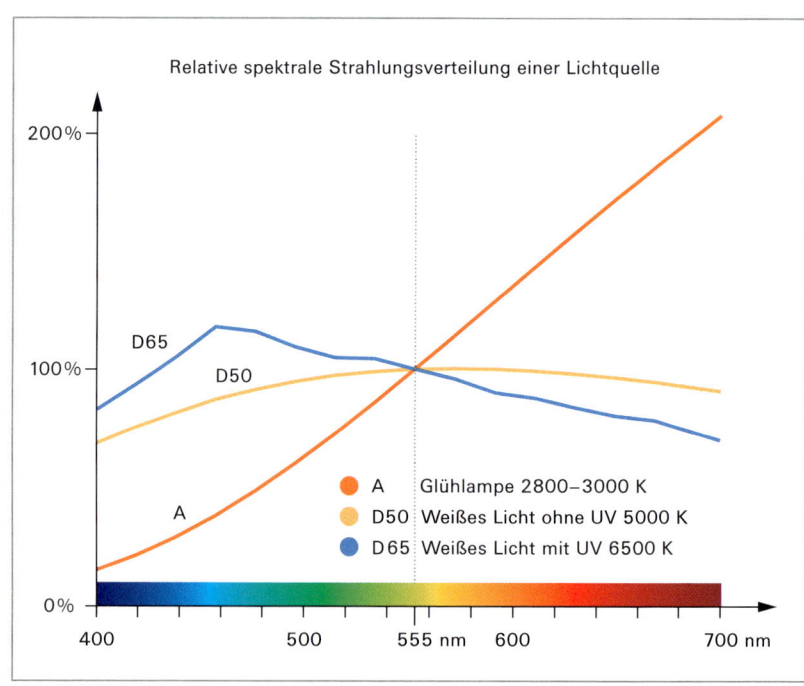

Relative spektrale Strahlungsverteilung einer Lichtquelle

A   Glühlampe 2800–3000 K
D50 Weißes Licht ohne UV 5000 K
D65 Weißes Licht mit UV 6500 K

2.4 Optik

Optik ist ganz allgemein die Lehre vom Licht, seiner Entstehung, seiner Ausbreitung (*physikalische* Optik) und seiner Wahrnehmung (*physiologische* Optik). Polarisation, Beugungs- und Interferenzerscheinungen zählen zur so genannten *Wellenoptik*. Reflexion, Streuung und Brechung fallen unter den Begriff der *geometrischen* Optik, die sich mit der Wechselwirkung zwischen Licht und Objekten im Raum befasst.

Polarisation

Natürliches Licht – als Gemisch einer elektromagnetischen Wellenerscheinung – breitet sich in Luft, Glas und Wasser in der Regel geradlinig und büschelförmig nach allen Seiten zur Ausbreitungsrichtung aus (dreidimensional). Die Amplituden dieser Wellen stehen dabei senkrecht zur Fortpflanzungsrichtung. Der Querschnitt eines solchen Lichtstrahls ist vergleichbar mit einem Rad, dessen Speichen die verschiedenen Wellenebenen oder Schwingungsebenen darstellen.

Durch Reflexion, Beugung, Streuung oder beim Durchgang durch einen Polarisator werden diese natürlichen Schwingungsebenen beeinflusst. Treten die Schwingungen nur noch in einer Ebene auf, so bezeichnet man das Licht als polarisiert. Je nachdem wie sie beeinflusst bzw. verändert werden, entsteht dabei linear, elliptisch oder zirkular polarisiertes Licht.

Linear polarisiertes Licht

Von linear polarisiertem Licht spricht man, wenn der Lichtstrahl nur noch in einer Ebene schwingt, so als hätte man das »Lichtbüschel« durch einen schmalen Schlitz gezwängt, so dass alle Schwingungsebenen bis auf eine zurückgehalten wurden.

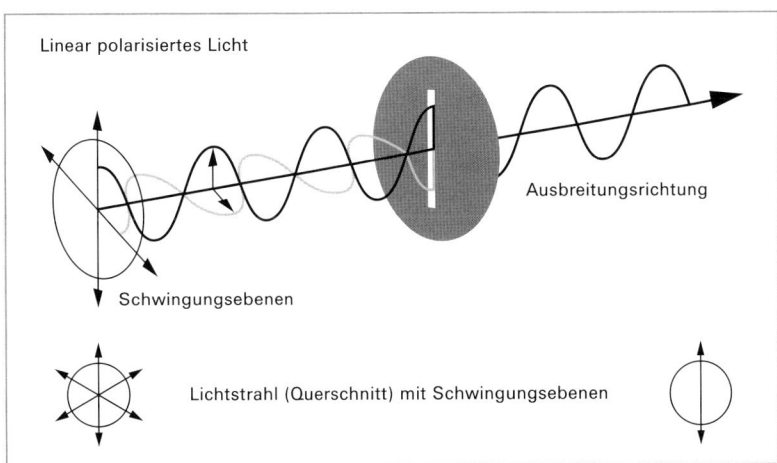

Linear polarisiertes Licht

Ausbreitungsrichtung

Schwingungsebenen

Lichtstrahl (Querschnitt) mit Schwingungsebenen

Abbildung 2.7
Linear polarisiertes Licht

Elliptisch polarisiertes Licht

Besteht der Lichtstrahl nur noch aus zwei zueinander senkrecht stehenden Teilwellen, deren Amplituden ungleich groß sind – bei gleichzeitiger Phasenverschiebung von einem Viertel Wellenlänge – spricht man von elliptisch polarisiertem Licht. Man unterscheidet links oder rechts elliptisch polarisiertes Licht, je nachdem ob die horizontale oder vertikale Lichtkomponente in der Phase vorauseilt oder hinterherhinkt. Der Querschnitt durch den Lichtstrahl sieht dabei wie eine elliptische Spirale aus.

Zirkular polarisiertes Licht

Zirkular polarisiertes Licht ist dem elliptisch polarisierten sehr ähnlich. Der einzige Unterschied besteht darin, dass die Amplituden der beiden senkrecht zueinander stehenden Teilwellen gleich groß sind. Der Querschnitt des Lichtstrahls sieht dabei wie ein Korkenzieher aus. Man unterscheidet auch hier zwischen links und rechts zirkular polarisiertem Licht. Das Lesen einer CD-ROM beispielsweise erfolgt mit einem zirkular polarisierten Laserstrahl und verhält sich – je nachdem ob die Information 0 (null) oder 1 ist – links- oder rechtsdrehend polarisiert.

Abbildung 2.8
Zirkular polarisiertes Licht

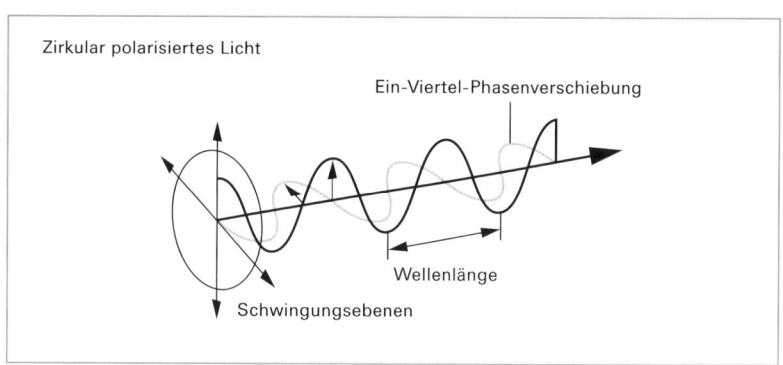

Teilpolarisation

Reflektiertes Licht ist teilpolarisiert. Um unerwünschte Spiegelungen bei densitometrischen Messungen nasser Druckfarben zu verhindern, werden sie mittels zweier Linear-Polarisationsfilter, die um 90° zueinander gedreht sind, gelöscht, denn polarisiertes Licht würde das Messergebnis maßgeblich verfälschen.

Beugung (Diffraktion)

Treffen die elektromagnetischen Wellen einer Lichtquelle auf eine sehr schmale Öffnung (Spalt) oder eine scharfe Kante, so werden sie in Abweichung zu ihrer gewöhnlich geradlinigen Ausbreitungsrichtung an den Kanten in alle Richtungen um die Ränder – auch in die Schattenräume – herumgebogen (gebeugt). Je größer die Wellenlänge im Vergleich zur Breite des Hindernisses oder der Spaltenöffnung ist, desto stärker ist der Beugungseffekt.

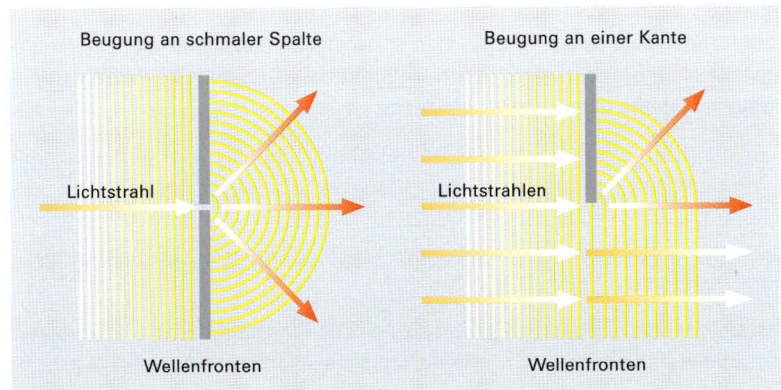

Abbildung 2.9
Beugung

Interferenz

Der lateinische Begriff Interferenz bezeichnet die physikalische Erscheinungsform von zwei oder mehreren sich überlagernden Wellen von gleicher Wellenlänge und gleicher Amplitude, die zu einer räumlich differenzierten Intensitätsverteilung des Lichtes führen können.

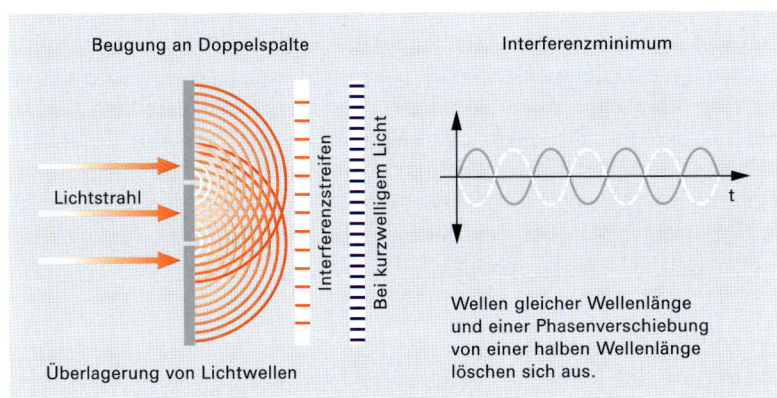

Abbildung 2.10
Interferenz

Lichtwellen können sich überlagern, wenn sie ausgehend von derselben Lichtquelle beispielsweise auf einen Doppelspalt fallen und sich dabei hinter dem Spalt um die Ränder oder Kanten herumbiegen und es dabei zu einer Überlagerung der beiden Wellenerscheinungen kommt. Sind die Wellen dabei phasengleich, kommt es zu einer Verstärkung des Lichtes, einem *Interferenzmaximum*. Gleichzeitig bilden sich so genannte *Interferenzstreifen* oder Interferenzlinien, die je nach Wellenlänge bzw. Chromazität des Lichtstrahls näher zusammen oder weiter auseinander liegen. Fällt zum Beispiel monochromes blaues Licht auf einen Doppelspalt, entstehen auf einem Schirm helle, blaue Interferenzstreifen, deren Abstand um die Hälfte geringer ist als derjenige einer roten Lichtquelle. Wird weißes Licht verwendet, entstehen mehrfarbige Streifen in den typischen Spektralfarben, welche man als *Beugungsspektren* bezeichnet. Sind die

Lichtwellen jedoch um eine halbe Wellenlänge gegeneinander verschoben, löschen sie sich gegenseitig aus. Man spricht von einem *Interferenzminimum*. Bei Lichtwellen aus derselben Lichtquelle entsteht Dunkelheit. Wären es Wasserwellen, wäre das Wasser absolut ruhig.

Der Abstand der Interferenzstreifen ist also direkt abhängig von der Wellenlänge der die Interferenz verursachenden Lichtquelle. Schillernde Seifenblasen oder Newtonringe sind ebenfalls Beispiele für solche Interferenzerscheinungen. Durch Totalreflexion an dünnen Schichten tritt eine Verstärkung bzw. eine Auslöschung bestimmter Wellenlängen ein.

Aber auch im Vierfarbendruck kann es zu solchen Interferenzmustern kommen, verursacht durch Überlagerung frequenzgleicher Raster. Insbesondere falsche Rasterwinkelungen bei Amplitudenrastern (AM) können zu störenden geometrischen Mustern, den so genannten *Moirés* führen. Aber auch beim Scannen von bereits gerasterten Vorlagen kann es zu einem Konflikt zwischen dem vorhandenen Druckraster und der Auflösung des Scanners – dem Pixelraster – kommen, was durch eine ungünstige Wechselwirkung zu einem Interferenzmuster führen kann. Interferenzerscheinungen können auch im Fernsehen oder bei Digitalkameras beobachtet werden, zum Beispiel wenn sich auf besonders feinen Gewebestrukturen im Bild plötzlich regenbogenfarbene Muster auf der Oberfläche zeigen. Im Printbereich sind Interferenzen bzw. Moirés besonders ärgerlich, da sie oft erst am Ende der gesamten Produktionskette sichtbar werden, nämlich dann, wenn die Rasterpunkte vom RIP generiert wurden. Sie sind eine direkte Folge einer Überlagerung von Strukturen innerhalb der Bilddatei und der Frequenz bei der Ausgabe. Digitalproofverfahren ohne Möglichkeit der Rasterpunktsimulation lassen solche Moirés nicht zutage treten. Keine Gefahr von Moirés gibt es bei Verwendung von frequenzmodulierten Rastern (FM). Hier trifft kein regelmäßiges Muster auf ein anderes regelmäßiges Muster, das zufälligerweise die gleiche Frequenz aufweist.

Reflexion

Trifft Licht auf eine Körperoberfläche, so wird ein Teil des auffallenden Lichtes reflektiert, das heißt zurückgeworfen, während ein anderer Teil von der Oberfläche absorbiert oder transmittiert wird. Der Begriff Reflexion betrifft nur den zurückgeworfenen Lichtanteil – der dabei polarisiert wird. Je nach Oberflächenbeschaffenheit tritt eine gerichtete, reguläre Reflexion oder eine gestreute, diffuse Reflexion auf. Licht, das beispielsweise auf einen Spiegel oder eine andere glatte Oberfläche trifft, wird gerichtet reflektiert. Man spricht in diesem Fall von einer *regulären Reflexion*, wobei nach dem Reflexionsgesetz der Reflexionswinkel gleich groß wie der Einfallswinkel ist. Trifft Licht hingegen auf eine raue Oberfläche, wie zum Beispiel auf Papier, Holz oder Stoff, wird das Licht in verschiedene Richtungen gestreut und somit auch in unterschiedlichen Winkeln zurückgeworfen. In diesem Fall spricht man von einer *diffusen Reflexion* oder einer *Remission*. Bei Spiegelungseffekten verblassen die Farben und bei rauen Oberflächen scheinen die Farben dunkler, da das diffus reflektierte Licht zum Teil nicht in unser Auge gelangt.

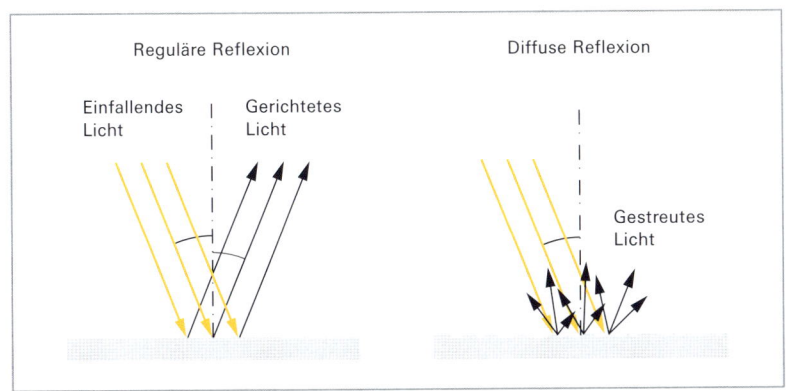

Abbildung 2.11
Reflexion

Totalreflexion

Als Totalreflexion bezeichnet man die vollständige Reflexion von Lichtwellen an der Grenzfläche beim Übergang von einem optisch dichteren Medium (zum Beispiel Wasser oder Glas) in ein optisch dünneres Medium (zum Beispiel Luft), wobei der Brechungswinkel größer als der Einfallswinkel ist. Der Einfallswinkel, bei dem der Brechungswinkel gerade 90° beträgt, wird als *Grenzwinkel* der Totalreflexion bezeichnet. Eine Totalreflexion tritt folglich bei allen Einfallswinkeln auf, deren Berechnungswinkel größer als der Grenzwinkel sind. Die Totalreflexion wird zum Beispiel bei Glasfaserkabeln (Lichtwellenleitern) genutzt, um Informationen wie Telefongespräche, digitale Daten, Fernsehbilder und Rundfunk zu übertragen. Die Glasfaser besteht aus einem Mantel aus einem optisch dünneren Stoff und einem Glasfaserkern aus einem optisch dichteren Stoff.

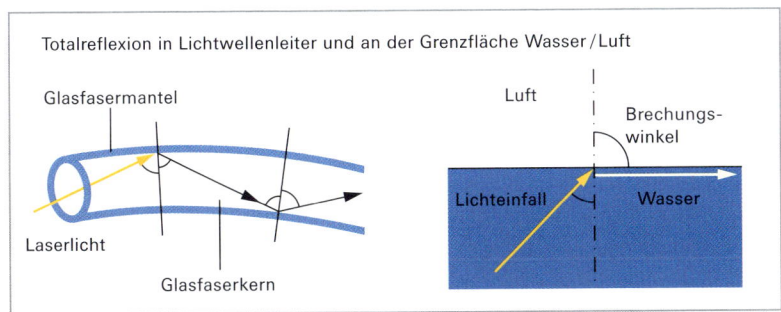

Abbildung 2.12
Totalreflexion

Streuung

Gestreutes Licht ändert durch Ablenkung – infolge der inneren Struktur eines Mediums – seine normalerweise geradlinige Ausbreitungsrichtung. Je kürzer die Wellenlänge, desto größer wird die Wahrscheinlichkeit von Streuung. Der blaue Himmel bekommt seine Farbe dadurch, dass die kurzen blauen Wellenlängen an den Luftmolekülen stärker gestreut werden als die grünen und roten, die beide längere Wellenlängen haben. Streuung kann aber auch dazu führen, dass natürliches Licht polarisiert wird, wobei die Polarisation in Streurichtung, die senkrecht zum Lichtstrahl steht, erfolgt.

Brechung des Lichts (Refraktion)

Beim Auftreffen von Licht auf die Grenzfläche von zwei verschieden lichtdurchlässigen Stoffen, wie beispielsweise Luft und Glas oder Luft und Wasser, wird ein Teil des Lichts reflektiert, der andere Teil geht in den zweiten Stoff über und ändert dabei seine Ausbreitungsrichtung. Trifft zum Beispiel Licht auf eine Glasplatte (planparallel), wird es an beiden Grenzflächen gebrochen. Der austretende Lichtstrahl verläuft dabei parallel zum auftreffenden Lichtstrahl. Ein Gegenstand, den man durch eine solche planparallele Glasplatte betrachtet, kann dadurch leicht versetzt sein, was bei einer Fensterscheibe aber kaum wahrgenommen wird, da die Verschiebung sehr klein ist.

Abbildung 2.13
Refraktion

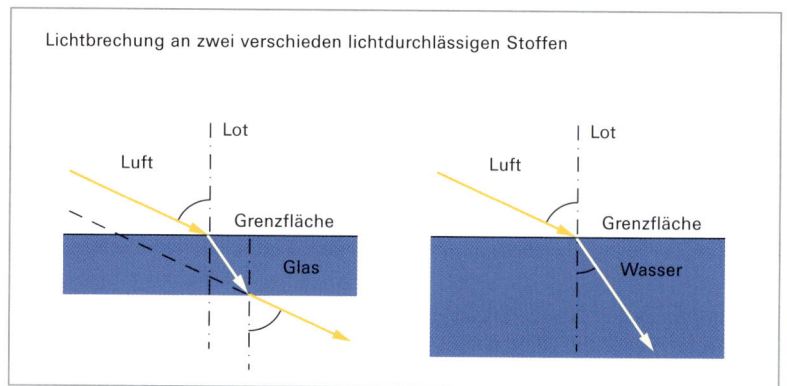

Lichtbrechung an zwei verschieden lichtdurchlässigen Stoffen

Doppelbrechung

Eine Doppelbrechung des natürlichen Lichtes erfolgt zum Beispiel in einem anisotropen Kristall, wie dem Kalkspatkristall, wenn Licht außerhalb der Kristallachse auftrifft. Dabei wird der Lichtstrahl in zwei verschiedene Strahlen – einen ordentlichen und einen außerordentlichen – aufgespalten, die senkrecht zueinander polarisiert sind und sich innerhalb des Kristalls mit unterschiedlicher Geschwindigkeit ausbreiten. Grundsätzlich ist die Geschwindigkeit des außerordentlichen Strahls von der Richtung abhängig, in der er durch den Kristall fällt. Breitet er sich in Richtung der Hauptachse aus, ist er gleich schnell wie der ordentliche Strahl. In allen anderen Richtungen ist die Geschwindigkeit des außerordentlichen Strahls größer.

anisotrop = richtungsabhängig

Anisotrope Kristalle weisen in verschiedenen Richtungen unterschiedliche physikalische Eigenschaften auf, wie beispielsweise verschiedene Fortpflanzungsrichtungen auftreffender Lichtwellen bei gleichzeitig unterschiedlichen Geschwindigkeiten.

isotrop = richtungsunabhängig

Isotrope Kristalle hingegen sind richtungsunabhängig. Sie weisen in jeder Richtung gleiche physikalische und chemische Eigenschaften auf.

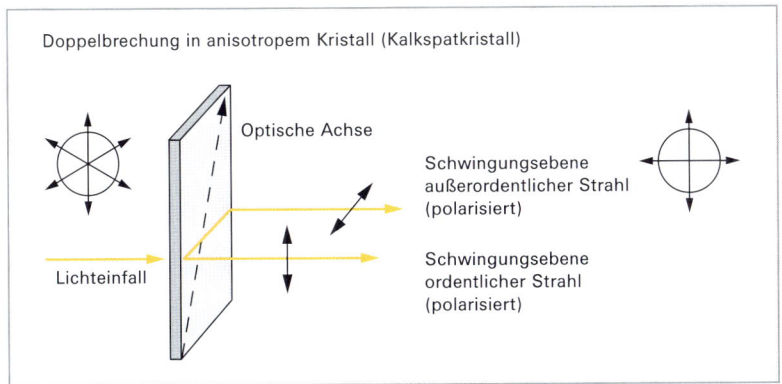

Abbildung 2.14
Doppelbrechung in einem anisotropen Kristall

2.5 Lichttechnische Maßeinheiten

Die Lichttechnik ist ein Zweig der Technik, die sich mit Lichterzeugung, Lichtanwendung und Lichtmessung befasst und ist auch für die grafische Industrie von Bedeutung.

Lichtstrom Φ

Selbst leuchtende Lichtquellen wie beispielsweise die Sonne oder eine Glühbirne bezeichnet man als Primärstrahler oder Selbstleuchter. Sie emittieren vergleichsweise mehr oder weniger Lichtenergie nach allen Seiten des Raumes. Diese Energie oder diese ausgestrahlte Leistung wird als Lichtstrom (φ) bezeichnet.

Die Maßeinheit ist Lumen (lm), das Formelzeichen ist φ (phi).

Lichtstärke I

Die aus der Lichtenergie resultierende Leuchtkraft, das Leuchtvermögen einer Lichtquelle, wird als Lichtstärke bezeichnet.

Die Maßeinheit ist Candela (cd), das Formelzeichen ist I.

Die Maßeinheit Candela bezieht sich dabei auf die Wellenlänge, bei der die Hellempfindlichkeit des menschlichen Auges am größten ist (555 nm).

Beleuchtungsstärke E

Lichtstrom bzw. Lichtenergie trifft früher oder später auf eine zu beleuchtende Körperoberfläche und wird als Beleuchtungsstärke bezeichnet. Sie ist das Maß für die Helligkeit einer beleuchteten Fläche.

Die Maßeinheit ist Lux (lx), der Quotient aus Lichtstrom/Fläche ($1\ \text{lx} = 1\ \text{lm/m}^2$), das Formelzeichen ist E.

Leuchtdichte L

Eine Körperoberfläche reflektiert normalerweise einen Teil der aufgetroffenen Lichtenergie und wirkt somit als Sekundärstrahler, wie beispielsweise der Mond. Diese zurückgeworfene Lichtenergie wird als Leuchtdichte bezeichnet und ist das Maß für die Helligkeit einer leuchtenden Fläche, senkrecht zur Strahlungsrichtung. Von Leuchtdichte spricht man auch bei Computermonitoren   die mit zunehmendem Alter geringer wird.

Die Maßeinheit ist Candela pro m² (cd/m²), der Quotient aus Lichtstärke/Fläche (1 cd/m² = 1 lx/m²) bei 100 % Reflexion einer Fläche, das Formelzeichen ist L.

Belichtung H

Das Maß für die Belichtung in der Fotografie setzt sich aus Beleuchtungsstärke und zeitlicher Dauer der Einwirkung zusammen.

Die Maßeinheit ist Luxsekunde (lxs), das Formelzeichen ist H.

2.6 Densitometrische und spektralfotometrische Begriffe

Nicht nur in der Fotografie, sondern auch in der grafischen Industrie werden häufig Messungen des Lichtes in seinen unterschiedlichen Erscheinungsformen wie Emission, Remission, Transmission oder Absorption durchgeführt. Densitometrische Messungen dienen unter anderem zur Kontrolle des Druckprozesses und geben beispielsweise Aufschluss über die Farbdichte, das heißt die Sättigung einer Farbe und somit die Farbschichtdicke. Sie wird durch die Absorptionseigenschaften einer Druckfarbe bzw. den Grad der Absorption des gegenfarbigen Lichtanteils (Komplementärfarbe) durch Vorschalten eines entsprechenden Farbfilters in Rot, Grün oder Blau ermittelt (siehe Kapitel 14, »Transparente Körperfarben«). Unter dem Begriff Densitometrie versteht man ganz allgemein das Messen optischer Dichten (D) oder der Schwärzung (S) einer transparenten Schicht. Aber auch bei spektralfotometrischen Messungen zum Kalibrieren eines Computermonitors oder bei der Ermittlung der Remissionseigenschaften einer Körperfarbe in Form von Messwerten oder einer grafischen Remissionskurve hat man es oft mit den folgenden Begriffen zu tun:

Reflexion (φ_R)

Als Reflexion wird das Zurückwerfen von Licht bezeichnet, wobei man grundsätzlich zwischen einer *regulären* und einer *diffusen* Reflexion unterscheidet. Bei der regulären Reflexion, das heißt beim Zurückwerfen von Licht an glatten Oberflächen – wie beispielsweise bei Farbe auf einer glatten Papieroberfläche oder einer zusätzlichen Drucklackierung – ist der Winkel des reflektierten Lichtstrahls gleich dem Winkel des einfallenden Lichtstrahls (gerichtete Reflexion). Von diffuser Reflexion oder Remission spricht man, wenn Licht zum Beispiel von einer rauen, unbedruckten Papieroberfläche zurückgeworfen wird. Das reflektierte Licht wird gestreut, das heißt in unterschiedlichen Richtungen und somit auch in unterschiedlichen Winkeln zurückgeworfen, wobei aber immer nur ein Teil des Lichtes reflektiert wird, der andere Teil wird von der Oberfläche absorbiert. Je nach Oberflächenbeschaffenheit bzw. je nachdem ob das Licht regulär (gerichtet) oder diffus (gestreut) zurückgeworfen wird, ändert sich auch der farbliche Eindruck. Bei gerichteter Reflexion verblassen die Farben und bei gestreuter Reflexion erscheinen die Farben dunkler, da das diffus reflektierte Licht zum Teil nicht in unser Auge gelangt.

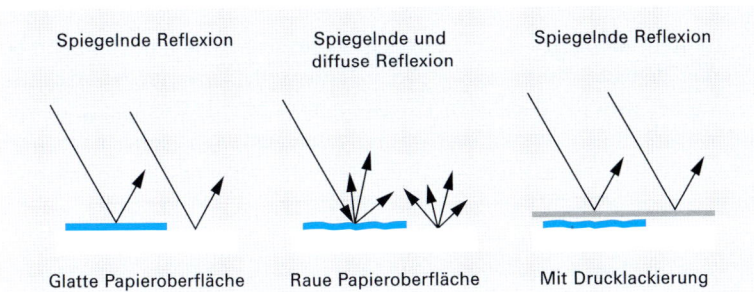

Spiegelnde Reflexion   Spiegelnde und diffuse Reflexion   Spiegelnde Reflexion

Glatte Papieroberfläche   Raue Papieroberfläche   Mit Drucklackierung

Abbildung 2.15
Reflexionsarten

Reflexionsgrad (ρ)

Das reflektierte Licht wird in der Regel im Verhältnis zum eingestrahlten Licht ausgedrückt, wobei der Wert zwischen 0 und 1 oder 0 % und 100 % liegen kann.

Reflexionsgrad = Reflektiertes Licht (ρ_R) / Eingestrahltes Licht (ρ_O)

Remission

Remission ist ein anderer Begriff für diffuse oder gestreute Reflexion, bei der ein Teil der Lichtenergie absorbiert wird. Eine Remissionsmessung mit einem Densitometer erfolgt prinzipiell bei Aufsichtsvorlagen wie Schwarzweiß-Fotos, Farbfotos, Druckbogen, Proof usw. und erfasst die Absorptionseigenschaften einer bestimmten Messstelle und somit die eigentliche Remission als Kehrwert der Absorption.

Remissionsgrad (β)

Im Vergleich zur Ermittlung des Reflexionsgrades einer glatten Oberfläche, bei der Einfall- und Ausfallwinkel des Lichtes gleich sind und somit auch die gesamte Lichtmenge erfasst wird, wenn der Messkopf des Densitometers in der gegebenen Abstrahlrichtung (in der Regel 45°) angeordnet wird, muss zum Ermitteln des Remissionsgrades bei rauen Oberflächen das remittierte Licht in Bezug zu einem so genannten *Weißstandard* gesetzt werden. Der Weißstandard ist ein genau definiertes Weiß (Barytweiß/Bariumsulfat), dessen Remission praktisch nicht übertroffen werden kann. Es kann aber auch die unbedruckte Stelle des Bedruckstoffs sein, die unter gleichem Einfallswinkel wie die nachfolgende Farbprobe gemessen wird, womit das remittierte, gestreute Licht unter den gleichen Bedingungen erfasst wird. Das Verhältnis der beiden Messwerte wird als Maß für den Remissionsgrad betrachtet.

Remissionsgrad = Remission der Messprobe (φ_{Rm}) / Remission des Weißstandards (φ_{Rw})

Remissionskurve/Farbreizfunktion

Eine Remissionskurve gibt Auskunft über die spektrale Zusammensetzung einer Körperfarbe und erfolgt mit einem Spektralfotometer. Je höher der Remissionsgrad einer Wellenlänge (in nm), desto größer ist ihr Anteil an der Farbwirkung. Eine Remissionskurve bzw. eine Farbreizfunktion ist die grafische Darstellung der im Farbreiz vorhandenen sichtbaren Strahlungsintensität eines Farbkörpers und wird in kleinen Schritten von 10–20 nm erfasst. Je kleiner die Messschritte, desto präziser wird die Remissionskurve. Die ermittelten Messpunkte werden schließlich zu einem glatten Kurvenzug verbunden. Bei Aufsichtsvorlagen spricht man von Remissionswerten, und bei Durchsichtsvorlagen von Transmissionswerten.

Abbildung 2.16
Remissionsspektren und ihre Wirkung auf die Farbwahrnehmung

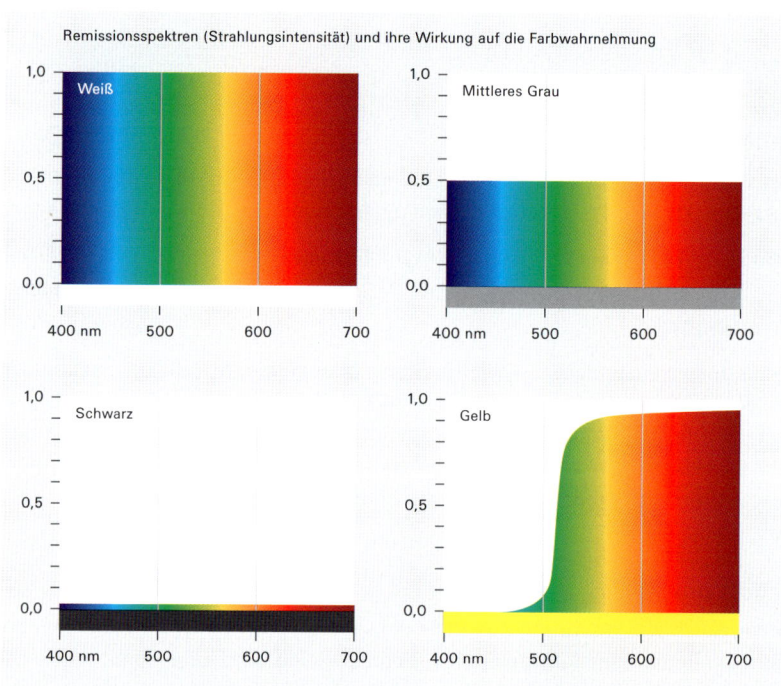

Absorption (φ_A)

Absorption ist die Eigenschaft einer Materie, Lichtenergie zu schwächen oder ganz in sich aufzunehmen (verschlucken), das heißt in Wärme umzuwandeln und hängt ganz von der molekularen Oberflächenbeschaffenheit eines Materials ab. Die Druckfarben Cyan, Magenta und Gelb zum Beispiel absorbieren (theoretisch) genau je ein Drittel des sichtbaren Spektrums, und die restlichen zwei Drittel werden reflektiert bzw. remittiert.

Absorptionsgrad (α)

Auch der Absorptionsgrad wird im Verhältnis zum eingestrahlten Licht ausgedrückt.

Absorptionsgrad = Absorbiertes Licht (φ_A) / Eingestrahltes Licht (φ_O)

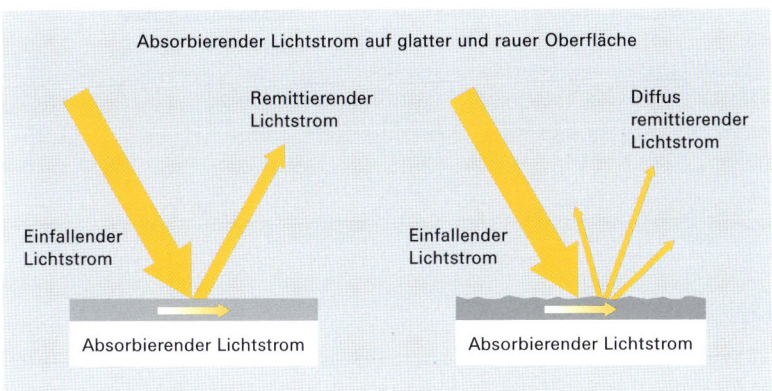

Abbildung 2.17
Absorbierender Lichtstrom auf glatter und rauer Oberfläche

Transmission

Die Transmission bezeichnet die Lichtdurchlässigkeit eines Mediums. Jegliche Art von transparenten Medien – wie die in der Fotografie und Reproduktion häufig verwendeten Diafilme, Negativ- oder Positivfilme, Rasterfilme oder Farbfilter – weisen ein mehr oder weniger ausgeprägtes transmittierendes Verhalten auf, durch eine mehr oder weniger starke Belichtung und Entwicklung des Filmmaterials oder einer spezifischen Färbung. Dadurch entsteht eine unterschiedlich geschwärzte Schicht, oder ein Filter wird mit einem bestimmten Farbstoff eingefärbt, der mehr oder weniger Licht durchlässt. Das heißt, er lässt gewisse Lichtanteile passieren, während andere absorbiert und zum Teil sogar geringfügig reflektiert werden. Die so genannten Transmissionsmessungen werden mit einem Densitometer durchgeführt.

Transmissionsgrad (τ)

Der Transmissionsgrad wird genau wie der Reflexions- und der Absorptionsgrad im Verhältnis zum eingestrahlten Licht ausgedrückt.

Transmissionsgrad = Transmittiertes Licht (φ_D) / Eingestrahltes Licht (φ_O)

Abbildung 2.18
Transmission

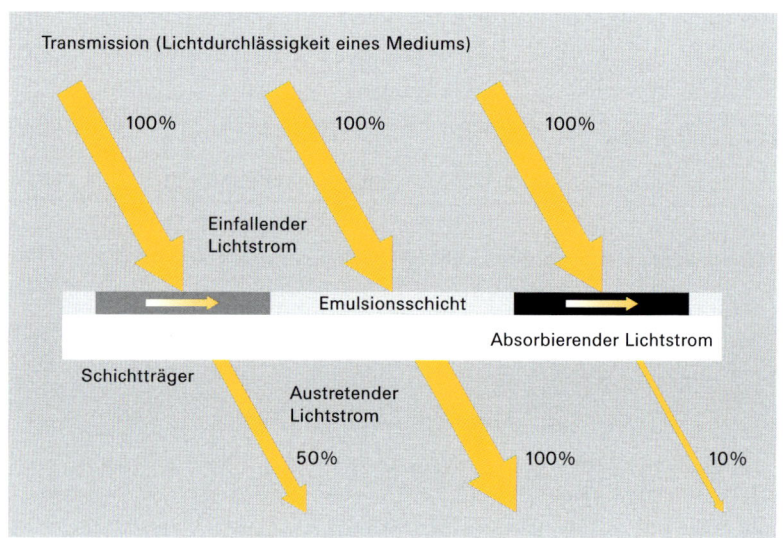

Opazität (O)

Die Opazität ist ein Maß für die Lichtundurchlässigkeit oder Undurchsichtigkeit eines Mediums und somit das Gegenteil von Durchlässigkeit bzw. Transparenz. Das Maß der Opazität ist gleichbedeutend mit dem Filterfaktor oder dem Belichtungsfaktor. Von Opazität spricht man auch bei den Eigenschaften eines Bedruckstoffs, wobei die Opazität mit zunehmender Papierqualität geringer wird.

Dichte (D)

Die Dichte ist das Maß für die Bildschwärzung oder die (Farb-)Schichtdicke und wird im Zusammenhang mit Aufsichtsvorlagen verwendet. Man bestimmt damit die festen Stoffe innerhalb einer Schicht, wie zum Beispiel das Silber in einer Schwarzweiß-Fotografie oder die Farbpigmente auf dem Druckbogen, und somit die aufgetragene Farbschichtdicke.

Farbdichte (D)

Von Farbdichte spricht man korrekterweise immer dann, wenn man die Dichte von Farbvorlagen oder farbigen Druckbogen mit dem Densitometer misst, wobei grundsätzlich drei Messwerte erfasst werden (Rot-, Grün- und Blaufiltermessung), die Aufschluss geben über den reziproken Remissionsgrad einer Farbe.

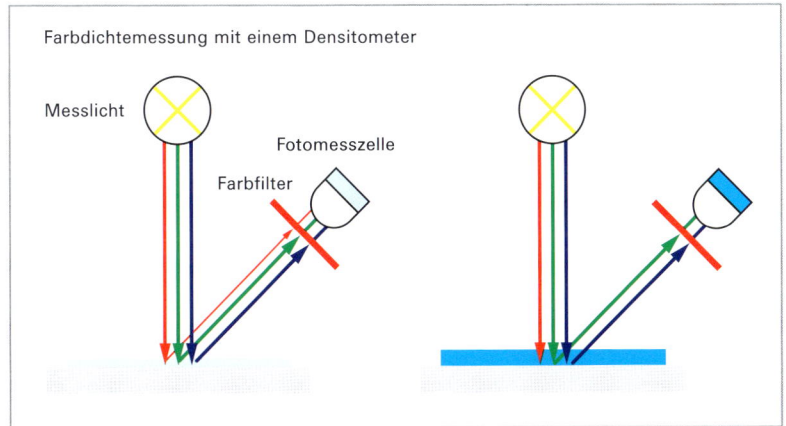

Abbildung 2.19
Farbdichtemessung mit
einem Densitometer

Integrale Dichte (D)

Eine so genannte integrale Messung zur Ermittlung der integralen Dichte, erfolgt
bei Rasterreproduktionen (siehe Kapitel 12, Abschnitt »Die autotypische Farbmischung«) und wird auch als *Rastermessung* bezeichnet. Das Densitometer
errechnet dabei den Mittelwert der Lichtabsorption innerhalb eines Messfeldes
von etwa 3,5 mm Durchmesser, der sich aus den Anteilen absorbierender
(geschwärzter) und remittierender bzw. transmittierender (ungeschwärzter)
Stellen ergibt.

Abbildung 2.20
Integrale Dichte

Schwärzung (S)

Der Begriff Schwärzung gehört eigentlich in den Bereich der Sensitometrie, dem
Messen der Lichtempfindlichkeit fotografischer Materialien, und bestimmt die
Schwärzung einer transparenten Schicht, wie beispielsweise eines Schwarz-
weiß-Negativs. Sowohl Schwärzung (S) wie auch Dichte (D) als densitometrische Messgrößen haben die gleiche Aussage und beschreiben die Absorptionseigenschaften einer bestimmten Bildstelle.

Kapitel 3

3

Farbordnungs-
systeme

3.1   Farbordnungssysteme

Schon seit Jahrhunderten haben sich immer wieder Künstler, Wissenschaftler und Forscher damit auseinandergesetzt, Farben systematisch zu ordnen und in Beziehung zueinander zu setzen.

Dabei entstanden zahlreiche verschiedene geometrische Figuren oder dreidimensionale Farbkörper, wie Farbkreise, Farbsterne, Farbdreiecke, Farbkugeln, Farbpyramiden, Doppelpyramiden, Farbkegel, Doppelkegel und Farbwürfel. Das Bestreben, Farben in einen logischen Zusammenhang zu bringen, führte dazu, dass sich die Farbordnungssysteme von der Eindimensionalität und somit reinen Beschreibung des Bunttons in eine dreidimensionale Darstellungsform veränderten, um neben dem Buntton auch die Sättigung und die Helligkeit einer Farbe zu beschreiben.

Farbordnung

Das Anordnen von Farben in einem System kann nach verschiedenen Kriterien erfolgen. Das Ordnen von Körperfarben – als spektrale Remission einer Oberfläche – kann einerseits rein visuell und nach subjektiven Ordnungsprinzipien geschehen (wie Helligkeit, warme und kalte Farben, bunte und unbunte, reine und gemischte Farben) oder zusätzlich durch physikalische Messungen unterstützt werden. Man kann sie auch so anordnen, dass sich die Komplementärfarbenpaare gegenüberliegen. Selbst mathematische Gesichtspunkte sind eine Möglichkeit, um Farben systematisch zu ordnen. Ebenso gut kann man sie aber auch durch physikalische Messungen und ein entsprechendes Auswertungsprinzip ordnen, das Messung und Auswertung so transformiert, dass sie schließlich der visuellen Wahrnehmung weitgehend entsprechen. Das Ordnen farbiger Strahlung kann grundsätzlich nur mittels physikalischer Messungen (Spektralfotometer) erfolgen – schon allein deswegen, weil der Helligkeitsumfang von farbiger Strahlung den vom Auge erfassbaren Bereich weit übersteigen kann. Grundsätzlich hat die Farbmessung aber auch hier das menschliche Farbempfinden weitgehend zu berücksichtigen.

Es gibt Dutzende von Farbordnungssystemen und ebenso viele unterschiedliche Farbordnungskriterien. Das einfachste System ist der sechsteilige Farbkreis mit den drei Grundfarben des Lichtes (RGB) bzw. der additiven Farbmischung und den drei Grundfarben der subtraktiven Farbmischung (CMY). Dabei ist Magenta die einzige Farbe, die als solche im Spektrum nicht vorhanden ist, sondern nur durch Überlagerung der beiden Enden des Spektrums (das heißt aus additiver Mischung der roten und blauen Wellenlängen) entsteht. Durch das kreisförmige Anordnen der Spektralfarben wird das Spektrum geschlossen. So liegen sich auch die drei Komplementärfarbenpaare im Farbkreis diametral gegenüber, die sich durch Mischung zu Unbunt ergänzen, nämlich zu Weiß bei additiver Mischung und zu Schwarz bei subtraktiver Mischung.

Farbordnungssysteme, die besonders in der grafischen Industrie von Bedeutung sind, kann man unterteilen in Farbmischsysteme, Farbauswahlsysteme und

Farbmaßsysteme. Zu den Farbmischsystemen gehören das RGB-, das CMY- oder CMYK-System, das System von Itten oder Hickethier. Farbauswahlsysteme sind Farbtabellen, die auf einer Auswahl von maximal 256 Farben eines Bildes beruhen und als so genannte *indizierte Farben* bezeichnet werden. Farbmaßsysteme werden in der Farbmetrik und somit auch in der grafischen Industrie verwendet; sie basieren auf der menschlichen Farbvalenz und beruhen auf messtechnisch erfassten Zahlenwerten. Hier sind das CIE-Normvalenzsystem (XYZ), das CIE-L'u'v'- und das CIE-Lab-System zu nennen.

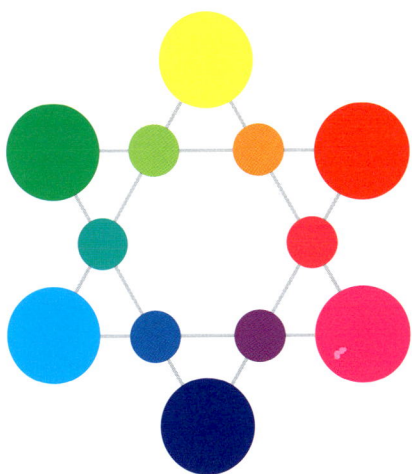

Abbildung 3.1
Der sechsteilige Farbkreis

Farbraum oder Farbkörper

Ein Raum ist die Beschreibung eines Körpers in drei Ausdehnungsrichtungen. In einem einfachen Farbkreis lässt sich eine Farbe nur gerade durch ihren Buntton definieren, das heißt durch alle möglichen Mischungsverhältnisse, die auf zwei Grundfarben basieren und somit nur in einer Dimension beschrieben werden können. Für eine präzisere Beschreibung oder Charakterisierung einer Farbe kommen noch zwei weitere Dimensionen dazu. Denn jede Farbe zeichnet sich durch drei Merkmale aus: Einerseits durch ihren Buntton – oft als Farbton bezeichnet –, durch ihre Buntheit bzw. Sättigung und schließlich noch durch ihre Helligkeit. Aus diesen drei Dimensionen entstehen so genannte Farbkörper, die je nach Ordnungskriterium unterschiedliche Formen aufweisen können.

Zum besseren Verständnis, wie Farben in der Farbmetrik beschrieben werden, sind einige Kenntnisse der Farbtheorie und der dazugehörigen Fachbegriffe sehr hilfreich. Zur Erläuterung der drei Begriffe Buntton, Buntheit, Helligkeit und somit der drei Dimensionen einer Farbe beziehen wir uns auf die additive Farbmischung und nehmen die drei Primärfarben des Lichtes (RGB) und die Sekundärfarben (CMY), ordnen sie in einem Dreieck an und ergänzen das Dreieck in seinem geometrischen Zentrum mit dem Unbuntpunkt, der sich aus der

Mischung von einem sich auf einer geraden Verbindungsachse gegenüberliegenden Komplementärfarbenpaar ergibt.

Abbildung 3.2
Die reinen Bunttöne

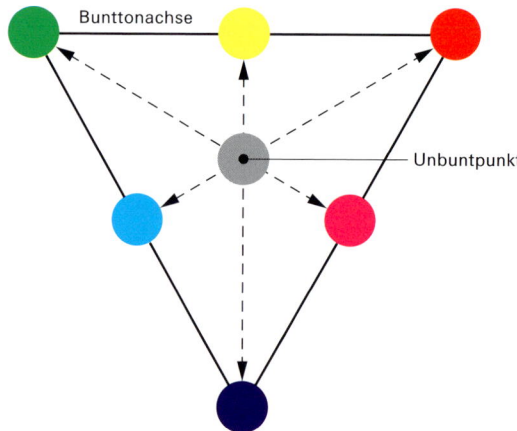

Der Buntton

Der Begriff Buntton – unkorrekterweise oft als Farbton bezeichnet, was sich in
der Umgangssprache leider fest eingebürgert hat – bezeichnet die grundsätzliche Farbe eines Objekts, also die spektralen Wellenlängen, die von einer Oberfläche reflektiert werden. Man spricht dann von einer roten Tomate oder einer
gelben Zitrone und meint damit ein grundsätzliches Unterscheidungsmerkmal.
Im Farbdreieck liegen die reinen Bunttöne auf den geraden Verbindungsachsen
Grün–Rot, Rot–Blau und Blau–Grün. Oft findet man auch den englischen Begriff
Hue anstelle von Buntton. So zum Beispiel im HSB-Modell oder im LCH-Modell.

Die Buntheit

Die Buntheit oder Sättigung einer Farbe – auch als *Chroma* bezeichnet – bezieht
sich auf die spektrale Reinheit einer Farbe. Wenn zu einem reinen Gelb –
gemischt aus rotem und grünem Licht – noch etwas blaues Licht hinzugefügt
wird, entsteht als Folge davon ein Gelb von geringerer Reinheit bzw. Sättigung.
Eine Farbe mit geringerer Sättigung oder Buntheit, eine so genannte *Tertiärfarbe*, hat aber nach wie vor ihren ursprünglichen Buntton (zum Beispiel Gelb),
da ihr grundsätzliches Mischungsverhältnis unverändert bleibt. Sie bewegt sich
aber in Richtung ihrer Komplementärfarbe und somit in Richtung Unbuntpunkt,
womit sie zunehmend ungesättigter wird, bis sie schließlich eine Buntheit von
null aufweist – nämlich dann, wenn alle drei Komponenten gleiche Anteile aufweisen. Folglich haben Primärfarben (eine Komponente) und Sekundärfarben
(zwei Komponenten) eine maximale Sättigung, während Tertiärfarben (aus drei
Komponenten) eine verminderte Buntheit aufweisen. Mit zunehmendem Unbunt-
anteil (Grau) verliert eine Farbe an Sättigung und verändert dabei gleichzeitig
ihre Helligkeit. Das gilt sowohl bei der additiven als auch bei der subtraktiven
Farbmischung.

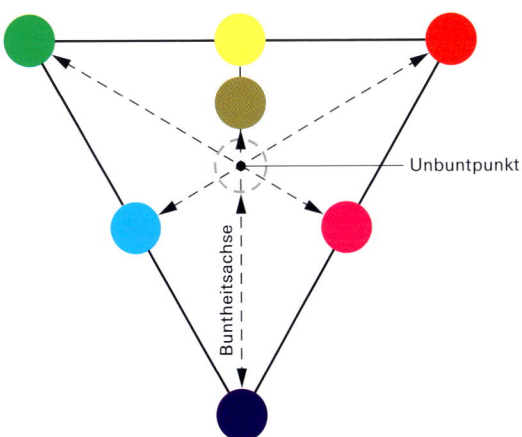

Abbildung 3.3
Die Buntheit

> **Hinweis**
>
> Fälschlicherweise wird der Begriff Sättigung oft als Synonym für Buntheit verwendet. Er sollte eigentlich korrekterweise nur für Farbtafeln verwendet werden, bei denen die Helligkeit der Farben nicht berücksichtigt wird, wie zum Beispiel die xy-Normfarbtafel – auch bekannt unter dem Begriff »Schuhsohle« (siehe Kapitel 6, Abschnitt »Das CIE-Normvalenzsystem«).

Die Helligkeit

Die Helligkeit einer Farbe beschreibt, wie hell oder wie dunkel sie ist. Bei der additiven Mischung von farbigem Licht (zum Beispiel bei einem Monitor) wäre die Helligkeit ein Maß für die Stärke der gesamten Lichtenergie bzw. der Lichtreflexion einer Körperfarbe bei der subtraktiven Mischung. In unserem zweidimensionalen Farbendreieck lässt sich sowohl der Buntton als auch die Buntheit einer Farbe beschreiben und somit die Farbart. Wir haben also ein Farbartendreieck, das alle Farben, die sich aus den drei Primärfarben mischen lassen, umfasst.

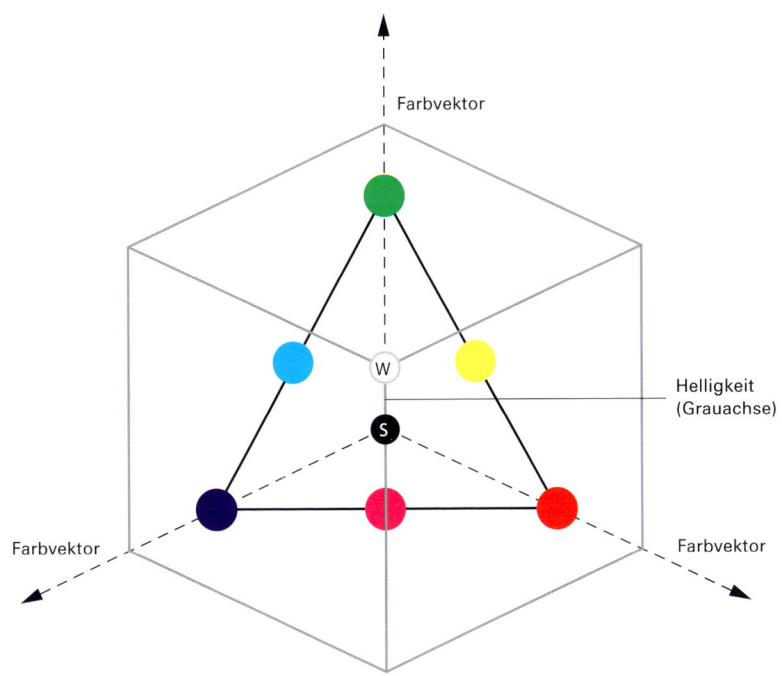

Abbildung 3.4
Die Helligkeit

Was wir damit aber nicht beschreiben können, ist die Helligkeit einer Farbe – die beliebig sein kann. Denn sie ist eine vom Buntton unabhängige Größe. Dazu ist es notwendig, dass wir aus dem zweidimensionalen Farbartendreieck in eine dreidimensionale, räumliche Darstellung – einen Farbraum oder Farbkörper – übergehen.

Reduziert man alle Komponenten einer Farbe gleichzeitig unter Beibehaltung ihres Mischungsverhältnisses, so bleibt der Buntton unverändert, doch die Farbe ändert ihre Helligkeit. Ein Farbort im Farbraum wird durch Angabe der drei Farbvektoren von Rot, Grün und Blau definiert, das heißt durch ihre Farbwerte und somit ihre Anteile.

Die zur Farbcharakterisierung in allen Farbsystemen verwendeten Begriffe Buntton, Buntheit und Helligkeit lassen sich auf die Spektralfarben übertragen und gut anhand der Funktionsweise der drei farbempfindlichen Rezeptoren (Zapfentypen) und ihrem Reizmuster modellhaft erklären.

Abbildung 3.5
Unterschiedlicher Buntton

Abbildung 3.6
Unterschiedliche Buntheit

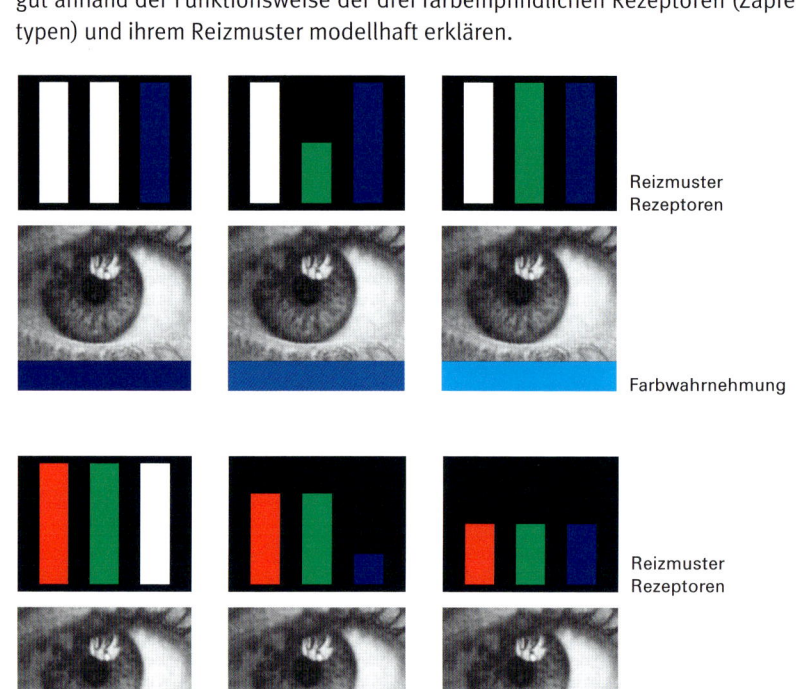

Die Definition von Buntheit resultiert aus der Differenz zwischen dem/den am stärksten gereizten Rezeptor/en und dem/den am wenigsten gereizten.

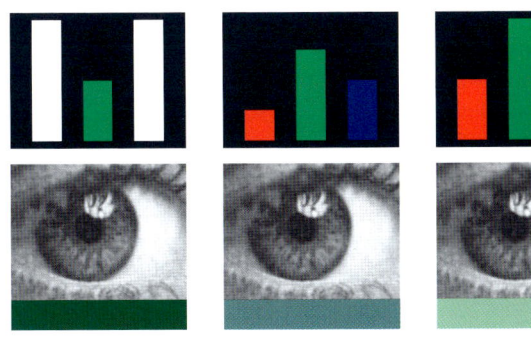

Abbildung 3.7
Unterschiedliche Helligkeit

Reizmuster
Rezeptoren

Farbwahrnehmung

Die Helligkeit ist das Resultat der gesamten Lichtenergie, die von den Rezeptoren aufgenommen wird. Bei unverändertem Buntton und unveränderter Buntheit bleiben die absoluten Reizabstände aller Zapfen gleich.

Unterschiedliche Begriffsbezeichnungen

Je nach Farbsystem bzw. Farbmodell oder Software können die Bezeichnungen
für die oben erläuterten Begriffe unterschiedlich sein, meinen aber das Gleiche.

Buntton	Buntheit	Helligkeit
Farbton	Sättigung	Brightness
Hue	Saturation	Luminanz
	Chroma	Value
		Lightness

3.2 Farbmodelle

Als Farbmodell bezeichnet man das jeweilige 3D-Koordinatensystem, das einem
Farbmodus zugrunde liegt (RGB, CMY/CMYK, Lab) und eine Farbe bzw. deren
Farbort in ihrem Farbraum (Color Gamut) durch nummerische Koordinaten
beschreibt. Zu den beiden Farbwürfelmodellen zählen der RGB-Farbraum als das
additive Farbmodell mit den drei Koordinaten Rot, Grün, Blau und das CMY(K)-
Modell als subtraktives, komplementäres Gegenstück mit den Koordinaten
Cyan, Magenta, Yellow, (Black). Beides sind geräteabhängige Farbmodelle, wes-
halb man sie auch als *technische Farbmodelle* bezeichnet. Ungeeignet ist das
Würfelmodell für einen direkten Farbvergleich zwischen zwei unterschiedlichen
Sätzen von Grundfarben bzw. deren Mischfarben. Das heißt das Grün des Monitors ist an der gleichen Position im Würfel wie das spätere Grün im Druck,
obschon sie sich visuell stark unterscheiden. Zu den zylindrischen und kegelför-

migen Modellen zählen die so genannten zyklischen Modelle, wie LCH, HSB, HSV und HSL, deren Koordinaten der Farbtonwinkel (Hue), die Sättigung (Saturation oder Chroma) und die Helligkeit (Brightness, Value oder Lightness) bilden. Sie sind vorwiegend in Bildbearbeitungs- und Scansoftware anzutreffen. In der Farbmetrik wird hauptsächlich mit dem geräteunabhängigen, kugelförmigen CIE-Lab-Farbraum gearbeitet, der auf den kartesischen und Polarkoordinaten L*, a* und b* basiert. Das ebenfalls in der Farbmetrik eingesetzte geräteunabhängige YCC-Modell ist in der grafischen Industrie eher selten anzutreffen; es dient zur Farbbeschreibung von Photo-CD-Bildern und wird teilweise auch in wissenschaftlichen Applikationen eingesetzt.

Farbmodelle lassen sich grundsätzlich in zwei verschiedene Kategorien unterteilen. Die *technisch-physikalischen* Farbmodelle wie RGB, CMY, CMYK und YIQ orientieren sich an den zugrunde liegenden Geräten und sind für uns Menschen nicht sehr intuitiv. Die *wahrnehmungsorientierten* Farbmodelle wie Lab, LCH, HSB, HSV und HSL orientieren sich an der menschlichen Farbwahrnehmung und unterscheiden Farben nach Farbton, Helligkeit und Farbsättigung bzw. ihrer spektralen Reinheit.

Kapitel 4

Farbmischsysteme

4.1   Das RGB-Modell (Lichtfarben)

Das RGB-Modell basiert auf der Addition von Lichtenergie und ist direkt aus der Dispersion (Analyse) des sichtbaren Spektrums abgeleitet, das aus drei Hauptspektralbereichen besteht. Somit sind die Grund- oder Primärfarben des RGB-Modells die Farben Rot, Grün und Blau. Durch additives Mischen von zwei Primärfarben entstehen die Sekundärfarben Cyan, Magenta und Gelb. Durch Addition aller drei Primärfarben – die sich im Energiegleichgewicht befinden müssen – entstehen je nach Intensität Weiß, Grau oder Schwarz, also die ungesättigten, unbunten Tertiärfarben. Somit lassen sich mit nur drei verschiedenfarbigen Lichtquellen (RGB) durch Überlappung bei unterschiedlichen Anteilen und unterschiedlicher Intensität alle sichtbaren Farben des Spektrums additiv mischen. Das Modell ist allerdings sehr theoretisch zu verstehen. Bilderfassungs- und Bildreproduktionssysteme wie Scanner, Digitalkameras oder Videokameras basieren auf dem RGB-Modell. Ebenso auch Ausgabegeräte wie Computermonitore, Farbfernsehgeräte oder Diabelichter. Monitore erzeugen additive Mischfarben durch Licht, das von roten, grünen und blauen Phosphorteilchen ausgestrahlt wird, die je nach Videosignal und angeregt durch Elektronenstrahlen heller oder weniger hell, anteilmäßig mehr oder weniger oder gar nicht leuchten, wodurch unterschiedliche Farben entstehen.

Der von einem Gerät erfassbare oder darstellbare Farbumfang wird als *Gerätefarbraum* oder *Color Gamut* bezeichnet (siehe Kapitel 19, Abschnitt »Gamut Map«). Der mögliche Farbraum eines Geräts ist somit im Wesentlichen von den Grundfarben und deren Sättigung abhängig – beim Monitor zum Beispiel von den spektralen Eigenschaften der Phosphorteilchen oder beim Scanner von den spektralen Eigenschaften der Farbfilter. Somit gibt es auch unterschiedliche RGB-Farbräume, die verschieden groß sein können. Ein Monitor kann zudem nicht alle Farben wiedergeben, die das menschliche Auge sieht, da bestimmte Einschränkungen bezüglich Helligkeit bestehen. *Den* RGB-Farbraum gibt es also nicht, denn er ist grundsätzlich geräteabhängig. Das RGB-Modell ist ein hardwareabhängiges Farbmischsystem, weshalb man es auch als *physikalisch-technisches Modell* bezeichnet.

Auch das menschliche Auge basiert auf dem Prinzip der additiven Farbmischung. Die Grundfarben sind dabei chemische Substanzen, die sich in den drei Typen von lichtempfindlichen Rezeptoren befinden und auf rote, grüne oder blaue Wellenlängen empfindlich sind.

Der RGB-Farbwürfel

Für die räumliche, dreidimensionale Darstellung der additiven Farbmischung – das RGB-Modell – ist der Farbwürfel gut geeignet. Das Koordinatensystem besteht aus den drei Hauptachsen R, G, B und hat seine Nullpunkte bei R = 0, G = 0, B = 0 und somit bei Schwarz bzw. kein Licht. Aus Schwarz heraus entwickeln sich die drei Primärfarben Rot, Grün und Blau auf je einer Hauptachse bis zu ihrer vollen Farbsättigung bzw. ihrer maximalen Lichtintensität 1. Die additiven Farbmischungen, die sich dabei aus zwei Primärfarben bei zunehmender

Sättigung ergeben, spannen eine Fläche zwischen ihren Achsen auf und bilden in der gegenüberliegenden Ecke von Schwarz je eine Sekundärfarbe, die aus der Addition von zwei Primärfarben bei voller Intensität entstehen. Da Lichtenergie zu Lichtenergie addiert wird, sind die daraus resultierenden Sekundärfarben grundsätzlich heller als die zugrunde liegenden Primärfarben. Die Flächen Rot-Grün, Grün-Blau und Blau-Rot formieren sich schließlich zum Würfel. Die Diagonale im Würfel beginnt bei Schwarz 0, 0, 0 und endet in der gegenüberliegenden Ecke bei Weiß 1, 1, 1; sie bildet die Grauachse im Farbmodell. Anstelle der beiden Normwerte 0 für 0 % und 1 für 100 % werden die Koordinaten häufig auch als Tonwertstufen einer 8-Bit-Skala von 0 bis 255 (256 Stufen) als positive Werte definiert, wobei die Skala grundsätzlich auch variieren kann und von der gewählten Bittiefe bzw. Farbtiefe abhängig ist (siehe Kapitel 17, »Digitale Farbe und Datenmenge«). So kann sie beispielsweise auch von 0 bis 65 535 (65 536 Stufen) bei 16-Bit Farbtiefe reichen, wobei 255 oder 65 535 gleichbedeutend mit 100 % sind. Jeder Punkt im Würfelmodell wird folglich durch Angabe von drei positiven Koordinatenwerten definiert, die bei voller Intensität von 100 % Weiß ergeben.

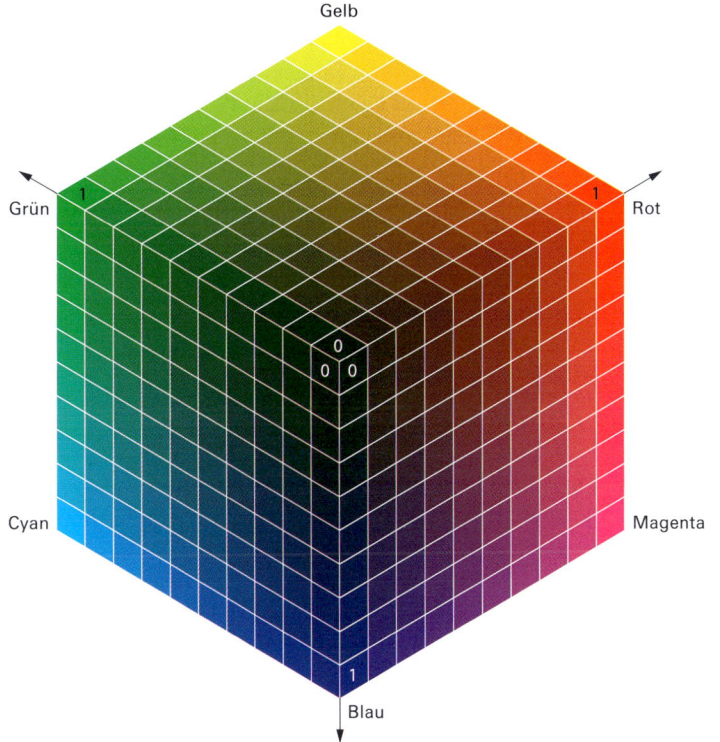

Abbildung 4.1
Der RGB-Farbwürfel

Der RGB-Modus

In der digitalen Bildbearbeitung werden Bilddaten heute oft im RGB-Modus bearbeitet. Dabei wird jedem Bildpixel eine Tonwertstufe zwischen Null (Schwarz) und 255 (Weiß) pro RGB-Farbkomponente zugewiesen. Ist der Wert aller drei Komponenten 255, entsteht Weiß, ist er für alle drei null, entsteht Schwarz. Ein RGB-Bild, das mit 8-Bit pro Pixel und Farbkanal codiert ist – weil RGB grundsätzlich mit Computermonitoren in Verbindung gebracht wird – weist eine gesamte Bittiefe von 24-Bit auf (3x8 Bit) und somit rund 16,7 Millionen Farb- und Helligkeitsstufen.

Kalibrierte, geräteunabhängige RGB-Farbräume

Es gibt aber tatsächlich auch RGB-Farbräume, die ebenso geräteunabhängig wie ein CIE-Farbraum sind. Einige von ihnen sind Fernsehstandards, andere wiederum wurden eigens für die digitale Bildverarbeitung als so genannte *RGB-Arbeitsfarbräume* erstellt, um die Erfordernisse der Druckvorstufe abzudecken. Durch Wahl eines geeigneten RGB-Arbeitsfarbraums liegen die Bilddaten völlig unabhängig vom gerade verwendeten Monitor und somit unabhängig von den spektralen Eigenschaften der Monitor-Phosphore in RGB vor. Die Farbräume sind kalibriert und basieren auf standardisierten Zahlenwerten für die Eckpunkte, das heißt die Primärfarben Rot, Grün und Blau werden als x- und y-Koordinaten im CIE-XYZ-Farbraum definiert. Somit ist die Beschreibung von Farbe in der Datei und in ihrer Darstellung am Monitor grundsätzlich voneinander getrennt. Zudem ist jedem RGB-Wert ein geräteunabhängiger Lab-Wert zugeordnet. Ein solcher RGB-Farbraum wird grundsätzlich wie ein Monitor über die Primärfarben, das Gamma und die Farbtemperatur bzw. den Weißpunkt des Lichtes beschrieben.

Primärfarben

Die Definition (xy-Koordinaten) der Primärfarben Rot, Grün und Blau als Eckwerte eines RGB-Farbraums ist maßgebend für dessen Größe. Farben außerhalb des dabei aufgespannten Dreiecks (Farbraum) sind somit im jeweiligen Farbraum nicht darstellbar.

Gamma

Der Gammawert bestimmt den Helligkeitsverlauf innerhalb des Farbraums bzw. legt fest, wie viele Werte zur Beschreibung der Lichter und der Tiefen verwendet werden. Je höher der Gammawert, desto differenzierter die Beschreibung der Tiefen, und je niedriger der Wert, desto mehr Werte werden zur Differenzierung der Lichter verwendet. Da in der grafischen Industrie nach wie vor das Mac-Betriebssystem dominiert, findet man bei den für die Druckvorstufe geeigneten RGB-Arbeitsfarbräumen in der Regel ein Gamma von 1,8 (Standard beim Macintosh) und bei Farbräumen für Office-Umgebungen und das Web ein Gamma von 2,2 (Standard beim PC).

Weißpunkt

Der Weißpunkt ist die Beschreibung für die »Farbe« Weiß in einem Profil – die Fläche, die im Bereich des sichtbaren Spektrums das gesamte auftreffende Licht reflektiert. Das Weiß bzw. dessen Farbtemperatur ist dabei grundsätzlich abhängig von der beleuchtenden Lichtquelle, und nur was im Licht an Wellenlängen vorhanden ist, kann auch reflektiert werden. Somit kann das Weiß gelblich, rötlich, grünlich oder bläulich sein. Für kalibrierte RGB-Arbeitsfarbräume haben sich die beiden Normlichtquellen D50 (5000 K) und D65 (6500 K) (siehe Kapitel 2, Abschnitt »Normlichtarten«) mit den zugehörigen Weißpunkten etabliert, weshalb es sinnvoll ist, einen Arbeitsfarbraum mit den entsprechenden Eigenschaften zu wählen und auch den Monitor darauf zu kalibrieren.

Anforderungen an einen idealen RGB-Arbeitsfarbraum

Die Druckvorstufe stellt einige besondere Anforderungen an einen RGB-Arbeitsfarbraum. Einerseits muss er groß genug sein, um alle Farbwerte (in Lab gemessen), die Eingabe- und Ausgabegeräte umfassen, abzudecken. Andererseits darf er aber auch nicht zu groß sein, um nicht Farben zu enthalten, die bei der Druckausgabe in CMYK nicht umsetzbar sind. Insbesondere Farben mit zu hoher Sättigung können im Mehrfarbendruck nicht ohne größere Farbabweichungen bzw. Farbtonverschiebungen realisiert werden. Denn je höher die Sättigung einer RGB-Farbe, desto größer ist die Möglichkeit von Farbabweichungen und Farbtonverschiebungen bei der Farbraumtransformation nach CMYK. Die Wahl des richtigen RGB-Arbeitsfarbraums ist also für die Bildbearbeitung von zentraler Bedeutung. Das Anforderungsprofil an den RGB-Arbeitsfarbraum lautet folglich: Der Farbumfang des Mehrfarbendrucks (CMYK) soll möglichst vollständig, aber knapp abgedeckt sein, denn die Qualität einer Farbseparation ist wesentlich höher, wenn sich der Umfang des Arbeitsfarbraums und des Ausgabefarbraums nicht allzu sehr unterscheiden.

Die meisten RGB-Farbräume, die ein Eingabe- oder Ausgabegerät beschreiben – das heißt alle geräteabhängigen RGB-Farbräume –, sind als so genannte Arbeitsfarbräume für die Bildbearbeitung nur bedingt geeignet. Aufgrund ihrer »Nichtlinearität« – drei gleiche RGB-Werte ergeben kein neutrales Grau – kann beispielsweise das Anpassen des Bildkontrastes unter Umständen zu einem unerwünschten Farbstich führen. Als geeignete Arbeitsfarbräume kommen somit nur RGB-Farbräume in Betracht, die sich »linear« verhalten und in denen R=G=B ein neutrales Grau ergibt.

4.2 RGB-Arbeitsfarbräume

Die Bildbearbeitungssoftware Photoshop bietet standardmäßig eine ganze Reihe von RGB-Farbräumen in den Farbeinstellungen an, die durch eigene oder zusätzliche RGB-Arbeitsfarbräume – wie beispielsweise ECI-RGB, der von der European Color Initiative (ECI) als Standard für die Bildbearbeitung empfohlen wird – ergänzt werden kann und in Form von ICC-Profilen vorliegen.

sRGB

Der von Hewlett-Packard, Kodak und Microsoft 1996 gemeinsam definierte sRGB- bzw. Standard-RGB-Farbraum ist wie alle anderen RGB-Arbeitsfarbräume farbmetrisch definiert. Er wird von zahlreichen Herstellern von Office- und Consumer-Geräten, aber auch von Softwareherstellern unterstützt, mit dem Ziel, ihren Geräten ein Standardverhalten angedeihen zu lassen. sRGB beruht auf den Farbwiedergabefähigkeiten eines durchschnittlichen Monitors. Man will damit dem Problem begegnen, dass es für CRT-Monitore (Kathodenstrahlmonitore) eine nahezu uneingeschränkte Anzahl an Kalibrierungseinstellungen gibt, womit eine akkurate Bildschirmdarstellung nicht mehr gegeben ist. Somit haben Internet-Nutzer auf der ganzen Welt die Chance, unabhängig von ihrem Monitor identische Farben zu sehen, womit unvorhersehbare Farbunterschiede weitgehend ausgeschlossen werden. sRGB ist also speziell auf die Bildschirmdarstellung zugeschnitten und ist für Screen-Design zu empfehlen. Für die Erfordernisse der Druckvorstufe hingegen ist er viel zu klein und sollte nicht verwendet werden. Denn einige Farben (beispielsweise ein reines Cyan und angrenzende Farben sowie einige Farben im Gelb-Bereich) werden nur unzureichend abgedeckt, das heißt sie sind in sRGB schlichtweg nicht vorhanden, obschon sie im Vierfarbendruck durchaus realisierbar wären. Zudem weist sRGB eine Farbtemperatur von 6500 K und ein internes Gamma von 2,2 auf und liegt damit 1500 K über der ISO-Norm von 5000 K für den Druck. Unterstützt wird der sRGB-Farbraum beispielsweise von zahlreichen Tintenstrahldruckern, Laserdruckern und Monitoren der Consumer-Klasse. Ebenso zahlreich sind Digitalkameras, die ihre Bilddaten gemäß Werkeinstellung in sRGB liefern; nur Kameras für den professionellen Bereich bieten die Möglichkeit, einen anderen Arbeitsfarbraum zu wählen. Der sRGB-Farbraum eignet sich insbesondere für Web-, Office- und Consumer-Anwendungen, die in der Regel kein Colormanagement unterstützen, und generell für das Windows-Betriebssystem. Fotolabore, die Papierbilder von digitalen Daten belichten, gehen von der Annahme aus, dass die gelieferten Bilddaten in sRGB vorliegen und ignorieren eingebettete ICC-Profile.

Zielgamma: 2,2

Weißpunkt: 6500 K (D65)

Primärfarben: HDTV (ITU-R-709-2)

Rot: x = 0,6400   y = 0,3300

Grün: x = 0,3000   y = 0,6000

Blau: x = 0,1500   y = 0,0600

Weiß: x = 0,3127   y = 0,3290

Adobe RGB (1998) / SMPTE 240-M

Der auf dem HDTV (High Definition TV) beruhende RGB-Farbraum von Adobe wird für die Druckvorstufe empfohlen. Er verfügt allerdings über einen relativ großen Farbumfang, weshalb er eher als »aggressiver« Druckvorstufen-Farbraum gilt. Auch er weist eine Farbtemperatur von 6500 K auf und liegt somit nicht im Rahmen der ISO-Norm. Adobe RGB ist ein weltweit verbreiteter Standard, der auch von zahlreichen Scannern und Digitalkameras geliefert werden kann.

Zielgamma: 2,2

Weißpunkt: 6500 K (D65)

Primärfarben: Adobe RGB (1998)

Rot: x = 0,6400   y = 0,3300

Grün: x = 0,2100   y = 0,7100

Blau: x = 0,1500   y = 0,0600

Weiß: x = 0,3127   y = 0,3290

Apple RGB

Apple RGB wurde insbesondere von früheren Photoshop-Versionen und zahlreichen DTP-Applikationen verwendet. Sein Farbumfang ist für die Druckvorstufe eher knapp, mit starkem Defizit im Grün- und Cyanbereich. Für Online-Zwecke, die ausschließlich für Mac-OS-Systeme vorgesehen sind, ist er allerdings gut zu verwenden.

Zielgamma: 1,8

Weißpunkt: 6500 K (D65)

Primärfarben: Trinitron

Rot: x = 0,6250   y = 0,3400

Grün: x = 0,2800   y = 0,5950

Blau: x = 0,1550   y = 0,0700

Weiß: x = 0,3127   y = 0,3290

Bruce RGB

Der weniger bekannte Bruce-RGB-Arbeitsfarbraum wurde vom Amerikaner Bruce Fraser kreiert und besonders an die Bedürfnisse der Druckvorstufe angepasst. In den Farbeinstellungen von Photoshop wird man ihn nicht finden, doch kann man sich anhand der nachfolgenden Werte ein eigenes Bruce RGB basteln und als jederzeit verfügbares ICC-Profil speichern.

Zielgamma: 2,2

Weißpunkt: 6500 K (D65)

Primärfarben: Eigene...

Rot: x = 0,6400   y = 0,3300

Grün: x = 0,2800   y = 0,6500

Blau: x = 0,1500   y = 0,0600

Weiß: x = 0,3127   y = 0,3290

CIE-RGB

CIE-RGB ist ein von der Commission Internationale de l'Eclairage (CIE) definierter RGB-Farbraum mit relativ großem Farbumfang und schlechter Abdeckung im
Grün- und Cyanbereich. Bei der Farbraumtransformation nach CMYK kann es zu
unerwünschten Farbabweichungen kommen, da er extrem gesättigte Farben
umfasst, die im Offsetdruck nicht realisierbar sind. Ebenso wenig kann ein Monitor den gesamten CIE-RGB-Farbraum korrekt darstellen.

Zielgamma: 2,2

Weißpunkt: Stand. Illuminant E

Primärfarben: CIE-RGB

Rot: $x = 0,7350$ $y = 0,2650$

Grün: $x = 0,2740$ $y = 0,7170$

Blau: $x = 0,1670$ $y = 0,0090$

Weiß: $x = 0,3333$ $y = 0,3333$

Color Match RGB

Color Match RGB ist ein spezieller RGB-Farbraum vom Monitorhersteller Radius,
der mit dem Farbraum ihrer Pressview-Monitore übereinstimmt. Man benötigt
aber keineswegs einen Radius-Monitor, um ihn zu nutzen, denn es handelt sich
ja ausschließlich um eine Farbraumbeschreibung. Er wird als eher »konservati-
ver« Druckvorstufen-Farbraum empfohlen. Mit einem Gamma von 1,8 ähnelt er
den Farbdefinitionen, die auf einem Mac unter Photoshop 4.0 verwendet wurden.

Zielgamma: 1,8

Weißpunkt: 5000 K (D50)

Primärfarben: P22-EBU

Rot: $x = 0,6300$ $y = 0,3400$

Grün: $x = 0,2950$ $y = 0,6050$

Blau: $x = 0,1500$ $y = 0,0750$

Weiß: $x = 0,3457$ $y = 0,3585$

ECI-RGB

Der ICC-basierte und in Photoshop nicht standardmäßig integrierte ECI-RGB-Farbraum, der von der European Color Initiative (ECI) besonders für die Belange der
Druckvorstufe definiert wurde und sich in der Praxis bewährt hat, ist besonders
gut geeignet für das Codieren von real vorkommenden Farben. Das liegt daran,
dass er die theoretisch möglichen Werte gleichmäßig über den Raum der tatsächlich vorkommenden Farben verteilt. Für die Druckvorstufe wird er als Stan-

dard-RGB-Arbeitsfarbraum empfohlen. Zu beziehen ist er unter www.eci.org als ICC-Profil.

Der ECI-RGB-Farbraum ist besonders gut geeignet für die Bilderfassung (Digital-fotografie), die Bildbearbeitung (Bildretusche, Bildkorrektur usw.), die Weiter-gabe an Dritte und die Archivierung von Bilddaten, denn er umfasst in idealer Weise alle gängigen Druckfarbräume. ECI-RGB basiert auf folgenden Parame-tern:

Zielgamma: 1,8

Weißpunkt: 5000 K (D50)

Primärfarben: NTSC 1953

Rot: x = 0,6300   y = 0,3400

Grün: x = 0,2950   y = 0,6050

Blau: x = 0,1500   y = 0,0750

Weiß: x = 0,3457   y = 0,3585

PhotoGamut-RGB

Bei PhotoGamut-RGB handelt es sich um einen speziell auf die Bedürfnisse der professionellen Digitalfotografie und deren Weiterverarbeitung in Fachlaboren und bei Digitaldruckdienstleistern zugeschnittenen RGB-Arbeitsfarbraum. Im Vergleich zu allen anderen etablierten RGB-Arbeitsfarbräumen wie ECI-RGB, Adobe RGB, sRGB usw., die ausnahmslos Farbraumdefinitionen von theoreti-schen Monitoren und somit Selbstleuchtern sind, weist der PhotoGamut-RGB-Farbraum Ähnlichkeit mit real existierenden Fotopapier-Belichter- und Printer-Farbräumen auf. Der Farbraum ist so definiert, dass er möglichst alle realisierba-ren fotografischen und drucktechnischen Ausgabeverfahren (Offsetdruck) weit-gehend verlustfrei abdeckt, wobei alle von den gebräuchlichen Ausgabeverfah-ren nicht darstellbaren und somit überflüssigen Farben eliminiert wurden. Damit werden Informationsverluste bei der Transformation von einem Farbraum zum anderen auf ein Minimum reduziert. PhotoGamut-RGB basiert auf gemittelten Messdaten von zahlreichen repräsentativen RGB-Ausgabeverfahren wie Fotopa-pier-Belichter, thermische Ausgabeverfahren, Tintenstrahldrucker usw. und stellt somit ein Durchschnittsprofil verschiedener Ausgabeverfahren dar. Photo-Gamut-RGB ist gut geeignet, um auch ohne Colormanagement bei der Ausgabe eine möglichst optimale Qualität zu erzielen. Um dabei Farbverfälschungen so gering wie möglich zu halten, wird die Sättigung der Farbtöne im hellen und mittleren Sättigungsbereich geringfügig reduziert, wobei auch eine gewisse Annäherung an sRGB angestrebt wurde. Da es sich bei PhotoGamut-RGB um ein »echtes« Druckerprofil handelt – ein so genanntes LUT-Profil (Lookup-Tables), das alle vier Rendering Intents (siehe Kapitel 19, Abschnitt »Rendering Intents«) beinhaltet –, unterscheidet es sich auch in der Dateigröße von den anderen RGB-Arbeitsfarbräumen, die als »Monitorfarbräume« und somit als Matrix-TRC-Profile definiert sind. Matrix-TRC-Farbräume weisen eine lineare und perfekte

Graubalance (R=G=B) auf, doch haben sie zum Teil besonders in helleren Tonwerten nicht druckbare Bereiche. Bei PhotoGamut-RGB wurde die Grauachse hinsichtlich Kontrast und Graubalance optimiert und weist ein Zielgamma von 2,2 auf. Für die Konvertierung digitaler Bilddaten von Digitalkameras oder Scannern mit außergewöhnlich vielen hoch gesättigten Farben (aufgrund extrem großer Farbräume) in den PhotoGamut-RGB-Arbeitsfarbraum, wird der perzeptive bzw. fotografische Rendering Intent empfohlen, für alle übrigen Bilddaten der relativ farbmetrische Rendering Intent. PhotoGamut-RGB steht kostenlos auf der Website www.photogamut.org zum Herunterladen bereit.

Zielgamma: 2,24

Weißpunkt: 5000 K (D50)

Primärfarben: Eigene...

Rot: $x = 0{,}6921$ $y = 0{,}2899$

Grün: $x = 0{,}1665$ $y = 0{,}7345$

Blau: $x = 0{,}1269$ $y = 0{,}0478$

Weiß: $x = 0{,}3457$ $y = 0{,}3585$

Wide Gamut RGB

Wide Gamut RGB ist das genaue Gegenteil vom sRGB-Farbraum. Mit seinem extrem großen Farbumfang, der als Primärfarben reine Spektralfarben verwendet, umfasst er nahezu alle sichtbaren Farben, die aber von einem typischen Monitor nicht dargestellt werden können, ganz zu schweigen von einer Druckausgabe in CMYK, die vergleichsweise nur einen bescheidenen Teil aller sichtbaren Farben wiedergeben kann.

Zielgamma: 2,2

Weißpunkt: 5000 K (D50)

Primärfarben: 700/525/450 nm

Rot: $x = 0{,}7347$ $y = 0{,}2653$

Grün: $x = 0{,}1152$ $y = 0{,}8264$

Blau: $x = 0{,}1566$ $y = 0{,}0177$

Weiß: $x = 0{,}3457$ $y = 0{,}3585$

NTSC (1953)

NTSC ist der vom National Television Standards Committee (NTSC) definierte original Farbfernsehstandard in den USA, der mittlerweile vom neueren SMPTE-C abgelöst wurde.

SMPTE-C

SMPTE-C ist der aktuelle Farbfernsehstandard in den USA.

PAL/SECAM

PAL/SECAM ist der aktuelle Farbfernsehstandard in Europa.

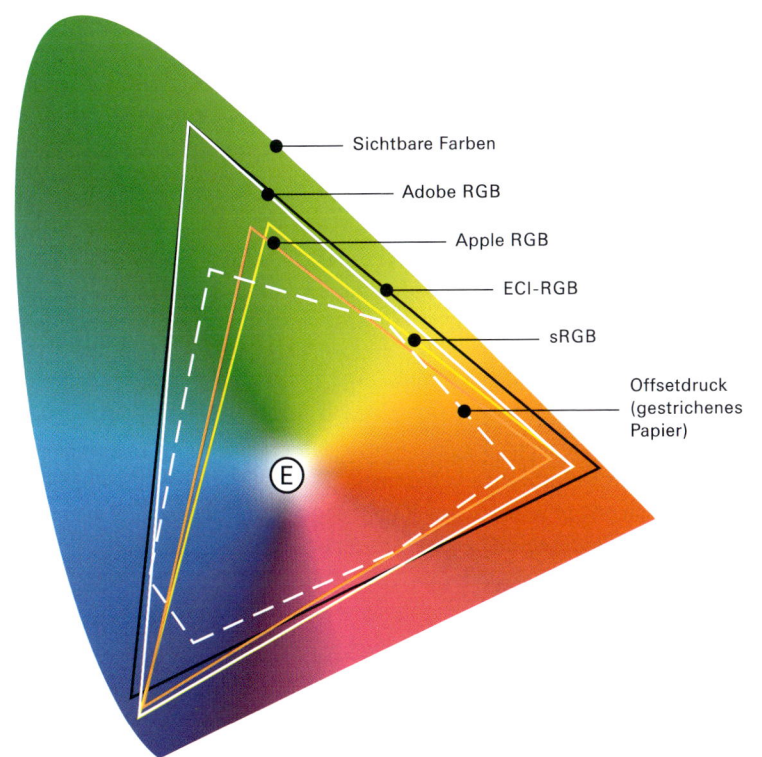

Abbildung 4.2
Verschiedene
RGB-Arbeitsfarbräume

Sichtbare Farben

Adobe RGB

Apple RGB

ECI-RGB

sRGB

Offsetdruck
(gestrichenes
Papier)

4.3 Das CMYK-Modell (Körperfarben)

Die Abkürzung CMYK steht für die Druckfarben Cyan, Magenta, Yellow und Key für Schwarz – die Primärfarben der subtraktiven Farbmischung. Druckfarben oder so genannte *Prozessfarben* machen nur Sinn, wenn weißes Licht auf sie fällt. Die lasierenden Druckfarben absorbieren je ein Spektraldrittel und reflektieren die beiden übrigen Spektraldrittel. Gemäß Theorie entsteht Schwarz, wenn Cyan, Magenta und Gelb vollflächig übereinander gedruckt werden, weil sie zusammen das ganze Licht absorbieren. Deshalb spricht man auch von der *subtraktiven* Farbmischung. In der Praxis sind die Druckfarben allerdings nicht in der Lage, den gegenfarbigen Lichtanteil vollständig und sauber zu absorbieren, womit ein kleiner Teil reflektiert wird. Ebenso wenig werden die übrigen zwei Spektraldrittel genügend remittiert. Das führt dazu, dass allein mit den Primärfarben Cyan, Magenta und Gelb kein sauberes, sattes Schwarz erzielt werden kann, sondern vielmehr ein schmutziges, dunkles Braun mit Rottendenz. Um dennoch einen genügend hohen Bildkontrast zu erhalten, wird in dunklen, neutralen Bildstellen zusätzlich die Farbe Schwarz (K) verwendet.

Die Koordinaten im CMYK-Modell sind Prozentwerte, mit denen eine Primärfarbe anteilmäßig in einer Mischfarbe vertreten ist. Die meisten Druckausgabesysteme – vom einfachen billigen Bürodrucker bis hin zur High-End-Offset- oder Digitaldruckmaschine – basieren auf dem CMYK-Modell. Aber auch ein Farbdia besteht aus Cyan, Magenta und Gelb (CMY), indem drei Farbschichten übereinander angeordnet sind. Cyan, Magenta und Gelb entstehen dabei durch eine chemische Reaktion bei der Entwicklung, durch so genannte Farbkoppler in je einer rot-, grün- und blauempfindlichen Schicht. Nur die schwarze Farbe wird in einem Dia nicht zusätzlich verwendet.

Die farblichen Ergebnisse eines Vierfarbendrucks und somit der realisierbare Farbumfang hängt von zahlreichen Faktoren ab. So zum Beispiel von den spektralen Eigenschaften der Primär- bzw. Prozessfarben, dem Bedruckstoff, dem Druckverfahren und zahlreichen weiteren drucktechnischen Parametern. Daraus ergeben sich ganz unterschiedliche farbmetrische Eckwerte. Deshalb gibt es nicht nur einen, sondern zahlreiche CMYK-Farbräume, ebenso viele wie es verschiedene Kombinationen von Papier, Prozessfarben und Druckbedingungen gibt. So können gleiche Farbwerte in der Realität zu ganz unterschiedlichen Farben führen, je nach den physikalischen Rahmenbedingungen, weshalb auch das CMYK-Modell zu den geräteabhängigen Farbräumen zählt.

Der CMY-Farbwürfel

Das würfelförmige CMY-Modell der subtraktiven Farbmischung basiert auf den drei Koordinatenachsen für die drei Grundfarben Cyan, Magenta und Gelb (Yellow) und ist gewissermaßen das umgekehrte, komplementäre Prinzip des RGB-Modells. Die drei Koordinatenachsen haben ihre Nullpunkte bei C = 0 %, M = 0 % und Y = 0 % und somit bei Weiß. Stellt man sich die drei Grundfarben Cyan, Magenta und Gelb als Farbfilter mit zunehmender Deckkraft zwischen 0 % und 100 % vor, so haben sie hier im Koordinatenursprung je 0 % Deckkraft, womit auch keine Spektralanteile des weißen Lichtes absorbiert bzw. herausgefiltert werden. Am äußersten Ende einer jeden Hauptachse befinden sich die Grundfarben bzw. die »Farbfilter« mit der maximalen Deckkraft von 100 % und absorbieren je ein Drittel des Spektrums. Cyan absorbiert das rote, Magenta das grüne und Gelb das blaue Spektraldrittel. Die Farben, die bei zunehmender Absorption durch zwei Farbfilter zusammen noch remittiert werden, spannen eine Fläche zwischen ihren Hauptachsen auf. Je zwei Primärfarben oder »Farbfilter« bei 100 % Deckkraft bilden zusammen die Sekundärfarben des subtraktiven Farbmodells Rot, Grün und Blau (die Grundfarben des additiven Farbmodells). Wirken alle drei Farbfilter mit voller Deckkraft, werden alle drei Spektraldrittel vollständig absorbiert, womit theoretisch Schwarz übrig bleibt – das heißt es werden keine Lichtanteile mehr remittiert. Die Diagonale des Würfels bildet die

Grauachse; sie beginnt bei C = 0 %, M = 0 %, Y = 0 % und endet auf der gegen-
überliegenden Seite bei C =100 %, M = 100 % und Y =100 % und somit bei
Schwarz. Die Koordinaten des CMY-Modells werden in Prozentwerten auf einer
Skala von 0–100 % definiert, womit eine Farbe im Würfel durch Angabe von drei
Prozentwerten für die Anteile Cyan, Magenta und Yellow beschrieben wird. Mög-
lich sind auch die Angaben 0 für 0 % und 1 für 100 %.

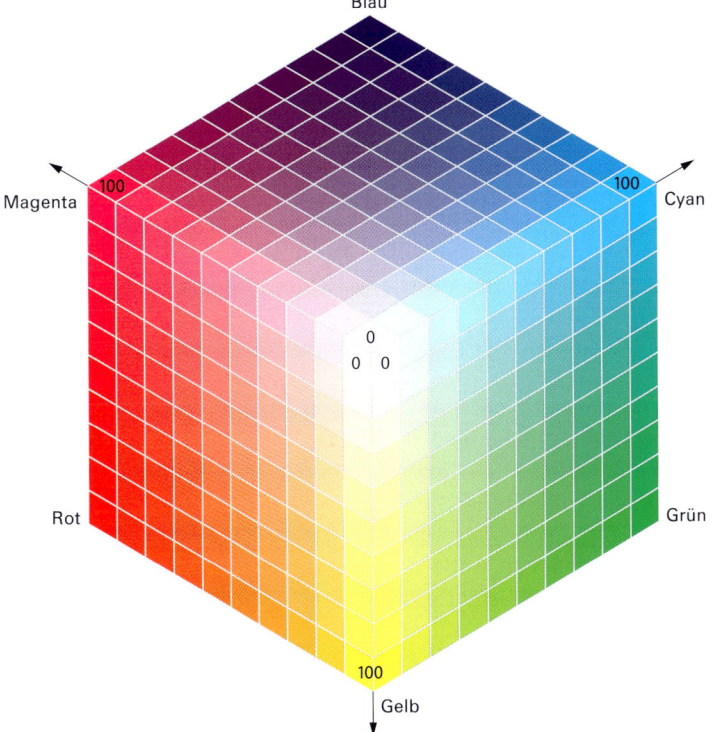

Abbildung 4.3
Der CMY-Farbwürfel

Die CMY-Farbtafeln eines Farbwertatlasses, wie sie in der grafischen Industrie
häufig verwendet werden, um Farben anhand ihrer prozentualen Anteile von
Cyan, Magenta und Gelb – den Grundfarben des Offsetdrucks – zu definieren,
stellen jeweils eine Ebene des Würfels in 10 %-Schritten im rechten Winkel zur
Gelbachse dar. Die beiden Hauptachsen von Cyan und Magenta werden auf
jeder Ebene immer in der ganzen Stufenskala von 0–100 % dargestellt, womit
nur der Gelbanteil von Farbtafel zu Farbtafel in 10 %-Schritten variiert.

Die spätere Farbwiedergabe von solchermaßen definierten Farben kann je nach
Druckverfahren und Bedruckstoff starke Abweichungen aufweisen. Eine identische Farbwiedergabe ist nur gegeben, wenn der Farbwertatlas unter den gleichen Druckbedingungen und auf demselben Bedruckstoff wie der spätere Auflagendruck erstellt wurde. Ebenso muss die visuelle Farbabmusterung unter
Normlicht D50 oder D65 erfolgen.

Abbildung 4.4
CMY(K)-Farbtafeln

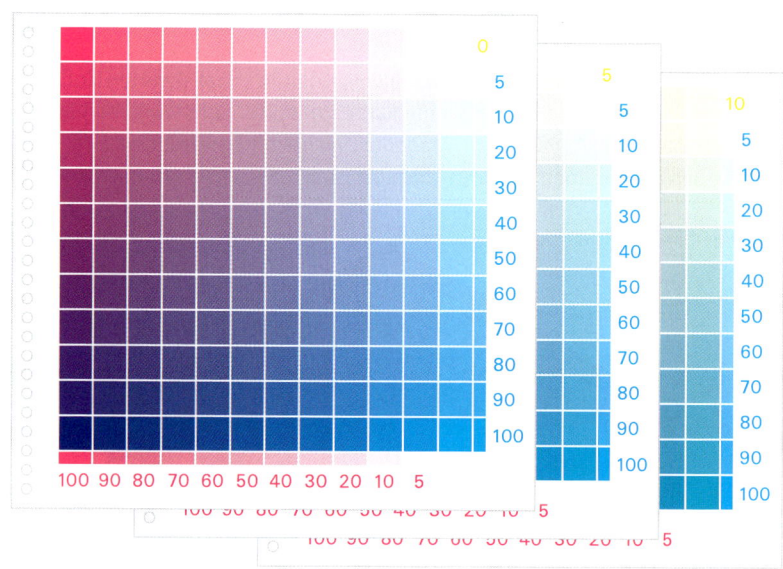

Diese CMY(K)-Farbtafeln basieren auf dem von Alfred Hickethier 1952 geschaffe-
nen, 1000 Farbtöne umfassenden Farbsystem, welches die drei Grundfarben
Gelb, Magenta und Cyan zu einer 10-stufigen Tonwertskala von Weiß bis zum
Vollton aufrastert. Die Tonwertstufen bezeichnete Hickethier mit 0 für Weiß und
9 für den Vollton. Ein bestimmter Tonwert in diesem System wurde mit einem
Zahlentripel umschrieben, wobei die erste Ziffer den Gelbanteil, die zweite Ziffer
den Magentaanteil und die dritte Ziffer den Cyananteil bezeichnet.

Y	M	C	
0	0	9	Reines Cyan
0	9	0	Reines Magenta
9	0	0	Reines Gelb
9	9	0	Reines Rot
9	0	9	Reines Grün
0	9	9	Reines Blau
9	9	9	Schwarz
0	0	0	Weiß
3	3	3	Helles Grau

Der CMYK-Modus

Bilddaten, die im CMYK-Modus vorliegen, sind Bilddaten, die für den Vierfarbendruck aufbereitet sind. Die dazu notwendige Farbraumtransformation von RGB
nach CMYK wird als *Farbseparation* bezeichnet, bei der jedem RGB-Farbwert entsprechende Prozentwerte der subtraktiven Prozessfarben CMYK zugeordnet

werden. Die Prozessfarbenanteile werden dabei auf die so genannten *Farbauszüge* aufgeteilt. Die Separation oder das Zerlegen einer Datei muss immer unter Berücksichtigung verschiedener drucktechnischer Parameter erfolgen, um im späteren Auflagendruck farblich adäquate Ergebnisse zu erzielen. Das bedeutet, dass der im Auflagendruck zu erwartende Tonwertzuwachs – der wiederum abhängig vom Bedruckstoff ist –, der Gesamtfarbauftrag (GFA) in einer schwarzen Bildstelle und der Schwarzaufbau (UCR oder GCR) bei der Farbseparation weitgehend berücksichtigt werden müssen, denn die Zerlegung in die Farbanteile C, M, Y, K erfolgt grundsätzlich in Abhängigkeit von diesen Druckparametern. So entscheidet beispielsweise der Schwarzaufbau darüber, ob die Verschwärzlichung von Tertiärfarben mit der Komplementärfarbe (UCR) oder mit Schwarz (GCR) erfolgt, womit der Schwarzauszug mehr oder weniger zum Bildaufbau beiträgt. Er enthält dementsprechend mehr oder weniger Informationen. Eine CMYK-Datei ist also immer auf eine ganz bestimmte Druckausgabe hin optimiert und somit nicht mehr medienneutral. Daher empfiehlt es sich, prinzipiell immer nur eine Kopie der Daten zu separieren, das heißt in den CMYK-Modus zu transformieren, um jederzeit für andere Ausgabemedien auf die originalen RGB-Daten zurückgreifen zu können.

Obschon auch RGB-Daten nur dann geräteneutral sind, wenn sie in einem kalibrierten RGB-Arbeitsfarbraum vorliegen und mit dem entsprechenden ICC-Profil gespeichert wurden, unterliegen sie dennoch nicht einer bestimmten Art und Weise des Farbaufbaus wie CMYK-Daten, die nicht ohne Qualitätsverluste einfach an andere Ausgabemedien angepasst werden können.

In professionellen und zeitgemäßen Arbeitsumgebungen werden Farbseparationen im Rahmen eines gesamten Colormanagement-Workflows ausschließlich mit ICC-Profilen durchgeführt, um eine gewisse Kontinuität (möglichst in Anlehnung an allgemeine Druckstandards) zu erzielen.

Kapitel 5

Farbauswahlsysteme

Farbauswahlsysteme sind eigentlich Farbtabellen, die nach bestimmten mathematischen Kriterien eine beschränkte Anzahl Farben umfassen. Es sind also weder Farbmisch- noch Farbmaßsysteme. Sie wurden speziell für die Erfordernisse des Screen-Designs entwickelt, das heißt für die Bildschirmdarstellung.

Bei der Gestaltung von Webseiten oder anderen Online-Anwendungen beschränkt man sich auf maximal 256 oder sogar auf nur 216 Farben – aus einer möglichen Anzahl von 16 777 216 Farben einer RGB-Bilddatei bei 24-Bit (3x8 Bit) Farbtiefe. Das würde heißen, dass lediglich jede 65 536ste Farbe verwendet wird, was ganz offensichtlich zu sichtbaren farblichen Qualitätseinbußen führen muss. Der Grund für diese spartanische Selbstbeschränkung ist hardwarebedingt und liegt in der Annahme, dass wohl die wenigsten gewöhnlichen Internet-Nutzer über einen Monitor bzw. über eine Grafikkarte verfügen, die mehr als nur gerade 256 Farben (8-Bit) darstellen kann – was außerhalb des professionellen Bereichs auch nicht nötig ist. Ein weiterer Grund ist der wesentlich geringere Speicherplatzbedarf, den ein Bild mit so genannten indizierten Farben (8-Bit) belegt, was im Internet ein absolutes Muss ist, um Daten effizient im Netz zu bewegen und eine Webseite auch genügend schnell am Bildschirm darzustellen. Man geht zudem davon aus, dass ein Großteil aller Websurfer nicht über einen besonders schnellen breitbandigen Internetanschluss (DSL) verfügt.

Abbildung 5.1
Die Macintosh-
Systempalette

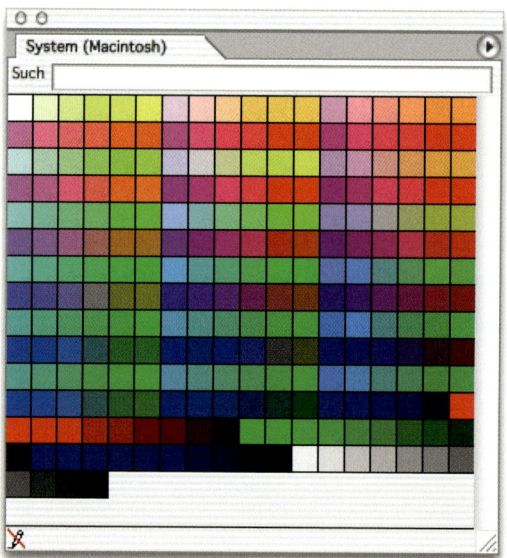

Die Zusammenstellung der Farben in einer solchen Tabelle ist grundsätzlich nicht normiert, sondern systemabhängig. So gibt es eine *Mac-OS-Systemtabelle* und eine *Windows-Systemtabelle*. Die Crux daran ist nur, dass in diesen beiden Systemtabellen weder die Art der Farben noch deren Positionen identisch sind; und so kommt es bei Verwendung einer dieser Tabellen unweigerlich zu Farbverfälschungen auf dem jeweils anderen System – was aber grundsätzlich ja nichts

Außergewöhnliches zwischen diesen beiden Systemwelten ist! Jede Stelle in einer Farbtabelle ist nummeriert; wechselt die Farbtabelle, bleibt die Nummer des Bildpixels gleich. In einer anderen Farbtabelle sind nun möglicherweise diese Nummern einer anderen Farbe zugeordnet, weshalb das Bild nun plötzlich völlig andere Farben darstellt.

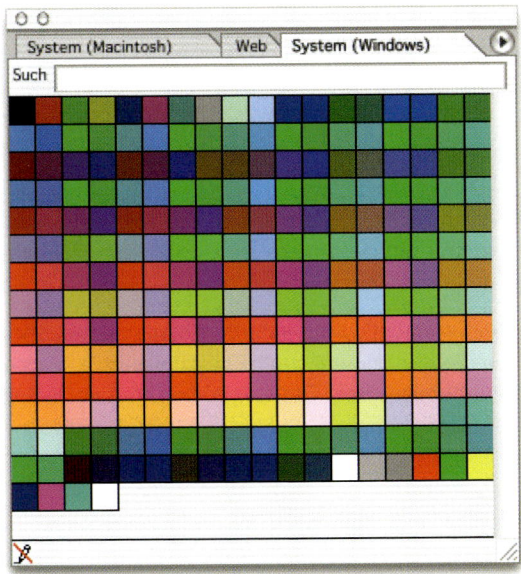

Abbildung 5.2
Die Windows-Systempalette

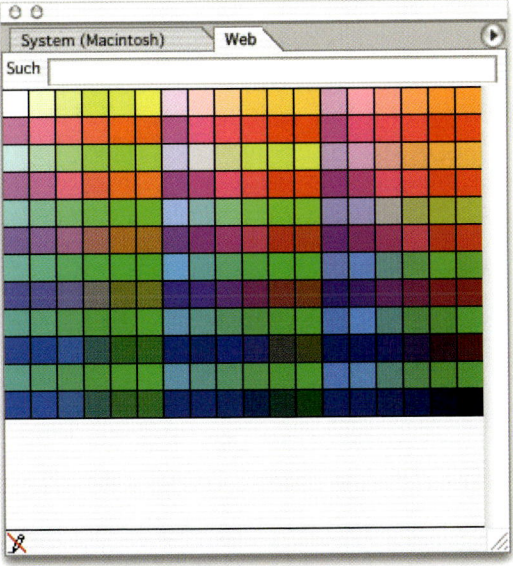

Abbildung 5.3
Die Web-Palette

So stellten die Browserhersteller eine weitere Tabelle zusammen, welche nur diejenigen Farben enthält, die auf beiden Systemen zufällig identisch sind. Die als *Web-Palette* bezeichnete Farbtabelle umfasst nur noch 216 Farben, die von allen Browsern in Form einer fest integrierten Tabelle unterstützt werden. Farben, die außerhalb dieser Palette liegen, können nicht korrekt dargestellt werden. Somit kann man bei Verwendung dieser »websicheren« Farbtabelle davon ausgehen, dass eine adäquate Farbdarstellung sowohl auf einem 8-Bit- als auch auf einem 24-Bit-Monitor, auf einem Mac- sowie einem Windows- oder UNIX-System gewährleistet ist. Denn bei der Gestaltung einer Webseite weiß man nur, dass sie mit irgendeinem Browser auf irgendeinem Monitor betrachtet wird, dessen Gamma aber ebenso unbekannt ist wie die Fähigkeiten der Grafikkarte, das verwendete Betriebssystem oder der Rechner, auf dem das System läuft. Zudem verwenden Web-Browser unterschiedliche RGB-Farbräume, um Farben anzuzeigen. Windows-Browser verwenden in der Regel den sRGB-Farbraum, während Mac-Browser den Apple-RGB-Farbraum benutzen.

Diese so genannte »websichere« Farbtabelle sieht aufgrund ihrer ausschließlich mathematischen Farbenordnung etwas zufällig und undiszipliniert aus und schon gar nicht nach objektiv untermauertem Ordnungssinn. Das Farbsystem wird auch als *6x6x6-Farbwürfel* bezeichnet, weil es nur jeweils sechs mögliche Farbwerte pro Farbkomponente (RGB) geben kann. Die Koordinaten in diesem Farbraum sind sowohl RGB- als auch Hexadezimalwerte. Allerdings garantiert nur die Verwendung von Hexadezimalwerten im HTML-Code einer Webseite dafür, dass die Farben für Hintergrund, Text oder Links in jedem Browser korrekt dargestellt werden. Für die Definition einer Farbe in RGB-Werten kommen nur sechs Zahlenwerte im Dezimalsystem für jede der drei Komponenten (RGB) in Frage, mit einer Schrittweite von 51.

Das Hexadezimalsystem, das in der digitalen Welt weit verbreitet und auch sehr praktisch ist – da jedes Byte (8 Bit) durch eine zweistellige Hexadezimalzahl dargestellt werden kann –, basiert im Gegensatz zum Dezimalsystem (mit der Potenz 10) auf der Potenz 16. Da die zehn Ziffern des Dezimalsystems von 0 bis 9 nicht ausreichen, um alle 16 Hexadezimalziffern darzustellen, verwendet man zusätzlich die Buchstaben A bis F.

Dez	0	1	2	3	4	5	6	7	8	9	10	11	12	13	14	15
Hex	0	1	2	3	4	5	6	7	8	9	A	B	C	D	E	F

Farbwerte in RGB	0	51	102	153	204	255
Farbwerte in Hex	00	33	66	99	CC	FF

Diese 6^3 (6x6x6) Variationsmöglichkeiten ergeben 216 Farben. Für die Gestaltung von Navigationselementen oder einfachen Vektorgrafiken reichen 216 Farben gut, da es sich hier um homogene, einfarbige Flächen handelt. Für fotografische Halbtonbilder sind es in der Regel zu wenige, um fließende Farbübergänge ohne allzu hässliche und gut sichtbare Tonwertabrisse und Tonwertsprünge umzusetzen. Für Halbtonbilder gibt es daher die Möglichkeit, eine flexible bzw. eine exakte Tabelle selbst zu indizieren, indem beispielsweise eine repräsentative Auswahl von Farben, die in einem Bild am häufigsten vorkommen, in eine Tabelle übernommen wird. Die Wahl der Farben kann dabei nach perzeptiven, selektiven oder adaptiven Kriterien erfolgen. Bei dieser so genannten Indizierung kann die gewünschte Farbtiefe bzw. die Anzahl Farben frei bestimmt werden und somit die Anzahl Bit pro Pixel mit denen die Farbwerte codiert werden sollen – was zudem eine Möglichkeit darstellt, die Datenmenge weiter zu reduzieren.

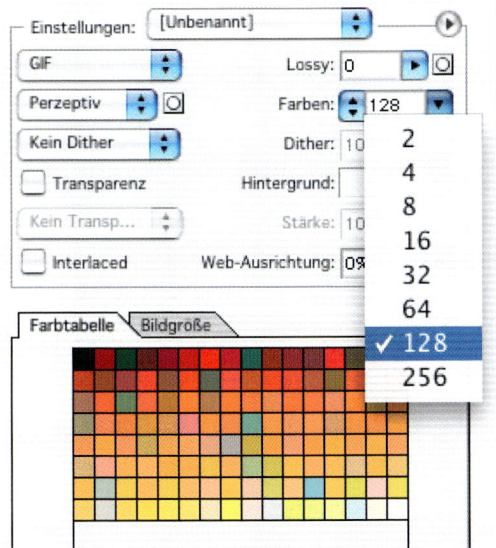

Abbildung 5.4
Eine eigene Farbtabelle indizieren

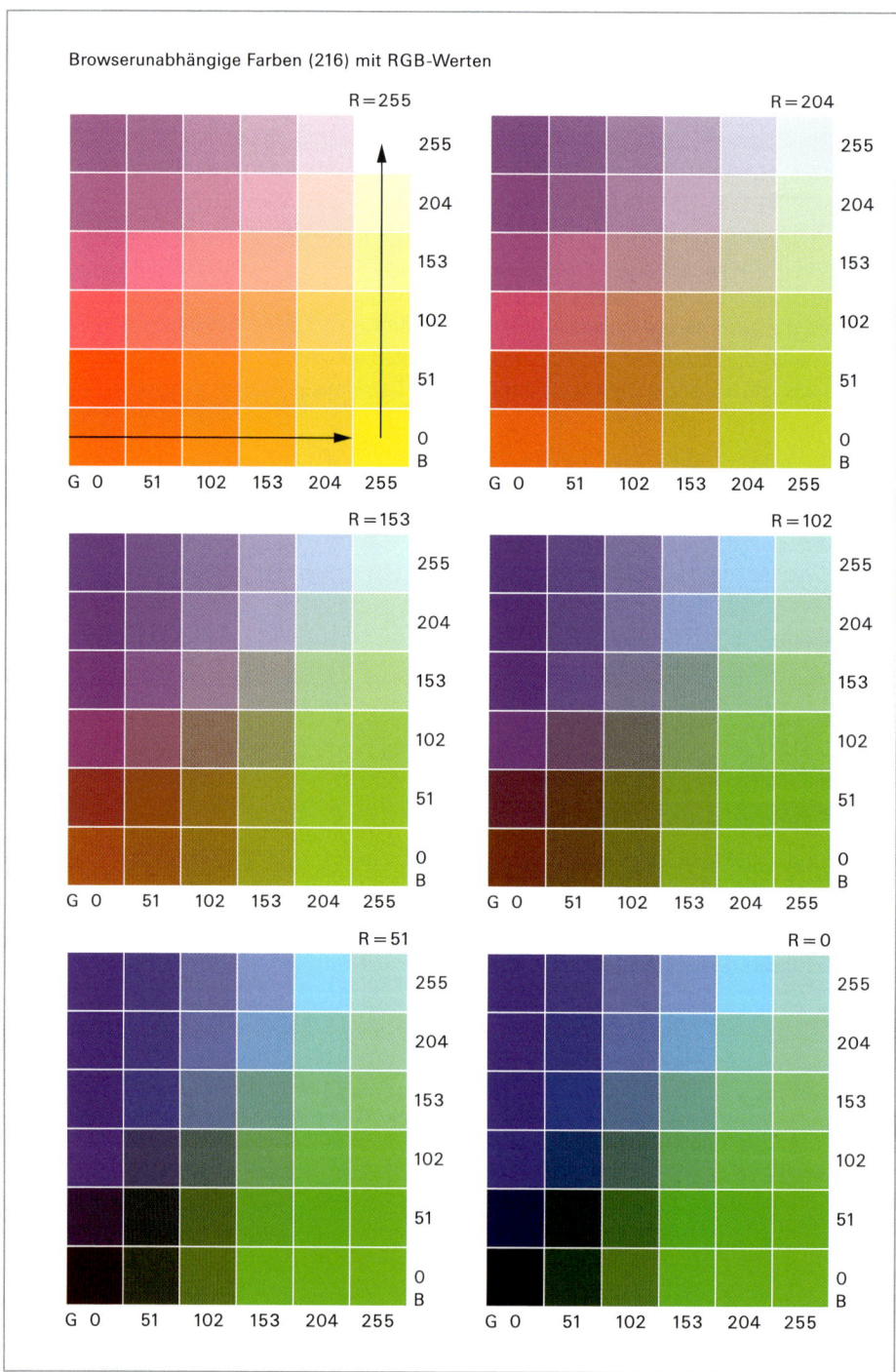

Abbildung 5.5
Browserunabhängige Farben mit RGB-Werten

Browserunabhängige Farben nach Farbtönen (Hexadezimal- und RGB-Werte)   Tafel 1

330000 R = 051 G = 000 B = 000	660000 R = 102 G = 000 B = 000	990000 R = 153 G = 000 B = 000	CC0000 R = 204 G = 000 B = 000
CC0033 R = 204 G = 000 B = 051	FF3366 R = 255 G = 051 B = 102	990033 R = 153 G = 000 B = 051	CC3366 R = 204 G = 051 B = 102
CC0099 R = 204 G = 000 B = 153	FF33CC R = 255 G = 051 B = 204	FF00CC R = 255 G = 000 B = 204	330033 R = 051 G = 000 B = 051
FF99FF R = 255 G = 153 B = 255	FFCCFF R = 255 G = 204 B = 255	CC00FF R = 204 G = 000 B = 255	9900CC R = 153 G = 000 B = 204
330099 R = 051 G = 000 B = 153	6633CC R = 102 G = 051 B = 204	9966FF R = 153 G = 102 B = 255	3300CC R = 051 G = 000 B = 204
666699 R = 102 G = 102 B = 153	6666CC R = 102 G = 102 B = 204	6666FF R = 102 G = 102 B = 255	9999CC R = 153 G = 153 B = 204
3399FF R = 051 G = 153 B = 255	6699CC R = 102 G = 153 B = 204	99CCFF R = 153 G = 204 B = 255	0099FF R = 000 G = 153 B = 255
00CCCC R = 000 G = 204 B = 204	33CCCC R = 051 G = 204 B = 204	66CCCC R = 102 G = 204 B = 204	99CCCC R = 153 G = 204 B = 204
006633 R = 000 G = 102 B = 051	339966 R = 051 G = 153 B = 102	00CC66 R = 000 G = 204 B = 102	66CC99 R = 102 G = 204 B = 153
009900 R = 000 G = 153 B = 000	339933 R = 051 G = 153 B = 051	669966 R = 102 G = 153 B = 102	00CC00 R = 000 G = 204 B = 000
66CC33 R = 102 G = 204 B = 051	99FF66 R = 153 G = 255 B = 102	66FF00 R = 102 G = 255 B = 000	336600 R = 051 G = 102 B = 000
333300 R = 051 G = 051 B = 000	666600 R = 102 G = 102 B = 000	666633 R = 102 G = 102 B = 051	999900 R = 153 G = 153 B = 000
CC9900 R = 204 G = 153 B = 000	FFCC33 R = 255 G = 204 B = 051	996600 R = 153 G = 102 B = 000	CC9933 R = 204 G = 153 B = 051
CC3300 R = 204 G = 051 B = 000	FF6633 R = 255 G = 102 B = 051	FF3300 R = 255 G = 051 B = 000	333333 R = 051 G = 051 B = 051

Abbildung 5.6
Browserunabhängige Farben nach Farbtönen

Browserunabhängige Farben nach Farbtönen (Hexadezimal- und RGB-Werte)   Tafel 2

FF0000 R = 255 G = 000 B = 000	663333 R = 102 G = 051 B = 051	993333 R = 153 G = 051 B = 051	CC3333 R = 204 G = 051 B = 051
FF6699 R = 255 G = 102 B = 153	FF0066 R = 255 G = 000 B = 102	660033 R = 102 G = 000 B = 051	CC0066 R = 204 G = 000 B = 102
660066 R = 102 G = 000 B = 102	990099 R = 153 G = 000 B = 153	CC00CC R = 204 G = 000 B = 204	FF00FF R = 255 G = 000 B = 255
CC33FF R = 204 G = 051 B = 255	660099 R = 102 G = 000 B = 153	9933CC R = 153 G = 051 B = 204	CC66FF R = 204 G = 102 B = 255
6633FF R = 102 G = 051 B = 255	3300FF R = 051 G = 000 B = 255	000000 R = 000 G = 000 B = 000	000033 R = 000 G = 000 B = 051
9999FF R = 153 G = 153 B = 255	CCCCFF R = 204 G = 204 B = 255	0033FF R = 000 G = 051 B = 255	0033CC R = 000 G = 051 B = 204
006699 R = 000 G = 102 B = 153	3399CC R = 051 G = 153 B = 204	66CCFF R = 102 G = 204 B = 255	0099CC R = 000 G = 153 B = 204
00FFFF R = 000 G = 255 B = 255	33FFFF R = 051 G = 255 B = 255	66FFFF R = 102 G = 255 B = 255	99FFFF R = 153 G = 255 B = 255
33FF99 R = 051 G = 255 B = 153	99FFCC R = 153 G = 255 B = 204	00FF66 R = 000 G = 255 B = 102	009933 R = 000 G = 153 B = 051
33CC33 R = 051 G = 204 B = 051	66CC66 R = 102 G = 204 B = 102	99CC99 R = 153 G = 204 B = 153	00FF00 R = 000 G = 255 B = 000
669933 R = 102 G = 153 B = 051	66CC00 R = 102 G = 204 B = 000	99CC66 R = 153 G = 204 B = 102	99FF33 R = 153 G = 255 B = 051
999933 R = 153 G = 153 B = 051	999966 R = 153 G = 153 B = 102	CCCC00 R = 204 G = 204 B = 000	CCCC33 R = 204 G = 204 B = 051
FFCC66 R = 255 G = 204 B = 102	FF9900 R = 255 G = 153 B = 000	663300 R = 102 G = 151 B = 000	996633 R = 153 G = 102 B = 051
666666 R = 102 G = 102 B = 102	999999 R = 153 G = 153 B = 153	CCCCCC R = 204 G = 204 B = 204	FFFFFF R = 255 G = 255 B = 255

Browserunabhängige Farben nach Farbtönen (Hexadezimal- und RGB-Werte)　　　Tafel 3

FF3333 R = 255 G = 051 B = 051	996666 R = 153 G = 102 B = 102	CC6666 R = 204 G = 102 B = 102	FF6666 R = 255 G = 102 B = 102
993366 R = 153 G = 051 B = 102	FF3399 R = 255 G = 051 B = 153	CC6699 R = 204 G = 102 B = 153	FF99CC R = 255 G = 153 B = 204
663366 R = 102 G = 051 B = 102	993399 R = 153 G = 051 B = 153	CC33CC R = 204 G = 051 B = 204	FF33FF R = 255 G = 051 B = 255
9900FF R = 153 G = 000 B = 255	330066 R = 051 G = 000 B = 102	6600CC R = 102 G = 000 B = 204	663399 R = 102 G = 051 B = 153
000066 R = 000 G = 000 B = 102	000099 R = 000 G = 000 B = 153	0000CC R = 000 G = 000 B = 204	0000FF R = 000 G = 000 B = 255
3366FF R = 051 G = 102 B = 255	003399 R = 000 G = 051 B = 153	3366CC R = 051 G = 102 B = 204	6699FF R = 102 G = 153 B = 255
33CCFF R = 051 G = 204 B = 255	00CCFF R = 000 G = 204 B = 255	003333 R = 000 G = 051 B = 051	006666 R = 000 G = 102 B = 102
CCFFFF R = 204 G = 255 B = 255	00FFCC R = 000 G = 255 B = 204	00CC99 R = 000 G = 204 B = 153	33FFCC R = 051 G = 255 B = 204
33CC66 R = 051 G = 204 B = 102	66FF99 R = 102 G = 255 B = 153	00CC33 R = 000 G = 204 B = 051	33FF66 R = 051 G = 255 B = 102
33FF33 R = 051 G = 255 B = 051	66FF66 R = 102 G = 255 B = 102	99FF99 R = 153 G = 255 B = 153	CCFFCC R = 204 G = 255 B = 204
CCFF99 R = 204 G = 255 B = 153	99FF00 R = 153 G = 255 B = 000	669900 R = 102 G = 153 B = 000	99CC33 R = 153 G = 204 B = 051
CCCC66 R = 204 G = 204 B = 102	CCCC99 R = 204 G = 204 B = 153	FFFF00 R = 255 G = 255 B = 000	FFFF33 R = 255 G = 255 B = 051
CC6600 R = 204 G = 102 B = 000	CC9966 R = 204 G = 153 B = 102	FF9933 R = 255 G = 153 B = 051	FFCC99 R = 255 G = 204 B = 153

Browserunabhängige Farben nach Farbtönen (Hexadezimal- und RGB-Werte)   Tafel 4

CC9999	FF9999	FFCCCC	FF0033
R = 204	R = 255	R = 255	R = 255
G = 153	G = 153	G = 204	G = 000
B = 153	B = 153	B = 204	B = 051

FF0099	990066	CC3399	FF66CC
R = 255	R = 153	R = 204	R = 255
G = 000	G = 000	G = 051	G = 102
B = 153	B = 102	B = 153	B = 204

996699	CC66CC	FF66FF	CC99CC
R = 153	R = 204	R = 255	R = 204
G = 102	G = 102	G = 102	G = 153
B = 153	B = 204	B = 255	B = 204

9933FF	9966CC	CC99FF	6600FF
R = 153	R = 153	R = 204	R = 102
G = 051	G = 102	G = 153	G = 000
B = 255	B = 204	B = 255	B = 255

333366	333399	3333CC	3333FF
R = 051	R = 051	R = 051	R = 051
G = 051	G = 051	G = 051	G = 051
B = 102	B = 153	B = 204	B = 255

0066FF	003366	0066CC	336699
R = 000	R = 000	R = 000	R = 051
G = 102	G = 051	G = 102	G = 102
B = 255	B = 102	B = 204	B = 153

336666	009999	339999	669999
R = 051	R = 000	R = 051	R = 102
G = 102	G = 153	G = 153	G = 153
B = 102	B = 153	B = 153	B = 153

009966	33CC99	66FFCC	00FF99
R = 000	R = 051	R = 102	R = 000
G = 153	G = 204	G = 255	G = 255
B = 102	B = 153	B = 204	B = 153

00FF33	003300	006600	336633
R = 000	R = 000	R = 000	R = 051
G = 255	G = 051	G = 102	G = 102
B = 051	B = 000	B = 000	B = 051

33FF00	33CC00	66FF33	339900
R = 051	R = 051	R = 102	R = 051
G = 255	G = 204	G = 255	G = 153
B = 000	B = 000	B = 051	B = 000

CCFF66	99CC00	CCFF33	CCFF00
R = 204	R = 153	R = 204	R = 204
G = 255	G = 204	G = 255	G = 255
B = 102	B = 000	B = 051	B = 000

FFFF66	FFFF99	FFFFCC	FFCC00
R = 255	R = 255	R = 255	R = 255
G = 255	G = 255	G = 255	G = 204
B = 102	B = 153	B = 204	B = 000

FF6600	993300	CC6633	FF9966
R = 255	R = 153	R = 204	R = 255
G = 102	G = 051	G = 102	G = 153
B = 000	B = 000	B = 051	B = 102

Kapitel 6

6 Farbmaßsysteme

6.1 Farbmaßsysteme

Farbmaßsysteme wie das CIE-Normvalenzsystem, das CIE-L'u'v'- und das CIE-Lab-Farbsystem sind internationale Normen bzw. Farbstandards, die auf der visuellen Wahrnehmung von Farbe basieren, das heißt sie stellen die zahlenmäßige Beschreibung der visuellen Farbwahrnehmung in einem Farbkörper dar und dienen als Grundlage in der Farbmetrik. Man bezeichnet sie auch als *wahrneh-mungsorientierte* Farbmodelle. Da sie auf imaginären, rein rechnerisch erzeugten Primärfarben mit den Bezeichnungen XYZ beruhen, sind sie völlig unabhängig von einem gerätebezogenen Farbraum wie etwa RGB oder CMYK. Somit handelt es sich um absolut geräteunabhängige Farbräume, weshalb sie auch in der grafischen Industrie bzw. im Colormanagement eine zentrale Rolle einnehmen.

Um Farbe – als reine Sinneswahrnehmung – bzw. deren Vorhersehbarkeit zu messen und somit auch kommunizierbar zu machen, braucht man ein verbindliches Bezugssystem (ähnlich wie der Urmeter – ein Platin-Iridium-Stab als absolute Bezugsgröße für das Längenmaß), das zudem gestattet, Farbe zu verorten. Erst anhand eines solchen Bezugssystems ist man in der Lage, verbindlich zu beschreiben, »welches CMYK« oder »welchen RGB-Wert« man in einem Bild oder einer Grafik eigentlich verwendet.

Farbmaßsysteme in der Farbmetrik und der industriellen Qualitätssicherung

Die *Farbmetrik* oder die Mathematik der Farben befasst sich mit der messtechnischen und quantitativen Erfassung von Farbwerten, dem Zusammenhang zwischen dem Spektrum des Farbreizes und der Farbvalenz (Farbeindruck), und entwickelt Standard-Bezugssysteme und Bezugsgrößen, um Farbe weltweit und eindeutig kommunizierbar zu machen.

Die Eindeutigkeit und Unmissverständlichkeit in der Farbkommunikation ist überall dort von entscheidender Bedeutung, wo Farbe produziert und reproduziert wird, das heißt dort, wo subjektive Sinneswahrnehmung quantifiziert werden soll. Also wo Begriffe wie »Erdbeerrot« – der als solcher nicht näher definiert ist – adäquat und wiederholbar umgesetzt werden sollen. So zum Beispiel bei der Produktion von Färbemitteln, synthetischen Farbpigmenten, farbigen Tonern, Farbstoff- oder Pigmenttinten, Buntlackfarben, Fassadenfarben, Offset- und Tiefdruckfarben, in der Druckvorstufe, der Bildreproduktion, bei Druckerzeugnissen und in zahlreichen weiteren Bereichen, wo Farbe in der täglichen Praxis eine zentrale Rolle spielt. Also überall dort, wo eine bedingungslose Wiederholbarkeit und Farbkontinuität gewährleistet sein muss. So würde man sich sicher sehr ärgern, wenn man eine original Auto-Lackfarbe zum Ausbessern einer schadhaften Stelle kauft und sie dann beim besten Willen einfach nicht ganz passt. Auch wenn sie nur geringfügig danebenliegt, ist sie ebenso augenfällig wie der Kratzer selbst. Eine zahlenmäßige oder anteilmäßige Beschreibung einer Farbe ist keine eindeutige Definition von Farbe. Denn bei der Druckausgabe oder der Monitorausgabe, aber auch bei der Bilderfassung mit Scannern

oder Digitalkameras kommen gerätespezifische Farberfassungs- und Farbwiedergabeeigenschaften dazu. Kein Scanner »sieht« die Farben genau gleich wie
ein anderer, auch dann nicht, wenn beide vom gleichen Modell und von der gleichen Produktionsserie sind. Ebenso wenig stellt ein Monitor Farben gleich dar
wie ein anderer. Deshalb gilt:

Farbanteil + gerätespezifische Eigenschaften = Farbe

RGB- und CMYK-Farbwerte basieren einerseits auf physikalischen Phänomenen,
andererseits sind sie aber auch den physikalischen Eigenschaften von Ein- und
Ausgabegeräten unterworfen, weshalb man sie als *geräteabhängige* Farben
bezeichnet.

6.2   Das CIE-Normvalenzsystem (CIE-XYZ)

Die 1931 in Paris gegründete Commission Internationale de l'Eclairage (CIE) bzw.
die Internationale Beleuchtungskommission, die sich mit der Entwicklung von
Normen für alle Aspekte der Lichtmessung befasst, setzte es sich zum Ziel,
einen Farbstandard bzw. ein verbindliches Bezugssystem zu schaffen, das eine
eindeutige Verständigung über Farbe ermöglicht, die unabhängig von geräte-
tespezifischen, physikalischen Einflussgrößen erfolgen soll. Das Farbsystem
sollte auf der visuellen Farbwahrnehmung (Farbvalenz) des Auges basieren und
somit auch die wichtigsten geräteabhängigen Farbräume (RGB und CMYK)
umfassen.

Dieses Normvalenzsystem basiert auf imaginären, hoch gesättigten Grundfarben (Rot, Grün, Blau) mit der Bezeichnung XYZ, die rein physikalisch nicht realisierbar sind, sondern lediglich mathematische Konstrukte darstellen. Diese virtuellen Grundfarben als Eckwerte des ganzen Farbraums wurden so gewählt,
dass der daraus resultierende Farbraum sämtliche vom menschlichen Auge
wahrnehmbaren Farben umfasst. Wie will man aber eine subjektive Sinneswahrnehmung, die von Mensch zu Mensch verschieden ist, messen? Wie soll man
einen Wahrnehmungsvorgang, an dem es nichts Konstantes und infolgedessen
auch nichts Messbares gibt, quantifizieren? Nun, es hat sich herausgestellt,
dass die meisten Menschen unter gleichen Bedingungen Farben sehr ähnlich
sehen und wahrnehmen. Folglich sind gleiche Bedingungen die Voraussetzung,
um objektive und aussagekräftige Ergebnisse zu ermitteln bzw. Farben zu vermessen. Zudem braucht es einen statistischen Mittelwert, der auf Messwerten
einer repräsentativen Anzahl von normalsichtigen Versuchspersonen (so
genannte Normalbeobachter) mit intaktem Wahrnehmungsapparat basiert.

Genau darauf stützte sich die CIE 1931 bei der Schaffung des Normvalenzsys-
tems. Zuerst wurden die drei Primär- bzw. Spektralreize der roten, grünen und
blauen Lichtquelle festgelegt und mit den Buchstaben R, G, B gekennzeichnet.
Denn laut dem Grassmann'schen Gesetz von 1853 lassen sich mit drei verschiedenfarbigen Lichtquellen (R, G, B) sämtliche Spektralfarben additiv nachmi-

schen, und zwar durch Überlagerung und Projektion der drei Lichtkegel bei variabler Intensität der Lichtquellen.

Die CIE-Definition der Wellenlängen der Primärreize lautet:

Rot R   = 700 nm

Grün G   = 546,1 nm

Blau B   = 435,8 nm

Ermittlung der Zahlenwerte im CIE-System

Die wohl bekannteste Versuchsreihe der CIE bestand darin, die so genannten *Primärvalenzen* zu ermitteln, das heißt die spektrale Augenempfindlichkeit mehrerer Normalbeobachter, die in Form von Spektralwertkurven mit den Spektralwertanteilen r (λ), g (λ), b (λ) aufgezeichnet wurden. Dazu mussten rund 200 normalsichtige Versuchspersonen in einem Laborraum unter normiertem Umgebungslicht D65 (siehe Kapitel 2, Abschnitt »Normlichtarten«) und unter einem eingeschränkten Gesichtsfeld von 2° eine Fläche betrachten, die mit Licht einer bestimmten Wellenlänge des Spektrums (also einer genau definierten Spektralfarbe) in einem Winkel von 45° angestrahlt wurde. Den nun ersichtlichen Spektralfarbton mussten die Versuchspersonen anhand der drei erläuterten farbigen Lichtquellen (R, G, B) – den drei definierten Primärreizen – auf einer daneben liegenden Fläche, abgetrennt durch eine Wand, möglichst genau nachmischen, indem sie die Intensität der roten, grünen und blauen Lichtquelle so lange nachregeln mussten, bis sie die beiden farbigen Flächen gleich wahrnahmen. Durch Nachmischen aller Spektralfarben in gleichmäßigen Nanometerabständen konnten nun daraus die gewünschten Zahlenwerte ermittelt werden, die es aufgrund sehr homogener Ergebnisse erlaubten, auf Basis von drei Primärreizen deren jeweilige relative Anteile zu ermitteln, die notwendig sind, um nahezu alle sichtbaren Farben darzustellen.

Abbildung 6.1
Versuchsaufbau zur
Ermittlung
der Primärvalenzen

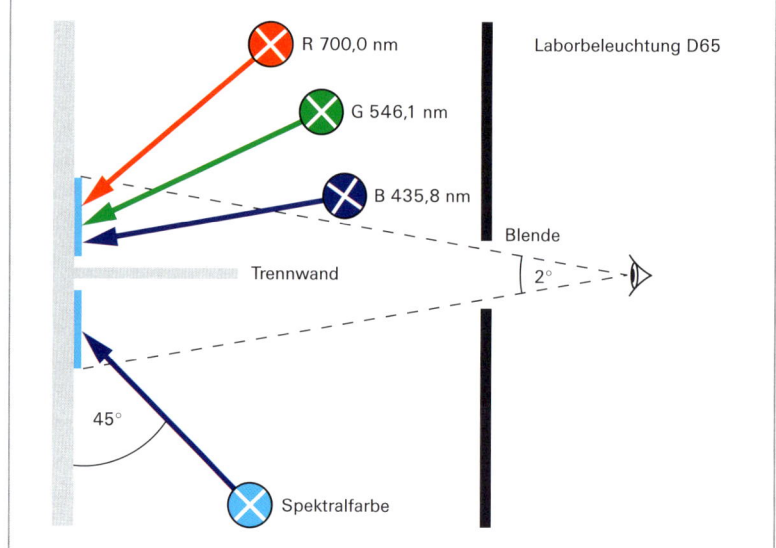

Die Versuche ergaben aber auch Spektralfarben, die allein durch Mischung der drei Primärreize nicht vollständig erreicht werden konnten. So war es nötig, eine der Primärfarben zur Fläche mit der Spektralfarbe dazuzumischen und gleichsam von der Farbmischung zu subtrahieren, wodurch sich negative Werte ergaben. Um diese negativen Werte zu eliminieren – die für weitere Berechnungen nicht gerade intuitiv sind – erfolgte eine lineare Transformation der Primärfarben, bei denen sich keine negativen Werte mehr ergaben. Gleichzeitig wurde die g-Kurve (Grünkurve) bei 555 nm (maximale Hellempfindlichkeit der Zapfen) auf eine Intensität von 1,0 festgelegt. Diese transformierten Primärvalenzen wurden als *Normvalenzen* bezeichnet und sind in der DIN-Norm 5033 festgelegt. Die Spektralwerte dieser Normvalenzen, die so genannten *Normspektralwerte* x, y, z entsprechen somit der spektralen Farbempfindlichkeit des Auges. Sie werden bei der Berechnung von Normfarbwerten XYZ mit einbezogen.

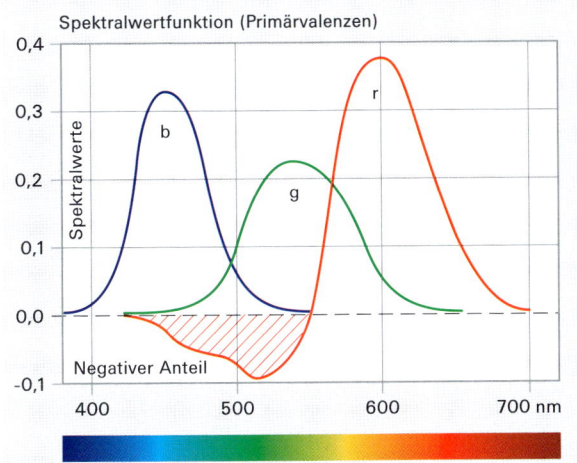

Abbildung 6.2
Spektralwertfunktion

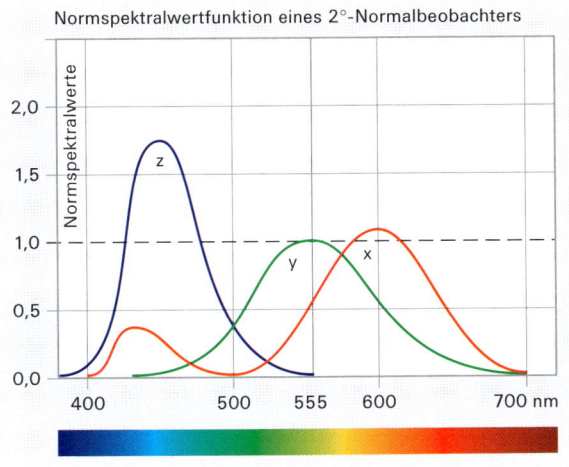

Abbildung 6.3
Normspektralwertfunktion

Das CIE-XYZ-System basiert also auf diesen Normspektralwertfunktionen, welche die spektrale Empfindlichkeit der Farbrezeptoren in der Netzhaut des Auges eines 2°-Normalbeobachters und somit des Bevölkerungsdurchschnitts darstellen.

Der CIE-Farbraum

Die drei Grundfarben des CIE-XYZ-Bezugssystems erfordern zuerst eine räumliche Darstellung mit den Koordinaten X, Y, Z, um zu einer zweidimensionalen Grafik zu gelangen. Wir nehmen dazu wieder ein Farbartendreieck und projizieren den CIE-Farbraum – auch als »Schuhsohle« bezeichnet – in die Ebene der Rot (X)–Grün (Y)-Fläche.

Abbildung 6.4
Der CIE-Farbraum wird
auch als Schuhsohle
bezeichnet

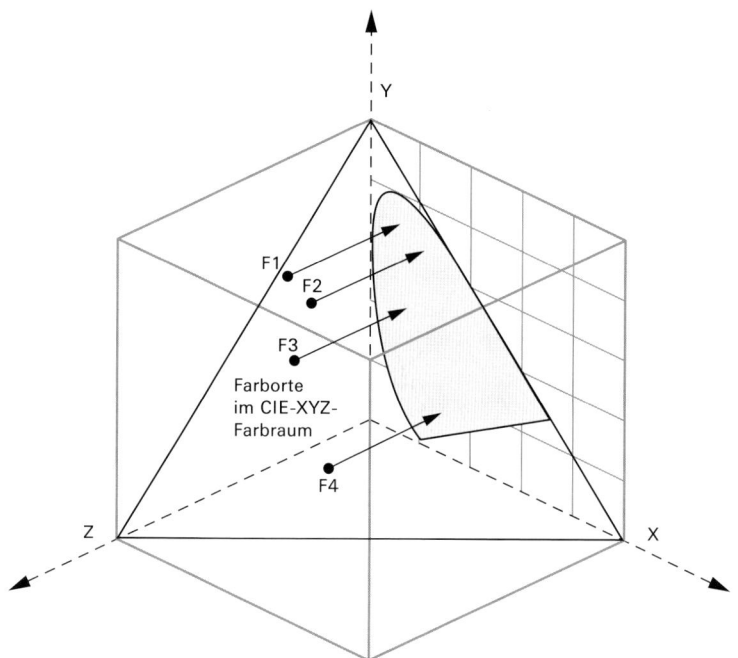

Aufbau der Normfarbwerte XYZ

Für die Berechnung der Normfarbwerte XYZ – als Grundlage zur Berechnung der Normfarbwertanteile xyz – wird die spektrale Farbempfindlichkeit (Normspektralwertfunktion) mit der spektralen Strahlungsemission einer Lichtquelle (Normlichtart A, D50 oder D65) und der spektralen Remission einer Farbprobe (Körperfarbe) multipliziert und anschließend addiert. Jede Farbe lässt sich nun aus dem Verhältnis von XYZ zueinander bestimmen und im Farbraum verorten.

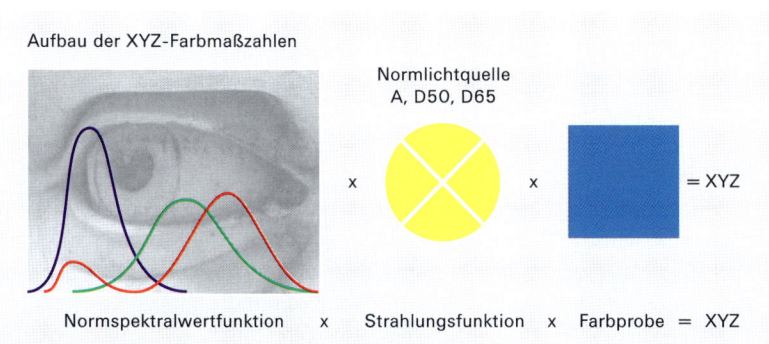

Aufbau der XYZ-Farbmaßzahlen

Normlichtquelle
A, D50, D65

x   x   = XYZ

Normspektralwertfunktion   x   Strahlungsfunktion   x   Farbprobe = XYZ

Abbildung 6.5
Aufbau der
XYZ-Farbmaßzahlen

Die Normierung beschreibt die Ermittlung der Normfarbwertanteile x (λ), y (λ), z (λ) für das Koordinatensystem, die es ermöglichen, jede beliebige Farbe aus dem Verhältnis von drei Normfarbwerten X, Y, Z zueinander zu bestimmen.

Normfarbwertanteile werden nach folgenden Verhältnissen ermittelt:

$x = X / (X+Y+Z)$

$y = Y / (X+Y+Z)$

$z = Z / (X+Y+Z)$

Die Summe aller Normfarbwertanteile ist immer 1.

$x+y+z = 1$

Dadurch ist es möglich, den Wert z einer beliebigen Farbe durch einfache Subtraktion der Normfarbwertanteile x und y von 1 aus der zweidimensionalen Darstellung herauszulesen:

$1-x-y = z$

Glücklicherweise muss man diese Berechnungen nicht selbst vornehmen. Sowohl die Normspektralwertfunktion wie auch die spektralen Strahlungsfunktionen der verschiedenen Normlichtarten sind als Tabellen in der Gerätesoftware eines Spektralfotometers hinterlegt, das auch direkt die gewünschten Werte (xyY, XYZ, Lab) liefert.

Im Koordinatensystem wird der geometrische Farbort und somit die Farbart anhand der beiden Koordinaten x und y definiert. Damit ist aber der Helligkeitswert einer Farbe noch nicht beschrieben. Der Normspektralwertkurve y (Grün) kommt dabei im XYZ-System eine besondere Rolle zu. Mit ihr wird der Helligkeitswert einer Spektralfarbe definiert, womit der Normfarbwert Y (Hellbezugswert) eine direkte Aussage über die Helligkeit einer Farbe macht, die aber nur bei Körperfarben von Bedeutung ist. Somit stellen die Normfarbwertanteile x und y sowie der Hellbezugswert Y die Koordinaten im CIE-XYZ-Farbsystem dar, mit denen sich der Farbort im Farbraum festlegen lässt.

Die Normspektralwertkurve für das Grünempfinden (y) ist im CIE-XYZ-System mit der Intensität 1,0 so normiert, dass sie gleichzeitig die Hellempfindung darstellt. Sie ist also identisch mit der CIE-Hellempfindlichkeitskurve (CIE-Standardkurve).

CIE-Standardkurve

Als CIE-Standardkurven werden die spektralen Hellempfindlichkeitskurven eines fotometrischen 2°-Normalbeobachters bezeichnet, die ebenfalls aufgrund von Messungen an rund 200 Versuchspersonen als repräsentativer Durchschnitt ermittelt wurden. Dabei wurde bei jeder Wellenlänge im Bereich von 400 nm (Blau) bis 700 nm (Rot) die Lichtenergie gemessen, die notwendig ist, um im hell- bzw. dunkeladaptierten Auge den gleichen Helligkeitseindruck zu erwecken. Die beiden Kurven (siehe Abbildung 6.6) zeigen deutlich, dass die Hellempfindlichkeit der »farbenblinden« Stäbchen und der »farbtüchtigen« Zapfen nicht deckungsgleich ist. So haben die Stäbchen ihr Hellempfindlichkeitsmaximum bereits bei 510 nm erreicht, während die Zapfen ihr Maximum erst bei 555 nm erreicht haben. Hingegen besitzen sie (theoretisch) das gleiche relative Maximum bei der Intensität 1,0, was einer Lichtstärke oder Leuchtkraft von 100 % entspricht. In Wirklichkeit sind die Stäbchen aber empfindlicher als die Zapfen und reagieren auf die genau gleiche Strahlungsenergie rund 100 bis 200 Mal sensibler. Grundsätzlich besitzt unser Auge zwei Empfindlichkeitsebenen: eine spektrale *Hellempfindlichkeit* und eine spektrale *Farbempfindlichkeit*.

Abbildung 6.6
CIE-Standardkurven

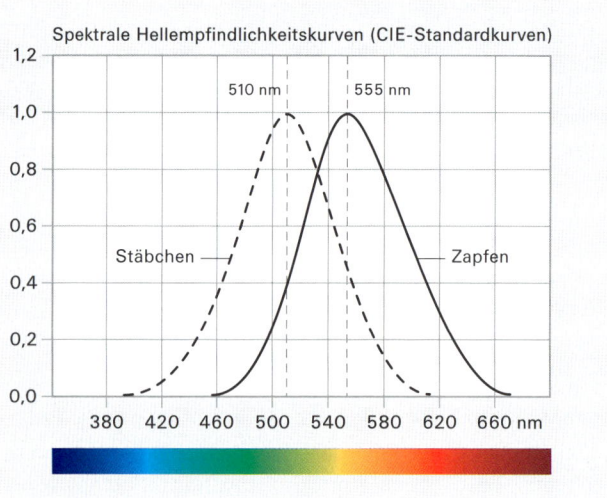

98

Aufbau und Beschreibung des CIE-Farbraums

Für die nachfolgende Beschreibung siehe Abbildung 6.7.

▸ Der CIE-Farbraum umfasst alle sichtbaren Farben.

▸ Alle reinen, gesättigten Spektralfarben von 400–780 nm liegen auf der gekrümmten Außenlinie – dem *Spektralfarbenzug*.

▸ Auf der unteren geraden Verbindungslinie – der *Purpurlinie* – liegen die gesättigten Purpurfarben (aus additiver Mischung von Blau und Rot), die im Spektrum als solche nicht vorkommen.

▸ Im *Unbuntpunkt* (U) – mit energiegleicher Spektralverteilung – steht senkrecht auf der Ebene die Grau- bzw. Unbuntachse.

▸ Für den Hellbezugswert gilt: Y = 0 (Schwarz), Y = 100 (Weiß). Das Normweiß E besitzt den Wert x = 0,33, y = 0,33. Für die Normlichter gelten folgende Werte:

D50 x = 0,33, y = 0,35

D65 x = 0,31, y = 0,33

A   x = 0,45, y = 0,41

▸ Innerhalb des Spektralfarbenzugs liegen alle sichtbaren Farben. Farben außerhalb sind definierbar, jedoch rein virtuell, das heißt physikalisch nicht realisierbar und somit nicht sichtbar.

▸ Eine gerade Verbindungslinie zwischen zwei Farborten (F) stellt alle Farbtöne dar, die durch additive Mischung zwischen den beiden Ausgangsfarben möglich sind.

▸ Die Verbindungslinien zwischen drei Farborten (F) umspannen ein Dreieck, das sämtliche aus den drei Ausgangsfarben mischbaren Farbtöne umfasst.

▸ Eine verlängerte Verbindungslinie bis zum Rand des Spektralfarbenzugs vom Unbuntpunkt (U) bis zum Farbort (F) ergibt die Wellenlänge des Farbtons.

▸ Purpurfarben besitzen keine eigene Wellenlänge. Daher ordnet man ihnen eine kompensative Wellenlänge (K) zu, indem man die Verbindungslinie zwischen dem Unbuntpunkt (U) und dem Farbort (F) bis zur gegenüberliegenden Außenlinie des Spektralfarbenzugs verlängert. Diesem kompensativen Nanometerwert wird ein Minuszeichen vorangestellt.

▸ Das Verhältnis der Strecke vom Unbuntpunkt (U) bis zum Farbort (F) zur Strecke vom Unbuntpunkt (U) bis zum Spektralfarbenzug ergibt die *Sättigung* eines Farbtons. Dazu ein Beispiel: Wenn U–F = 45 und U–S = 70, ergibt sich als Quotient davon 0,64. Die Sättigung würde demnach 64 % betragen.

Abbildung 6.7
Das CIE-XYZ-Koordinaten-
system

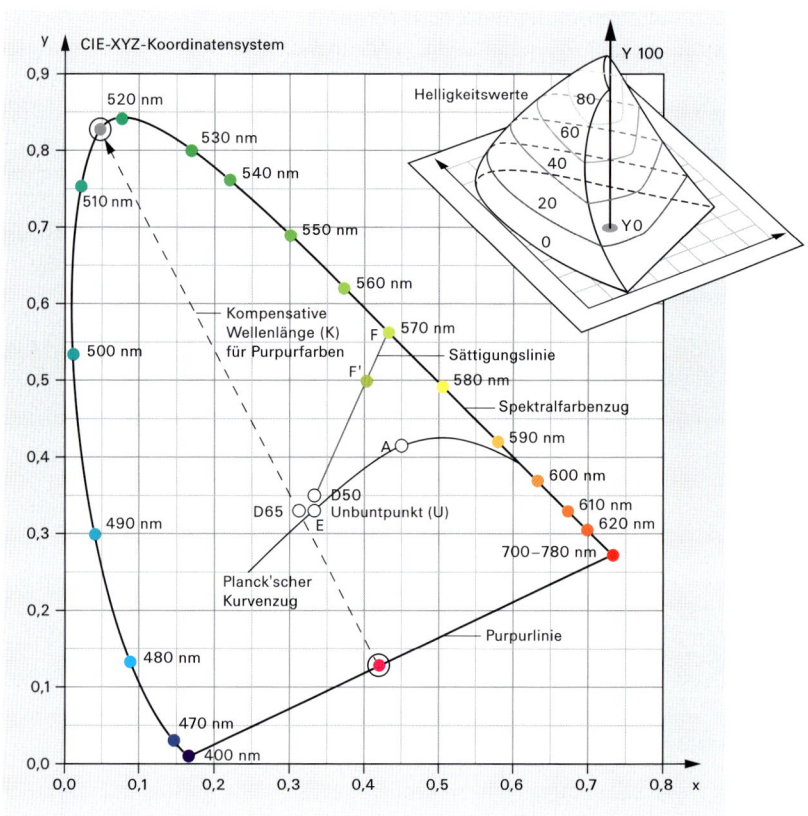

Die drei Grundfarben eines geräteabhängigen Farbraums (RGB oder CMY) bilden ein Dreieck innerhalb der Schuhsohle und erlauben beispielsweise den direkten Vergleich zwischen zwei oder mehreren CMYK-Farbräumen oder zwischen einem RGB-Arbeitsfarbraum und einem Offset-CMYK, einem Farbdia und einem Zeitungs-CMYK.

Mit dem CIE-XYZ-System bzw. der CIE-Normfarbtafel hatte man nun endlich ein verbindliches Farbsystem zur Hand, um die rein qualitative Beschreibung von Farbe wie »Erdbeerrot« in eine quantitative, messbare (x, y, Y) und somit kommunizierbare Form zu überführen. So erlaubt das geräteneutrale CIE-Normfarbsystem neben der Messbarkeit von Farbe auch Farbraumtransformationen von einem beliebigen geräteabhängigen Farbraum (wie beispielsweise das RGB eines Scanners oder Monitors) in den CMYK-Farbraum eines x-beliebigen Druckverfahrens.

Das CIE-Farbsystem hat aber einen großen Nachteil: Die Maßzahlen XYZ oder xyY erlauben zwar zu beurteilen, ob zwei Farbproben gleich oder verschieden sind, sie gewähren aber keine präzisen Rückschlüsse, wie groß der Unterschied zwischen den beiden Farben tatsächlich ist. Denn die geometrischen Abstände der Farben im CIE-System stimmen nicht mit den visuellen, empfindungsmäßigen Abständen überein. So weisen beispielsweise Farben, die visuell und empfindungsmäßig kaum zu unterscheiden sind, im Blaubereich einen geringen geometrischen Abstand auf, während visuell nicht unterscheidbare Farben im Grünbereich verhältnismäßig große geometrische Abstände aufweisen. Diese Erkenntnis stammt vom amerikanischen Physiker David L. MacAdam, der die Beziehungen der visuellen und geometrischen Farbabstände im CIE-Normfarbsystem genauer untersuchte. Im Mittelpunkt der so genannten *MacAdam-Ellipsen* liegt die Bezugsfarbe, und alle innerhalb der Ellipse befindlichen Farben sind von dieser rein visuell nicht zu unterscheiden.

Abbildung 6.8
MacAdam-Ellipsen

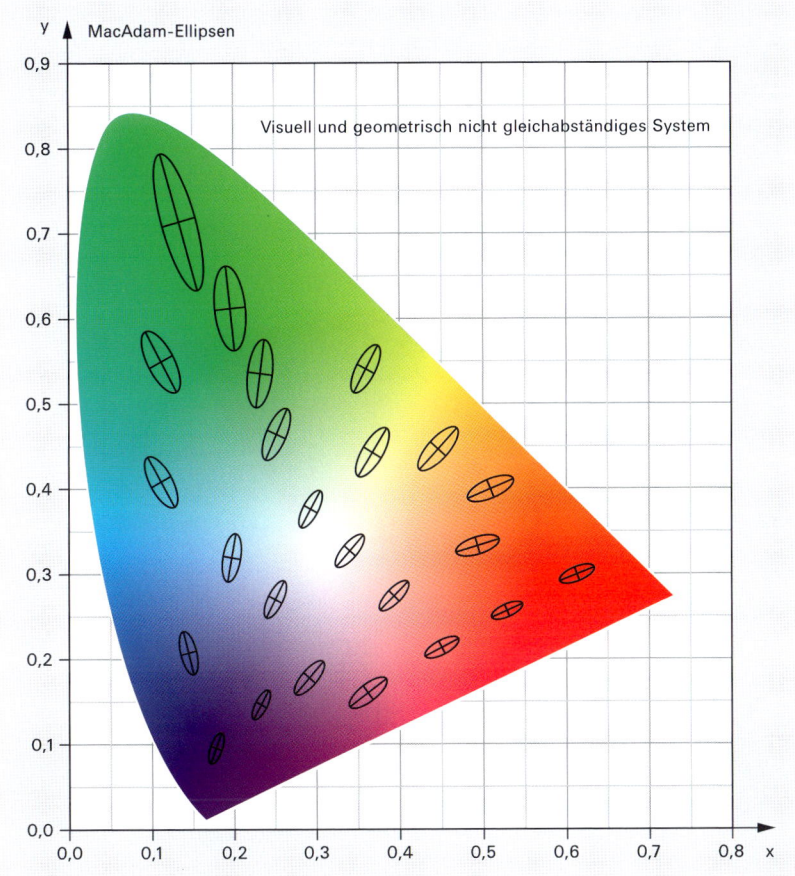

6.3 Das CIE-L'u'v'-System

Damit Farbunterschiede anhand der Differenz von Farbmaßzahlen auch visuell ersichtlich werden, braucht man ein Farbsystem, bei dem die geometrische und visuelle Gleichabständigkeit der Farben berücksichtigt ist. So wurde 1976 das

CIE-L'u'v'-System von der CIE eingeführt. Es stellt die Modifikation eines bereits 1964 vorgeschlagenen Farbraums dar, bei dem die Gleichabständigkeit der Farben zum Tragen kommt. An Stelle der x- und y-Koordinaten stehen neue Koordinaten mit der Bezeichnung u' (anstelle von x) und v' (anstelle von y). Für den Hellbezugswert Y steht neu L' (L = Luminanz). Die u'- und v'-Koordinaten ergeben sich durch eine lineare Gleichung aus den x- und y-Koordinaten und bilden nun eine gleichabständige Farbtafel. Besonders gut eignet sich der CIE-L'u'v'-Farbraum zur Charakterisierung von Lichtfarben, da seine beiden Koordinaten u' und v' linear aus den XYZ-Normfarbwerten hervorgehen und somit auch die additiven Eigenschaften bei der Farbmischung von Lichtfarben widerspiegeln. So wird er beispielsweise dazu verwendet, um verschiedene RGB-Arbeitsfarbräume bzw. deren Farbumfang miteinander zu vergleichen.

Abbildung 6.9
Das CIE-L'u'v'-System

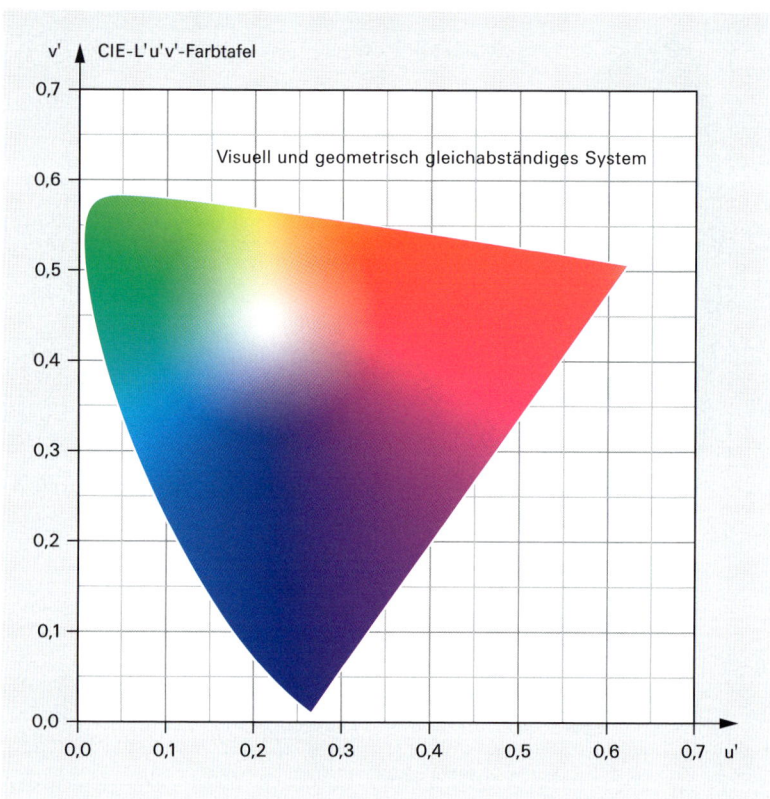

6.4 Das CIE-Lab-System

Das CIE-Lab-Farbsystem (wissenschaftliche Bezeichnung L* a* b*) ist ein weiteres auf dem XYZ-System basierendes, geräte- und medienneutrales Farbmaßsystem, das 1976 ebenfalls von der CIE eingeführt und für colorimetrische Messungen empfohlen wurde. Es handelt sich um ein Farbabstandssystem, mit dem sich Farborte ebenso wie Farbdifferenzen auf einfache und anschauliche Art beschreiben lassen. Die Mängel des CIE-Normvalenzsystems – die fehlende Gleichabständigkeit der Farben – wurde dabei durch eine nichtlineare, mathematische Transformation der XYZ-Werte behoben. Man entwickelte ein Farbsystem, das auf drei typischen, gegensätzlichen Empfindlichkeiten basiert. Dieses *Gegenfarbenmodell* beruht auf der Theorie, wonach die Netzhaut über drei verschiedene Zapfentypen verfügt, die für unterschiedliche Wellenlängen empfindlich sind (Rot, Grün, Blau) und die zudem durch Querverbindungen untereinander verknüpft sind, was schließlich zu so genannten *Farbdifferenzsignalen* führt. Vereinfacht ausgedrückt: Was blau ist, kann nicht gleichzeitig gelblich sein, und was rot ist, nicht gleichzeitig grünlich oder umgekehrt. Ebenso wenig kann hell gleichzeitig dunkel sein. Folglich registrieren die drei Zapfentypen den Farbreiz und verarbeiten ihn zu drei gegensätzlichen Empfindungen. So gibt es eine Rot–Grün-, eine Gelb–Blau- und eine Hell–Dunkel-Empfindung. Auf diesen gegensätzlichen Empfindungen ist das Lab-Koordinatensystem aufgebaut, das auf einem Quadrat basiert und räumlich dargestellt wird durch eine senkrechte Mittelachse für die Helligkeit (L*), eine horizontale Achse für die Rot–Grün-Buntheit (a*) und eine vertikale Achse für die Gelb–Blau-Buntheit (b*). Es umfasst damit sämtliche vom menschlichen Auge wahrnehmbaren Farben, ebenso wie alle realen Farbkörper. Grundsätzlich ist der Lab-Farbraum eine Kugel, und die Raum-

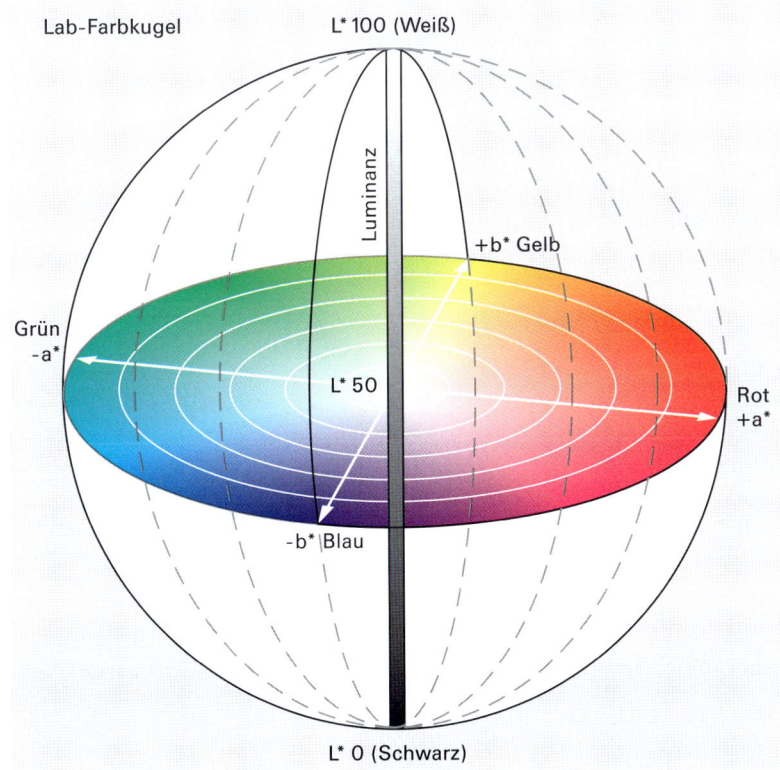

Abbildung 6.10
Die Lab-Farbkugel

koordinaten a* und b* beziehen sich dabei auf die größte horizontale Schnittfläche. In der grafischen Industrie nimmt das Lab-System eine zentrale Rolle ein und ist in der professionellen Bildverarbeitung und insbesondere auch in einem Colormanagement-Workflow nicht wegzudenken. Als geräteneutraler Farbraum nimmt es in einem ICC-Profil den Platz des »Übersetzers« zwischen zwei Gerätefarbräumen ein. Selbst Adobes Bildbearbeitungssoftware Photoshop verwendet intern Lab zur Verrechnung der Bilddaten – bei Farbraumkonvertierungen und auch bei zahlreichen Routinen in den Farbmodi RGB und CMYK. Das Lab-Modell beschreibt also, wie eine Farbe aussieht, und macht keine Angabe darüber, wie viel von einem bestimmten Farbstoff ein Gerät (wie zum Beispiel ein Drucker oder ein Monitor) zur Darstellung einer bestimmten Farbe benötigt.

Aufbau und Beschreibung des Lab-Farbraums

▸ Der L* a* b*-Farbraum umfasst alle sichtbaren Farben.

▸ Alle reinen, gesättigten Spektral- und Purpurfarben liegen auf der Außenlinie (L* = 50), wobei die Sättigung in Richtung Unbuntpunkt laufend abnimmt.

▸ Der mögliche Sättigungsgrad einer Farbe hängt auch vom Farbton und der Helligkeit ab.

▸ Im Unbuntpunkt (U), das heißt in der Mitte des Farbraums, steht senkrecht zur Ebene die Grau- bzw. Unbuntachse mit energiegleicher Spektralverteilung. Sie reicht von L* (Luminanz bzw. Helligkeit) = 0 bis L* = 100.

U: a* = b* = 0

Schwarz: L* = 0

Weiß: L* = 100

▸ Die Koordinatenebene besteht aus einer so genannten Abszissen- und Ordinaten-Achse, wobei die Abszisse die erste Koordinate (a*) und die Ordinate die zweite Koordinate (b*) darstellt.

a*   Rot–Grün-Buntheit

b*   Gelb–Blau-Buntheit

+a* Rotes Magenta

-a* Blaugrün

+b* Gelb

-b* Blau

Definition und Kenngrößen eines Farborts im Farbraum

Die Kenngrößen eines Farborts im Lab-Farbraum sind folgendermaßen definiert:

Helligkeit L* (Luminanz)

Buntheit   C* (Chroma)

Buntton   H* (Hue)

▸ Die Beschreibung eines Farborts im Lab-Farbraum erfolgt mit kartesischen und Polarkoordinaten, das heißt man geht immer von der Mitte des Koordinatensystems aus, wo die Koordinaten ihren Nullpunkt haben (a* = b* = o).

Die Koordinaten -a* und -b* liegen auf der linken und unteren Hälfte vom Zentrum (im Grün–Blau-Sektor), die Koordinaten +a* und +b* auf der rechten und oberen Hälfte (im Gelb–Rot-Sektor).

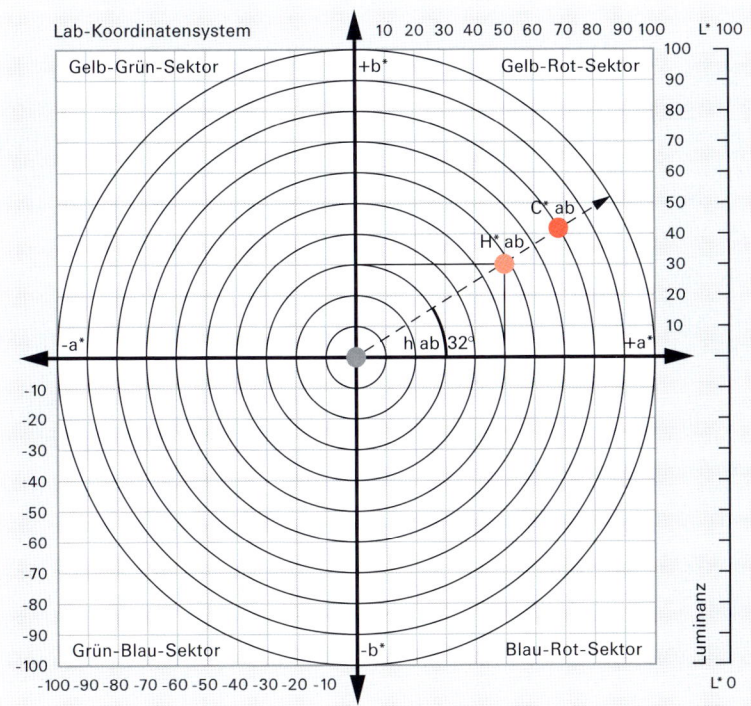

Abbildung 6.11
Das Lab-Koordinatensystem

▸ Die Koordinaten a* und b* beschreiben sowohl den Buntton als auch die Buntheit einer Farbe, wobei die Buntheit bzw. die Sättigung einer Farbe umso größer ist, je größer der Zahlenwert einer Koordinate ist.

▸ Farben mit gleicher Sättigung liegen auf einer Kreislinie um den Unbuntpunkt (C* ab).

▸ Der Farbtonwinkel bis zum Radiusstrahl wird von der Abszisse +a* entgegen dem Uhrzeigersinn ermittelt (h ab).

▸ Farben, die ausgehend vom Unbuntpunkt auf dem gleichen Radiusstrahl liegen, haben den gleichen Buntton (H* ab).

Farbabstandssystem

Wie bereits erwähnt, ist das Lab-System ein so genanntes *Farbabstandssystem*, das in der grafischen Industrie auch zur farbmetrischen Berechnung von Farbdifferenzen eingesetzt wird, die sich innerhalb gewisser Toleranzwerte bewegen müssen. So liefern beispielsweise Spektralfotometer, die zur Kalibrierung von Monitoren und zur messtechnischen Kontrolle verschiedener Prüfmittel für Proof (zum Beispiel der Ugra/FOGRA-Medienkeil CMYK) und Druck (Testcharts) zur Messung der Farbverbindlichkeit eingesetzt werden, außer xyY-, XYZ- und L'u'v'-auch L*a*b*-Werte. Differenzwerte zwischen Farbprobe (Ist) und Referenz (Soll) werden dabei durch das Zeichen Δ (Delta) gekennzeichnet. Im Lab-System entsprechen sich der visuelle und der geometrische Farbabstand zwischen zwei Farben. Der Farbabstand ΔE* ist dabei die Strecke zwischen zwei Farborten im Farbraum. ΔE* ist die Diagonale eines Quaders, der aus ΔL*, Δa* und Δb* gebildet wird (siehe Abbildung 6.12). In diesem räumlichen Koordinatensystem lassen sich Ist- und Soll-Werte gegenüberstellen.

Farbabstände:

ΔL*   Helligkeitsdifferenz

Δa*   Differenz der Rot–Grün-Buntheit

Δb*   Differenz der Gelb–Blau-Buntheit

ΔC* ab   Buntheitsdifferenz

ΔH* ab   Bunttondifferenz

Δh ab   Bunttonwinkeldifferenz

ΔE* ab   Gesamtfarbdifferenz

Berechnung der Δ-Werte:

Δ = Wert Probe (Ist) - Wert Referenz (Soll)

Berechnung der Gesamtfarbdifferenz E ab nach DIN 6147:*

$$\Delta E^* = \sqrt{(\Delta L^*)^2 + (\Delta a^*)^2 + (\Delta b^*)^2} \text{ (CIE-Standardformel)}$$

Visuelle Bewertung der Gesamtfarbdifferenz ΔE ab:*

ΔE* ab		
	Bis 0,2	visuell nicht wahrnehmbare Farbdifferenz
	Bis 1,0	kaum wahrnehmbar
	Bis 3,0	gering
	Bis 6,0	mittel
	Bis 12,0	stark
	Größer als 12,0	sehr stark

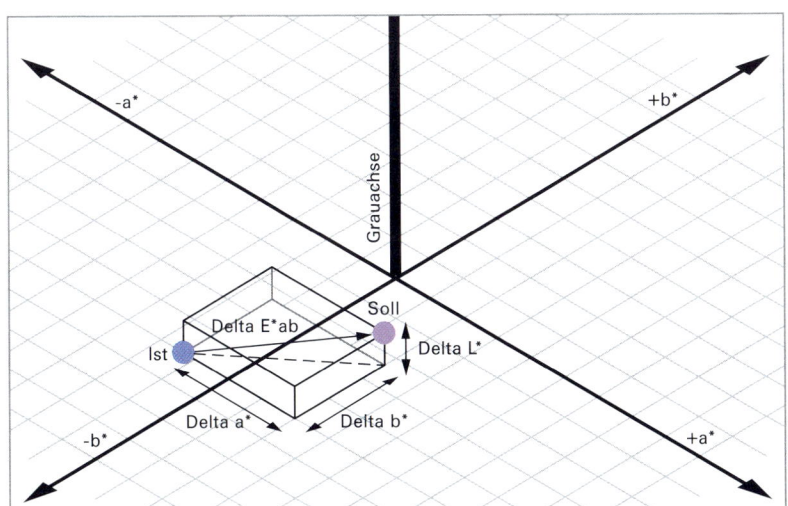

Abbildung 6.12
Ermittlung der Gesamt-
farbdifferenz ΔE*ab.

Lab-Farbcodierung

Außer einem Spektralfotometer, welches die spektrale Zusammensetzung des Lichtes erfasst, gibt es keine Geräte wie Scanner, Monitore oder Drucker, die Lab-Werte erfassen, ausstrahlen oder ausgeben können. Lab als rein mathematisches Farbmodell, das allein auf der visuellen Farbwahrnehmung basiert, kann theoretisch rund 16 Millionen Farbwerte codieren, bei 8-Bit pro Pixel und Farbkanal (L, a, b). Neben all den Vorteilen des geräteneutralen Farbraums ist die Tatsache, dass lediglich etwa ein Drittel der Farben in der Wirklichkeit vorkommt, nicht ganz ohne Probleme. Folglich können nur rund 5 Millionen der theoretisch 16 Millionen Farben tatsächlich verwendet werden, um real existierende Farben zu codieren. Alle übrigen CIE-Lab-Farbwerte stehen für Farben, die es nicht gibt. Von dieser immer noch recht stattlichen Anzahl kann das menschliche Auge erwiesenermaßen nur etwa 2,4 Millionen unterscheiden. 5 Millionen sollten rein theoretisch also mehr als genug sein, doch bei Farbraumtransformationen kommt es zusätzlich zu Rundungsfehlern, bei denen Farben nivelliert werden, was zu Zeichnungsverlusten führen kann. Man könnte das Problem umgehen, indem man die Pixel mit 16-Bit statt nur mit 8-Bit codiert. Um die theoretisch möglichen Farbwerte in Bezug auf die real vorkommenden Farbwerte besser auszunutzen, wurde von der ECI (European Color Initiative) ein ICC-basierter RGB-Arbeitsfarbraum – ECI-RGB – entwickelt, der die theoretisch möglichen Werte gleichmäßig über den Raum der real vorkommenden Farben verteilt. Ein zusätzliches Problem mit der Lab-Codierung besteht darin, dass der Wertebereich für den a- und den b-Kanal nur von -128 bis 127 reicht und damit gewisse Farben im Grün-, Gelb- und Purpurbereich, die tatsächlich vorkommen können, nicht vollständig abdeckt – das heißt sie können nicht abgebildet werden, was allerdings in Bezug auf alle existierenden Farben einen verschwindend kleinen Teil von etwa 3 % ausmacht. So können im a-Kanal grundsätzlich Werte zwischen -164 bis 128 vorkommen und im b-Kanal solche von -133 bis 146.

Trotzdem ist und bleibt der Lab-Farbraum in gewissem Sinne schon fast gefährlich groß, im Vergleich zu einem in der Praxis realisierbaren CMYK-Farbraum. Die
Bildbearbeitungs- und Scansoftware LinoColor, als eine der wenigen, die auf
Lab-Korrekturen setzt, und die zur Ansteuerung der Heidelberg-Scanner dient,
hat das Problem frühzeitig erkannt. Heidelberg (früher Linotype/Hell) verklei-
nerte kurzerhand den Lab-Farbraum (Lab-LH), indem Farben, die in der Produktion grundsätzlich nie vorkommen können, ausgeschlossen wurden. Somit lassen sich all die Vorteile von Lab weiterhin nutzen, doch lässt sich dadurch das
Problem des übermäßig großen Farbraums, der in der Praxis nicht verlustfrei
realisierbar ist, auf elegante Weise umgehen. Für LinoColor dient folglich der
Standard Lab-LH (Linotype/Hell), weshalb es nicht ratsam ist, Bilder im Lab-LH
einfach im Lab-Modus von Photoshop zu öffnen, denn die beiden Farbbeschreibungen sind nicht identisch. Zudem ist die Unterstützung von Lab-Korrekturen
in Photoshop sehr bescheiden. Auch Layout- und Grafikprogramme zeigen sich
dem Lab-Modell gegenüber eher zurückhaltend. Dahinter steckt aber eher ein
psychologisches Problem, denn wer kann sich schon etwas unter einem Lab-
Wert wie L 56, -a 28, b 2 vorstellen? Lab-Werte sind alles andere als intuitiv.
LinoColor hat auch dieses Problem gelöst, indem Korrekturen im LCH-Modell
ausgeführt werden – in einem vom Lab-Modell abgeleiteten, weiteren Farbmodell. Dadurch wird das mathematische Farbmodell verständlich und handhab-
bar. Ein besonderer Pluspunkt, den man bei Korrekturen im Lab-Modus hat, ist
die Tatsache, dass die Luminanzinformation (L) nicht mit den beiden Chrominanzinformationen gekoppelt ist, wie das im RGB-Modus der Fall ist. So bleiben
in Lab der Farbton und die Sättigung (a, b) beim Verändern der Helligkeit im Bild
unangetastet, was bei der Bildbearbeitung einige Vorteile mit sich bringt.

Der Lab-Modus

Aufgrund des großen Farbraums wird der Lab-Modus für Bilddaten empfohlen,
die für den Austausch zwischen unterschiedlichen Systemen vorgesehen sind
und natürlich auch in einem Colormanagement-Workflow, denn die geräteunabhängigen Farbdefinitionen sind hier von großem Vorteil. Im Lab-Modus von Photoshop liegen die Wertebereiche für die L-Komponente zwischen 0 und 100, für
die a- und b-Komponenten zwischen +120 und -120.

Kapitel 7

7

Wahrnehmungs- orientierte und tech- nische Farbmodelle

7.1 Das LCH-Modell

Grundsätzlich ist der LCH-Farbraum nichts anderes als eine Variante des Lab-Farbraums. Er weist im Gegensatz zu diesem jedoch die Form eines Zylinders (zum Beispiel in der Scansoftware LinoColor) auf. Alle Farben basieren gleichermaßen auf der menschlichen Farbwahrnehmung und haben auch die gleiche Position im Farbraum wie im Lab-System. Hingegen erfolgt die Farbbeschreibung hinsichtlich Farbton, Sättigung und Helligkeit in besser verständlichen und nachvollziehbaren Wertebereichen. Im LCH-Modell steht:

L = Luminanz für die Helligkeit

C = Chroma für die Sättigung

H = Hue für den Farbton

In der Bildbearbeitungs- und Scansoftware *LinoColor*, die das LCH-Modell verwendet bzw. geschaffen hat, liegt der Wertebereich für die Helligkeit L zwischen L 0 = Schwarz und L 100 = Weiß, also für die unbunten Farben, die sich auf der senkrechten Mittelachse im Farbkörper befinden. Für die Buntheit C liegt der Wertebereich zwischen C 0 = keine Sättigung und C 150 = maximale Sättigung. Er beginnt mit 0 im Unbuntpunkt und endet in horizontaler Richtung mit 150 an der äußersten Peripherie des Farbkörpers als maximaler Abstand von der Grauachse. Die Lage des Bunttons (Hue) wird im Farbkreis – ausgehend von der horizontalen Achse – in Winkelgraden von 0° bis 360° entgegen dem Uhrzeigersinn angegeben; der Beginn liegt rechts von der Mitte mit 0° bei Rot.

Abbildung 7.1
LCH-Modell

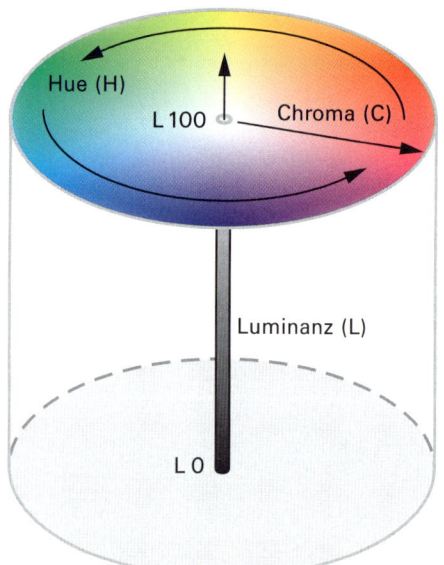

Lange Zeit wurde der LCH-Farbraum hauptsächlich im Bereich der Forschung und der industriellen Qualitätssicherung eingesetzt, da für die messtechnische Erfassung von LCH-Farbwerten sehr teure und auch sehr komplizierte Messgeräte benötigt wurden. Im grafischen Gewerbe hält er allmählich Einzug, da er zunehmend für die Farbbeschreibung von Eingabe- und Ausgabegeräten, aber auch in verschiedenen Softwareapplikationen verwendet wird. Das Photoshop-Pendant zu LCH ist das HSB-Modell. Um Farbnuancen miteinander zu vergleichen und im Farbraum darzustellen, ist der LCH-Farbraum allerdings schlecht geeignet, das heißt er ist unpraktischer als der in der Farbmetrik gebräuchliche Lab-Farbraum. Erste Wahl vor dem Lab-Farbraum ist er hingegen, wenn es darum geht, Farbkorrekturen nach den Gesichtspunkten Farbton, Sättigung und Helligkeit durchzuführen.

7.2 Das HSB-Modell

Das HSB-Modell, wie es unter anderem im Farbwähler von Photoshop zu finden ist, basiert auf der menschlichen Farbwahrnehmung. Farben werden über die drei Koordinaten HSB definiert. H = *Hue* steht dabei für den Farbton und wird genau wie beim LCH-Farbraum als Farbtonwinkel zwischen 0° und 360° definiert. Jede einzelne Spektralabstufung stellt im HSB-Modell einen Farbton dar. Rechts von der Mitte, bei 0° liegt Rot, und in regelmäßigen Abständen von 60° befinden sich die Primär- und Sekundärfarben Gelb 60°, Grün 120°, Cyan 180°, Blau 240°, Magenta 300° und schließlich bei 360° wieder Rot. Komplementärfarbenpaare liegen sich in einem Winkelabstand von 180° diametral gegenüber. Somit lässt sich zu jedem beliebigen Farbtonwinkel die genaue Komplementärfarbe bestimmen (zum Beispiel 63° + 180° = 243°). Die Sättigung bzw. *Saturation* (S) einer Farbe wird in einem Wertebereich von 0 % (unbunt) bis 100 % (volle Farbsättigung) definiert, das heißt es ist nicht der geringste Anteil der Komplementärfarbe darin enthalten. Eine verringerte Sättigung würde bedeuten, dass sich die Farbe – abhängig von ihrer Helligkeit – in Richtung Schwarz, Grau oder Weiß verschiebt. Die Helligkeit bzw. *Brightness* (B) einer Farbe wird ebenfalls mit Werten von 0 % bis 100 % definiert, wobei 0 % für Schwarz und 100 % für Weiß steht. Dunkle Farben bewegen sich im HSB-Modell tendenziell in Richtung Schwarz, wogegen helle Farben weißer oder farbiger werden – abhängig von ihrer jeweiligen Sättigung. Das HSB-Modell in Form eines Zylinders dient also wie das LCH-Modell ausschließlich zur einfacheren, intuitiveren Bedienbarkeit des zugrunde liegenden Lab-Farbmodells, womit es auch keinen LCH- oder HSB-Modus für Bilddaten gibt. Es kommt der menschlichen Empfindung von Farbe optimal entgegen und erlaubt dadurch eine schnelle und einfache Korrektur von Bildmaterial. Sowohl in LinoColor als auch in Photoshop lassen sich Farbton, Sättigung und Helligkeit unabhängig voneinander korrigieren, was weder im RGB- noch im CMYK-Modus möglich ist. In der Farbmetrik hingegen ist die Beschreibung einer Farbe durch LCH- oder HSB-Koordinaten nicht anzutreffen, hier werden Messwerte als Lab-Koordinaten notiert.

Abbildung 7.2
HSB-Modell

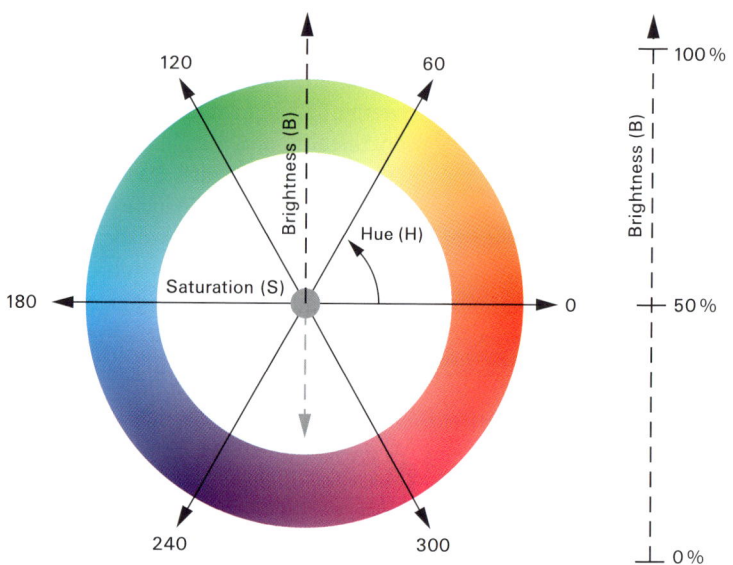

Koordinaten im HSB-Modell:

H = Hue (Farbton): 0° bis 360°

S = Saturation (Sättigung): 0 % bis 100 %

B = Brightness (Helligkeit:) 0 % bis 100 %

7.3 Das HSV-Modell

Das HSV-Modell – die Abkürzung steht für die Farbraumkoordinaten *Hue* (Farbton), *Saturation* (Sättigung) und *Value* (Helligkeit) – stellt die simpelste Form der Trennung von Farb- und Helligkeitsinformation dar. Es hat die Form eines auf der Spitze stehenden Kegels, wobei diese Spitze die Farbe Schwarz (V 0) repräsentiert. Farbton und Sättigung werden an dieser Stelle beide mit null (0) definiert. Infolgedessen nimmt die Helligkeit von unten nach oben, das heißt von 0 (Schwarz) bis 1 (Weiß und die reinen Farben) zu. Die kreisförmige Scheibe des Kegels – der bekannte Farbkreis – ergibt sich durch einen horizontalen Schnitt durch den HSV-Farbraum.

Koordinaten im HSV-Modell:

H = Hue (Farbton): 0° bis 360° (Farbtonwinkel)

S = Saturation (Sättigung): 0 (Grauton) bis 1 (voll gesättigte Farbe am Kegelmantel)

V = Value (Helligkeit): 0 (Schwarz) bis 1 (Weiß)

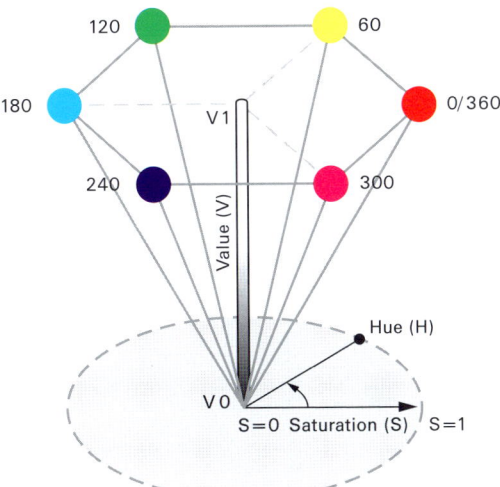

Abbildung 7.3
HSV-Modell

7.4 Das HLS-Modell

HLS ist die Abkürzung für die Farbeigenschaften *Hue* (Farbton), *Lightness* bzw. *Luminosity* (Leuchtstärke oder Helligkeit) und *Saturation* (Sättigung). Es handelt sich um eine Modifikation des HSV-Modells. Der Farbkörper bildet die Form eines Doppelkegels, der in seiner schematischen Darstellung die visuelle Gleichabständigkeit der Farben mitberücksichtigt. Grundsätzlich basiert das System auf einem frühen Farbmodell – ein geometrisch recht unförmiges Gebilde – des amerikanischen Malers Albert H. Munsell (1858–1918), das durch die Optical Society of America farbmetrisch durchgerechnet und leicht modifiziert wurde, so dass es für farbmetrische Messungen verwendet werden kann. Die Gemeinsamkeiten mit dem HSV-Modell enden bereits mit den gleichen Werten für den Farbton. So hat die Sättigung einer Farbe also nicht den gleichen Wert wie im HSV-Modell. Die Farben mit voller Sättigung liegen am mittleren Rand des Doppelkegels bei L = 0,5. Die beiden Spitzen des Kegels münden am oberen Ende in die Unbuntfarbe Weiß (L = 1) und am unteren Ende in die Unbuntfarbe Schwarz (L = 0).

Abbildung 7.4
HLS-Modell

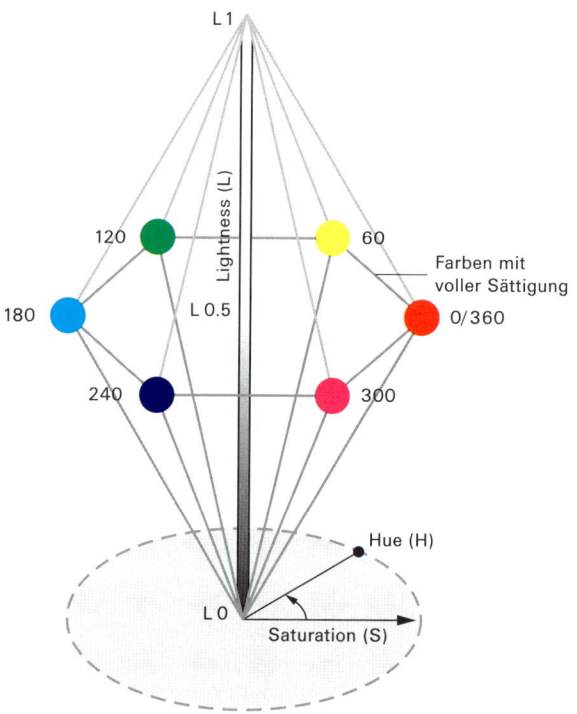

7.5 Das YCC-Farbmodell

Der YCC-Farbraum gehört zu den farbmetrisch definierten Farbräumen und wurde im Jahre 1991 von Kodak in Zusammenarbeit mit Philips speziell für die digitale Bildkommunikation mittels PC und TV-Gerät geschaffen. Er wurde als solcher erstmals in der Photo CD von Kodak angewendet. Als farbmetrischer Farbraum ist er dem Lab-Farbraum sehr ähnlich. Er wurde speziell für die digitale Bildverarbeitung optimiert und kann den gesamten Farbraum (CMY) eines fotografischen Dias umfassen. Die Entwickler berücksichtigten dabei speziell die Farben, die in fotografischen Farbbildern vorkommen. Da YCC zum CIE-Standard kompatibel ist, können auch ICC-Profile für ein Colormanagement aufsetzen, weil mittels ICC-kompatibler Filmprofile die zuvor erfassten Abbildungseigenschaften der Vorlage (Dia, Negativ oder Papierbild) herausgerechnet und die Bilddaten anschließend so farbcodiert werden, als ob die Aufnahme direkt unter der standardisierten Aufnahmebeleuchtung mit Tageslicht D65 erfolgt wäre.

Das Farbmodell YCC besteht aus einer Luminanz-Komponente Y (Helligkeit) und aus zwei Chrominanz-Komponenten C_1 und C_2 (Farbigkeit). Der Luminanzwert Y ist jedoch nicht identisch mit der Lab-Helligkeit. Er wird anhand der Werte für Rot, Grün und Blau des zugrunde liegenden RGB-Bildes errechnet und stellt gleichzeitig die Farbe Grün dar. Die beiden Chrominanzwerte C_1 und C_2 bilden so genannte *Farbdifferenzsignale* und resultieren aus der Differenz von Farbanteil und Luminanz, also Rot minus Luminanz bzw. Blau minus Luminanz.

In Bezug zum RGB-Modell gilt Folgendes:

$Y = R+G+B$

$C_1 = R-Y$

$C_2 = B-Y$

Die beiden so genannten Farbdifferenzkanäle C_1 und C_2 weisen wegen der Berücksichtigung der speziellen Farben, die in fotografischen Farbbildern vorkommen, eine unterschiedliche Stufenskalierung auf. Daher bietet YCC bei gescannten Filmen eine bessere Farbauflösung als Lab, das heißt mehr unterscheidbare Farben bei gleicher Quantisierung mit 8 Bit.

Besondere Eigenschaften des YCC-Farbraums

Für eine Echtzeit-Darstellung am Monitor erfordert YCC erheblich weniger rechnerischen Aufwand als andere Farbsysteme. Zudem ist YCC der optimale Farbraum für eine schnelle und verlustfreie Kompression, die gemäß Videostandard ITU-Rec. 601-1 erfolgt. Dabei werden die beiden Chrominanz-Komponenten C_1 und C_2 ohne sichtbare Schärfeverluste nur mit einer halb so großen Abtastfrequenz gesampelt wie die Luminanz-Komponente Y. Das wiederum hat eine erhebliche Datenreduktion zur Folge, so dass auch hochauflösende Bilddaten im YCC-Farbraum speicherplatzschonend, effizient und schnell verarbeitet werden können.

Im Vergleich zum Standard-RGB-Farbraum (sRGB) eines durchschnittlichen Monitors (siehe Kapitel 4, Abschnitt »Kalibrierte, geräteunabhängige RGB-Farbräume«), der nur positive RGB-Koeffizienten zwischen 0,0 und 1,0 umfasst, lässt YCC auch negative Werte von -0,2 und +2,0 zu, womit deutlich wird, um wie viel der YCC-Farbraum größer ist als der eines heutigen Monitors.

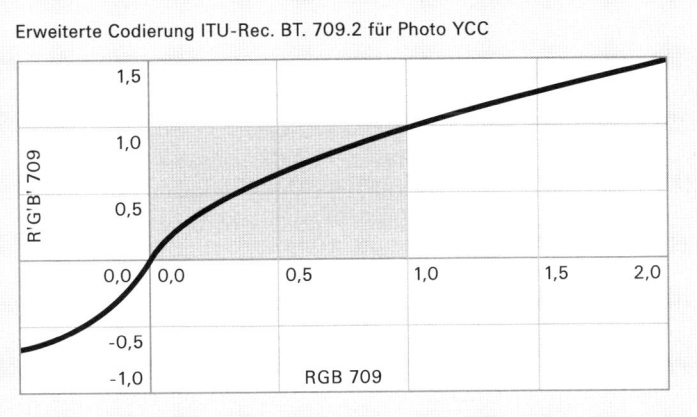

Abbildung 7.5
Erweiterte Codierung
ITU-Rec. BT. 709.2

Der YCC-Farbraum kann auch Farben darstellen, die außerhalb des Farbraums der HDTV-Norm ITU-Rec. BT. 709.2 liegen und selbst in einem Farbdia (Umkehrfilm) nicht vorkommen, wie beispielsweise fluoreszierende Farben. Einerseits lassen sich alle sichtbaren Farben codieren, andererseits aber auch solche, die wir gar nicht sehen können, die aber vielleicht von zukünftigen, modernen Medien aufgezeichnet und wiedergegeben werden können, wie zum Beispiel von modernen Laserprojektionssystemen oder vom Offsetdruck mit Effektpigmenten (Perlglanz-Pigmenten). Auch bei besonders extremen Spitzlichtern überragt er den Lab-Farbraum bei weitem und sprengt den Rahmen der Darstellungsmöglichkeiten von klassischen Ausgabemedien. Dies wiederum ist zurückzuführen auf die zulässigen negativen RGB-Koeffizienten.

Standards als Basis von YCC

YCC basiert auf verschiedenen internationalen Standards. So auf der internationalen Norm für HDTV, die in der ITU-Rec. BT. 709.2 beschrieben ist. Sie definiert die Primärvalenzen, das heißt die Farborte des roten, grünen und blauen Phosphors, den Weißpunkt und die Übertragungsfunktion bzw. die Gamma-Korrektur. Die Primärvalenzen bzw. das Farbraumdreieck werden in YCC aber erweitert um RGB-Werte, die unter Null (-0,2), und Werte, die über 1 (+2,0) liegen. Der Weißpunkt mit der Reflexion 100 % liegt bei Y = 182, womit noch Raum bis Y = 255 ist, was einer Refexion von 200 % entspricht und für extreme Spitzlichter gilt, wie sie bei einer auf der Wasseroberfläche reflektierten Sonne möglich sind und von fotografischen Filmen gespeichert werden können. Solche Spitzlichter werden später aber bei der Anpassung an ein bestimmtes Ausgabemedium (Monitor oder eine Druckausgabe) nicht einfach beschnitten. In der *Kodak Access-Software* sind dazu verschiedene Lookup-Tables (LUTs) enthalten, um solche Anpassungen an die Wiedergabemöglichkeiten bei gleichzeitigem Erhalt des vollen Dynamikumfangs des Bildes durchzuführen.

In der ITU-Rec. BT. 709.2 ist auch die Referenz-Aufnahmesituation definiert. Die Photo-CD-Scanner, welche die verschiedenen Vorlagen erfassen (Dia, Negativ, Papierbild), rechnen die erfassten Abbildungseigenschaften der Vorlage anhand ICC-kompatibler Filmprofile heraus und codieren die Farben anschließend so, als ob die Objekte direkt – ohne Umweg über den Film – unter standardisierten Aufnahmebedingungen mit Tageslicht D65 (6500 Kelvin) erfasst worden wären. Durch diese Vorgehensweise sind die Farben absolut verbindlich dokumentiert. Man verfügt damit in gewissem Sinne über ein digitales Original, womit auch die spektrale Zusammensetzung der Lichtquelle sowie die spektrale Empfindlichkeit des CCD-Bildsensors in die farbmetrische Messung eingehen.

Die spektrale Empfindlichkeit des Bildsensors entspricht den Empfehlungen der ITU-Rec. BT. 709.2 und somit auch den Möglichkeiten moderner elektronischer Bildwandler, was sich wiederum günstig auswirkt auf den Verarbeitungsaufwand im Computer. Da die RGB-Signale eines Monitors bzw. deren Phosphorvalenzen nahe bei den Werten der ITU-Rec. BT. 709.2 liegen, lassen sie sich auch sehr einfach und in Echtzeit aus den YCC-Werten ableiten.

Eingabeneutrale Farbcodierung

Diese absolut eingabeneutrale Farbcodierung berücksichtigt also einerseits die Abbildungseigenschaften des Mediums und andererseits auch deren unterschiedliche Betrachtungsbedingungen (Dia, Negativ, Papierbild). Denn ein Diafilm »sieht« die Farben ganz anders als ein Papierabzug, weil er auch ganz anders betrachtet wird, das heißt unter ganz anderen Beleuchtungsbedingungen. Diese Fähigkeit zur Eingabeneutralität ist allein den Photo-CD-Scannern vorbehalten und entspricht den heutigen Standards für elektronische Bildkommunikation. Diese absolute Medienneutralität ist eine optimale Basis für einen späteren Colormanagement-Workflow über die ganze Prozesskette hinweg – von der Bilderfassung, bis zur Ausgabe auf unterschiedlichen Medien (Crossmedia).

Konvertierung von Bilddaten aus anderen Farbsystemen nach YCC

YCC-Daten stammen ursprünglich direkt von einem Photo-CD-Scanner und sind aufgrund der standardisierten Aufnahmesituation so farbverbindlich wie die Originalszene. Nun gibt es aber Situationen (zum Beispiel die Kompatibilität zu einem YCC-Bildarchiv), die es erfordern, Farbbilddaten aus anderen Farbsystemen in YCC umzurechnen.

Unkalibrierte RGB- oder andere Bilddaten lassen sich nicht wirklich sinnvoll auf den YCC-Farbraum umrechnen, da sie in ihrem Farbumfang bereits stark reduziert sind. Es kommt hinzu, dass weder die Primärvalenzen noch Weißpunkt oder Gamma bekannt sind, wodurch eine Farbcodierung in YCC keinen Wert hat.

Kalibrierte Bilddaten dagegen, wie sie durch die neuen Referenz-Tags des Formats TIFF 6.0 (EXIF-Daten) von Digitalkameras möglich sind, können mit geeigneter Software gut in YCC umgerechnet werden.

YCC-Bilddaten in andere Farbsysteme konvertieren

Für eine zukunftssichere Bildarchivierung über einen längeren Zeitraum stellt der YCC-Farbraum bzw. das YCC-ImagePac-Format der Photo CD ein ideales geräte- und medienneutrales Bilddatenformat dar, weshalb das Konvertieren von YCC-Bilddaten in andere Farbsysteme nur dann erfolgen sollte, wenn ein ganz bestimmter Verwendungszweck vorgesehen ist.

YCC nach Lab

Mit dem CMS-Plug-in von Kodak kann YCC praktisch verlustfrei mit Photoshop in Lab konvertiert werden. Nur die extremen Spitzlichter, die in Lab nicht darstellbar sind, müssen umgerechnet werden.

YCC nach RGB

Beim Konvertieren von YCC-Bilddaten (mit Photoshop) in den RGB-Farbraum ist durch den erheblich kleineren Farbraum von RGB, der nur mit positiven Werten von o bis 1 arbeitet, verständlicherweise mit Verlusten zu rechnen, da YCC auch negative RGB-Werte (-0,2 bis +2,0) umfasst. So müssen RGB-Werte, die im Bereich von o bis 346 Stufen liegen, in einen Wertebereich von o bis 255 gemappt werden, was zu unvermeidbaren Einbußen bei der Farbauflösung führt.

YCC nach CMYK

Im Zeitalter medienübergreifender Bildnutzung verbietet sich das Speichern von Bilddaten zu Archivierungszwecken im noch viel kleineren CMYK-Farbraum ohnehin. CMYK-Daten sind immer für eine bestimmte Druckausgabe optimiert und verlieren durch den notwendigen Schwarzaufbau (GCR oder UCR) unwiderruflich an Farbinformation, womit die Daten ausschließlich für eine ganz bestimmte Druckausgabe vorgesehen sind und damit nicht mehr einfach für andere Medien verwendet werden können.

Für wissenschaftliche Computergrafikanwendungen konnte sich YCC bisher nicht recht durchsetzen. Das liegt einerseits an patentrechtlichen Gründen des dazugehörigen Kompressionsalgorithmus für das Photo-CD-Format, und andererseits weist der Farbraum trotz seines großen Darstellungsumfangs in einigen kritischen Punkten Lücken auf.

7.6 Das YIQ-Farbmodell

Das zu den technischen Farbmodellen zählende YIQ-Farbmodell wird zur Modellierung der Farbinformation in der analogen amerikanischen NTSC-Farbfernsehtechnik verwendet und basiert auf genormten Primärfarben und Weißpunkt. Es sorgt für eine optimierte Schwarzweiß-Umsetzung von Farb- zu Schwarzweiß-Fernsehen. Die Y-Komponente ist für die Helligkeit zuständig und gewährleistet die Kompatibilität zwischen Farb- und Schwarzweiß-Fernsehen, indem es eine bestimmte Gewichtung der einzelnen Farbhelligkeiten des RGB-Signals nach ihrer physiologischen Wirkung bzw. dem menschlichen Helligkeitsempfinden vornimmt und so die Farben in Helligkeitssignale umsetzt. Das Luminanzsignal – das für das menschliche Auge wichtiger ist für den Bildeindruck als Farbinformationen – setzt sich aus 30 % Rotanteil, 59 % Grünanteil und 11 % Blauanteil der Gesamthelligkeit eines RGB-Wertes zusammen. Die I-Komponente steht für die Farbart bzw. den Farbton (*Inphase Chrominance*), und die Q-Komponente beschreibt die Farbsättigung (*Quadrature Chrominance*).

Die genaue Formel zur Berechnung der Y-Komponente aus einem RGB-Wert lautet:

$$Y = 0{,}299\,R + 0{,}587\,G + 0{,}114\,B$$

Y als Luminanz-Komponente enthält also die ganze Schwarzweiß-Information bzw. Helligkeit, während I und Q als Chrominanz-Komponenten nur zur Kolorierung dienen.

Die Formel zur Berechnung der beiden Differenzwerte für die Chrominanz lautet:

R-Y und B-Y

Der gewichtige Vorteil des YIQ-Farbraums im Vergleich zum RGB-Farbraum besteht darin, dass der Großteil der gesamten Bildinformationen in der Helligkeitskomponente (Y) gespeichert ist, während die beiden Chrominanz-Komponenten (IQ) vergleichsweise sehr wenige Informationen enthalten. Die Helligkeitskomponente entspricht dabei der vollständigen Graustufendarstellung des Bildes und enthält keinerlei Anteile der Chrominanz-Komponenten. Durch die Unabhängigkeit der drei Farbraum-Komponenten voneinander lassen sie sich auch getrennt komprimieren, was bei einem RGB-Signal nicht möglich ist. Da nun aber die meisten Videokameras ein RGB-Signal liefern, muss zuerst eine Farbraumtransformation erfolgen, bevor man die Signale komprimieren kann. Das Kompressionsverfahren – ein so genanntes *Chroma-Subsampling* – überträgt dabei die Chrominanzinformationen weniger häufig als die Luminanzinformationen und funktioniert nach dem gleichen Prinzip wie unter »Das YUV-Farbmodell« beschrieben.

Im europäischen Raum wird anstelle der amerikanischen NTSC-Norm die PAL/SECAM-Norm verwendet, womit sich auch die Berechnung des Farbraums geringfügig ändert. Dieser Farbraum wird als YUV-Farbraum bezeichnet und unterscheidet sich nur durch eine Drehung um 30° vom amerikanischen YIQ-Farbraum.

Die Matrix zur Umrechnung von RGB in YIQ lautet:

$$\begin{matrix} Y \\ I \\ Q \end{matrix} = \begin{vmatrix} 0,30 & 0,59 & 0,11 \\ 0,60 & 0,28 & -0,32 \\ 0,2 & -0,52 & 0,31 \end{vmatrix} \times \begin{matrix} R \\ G \\ B \end{matrix}$$

Die Matrix zur Umrechnung von RGB in YUV lautet:

$$\begin{matrix} Y \\ U \\ V \end{matrix} = \begin{vmatrix} 0,30 & 0,59 & 0,11 \\ -0,17 & -0,33 & 0,50 \\ 0,50 & -0,42 & -0,08 \end{vmatrix} \times \begin{matrix} R \\ G \\ B \end{matrix}$$

7.7 Das YUV-Farbmodell

Das wenig bekannte Farbmodell YUV – auch als *YCbCr* oder *YPbPr* bezeichnet – ist der De-facto-Standard in der digitalen Bild- und Video-Kompression. Der YUV-Farbraum entspricht dem CIE-L'u'v'-Farbraum, dem farbmetrisch definierten geräteunabhängigen Farbraum, der sämtliche vom menschlichen Auge wahrnehmbaren Farben umfasst (siehe Kapitel 6, Abschnitt »Das CIE-L'u'v'-Farbmodell«). Vergleichbar mit dem YIQ-Farbraum mit Abwärtskompatibilität zum Schwarzweiß-Fernsehen, entwickelten die Ingenieure mit YUV ein Farbmodell, das ohne visuell erkennbare Qualitätseinbußen eine um rund 33 % verminderte

Datenrate im Vergleich zu RGB-Daten aufweist. Bedingt durch eine beschränkte Bandbreite, die bei der Datenübertragung zur Verfügung steht, wäre es undenkbar, RGB-Informationen ohne Kompression zu übertragen. Im Vergleich zu YUV, das eine von den beiden Farbinformationen U und V (Chrominanz) getrennte Helligkeitsinformation Y (Luminanz) aufweist, ist die gesamte Helligkeitsinformation bei RGB-Farben untrennbar mit der jeweiligen Farbinformation von Rot, Grün und Blau gekoppelt und macht somit eine sinnvolle Datenreduktion unmöglich.

Der YUV-Farbraum als Ausgangsformat bei der Codierung und als Endformat bei der Decodierung verschiedener Kompressionsalgorithmen wird unter anderem auch bei der JPEG-Kompression für Standbilder und bei der MPEG-Kompression für Bewegtbilder verwendet. JPEG als eines der effektivsten Kompressionsverfahren für fotografische Halbtonbilder wurde ursprünglich für die Übertragung von Bilddaten im Internet entwickelt und erfordert zwingend eine geringe Datenmenge, um auch bei der bescheidenen Datenrate von 56 Kbps eines gewöhnlichen Modems genügend schnell übertragen zu werden. Obschon die JPEG-Kompression grundsätzlich ein verlustbehaftetes (*lossy*) Kompressionsverfahren ist, das in mehreren Schritten erfolgt, gehört das so genannte *Chroma-Subsampling* zu einem der verlustlosen Schritte und setzt die Trennung von Luminanz- und Chrominanzinformation voraus. Und genau diese Anforderung erfüllt der YUV-Farbraum in idealer Weise.

Die JPEG-Kompression transformiert also die im RGB-Modus (24-Bit) vorliegenden Bilddaten in einem ersten und absolut verlustlosen Schritt in den YUV-Farbraum (24-Bit). Das Luminanzsignal (Y) ergibt sich aus der Summe der drei Grundfarben Rot, Grün und Blau. Die beiden Chrominanzsignale resultieren aus der Differenz zwischen Farbanteil und Luminanz – also Rot minus Luminanz bzw. Blau minus Luminanz – und sind bezeichnenderweise so genannte Farbdifferenzsignale. Das anschließende und ebenfalls verlustlose Chroma-Subsampling macht sich nun die Tatsache zunutze, dass die menschliche Wahrnehmung gewisse Mängel aufweist. So können wir beispielsweise kleine Abweichungen in der Chrominanz (Farbigkeit) kaum oder gar nicht wahrnehmen. Auf Änderungen der Luminanz (Helligkeit) hingegen reagieren unsere Sehorgane äußerst sensibel. Das Chroma-Subsampling eliminiert also einen Teil der Farbinformation zugunsten der für das menschliche Auge relevanteren Helligkeitsinformation, die dabei vollständig erhalten bleibt. Mit anderen Worten, jedes Pixel – als kleinstes Element eines digitalen Bildes – wird um eine für das menschliche Auge nicht relevante Chrominanzinformation reduziert, indem bei zwei nebeneinander liegenden Pixeln je ein Farb- oder Sättigungswert (U oder V) entfernt wird. Die noch verbleibende U- (8-Bit) bzw. V-Information (8-Bit) entspricht dabei dem Durchschnittswert beider Pixel. Die Reduktion der Chrominanz zugunsten der Luminanz weist ein Verhältnis von 4Y:2U:2V auf und bewirkt eine Reduktion der Datenmenge von ursprünglich 24 Bit auf 16 Bit pro Pixel, also um rund 33 % oder ein Drittel.

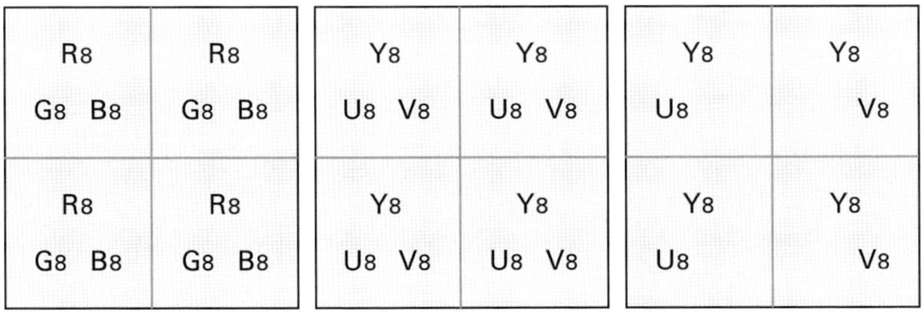

Abbildung 7.6
Chroma-Subsampling

24-Bit pro Pixel im
RGB-Modus vor der Farb-
raumtransformation

24-Bit pro Pixel im
YUV-Modus nach der Farb-
raumtransformation

16-Bit pro Pixel
nach dem verlustlosen
Chroma-Subsampling

Der nächste Schritt im Rahmen der JPEG-Kompression ist die von starken Verlusten gekennzeichnete *Discrete Cosinuous Transformation* (DCT) und führt zu den
visuell gut erkennbaren und JPEG-typischen Artefakten. Gefolgt wird dieser
Schritt vom wiederum verlustlosen *Run Length Encoding* (RLE) und schließlich
noch von einer verlustlosen Huffman-Codierung.

YUV-Abtastfrequenzen für die Luminanz und die Chrominanz

Der YUV-Farbraum weist also den großen Vorteil auf, dass die Abtastfrequenz
der Chrominanz-Kanäle (U und V) niedriger sein kann als die Abtastfrequenz des
Luminanz-Kanals (Y), und dies ohne sichtbare Qualitätseinbußen (Chroma-
Subsampling).

Zur Beschreibung, wie oft die beiden Farbinformationen (U und V) im Vergleich
zur Helligkeitsinformation (Y) abgetastet wird, verwendet man eine so genannte
A:B:C-Notation:

▸ **YUV 4:2:2:** Auf vier Helligkeitsinformationen (Y) kommen nur zwei Farbinformationen (U und V).

▸ **YUV 4:4:4:** Auf vier Helligkeitsinformationen (Y) kommen vier Farbinformationen (U und V); die Abtastfrequenz der Chrominanz-Kanäle wird damit nicht
verringert.

▸ **YUV 4:1:1:** Auf vier Helligkeitsinformationen (Y) kommt nur eine Farbinformation (U und V). Dieses Format ist allerdings eher unüblich.

8

Farbräume in PostScript und PDF

8.1 Device-Farbräume

DeviceGray, DeviceRGB, DeviceCMYK und ab PostScript Level 3 DeviceN sind so genannte *geräteabhängige* Farbräume (engl. *device* = Gerät). Normalerweise sind alle CMYK-Farbräume und auch die meisten RGB-Farbräume – von wenigen Ausnahmen abgesehen (siehe Kapitel 4, Abschnitt »Kalibrierte, geräteunabhängige RGB-Farbräume«) – unmittelbar von den Farbwiedergabeeigenschaften eines Ein- oder Ausgabegeräts abhängig. Eine zahlenmäßige oder anteilmäßige Beschreibung einer Farbe wird von jedem Ausgabegerät (Monitor, Drucker oder Druckpresse) anders wiedergegeben, was auf die verschiedenen technischen und physikalischen Geräteeigenschaften und die Grundfarben der erzeugenden Hardware zurückzuführen ist. Ein Device-Farbraum enthält also keine Kalibrierungsinformationen, welche die Farben genauer spezifizieren, das heißt er enthält keine neutrale, objektive Farbbeschreibung. Vom RIP wird eine Device-CMYK-Farbe unangetastet eins zu eins an das jeweilige Ausgabegerät weitergegeben. Das Ergebnis der Ausgabe ist damit unmittelbar abhängig von den Grundfarben des Ausgabegeräts. Device-Farbräume können folglich auch nicht mit einem Ausgabeprofil verrechnet werden, da nicht bekannt ist, was die Farbwerte bedeuten; damit ist auch eine Farbanpassung an ein ganz bestimmtes Ausgabegerät nicht möglich.

8.2 Cal-Farbräume

CalGray, CalRGB, CalCMYK und Lab gehören zu den *geräteunabhängigen* Farbbeschreibungen im PDF-Umfeld und wurden von Adobe in der PDF-Version 1.1 (Acrobat 2.0) eingeführt. Cal-Farbräume enthalten zusätzlich zu den eigentlichen Tonwerten der einzelnen Farbkanäle immer auch Kalibrierungsinformationen mit einer neutralen und objektiven Beschreibung – im CIE-XYZ-Farbraum – der Farbinformationen eines Bildes oder einer Grafik. Es handelt sich dabei um standardisierte, kalibrierte Farbräume, die bereits in PDF 1.1 leistungsfähige aber sehr vereinfachte Versionen von aktivem Colormanagement darstellten und Farbe geräteunabhängig spezifizierten. CalCMYK wurde in PDF 1.1 zwar spezifiziert, aber dennoch nie in Acrobat implementiert. In Acrobat Distiller 4.0 beispielsweise findet man im Reiter FARBE den Befehl ALLE FARBEN IN SRGB KONVERTIEREN (bei KOMPATIBILITÄT: ACROBAT 4.0) bzw. ALLE FARBEN IN CALRGB KONVERTIEREN (bei KOMPATIBILITÄT: ACROBAT 3.0). Geräteabhängige Farbbereiche in RGB und CMYK werden dadurch in einen der kalibrierten RGB-Farbräume (sRGB oder CalRGB) konvertiert. Für kalibrierte Farbdefinitionen entfällt somit ein spezifisches Eingabeprofil, da die objektive Farbbeschreibung bereits in den kalibrierten Daten enthalten ist. Für die Druckvorstufe sind diese RGB-Farbräume jedoch ungeeignet (siehe Kapitel 4, Abschnitt »sRGB«).

8.3   CIEBased-Farbräume

Um die etwas seltsamen Bezeichnungen von CIEBasedA, CIEBasedABC, CIEBasedDEF und CIEBasedDEFG besser zu verstehen, muss man etwas weiter ausho-
len. Anzutreffen sind solche Farbraumbezeichnungen in PostScript-Seitenbe-
schreibungen.

Neben der reinen Farbraumkompression (Gamut Mapping) bestimmter Eingangsfarbwerte in den Farbraum eines Druckprozesses sind zusätzliche Technologien erforderlich, welche die maschinentechnischen Eigenheiten eines
bestimmten Ausgabegeräts berücksichtigen, um eine konsistente Farbwiedergabe von der Erfassung (Scanner, Digitalkamera) bis zur Ausgabe (Monitor, Drucker, Druckpresse) zu ermöglichen. Dazu haben sich zwei verschiedene Technologien entwickelt, die unterschiedliche Richtungen verfolgen. Adobe – als
Entwickler der Seitenbeschreibungssprache PostScript – führte unter anderem
in PostScript Level 2 die beiden Konstrukte *Color Space Array* (CSA) und *Color
Rendering Dictionary* (CRD) ein, die ausschließlich im Rahmen einer PostScript-
Seitenbeschreibung zum Einsatz kommen. Daneben aber entwickelte das ICC
(International Color Consortium) die Technologie, gerätespezifische Farbwiedergabeeigenschaften mit so genannten *ICC-Profilen* zu beschreiben, die zudem
auch nicht an ein einziges Format gebunden sind. Bis heute gibt es aber noch
keine PostScript-Seitenbeschreibung, die ein solches ICC-Profil enthalten kann,
da ein PostScript-Interpreter mit diesen Informationen nichts anfangen kann.
Grundsätzlich geht es aber darum, Eingangsfarbwerte (beispielsweise von
einem eingescannten Bild) in einem ersten Schritt geräteneutral zu beschreiben.
In einer PostScript-Seitenbeschreibung stellt das oben erwähnte Color Space
Array (CSA) die dazu notwendige Umrechnungsvorschrift dar, um solche Eingangsfarbwerte in den geräteunabhängigen CIE-XYZ-Farbraum umzurechnen.
So erhalten die Eingangsfarbwerte für dreikomponentige Farbräume (RGB) in
der PostScript-Seitenbeschreibung die Bezeichnung CIEBasedABC (wobei die
Buchstaben ABC keine besondere Bedeutung haben); sie werden durch Werte-
bereichsbegrenzungen, PostScript-Prozeduren und weitere Transformationen in
den geräteneutralen Verbindungsfarbraum CIE-XYZ umgerechnet. Ebenso eignet
sich ein CIEBasedABC-Farbraum auch für die Umsetzung von kalibrierten Farbräumen, wie beispielsweise CIE-Lab oder sRGB nach CIE-XYZ. Für die Eingangsfarbwerte von einkanaligen Farbräumen steht CIEBasedA. In PostScript Level 3
bzw. in der Revision 2016 von PostScript Level 2 kamen schließlich noch die CIE-
basierten Farbraumdefinitionen für CMYK-Eingangsfarbwerte dazu, mit der
Bezeichnung CIEBasedDEFG bzw. CIEBasedDEF bei drei Farbkomponenten
(CMY). Im Aufruf eines solchen CIE-basierten Farbraums werden nun alle Parameter in einem PostScript-Array angegeben, die somit von einem PostScript-
Interpreter verarbeitet werden können.

Mangels geeigneter Werkzeuge können solche CSAs aber nicht direkt vom
Anwender erzeugt und den Daten zugeordnet werden. Nur der indirekte Weg
über ICC-Profile erlaubt die Implementierung in den PostScript-Code. In einigen
DTP-Applikationen (zum Beispiel Photoshop) lassen sich beim Drucken in Post-

Script oder beim Speichern im EPS-Format den Daten zugeordnete oder eingebettete ICC-Profile als Color Space Array dem PostScript-Code hinzufügen,
indem man bei den Druck- oder Speicheroptionen POSTSCRIPT-FARBMANAGEMENT
aktiviert.

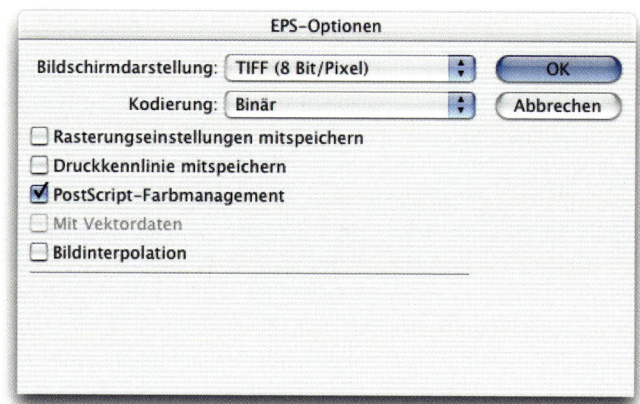

Abbildung 8.1
Erzeugen eines CSAs durch
Aktivieren des PostScript-
Farbmanagements in
Photoshop

Mit einer geräteneutralen Farbbeschreibung der zugrunde liegenden Daten ist
es aber noch nicht getan. Mit dem CSA ist erst die Hälfte des Weges hin zum Farbraum des Ausgabegeräts absolviert. Das unentbehrliche Gegenstück dazu ist
ein CRD oder *Color Rendering Dictionary*. Das CRD kennt die Farbwiedergabeeigenschaften des Ausgabegeräts und deren Werte im CIE-XYZ-Farbraum. Zudem
erfolgt ein Gamut Mapping, das heißt eine Farbraumanpassung durch Rendering
Intents (siehe Kapitel 19, Abschnitt »Gamut Mapping«). Ein CRD wird grundsätzlich nie auf einen Device-Farbraum in der PostScript-Seitenbeschreibung angewendet, sondern nur auf CIEBased-Farbräume.

8.4 ICCBased-Farbräume

Neben dem geräteabhängigen DeviceN-Farbraum führte Adobe in der PDF-Version 1.3 neu auch geräteunabhängige, ICC-basierte Farbräume ein. Die in Post-
Script Level 2 eingeführten Konstrukte CSA und CRD (siehe oben) wurden über-
raschenderweise nicht in das PDF-Format – das ja auf PostScript basiert –
übernommen. Adobe folgte damit dem Trend, ICC-Profile zu verwenden. Diese
setzten sich aufgrund der zunehmenden Unterstützung zahlreicher Soft- und
Hardwarehersteller, die unter anderem Programme und Messtechnik entwickelten, um ICC-Profile für Ein- und Ausgabegeräte zu generieren, immer mehr durch.
Auch die direkte Unterstützung auf Mac- und Windows-Betriebssystemebene
durch die Module *ColorSync* und *ICM* ließ Adobe die Entscheidung treffen, in PDF
voll auf ICC-basiertes Colormanagement zu setzen. Dabei sind aber ausschließlich Quellprofile in einer PDF-Seitenbeschreibung erlaubt, die eine Konvertierung
hin zum geräteunabhängigen Verbindungsfarbraum (in PDF immer CIE-LAB)
ermöglichen. Da eine PDF-Datei gemäß Adobe geräteneutral sein soll, wäre es

wenig sinnvoll, bereits ein bestimmtes Ziel- bzw. Ausgabeprofil in der PDF-Seitenbeschreibung fest zu implementieren. Etwas anderes ist dagegen der so genannte *Output Intent* in einer PDF/X-3-Datei. Ein ICC-Ausgabeprofil – oder ein Link zu entsprechenden Bezugsquellen für das Ausgabeprofil – muss sogar zwingend in einer PDF/X-3-Datei enthalten sein, um PDF/X-3-konform zu sein. Wobei der Empfänger der Datei keineswegs gezwungen ist, dieses Ausgabeprofil auch tatsächlich zu verwenden. Es dient vorerst nur zu Informationszwecken und muss grundsätzlich im weiteren Arbeitsablauf (zum Beispiel für den Proof) speziell aktiviert werden.

Kapitel 9

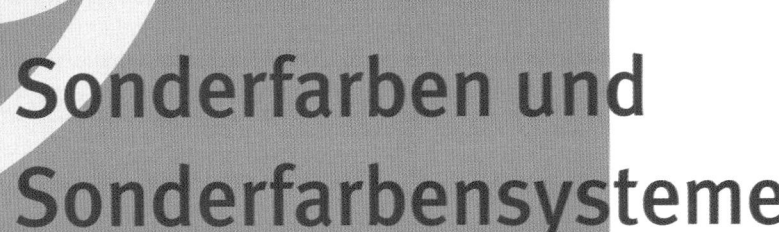

9 Sonderfarben und Sonderfarbensysteme

9.1 Theoretisches zu Sonderfarben

Buntfarben, Schmuckfarben, Volltonfarben, Effektfarben, Spotfarben sind häufige Bezeichnungen, die grundsätzlich dasselbe meinen, nämlich so genannte Sonderfarben. Als Sonderfarben bezeichnet man Farben, die in Form speziell gemischter Bunttöne, Neonfarben, Leuchtfarben oder Metallic-Farben (wie Gold, Silber oder Bronze) als fertige Druckfarben zur Verfügung stehen und nicht erst auf dem Bedruckstoff durch Übereinanderdrucken von drei oder vier lasierenden Grundfarben (als Resultat einer subtraktiven Farbmischung) gebildet werden. Sonderfarben werden als solche direkt in das Farbwerk einer Druckmaschine gefüllt; sie haben deshalb auch je eine eigene Druckform, sei es in Form einer Offsetdruckplatte, einer Siebdruckform oder eines weichen, flexiblen Polymer-Klischees für den Flexodruck.

Die beiden in der grafischen Industrie gebräuchlichsten und zur gleichen Zeit – vor rund 40 Jahren – entstandenen Sonderfarben-Systeme sind das aus den USA stammende *Pantone Matching System* (PMS) vom Weltmarktführer in Sachen Druckfarben und das *HKS-System* aus Stuttgart in Deutschland. Es ist also kaum verwunderlich, dass HKS in Deutschland größere Zustimmung erhält als anderswo. In der Schweiz wiederum findet das Pantone-System mehr Anhänger. Welches der beiden Systeme nun das bessere ist, lässt sich schwer sagen. Tatsache ist, dass beide eben Systeme sind, was eindeutig besagt, dass die Zusammenstellung der verfügbaren Bunttöne nicht willkürlich und zufällig ist, sondern nach einem bestimmten Ordnungsprinzip, nach einheitlichen Grundsätzen erfolgt ist. Somit haben sie eine Gemeinsamkeit mit allen anderen bisher erläuterten Farbmischsystemen. Sie basieren auf wenigen Grundfarben, deren spektrale Remissionen so optimiert sind, dass sich durch systematisches Ausmischen zahlreiche neue (bis zu tausend und mehr) Bunttöne ergeben, die von höchstmöglicher Buntheit sind – wodurch sie sich auch abheben von den Bunttönen des subtraktiven, autotypischen Vierfarbendrucks mit den Prozessfarben Cyan, Magenta, Gelb und Schwarz, die es aufgrund ihrer spektralen Remissionseigenschaften nicht erlauben, beispielsweise reine, saubere Orange- und Grüntöne zu erzielen (siehe Kapitel 12, Abschnitt »Die autotypische Farbmischung«). Auch im Bereich von Blau- und Cyantönen darf man bei der subtraktiven Farbmischung nichts Besonderes erwarten. Denn die physikalischen Anforderungen an genormte Druckfarben (CMYK) sind sehr vielfältig und können nicht alle gleichzeitig erfüllt werden (siehe Kapitel 11, Abschnitt »Druckfarben«), wodurch sie gezwungenermaßen gewisse Mängel aufweisen, im Gegensatz zu reinen Buntfarben.

Sonderfarben wie Pantone und HKS befinden sich zu einem größeren Teil außerhalb des druckbaren CMYK-Farbraums, weshalb sie simuliert mit Prozessfarben niemals an die Reinheit und Leuchtkraft von echten Sonderfarben herankommen.

Daraus lässt sich bereits ableiten, wo der Einsatzbereich von Sonderfarben liegt, nämlich überall dort, wo der mögliche, realisierbare Farbumfang eines Vierfarbendrucks – unter Berücksichtigung des gewünschten Bedruckstoffs und zusätzlicher Veredelungsmöglichkeiten wie Drucklackierung oder Laminierung – nicht mehr ausreicht, um den gewünschten farblichen Eindruck zu erzielen.

Einsatzmöglichkeiten von Sonderfarben

Sonderfarben können also zusätzlich zu den Prozessfarben (CMYK) eingesetzt werden. Das heißt, man druckt mit fünf, sechs oder noch mehr Farben, was sich natürlich entsprechend auf die Druckkosten auswirkt. Sicher wäre es ein absoluter Unsinn, eine Vereinszeitung oder ein Flugblatt bei einer Auflage von 100 Exemplaren mit sechs oder mehr Farben zu drucken. Man könnte sich hingegen schon eher vorstellen, mit nur einer oder zwei Buntfarben zu drucken, anstelle von vier Prozessfarben. Grundsätzlich zu behaupten, der Druck mit einer oder zwei Sonderfarben sei günstiger als ein Vierfarbendruck mit Skalenfarben, ist allerdings nicht ganz korrekt. Im Offsetdruck wird in der Regel immer mit standardisierten Skalenfarben gedruckt. Zwischen den einzelnen Druckaufträgen ist folglich auch kein Reinigen der Farbwerke notwendig. Ganz anders beim Drucken mit Sonderfarben: Die Farbwerke müssen zuerst komplett sauber gereinigt und mit der Sonderfarbe gefüllt werden, anschließend wird die Maschine angefahren. Am Ende des Auflagendrucks erfolgt dieselbe Prozedur nochmals in umgekehrter Reihenfolge, um die Farbwerke wieder mit Skalenfarben zu füllen. Es ist also immer ein zweifacher Farbwechsel nötig, um mit Sonderfarben zu drucken, was zudem ziemlich Zeit in Anspruch nimmt und voll auf die Kosten durchschlägt. Doch der geschickte und sinnvolle Umgang mit Sonderfarben – vielleicht in Kombination mit einem besonderen Bedruckstoff – führt durchaus zu ebenso zahlreichen wie visuell überraschenden Effekten, auch mit einer eingeschränkten Anzahl von Buntfarben. Zur Kategorie der einfacheren Druckerzeugnisse, die mit nur einer oder zwei Sonderfarben auskommen, zählen neben Briefkopf und Visitenkarte – meistens in typischen »Hausfarben« – auch *Duplex-Bilder*. Der Begriff Duplex wird als Oberbegriff für kolorierte Graustufenbilder mit einer oder mehreren Sonderfarben verwendet und schließt somit auch Triplex mit drei Farben und Quadruplex mit vier Farben ein. Besonders häufig sind Sonderfarben auch im Verpackungsdruck anzutreffen, wo nicht selten bis zu zehn Buntfarben gedruckt werden. Eine Verpackung muss verkaufsfördernd sein, weshalb man hier auch besonderen Wert auf Originalität und visuelle Anmutung legt. Sie muss auffallen und Emotionen wecken, denn sie verkörpert oder repräsentiert ihren Inhalt – das Produkt selbst. Deshalb greift man hier selten auf den farblich eher »müden« Vierfarbendruck zurück. Sonderfarben sehen einfach frischer und reiner aus, mit entsprechender Leuchtkraft. Aber auch Getränkeetiketten für Wein, Spirituosen und Softgetränke werden sehr oft mit Sonderfarben gedruckt, da sich die gewünschten Farben (wie zum Beispiel ein leuchtendes Orange für den Orangensaft) mit dem »Vierfärber« oft nicht oder kaum zufrieden stellend realisieren lassen. Es gibt aber auch rein prestigeträchtige Druckerzeugnisse wie Geschäftberichte, wo man Wert auf Ansehen legt und keine Kosten scheut, Bild und Typografie mit zusätzlichen Buntfarben anzureichern. Hier werden alle Register der Druckveredelung gezogen, um den erwünschten Effekt zu erzielen. Weitere Bereiche, wo mit Sonderfarben gedruckt wird, sind beispielsweise Wertpapiere wie Banknoten, Aktien oder Briefmarken, Landkarten, Kunstbücher oder -kataloge und Faksimile-Drucke. So stellt die Reproduktion sehr alter Chroniken aus Kirchen- und Klosterbeständen wohl eine der größten Herausforderungen an Druckvorstufe und Druck dar. Von Hand kolorierte Illustrationen und Ornamente wurden oft mit Goldfarbe gemalt oder mit Blattgold versehen – eine identische Reproduktion kann nur mithilfe zusätzlicher Bunt- bzw. Metallic-Farben realisiert werden. Kurz, Sonderfarben sind überall dort angesagt, wo der Farbumfang des Vierfarbendrucks an die Grenzen seiner Möglichkeiten stößt. Darunter fallen auch alle Farbfächer, Farbkarten und Farbatlasse für alle Arten von Künstlerfarben, Pantone oder HKS, die wir zur Hand nehmen, um einen beliebigen Farbton zu bestimmen. Sie erlauben eine präzise Vorhersage des Druckergebnisses und dienen auch zur Produktionskontrolle. Es gibt aber noch zahlreiche weitere Gründe, die für einen Druck mit Sonderfarben sprechen.

Feine Elemente

Das Drucken von besonders feinen farbigen Elementen gelingt mit einer Sonderfarbe wesentlich besser als in einem vierfarbigen Zusammendruck. Passerungenauigkeiten infolge eines Papierverzugs bei schnell laufenden Maschinen wirken sich hier besonders störend aus.

Große monochrome Farbflächen

Soll eine große, pastellfarbige oder neutralgraue Hintergrundfläche gedruckt werden, machen sich Druckschwankungen und somit die Beeinträchtigung der Grauachse besonders störend bemerkbar. Wird sie hingegen mit einer Sonderfarbe gedruckt, kann der Farbauftrag unabhängig von den übrigen Elementen gesteuert werden. Losgelöst von der Druckwiedergabe von Bildern mit Skalenfarben, lässt sich eine homogene Fläche besser konsistent halten und schützt wiederum auch die Bilder vor einer übermäßigen Farbführung und deren Auswirkungen in Form von erheblichen Farbstichen.

Präzise Farbmuster

Für den Einsatz von Sonderfarben spricht beispielsweise auch die Forderung, dass bestimmte Farbmuster (wie zum Beispiel in einem Autoprospekt) praktisch toleranzfrei und auf die Nuance genau reproduziert werden müssen. Bei Sonderfarben ist die Möglichkeit gegeben, gleich mehrere Farben unabhängig voneinander präzise zu steuern.

Spezielle Farbformen

Zusätzliche Farbformen mit einem eigenen »Farbauszug« sind für eine partielle Drucklackierung, eine Stanz-, Perforier- oder eine Nutform erforderlich und gehören als solche zur Familie der Sonderfarben.

Die eindimensionale Farbpalette

Sonderfarben sind das Gegenteil zu den Grundfarben des Offsetdrucks Cyan, Magenta, Gelb (und Schwarz), die zusammen eine dreidimensionale Farbpalette ergeben und es erst durch die unterschiedlichsten, autotypischen Mischungsverhältnisse überhaupt ermöglichen, ein Halbtonbild – mit lückenlosem Spektrum – im subtraktiven Zusammendruck darzustellen. Man könnte auch sagen zu »synthetisieren«, nachdem man ein RGB-Bild »analysiert«hat. Cyan, Magenta und Gelb sind für sich alleine keine »schönen« Farben, so wie man sie bei den Sonderfarben haufenweise zur Auswahl hat, weshalb sie auch selten alleine verwendet werden. Man druckt kaum eine Hauszeitung oder ein Flugblatt nur mit der Farbe Magenta. Mit drei Prozessfarben (und zusätzlich Schwarz) erzeugt man mit einem Minimum an Farben einen maximal möglichen Farbraum, der zumindest einen (bescheidenen) Teil des sichtbaren Spektrums von Violetttönen, über Blau-, Grün-, Gelb-, Orange- und Rottöne bis hin zu Purpurtönen umfassen kann.

Eine Sonderfarbe für sich alleine stellt immer eine eindimensionale Farbpalette dar (genau wie eine Prozessfarbe auch), die neben dem Vollton zahlreiche durch Rasterung aufgehellte Tonwertstufen umfassen kann. Man kann mit ihnen einen ganz bestimmten Farbton hervorragend treffen, der im Vierfarbendruck bereits mehr als eine Farbkomponente erfordert, damit aber niemals die Reinheit einer Sonderfarbe erreicht. Mit zwei Sonderfarben kann man bereits eine zweidimensionale Farbfläche realisieren, die vier Eckfarben umfasst: Sonderfarbe 1, Sonderfarbe 2, Mischfarben aus Sonderfarbe 1 und Sonderfarbe 2 und Papierweiß. Kommt noch eine dritte Sonderfarbe dazu, ist bereits ein dreidimensionaler Farbraum realisierbar. Doch der mögliche darstellbare Farbraum wird immer begrenzt sein und mit gleich vielen Farben niemals die Dimensionen eines CMYK-Farbraums erreichen. Rein theoretisch könnte man natürlich auch mit mehr als drei Sonderfarben drucken, was aber letztlich eine Frage der Kosten und des ökologisch Sinnvollen ist. Sonderfarben sind nicht dazu konzipiert, um erst im Zusammendruck ihr ganzes Potenzial zu entfalten; sie sind dazu gedacht, eindimensional verdruckt zu werden.

Sonderfarben als Prozessfarben drucken

So genannte Sonderfarben als Prozessfarben zu drucken, sie also mit den üblichen CMYK-Druckfarben zu simulieren, scheint mir keine besonders kreative Idee zu sein. Bedenkt man, dass ein Großteil aller Sonderfarben (Pantone oder HKS) außerhalb des druckbaren CMYK-Farbumfangs liegt, wird auch die Enttäuschung über das vierfarbige Druckresultat entsprechend groß sein! Natürlich gibt es Situationen, wo man nicht die Möglichkeit hat, mit einer zusätzlichen Buntfarbe zu drucken und somit gezwungenermaßen die bunt leuchtende Pantone- oder HKS-Farbe separieren muss. Es bieten sich verschiedene Wege an, um diese Aufgabe zu lösen:

1. Man ersetzt die zu separierende Pantone-Farbe durch eine möglichst identische Farbe, und zwar anhand der Farbpalette *Pantone® process coated EURO*, in der rund 3000 Farben als 4c-Separationen in einem eigenen System

auf Basis der vier Pantone-Prozessfarben definiert sind. Allerdings muss man hier unbedingt darauf achten, dass man die Palette mit dem Zusatz »EURO« verwendet – natürlich nur, wenn auch im europäischen Raum gedruckt wird. In QuarkXPress gibt es dazu eine intelligente Funktion. Wird unter BEARBEITEN → FARBEN... eine Farbe gelöscht, fragt XPress vorsichtshalber zuerst nach, ob die zu löschende Farbe eventuell durch eine andere Farbe ersetzt werden soll. Ist die Ersatzfarbe definiert, kann somit die Sonderfarbe auf elegante Weise und auf einen Schlag im ganzen Dokument ersetzt werden.

2. Man verwendet für die Umsetzung die Farbpalette *Pantone® solid to process coated/uncoated*, die sämtliche Pantone-Farben als CMYK-Simulationen definiert.

3. Die meisten Grafik- und Layoutprogramme bieten eine Option im DRUCKEN-Dialog, um Sonderfarben als 4c-Separationen auszugeben. Ist die Option IN PROZESSFARBEN KONVERTIEREN (Illustrator), ALLE IN PROZESSFARBEN (InDesign), VOLLTONFARBEN IN PROZESSFARBEN KONVERTIEREN (FreeHand) oder ZU VIERFARBEN-AUSZUG KONVERTIEREN (XPress) aktiviert, werden alle Vollton- bzw. Sonderfarben als 4c-Separationen ausgegeben. Ist die Option nicht aktiviert, erhalten Sie einen eigenen Farbauszug.

4. Illustrator verfügt über einen speziellen Filter FILTER → FARBFILTER → IN CMYK KONVERTIEREN, mit dem sich ausgewählte Volltonfarben-Objekte in Prozessfarben konvertieren lassen.

Die meisten Programme (wie beispielsweise XPress) bieten im Gegensatz zu Illustrator aber nicht die flexible Möglichkeit, nur eine ganz bestimmte Sonderfarbe in Prozessfarben zu separieren, womit immer alle oder gar keine der Sonderfarben davon betroffen sind. Die Entscheidung wird also global gefällt, weshalb man weiterhin bereits beim Anlegen von Farben ganz klar entscheiden muss, ob man sie als Prozess- oder Sonderfarben ausgeben will. Hier zeigt sich Illustrator von der flexibleren Seite und erlaubt es, ganz gezielt nur eine bestimmte Sonderfarbe in Prozessfarben auszugeben und wiederum andere als Sonderfarben mit eigenem Farbauszug zu belassen.

Die ersten beiden Möglichkeiten, Sonderfarben als Prozessfarben auszugeben, lassen sich nur auf Objekte in einem Grafik- oder Layoutprogramm anwenden, auf die man unmittelbar Einfluss nehmen kann, wie zum Beispiel Linien, Flächen, Verläufe und Text. Will man hingegen Sonderfarben in einer platzierten EPS-Datei als Prozessfarben ausgeben, bietet sich nur die Option im DRUCKEN-Dialog an. Sonderfarben bei der Ausgabe in Prozessfarben zu konvertieren, kann je nach Software zu unterschiedlichen Resultaten führen. Vergleiche zwischen Illustrator und XPress ergeben die gleichen CMYK-Werte für Pantone-Farben. Auch der Vergleich mit dem Farbwähler von Photoshop ergibt hier noch die gleichen Werte. Misst man aber anschließend in Photoshop die angelegte Farbe mit der Pipette, wird man abweichende Werte feststellen! Denn die CMYK-Werte in Photoshop werden immer in Abhängigkeit vom aktuellen Ausgabeprofil sowie von den gewählten Prozessfarben in den Farbeinstellungen berechnet, womit durchaus der unangenehme Fall eintreten kann, dass eine Farbwarnung ausgegeben wird, das heißt die CMYK-Werte in der Informationspalette sind mit einem Ausrufezeichen hinter der Prozentangabe jeder Prozessfarbe versehen. Das würde bedeuten, dass die Farbe nicht im druckbaren Farbumfang (Gamut) des Ausgabegeräts liegt und möglicherweise eine zu hohe Sättigung aufweist. Doch Photoshop bietet in diesem Fall immer eine Alternative an, die der gewünschten Farbe am nächsten kommt. In XPress kann man sich in der Palette FARBEN BEAR-BEITEN nicht nur die CMYK-Äquivalente von Sonderfarben anzeigen lassen, sondern auch die Äquivalente in allen unter MODELL aufgeführten Farbräumen, wie zum Beispiel Lab, HSB und RGB.

Neu und erstmalig lassen sich in der Adobe Creative Suite (CS2) Volltonfarben aus den Farbbibliotheken Pantone, HKS, TOYO und DIC auf Basis geräteneutraler Lab-Werte nutzen. Man erreicht damit die bestmögliche Ausgabe und Anzeige von Volltonfarben aus einer dieser Bibliotheken – vorausgesetzt man verwendet die korrekten Geräteprofile. Soll die Volltonfarbe rückwärtskompatibel zu älteren Programmversionen sein, besitzen die Farben aus den erwähnten Bibliotheken auch entsprechende CMYK-Definitionen.

Sonderfarben als Prozessfarben in einem ICC-basierten Workflow

Immer mehr wird heute nach ISO-Standard gedruckt und geprooft, was zwangsläufig eine farbmetrische Qualitätskontrolle mit einem Spektralfotometer zur Folge hat. Die dazu notwendige Messtechnik bietet aber auch ganz neue Möglichkeiten im Umgang mit Sonderfarben, die als Prozessfarben gedruckt werden sollen. Die Umsetzung einer Sonderfarbe in CMYK-Farbanteile – sowie die spätere farbmetrische Kontrolle auf Proof und Auflagendruck – auf Basis eines der Standard-ISO-Profile (kostenloser Download unter `www.eci.org`) oder eines eigenen ICC-konformen »Hausprofils« bietet eine optimale und farbmetrisch korrekte Farbwiedergabe einer Sonderfarbe für jedes beliebige Proof- und Druckverfahren. Der Arbeitsablauf gestaltet sich dabei folgendermaßen:

1. **Lab-Sollwerte für Sonderfarben festlegen.** Das Festlegen der Lab-Sollwerte – als geräteneutrale Farbbeschreibung – einer Pantone- oder HKS-Farbe kann grundsätzlich auf zwei Arten erfolgen. Einerseits kann man dazu auf bereits existierende Tabellen mit Lab-Werten von Pantone- oder HKS-Farben zugreifen, die in zahlreichen Anwendungsprogrammen wie beispielsweise in Photoshop fest integriert sind. Andererseits bietet sich die Möglichkeit an, die Lab-Werte mittels Spektralfotometer (siehe Kapitel 19, Abschnitt »Spektralfotometer«) direkt anhand eines Farbmusters zu messen. Diese Variante ist allerdings stark abhängig vom verwendeten Bedruckstoff, auf dem das Farbmuster gedruckt ist (Oberflächenbeschaffenheit, Färbung, alterungsbedingte Veränderungen durch UV-Einstrahlung usw.). Die nun vorliegenden farbmetrischen und geräteunabhängigen Lab-Werte einer Sonderfarbe dienen als Schnittstelle hin zu gerätespezifischen CMYK-Werten oder auch zu ganz anderen Farbsystemen aus dem Bereich Buntlackfarben, Fassadenfarben, Textilfarben usw.

Hinweis

Illustrator CS2 beispielsweise verwendet für eine möglichst präzise Monitordarstellung immer dann Lab-Werte, wenn ÜBERDRUCKEN-VORSCHAU aktiviert ist. Auch beim Drucken werden Lab-Werte verwendet, wenn ÜBERDRUCKEN SIMULIEREN aktiviert wird.

2. **CMYK-Äquivalent für Lab-Werte festlegen.** Um nun aus den vorliegenden Lab-Werten der gewünschten Sonderfarbe eine farbmetrisch korrekte Umsetzung in CMYK-Werte für ein ganz bestimmtes Druckverfahren zu ermitteln, benötigt man eine spezielle Software sowie ein ICC-Ausgabeprofil des späteren Auflagendrucks (zum Beispiel eines der ISO-Profile).

Die Software *ColorPicker* von GretagMacbeth – erhältlich als eigenständige Lösung oder im Lieferumfang von *ProfileMaker Professional* – eignet sich besonders gut, um mittels eines ICC-Profils und den Lab-Werten einer Sonderfarbe das relativ farbmetrische CMYK-Äquivalent zu berechnen. Eine Separation mit dem gewählten Profil würde dabei zu den angezeigten Werten führen, die man aber ebenso gut auch einfach in eine Grafik- oder Layoutapplikation übernehmen kann. ColorPicker erlaubt das Definieren von Sonderfarben über hinterlegte Tabellen, durch Eingabe von Lab-Werten oder direkt über die Messwerte eines angeschlossenen Spektralfotometers.

Achromatische CMYK-Umsetzung

Besonders vorteilhaft ist eine Softwarelösung – so auch ColorPicker –, die in der Lage ist, eine Sonderfarbe mit einem maximalen GCR (Gray Component Replacement) bzw. einem maximalen Unbuntaufbau in Prozessfarbenanteile umzurechnen (siehe Kapitel 18, Abschnitt »Unbuntaufbau (GCR)«) und anzuzeigen, ob sich dabei möglicherweise der Lab-Wert der Farbe ändert – mit dem entsprechenden Delta-E-Wert (ΔE = Farbabweichung) – oder ob der Lab-Wert gehalten werden kann.

Ein maximales GCR sorgt dafür, dass der CMYK-Farbaufbau einer Sonderfarbe nur mit drei der vier Prozessfarben erfolgt. Dabei wird der geringste Prozessfarbenanteil, der zur Verschwärzlichung einer Farbe beiträgt, auf null reduziert und entsprechend durch die schwarze Druckfarbe ersetzt. Der Unbuntaufbau wirkt sich stabilisierend auf die Farbwiedergabe im Auflagendruck aus und somit auch auf die farbmetrisch korrekte Wiedergabe der mit CMYK gedruckten Sonderfarbe, was besonders bei großen homogenen Farbflächen vorteilhaft ist.

ColorPicker kann aus jedem ICC-Profil mit beliebigem Schwarzaufbau (UCR oder GCR) das achromatische CMYK-Äquivalent einer Sonderfarbe berechnen, indem man den niedrigsten Wert der Buntfarbenanteile (CMY) auf null setzt, die Farbkomponente in der Farbwertanzeige zusätzlich deaktiviert und auf den Knopf Minimiere ΔE klickt. Bei der Anzeige Gerätefarbe kann nun abgelesen werden, ob die CMYK-Umsetzung die Lab-Werte der Sonderfarbe erreicht (Delta E 2000 = 0,0) oder ob mit geringfügigen Farbabweichungen zu rechnen ist. Die ermittelte Farbe kann unter einem neuen Namen gespeichert und beispielsweise in XPress oder InDesign verwendet werden.

Identische Farbwiedergabe zwischen unterschiedlichen Druckverfahren

Um eine farbmetrisch identische Wiedergabe einer Sonderfarbe zwischen verschiedenen Druckverfahren (wie zum Beispiel dem Offsetdruck auf gestrichenem Papier und dem Zeitungsdruck) zu erzielen, wird das zuerst ermittelte CMYK-Äquivalent einer Sonderfarbe (zum Beispiel für gestrichenes Papier) erneut in ColorPicker geladen, ebenso wie das ICC-Profil eines Zeitungs-CMYK. Die ganze Prozedur zum Ermitteln der CMYK-Werte für den Zeitungsdruck erfolgt nun auf die gleiche Weise wie vorher beschrieben. Die resultierenden CMYK-Werte werden sich in Abhängigkeit des im Profil definierten Druckverfahrens mehr oder weniger stark ändern, was auch absolut korrekt ist, damit beispielsweise eine im Vergleich zu gestrichenem Papier farbmetrisch identische Wiedergabe auf Zeitungspapier erfolgt.

Hat man sich die Lab-Werte der CMYK-Umsetzung vorab notiert, kann man nun die mit Prozessfarben gedruckte Sonderfarbe auf dem Proof und im Auflagendruck mit einem Spektralfotometer messtechnisch kontrollieren und hat somit die Sonderfarbe von der Erstellung über den Proof bis zum Auflagendruck voll unter Kontrolle. Diese Methode stellt ohne Zweifel die sauberste Lösung dar, um die CMYK-Werte einer Sonderfarbe zu evaluieren.

Prozessfarben-Konvertierung

Oft werden Sonderfarben wie Pantone besonders von Grafik-Designern aus purer Bequemlichkeit verwendet, um sie anschließend in Prozessfarben zu konvertieren. Zwei Punkte sind bei dieser Vorgehensweise allerdings besonders zu beachten. Die Leuchtkraft von reinen Sonderfarben ist mit den üblichen Prozessfarben CMYK der Europaskala nicht in adäquater Weise umsetzbar. Zudem ist zu bedenken, dass die meisten Softwareapplikationen sehr unterschiedlich mit Sonderfarben umgehen, was wiederum zu verschiedenen CMYK-Werten führen kann. So verwendet beispielsweise FreeHand intern das RGB-Modell bei Pantone-Farben, während HKS-Farbtöne als CMYK-Werte vorliegen.

Drucken von Sonderfarben auf Basis einer Skalenfarb-Form

Auf das zusätzliche Belichten von Farbauszügen für Sonderfarben kann man weitgehend verzichten, wenn gewisse Skalenfarben in einem Dokument überhaupt nicht verwendet werden und zudem auch die Anzahl der verwendeten Sonderfarben die Anzahl unbenutzter Skalenfarben nicht übersteigt. Die Idee besteht ganz einfach darin, dass man beispielsweise für ein zweifarbiges Dokument, das mit Schwarz und einer Sonderfarbe aufgebaut ist, die Sonderfarbe auf den Farbauszug derjenigen Skalenfarbe legt, die nicht benutzt wird und der Sonderfarbe am ähnlichsten ist. Der Grund dafür ist die spätere Rasterwinkelung bei der Ausgabe (siehe Kapitel 10, Abschnitt »Rasterwinkelung von Sonderfarben«). Man legt also beispielsweise ein Pantone-Blau auf den Farbauszug für Cyan oder ein Pantone-Rot auf den Farbauszug für Magenta usw. Wichtig dabei ist, einerseits beim Definieren von Farben wirklich nur diese beiden Farben zu verwenden und auch nur diese beiden Farbauszüge zu belichten. Andererseits darf man natürlich niemals vergessen, die Druckerei darüber zu informieren, dass der Cyan-Farbauszug eben nicht mit Cyan, sondern mit einer Pantone- oder HKS-Sonderfarbe gedruckt wird! Auf die gleiche Weise lässt sich auch ein Pseudo-Duplex auf Basis einer CMYK-Datei in Photoshop herstellen. Dabei wird die gesamte Bildinformation ausschließlich mit denjenigen Farbkanälen aufgebaut, die tatsächlich verwendet werden; alle übrigen bleiben leer. Diese Vorgehensweise lässt sich allerdings nur rechtfertigen mit dem Argument, eventuelle Konflikte mit Farbnamen sicher zu umgehen. Denn grundsätzlich ist es ja möglich, beispielsweise nur den Schwarzauszug und den Farbauszug für die Sonderfarbe zu belichten und alle unbenutzten eben nicht.

9.2 Speicherformate für Sonderfarben

Wird mit Sonderfarben in einer Grafik- oder Bilddatei gearbeitet, wird dadurch die Anzahl möglicher Speicherformate drastisch eingeschränkt. Neben den nativen Dateiformaten der gebräuchlichsten DTP-Applikationen wie beispielsweise XPress (.qxd), Illustrator (.ai), FreeHand (.fh) und Photoshop (.psd) stehen für den programmübergreifenden Datenaustausch nur gerade drei Formate zur Verfügung, die in der Lage sind, Sonderfarben-Informationen zu speichern.

EPS-Format

Das EPS-Format (*Encapsulated PostScript File Format*) als so genanntes Meta-File-Format speichert sowohl Pixelbilder als auch Vektorgrafiken mit oder ohne Sonderfarben gleichzeitig in ein und derselben Datei, wobei die Anzahl der Sonderfarben in einer Grafikdatei theoretisch unlimitiert ist und Photoshop mit 24 Sonderfarbkanälen an die Grenzen stößt. Auch Duplex-, Triplex- und Quadruplex-Dateien aus Photoshop müssen im EPS-Format gespeichert werden. Denn ein Duplex ist nichts anderes als ein normales Graustufenbild (1-Kanalbild mit 8 Bit), das eine Zusatzinformation enthält, die dem Ausgabegerät mitteilt, dass die nachfolgende Pixelbeschreibung einmal mit der Farbe x und der Gradationskurve bzw. Druckkennlinie a und nachfolgend dasselbe noch einmal mit der Farbe y und der Druckkennlinie b auszugeben ist. Solche Zusatzinformationen können außer im nativen Photoshop-Format (.psd) nur im EPS-Format gespeichert werden.

DCS-2.0-Format

DCS steht für *Desktop Color Separation* und ist eine von QuarkXPress entwickelte Sondervariante des EPS-Formats. Der einzige Unterschied zu einer EPS-Datei besteht darin, dass es sich um eine vorseparierte, bereits in einzelne Farbauszüge zerlegte EPS-Datei handelt. Dies entlastet die Layout-Applikation insofern, als dass sie die Farbseparation der Bilddaten nicht mehr selbst durchführen muss; außerdem verringert sich zudem das Volumen der Layoutdatei. Das wiederum entlastet das Netzwerk beim Ausgeben von Separationen. Es handelt sich also um eine vorseparierte PostScript-Bilddatei, die in der Version 1.0 insgesamt fünf Dateien erzeugt: je eine hochauflösende Farbauszug-Datei für jeden Farbkanal (CMYK) und eine Masterdatei für die Platzierung im Layout, die neben einer niedrigauflösenden Vorschau (72 ppi) zusätzliche Verweise in Form von PostScript-Kommentaren auf die einzelnen Farbauszug-Dateien enthält. Doch nur die Version DCS 2.0 hebt die Beschränkung von maximal vier Prozessfarben-Kanälen auf und erlaubt auch das Speichern von zusätzlichen Sonderfarben in einem CMYK-Bild.

So genannte *Mehrkanalbilder*, die immer aus mehreren Volltonfarbkanälen bestehen, müssen ebenfalls im DCS-2.0-Format gespeichert werden, wenn sie später im Layout platziert werden sollen. Ein Mehrkanalbild kann grundsätzlich aus jedem Bild, das mehr als einen Kanal umfasst, erzeugt werden, was neben der üblichen Modus-Umwandlung auch durch einfaches Löschen von einem oder mehreren Kanälen eines RGB- oder CMYK-Bildes erfolgen kann. Dazu muss die Datei vorher mit der Funktion KANÄLE TEILEN in einzelne Kanäle gesplittet werden. Auch ein Fall für DCS 2.0 sind Hexachrome-Dateien (siehe Kapitel 9, Abschnitt »Pantone Hexachrome«), die sechs Farbauszüge umfassen (Cyan, Magenta, Gelb, Schwarz, Orange, Grün).

Der Nachteil einer DCS-2.0-Datei (und das gilt auch für DCS 1.0) besteht darin, dass sie weder für einen Proof noch für eine Composite-Ausgabe oder für eine Übernahme in eine PDF-Datei geeignet ist, denn die notwendigen hochauflösenden Farbauszug-Informationen werden erst bei der separierten Ausgabe aufgerufen und anstelle der 72-ppi-Vorschau in den PostScript-Datenstrom für jeden Farbauszug eingefügt. Soll sie also für einen Proof oder für einen unseparierten PDF-Workflow mit InRIP-Separation nutzbar sein, muss man sie mit spezieller Software (zum Beispiel *DCSMerger*) zuerst in eine normale EPS-Datei konvertieren, da ansonsten nur die niedrigauflösende (72 ppi) Vorschau für den Proof oder die PDF-Datei verwendet wird. Das Zusammenfügen einzelner DCS-Farbauszüge zu einer mehrkanaligen EPS-Bilddatei geschieht mithilfe des DeviceN-Farbraums und erfordert für eine korrekte Verarbeitung mindestens einen PostScript-Level-2-RIP bei einer OnHost-Separation und einen PostScript-Level-3-RIP in einem Composite-Workflow mit InRIP-Separation. Sofern die erzeugte EPS-Datei nur die vier Prozessfarben-Kanäle enthält, wird anstelle von DeviceN der normale CMYK-Farbraum verwendet.

PDF-Format

Das auf PostScript basierende PDF-Format *(Portable Document Format)* von Adobe erobert mehr und mehr die grafische Industrie und wird immer häufiger als Anlieferungsformat für digitale Druckvorlagen verwendet, wo es anstelle von belichteten Einzelfilmen auch für die digitale Bogenmontage eingesetzt und anschließend via InRIP-Separation direkt auf Platte belichtet wird (CtP). Seit PDF 1.2 ist es möglich, auch Sonderfarben-Definitionen in einer PDF-Datei zu speichern. Mit PDF 1.3 und PostScript Level 3 kam neu der DeviceN-Farbraum hinzu, der mehrkomponentige Farbräume unterstützt – beispielsweise für Duplex-Bilder, Sonderfarben-Verläufe, Prozess- zu Sonderfarben-Verläufe, eingefärbte Graustufen-TIFFs oder den Sechsfarbendruck (HiFi-Color) – und damit die farblichen Möglichkeiten von PDF bzw. PostScript stark erweitert. Um zu verhindern, dass die PDF-Datei ungewollt die niedrigauflösende (72 ppi) Vorschau einer im Layout platzierten DCS-Datei enthält, ist es zwingend notwendig, diese vor der PDF-Erzeugung mit geeigneter Software (siehe oben) in eine normale EPS-Datei zu konvertieren. Damit ist sichergestellt, dass die spätere PDF-Datei in einem unseparierten PDF-Workflow die hochauflösenden Farbinformationen enthält. Somit zählt auch das PDF-Format zu den wenigen Formaten, die Sonderfarben-Informationen speichern können.

9.3 Sonderfarbensysteme

Spricht man in der grafischen Industrie von Sonderfarben, denkt man in erster Linie an Pantone- oder HKS-Farben. Der eigentliche »Platzhirsch« unter den Sonderfarbensystemen, das Pantone Matching System aus den USA, verteidigt seinen Weltrang schon seit Jahrzehnten erfolgreich. Andere Sonderfarbensysteme, wie etwa das deutsche HKS-System und weitere weniger oder kaum bekannte Systeme, pflegen vergleichsweise eher ein Schattendasein. Sie finden mehr ihre regionalen Anhänger oder werden beispielsweise für ganz bestimmte Printprodukte wie Zeitschriften oder Zeitungen, für die Fassadengestaltung oder in der Industrie eingesetzt. Die meisten dieser weniger gebräuchlichen Systeme basieren im Gegensatz zu Pantone oder HKS auf landesüblichen CMYK-Prozessfarben – wie die in Japan verwendeten TOYO-Farben oder die in den USA gebräuchlichen SWOP-Druckfarben.

Das Pantone Matching System

Das Pantone Matching System als international anerkannte Sprache der Farbe umfasst neben zahlreichen Farbfächern, entsprechenden Ringbüchern mit Einzelseiten und heraustrennbaren Chips für den Offsetdruck auf gestrichenem, ungestrichenem und mattgestrichenem Papier für den Designer spezielle Farbfächer für den Drucker an der Maschine – die so genannte *Printer Edition*; sie beinhaltet auch Farbwähler für den Film- und Foliendruck, für den Flexodruck, Siebdruck und das Web. Daneben gibt es auch verschiedenste Grafik- und Designmaterialien wie farbige Papiere, Selbstklebefolien und Filzmarker in abgestimmten Pantone-Farben und Farbnummern. Selbst Autolacke, Kunststoffe, Bekleidungsstoffe und Fassadenfarben sind vom Hersteller erhältlich. Die Produktionstechnik orientiert sich dabei am derzeit höchsten Stand zur Gewährleistung der Farbkonsistenz, was ohne Messtechnik bzw. Farbmetrik undenkbar wäre. Das Pantone-Farbsystem wird formel- und qualitätsgerecht in absoluter Übereinstimmung mit dem speziellen *Pantone Color Data System* nachgeprüft, einer speziell entwickelten Software, an der Pantone die Exklusivlizenz vom U. S. A. Nationalen Verband der Druckfarbenhersteller hat.

Pantone-Druckfarben

Die rund 1110 Pantone-Schmuckfarben sind definierte und standardisierte Farben, die von verschiedenen Druckfarbenherstellern, die unter Lizenz Farben mit der Bezeichnung »Pantone« herstellen, fertig gemischt ausgeliefert werden. Obwohl sie regelmäßig kontrolliert werden, sind Metamerien nicht ganz auszuschließen, da die Pigmentierung nicht festgelegt ist.

Pantone-Bunttöne

Sämtliche Pantone-Farben können von der Druckerei zwar als fertig gemischte Körperfarben in der Büchse bezogen werden, lassen sich aber ebenso gut vom Drucker auf Basis der 14 Grundfarben selbst mischen, und zwar mithilfe des im Fachhandel erhältlichen speziellen Farbfächers *»Printer Edition« Pantone Formula Guide*, der die genauen Druckfarbenrezepte für sämtliche Schmuckfarben enthält. Da die Farbrezepte (das heißt die anteilmäßige Zusammensetzung eines Farbtons) immer die gleichen sind, erscheint eine Farbe je nach verwendetem Bedruckstoff leicht unterschiedlich – ganz im Gegensatz zu den Farben des HKS-Systems, die in Bezug zum Bedruckstoff entsprechend gemischt werden, womit eine Farbe überall identisch wirkt.

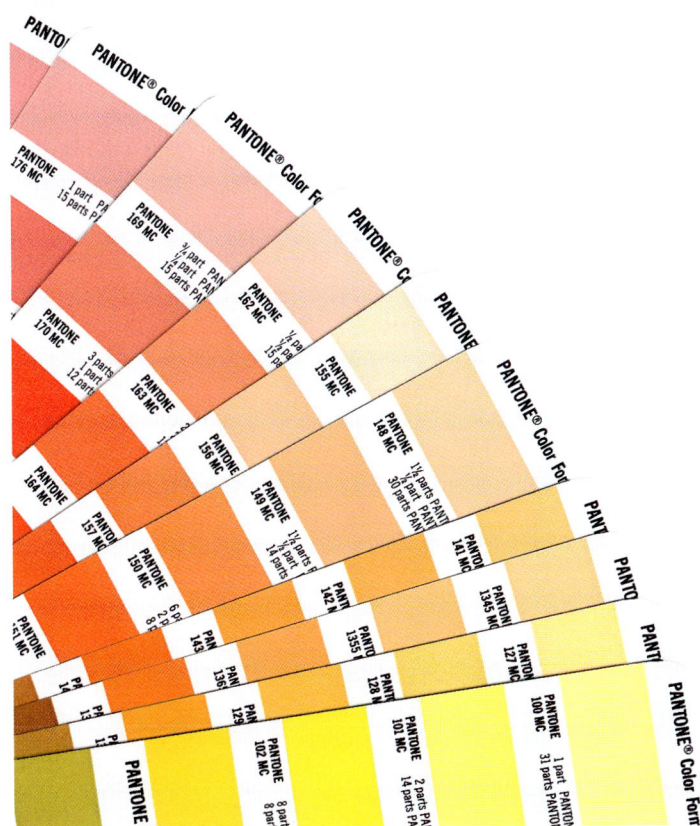

Abbildung 9.1
Pantone-Farbfächer

Wie kommt es zu dieser enormen Vielfalt an verschiedenen Farbtönen? Größtenteils werden sie erzielt durch systematisches Beimischen von Lasurweiß in immer größerer Menge zu einer Grundmischung. Dieses stete Aufhellen eines Farbtons führt aber zu einer zunehmend geringer werdenden Pigmentkonzentration. Diese Vorgehensweise ist aus rein produktionstechnischer Sicht nicht ganz unproblematisch. Ein sehr heller Farbton, der zum größten Teil aus Lasurweiß besteht (beispielsweise Hellgrau) mit vielleicht noch einer »Prise« Schwarz und etwas Blau oder Rot (um dem Grau etwas »Farbe« zu verleihen), stellt eine Farbmischung dar, die im Vergleich zum gesamten Druckfarbenanteil nur noch über einen äußerst geringen echten Pigmentanteil verfügt. Eine solche Farbe kann im Druck sehr schnell verfälscht werden, wenn beispielsweise die Farbwalze der Druckmaschine nicht äußerst sauber und zuverlässig gereinigt wurde und sich somit einige fremde Farbpigmente unter den Farbton mischen können. Was bei einem Vierfarbendruck kaum oder überhaupt nicht zu erkennen ist, kann bei einer Druckfarbe mit hohem Weißanteil durchaus zu einer augenfälligen Verfälschung des Farbtons führen.

Aufgrund des großen technischen Aufwandes bei der Produktion sind all diese im Fachhandel erhältlichen Materialien verständlicherweise auch recht teuer und sollten aufgrund unterschiedlicher Lichtechtheit der Farben (Pigmente) vorzugsweise an einem dunklen, lichtgeschützten Ort aufbewahrt werden, um sie bedenkenlos über einen längeren Zeitraum verwenden zu können. Denn unter dem Einfluss von UV-Licht bzw. direkter Sonneneinstrahlung verändert sich nicht nur die Färbung des Bedruckstoffs durch Vergilben, sondern auch die Leuchtkraft der Farben durch Verblassen, womit eine präzise Vorhersage des zu erwartenden Druckergebnisses nicht mehr gegeben ist.

Im Laufe der Zeit wurde das Pantone-Farbsystem durch zusätzliche Farben und Anwendungsbereiche erweitert. So gibt es neu auch Farben für mattgestrichenes *(matte-coated)* Papier, dessen Glanzeffekt im Vergleich zu gestrichenem Papier um rund 50 % reduziert ist, was ganz dem modernen Papier- und Designtrend entspricht, aber natürlich auch den Farbeindruck verändert. Neben den bisherigen Farben für gestrichenes *(coated)* und ungestrichenes *(uncoated)* Papier, sind neu auch zahlreiche Pastellfarben für gestrichenes und ungestrichenes Papier erhältlich. So gibt es mittlerweile auch elf Pantone-Farbtafeln und drei Hexachrome-Modelle, was die Wahl der richtigen Farbtafel für den gewünschten Zweck nicht gerade erleichtert. Entscheidend sind in erster Linie der später verwendete Bedruckstoff und das Druckverfahren.

Pantone-Farbtafeln

Die rund 750 Pantone-Farben, die grundsätzlich als Schmuckfarben und nicht in Form von Prozessfarben gedruckt werden sollen, findet man in drei verschiedenen Farbtafeln für unterschiedliche Bedruckstoffe.

Farbtafel	Bedruckstoff	Alter Name	Neuer Name
Pantone® solid coated	gestrichen	# CV / # CVC	# C
Pantone® solid matte	mattgestrichen		# M
Pantone® solid uncoated	ungestrichen	# CVU	# U

Dazu kommen die 126 neuen Pastellfarben, die als Schmuckfarben und nicht in Form von Prozessfarben gedruckt werden sollen:

Farbtafel	Bedruckstoff	Alter Name	Neuer Name
Pantone® pastel coated	gestrichen		# C
Pantone® pastel uncoated	ungestrichen		# U

Die insgesamt 240 strahlenden Metallic-Farben – die durch Mischung von Pantone-Farben mit Gold und Silber hergestellt werden – müssen zwangsläufig als Schmuckfarben gedruckt werden.

Farbtafel	Bedruckstoff	Alter Name	Neuer Name
Pantone® metallic coated	gestrichen		# C

Zusätzlich gibt es Pantone-Schmuckfarben, die in den Prozessfarben CMYK, also nicht als zusätzlicher Buntfarbenauszug, ausgegeben werden sollen. Diese Farbtafel umfasst die gleichen Pantone-Farben wie für gestrichenes Papier (Pantone coated), diese werden aber in CMYK-Prozessfarben simuliert.

Farbtafel	Bedruckstoff	Alter Name	Neuer Name
Pantone® solid to process coated	gestrichen	# CVP	# PC

Da sich die Simulation mit Prozessfarben auf die in den USA verwendeten SWOP-Druckfarben bezieht, steht die gleiche Farbtafel auch für die in Europa üblichen Eurostandard-Druckfarben zur Verfügung.

Farbtafel	Bedruckstoff	Alter Name	Neuer Name
Pantone® solid to process coated EURO	gestrichen		# EC

Neben den gesättigten Schmuckfarben umfasst das Pantone Matching System auch eigene, so genannte Prozessfarben (Pantone Process Cyan, Pantone Process Magenta, Pantone Process Yellow, Pantone Process Black), mit denen rund 3000 Farben in einem eigenen System definiert sind und dann verwendet werden, wenn CMYK-Separationen ausgegeben werden sollen.

Farbtafel	Bedruckstoff	Alter Name	Neuer Name
Pantone® process coated	gestrichen		DS #-# C
Pantone® process uncoated	ungestrichen		DS #-# U

Da die spektralen Remissionseigenschaften der oben erwähnten Pantone-Prozessfarben auf den amerikanischen SWOP-Farben beruhen, gibt es neu auch ein System, das auf der Europaskala basiert.

Farbtafel	Bedruckstoff	Alter Name	Neuer Name
Pantone® process coated EURO	gestrichen		DE #-# C

Speziell für den Sechsfarbendruck entwickelte Pantone das Hexachrome-System, das auf sechs speziellen Prozessfarben beruht: Hex Cyan, Hex Magenta, Hex Gelb, Hex Schwarz, Hex Orange und Hex Grün.

Farbtafel	Bedruckstoff	Alter Name	Neuer Name
Pantone® hexachrome® coated	gestrichen		H # C
Pantone® hexachrome® uncoated	ungestrichen		H # U

Das zusätzlich durch Sonderfarben unterstützte, separierte Hexachrome-Modell ist für gestrichenes Papier gedacht und erlaubt die Simulation von rund 90 % aller Pantone-Farben im Sechsfarbendruck.

Farbtafel	Bedruckstoff	Alter Name	Neuer Name
Pantone® solid in hexachrome® coated	gestrichen		# HC

Pantone-Hilfsmittel für die grafische Industrie

Pantone bietet zahlreiche Farbfächer und Ringbücher mit heraustrennbaren Farbmuster-Chips – sowohl für den Designer wie auch für den Drucker – zur Farbkommunikation, Farbkontrolle wie auch für Reproduktionszwecke. So findet man beispielsweise ein Hilfsmittel namens *Pantone color tints*, in dem sämtliche Pantone-Farben als Halbtöne in 10 %-Abstufungen zwischen 10 % bis 80 % Tonwert aufgerastert werden.

Im *Pantone duotone guide* findet man zahlreiche Pantone-Farben als Duplex mit Schwarz in jeweils 12 Duplexeffekten pro Farbe und den dazugehörigen Angaben zur Farbkurve. Dem *Duotone Kit*, der zwei Fächer für gestrichenes (coated) und ungestrichenes (uncoated) Papier umfasst, liegen eine oder bis zu vier CDs für den Mac und für Windows bei, mit denen sich rund 11328 Duplex-Kombinationen in Form von Duplex-Farbkurven in Photoshop laden lassen.

Für den Bereich des Verpackungsdrucks gibt es je einen Farbfächer für den Druck auf transparentem Film *(Pantone Color Selector/Film)* und den Druck auf Aluminiumfolie *(Pantone Color Selector/Foil)*.

Pantone als bisher reiner Druckfarbenhersteller wagt sich mittlerweile auch in den Bereich des Web-Designs vor, das heißt in den RGB-Farbraum. So findet man neuerdings auch Farbfächer für Pantone-Farben auf RGB-Basis *(Pantone solid in RGB Guide)* und für eine sichere Farbgebung auf Webseiten zusätzlich in Form von Software für Mac OS X und Windows *(Pantone ColorWeb Pro 2.0)*.

Pantone-Spektralcolorimeter

Zu den softwarebasierten intelligenten Hilfsmitteln für Designer und Drucker zählt das kleine, handliche und kabellose Spektralcolorimeter *Pantone Color Cue*, das – einmal mit den Daten des Pantone Matching Systems programmiert – auf einfachen Knopfdruck in der Lage ist, entweder die exakt passende oder zumindest die nächst mögliche Pantone-Sonderfarbe zu ermitteln. Die dabei ermittelte Farbe kann nun über ein Scroll-Menü auch mit den Werten für die Farbmodelle CMYK, RGB, sRGB, HTML, Lab und Hexachrome angezeigt werden.

Kalibrierung und Profilierung

Im Hinblick auf einen professionellen und durchgängigen Colormanagement-Workflow ist die korrekte Farbdarstellung des Monitors – als so genannter *Soft-proof* – durchaus von großer Bedeutung. Pantone bietet dazu ein spezielles Spektralfotometer, den *»Spyder« Pantone®ColorVisionTM*. Das Messgerät in Form einer Spinne mit drei Beinen bzw. Saugnäpfen wird auf einfache Weise über die Mattscheibe des Monitors gehängt. Es verfügt über acht Fotodetektoren und sieben Farbfilter, die im Vergleich zu drei- und vierfilterigen Messgeräten wesentlich näher an die Erfordernisse des menschlichen Auges herankommen. Die mitgelieferte Software *OptiCAL* – für den professionellen Bereich, wo absolute Farbsicherheit besonders wichtig ist – enthält sowohl eine Schnittstelle für den Mac als auch eine für Windows. Mit ihr wird der Spyder angesteuert, der nun eine Sequenz von Farbfeldern ausmisst und sowohl den Weißpunkt und das Schwarz des Monitors als auch das Rot, Grün und Blau des CRT- oder LCD-Monitors in mehreren Stufen kalibriert, und dies unter Berücksichtigung der gewünschten Farbtemperatur. Sie ermöglicht zudem eine »Monitor-zu-Druck-Kalibrierung« oder eine »Monitor-zu-Monitor-Kalibrierung«. Aus den resultierenden Messergebnissen wird ein akkurates ICC-Monitorprofil erstellt. Ein Informationsfenster liefert zudem auch exakte Daten zu den unkalibrierten Einstellungen, zum Target (Testform) und zum kalibrierten Monitor. Der Spyder wird mit einer einfacheren Software namens *PhotoCAL* ausgeliefert, die es dem Anwender ohne größere Vorkenntnisse erlaubt, in wenigen Schritten seinen Monitor zu kalibrieren und profilieren, wobei nur der Weißpunkt und das Schwarz des Monitors kalibriert werden.

Das weniger Erfreuliche an diesem ansonsten ausgezeichneten und sehr umfangreichen Pantone-System ist die Unbekümmertheit, mit der Pantone willkürlich die Farbnamen und ab und zu sogar die Farben selbst (bei gleich bleibendem Farbnamen) ändert. Bei Übernahme älterer Duplex- bzw. EPS-Bilddateien in ein Layoutprogramm ist also äußerste Vorsicht geboten, um die unnötige Ausgabe zusätzlicher Farbauszüge zu verhindern. Schlimmer wiegt allerdings die Tatsache, dass die spektrale Remission einer Farbe plötzlich geändert wird, womit es bei einer Vierfarbseparation (also bei einer Ausgabe mit den Prozessfarben CMYK) durchaus zu unerwünschten Farbtonverschiebungen kommen kann. Die meisten aktuellen Softwareapplikationen verwenden zwar die neusten Pantone-Farbpaletten, doch Vorsicht ist bei der Simulation mit Prozessfarben auch hier geboten. Hier finden sich eventuell abweichende CMYK-Werte für ein und dieselbe Farbnummer.

Pantone® Hexachrome

Pantone Hexachrome – als eingetragenes Warenzeichen – hat nichts mit Hexerei im Drucksaal zu tun, sondern ist ein weiteres von Pantone entwickeltes Farbsystem bzw. ein HiFi-Color-Druckverfahren, das versucht, den druckbaren Farbumfang des Vierfarbendrucks durch zusätzliche Prozessfarben zu erweitern. Die Wahl fiel dabei auf ein Orange und ein Grün – also genau die Farbbereiche, wo die Möglichkeiten beim Vierfarbendruck stark eingeschränkt sind. Aus eigener Erfahrung weiß man vielleicht, wie schwierig es ist, ein sauberes, leuchtendes Orange aus Magenta und Gelb im Druck zu erzielen. Nicht selten wird daraus ein eher schmutziger, an Ockergelb erinnernder Farbton. Oder die tendenziell eher verschwärzlichten, stumpfen Grüntöne. Daran ist nicht etwa der Drucker schuld, sondern die spektralen Unzulänglichkeiten der Europaskala-Druckfarben Cyan, Magenta und zu einem geringen Teil auch Gelb. Doch grundsätzlich sind die damit erzielbaren Ergebnisse nicht so schlecht, dass es sich aufdrängt, durchgehend mit sechs Farben zu drucken, was auch der Grund sein dürfte, weshalb HiFi-Color nicht stark verbreitet ist. Neu ist das Verfahren nicht. Reprobetriebe und Druckereien wenden schon seit längerer Zeit zusätzliche oder andere Prozessfarben an, um besonders schwierig zu reproduzierende Farbtöne besser wiedergeben zu können. Ob ein Sechsfarbendruck von besonderem Vorteil für ein Bild ist, hängt weitgehend von den Bildeigenschaften ab und nicht zuletzt auch vom HiFi-Color-System bzw. vom verwendeten Separationsalgorithmus. Die meisten Verfahren dieser Art verwenden dabei unterschiedliche Techniken und stellen sehr oft spezialisierte Lösungen dar, weshalb sie für eine breite Anwenderschaft nicht von Interesse sind. Das Ziel all dieser Verfahren ist aber grundsätzlich dasselbe: die Erweiterung des druckbaren Farbumfangs, selbst wenn dabei nur andere Grundfarben eingesetzt werden (siehe Kapitel 11, Abschnitte »Novaspace« und »Aniva-System«). Zusätzliche Farben (wie zum Beispiel ein helleres Magenta und ein helleres Cyan) werden heute bereits von den meisten Tintenstrahldruckern verwendet, um beispielsweise feinere, natürlichere Tonwertabstufungen in Hauttönen und eine allgemein bessere Zeichnung in den Lichtern zu erzielen, was aber den druckbaren Farbumfang grundsätzlich nicht erweitert. Auch zahlreiche Digitaldrucksysteme verwenden bereits standardmäßig sechs bis sieben Farben. Cyan, Magenta, Gelb und Schwarz werden dabei mit Orange und Violett ergänzt oder mit Rot, Grün und Blau. Wobei das alles nichts mit »Hexachrome« zu tun hat. Der Akzidenzdruck war bei der Entwicklung von Hexachrome nicht das primäre Ziel von Pantone, das Augenmerk richtete sich ganz auf das Segment des Verpackungsdrucks, wo nicht selten bis zu zehn Sonderfarben gedruckt werden.

Das Bestreben war einerseits eine standardisierte Lösung für den Verpackungs-druck und gleichzeitig eine Kosten senkende Lösung, um möglichst viele Son-derfarben dabei einzusparen. So sind laut Pantone rund 90 % aller verfügbaren Pantone-Sonderfarben mit dem Hexachrome-System ohne Verluste simulierbar. Alltägliche und eher kurzlebige Drucksachen standen also nicht im Vordergrund. Zur Diskussion stand zu Beginn sogar ein Siebenfarbendruck, doch die herr-schenden Rahmenbedingungen von damals waren durch die relativ weite Ver-breitung von Sechsfarb-Druckmaschinen praktisch gegeben.

Hexachrome-Farben

Auch wenn das Hexachrome-Verfahren (griech. *Hexa* = sechs) zwei Farben mehr verwendet, sind letzten Endes allein die spektralen Eigenschaften der Druckfar-ben entscheidend darüber, wie groß der darstellbare Farbumfang tatsächlich ist bzw. unter Berücksichtigung des Bedruckstoffs mit seinem Lichtfang sein wird. So sind nicht etwa einfach Orange und Grün als weitere Prozessfarben dazuge-kommen. Die Absorptions- und Remissionseigenschaften von Cyan, Magenta, Gelb und Schwarz mussten ebenfalls abgepasst werden. Die farblichen Ände-rungen sind rein visuell bei Gelb kaum, bei Cyan sehr gering und bei Magenta am augenfälligsten sichtbar. Am besten lassen sich diese Unterschiede anhand der Lab-Werte mittels spektralfotometrischer Messungen im direkten Vergleich mit den Werten der Europaskala-Druckfarben feststellen. Auffallend sind bei allen Farbkomponenten besonders die höheren Luminanzwerte (L*) (Werte gerundet).

Die sechs Prozessfarben von Pantone Hexachrome

(aus technischen Gründen in 4c simuliert)

Abbildung 9.2
Die sechs Prozessfarben von Pantone Hexachrome

Euro Cyan	L* 56	a*-22	b*-48
Euro Magenta	L* 48	a*67	b*-5
Euro Gelb	L* 89	a*-12	b*90
Euro Schwarz	L* 14	a*-1	b*-2
Hex Cyan	L* 74	a*-25	b*-42
Hex Magenta	L* 57	a*67	b*-8
Hex Gelb	L* 93	a*-1	b*85
Hex Schwarz	L* 31	a*1	b*2
Hex Orange	L* 74	a*47	b*65
Hex Grün	L* 60	a*-57	b*24

Sechsfarben-Separation

Die physikalischen Eigenschaften der Farben sind das eine, die Separation der Daten das andere. Um sechs Hexachrome-Farbauszüge zu erhalten, braucht man spezielle Software. Pantone bietet dazu das Photoshop-Plug-in *Hex-Image®*, um normale Halbtonbilder in Hexachrome-Dateien zu konvertieren und anschließend noch vereinzelt Farbkorrekturen durchzuführen. Das Programm greift dabei auf die Colormanagement-Funktionen von ColorSync auf dem Mac und ICM von Windows zu. Es basiert ausschließlich auf ICC-kompatiblen Eingabe- (Ursprungsprofil) und Ausgabeprofilen (Farbauszugsprofil). Einige Farbauszugsprofile sind fest implementiert und stehen für gestrichenes oder ungestrichenes Papier und je einen mittleren oder starken Unbuntaufbau (GCR) für Positiv- oder Negativfilm zur Verfügung. Profile von Drittanbietern sind ebenso möglich. Der Rendering Intent entscheidet darüber, wie zwei unterschiedlich große Farbräume ineinander umgerechnet werden sollen, das heißt wie mit den nicht-druckbaren Farben im Zielfarbraum umgegangen werden soll. WAHRNEHMUNG (Bilder) ist die richtige Wahl für Halbtonbilder mit fließenden Tonwertübergängen. Hierbei wird der größere in den kleineren Farbraum skaliert, womit es auch nicht zu Zeichnungsverlusten kommt, denn die proportionalen Abstände zwischen den einzelnen Tonwerten bleiben dabei erhalten. Der *relativ farbmetrische* Rendering Intent ist für eine möglichst exakte Umsetzung der Farben geeignet, zum Beispiel für Grafiken mit homogenen, gleichmäßigen Farbflächen. Farben, die im Zielfarbraum darstellbar sind, werden unverändert übernommen. Farben außerhalb des Zielfarbraums werden auf den nächstmöglichen Tonwert im Zielfarbraum gesetzt, was zwangsläufig zu Zeichnungsverlusten führen kann, bei gleichmäßig gefärbten, flächigen Grafiken aber keine besonderen Nachteile hat (siehe Kapitel 19, Abschnitt »Gamut Mapping«).

RGB-Daten

Die Wahl eines Ursprungs- bzw. Eingabeprofils hat nur bei RGB-Daten wirklich einen Sinn, um der Software mitzuteilen, welche Farbe mit einem bestimmten RGB-Wert im Bild wirklich gemeint ist. Das kann ein Scannerprofil, ein Monitorprofil oder das Profil eines RGB-Arbeitsfarbraums sein, wie beispielsweise ECI-RGB oder Adobe RGB (siehe Kapitel 4, Abschnitt »Kalibrierte, geräteunabhängige RGB-Farbräume«). Man sollte aber auf jeden Fall daran denken, dass nicht alle RGB-Arbeitsfarbräume für eine spätere Druckausgabe geeignet sind. sRGB beispielsweise ist gut für das Web, nicht aber für den Druck und schon gar nicht für den sehr großen Hexachrome-Farbraum, da er insbesondere bei Cyan-Farbtönen ein starkes Manko aufweist. Und was im Quellbild nicht vorhanden ist, wird auch durch Konvertieren in einen größeren Farbraum nicht einfach plötzlich herbeigezaubert. Denn grundsätzlich bleiben die Farbwerte (gemessen in Lab-Werten) beim Konvertieren in einen anderen Farbraum unverändert. Es ist also wichtig, bereits bei der Bilddatenerfassung einen geeigneten Farbraum zu wählen, um der Größe des Hexachrome-Farbraums gerecht zu werden.

CMYK-Daten

Eine separierte CMYK-Datei nochmals in eine Hexachrome-Datei zu separieren ist weder sinnvoll noch zu empfehlen. Da ein CMYK-Farbraum im Vergleich zu RGB ohnehin schon stark in seinem Farbumfang gestaucht ist, kann er sich im großen Hexachrome-Farbraum erst recht nicht entfalten. Die Software kann auch nicht mehr erraten, welche Farbe ursprünglich mit einem bestimmten CMYK-Wert gemeint war, da die Datei auf eine bestimmte Druckausgabe hin optimiert wurde. Das heißt, Tonwertzuwachs und Schwarzaufbau bestimmen, was auf die einzelnen Farbauszüge kommt. Es bringt ebenso wenig, die Datei wieder zurück nach RGB zu transformieren, denn die vorhandenen Datenverluste können auch auf diesem Weg nicht einfach rückgängig gemacht werden. Die Datei wird mit jeder weiteren Farbraumtransformation zunehmend schlechter, da ein großer Teil aller Farbwerte im Bild immer wieder von neuem interpoliert wird. Denn die Lookup-Tables (LUTs) eines ICC-Profils haben nicht für jeden Eingangsfarbwert ein Äquivalent im anderen Farbmodus gespeichert, so dass die fehlenden Werte interpoliert werden müssen.

Lab-Daten

Mit einer Lab-Datei ist man auf der sicheren Seite, denn die Farbwerte sind eindeutig definiert.

ICC-Farbauszugsprofile

Die Qualität der ICC-Farbauszugsprofile ist von entscheidender Bedeutung für das zu erwartende Druckergebnis. Die Profile entscheiden darüber, aus welchen Farbanteilen der sechs Hex-Prozessfarben sich eine Farbe zusammensetzt, um einen bestimmten Lab-Wert zu ergeben – unter Berücksichtigung des zu erwartenden Tonwertzuwachses, der wiederum vom Bedruckstoff abhängt. Deshalb stehen auch Profile für gestrichenes und ungestrichenes Papier zur Auswahl. Rottöne werden sich zum Beispiel nicht nur aus Magenta und Gelb, sondern vermehrt auch aus Anteilen von Orange zusammensetzen, und Grün wird vermehrt anstelle von Gelb in türkisfarbenen Tonwerten vorkommen. Für den Schwarzaufbau stehen ein mittleres oder starkes GCR *(Gray Component Replacement)* zur Verfügung. Doch die neuen Farben Orange und Grün wird man in einer dunklen, neutralen Bildstelle und in neutralen Grautönen nie finden. Cyan, Magenta, Gelb und Schwarz sind nach wie vor für die Graubalance zuständig, während Orange und Grün ausschließlich für die bunten Stellen im Bild vorgesehen sind.

Mehrkanalbild

Nach der Separation der Daten liegt nun ein so genanntes *Mehrkanalbild* vor. Im Falle von Hexachrome liegen sechs Farbkanäle bzw. ganz normale Sonderfarben-Kanäle vor, also je ein separater Kanal pro Hexachrome-Farbe. Sonderfarben-Kanäle in Photoshop sind im Grunde genommen einzelne Graustufenbilder, die sich in einer einzigen Datei versammeln, womit auch Farbkorrekturen nicht in der gewohnten Weise durchgeführt werden können. Alle Werkzeuge von Photoshop, mit denen man Einfluss auf die Farbigkeit des Bildes nehmen kann, sind nicht anwählbar, ebenso wenig können alle Kanäle gleichzeitig verändert werden. Man muss also beispielsweise Änderungen der Gradation in jedem Kanal separat vornehmen. Gradationsänderungen zählen zu den so genannten globalen Korrekturen, das heißt sie wirken sich immer auf das ganze Bild aus. Somit kann das selektive Verändern einer ganz bestimmten Farbe nur über eine Auswahl im Bild und Ändern eines oder mehrerer Kanäle erfolgen.

Speicherformat

Die Frage nach dem richtigen Speicherformat lässt sich schnell beantworten. Außer dem internen Speicherformat von Photoshop (.psd) – das aber kein Austauschformat zur Platzierung in einem Layoutprogramm ist – kommt nur das DCS-2.0-Format in Frage. Die von QuarkXPress entwickelte Sondervariante einer EPS-Datei ist das einzige Format, das Sonderfarben-Kanäle und Alphakanäle unterstützt. Vorsicht ist geboten beim Speichern von Alphakanälen: Wenn sie nicht zwingend benötigt werden, sollte man sie unbedingt löschen, denn es gibt Layoutprogramme, die nicht zwischen einem Sonderfarben-Kanal und einem Alphakanal (zum Speichern einer Auswahl) unterscheiden können, womit plötzlich ein zusätzlicher »Farbauszug« ausgegeben wird. Ganz nebenbei wird durch das Löschen überflüssiger Alphakanäle die Dateigröße günstig beeinflusst. Als weiteres Speicherformat kommt auch PDF in Frage.

Pantone-Hilfsmittel für Hexachrome

Für Designer und Profis aus der Druckvorstufe hält Pantone drei Farbfächer speziell für Hexachrome bereit. Die beiden Farbfächer *Pantone hexachrome® guide coated* und *Pantone hexachrome® guide uncoated* stellen mehr als 2000 Farben aus dem großen Hexachrome-Farbraum in ausgewählten Kombinationen unter Angabe ihrer CMYKOG-Rasterwerte dar – vergleichbar mit einem Tonwertatlas. So werden zum Beispiel Gelbtöne in Kombination mit Grün aufgeführt und Grüntöne zusammen mit Cyan. Farben, die aus drei Komponenten entstehen (so genannte Tertiärfarben), sucht man vergebens. Die beiden Fächer dienen zur Farbdefinition und zur Kontrolle einzelner Farbtöne einer Hexachrome-Datei, was allerdings etwas umständlich ist, da die prozentualen Farbanteile einer beliebigen Bildstelle nicht gemeinsam angezeigt werden, wie etwa in einer CMYK-Datei. Das hat damit zu tun, dass es sich um ein Mehrkanalbild mit einzelnen Sonderfarben-Kanälen handelt. Man muss also den Umweg über jeden einzelnen Kanal gehen und sich dabei den jeweiligen Prozentwert notieren.

Eine sehr interessante Möglichkeit des Hexachrome-Drucks stellt der Farbfächer *Pantone® solid in hexachrome* dar. Er zeigt, wie sich rund 90 % aller Sonderfarben des Pantone Matching Systems im Sechsfarbendruck simulieren lassen, was beispielsweise für Grafiken eingesetzt werden kann.

HexVector®

Speziell für das Konvertieren von Grafiken in eine Hexachrome-Datei gibt es das Plug-in *HexVector®* für Illustrator, mit dem Vektorgrafiken und Zeichnungen konvertiert werden können.

Drucken mit Hexachrome

Erfahrungsberichten zufolge ist das Erstellen und Aufbereiten von Hexachrome-Bildern nicht ganz so einfach, wie man vielleicht denkt. Allein mit Ursprungsprofil wählen, Ausgabeprofil wählen, Rendering Intent bestimmen und Separieren ist es häufig nicht getan. Insbesondere beim Ursprungsprofil muss man Hex-Image etwas vorlügen. Der Gedanke liegt nahe, dass ein ursprünglicher RGB-Arbeitsfarbraum, der gerade genügend groß ist, um den druckbaren CMYK-Farbraum gut abzudecken, für den viel größeren Hexachrome-Farbraum natürlich etwas zu klein ist. Versuchen könnte man es zum Beispiel mit Adobe RGB oder sogar Wide Gamut RGB als Angabe für das Ursprungsprofil, dadurch wären die Farben folglich viel bunter und gesättigter als sie tatsächlich sind – bei identischen RGB-Werten des Ursprungsbildes. Will man also unbedingt mit sechs Farben drucken, muss man schon einige Testversuche in Kauf nehmen, bis man alles im Griff hat und schließlich ein befriedigendes Druckresultat in den Händen hält, sonst könnte man ebenso gut auch nur mit vier Farben drucken und erreicht damit möglicherweise noch die besseren Ergebnisse.

Hexachrome wird wohl über kurz oder lang immer mehr Konkurrenz aus dem Lager zukünftiger Digitaldrucksysteme erhalten. Als Beispiel sei die Indigo Press WS 4000 von Hewlett-Packard erwähnt, die mit sechs Prozessfarben (Cyan, Magenta, Gelb, Schwarz, Orange, Violett) druckt und damit in der Lage sein soll, rund 85 % des Pantone-Farbfächers abzudecken. Dazu werden in der Druckvorstufe die vom Kunden angelegten Farbinformationen in das Farbsystem der Digitaldruckmaschine umgesetzt. Für spezielle Sonderfarben, die bei Markenherstellern besonders von Bedeutung sind, verfügt die Maschine über eine Farbmischstation, um alle HKS- und Pantone-Farben originalgetreu abzubilden.

Das HKS-Sonderfarbensystem

Neben dem international bekannten Pantone Matching System gibt es noch ein weiteres, geografisch hauptsächlich auf den deutschsprachigen Raum begrenztes Sonderfarbensystem, nämlich HKS aus Stuttgart. Das sehr übersichtliche Farbsystem wurde von den deutschen Druckfarbenherstellern Hostmann-Steinberg und K+E in Zusammenarbeit mit dem Künstlerfarbenhersteller Schmincke & Co. entwickelt. Ein HKS-Fächer kommt mit rund 86 bunten und leuchtenden Sonderfarben unter dem Deckblatt übersichtlich und schlank daher – bescheiden wenig im Vergleich zu Pantone mit mehr als 1110 Sonderfarben. Doch das Geheimnis liegt im Detail. Das HKS-System bedient sich nur einer anderen Methode, die aber im Endeffekt eine Gesamtmenge von 3520 Farbtönen im HKS-3000-System ergibt. Die 86 Farbtöne werden aus 9 Grundfarben sowie Schwarz und Lasurweiß gemischt. Alle weiteren Farbtöne entstehen durch Aufhellen mittels Rasterprozenten und werden schließlich durch systematische Zugaben von »Schwarzprozenten« noch variiert. Das Besondere am HKS-System sind die unterschiedlichen Farbrezepturen, die spezifisch auf die verschiedenen Bedruckstoffe abgestimmt sind. Das Farbmaß stellt dabei der Farbfächer für gestrichenes Papier dar, nach dem sich alle anderen Fächer-Versionen richten. Dadurch wird eine visuell bestmögliche Übereinstimmung einer Farbe auf verschiedenen Bedruckstoffen erzielt. Metallic-Farben wie Gold, Silber und Bronze sind im HKS-Farbsystem nicht vorgesehen und bleiben daher eine besondere Domäne des Pantone-Systems.

Im Fachhandel sind folgende HKS-Farbfächer erhältlich:

K-Fächer = Kunstdruckpapier (gestrichen)

N-Fächer = Naturpapier (ungestrichen)

E-Fächer = Endlospapier

Z-Fächer = Zeitungspapier

Da im Gegensatz zu den Pantone-Farben die Pigmentierung sowohl für die Grundfarben als auch für die Mischfarben eindeutig festgelegt ist, sind keine Metamerie-Erscheinungen zu erwarten. Nachdrucke aller Farbfächer gibt es nur alle vier Jahre – bei Pantone jedes Jahr –, was eine hohe Farbsicherheit in der Farbkommunikation garantiert, die durch Angabe einer Nummer von 1 bis 97 (einige Nummern fehlen dazwischen) und den Buchstaben K, N, E oder Z für den Bedruckstoff erfolgen kann. HKS-Farben sind auch in Kleinmengen stets verfügbar und werden schnell geliefert, da sie keiner Sonderanfertigung bedürfen. Autolacke, Fassadenfarben, Kunststoffe, Folien für Beschriftungen und Bekleidungsstoffe sind in Originalfarbtönen ebenso erhältlich. Da HKS eine geografisch beschränkte Verbreitung hat, erfreut sich das System hauptsächlich in Deutschland großer Beliebtheit, ist aber daran, sich den ganzen europäischen Kontinent zu erobern. Wer vermehrt international arbeitet, wird sich vorzugsweise für das Pantone-System entscheiden. Auch als Farbpalette in Grafik- und Layoutprogrammen ist HKS noch nicht uneingeschränkt anzutreffen. Vermisst wird es auch in XPress, wo man immer noch auf eine zusätzliche XTension zurückgreifen muss.

Abbildung 9.3
HKS-Farbpalette in
Illustrator

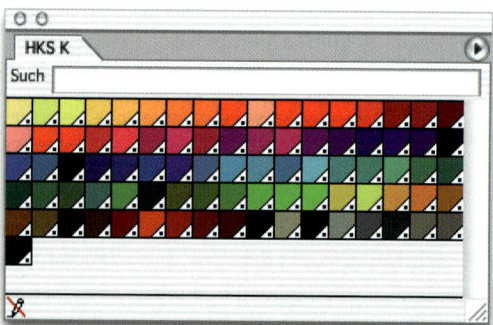

Selbst in XPress 6 sind die Farbpaletten von HKS noch nicht standardmäßig vorhanden. Im Farbwähler von CorelDraw 11 ist HKS neu mit den Farbpaletten des Typs K, N, E und Z zwar vertreten, doch ist auch immer noch die zusätzliche und inhaltlich sinnlose Palette HKS® FARBEN vorhanden, die nicht auf allen RIPs funktioniert. Farbbezeichnungen wie »HKS 84K 010% - K50%« für eine einzelne

Sonderfarbe sind ziemlicher Unfug und führen verständlicherweise zu hässlichen Fehlermeldungen vom RIP.

Weitere Farbsysteme

Neben den zwei bekanntesten und hauptsächlich verwendeten Sonderfarbensystemen Pantone (PMS) und HKS gibt es noch weitere Farbsysteme, die man in den Farbwählern zahlreicher DTP-Applikationen findet, die ich aber nur kurz erwähnen möchte, da sie mehrheitlich in Japan und den USA gebräuchlich sind.

ANPA Color

Bei ANPA Color handelt es sich um ein Farbsystem, das hauptsächlich für Zeitungen und Zeitschriften in den USA verwendet wird. Nähere Informationen sowie ein Farbmusterbuch erhält man bei der Newspaper Association of America, Reston, Virginia, USA.

DIC Color Guide

DIC Color ist ein in Japan gebräuchliches Farbsystem, das 1280 CMYK-Volltonfarben aus der DIC Process Color Note umfasst. Weitere Informationen dazu erhält man bei Dainippon Ink & Chemicals Inc., Tokio, Japan.

FOCOLTONE

Das Focoltone-Farbsystem besteht aus 763 CMYK-Mischfarben und bietet dadurch eine gewisse Verbindlichkeit in der Farbwiedergabe mit Prozessfarben. Ein spezielles Farbmusterbuch mit den Spezifikationen für Prozess- und Volltonfarben sowie Überdruck-Tabellen erhält man bei FOCOLTONE INTERNATIONAL Ltd., Stafford, Großbritannien.

RAL

RAL steht für »Reichs-Ausschuss für Lieferbedingungen« (1925) und ist kein eigentliches Farbsystem für die grafische Industrie. Es spielt somit in der Druckvorstufe eine untergeordnete Rolle. Die 1688 Design-Farben und 194 Classic-Farben umfassende Farbnormierung für das Malergewerbe und die Industrie wird hauptsächlich von Architekten oder Fassadengestaltern für Gebäudeinnen- und -außenanstriche verwendet. Auch im Bereich der Buntlacke und anderen Färbemitteln ist es weit verbreitet.

Digitale RAL-Farbtafeln stehen als Plug-in für die gebräuchlichsten Applikationen zur Verfügung. Das RAL-Design-Farbsystem besteht grundsätzlich aus insgesamt 39 Farbarten (Hue) und basiert auf dem LCH-Farbraum (siehe Kapitel 7, Abschnitt »Das LCH-Modell«).

TOYO Color Finder

Das Farbsystem TOYO Color Finder 1050 wird in Japan verwendet und bietet rund 1000 Farben, die auf den in Japan verwendeten TOYO-Druckfarben basieren. Weitere Informationen dazu sind erhältlich bei Toyo Ink Manufacturing Co. Ltd., Tokio, Japan.

TRUMATCH

Das Trumatch-Farbsystem deckt den Bereich des sichtbaren Spektrums innerhalb des CMYK-Farbumfangs in gleichmäßigen Schritten ab und bietet dazu rund
2000 Computer-generierte CMYK-Mischfarben. Weiter enthält der Trumatch
Colorfinder auch bis zu 40 Abstufungen und Tonwerte von jedem Farbton, der
mit vier Farben reproduzierbar ist. Ebenso sind auch CMYK-Grautöne enthalten.
Genauere Informationen zum Trumatch-Farbsystem erhält man bei TRUMATCH
Inc., New York, USA.

9.4 Der Siebenfarbendruck

In Zusammenhang mit dem Mehrfarbendruck ist auch der Siebenfarbendruck
nach Harald Küppers zu erwähnen. Anders als im Vierfarbendruck, wo Rot, Grün
und Blau als Sekundärfarben aus den drei Primärfarben Cyan, Magenta und Gelb
durch lasierenden Übereinanderdruck gebildet werden, gehören diese drei bunten Farben neben Cyan, Magenta und Gelb sowie der unbunten Farbe Schwarz
zu den Grundfarben des Siebenfarbendrucks. Das von Küppers erfundene und
weltweit patentierte Druckverfahren erlaubt das Drucken mit sieben transparenten Druckfarben auf weißem Bedruckstoff oder alternativ mit acht deckenden
Druckfarben (plus Weiß) auf einem beliebigen Bedruckstoff.

Bei diesem speziellen Druckverfahren gibt es keine übereinander liegenden
Farbschichten, was das Problem der nicht ganz optimalen Farbwiedergabe des
gewöhnlichen Vierfarbendrucks löst. Denn die drei Grundfarben des Offsetdrucks Cyan, Magenta und Gelb weisen spektrale Fehler bzw. Mängel auf und
erfüllen dadurch nicht die theoretisch erforderlichen Eigenschaften, die für eine
korrekte Farbwiedergabe nötig sind (siehe Kapitel 11, »Druckfarben«). Bei den
Primärfarben (C, M, Y) sind diese Fehler praktisch nicht zu erkennen. Erst bei den
Sekundärfarben Rot, Grün und Blau werden die Mängel in Form von Verschwärzlichung und Sättigungsverlusten deutlich sichtbar. Somit ist die Farbwiedergabe
von reinen und leuchtenden Farben in diesem Sekundärbereich sehr unbefriedi-
gend, weshalb Küppers für den Mehrfarbendruck ein Verfahren entwickelte, bei
dem alle sechs bunten Grundfarben als fertig gemischte Druckfarben zur Verfügung stehen und zusätzlich Schwarz für den Unbuntaufbau. Das heißt, die Graukomponente einer Farbe wird mit Schwarz (und Papierweiß) anstelle der Komplementärfarbe erzeugt, was zudem auch eine gewisse Einsparung an
Buntfarben zur Folge hat. Dieses Druckverfahren, bei dem es nur noch nebeneinander liegende Farbflächen gibt, stellt sowohl technologisch wie auch ökologisch eine optimale Lösung für den Mehrfarbendruck dar. Denn es zeichnet sich
aus durch einen geringeren Einsatz an Ressourcen (Druckfarben und Trock-
nungsenergie) sowie durch eine optimale Farbwiedergabe und einen sehr stabi-
len, schwankungsfreien Druckprozess. Ebenfalls von Küppers wurden 1987
unter dem Namen »Der Große Küppers-Farbenatlas« systematische Farbtabellen zu diesem Druckprinzip veröffentlicht und patentiert. In der grafischen
Industrie hält sich dennoch der traditionelle Vierfarb-Offsetdruck. Nur im
Bereich digitaler Druckverfahren gibt es bereits zahlreiche Ansätze zur Verwendung von sieben (oder mehr) Druckfarben.

10

Sonderfarben im Druck

10.1 Sonderfarben im Druck

Metallic-Farben

Spricht man von Metallic-Farben, denkt man in erster Linie an Gold, Silber und Bronze. Zuerst mit sieben Kandidaten im Pantone-Farbfächer vertreten, gibt es mittlerweile 240 Metallic-Farbtöne mit den dazugehörigen Farbmischrezepten, denn sie basieren – mit Ausnahme von Gold, Silber und Bronze – alle auf Pantone-Schmuckfarben, die durch metallisch reflektierende Gold- und Silberpigmente angereichert wurden. Sie erinnern an Autolack, doch erreichen sie im Offsetdruck wegen der sehr dünnen Farbschichtdicken nicht ganz den gleichen Effekt. Die stark deckenden Metallpigmente überdecken aber dennoch darunter liegende Druckfarben oder die Farbe des Bedruckstoffs, was für besonders interessante Effekte genutzt werden kann. Mit Gold und Silber auf ungestrichenes Papier zu drucken, erfordert zuerst eine Grundierung mit einer anderen Farbe. Es handelt sich also immer mindestens um einen Zweifarbendruck. Bei Silber dient oft Weiß als Grundierung, und bei Gold ein 40- bis 60-prozentiger Gelbton, was zudem die Leuchtkraft positiv beeinflusst. Nicht sehr überzeugend und daher auch nicht zu empfehlen ist das Drucken auf sehr raue Papieroberflächen, denn vom Metallic-Effekt bleibt dann nicht mehr viel.

CMYK-Simulation von Metallic-Farbtönen

Bestimmt gibt es immer wieder Situationen, in denen man gezwungen ist, einen Metallic-Farbton mit den CMYK-Farben der Euroskala zu simulieren, weil eine fünfte Farbe im Druck nicht vorgesehen ist. Alle, die nicht aus der traditionellen Lithografie kommen, finden nachfolgend brauchbare Anhaltspunkte in Form von CMYK-Werten für Gold, Silber und Bronze:

Abbildung 10.1
Metallic-Farbtöne in Gold, Silber und Bronze mit CMYK simuliert

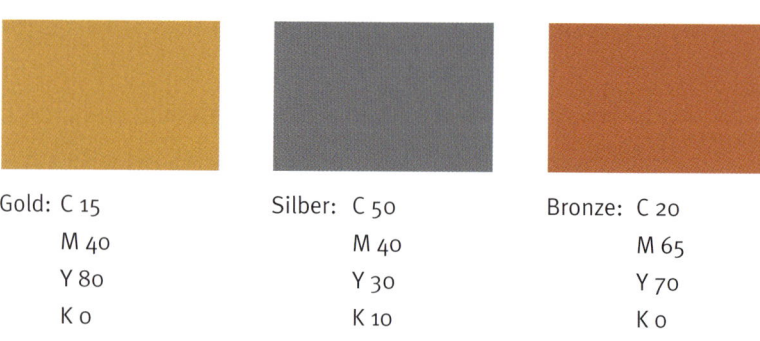

Gold:	C 15	Silber:	C 50	Bronze:	C 20
	M 40		M 40		M 65
	Y 80		Y 30		Y 70
	K 0		K 10		K 0

Iriodin-Effektpigmente®

Bei Iriodin-Interferenz- oder Perlglanzpigmenten handelt es sich nicht um eigentliche Metallic-Farben, sondern vielmehr um eine Druckveredelungsmöglichkeit bzw. einen Überdruck-Lackierprozess. Genau wie beim Drucken mit sechs (Hexachrome) und mehr Farben erschließen sich dadurch neue Darstellungsmöglichkeiten, welche die bisher bekannten Grenzen eines Vierfarbendrucks (CMYK) bei weitem überragen. Ein Iriodin-Pigment besteht aus einem Kern von mineralischem Glimmer, der umhüllt mit einer oder mehreren hoch lichtbrechenden Metalloxidschichten irisierende, das heißt wechselnde und außergewöhnliche Farbeffekte (so genannte *Interferenzfarbtöne*) erzeugt. Je nach Lichteinfallwinkel erscheint eine Farbe rot, grün, blau, violett oder brillant goldgelb. Ändert man den Blickwinkel, ändert sich auch der Farbeindruck. Mit Iriodin-Goldglanz- und Metallglanzpigmenten® sind zum Beispiel auch ganz spezielle Gold- und Metalleffekte möglich, die von Gold und Kupfer über Rot bis hin zu Bronzefarbtönen reichen. Im Vergleich zu den herkömmlichen, stark deckenden Metallic-Farben ergibt sich ein außergewöhnlicher Metallglanzeffekt durch die Farbauswahl des Untergrundes, der den Effekt zusätzlich verstärkt. Die silberweißen Pigmente verleihen jedem Druckerzeugnis eine besondere Tiefenwirkung und einen geheimnisvollen, mystischen und zugleich samtigen Perlglanz, der aufgrund unterschiedlicher Farbschichtdicken bei Offset-, Buch-, Tief-, Sieb- oder Flexodruck einen unterschiedlich intensiven Effekt erzeugt. Durch die Semitransparenz der Pigmente kann auch hier die Farbe des Untergrundes bewusst in das Farbkonzept eingebunden werden. Bei einer Mehrfarben-Offsetmaschine lässt sich der Effekt beim Nass-in-Nass-Druck durch zweifachen Farbauftrag in zwei Druckwerken steigern. Man kann sie sowohl alleine als auch in Kombination mit konventionellen, lasierenden Druckfarben verwenden. Durch Variation der Teilchengröße sind zudem seidenmatte bis glitzernde Effekte möglich.

Besonders im Schmuck-, Metall- und Autobereich sorgen Perlglanzpigmente für besondere Aufmerksamkeit und übertreffen gewöhnliche Veredelungsmöglichkeiten wie Spotlackierungen – die in diesem Bereich häufig zur Anwendung kommen. Selbst die leichten Farbverfälschungen haben ihren besonderen Reiz, da sie zu den Rändern hin sogar verlaufend gestaltet werden können (möglich bis zu einem 60er-Raster), was wiederum bei einer Spotlackierung nicht möglich ist. Natürlich ist auch gegen eine Spotlackierung nichts einzuwenden. Besonders effektvoll und edel ist die Wirkung, wenn sie auf eine unbedruckte Stelle eines mattgestrichenen Papiers aufgetragen wird, beispielsweise in Form einer Titelzeile oder indem nur die eine Hälfte einer Seite eine besonders zarte Elfenbeinfärbung erhält. Der Kreativität sind hier praktisch keine Grenzen gesetzt. Um eine partielle Drucklackierung in einem Druckerzeugnis zu definieren, muss ein zusätzlicher Farbauszug belichtet werden, genau wie für eine Sonderfarbe mit der Option ÜBERDRUCKEN.

Metallic-Farben sind aus verständlichen Gründen von einem RGB-Monitor nicht darstellbar. Man kann sie durch eine andere Farbe ersetzen bzw. simulieren und der Druckerei mitteilen, dass es sich bei der Farbe X eigentlich um die Farbe Y handelt. Oder man wählt sie in der Farbpalette, womit zumindest der Name des Farbauszugs korrekt ist. Ebenso wenig ist es möglich, eine Metallic-Farbe oder den schillernden Glanzeffekt von Iriodin-Pigmenten zu proofen. Was auch wenig Sinn hat, denn Gold ist und bleibt Gold und verändert sich auch bei unterschiedlichen Druckbedingungen nicht – höchstenfalls in der Farbschichtdicke, durch die Färbung des Bedruckstoffs oder durch Fremdpigmente im Farbwerk der Druckmaschine, die zu Verunreinigung führen können.

Sonderfarbenserie Metal FX (MFX 5100)

Das interessante und innovative Farbsystem Metal FX des deutschen Farbenherstellers Hubergroup erlaubt die Wiedergabe von 600 Metallic-Farbtönen in einem einzigen Druckdurchgang. Die Farbenserie besteht aus nur fünf speziell abgestimmten Farben: Silber bzw. Gold und vier Skalenfarben (CMYK) bilden die Basis für die umfangreiche Metal-FX-Farbpalette. Kennzeichnend sind die hohe Reinheit und Transparenz der verwendeten Pigmente, welche dank geringer Verschwärzlichung – als Grundvoraussetzung – die Wiedergabe leuchtender, brillanter Metallic-Farben ermöglichen. Erzielt wird die definierte Farbton-Vielfalt durch Veränderung der Rasteranteile aller Farbkomponenten, die unter Berücksichtigung wichtiger drucktechnischer Parameter auch problemlos und einwandfrei reproduzierbar sind. Die hohe Intensität der Farben erlaubt zudem geringe Farbschichtdicken und lässt sich in allen gängigen Druckverfahren anwenden: Akzidenzdruck, Verpackungsdruck, konventioneller oder UV-Offsetdruck, Tiefdruck, konventioneller Flexo- oder UV-Flexodruck.

Die Metal-FX-Farbpalette des zugehörigen Softwarepakets kann in den üblicheń DTP-Applikationen wie Illustrator, FreeHand, Photoshop, XPress, InDesign und Pagemaker installiert werden. Damit lassen sich die Metal-FX-Farben bereits im Designstadium integrieren. Dreidimensionale Effekte, die Simulation von Hologrammen oder anderen Sicherheitsmerkmalen sowie Bilder oder Bildteile lassen sich mit Metallic-Effekten erstellen. *Holo FX* beispielsweise lässt metallische Farben sichtbar oder unsichtbar erscheinen. Besondere Hybrid-Effekte für dreidimensionale Illusionen bietet *3D Lentikular*, während *Lite FX* farbverändernde Elemente innerhalb geometrischer Figuren entstehen lässt. Aber auch Texte und Logos lassen sich damit variieren.

10.2 Rasterwinkelung von Sonderfarben

Hinweis

Für das Messen der Rasterwinkel gibt es zwei DIN-Normen und somit zwei verschiedene Auffassungen. Die alte DIN-Norm 16547 legt den 0°-Winkel auf 12 Uhr, die übrigen Winkel werden im Uhrzeigersinn angegeben. Die neuere DIN-Norm 12647 definiert den 0°-Winkel bei 3 Uhr, alle übrigen Winkel werden im Gegenuhrzeigersinn angegeben.

Der Rasterwinkelung von Sonderfarben ist bei der Druckausgabe ganz besondere Beachtung zu schenken, um einer störenden Moiré-Bildung gezielt vorzubeugen. Beim normalen Vierfarbendruck wird Schwarz als dunkelste Farbe auf den 45°-Winkel gelegt, weil bei dieser Winkelstellung die einzelnen Rasterpunkte für das menschliche Auge am unauffälligsten sind. Wäre der Winkel 0° bzw. 90°, würde das Auge die horizontal und vertikal liegenden Rasterlinien zu stark betonen, weshalb man diesen Winkel der Farbe Gelb zuordnet, da sie von allen die hellste ist und schon allein deshalb nicht stark ins Auge fällt. In Winkelabständen von je 30° zum 45°-Winkel liegt bei 15° Cyan und bei 75° Magenta. So können bei den voll symmetrischen Rasterpunktformen wie Quadrat und Punkt keine Moirés entstehen. Da es nicht möglich ist, innerhalb von insgesamt 90° die zur Verfügung stehen Winkelabstände von je 30° für alle vier Farben genau einzuhalten, musste man eine Farbe mit 0° oder 90° in einem Winkel anordnen, der nur 15° Differenz zur nächstgelegenen Farbe aufweist. Das hat zwangsläufig eine Moiré-Bildung zur Folge, weshalb man diesen Winkel auch der optisch hellsten und am wenigsten dominanten Farbe, nämlich Gelb zuweist. Um ein Moiré zu unterdrücken, wäre es auch denkbar, Gelb mit einer feineren Rasterweite auszugeben, was in der Praxis aber selten gemacht wird. Da man nun beispielsweise bei Hexachrome sechs statt nur vier Farben hat, muss man jeweils zwei Farben mit dem gleichen Rasterwinkel belegen. Damit nun aber keine störenden Moirés entstehen, dürfen sich die beiden Farben mit gleichem Winkel im Druck nicht überlagern. Man wählt folglich für Orange den 15°-Winkel, genau wie für Cyan, und für Grün den 75°-Winkel, genau wie für Magenta; das Vorhandensein der Farbe Orange in einer Bildstelle schließt in der Regel das gleichzeitige Vorhandensein von Cyan ebenso aus wie Grün das gleichzeitige Vorhandensein von Magenta. Das ist auch der Grund, warum Orange und Grün bei Hexachrome in einer neutralen, grauen Bildstelle grundsätzlich nicht vorkommen, damit sich gleichwinklige Farbenpaare nicht irgendwo in die Quere kommen. Die genannten Winkelstellungen für Hexachrome entsprechen auch den Empfehlungen von Pantone:

0° = Gelb	15° = Cyan	75° = Magenta
45° = Schwarz	15° = Orange	75° = Grün

Etwas anders verhält sich die Rasterwinkelung, wenn weniger als vier Farben gedruckt werden, beispielsweise bei Duplex- und Triplex-Bildern. Grundsätzlich wird aber immer die dunkelste und damit dominanteste Farbe auf den 45°-Winkel gelegt, eine zweite und dritte Farbe auf den 15°- und/oder 75°-Winkel. Der 0°-Winkel bleibt in diesem Fall unbenutzt, da er ohnehin nicht die erforderliche minimale Winkeldifferenz von 30° zum nächstgelegenen Winkel aufweist.

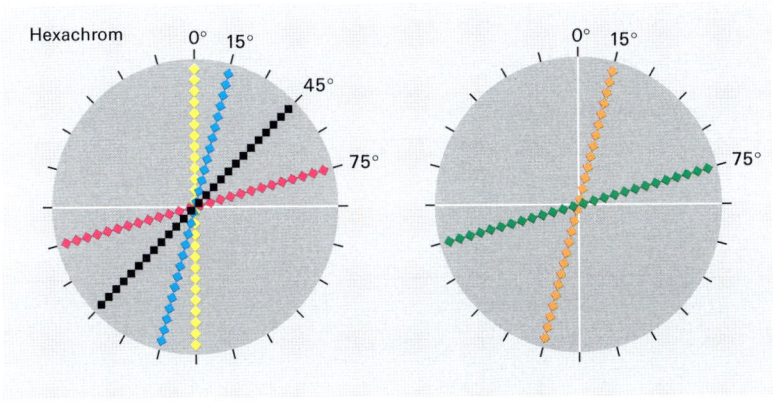

Abbildung 10.2
Rasterwinkelung bei Hexachrome

Duplex mit Schwarz und einer Sonderfarbe:

Schwarz	45°
Sonderfarbe	15° oder 75°

Duplex mit zwei Sonderfarben:

Dunkle, dominante Farbe 45°
Hellere Farbe   15° oder 75°

Duplex mit Schwarz und einer Skalenfarbe (CMY):

Schwarz   45°
Skalenfarbe (CMY)   15° oder 75°

Abbildung 10.3
Rasterwinkelung bei
Duplex mit Schwarz und
einer Skalenfarbe (CMY)

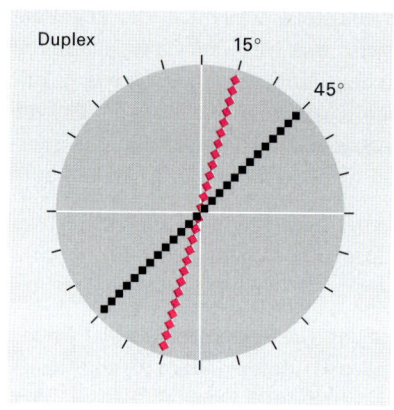

Triplex mit Schwarz und zwei Skalenfarben (CMY):

Schwarz   45°
Skalenfarben (CMY)   15° und 75°

Triplex mit drei Sonderfarben:

Dunkle, dominante Farbe 45°
Hellere Farben   15° und 75°

Abbildung 10.4
Rasterwinkelung bei
Triplex mit drei Skalen-
farben (CMY)

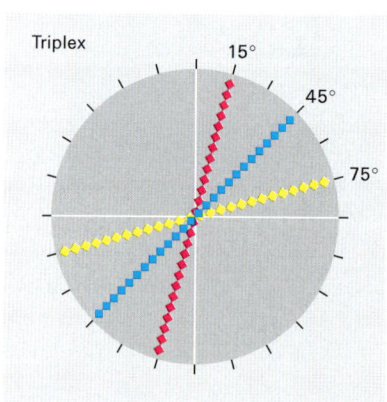

Triplex mit drei Skalenfarben (CMY):

Cyan	45°
Magenta und Gelb	15° und 75°

Denkbar ist auch, dass man nur gerade eine einzige Sonderfarbe (Pantone oder HKS) – neben Schwarz für die Typografie – im Layout verwendet. Um zu verhindern, dass sie separiert (CMYK) ausgegeben wird – was übrigens für alle Sonderfarben gilt – muss man sie in der Farbpalette durch Anklicken der Option VOLLTONFARBE als solche kennzeichnen. Gleichzeitig muss man ihr auch einen Rasterwinkel zuordnen. Man wählt dabei den Rasterwinkel derjenigen Prozessfarbe, die der Sonderfarbe im Farbkreis am nächsten liegt. So würde man für ein Rot den Winkel von Magenta wählen oder für ein Blau den Winkel von Cyan usw. (siehe Abbildung 10.5).

Besteht das ganze Dokument ausschließlich aus einer einzigen Sonderfarbe (inklusive Text), wird grundsätzlich jeder Sonderfarbe (unabhängig von ihrem Farbton) der 45°-Winkel zugewiesen, da er am wenigsten augenfällig ist.

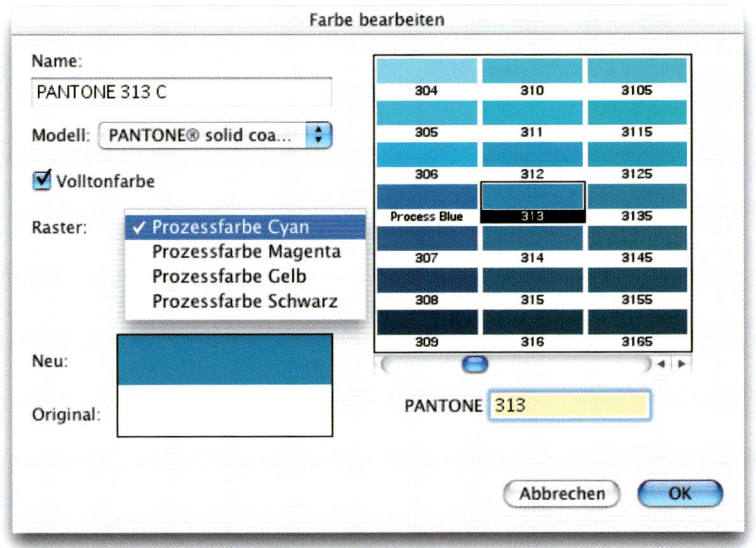

Abbildung 10.5
Durch Auswählen einer der Optionen unter RASTER kann man einer Sonderfarbe einen Rasterwinkel zuweisen.

Rasterwinkelung von CMYK-Daten

Das Thema Rasterwinkelung gewinnt grundsätzlich beim Mehrfarbendruck zunehmend an Bedeutung. Besonderer Aufmerksamkeit bedarf es in dem Augenblick, wo sich mehrere autotypische Farbauszüge eines amplitudenmodulierten Rasters (AM) überlagern und im Zusammendruck neue Farbtöne entstehen. Wie bereits erwähnt, kann es dabei zu unschönen, störenden geometrischen Mustern, so genannten Moirés kommen. Für den Vierfarbendruck mit CMYK sind die Rasterwinkel für Schwarz und Gelb fest zugeordnet. So hat Gelb immer 0° oder 90°, und Schwarz in der Regel immer 45°. Die Winkel für Cyan und Magenta werden oft abhängig von Schwarzaufbau und Motiv bestimmt – in gewissen Fällen auch von der verwendeten Rasterpunktform (Ellipse). Dazu einige Beispiele:

CMYK-Bild mit starkem Unbuntaufbau (GCR):

Standardwinkelung:

Gelb　　0°
Schwarz　45°
Cyan　　15°
Magenta　75°

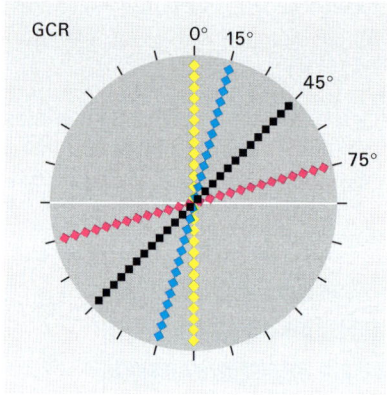

Abbildung 10.6
Standardwinkelung bei
starkem Unbuntaufbau
(GCR)

Standardwinkelung von XPress:

Gelb　　90°
Schwarz　45°
Cyan　　105°
Magenta　75°

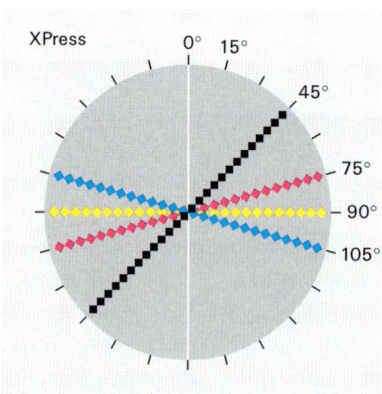

Abbildung 10.7
Standardwinkelung von
QuarkXPress

CMYK-Bild mit vielen Hauttönen im Buntaufbau (UCR):

Gelb   0°
Magenta 45° (dominante Farbe)
Schwarz 15°
Cyan   75°

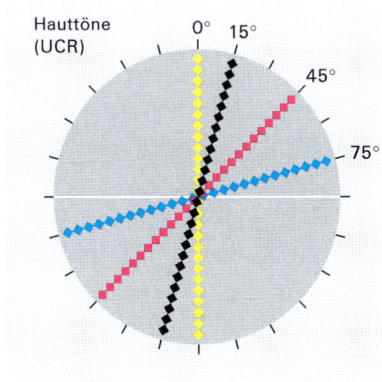

Abbildung 10.8
Bei Bildern mit vielen Hauttönen legt man idealerweise Magenta auf den 45°-Winkel.

CMYK-Bild mit viel Cyan im Buntaufbau (UCR):

Gelb   0°
Cyan   45° (dominante Farbe)
Schwarz 15°
Magenta 75°

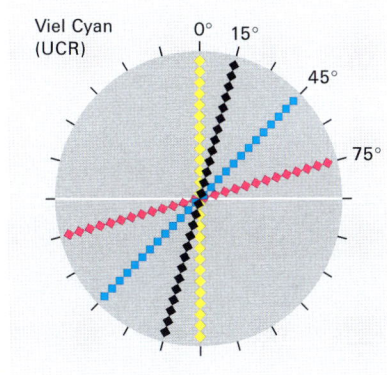

Abbildung 10.9
Bei Bildern mit vielen Cyantönen legt man idealerweise Cyan auf den 45°-Winkel.

Alternative Rasterwinkel

Bei voll symmetrischen Rasterpunktformen wie quadratisch und rund ergeben folgende Winkel identische Ergebnisse:

0°/90°   = Gelb
15°/105° = Cyan
45°/135° = Schwarz
75°/165° = Magenta

Abbildung 10.10
Alternative Winkel bei
symmetrischen
Rasterpunktformen

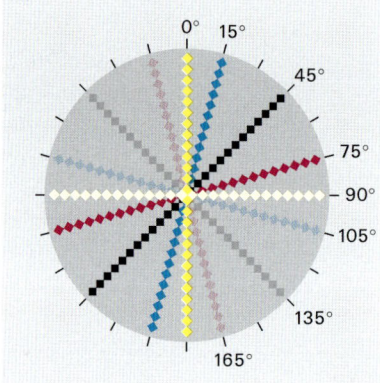

Bei einer elliptischen Rasterpunktform – auch als *Kettenraster* bezeichnet – werden als Alternative hingegen oft folgende Rasterwinkel verwendet:

0°   = Gelb
45°   = Schwarz
105° = Magenta
165° = Cyan

Abbildung 10.11
Rasterwinkel bei ellipti-
schen Rasterpunktformen

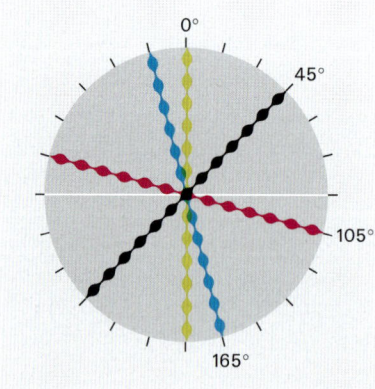

Das Problem der Rasterwinkelung ist nur bei Verwendung eines amplitudenmodulierten Rasters (AM) ein Thema, bei einem frequenzmodulierten Raster (FM)

braucht man sich darüber keinerlei Gedanken zu machen. Moirés sind bei stochastischen, also nach dem Zufallsprinzip angeordneten Rastern von vornherein ausgeschlossen, weshalb ein FM-Raster für den HiFi-Color-Druck die beste Lösung darstellt.

Rasterwinkel von Sonderfarben in PDF und EPS

Bei einem traditionellen PostScript-Workflow werden die korrekte Rasterweite und die Rasterwinkelung unmittelbar bevor die Daten zum Belichter geschickt werden in der Druckvorstufe kontrolliert und angepasst. Wird hingegen in eine PostScript-Datei gedruckt (als Basis für das Konvertieren in ein PDF), kann es auf jeden Fall sinnvoll sein, bereits in den Separationseinstellungen des Druckdialogs die Rasterweite und die Rasterwinkel korrekt anzugeben. Das Speichern dieser Parameter ist besonders dann zu empfehlen, wenn man Werte verwendet, die von den allgemeinen Standardvorgaben abweichen. Eintreffen kann dieser Fall, wenn das Dokument Sonderfarben enthält oder wenn aufgrund spezieller Motive (wie Kosmetik, Mode oder Autos) besondere oder alternative Rasterwinkel gewünscht sind, die nicht geändert werden sollen. So ist es durchaus denkbar, dass ein PDF individuelle Rasterparameter enthalten kann, was allerdings nur in einem separierten PDF-Workflow praktiziert werden kann. Für den Composite-PDF-Workflow kommt nur die Variante mit einer platzierten EPS-Datei in Frage, die es erlaubt, solche Rasterparameter zu speichern und somit auch unverändert in die PostScript-Datei zu übernehmen.

10.3 Sonderfarben bei der Separation

Mit Sonderfarben zu gestalten – ob im Verpackungsdesign oder für den Akzidenzdruck – und in all den bunten, leuchtenden Farb- oder Metallic-Tönen zu schwelgen ist die eine Seite der Medaille. Sonderfarben zu separieren, das heißt sie auf den richtigen, nämlich ihren eigenen Farbauszug zu bringen, ist die Kehrseite. Denn nach der kreativen Phase kommt die Technik bzw. die technische Umsetzung, die bereits in der Grafik-, Bildbearbeitungs- oder Layoutsoftware ihren Anfang nimmt und ein gewisses Maß an Aufmerksamkeit und technischem Verständnis vom Gestalter erfordert. Die erste Station einer Datei auf dem Weg zum Belichter oder Drucker ist der PostScript-Treiber oder die Applikation selbst, die aus der Zwischenform der Seitenbeschreibung den entsprechenden PostScript-Code generiert – der wiederum je nach PostScript-Level sehr unterschiedlich sein kann. Dann folgt der RIP (Raster Image Prozessor); er ist zuständig für die Interpretation der Seitenbeschreibung bzw. des PostScript-Codes (in neuerer Zeit vermehrt auch PDF-Code), um daraus die notwendigen Steuerbefehle für den Belichter zu erzeugen. Dabei wird von den interpretierten und zu druckenden Objekten der Display-Liste durch den »Renderer« zuerst eine Bytemap (Pixeldaten) in der bestmöglichen Auflösung des jeweiligen Ausgabegerätes erzeugt; anschließend wird beim so genannten *Screening* die Raster-Bitmap generiert (1-Bit-Rasterdaten). Der Belichter schließlich setzt die entsprechenden Rasterpunkte auf Papier, Film oder direkt auf Druckplatte (CtP).

Es ist nahe liegend, dass sich auf dem langen Weg einer Datei bis zum Ausgabegerät unerwartet Fehler einschleichen können. Bei Dateien, die ausschließlich in
den Prozessfarben Cyan, Magenta, Gelb und Schwarz gedruckt werden, läuft
meistens noch alles wunschgemäß, obschon es auch hier besondere Situationen gibt, die nicht zu den gewünschten Ergebnissen führen. Sind aber zusätzlich
noch Sonderfarben im Spiel, gilt es weitere Faktoren zu beachten: falsche oder
fehlende Überfüllungen (Trapping), Überdrucken von Farben (Overprint), falsche
Rasterwinkel bei den Sonderfarben, unnötige, leere oder gar keine Farbauszüge
usw. Die Fehlerquellen sind vielfältig und schuld ist nicht immer allein der Erzeuger der Datei. Ebenso oft sind es auch die Eigenheiten einer Grafik- oder Layoutsoftware, der generierte PostScript- oder PDF-Code, der PostScript-Level des
verwendeten RIPs oder der zu belichtenden Datei, die sich schlecht vertragen,
sowie das Dateiformat und schließlich auch die Art der Separation. Hier unterscheidet man zwischen zwei verschiedenen Verfahren. Da wäre zum einen das
Konzept der Host-basierten bzw. der *OnHost-Separation*, das bis heute immer
noch weit verbreitet ist und bei dem die Separation – das Zerlegen der Datei in
die einzelnen Farbauszüge – in der Anwendungssoftware auf dem Arbeitsplatzrechner (Host) erfolgt und nicht im Ausgabegerät. Diese Art der Separation
arbeitet nur in Verbindung mit PostScript-Level-1-Daten wirklich zuverlässig.
Zum anderen gibt es das alternative Konzept der *InRIP-Separation*, die das Zerlegen der Datei in den RIP verlegt; diese Separation wurde bereits mit PostScript
Level 2 als optionale Funktion eingeführt, konnte sich bis heute aber nicht so
richtig durchsetzen. Nur bei zunehmendem Aufkommen von unseparierten PDF-
Dateien (PostScript Level 3) als Anlieferungsformat für Druckvorlagen muss man
zwingend auf die InRIP-Separation wechseln, da die in PDF 1.3 und 1.4 verwendeten Konstrukte nur mit einem PostScript-3-RIP (gegebenenfalls auch mit
einem Level-2-RIP) korrekt umgesetzt werden können und zudem eine OnHost-
Separation von CIE-basierten Farbräumen zu komplex ist (siehe Kapitel 8,
Abschnitt »CIEBased-Farbräume«).

Aktuelle PostScript-Level-2- und PostScript-Level-3-RIPs sind also in der Lage,
farbige und unseparierte Eingangsdaten (Composite-Dateien) zu separieren und
auf die einzelnen Farbauszüge auszugeben. Dazu werden – zusammen mit dem
Druckjob – Steuerinformationen an den RIP übertragen, wie die Farbzerlegung
erfolgen soll. Um eine einwandfreie Separation bei Sonderfarben zu erhalten,
reicht es aber in der Regel nicht, bloß die InRIP-Separation in der RIP-Software
zu aktivieren. Die Steuerinformationen darüber, wie mit den Sonderfarben
umzugehen ist, sind zwingend mitzuliefern. Sind keine Steuerinformationen vorhanden, werden die Daten kurzerhand in Prozessfarben (4c) konvertiert und
nicht auf eigenen Farbauszügen ausgegeben.

Obschon es die InRIP-Separation seit einigen Jahren gibt, findet sie noch nicht
bei allen Softwareherstellern Unterstützung. Von XPress beispielsweise wird sie
noch immer nicht unterstützt. InDesign bietet die Option an, die Separation in
den RIP zu verlagern, weist aber diesbezüglich noch einige Schwächen auf.
Grundsätzlich gibt es auch gewisse Unterschiede zwischen den beiden Separationsverfahren, die sich insbesondere im Umgang mit den Optionen für das Über-

drucken bzw. Aussparen bemerkbar machen, was schließlich zu unterschiedlichen Separationsergebnissen führen kann. Denn RIP ist nicht gleich RIP. RIPs unterscheiden sich einerseits durch den unterstützten PostScript-Level und andererseits auch von Hersteller zu Hersteller. Ein Adobe-RIP ist nicht das Gleiche wie ein Harlequin-RIP. Denn es ist jedem Hersteller freigestellt, wie die Implementierung von PostScript erfolgt. So lassen einige Hersteller scheinbar unwichtige oder optionale Eigenschaften großzügig weg, und wieder andere fügen eigene, herstellerspezifische hinzu. Die Harlequin-Interpreter von Global Graphics zeichnen sich schon seit jeher durch gewisse technische Vorteile gegenüber Adobe-Interpretern aus und gestatten dem Anwender flexiblere Möglichkeiten bei der Ausgabe, die sich ganz nach den Wünschen der grafischen Industrie richten. Bei der Verarbeitung von Überdrucken-Informationen stehen beispielsweise individuelle, objektbezogene Möglichkeiten zum Überdrucken oder Aussparen zur Wahl.

Je nach Software, PostScript-Level, verwendetem RIP und Separationsverfahren (OnHost- oder InRIP-Separation) ist mit unterschiedlichen Ergebnissen zu rechnen. Man kann diesbezüglich also keine generellen Vorhersagen machen, doch gibt es grundsätzliche Verhaltensweisen, wie sie in der PostScript-Spezifikation von Adobe vorgesehen sind, auf die ich später noch eingehen werde (siehe Kapitel 16, Abschnitt »Überdrucken«). Interessant scheint mir hier ein Rückblick auf die Implementierung von Sonderfarben und das Überdrucken (Overprint) in PostScript.

10.4 Sonderfarben in PostScript

Mit PostScript Level 1 gab es noch keine Möglichkeit, Sonderfarben zu definieren und auf entsprechende Farbauszüge auszugeben. Zunächst gab es nur Farbräume für Graustufen, RGB und CMYK. Obschon Adobe im Vorfeld von PostScript Level 2 ein technisches Dokument (Technote 5044) veröffentlichte, das Pseudo-Operatoren einführte, um damit auch Sonderfarben zu definieren, war es kein offizieller Bestandteil von PostScript Level 1 und der Host-basierten Separation.

PostScript Level 2 – Separation-Farbraum

Erst in PostScript Level 2 (und PDF 1.2) führte Adobe offiziell den *Separation-Farbraum* ein, der es gestattet, Sonderfarben zu definieren und auf einem eigenen Farbauszug auszugeben. Jedem Separation-Farbraum ist gleichzeitig noch ein alternativer Farbraum zugeordnet, der es einem Ausgabegerät, das mit dieser Sonderfarbe nichts anzufangen weiß – wie beispielsweise ein RGB-Monitor oder ein CMY(K)-Drucker – gestattet, diese möglichst optimal im eigenen Farbraum zu simulieren. Die dazu benötigten Farbwerte (zum Beispiel CMYK) werden anhand einer PostScript-Prozedur aus den Farbwerten der vorliegenden Sonderfarbe berechnet. Neu in PostScript Level 2 ist auch der Operator »setoverprint«, mit dem das Überdrucken bzw. Aussparen gesteuert werden kann.

All und None

Zwei besondere und reservierte Separation-Farbräume sind ALL und NONE. Der Farbname ALL steht für eine einkomponentige Gerätefarbe, die in der Regel für Passkreuze verwendet wird (siehe Kapitel 12, Abschnitt »Die Farbe Passkreuze«). Bei der Separation findet man sie immer auf allen Farbauszügen (auch auf Sonderfarbauszügen), sie erzeugt aber nie einen eigenen Farbauszug. NONE ist das Gegenteil von ALL und erzeugt weder in separierter noch in unseparierter Form eine Ausgabe. Sie wird nur unter bestimmten Randbedingungen ausgegeben.

PostScript Level 3 – DeviceN-Farbraum

Mit PostScript Level 3 (und PDF 1.3) führte Adobe weitere neue Befehle ein, die unter anderem die farblichen Möglichkeiten von PostScript stark erweitern. Einer dieser neuen Befehle ist der so genannte *DeviceN-Operator*, der mehrkomponentige Farbräume unterstützt. Damit sind Duplex-Bilder, Sonderfarben, Sonderfarben-Verläufe, Verläufe von Prozess- zu Sonderfarben, eingefärbte Graustufen-TIFFs oder HiFi-Color (Sechs- oder Siebenfarbendruck) sauber definierbar – also alles, was in PostScript Level 2 nur mit raffinierten PostScript-Prozeduren beschrieben werden konnte und auch nur im vorseparierten Ablauf (OnHost-Separation) funktionierte. Im Grunde genommen ist DeviceN nichts anderes als eine Kombination aus bis zu acht einzelnen Separation-Farbräumen. Besteht DeviceN beispielsweise aus nur einer Komponente, verhält er sich genauso, wie wenn der Separation-Farbraum direkt verwendet worden wäre. Nicht zulässig ist die Verwendung von ALL und NONE als Separation-Farbnamen für einen DeviceN-Farbraum. Genau wie alle Separation-Farbräume wird auch DeviceN immer subtraktiv gemischt.

10.5 Probleme mit Sonderfarben bei der Separation

Wie bereits erwähnt, ist das Ergebnis einer Separation von zahlreichen Faktoren abhängig. Es gibt Unterschiede zwischen einer OnHost- und einer InRIP-Separation, die wir nun anhand verschiedener Varianten und Möglichkeiten der Verwendung und Kombination von Farbräumen genauer betrachten wollen, wobei wir uns aber nicht nur auf Sonderfarben beschränken. Zum besseren Verständnis verweise ich Sie auf den Abschnitt »Überdrucken« in Kapitel 16.

Verlauf Sonderfarbe zu Weiß

Als Verlauf (*Blend* oder *Gradient*) bezeichnet man die kontinuierliche Verringerung eines Farbtons bzw. den sanften Übergang zwischen zwei oder mehr Farben. Einerseits werden Verläufe aus rein gestalterischen Gründen eingesetzt, andererseits spielen sie bei der Darstellung von Dreidimensionalität eine zentrale Rolle. Durch Ändern von Farbe und Tonwert entsteht eine räumliche Wirkung.

Der Verlauf einer Sonderfarbe sollte so angelegt werden, dass die Volltonfarbe mit 100 % nach 0 % bzw. Papierweiß verläuft. Wird anstelle des 0 %-Tonwerts die Farbe Weiß als zweite Farbe verwendet, muss man mit Problemen bei der Ausgabe rechnen, denn die Sonderfarbe geht dabei möglicherweise verloren und wird als Vierfarb-Separation ausgegeben. Ohne Probleme ist hingegen ein Verlauf zwischen zwei unterschiedlichen Tonwerten derselben Sonderfarbe. Die Ausgabe erfolgt wie gewünscht auf einem eigenen Sonderfarben-Auszug.

Verlauf zwischen zwei Sonderfarben

Beim Anlegen eines Verlaufs zwischen zwei Sonderfarben (HKS oder Pantone) sind verschiedene Dinge zu beachten.

Wird der Verlauf in einem älteren PostScript-Generator (Level 1 oder Level 2) angelegt, werden die beiden Sonderfarbkomponenten ungeachtet in RGB- oder CMYK-Komponenten umgerechnet – selbst dann, wenn ein PostScript-Treiber verwendet wird, der PostScript Level 3 unterstützt. Denn beim DeviceN-Operator zum Definieren von Sonderfarben-Verläufen kann der PostScript-Interpreter solche älteren Level-2-Verlaufskonstruktionen nicht erkennen und automatisch in einen DeviceN-Befehl umwandeln. Die erzeugende Applikation muss diesen PostScript-3-Befehl selbst generieren. Die Sonderfarben gehen dabei unweigerlich verloren. Wird bei der Separation im Druckdialog die Option aktiviert, welche Sonderfarben zu Prozessfarben konvertieren soll, bezieht sich das immer auf alle im Dokument befindlichen Sonderfarben. Es ist also nicht möglich, beispielsweise nur ein ganz bestimmtes Objekt (wie etwa einen Verlauf) in Prozessfarben auszugeben und andere wiederum als Sonderfarben zu belassen.

Das Erzeugen von Sonderfarben-Verläufen mit einem Grafik- oder Layoutprogramm, das PostScript-Level-3-Code generiert, ist hingegen kein Problem. Zu beachten ist bei der separierten Ausgabe lediglich, dass die beiden Sonderfarbkomponenten unterschiedliche Rasterwinkel erhalten, um störende Moirés zu verhindern (siehe Kapitel 10, Abschnitt »Rasterwinkelung von Sonderfarben«). Solche Verläufe wiederum werden natürlich auch nur dann korrekt ausgegeben, wenn der RIP PostScript Level 3 interpretieren kann.

Das wohl größte Problem beim subtraktiven Mischen von Sonderfarben – was bei einem Verlauf zwischen zwei Farben immer der Fall ist – ist die Unvorhersehbarkeit der Farbmischung, die beim Übereinanderdrucken der beiden Farbkomponenten entsteht. Obschon die neusten Adobe-Programme wie Illustrator, InDesign und Acrobat Professional eine Überdrucken-Vorschau anbieten und dabei das Ergebnis einer InRIP-Separation eines Adobe-RIPs simulieren, werden überdruckende Sonderfarben nie ganz korrekt dargestellt, da sie am Monitor im RGB-Farbraum simuliert werden müssen. Auch die meisten Farbdrucker und Proofgeräte können überdruckende Sonderfarben nicht korrekt darstellen und werden daher im CMYK-Farbraum simuliert.

Tipp

Anstelle des 100 %-Volltons ist es von Vorteil, nur einen Tonwert von 95–97 % zu definieren, da durch den unvermeidlichen Tonwertzuwachs im Druck – in Abhängigkeit vom Bedruckstoff – sämtliche Tonwerte zwischen 95 % und 97 % ohnehin 100 % ergeben. Ebenso vorteilhaft ist es, am anderen Ende des Verlaufs einen Tonwert von 3–5 % stehen zu lassen. Durch diese Maßnahmen kann man unschöne Tonwertübergänge und Tonwertabrisse vermeiden.

Verlauf Prozess- zu Sonderfarbe

Mit älteren Applikationen, die noch PostScript-Level-1- oder -2-Code generieren, werden Verläufe zwischen einer Prozess- und einer Sonderfarbe nicht korrekt separiert. Die Sonderfarbe wird automatisch in die entsprechenden Prozessfarben aufgeteilt. Mit aktuellen Applikationen, die PostScript-Level-3-Code erzeugen und somit den DeviceN-Farbraum, lassen sich solche Verlaufskonstruktionen durchaus realisieren – vorausgesetzt, der Interpreter ist ein PostScript-Level-3-RIP. Bei einem Verlauf, zum Beispiel zwischen Cyan (DeviceCMYK) und einer Pantone-Farbe, wird die Prozessfarben-Komponente als DeviceN codiert, da es ausdrücklich zulässig ist, Prozessfarbnamen für kombinierte Separation-Farbräume zu verwenden. Die Pantone-Farbe wird ohnehin als Separation-Farbraum codiert. Separation-Farbräume mischen sich grundsätzlich immer subtraktiv, womit es auch hier wieder schwierig wird, das Resultat der Farbmischung vorherzusehen.

Überdruckender Verlauf von Prozess- zu Sonderfarbe

Ein Verlauf zwischen einer Prozess- und einer Sonderfarbe, der beispielsweise vor einem CMYK-Hintergrund steht und bei der Ausgabe als überdruckend definiert ist, wird bei einer InRIP-Separation meistens aussparend ausgegeben (sowohl bei einem Adobe-RIP als auch bei einem Harlequin-RIP). Es ist also undenkbar, die Farben des Verlaufs zusätzlich mit den Farben des Hintergrundes subtraktiv zu mischen. Das liegt daran, dass die meisten Programme immer auch die leeren CMYK-Kanäle mit in die DeviceN-Information schreiben. DeviceN ist aber so definiert, dass angelegte Farbräume generell nicht überdrucken dürfen, selbst dann nicht, wenn das Objekt explizit als überdruckend definiert wird. Dasselbe Problem besteht auch bei einer PDF-Datei aus Distiller bzw. beim direkten PDF-Export aus InDesign. Der Distiller schreibt grundsätzlich anstelle eines zweikanaligen (zum Beispiel Cyan, Pantone) einen fünfkanaligen Verlauf (Cyan, Magenta, Gelb, Schwarz, Pantone) im DeviceN-Farbraum. Denn soll ein Farbkanal überdrucken, darf er nicht geschrieben werden.

Prozessfarben-Verlauf über Sonderfarben-Hintergrund

Ein überdruckender Prozessfarben-Verlauf über einem Sonderfarben-Hintergrund sollte in der Regel korrekt ausgegeben werden, da eine überdruckende Prozessfarbe Sonderfarben-Kanäle immer unangetastet lässt. Bei einer InRIP-Separation muss aber unbedingt darauf geachtet werden, dass der Illustrator-Überdrucken-Modus aktiviert ist (OPM 1).

Sonderfarben-Verlauf über CMYK-Hintergrund

Auch ein Sonderfarben-Verlauf über einem CMYK-Hintergrund sollte bei aktivierter Überdrucken-Option erwartungsgemäß ausgegeben werden, wobei es hier auch keine Rolle spielt, ob als Overprint-Modus OPM 1 oder OPM 0 gewählt ist, da Sonderfarben davon nicht berührt werden (siehe Kapitel 16, Abschnitt »Überdrucken«). Problematisch ist es natürlich auch hier wieder, das Resultat der

Farbmischung vorauszusehen. Grundsätzlich ist die Vorgehensweise, einen Sonderfarben-Verlauf über einem CMYK-Hintergrund zu platzieren und zusätzlich zu überdrucken, ohnehin etwas zweifelhaft. In diesem Fall könnte man ebenso gut die Sonderfarben in CMYK-Komponten umsetzen und hätte damit zumindest eine bessere Kontrolle über die resultierende Farbmischung. Damit lässt sich der Effekt auch beim Proofen und bei der Ausgabe auf einem Farbdrucker besser kontrollieren. Denn bereits das subtraktive Mischen von zwei Sonderfarben ist immer ein sehr risikoreiches Experiment mit ungewissem Ausgang, wenn man nicht in der glücklichen Lage ist, über einen speziellen Sonderfarben-Tonwertatlas zu verfügen.

10.6 Sonderfarben im Proof

Das Thema Sonderfarben und Proof ist etwas speziell. Ein Proof oder Prüfdruck dient in erster Linie dazu, den späteren Auflagendruck zu simulieren. Denn zahlreiche technische und physikalische Eigenschaften bei der Druckausgabe beeinträchtigen maßgeblich die Farbwiedergabequalität. Insbesondere das Zusammenwirken von Cyan, Magenta, Gelb und Schwarz reagiert sehr sensibel auf Druckschwankungen der Maschine und die damit verbundene Beeinträchtigung der Graubalance. Für Sonderfarben ergeben sich daraus aber keinerlei Nachteile. Sie werden als fertig vorgemischte, zusätzliche Druckfarben in ein separates Farbwerk gefüllt und nicht in Form einer subtraktiven Farbmischung aus mehreren Farbkomponenten erzeugt. Eine Sonderfarbe verändert also ihren Farbton, das heißt ihre messtechnisch eindeutige spektrale Remission kaum. Sie kann höchstens in ihrem Helligkeitswert (bedingt durch die Stärke des Farbauftrags) leicht variieren, niemals aber in ihrer Farbigkeit. Damit erübrigt sich im Grunde genommen auch ein Proof. Es gibt ohnehin kein Proofgerät (meistens Tintenstrahldrucker im oberen Preissegment), das außer Cyan, Magenta, Gelb, Schwarz und eventuell zusätzlich Cyan light und Magenta light irgendeine Sonderfarbe ausgeben kann. Ebenso wenig lassen sich damit Metallic-Farben proofen.

Es ist natürlich nicht so, dass ein Proof mit Sonderfarben damit völlig ausgeschlossen ist, nur ist dabei zu bedenken, dass eine Sonderfarbe im Proof mit den Skalenfarben CMYK aufgebaut wird, das heißt die Sonderfarbe wird für den Proof separiert ausgegeben. Je nach RIP bzw. Proofsoftware ist dabei eine mehr oder weniger farbmetrisch korrekte Wiedergabe der Sonderfarben im Proof zu erwarten. Im Bereich des Verpackungsdrucks, wo oft und viel mit Sonderfarben gedruckt wird und ein Proof durchaus seine Berechtigung hat, um weitere wichtige Kriterien zu überprüfen, hat sich die Proofsoftware *GMG Colorproof* der Tübinger Firma GMG in dieser Hinsicht gut bewährt.

Bei einer Sonderfarbe, die zusätzlich zu den Skalenfarben gedruckt wird, ist das Proofergebnis also mit Vorsicht zu genießen. Besser ist ein direkter Vergleich mit dem Farbmuster der jeweiligen Sonderfarbe auf dem entsprechenden Bedruckstoff (siehe Kapitel 23, »Proof«).

Kapitel 11

11
Prozessfarben

11.1 Druckfarben

Neben all den theoretischen Grundlagen und all den Einflussgrößen zum Verständnis von Farbe als Sinneswahrnehmung sind für die grafische Industrie aber letztendlich die spektralen, physikalischen und chemischen Eigenschaften der Druckfarben – als färbende Substanz, um Informationen (Text, Bild, Grafik) auf den Bedruckstoff zu übertragen – von ebenso großer Bedeutung. Bereits an verschiedener Stelle wurde darauf hingewiesen, dass die spektralen Eigenschaften wie Absorptions- bzw. Remissionseigenschaften der Druckfarben von zentraler Bedeutung für die Farbwiedergabequalität einer Bildreproduktion sind und für die grafische Industrie somit ein wesentliches Qualitätskriterium darstellen.

Die spektralen und physikalischen Anforderungen an genormte Skalenfarben für den Vierfarbendruck sind sehr gegensätzlich und können nicht alle gleichzeitig erfüllt werden. Mit anderen Worten, die Grundfarben der Europaskala (CMY) sind nicht so ideal, wie sie aufgrund der Gesetzmäßigkeiten der subtraktiven Farbmischung eigentlich sein sollten.

Eigenschaften der Druckfarben

Die spektralen Eigenschaften, die ideale Druckfarben rein theoretisch aufweisen sollten, werden von den realen Druckfarben in der Praxis nicht erfüllt. Sie weisen zum Teil massive Abweichungen auf, was weitgehend damit zu tun hat, dass sie gleichzeitig noch andere Anforderungen erfüllen sollten. Es ist bis heute nicht gelungen, Druckfarben zu entwickeln, die allen Erfordernissen gleich gerecht werden.

Einerseits soll es möglich sein, mit den drei Grundfarben Cyan, Magenta und Gelb den Farbumfang einer Bildvorlage möglichst optimal nachzubilden, andererseits müssen die Farben eine hohe Transparenz aufweisen, damit im lasierenden Übereinanderdruck alle erforderten Farbmischungen entstehen, was im gewünschten Ausmaß nur mit Farbstoffen erreichbar wäre. Aus drucktechnischen Gründen enthalten Druckfarben für den Offsetdruck aber Farbpigmente.

Druckfarben für Lebensmittelverpackungen beispielsweise müssen zudem noch den sensorischen Eigenschaften von Lebensmitteln gerecht werden. Da der Mensch seine Umwelt über seine Sinne wahrnimmt, könnten ungeeignete Substanzen wie etwa chemische Stoffe aus der Verpackung oder den verwendeten Druckfarben in das Nahrungsmittel übergehen und es hinsichtlich Geruch, Geschmack oder Aussehen stark verändern. Dementsprechend unterliegen alle Bestandteile einer Nahrungsmittelverpackung (Papier, Karton, Kunststoff, Metall) bis hin zu den aufgebrachten Druckfarben strengen Richtlinien, weshalb auch die Wahl geeigneter Rohstoffe in der Druckfarbe eine wichtige Rolle spielt.

Spektrale Eigenschaften von Offset-Druckfarben

Im Idealfall sollten die Grundfarben des Drucks (CMY) absolut komplementär zu den Grundfarben des Lichtes (RGB) sein. Wird eine dieser Farben mit weißem Licht (mittleres Tageslicht) bestrahlt, sollte sie genau ein Drittel des sichtbaren Spektrums absorbieren und die übrigen zwei Drittel vollständig remittieren.

Druckfarbe	Absorption	Remission
Cyan	Rot	Grün, Blau
Magenta	Grün	Rot, Blau
Gelb	Blau	Rot, Grün

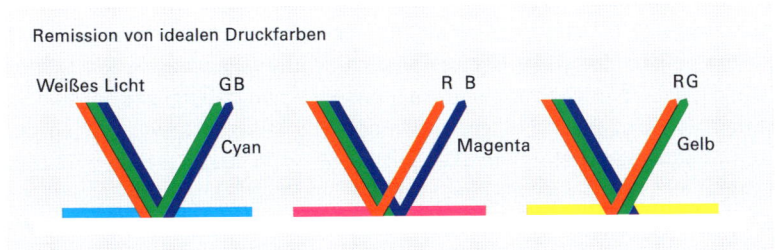

Abbildung 11.1
Remission von idealen
Druckfarben

Alle drei Grundfarben lasierend übereinander gedruckt würden in ihrer Summe somit das ganze sichtbare Spektrum absorbieren, womit sich rein theoretisch Schwarz ergeben würde.

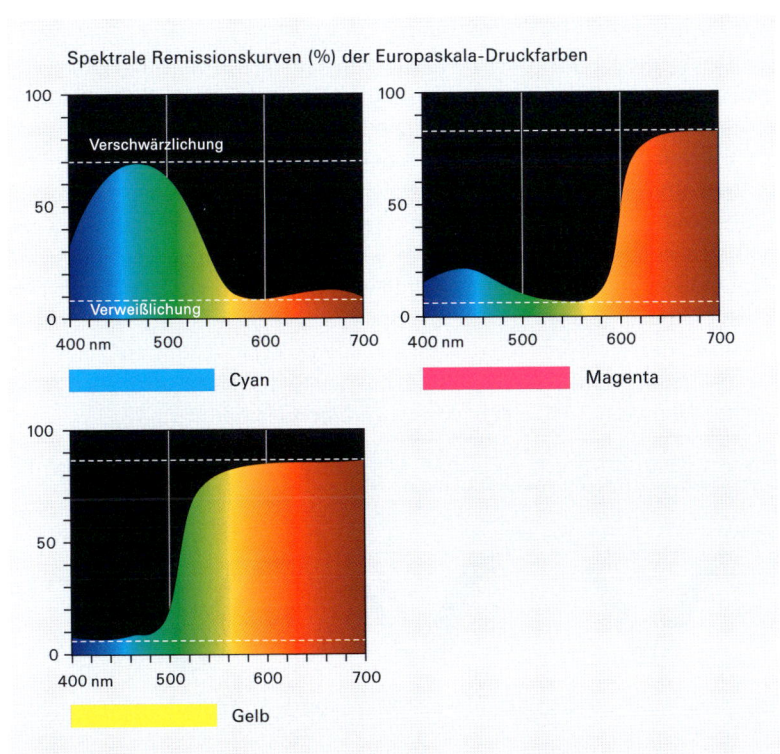

Abbildung 11.2
Spektrale Remissions-
kurven der Europaskala-
Druckfarben

Betrachtet man die spektralen Remissionskurven aller drei realen Grundfarben der Europaskala, zeigen sich aber deutliche Abweichungen vom Ideal. Bei diesen spektralen Mängeln unterscheidet man zwischen einer *ungenügenden Hauptabsorption* und *unerwünschten Nebenabsorptionen*.

Ungenügende Hauptabsorption

Die Hauptabsorption einer Druckfarbe betrifft wie bereits erwähnt den komplementärfarbigen Lichtanteil des sichtbaren Spektrums. Im Falle von Magenta sollte theoretisch der grüne Spektralbereich des auffallenden weißen Lichtes vollständig absorbiert, der rote und blaue Spektralbereich hingegen vollständig remittiert (Rot und Blau = Magenta) werden. Die tatsächliche Absorption der grünen Wellenlängen beträgt aber lediglich etwa 85 %. Die restlichen 15 % werden remittiert, genau wie die blauen und roten Wellenlängen. Die roten und blauen Wellenlängen addieren sich infolgedessen mit diesen 15 % der grünen Wellenlängen, was gemäß den Gesetzmäßigkeiten der additiven Farbmischung eine Verweißlichung (R=G=B= unbunt) zur Folge hat. Das reale Magenta ist also im Vergleich zum idealen Magenta zu wenig gesättigt, das heißt es ist verweißlicht. Das ist aber nicht der einzige spektrale Mangel, den eine Druckfarbe aufweist. Dazu gesellen sich immer auch noch unerwünschte Nebenabsorptionen.

Unerwünschte Nebenabsorptionen

Die beiden Spektraldrittel, die eine Grundfarbe theoretisch vollständig remittieren sollte, werden von den realen Druckfarben teilweise absorbiert. Bei Cyan beispielsweise sollte der blaue und grüne Spektralanteil des sichtbaren Spektrums voll remittiert werden, während der rote Anteil vollständig absorbiert wird. Cyan absorbiert aber auch Teilmengen der grünen und blauen Wellenlängen. Die Remission von Blau und Grün ist somit unvollständig. Die Farbe Cyan verhält sich also so, als ob sie Anteile von Gelb (Absorption von Blau) und Magenta (Absorption von Grün) enthalten würde. Dadurch erfolgt eine Absorption von Lichtenergie über den ganzen Spektralbereich, was nach den Gesetzmäßigkeiten der additiven Farbmischung eine Verschwärzlichung zur Folge hat. Diese spektralen Eigenschaften der Skalenfarben (CMY) haben somit auch einen relevanten Einfluss auf das Ergebnis einer Farbreproduktion.

Abbildung 11.3
Ungenügende
Hauptabsorption und
unerwünschte
Nebenabsorptionen

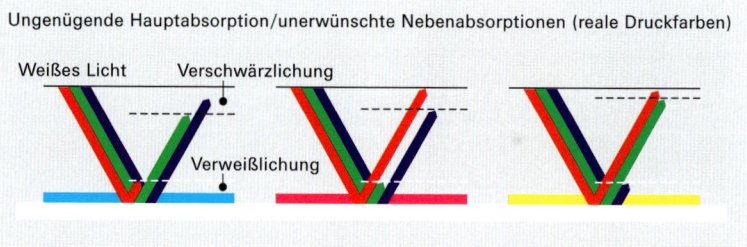

Man kann sich leicht vorstellen, dass die Kumulation dieser spektralen Mängel im Zusammendruck und bei insgesamt zu geringer Sättigung aller drei Farbkomponenten Druckerzeugnisse ergibt, die starke Abweichungen in der Farbwiedergabe aufweisen. Dies ist auch der Grund dafür, dass gewisse Farben, die am Monitor in RGB noch leuchtend aussahen, in der Druckausgabe plötzlich flau und stumpf erscheinen. Mit Cyan, Magenta und Gelb kann man gewisse Farben einfach nicht darstellen, weil sie ihre Aufgabe, die Komplementärfarbe vollständig zu absorbieren und den Rest vollständig zu remittieren, einfach nicht exakt genug erfüllen.

Farbabweichungen der Skalenfarben

Bei einer unkorrigierten Farbreproduktion ergeben sich aufgrund der spektralen Mängel der Skalenfarben zum Teil recht massive Farbtonabweichungen:

- ▸ **Cyan.** Zu bläulich, verschwärzlicht, zu geringe Sättigung.

- ▸ **Magenta.** Zu rot, leicht verschwärzlicht, zu geringe Sättigung.

- ▸ **Gelb.** Leicht zu rötlich, leicht verschwärzlicht, zu geringe Sättigung.

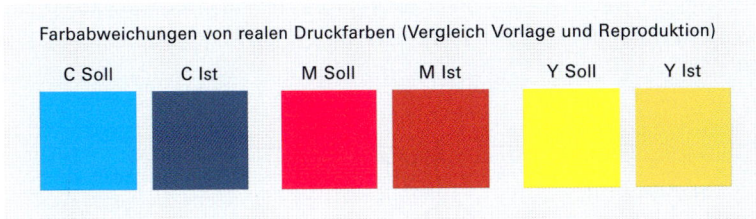

Farbabweichungen von realen Druckfarben (Vergleich Vorlage und Reproduktion)

C Soll   C Ist   M Soll   M Ist   Y Soll   Y Ist

Abbildung 11.4
Farbabweichungen von realen Druckfarben

Diese Farbtonabweichungen bei der Druckwiedergabe sind auch mitverantwortlich dafür, dass drei prozentual gleiche Anteile von Cyan, Magenta und Gelb im Übereinanderdruck kein neutrales Grau ergeben, so wie das bei drei gleichen Anteilen der Lichtfarben RGB der Fall ist (R = G = B = unbunt). Stattdessen erhält man ein eher bräunliches Grau. Die korrekte Wiedergabe von neutralen Grautönen im Druck ist aber eine ganz wichtige Voraussetzung für die Farbwiedergabequalität einer Bildreproduktion. Will man also im Druck ein neutrales Grau erreichen, muss der Anteil von Cyan im Verhältnis zu Magenta und Gelb immer etwas höher sein (zum Beispiel C50, M40, Y40).

Genau diese spektralen Unzulänglichkeiten sind auch der Grund, weshalb man in dunklen, neutralen Bildstellen zusätzlich mit der Farbe Schwarz (K) druckt, um dadurch genügend Tiefe bzw. Kontrast in der Wiedergabe von Bilddaten zu erhalten. Denn ein vollflächiger Übereinanderdruck von Cyan, Magenta und Gelb ergibt aufgrund ungleichmäßiger Remissionen der Skalenfarben statt Schwarz lediglich ein stumpfes Braun. Diese spektralen Eigenschaften der Prozessfarben müssen bei der Bilddatenaufbereitung in der Druckvorstufe mit einer so genannten *Basisfarbkorrektur* behoben werden, was heute im Rahmen eines Colormanagement-Workflows mit ICC-Profilen erfolgt, die auf so genannte Lookup-Tables (LUTs) zugreifen. Das sind Tabellen, die für digitale Eingangssignale in RGB vier farbkorrigierte CMYK-Ausgangssignale enthalten. Dieser zwingend notwendige Arbeitsschritt muss aber unbedingt in Übereinstimmung mit dem späteren

Druckverfahren und dem verwendeten Bedruckstoff erfolgen, um eine Druckwiedergabe zu erhalten, die dem Original möglichst optimal entspricht. Deshalb ist der Wahl des richtigen ICC-Ausgabeprofils besondere Aufmerksamkeit zu schenken.

SWOP und TOYO

SWOP- und TOYO-Prozessfarben sind von der Europaskala abweichende Versionen von Cyan, Magenta, Gelb und Schwarz. In den USA werden in der Regel SWOP-Druckfarben verwendet, und im asiatischen Raum druckt man mit TOYO-Skalenfarben. Erfolgt der Auflagendruck hingegen im europäischen Raum, werden dazu die Farben der Europaskala eingesetzt, auf denen auch zahlreiche Standards für Druck und Proof basieren. Da sich SWOP- und TOYO-Farben in ihrer spektralen Remission geringfügig von den Farben der Europaskala – auch als *Eurostandard* bezeichnet – unterscheiden, ist bereits bei der Farbraumtransformation nach CMYK darauf zu achten, die später verwendeten Druckfarben zu berücksichtigen, was wiederum durch die Wahl des richtigen ICC-Ausgabeprofils erfolgen kann oder direkt in den Farbeinstellungen von Photoshop unter DRUCKFARBEN.

Abbildung 11.5
Europaskala-Druckfarben
im Vergleich mit SWOP-
und TOYO-Druckfarben

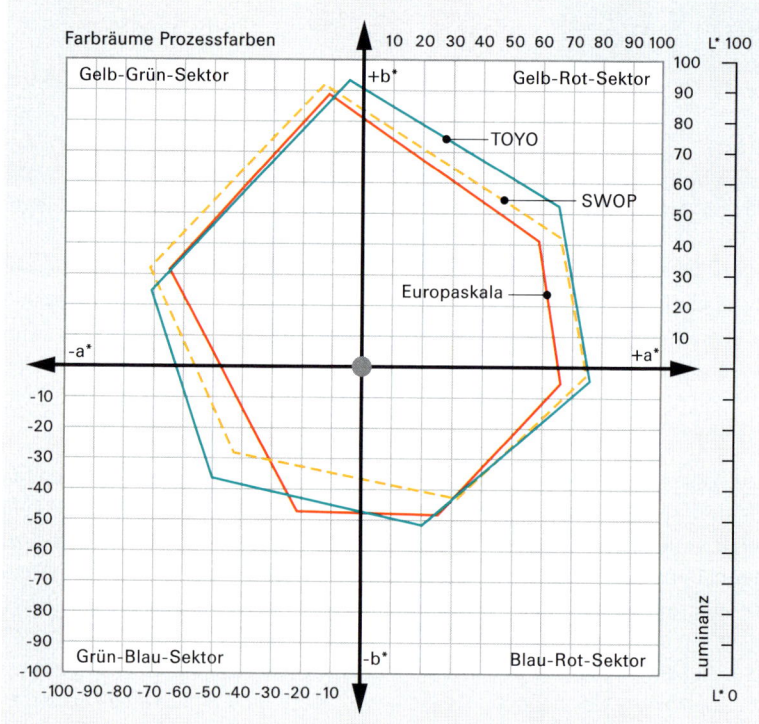

11.2 Aufbau und Herstellung von Druckfarben

Leute aus der Druckvorstufe werden sich vielleicht weniger dafür interessieren, wie die stoffliche Zusammensetzung einer Druckfarbe aussieht, aber schaden kann es auch nicht, etwas genauer zu wissen, was der Druckzylinder auf Papier überträgt.

Druckfarben-Komponenten

Eine Druckfarbe besteht grundsätzlich immer aus drei Hauptkomponenten:

- Farbpigmente
- Bindemittel
- Hilfsstoffe

Pigmente

Das eigentliche Farbmittel, das den Farbton einer Druckfarbe ergibt, sind so genannte unlösliche Farbpigmente. Im Gegensatz zu früher werden Pigmente heute fast ausschließlich synthetisch hergestellt. Dabei unterscheidet man zwischen zwei Sorten von Pigmenten:

- Organische Pigmente
- Anorganische Pigmente

Die organischen Pigmente werden aus Grundstoffen der chemischen Industrie synthetisch hergestellt, so zum Beispiel aus Phenol, Naphthol oder Amin. Die anorganischen Pigmente hingegen werden durch chemische Prozesse aus Mineralsalzen wie beispielsweise aus geriebenen Metallen (Aluminium, Zink, Kupfer), aus Kaliumchromat oder Kohlenstoffverbindungen (Ruß oder Anilin) hergestellt.

Bindemittel

Da Pigmente weder in Lösungsmitteln noch in Wasser löslich sind, können sie nur in Kombination mit einem Bindemittel zum Bedrucken einer Papieroberfläche verwendet werden. Die stoffliche Zusammensetzung von Bindemitteln – auch als *Firnisse* bezeichnet – ist sehr aufwändig. Es wird eine Vielfalt von Rohstoffen dazu verwendet, wie zum Beispiel Leinöl, Sojaöl, Holzöl, Kunst- und Naturharze, Mineralöle, Alkydharze und Kunststoffe. Ebenso vielfältig sind auch die Aufgaben, die ein Bindemittel zu erfüllen hat:

1. Verdruckbarkeit der Pigmente gewährleisten
2. Fixieren der Pigmente auf dem Bedruckstoff
3. Bildung einer schützenden Oberfläche

Die eher zähflüssigen Bindemittel werden zusammen mit den Farbpigmenten zu einer feinstverteilten Mischung aus festen und flüssigen Bestandteilen verrührt, die genügend fließfähig und wasserabstoßend sein muss. Zudem müssen die

Bindemittel eine bestimmte Farbschichtdicke gewährleisten, damit die Farbe im Offsetdruck eingesetzt werden kann. Die Bindemittel sind auch zuständig dafür, die Pigmente auf dem Bedruckstoff zu fixieren. Und schließlich bilden sie eine Schutzoberfläche, um die aufgebrachte Farbe vor mechanischem Abrieb zu schützen.

Hilfsstoffe

Bestimmte Hilfsstoffe in Druckfarben werden im Wesentlichen dazu eingesetzt, um die Farbe an ein besonderes Anforderungsprofil wie Druckvorgang und Bedruckstoff anzupassen. Wenn nötig, werden sie erst vom Drucker an der Maschine der Farbe beigemischt. Es handelt sich dabei um Wachse, Verdickungsmittel oder Metalllösungen in Pastenform.

Herstellung von Druckfarben

Beim Herstellen von Druckfarben werden Pigmente, Bindemittel und eventuelle Hilfsstoffe luftfrei, fein und homogen in einem so genannten Dreiwalzenstuhl oder in einer Rührwerkkugelmühle dispergiert (fein vermischt). Der *Dreiwalzenstuhl* besteht aus drei gegeneinander laufenden Stahlwalzen von unterschiedlicher Geschwindigkeit. Die Farbe zwischen diesen Walzen wird dadurch feinstens vermischt. Das Verfahren mit einer *Rührwerkkugelmühle* besteht aus einem zylindrischen Behälter, der mit Stahlkugeln gefüllt ist, welche durch ihr Gewicht und die Rollbewegungen die Farbe – die durch ein schnell drehendes Rührwerk laufend von unten nach oben gebracht wird – fein zerreiben.

Trocknung

Beim Trocknen von Druckfarbe erfolgt eine Änderung ihres Aggregatzustandes, indem die flüssigen Bestandteile fest werden. Dieser Vorgang kann sowohl nach physikalischen wie auch nach chemischen Prinzipien oder Mechanismen erfolgen.

Die Mehrzahl aller Druckfarben trocknet allerdings nach einem kombinierten Mechanismus, dem »wegschlagend-oxidativen« Prinzip, wobei die physikalische Trocknung immer schneller erfolgt als die chemische Trocknung. Zusätzliche Trocknungsstoffe können zudem den oxidativen Prozess beschleunigen.

Physikalische Trocknung	
Wegschlagen	Die dünnflüssigen Bestandteile des Bindemittels dringen in den Bedruckstoff ein, während die Harze die Farbpigmente auf der Oberfläche fixieren.
Verdunsten	Das Verdunsten ohne Hitzeeinwirkung erfolgt beispielsweise bei Tiefdruckfarben mit ihren leichtflüchtigen Lösemitteln, das Verdunsten mit Hitzeeinwirkung dagegen bei Heatset-Offsetfarben mit ihren hochsiedenden Mineralölen.

Physikalische Trocknung	
Erstarren	Das Trocknen durch Erstarren erfolgt bei Tonerpigmenten oder bei Karbonfarben im Digitaldruck.
Chemische Trocknung	
Oxidative Trocknung	Öle (wie zum Beispiel Leinöl) trocknen durch Oxidation, wobei eine Vernetzung durch Sauerstoffeinbindung erfolgt.
Strahlungstrocknung	Die in Bindemitteln von UV-Farben enthaltenen Präpolymere polymerisieren unter UV-Strahlung in Sekundenschnelle.

Anforderungsprofil an eine Druckfarbe

Die Qualitätsanforderungen an eine Druckfarbe werden in erster Linie vom Endprodukt bestimmt (Verpackung oder Zeitung usw.) sowie von ihrem Verhalten in der Produktion. Die Bewertungskriterien sind:

▸ Verwendungszweck, Endprodukt

▸ Verdruckbarkeit *(Runability)*, Maschinenlaufeigenschaften

▸ Bedruckbarkeit *(Printability)*, Wechselwirkung zwischen Farbe und Bedruckstoff

▸ Überdruckbarkeit *(Overprintability)* mit Verfahren des variablen Datendrucks

Echtheiten

Je nach Verwendungszweck muss eine Druckfarbe auch verschiedene Echtheiten aufweisen, die wiederum je nach Bedruckstoff, Farbschichtdicke und Hilfsstoffe beeinflusst werden können:

▸ Lichtechtheit (Zeitraum, bis eine visuell sichtbare Veränderung des Farbtons erkennbar wird)

▸ Lösungsmittelbeständigkeit (gegen Nitro oder Spiritus)

▸ Feuchtigkeitsbeständigkeit

▸ Lackierfähigkeit

▸ Kaschierfähigkeit

▸ Scheuerfestigkeit

▸ Falzfestigkeit

▸ Sterilisierbeständigkeit

▸ Heißwasserbeständigkeit

▸ Säureresistenz

▸ Käseechtheit (Geruchsarmut gegenüber Füllgut – zum Beispiel Nahrungsmittel – im Verpackungsdruck)

Spaltfestigkeit

Eine wichtige Eigenschaft von Druckfarben für den Mehrfarbendruck ist ihre so genannte Spaltfestigkeit oder *Kohäsion* (Zusammenhalt eines Stoffes). Das Kohäsionsvermögen wird dabei so festgelegt, dass die zuerst aufgetragene Farbschicht eine höhere Spaltfestigkeit aufweist als die Folgefarben.

Zahlreiche Untersuchungen belegen, dass eine Farbschicht, die vom Gummituchzylinder einer Offsetdruckmaschine auf den Bedruckstoff übertragen wird, etwa in der Mitte gespalten wird. Das heißt, nur die Hälfte der Farbschicht bleibt auf dem Bedruckstoff, die andere Hälfte bleibt am Gummituch haften. Wird eine weitere Farbschicht auf eine vorgedruckte, bereits vollständig trockene Farbschicht aufgetragen, verhält sich die zweite Farbe ganz ähnlich, das heißt sie wird ebenfalls etwa in der Mitte gespalten. Ein anderes Verhalten hingegen zeigt sich im so genannten Nass-in-Nass-Druck. Da sowohl die erste als auch die zweite Farbschicht noch nass ist, bilden sie zusammen eine einheitliche Flüssigkeitsschicht, die als Ganzes wieder in der Mitte gespalten wird. Mit anderen Worten, nur etwa ein Viertel der zweiten Farbschicht auf dem Gummituchzylinder wird übertragen, der Rest bleibt am Gummituch zurück.

Abbildung 11.6
Kohäsionsvermögen einer
Druckfarbe

Nass-in-Nass-Druck (1. Farbschicht)   Nass-in-Nass-Druck (2. Farbschicht)

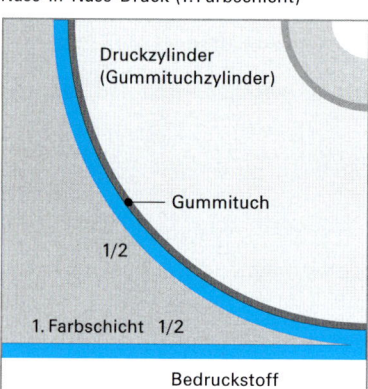
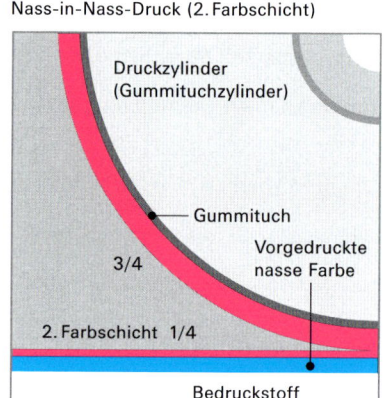

Dieses Farbannahmeverhalten von Offset-Druckfarben beim Nass-in-Nass-Druck wird spätestens dann störend beeinträchtigt, wenn die durchschnittliche Flächendeckung einer Grundfarbe (CMYK) 80 % übersteigt. Aus diesem Grund wird eine so genannte *Unterfarbenreduktion* (UCR) auf 320 % GFA (Gesamtfarbauftrag für alle vier Farben in einer schwarzen Bildstelle) als Mindestwert angestrebt. Mehr dazu in Kapitel 18, »Drucktechnische Parameter«.

11.3 Novaspace® – Neuer Vierfarbendruck

Nun gut, das Rad wird dabei nicht neu erfunden. Es bleibt beim herkömmlichen Prinzip des Offsetdrucks – das übrigens ein Flachdruckverfahren ist. Was neu oder anders ist, ist die Pigmentierung der Prozessfarben Cyan, Magenta, Gelb und Schwarz. Das unter der Bezeichnung Novaspace® eingetragene Markenzeichen der BASF-Drucksysteme GmbH steht für eine Vierfarbenserie, die aufgrund der hohen und aufeinander abgestimmten Pigmentierung eine erheblich höhere Farbdichte ermöglicht als die herkömmlichen standardisierten Skalenfarben. Aufgrund der reineren Primärfarben ergeben sich insgesamt reinere Farbtöne im Druck, was sich insbesondere auch im Bereich der Sekundärfarben Rot, Grün und Blau sichtbar auswirkt. Typisch für Novaspace® sind die hohen Schichtdicken, die aus dem im Offsetdruck gewohnten Rahmen fallen.

Empfohlene Volltonfarbdichten für Novaspace-Druckfarben	
Cyan	D 2,5
Magenta	D 2,2
Gelb	D 2,5
Schwarz	D 2,8

Wer kennt sie nicht, die kräftigen und farbenfrohen Dias mit ihrem hohen Dichteumfang (Dmax 4,0) und das resultierende, vergleichsweise flaue Druckergebnis im Vierfarbendruck, das nicht mehr ganz dem gewünschten Ergebnis entspricht. Besonders blass und ausgewaschen zeigt sich der Vierfarbendruck in den für die Zeichnung wichtigen Bereichen mit hohen Dichten. Die Triebfeder für Druckfarbentechnologen war es schon seit langem, Farben zu entwickeln, welche Reproduktionen ermöglichen, die weitgehend der menschlichen Farbwahrnehmung entsprechen.

Die Entwicklung des Mehrfarbendrucks in den letzten hundert Jahren führt vom Dreifarben- zum Vierfarbendruck. Früher druckte man nur mit drei Farben, ganz im Gegensatz zu heute, wo man im Offsetdruck ausnahmslos mit vier Farben druckt, das heißt man verwendet zusätzlich ein Schwarz für die Tiefenzeichnung, um damit zumindest annäherungsweise höhere Dichtewerte zu erreichen. Um das gedruckte Ergebnis möglichst dem menschlichen Empfinden nachzustellen, reicht aber das Erhöhen der Buntheit alleine noch nicht, auch ein dreidimensionaler Eindruck muss geschaffen werden. Bei Verwendung zusätzlicher Sonderfarben, wie beim bekannten Siebenfarbendruck (CMYKRGB) oder Pantone Hexachrome (CMYKOG), wird zwar der Farbraum im Buntbereich vergrößert, nicht aber die Erweiterung der Helligkeitsachse. Damit rückt also das Ziel, Dichtewerte eines Dias im Druck zu erreichen, nicht näher. Mit Novaspace®-Druckfarben fand man nun ein Prozessfarben-System, das sich in puncto Qualität dem Diapositiv annähert, die Zeichnung brillant wiedergibt und zudem auch den Farbraum um rund ein Drittel vergrößert. Verbunden sind damit auch wesentlich reinere Bunttöne, die selbst bei hoher Konzentration und hohen Schichtdicken nicht zu Verschwärzlichung und damit verbundener Farbtonverschiebung führen.

Für die Farbseparation und somit den erfolgreichen Einsatz von Novaspace®-Prozessfarben sind zusätzlich die spezielle Software *Hyperspace®* und zugehörige ICC-Profile notwendig. Sie sind zu beziehen bei der BASF-Drucksysteme GmbH und für Anwender gedacht, die mit Colormanagement und RGB- oder CIE-Lab-Daten arbeiten. Dennoch wird sich die Verbreitung dieses von der Europaskala abweichenden Sonderfarben-Systems vermutlich in Grenzen halten und sich auf wenige Spezialsituationen wie den Automobil- und Modebereich beschränken. Denn die bislang entwickelten und auch etablierten Druckstandards für den Offsetdruck basieren alle auf den standardisierten, weit verbreiteten Europaskala-Druckfarben und erlauben den kontrollierten Druckprozess unter Einhaltung standardisierter Druckparameter bei unterschiedlichen Bedruckstoffen.

11.4 Aniva-Euro-Skala

Die Aniva-Euro-Skala besteht aus hochpigmentierten Druckfarben (CMYK) für den Bogenoffset und orientiert sich in puncto Dichte und Farbraumumfang am standardisierten Fotopapierabzug. Die Druckproduktion ist mit einer Dichte von 2,4 klar definiert und liegt im Vergleich zum herkömmlichen Druck nach Euro-Standard mit Dichten von 1,8 bis 1,9 um einiges höher. Damit werden Farbbrillanz und Tiefenzeichnung – durch einen hohen Druckkontrast – einer Fotopapier-Vorlage erreicht und somit ein um rund 20 % erweiterter Farbraumumfang. Die Aniva-Euro-Skala ist genau genommen eine von vier Komponenten eines Systems *(Aniva-System)* und eigentlich ein Druckstandard. Die hochpigmentierten Druckfarben, die auf einer neuartigen pflanzlichen Bindemittelkombination basieren, weisen eine universelle und ungewöhnlich breite Verwendbarkeit auf. Zudem verfügen sie auch über einige sehr vorteilhafte Eigenschaften, wie beispielsweise eine hohe Konstanz der Übertragungseigenschaften, eine sich schnell einstellende Farb-Wasser-Balance, ein günstiges Stapelverhalten (auch bei schnell laufenden Druckmaschinen) sowie eine hohe Scheuerfestigkeit (siehe »Echtheiten« weiter oben). Für eine nachfolgende Druckveredelung oder UV-Lackierung sind die Aniva-Euro-Skalafarben allerdings nicht bedingungslos geeignet, denn in der Regel werden dazu Farben ohne Wachsbestandteile und mit allen übrigen Echtheiten vorausgesetzt. Doch genau die Zugabe von Wachsen in den Aniva-Farben sorgt neben dem Bindemittel für die hohe Scheuerfestigkeit.

Das Aniva-System umfasst außer den Aniva-Euro-Skalafarben noch weitere Komponenten für eine sichere Druckproduktion:

▸ Aniva-Farbprofil (für die Aufbereitung der Bilddaten für Dichte 2,4)

▸ Vorgegebene Daten für die Standardisierung des Workflows in Aniva-Euro

▸ Ein auf Aniva-Euro abgestimmter Proof

Das eigentliche Herzstück des Aniva-Systems ist der *Aniva Color Guide*. Dieses Farbskalensystem mit rund 29 500 Farben basiert auf einer 4c-separierten Farbskala, abgestimmt auf die Farbseparation mit dem Aniva-Profil. Damit lassen sich Farbkorrekturen genau vorgeben. Anhand weiterer spezieller Farbtafeln lassen sich auch besonders heikle Farben wie Hauttöne, Brauntöne und Grautöne präzise bestimmen.

Einige weitere Vorteile des Aniva-Systems gegenüber herkömmlichen Systemen sind:

▸ Klar definierte Standards zur Kalibrierung von Messgeräten und Bilddatenerfassungssystemen

▸ Einsetzbarkeit der Aniva-Standards auch für digitale Druckerzeugnisse

Hier noch einige Eckdaten für den standardisierten Druck in Aniva-Euro:

DV	TZ 80er-Feld	TZ 40er-Feld
K 2,4	12 %	22 %
C 1,9	10 %	20 %
M 1,8	10 %	20 %
Y 1,7	10 %	20 %

Toleranz DV(Dichte Vollton)	$\geq$ 0,1
Toleranz TZ (Tonwertzuwachs)	$\geq$ 2 %
Rasterweiten:	70–80 L/cm
Min. Flächendeckung:	2 %
Max. Flächendeckung:	320 % (GFA)
Druckverfahren:	Bogenoffset
Farbreihenfolge:	Schwarz, Cyan, Magenta, Gelb

12

Farbe in der Druckausgabe

12.1 Die autotypische Farbmischung

Das Prinzip der so genannten *autotypischen Farbmischung* findet man ganz allgemein beim Mischen von Farben durch lasierenden Übereinanderdruck verschiedener Farbschichten, wie beispielsweise im Offsetdruck. Hier vereinen sich die beiden gegensätzlichen Prinzipien von additiver und subtraktiver Farbmischung. Die Farben für den Offsetdruck sind lasierend und übernehmen dadurch gewissermaßen die Funktionsweise von Farbfiltern (siehe Kapitel 1, Abschnitt »Transparente Körperfarben«) – ähnlich dem Prinzip eines Farbdias, das aus drei übereinander angeordneten Farbfilterschichten in Cyan, Magenta und Gelb besteht. Das heißt gewisse Spektralanteile des weißen Lichtes werden von einer bedruckten Oberfläche je nach Flächenbedeckung mehr oder weniger stark absorbiert und mischen sich somit subtraktiv durch Wegnahme von Lichtenergie auf dem Bedruckstoff (physikalisch). Die remittierten Spektralanteile wiederum mischen sich dadurch additiv im Auge des Betrachters (physiologisch).

Der Begriff *Autotypie* (Selbstdruck) bezeichnet das Verfahren, Halbtonbilder bzw. Fotografien in druckbare, geometrische Bildelemente zu zerlegen. Noch vor der Erfindung der Fotografie wurden Bilder als Strichzeichnungen in Form von Metall-Klischees oder Holzschnitten dargestellt. Helle und dunkle Schattierungen wurden durch unterschiedliche Abstände zwischen den Linien umgesetzt. Je geringer der Abstand zwischen den einzelnen Linien, desto dunkler ist der Tonwert, und je größer der Abstand, desto heller ist der Tonwert. Die Erfindung der Schwarzweiß-Fotografie im Jahre 1826 erforderte ein anderes Verfahren, um die verschiedenen Tonwerte bzw. Helligkeitsstufen einer Halbtonvorlage mit einem Druckverfahren darzustellen, das nicht in der Lage ist, so genannte echte Halbtöne mit einer Druckform in einem Durchgang zu drucken. Frederic Eugene Ives (1856–1937) ist der eigentliche Erfinder des traditionellen Rasterverfahrens, des noch heute verwendeten amplitudenmodulierten Rasters. Er entwickelte – gerade 18 Jahre alt – den *Kreuzlinien-Glasgravurraster*, bei dem zwei Glasplatten mit regelmäßigem Linienmuster im 90°-Winkel gegeneinander gedreht zusammengekittet wurden und dadurch ein Liniengitter bildeten. Durch diesen gekreuzten Glasraster hindurch wurde das Bild noch einmal fotografiert und auf diese Weise in ein regelmäßiges Punktmuster – das durch die Gitterlinien entstand – zerlegt. In dunklen Bildstellen entstanden größere Punkte als in hellen Bildstellen. Diese Vorlage wurde anschließend auf eine Metallplatte graviert, eingefärbt und gedruckt. Vom Abstand dieser Linien zueinander – auf denen die Rasterpunkte gleichmäßig angeordnet sind – kommt auch der Begriff der Rasterweite bzw. Linien (Rasterpunktlinien) pro Zentimeter (L/cm) oder Linien per Inch (lpi). So erschien die erste rein mechanisch reproduzierte Fotografie im Jahre 1880 in einer Zeitung. Georg Meisenbach schließlich entwickelte und verfeinerte im Jahre 1881 das chemografische Kopierverfahren der Rasterätzung zur Herstellung von autotypischen Druckformen – das *Raster-Klischee*. Hier wurde ein Rasternegativ auf eine lichtempfindliche, mit Asphalt beschichtete Zinkplatte kopiert, und die nicht belichteten Stellen wurden geätzt. Das zu den fotografischen Verfahren zählende Prinzip der Bildzerlegung mit einem Glasgravurraster wird als *Distanzraster* bezeichnet und in den Lichtweg zwischen Vorlage und dem lichtempfindlichen fotografischen Material in einer Reprokamera gebracht. Die Bezeichnung Distanzraster rührt daher, dass dieser Raster einen bestimmten Abstand zur Filmebene haben muss, damit die Rasterpunkte scharf abgebildet werden. Heute erfolgt die Rasterung auf rein elektronische Weise, wobei der RIP (Raster Image Prozessor) die Rasterpunkte generiert, die vom Laser des Belichters auf Film oder Platte übertragen werden.

Kreuzlinien-Glasgravurraster

Abbildung 12.1
Kreuzlinien-Glasgravurraster

Die Tatsache, dass die so genannten *echten* Halbtöne einer Fotografie dreidimensional sind, das heißt dass die aufgetragene Farbschicht bzw. die Farbintensität variiert und – mit wenigen Ausnahmen (Thermosublimation und Tiefdruck) – auch von keinem der gebräuchlichen Druckverfahren auf gleiche Weise realisiert werden kann, erfordert auch heute noch das Zerlegen von Halbtonvorlagen in Rasterelemente. Denn die meisten Druckverfahren sind rein binäre Prozesse, und es gibt nur zwei Möglichkeiten, entweder die volle Farbe oder gar keine Farbe auf Papier zu bringen. Durch die variable Größe der Rasterelemente erzielt man also bei konstanter Farbschichtdicke ein optisches Mischen der gewünschten Tonwertstufen, die sich aus den voll gedruckten kleinen Rasterelementen und dem benachbarten bzw. dazwischen liegenden Papierweiß im Auge bilden. Es entstehen so genannte *unechte* Halbtöne. Die Rasterweite ist dabei entscheidend, ob sich das Auge »täuschen« lässt und die einzelnen Rasterelemente nicht mehr als solche erkennen kann (siehe Kapitel 1, Abschnitt »Auflösungsvermögen des Auges«). Die Stärke eines Tonwerts ist dabei unmittelbar abhängig von der Flächendeckung der Rasterelemente. Man ordnet jeder Tonwertstufe zwischen 0 % und 100 % eine bestimmte Rasterpunktgröße zu. Im Gegensatz zu früher, wo die Vorlagen auf fotomechanische Weise zerlegt wurden, erfolgt heute der ganze Vorgang auf digitale bzw. elektronische Weise. Die Rasterelemente werden vom RIP generiert und erfordern ein hohes Maß an Präzision der zugrunde liegenden Software beim Berechnen der Rasterpunkte und Rasterwinkelungen, um störende Moirés im Druck zu verhindern.

Wird für die Reproduktion eines Graustufenbildes eine Druckform benötigt, so braucht man braucht für einen Vierfarbendruck (4c) vier und bei HiFi-Color und Hexachrome sechs oder mehr Druckformen. Denn Farbvorlagen werden vor dem Zerlegen in Rasterelemente zuerst in vier bzw. sechs oder mehr Teilbilder aufgesplittet, in die so genannten *Farbseparationen*. Das heißt die Farben der Vorlage werden auf eine bestimmte Weise und unter Berücksichtigung des späteren Tonwertzuwachses im Druck in ihre prozentualen Anteile an Cyan, Magenta, Gelb und Schwarz zerlegt, so dass beim späteren lasierenden Übereinanderdruck aller vier oder mehr Druckformen wieder die ursprünglichen Farben der Vorlage gebildet werden, nach dem Prinzip der autotypischen Farbmischung. Die variable Flächendeckung duch die Rasterpunkte aller Teilbilder wirkt folglich ganz ähnlich wie Farbfilter von unterschiedlicher Intensität und somit auch von variablen Absorptionseigenschaften (subtraktive Farbmischung). Je geringer die Flächendeckung, desto weniger auffallendes weißes Licht wird absorbiert und somit remittiert. Je größer die Flächendeckung, desto mehr Licht wird absorbiert und umso weniger Lichtanteile werden remittiert. Das Restlicht bzw. die remittierten Lichtanteile von Cyan, Magenta und Gelb werden nun im Auge additiv gemischt und erzeugen die Farbempfindung im Gehirn.

Ist an einer Bildstelle nur gerade eine einzige Farbschicht vorhanden, ergibt sich zusammen mit den nicht bedruckten weißen Stellen (Papierweiß) die Teilmenge einer Primärfarbe (Cyan, Magenta, Gelb). Überlappen sich hingegen an einer Bildstelle die Rasterelemente von zwei Primärfarben, entstehen die Sekundärfarben (Rot, Grün oder Blau). Liegen Rasterelemente von drei Primärfarben übereinander, entstehen die Tertiärfarben (Unbunttöne Grau bis Schwarz). Die ganze Farbenvielfalt wird also möglich durch Zusammenwirken von drei verschiedenfarbigen transparenten Farbschichten.

Abbildung 12.2
Prinzip der autotypischen Farbmischung mittels geometrischer Rasterelemente

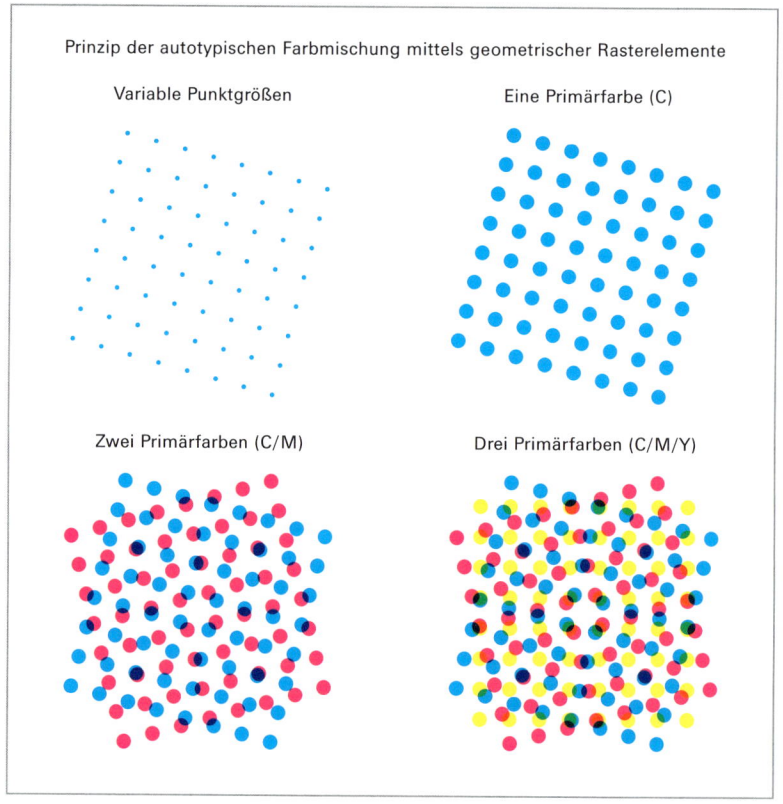

Prinzip der autotypischen Farbmischung mittels geometrischer Rasterelemente

Variable Punktgrößen

Eine Primärfarbe (C)

Zwei Primärfarben (C/M)

Drei Primärfarben (C/M/Y)

12.2 Spezielle Farben für den Mehrfarbendruck

Die Farbe »Passkreuze«

Die Farbe »All« (Registerfarbe oder Passkreuze) gehört im eigentlichen Sinne zur Familie der Sonderfarben. Als reservierter Separation-Farbraum erhält sie in PostScript den Namen »Separation All«. Sie wird im Layout- oder Grafikprogramm für Passkreuze und Schnittzeichen bei der separierten Ausgabe verwendet und hat die Eigenschaft, dass sie immer auf allen Farbauszügen – auch auf Sonderfarben-Auszügen – ausgibt, aber niemals selbst einen eigenen Farbauszug erzeugt. Aufgrund ihres besonderen Verhaltens beim Überdrucken kann man sie ganz gezielt für spezielle Situationen »missbrauchen«. Da sie immer auf allen Farbauszügen ausgibt, werden alle darunter liegenden Farben zuerst ausgespart, bevor neu aufgetragen wird. Normalerweise ist die Registerfarbe »All« schwarz und setzt sich aus C = 100, M = 100, Y = 100, K = 100 zusammen. Setzt man sie nun beispielsweise auf Weiß bzw. C = 0, M = 0, Y = 0, K = 0, ändert sich damit nicht ihr Verhalten, alles Darunterliegende auszusparen. Dadurch könnte man sie anstelle der Farbe Weiß verwenden, um die Gewissheit zu haben, dass ein weißes Element, das (fälschlicherweise) auf Überdrucken steht, dennoch wunschgemäß ausgespart wird und sich nicht einfach in Luft auflöst und verschwindet (siehe Kapitel 16, Abschnitt »Überdrucken«).

Ein besonders ärgerlicher und nicht seltener Fehler ist das plötzliche Verschwinden einer weißen Schrift, die über einer anderen Schrift steht, welche beispielsweise durch Versatz nach rechts und unten als Schatten dienen sollte. Was nach der Separation noch übrig bleibt, ist nur der Schatten! In XPress wird bei einer Schrift, die über einer anderen Schrift steht (dazu zählen auch die Symbol-Schrift und ZapfDingbats), immer die darunter liegende überdruckt. Weiß mit C0, M0, Y0, K0 ist in DeviceCMYK aber keine Druckfarbe, womit folglich alle Kanäle des Hintergrundes stehen bleiben. Hier leistet die Farbe »Passkreuze« bzw. »All« gute Dienste, da sie sich in ihrem Überdrucken-Verhalten eindeutig von DeviceCMYK unterscheidet (siehe Kapitel 10, Abschnitt »All und None«).

Die Farbe »Tiefschwarz«

Als Tiefschwarz – oft spricht man auch von einem vollen oder fetten Schwarz – bezeichnet man ein Schwarz, das sowohl eine messbare als auch eine optisch sichtbar höhere Dichte aufweist als das übliche Schwarz aus 100 % K. Es ist nahe liegend, dass ein Schwarz, das zusätzlich zu den 100 % K (K = Key) noch etwa 40–50 % Cyan enthält, optisch satter aussieht, da hier bereits zwei Farbschichten lasierend übereinander liegen. Standardmäßig ist ein Tiefschwarz in keiner DTP-Applikation vordefiniert, es lässt sich aber problemlos als Farbe mit den Werten C = 40 (50), M = 0, Y = 0, K = 100 herstellen.

Sinnvoll ist der Einsatz von Tiefschwarz bei größeren homogenen und vollen Farbflächen, die dadurch weniger zu einer unregelmäßigen, wolkigen oder bei ungestrichenen Papiersorten auch etwas »porösen« Flächendeckung neigen.

Hinweis

Die Altona Testsuite (siehe Kapitel 16) verfügt über ein spezielles Kontrollfeld, mit dem sich prüfen lässt, ob ein Proofgerät ein Tiefschwarz angemessen simuliert.

Doch wie verhält sich ein Tiefschwarz beim Überfüllen? In XPress beispielsweise überdruckt die Farbe Schwarz ab einem Wert von 95 % Flächendeckung standardmäßig alle darunter liegenden Farben. Überdrucken allein genügt aber in gewissen Fällen nicht, um unschöne Blitzer zu verhindern. XPress ist jedoch intelligent genug, um den zusätzlichen Cyan-Anteil im Schwarz zu erkennen, das heißt es wird jede Farbe, die neben der Komponente 100 % Schwarz noch eine Zusatzfarbe enthält, als Tiefschwarz erkannt und daher auch entsprechend behandelt. Das bedeutet, Cyan (oder eventuell Magenta) als Zusatzkomponente wird in diesem Fall leicht unterfüllt.

Abbildung 12.3
Der Cyan-Anteil in einem Tiefschwarz wird von XPress automatisch erkannt, und der Cyan-Auszug leicht unterfüllt.

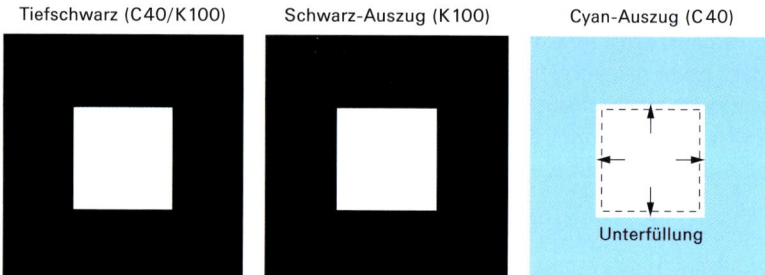

Tiefschwarz (C40/K100)   Schwarz-Auszug (K100)   Cyan-Auszug (C40)

Unterfüllung

CMYK-Schwarz

Ein so genanntes CMYK-Schwarz besteht im Gegensatz zu einem reinen Schwarz (100 % K) aus allen vier Prozessfarbkomponenten.

In gewissen Fällen kann es sinnvoll sein ein CMYK-Schwarz zu verwenden, wenn beispielsweise ein überdruckendes Schwarz (siehe Kapitel 16, Abschnitt »Überdruckendes Schwarz«) aus 100 % K durch den lasierenden Übereinanderdruck im Offsetdruck die darunter liegenden Farben nicht genügend deckt und dadurch eventuell zu gelblich, zu rötlich oder zu grünlich wirkt. Denn die Opazität im Druck hängt weitgehend von den verwendeten Druckfarben, dem Druckverfahren und vom Bedruckstoff ab.

Abbildung 12.4
Überdruckendes
CMYK-Schwarz

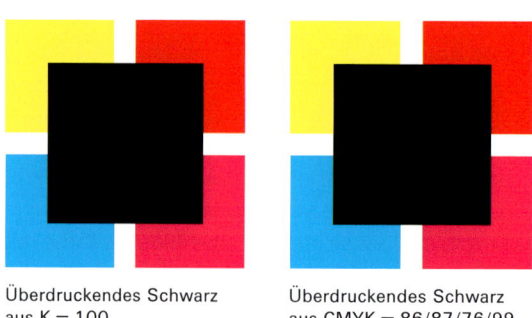

Überdruckendes Schwarz
aus K = 100

Überdruckendes Schwarz
aus CMYK = 86/87/76/99

Ein CMYK-Schwarz setzt sich aber unter keinen Umständen einfach aus je 100 % Cyan, Magenta, Gelb und Schwarz zusammen, denn der resultierende Gesamt-farbauftrag (GFA) von 400 % würde zu verschiedenen drucktechnischen Proble-men führen (siehe Kapitel 18, »Drucktechnische Parameter«). Die genauen pro-zentualen Anteile von Cyan, Magenta, Gelb und Schwarz, die ein CMYK-Schwarz haben soll, erfährt man einerseits in der Druckerei oder man konsultiert kurzer-hand den Farbwähler von Photoshop. Unter der Voraussetzung, dass in den Farb-einstellungen von Photoshop das korrekte ICC-Farbprofil für den CMYK-Arbeits-farbraum bzw. den späteren Auflagendruck gewählt ist, kann man im Farbwähler beim Lab-Modell die Werte Lab = 0/0/0 eingeben und nun die genauen Prozent-werte der Prozessfarben im CMYK-Modell ablesen. Alternativ kann man aber auch beim RGB-Modell die Werte RGB = 0/0/0 eingeben und die entsprechen-den CMYK-Werte ablesen, was allerdings im Vergleich zum Lab-Modell zu geringfügigen 1 %-Differenzen bei den CMYK-Werten führen kann.

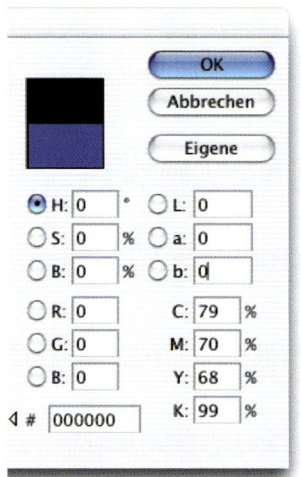

Abbildung 12.5
Durch Eingabe der Lab-Werte 0/0/0 lassen sich die genauen CMYK-Werte ablesen.

Bei der Druckausgabe bzw. beim Erstellen von Farbseparationen ist dabei aller-dings zu beachten, dass die Option SCHWARZ ÜBERDRUCKEN im DRUCKEN-Dialog sich nur auf Objekte auswirkt, die aus reinem Schwarz (100 % K) bestehen. Keine Auswirkungen hat diese Option auf alle Objekte, die ein CMYK-Schwarz aufwei-sen. Um auch schwarze Objekte sicher zu überdrucken, die nur einen bestimm-ten Prozentwert an Schwarz (K) enthalten, muss man sie individuell auf ÜBERDRU-CKEN setzen. Illustrator beispielsweise verfügt unter anderem über einen speziellen Filter namens SCHWARZ ÜBERDRUCKEN (FILTER → FARBFILTER → SCHWARZ ÜBERDRUCKEN → SCHWARZ HINZUFÜGEN), der unter Angabe eines minimalen Schwarzanteils, ab dem die Farbe überdrucken soll, dafür sorgt, dass auch das CMYK-Schwarz eines gewählten Objekts überdruckt. Sollen die Prozessfarben CMY sowie der angegebene Prozentwert für Schwarz überdrucken, wählt man die Option SCHWARZ BEI CMY EINBEZIEHEN.

Abbildung 12.6
Soll ein CMYK-Schwarz
überdrucken, muss im Fil-
ter SCHWARZ ÜBERDRUCKEN
die entsprechende Option
gewählt werden.

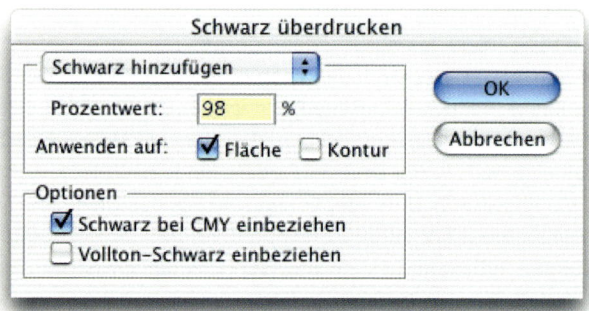

Werte für ein CMYK-Schwarz	
ISOcoated (gestrichenes Papier)	CMYK = 87/86/76/99
ISOuncoated (ungestrichenes Papier)	CMYK = 79/70/68/99

RGB-Schwarz

Neben einem so genannten Tiefschwarz, einem CMYK-Schwarz (4c-Schwarz)
und einem reinen Schwarz aus nur einer Farbkomponente gibt es auch ein RGB-
Schwarz. Das dem additiven Farbmodell (Lichtfarben) zugehörige Schwarz (RGB
= 0/0/0) sorgt in der Druckvorstufe nicht nur für Ärger, sondern verursacht
immer auch zusätzlichen Arbeitsaufwand. Der Ursprung von RGB-Schwarz bei
Linien und Text liegt zur Hauptsache bei Office-Applikationen wie zum Beispiel
Microsoft Word, Excel oder PowerPoint. Da all diese Applikationen grundsätzlich
nicht für das Aufbereiten und Ausgeben von Daten auf einer Vierfarb-Offset-
druckmaschine vorgesehen sind, erzeugen sie Farben nur auf RGB-Basis. Dennoch finden zahlreiche Diagramme aus Excel und farbige Präsentationen aus
PowerPoint den Weg in die Druckvorstufe oder zum Mediengestalter, um in
irgendeiner Publikation veröffentlicht zu werden.

In der Druckvorstufe gilt es folglich, solche Daten – man findet sie übrigens auch
in Form von PDFs – für den Vierfarbendruck (CMYK) aufzubereiten. PDF-Seitenin-
halte aus MS Office, die ganz oder teilweise in RGB angelegt wurden, sind darüber hinaus auch nicht PDF/X-3-konform (unkalibriertes RGB) und müssen vorab
mit speziellen Werkzeugen wie zum Beispiel *PitStop* (www.enfocus.com) oder
einem Colorserver wie *iQueue* (www.gretagmacbeth.com) kontrolliert nach CMYK
umgerechnet werden. Eine andere Möglichkeit für offene Daten besteht darin,
dass man beispielsweise ein Diagramm aus Excel kopiert und in einer professionellen Grafikanwendung wie Illustrator oder FreeHand einfügt und in CMYK-Farben umsetzt. Gefährlich ist dabei aber das simple Konvertieren des Diagramms
bzw. der Grafik mit einer Funktion oder einem Filter wie IN CMYK-FARBEN KONVER-
TIEREN oder ähnlich. Kontrolliert man anschließend das Ergebnis, wird man feststellen, dass schwarze Linien und Text vierfarbig aufgebaut sind, also mit einem
CMYK-Schwarz. RGB-Farben werden von der Grafikanwendung gemäß dem in
den Farbeinstellungen unter CMYK gewählten ICC-Profil separiert. Ist das Color-

management nicht aktiviert, erfolgt die Separation in ein unbekanntes und unkontrollierbares CMYK. Zudem kann die Grafikanwendung nicht erahnen, dass wir schwarze Linien und Text lieber in reinem Schwarz (K) hätten. Bei farbigen Flächen steht es auch nicht zum Besten; Werte mit zwei Stellen nach dem Komma wie C = 83, 15 %, M = 24,63 %, Y = 11,05 %, K = 39,45 % sind keine Seltenheit, aber nicht sehr sinnvoll. Handarbeit ist also angesagt.

12.3 Farbverläufe

Als Verlauf (engl. *Gradient* oder *Blend*) bezeichnet man einen weichen, fließenden Übergang von einem dunklen Tonwert zu einem helleren Tonwert derselben Farbe oder einen fließenden Übergang zwischen zwei oder mehreren Farben in linearer, logarithmischer oder radialer Richtung.

Ein *linearer* Verlauf ist gekennzeichnet durch eine Verjüngung der Farben in gleichmäßigen Stufen. Ein *logarithmischer* Verlauf hingegen weist zunehmend breiter werdende Abstufungen zwischen Anfangs- und Endfarbe auf. Ein *radialer* Verlauf wiederum erstreckt sich kreisförmig in gleichmäßigen Stufen vom Zentrum zur äußeren Begrenzung eines Objekts.

Verläufe werden sehr häufig als Gestaltungsmittel in Illustrationen eingesetzt, um damit die Illusion von Dreidimensionalität durch Definition von Licht (helle Tonwerte) und Schatten (dunkle Tonwerte) zu erwecken.

Bevor man damit beginnt, einen Verlauf in Photoshop (auf Pixelbasis) oder in einer Grafik- oder Layoutanwendung (auf Vektorbasis) anzulegen, sollte man sich einige Minuten Zeit nehmen und sich mit den technischen Rahmenbedingungen und Einschränkungen bei der späteren Druckausgabe befassen, um qualitativ hochwertige und praxistaugliche Verläufe zu erstellen. Bei Nichtbeachten der nachfolgend erläuterten Kriterien ist unter Umständen mit sichtbarer Streifenbildung (dem so genannten *Banding* oder *Shadestepping*), Tonwertabrissen und blassen, vergräulichten Farbverläufen zu rechnen. Dabei nehmen folgende Faktoren Einfluss auf die Qualität eines Verlaufs:

▸ Ausgabeauflösung (Drucker- oder Belichterauflösung)

▸ Rasterweite

▸ Länge des Verlaufs

▸ Tonwertunterschiede bzw. Anzahl Tonwertstufen zwischen den Verlaufsfarben

▸ Verwendete Verlaufsfarben

Ausgabeauflösung und Rasterweite

Die bei der späteren Druckausgabe verwendete Auflösung des Ausgabegeräts und eine geeignete Rasterweite, die zusammen 256 Tonwertstufen ermöglichen, sind zwei wesentliche Faktoren, um stufenlose, glatte Verläufe zu erhalten.

Denn je nach Auflösung des Ausgabegeräts und der gewünschten Rasterweite ergibt sich eine technisch realisierbare maximale Anzahl von Tonwertstufen. Durch Erhöhen der Rasterweite beispielsweise für einen niedrigauflösenden Drucker von 300 dpi verringert sich zunehmend die Anzahl realisierbarer Tonwertstufen. Durch Verringern der Rasterweite hingegen erhöht sich die Anzahl möglicher Tonwertstufen. Das Gleiche gilt natürlich auch für hochauflösende Ausgabegeräte wie Film- oder Plattenbelichter mit einer Auflösung von 2400 dpi, die bei einem 60er-Raster (150 lpi) genau 256 Tonwertstufen ermöglichen. Wird die Rasterweite auf über 150 lpi erhöht, verringert sich auch hier die Anzahl der Tonwertstufen. Ausgabeauflösung und Rasterweite stehen also in einem direkten Verhältnis zueinander und sind so aufeinander abzustimmen, dass genau 256 Tonwertstufen möglich sind. Eine Auflösung von 1200 dpi und eine Rasterweite von 150 lpi würden zum Beispiel nur gerade 64 Tonwertstufen ergeben. In der nachfolgenden Tabelle sind verschiedene, in der Praxis übliche Drucker- und Belichterauflösungen aufgeführt sowie die maximale bzw. ideale Rasterweite, bei der sich (theoretisch) 256 Tonwertstufen ergeben. Nähere Angaben dazu finden Sie auch in Kapitel 15, »Rastertechnologien«.

Drucker-/Belichterauflösung		Maximale/ideale Rasterweite	
dpi	dpcm	lpi	l/cm
300	120	19	8
600	240	38	15
900	360	56	22
1200	480	75	30
1270	500 (508)	79	32
2400	960	150	60
2540	1000 (1016)	159	64
3000	1200	188	75

Die Formel zum Berechnen der maximal möglichen Anzahl Tonwertstufen bei gegebener Ausgabeauflösung und einer gewünschten Rasterweite lautet:

$$(\text{Ausgabeauflösung} / \text{Rasterweite})^2 = \text{Anzahl Tonwertstufen}$$
Beispiel: $(2400 \text{ dpi} / 150 \text{ lpi} = 16)^2 = 256$ Tonwertstufen

Die Formel zum Berechnen der maximalen bzw. idealen Rasterweite lautet:

Ausgabeauflösung / 16 = maximale Rasterweite
Beispiel: 2400 dpi / 16 = 150 lpi

Bei solchen und ähnlichen Berechnungen muss unbedingt darauf geachtet werden, dass man mit den gleichen Maßen rechnet. Die beiden Maße lpi und l/cm bzw. dpi und dpcm müssen mit dem Faktor 2,5 umgerechnet werden, da 1 Inch (Zoll) = 2,54 cm.

Verlaufslänge

Die Ausgabeauflösung und die Rasterweite sind aber nicht die einzigen Kriterien, die man beachten muss, um über die Qualität eines Verlaufs zu bestimmen. Ein ebenso bedeutender Einflussfaktor ist auch die Länge eines Verlaufs. Es ist nicht unerheblich, ob sich die möglichen 256 Tonwertstufen eines Verlaufs über eine Länge von 6 cm oder über 30 cm und mehr erstrecken.

Grafik- und Layoutprogramme erzeugen so genannte *vektorbasierte* Verläufe und verwenden dazu eine exakte mathematische Formel, wodurch die Tonwertänderungen bzw. Tonwertabstufungen und damit letztlich das Verändern der Rasterpunktgröße (bei einem AM-Raster) in exakten gleichmäßigen Schritten in Verlaufsrichtung und über die gesamte Verlaufslänge erfolgt. Was bei einem kurzen Verlauf kaum oder überhaupt nicht sichtbar ist, kann bei einem langen Verlauf zu gut sichtbarer Streifenbildung, zu so genanntem *Banding* führen. Als Faustregel gilt, dass ein Verlauf, der 256 Tonwertstufen zwischen Anfangs- und Endfarbe umfasst, maximal 19 bis 20 cm lang sein darf, bevor sichtbare Streifen auftreten. Grundsätzlich ergeben kürzere Verläufe und solche aus mehreren Farben die besseren Ergebnisse.

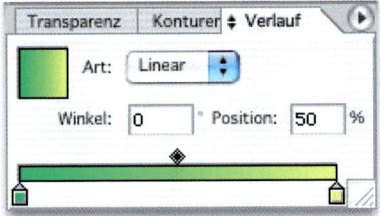

Abbildung 12.7
Ein zweifarbiger Verlauf

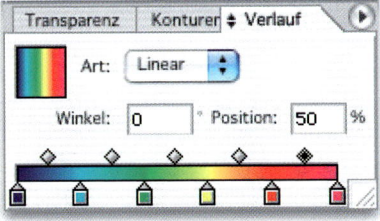

Abbildung 12.8
Ein Verlauf mit mehreren Farben

Tonwertunterschiede

Bis jetzt wurde immer von 256 Tonwertstufen gesprochen, was bei einem Verlauf von 100 % nach 0 % bei geeigneter Ausgabeauflösung und Rasterweite theoretisch auch zutrifft. Doch genau diese beiden Extremwerte 100 % und 0 % einer Farbe in einem Verlauf sind aus drucktechnischen Gründen zu vermeiden.

In der Bildbearbeitung kennt man die beiden Begriffe »Licht« und »Tiefe«. Mit »Licht« meint man den ersten druckbaren Tonwert über dem Papierweiß oder Spitzlicht (0 %) und mit der »Tiefe« die letzte sichtbare Tonwertabstufung vor dem Vollton (100 %). Tonwerte zwischen 0 % und 4 % sind je nach Druckverfahren und Bedruckstoff nicht mehr druckbar und »brechen« aus. Das heißt ein 2 %-Tonwert wird weiß oder 0 %. Tonwerte zwischen 95 % und 100 % hingegen »schmieren« zu und werden gleich wie der Vollton (100 %). Diese drucktechnisch bedingten Eigenschaften führen in einem fließenden Übergang von einer Tonwertstufe zur anderen zu einem abrupten »Abreißen« hellster und dunkelster Tonwerte. In der Bildbearbeitung wird infolgedessen der Tonwertumfang – und somit der Kontrastumfang und die Anzahl der Tonwertstufen – eines Halbtonbildes durch eine lineare Gradationskorrektur an die technischen Rahmenbedingungen angepasst. Was für Halbtonbilder notwendig und sinnvoll ist, gilt gleichermaßen auch für Verläufe.

Abbildung 12.9
Im oberen Verlauf schmiert Schwarz zu, während bei Weiß Tonwertabrisse erkennbar sind. Diese Effekte lassen sich durch Anpassen der Tonwerte einfach vermeiden, wie im unteren Verlauf zu sehen ist.

Farbe 1 = 100 K   Farbe 2 = 0 K

Farbe 1 = 95 K   Farbe 2 = 5 K

Die genauen Eckwerte können je nach Druckverfahren und Bedruckstoff geringfügig variieren und bewegen sich in einer Größenordnung von 3–5 % für die Lichter und 95–98 % für die Tiefen. Im Zeitungsdruck liegen die Werte zwischen 3 % und 90 % (gemäß ISO 12 647-3:2004). Genaue Werte kann man zudem auch in der Druckerei erfahren.

Mit Eckwerten zwischen 5 % und 95 % für einen Verlauf im Offsetdruck ist man auf der sicheren Seite, womit ein Verlauf in einem gewissen Sinne auch geräteabhängig ist und je nach Ausgabegerät und Ausgabeauflösung nicht gleich dargestellt wird. Durch Begrenzen des Tonwertbereichs umfasst der Verlauf zwangsläufig auch weniger Tonwertstufen, und weniger Tonwertstufen bedeutet wiederum kürzere Verläufe, um die gefürchtete Streifenbildung zu vermeiden. Illustrator beispielsweise berechnet die Anzahl der Tonwertstufen in einem Farbübergang auf Grundlage der prozentualen Änderung einer Farbkomponente.

Um die prozentuale Farbänderung eines Verlaufs von beispielsweise 5–95 % zu berechnen, wird der niedrigere Wert vom höheren Wert abgezogen (95 % - 5 % = 90 % oder 0,9).

Die Formel zum Berechnen der Anzahl Tonwertstufen lautet:

Anzahl Tonwertstufen = 256 x Farbänderung in Prozent
Beispiel: 256 x 0,9 = 230 Tonwertstufen

Bei einem Verlauf zwischen zwei gemischten Prozessfarben (CMYK) wird immer die größte prozentuale Änderung berücksichtigt, die innerhalb einer der Prozessfarbkomponenten auftritt.

Beispiel: Farbe 1 = C 5 / M 70 / Y 95 / K 5
           Farbe 2 = C 40 / M 5 / Y 95 / K 10

Die größte prozentuale Differenz einer Prozessfarbkomponente tritt bei Magenta mit 65 % (0,65) auf und ist somit die ausschlaggebende Farbkomponente zum Berechnen der Anzahl Tonwertstufen.

Um schließlich die maximale Länge eines Verlaufs zu berechnen, wird die errechnete Anzahl Tonwertstufen multipliziert mit *0,0762 cm*.

Beispiel: Anzahl Tonwertstufen = 166 x 0,0762 = 12,65 cm

Gute Ergebnisse für einen Verlauf erhält man, wenn sich mindestens zwei oder mehr Prozessfarbkomponenten um mindestens 50 % im Tonwert verändern.

Verwendete Farben

Wichtig beim Gestalten eines Verlaufs sind auch die dazu verwendeten Farben. Extreme Farben – wie zum Beispiel die reinen Prozessfarben (CMY) – sollte man wenn möglich vermeiden. Wesentlich bessere Ergebnisse bei Verläufen kann man erwarten, wenn die verwendeten Farben über mindestens eine oder mehrere gemeinsame Farbkomponenten verfügen, wenn es sich also um gemischte Prozessfarben handelt. Gleiche Komponenten in der Anfangs- und Endfarbe sorgen für harmonischere und sattere Farbverläufe. Dazu erhält die Anfangsfarbe den gleichen Teil einer Prozessfarbe wie die Endfarbe.

Erstellt man beispielsweise einen Verlauf von Schwarz (95 %) nach Cyan (95 %), entsteht in der Mitte des Verlaufs eine schmutzige und blasse Farbe. Fügt man hingegen der schwarzen Verlaufsfarbe den gleichen Anteil (oder zum Beispiel 40 % bis 50 %) Cyan hinzu, entsteht ein harmonischer, brillanter Verlauf. Denkbar ist auch, dass man den 95 % Cyan der Endfarbe zusätzlich noch etwa 5 % Schwarz beimischt.

Farbe 1 = 95 K   Farbe 2 = 95 C

Farbe 1 = 95 K / 95 C   Farbe 2 = 95 C

Abbildung 12.10
Durch Hinzufügen einer gemeinsamen Farbkomponente entstehen harmonischere Verläufe.

Bei größeren Verlaufsflächen wirkt die Verwendung von Schwarz anstelle der komplementärfarbigen Komponente in einer gemischten Prozessfarbe (CMYK) stabilisierend auf die Farbwiedergabe, um dadurch die unvermeidlichen Druckschwankungen auszugleichen. Mit anderen Worten, man definiert die Verlaufskomponenten achromatisch, mit nur drei Farbkomponenten – genau wie ein maximaler Unbuntaufbau (siehe Kapitel 18, Abschnitt »Unbuntaufbau (GCR)«). Nicht ganz außer Acht lassen darf man dabei alle übrigen Farbkomponenten, die nie auf 0 % in der jeweils anderen Farbkomponente auslaufen, sondern vorzugsweise noch etwa 4 % bis 5 % betragen sollten.

Ein Verlauf zwischen zwei gegensätzlichen Farben ohne gemeinsame Farbkomponente(n) steht von vornherein unter einem schlechten Stern und führt zu schmutzigen stumpfen Grautönen in der Mitte des Verlaufs (siehe Kapitel 3, »Farbordnungssysteme«).

Mit qualitativ besseren Verläufen ist zu rechnen, wenn man generell mit helleren Farben arbeitet oder wenn man dunklere Farbübergänge kürzer macht, denn Streifenbildung entsteht am häufigsten bei Verläufen zwischen einer dunklen und einer sehr hellen Farbe oder Weiß.

Um Ausgabeproblemen vorzubeugen, ist auch von irgendwelchen »Verlaufsexperimenten« mit Farben aus unterschiedlichen Farbmodellen wie zum Beispiel CMYK und RGB oder CMYK und einer Farbe aus einem der Sonderfarbensysteme abzuraten. Obschon Verläufe zwischen einer CMYK-Farbe und einer Sonderfarbe grundsätzlich möglich sind, ist das spätere Druckergebnis nicht absehbar. Zudem wird bei der Separation der Daten ein zusätzlicher Farbauszug belichtet, und es besteht die Gefahr von Moirés, wenn dabei die korrekte Rasterwinkelung nicht beachtet wird (siehe Kapitel 9, Abschnitt »Theoretisches zu Sonderfarben«). Es ist ratsam, sich bei der Farbwahl nur innerhalb eines einzigen Farbsystems zu bewegen.

Nicht täuschen lassen darf man sich von der Monitordarstellung, die aufgrund der additiven Farbmischung und dem RGB-Farbraum (Lichtfarben) den Verlauf nicht so darstellt, wie er später im Druck mit der subtraktiven Farbmischung (Körperfarben) im CMYK-Farbraum aussieht.

Pixelbasierte Farbverläufe

Pixelbasierte Verläufe – das heißt Verläufe, die in einer Bildbearbeitungssoftware wie Photoshop erstellt werden – sind eine weitere Möglichkeit, um stufenlos glatte Verläufe zu erzeugen. Im Gegensatz zur mathematischen Genauigkeit des vektorbasierten Verlaufs einer Grafik- oder Layoutanwendung verfügt das Verlaufswerkzeug von Photoshop über die Option DITHER, um damit diese allzu große Genauigkeit und Gleichmäßigkeit eines Verlaufs zu stören. Es klingt vielleicht etwas paradox, aber je ungenauer ein Verlauf in seinen Details ist, desto ebenmäßiger und glatter sieht er im Endeffekt aus. Der Dither sorgt dafür, dass die exakten Abgrenzungen zwischen den einzelnen Tonwertstufen durchbrochen werden und somit für das Auge nicht mehr eindeutig zu erkennen sind. Der Nachteil eines pixelbasierten Verlaufs liegt einzig darin, dass sich die Verlaufsfarben nachträglich nicht mehr editieren lassen. Auch in puncto Dateigröße kann er mit seinen vektorbasierten Kollegen natürlich nicht mithalten.

Beim Separieren eines Verlaufs mit einem starken oder maximalen GCR (Gray Component Replacement) wird ein großer Teil oder die gesamte chromogene Graukomponente durch Schwarz ersetzt. Mit anderen Worten, die Wirkung von GCR konzentriert sich auch auf sämtliche Tertiärfarben. Das führt unter Umständen auch dazu, dass Buntfarbenanteile – zum Beispiel in Brauntönen – stark reduziert werden (Magenta und Gelb), wodurch die Tiefen eines Verlaufs flach und blass werden. Es kann auch zu augenfälligen Farbtonverschiebungen kommen, wenn sie nicht zusätzlich mit UCA (Under Color Addition) unterlegt werden. Besonders bei Verläufen kann ein starkes GCR zudem zu Tonwertabrissen führen.

Drucken von Verläufen

Das Erstellen und auch das Drucken von hochqualitativen Farbverläufen ist grundsätzlich keine einfache Aufgabe, und noch lange nicht jedes Ausgabegerät ist in der Lage, einen Verlauf ohne hässliche Streifenbildung auszugeben. Insbesondere auf niedrigauflösenden Druckern bis 600 dpi, die zudem weniger als 256 Graustufen unterstützen, stellt das Drucken von Verläufen oft ein Problem dar. Niedrigauflösenden Geräte mit beispielsweise nur 300 dpi Auflösung verfügen zwar oft über eine zusätzliche spezielle Technologie (zum Beispiel *Photo-Grade*), um damit die Anzahl Graustufen zu erhöhen und die Bildqualität zu verbessern. Verläufe werden aber dennoch stufig ausgedruckt. Für ältere Druckausgabegeräte, die nur PostScript Level 2 unterstützen, bietet zum Beispiel die Grafikanwendung Illustrator im DRUCKEN-Dialog eine Option an, um Verläufe während der Druckausgabe in ein Pixelbild umzuwandeln (JPEG-Bild) und damit das Druckergebnis zu verbessern.

Verläufe im PostScript-Grafikmodell

In PostScript Level 2 werden Farbverläufe standardmäßig durch eine Anzahl aneinander gereihter und im Tonwert abgestufter Einzelelemente simuliert. Ein Ausgabegerät bzw. der PostScript-Interpreter, der nur Level 2 unterstützt, nimmt dazu eine Anzahl Rechtecke, reiht sie aneinander und füllt sie mit einem Tonwert, der von Rechteck zu Rechteck um einen geeigneten Prozentwert erhöht (oder verringert) wird, was zwangsläufig zu sichtbaren Stufen führt.

Abbildung 12.11
Verlauf in PostScript

PostScript Level 2 simuliert einen Verlauf durch eine Anzahl einzelner Objekte und füllt sie mit einem geeigneten Tonwert.

Noch ältere PostScript-Level-1-Drucker bekunden bereits erhebliche Mühe mit solchen PostScript-Level-2-Verlaufskonstruktionen, die von einer Anwendung erzeugt wurden, und lassen die Ausgabe oft völlig scheitern.

Da eine Grafik- oder Layoutanwendung die benötigte Anzahl Objekte und die geeigneten Tonwerte zum Füllen der Objekte für die Ausgabe auf einem ganz bestimmten Gerät berechnet, ist ein solcher Verlauf immer geräteabhängig definiert und widerspricht somit eindeutig dem Grundprinzip, wonach eine Grafik auf Vektorbasis geräte- und auflösungsunabhängig sein soll. So kann ein Verlauf, der auf Gerät A ordentlich aussieht, auf Gerät B mit einer anderen Auflösung einen völlig unakzeptablen Eindruck hinterlassen.

In PostScript 3 kamen einige neue und sehr wichtige PostScript-Operatoren hinzu. Der *DeviceN-Operator* beispielsweise kümmert sich um mehrkomponentige Farbräume (bis zu acht Farbkanäle) – zum Beispiel für den Sechsfarbendruck (HiFi-Color) – und dient dazu, Sonderfarben-Verläufe sauber zu definieren. Solche Elemente wurden bisher durch raffinierte PostScript-Prozeduren beschrieben und waren nur im vorseparierten Workflow brauchbar. Eine weitere Neuerung betrifft die Definition von Verläufen. Mit einem neuen PostScript-Operator namens »Smooth Shading« (was so viel heißt wie »glatte weiche Verläufe«) sind zum ersten Mal stufenlose und vor allem geräteunabhängige Verläufe möglich. Außer lineare und radiale Verläufe unterstützt der »Shading-Operator« weitere spezielle Verlaufsarten, denn je nach Software gibt es auch rechteckige, rautenförmige, zentriert lineare und weitere Arten von Verläufen und Angleichungen zwischen Farben.

Die großen Vorteile dieser neuen Verlaufsfunktion von PostScript 3 im Vergleich zur konventionellen Methode sind einerseits die Geräteunabhängigkeit und andererseits die wesentlich geringere Datenmenge, die benötigt wird, um einen Verlauf zu beschreiben. Eine neue Funktion namens *Idiom Recognition* befähigt einen PostScript-3-Interpreter zudem dazu, alte Level-2-Verlaufskonstruktionen zu erkennen und automatisch in den neuen Befehl SMOOTH SHADING umzuwandeln. Eine Anwendungssoftware muss diesen neuen Befehl also nicht selbst erzeugen – was hingegen für den DeviceN-Operator nicht zutrifft –, um bei der Ausgabe von diesen glatten Verläufen zu profitieren. Steht ein PostScript-Level-3-Drucker zur Verfügung oder wird eine PostScript- oder EPS-Datei erzeugt, erzielt man durch Wahl von PostScript Level 3 wesentlich bessere Ergebnisse bei der Ausgabe von Verläufen.

13

Farbnamen

13.1 Konventionen

Beim Vergeben von Farbnamen für selbst definierte Farben in einem Grafik- oder Layoutprogramm sollte man grundsätzlich auf Umlaute wie ä, ö, ü usw. verzichten, ebenso auch auf irgendwelche Sonderzeichen und Wortzwischenräume. Bei einem internationalen Dokumentenaustausch oder einem Plattformwechsel von Mac zu Windows kann damit verhindert werden, dass aus »Maigrün« plötzlich »Maigr␣n« wird. Am besten hält man sich an die klassische DOS-Namenskonvention. Also keine Sonderzeichen, keine Umlaute und auch keine Wortzwischenräume. Grundsätzlich sollte man bei der Kreation von Farbnamen nicht sein ganzes dichterisches Potenzial entfalten. So klingen Namen wie »Meergrün« und »Senfgelb« zwar sehr poetisch, sind aber nicht besonders aufschlussreich. Fügt man hingegen dem Farbnamen zusätzlich die verwendeten CMYK-Werte hinzu, kann man sich auch nach längerer Zeit noch ein Bild davon machen, welche Farbe gemeint ist und wie sie in etwa aussehen könnte – womit sich wiederholtes, unnötiges Konsultieren der Farbpalette vermeiden lässt.

13.2 Eindeutige Farbnamen

Platziert man beispielsweise in XPress Dateien aus anderen Applikationen wie Photoshop, Illustrator oder FreeHand, übernimmt XPress die in der Datei definierten Farben in die eigene Farbpalette. Handelt es sich dabei um ganz gewöhnliche Skalenfarben, werden sie automatisch den Farbauszügen für Cyan, Magenta, Gelb und Schwarz zugeordnet. Wurden zusätzlich Sonderfarben verwendet, werden sie samt ihrer Farbbeschreibung in die Farbenliste von XPress aufgenommen und erhalten bei einer späteren Separation der Datei auch ihren eigenen Farbauszug – ausgenommen es existiert bereits eine Sonderfarbe in der Farbenliste mit identischem Namen. XPress wünscht sich zudem eindeutige Farbnamen, womit gewährleistet ist, dass sie zwischen verschiedenen Applikationen problemlos kommunizierbar sind – sowohl beim Import als auch beim Export von Dateien.

Die Namen von Sonderfarben (Pantone oder HKS) sollten niemals willkürlich geändert werden. Wird beispielsweise eine EPS-Datei im Layout platziert, die eine Sonderfarbe namens HKS 71 K enthält, und wurde im Layout selbst zuvor bereits eine Linie oder Fläche mit HKS 71 K angelegt, deren Farbname später einfach in »Senfgelb« umbenannt wurde, beinhaltet die Farbpalette eine Farbe HKS 71 K und eine Farbe »Senfgelb«. Da die Layoutsoftware natürlich nicht wissen kann, dass es sich dabei um diselbe Farbe handelt, die auch auf denselben Farbauszug gehört, wird unnötigerweise ein weiterer Farbauszug ausgegeben.

Nicht selten kommt es auch durch Verwendung von Sonderzeichen und Wortzwischenräumen im Farbnamen zu Problemen bei der Farbseparation. Typischerweise hat XPress in solchen Fällen die unangenehme Eigenschaft, importierte Farben kurzerhand umzubenennen. Die Folge davon ist, dass eine Farbe zwar im Dokument ordnungsgemäß angelegt ist, doch die Farbe mit diesem neuen

Namen nirgendwo im Dokument oder einer platzierten Datei verwendet wird; infolgedessen wird auch ein leerer Farbauszug bzw. eine leere Form belichtet. Bei der Verwendung von Sonderfarben (zum Beispiel Pantone oder HKS) in Dateien, die später im Layout platziert werden, ist es daher sehr wichtig, dass deren Namen übereinstimmend und eindeutig definiert sind. Obschon es einige Layoutprogramme gibt, die bestimmte Automatismen dazu verwenden, ist die gewissenhafte Überprüfung der Ergebnisse zu empfehlen, da sie unter Umständen nicht absolut zuverlässig arbeiten. Damit lässt sich kostspieliger »Belichtungsleerlauf« vermeiden.

Wenn Farbnamen von der importierenden Applikation in abweichender Schreibweise verwendet werden (also wenn beispielsweise deutsche statt englische Bezeichnungen oder lange statt kurze Pantone-Farbnamen gebräuchlich sind), kann dies zu überzähligen und leeren Farbauszügen führen. Ein typisches Beispiel sind Duplex-Dateien aus Photoshop. Verwendet man hier zusätzlich zu Schwarz noch eine oder mehrere Prozessfarben, werden automatisch und standardmäßig die Pantone-Prozessfarben zugewiesen. Da beispielsweise XPress die Prozessfarben aber mit »Cyan«, »Magenta«, »Gelb« und »Schwarz« bezeichnet, während Photoshop im Duplex-Modus die Bezeichnungen »Pantone Process Cyan«, »Pantone Process Magenta«, »Pantone Process Yellow« und »Pantone Process Black« verwendet, ist unschwer zu erahnen, dass folglich alle verwendeten Prozessfarben je zwei Farbauszüge ausgeben – also einmal für »Gelb« und einmal für »Pantone Process Yellow« usw. Prinzipiell ist es daher zu empfehlen, sich bezüglich Farbnamen ganz nach den Wünschen der importierenden bzw. ausgebenden DTP-Applikation zu richten und vorab deren Farbpalette zu konsultieren, um die genaue Schreibweise zu übernehmen.

Pantone-Farben der neusten Version haben nun alle eine neue und kurze Bezeichnung erhalten, und dies für gestrichenes, ungestrichenes und mattgestrichenes Papier (siehe Kapitel 9, Abschnitt »Pantone-Farbtafeln«). Doch sind die Applikationen, die noch die alten Namen wie CVC und CVU verwenden, immer noch zahlreich. QuarkXPress 5 importiert eine Pantone-Farbe mit dem Namen »Pantone xxx CVC« (zum Beispiel aus einem Illustrator-EPS) als »Pantone xxx C«. Erzeugt man nun eine Composite-Ausgabe, befinden sich wieder beide Pantone-Farben in der Datei, was auch hier wieder zu einem unerwünschten, leeren Farbauszug führt. Lösen lässt sich das Problem, indem man gegen die Regel, Farbnamen nicht zu ändern, verstößt und die Farbe in XPress in »Pantone xxx CVC« abändert. Da es sich um eine sanfte Revision des Namens handelt, ist sie in diesem Umfang durchaus erlaubt.

13.3 Farbdefinitionen im Layoutprogramm

Nicht gänzlich auszuschließen sind Probleme mit den Farbdefinitionen im Layoutprogramm. Deshalb sollten sie vor der Ausgabe sorgfältig überprüft werden, damit die Farben auch tatsächlich auf dem richtigen Farbauszug ausgegeben werden. Auch die korrekte Rasterwinkelung (siehe Kapitel 10, Abschnitt »Rasterwinkelung von Sonderfarben«) ist nach dem Datei-Import in ein Layoutprogramm zu überprüfen. Wird beispielsweise eine EPS-Datei mit Sonderfarben (aus Illustrator, FreeHand, CorelDraw), ein Duplex- oder Mehrkanalbild in XPress geladen, werden zwar die Farbnamen aus der Datei in die Farbpalette übernommen, doch die Rasterwinkelung wird von XPress standardmäßig bei allen Sonderfarben auf den 45°-Winkel von Schwarz gelegt – außer spezifische Rasterparameter wurden bewusst in die EPS-Datei übernommen – was bei gerasterten Flächen eine kleinere Katastrophe bedeuten würde, wenn man ihnen nicht wieder einen eigenen Winkel zuweist. Das kann in XPress unter BEARBEITEN → FARBEN erfolgen oder im DRUCKEN-Dialog vor der Ausgabe.

Kapitel 14

Transparente Körperfarben

14.1 Farbfilter in der Fotografie

Farbfilter, wie sie unter anderem häufig in der Fotografie verwendet werden, dienen beispielsweise dazu, Farbstiche in Farbaufnahmen zu vermeiden oder bei Schwarzweiß-Fotos die Umsetzung der Objektfarben in Graustufen zu beeinflussen. Farbstiche können bei manchen Lichtquellen oder je nach Kombination von Aufnahmebeleuchtung und Filmempfindlichkeit entstehen – so zum Beispiel ein Grünstich auf Diafilm bei Leuchtstoffröhrenlicht, ein Blaustich auf Kunstlichtfilm bei Tageslicht oder ein Gelbstich auf Tageslichtfilm bei Kunstlicht. Der Grund ist einfach: Ein Farbfilm kann sich im Gegensatz zum menschlichen Auge nicht einfach an unterschiedliche Beleuchtungsverhältnisse anpassen. Zudem kann es bei Langzeitaufnahmen auf Diafilm auch zu so genanntem *Farbkippen* kommen. Das sind unterschiedliche Farbstiche in hellen und dunklen Bildstellen; dieser Effekt wird auch als *Schwarzschildeffekt* bezeichnet. So werden beispielsweise so genannte *Konversionsfilter* mit blauer Farbfilterschicht eingesetzt, um Tageslicht-Farbfilme bei Kunstlicht zu verwenden und dabei die Farbtemperatur von 3200° Kelvin auf 5500° Kelvin zu erhöhen. Gleichermaßen gibt es Konversionsfilter mit gelber Schicht, um Kunstlicht-Farbfilme bei Tageslicht zu verwenden, das heißt die Farbtemperatur von 5500° Kelvin auf 3200° Kelvin zu senken (siehe Kapitel 2, Abschnitt »Farbtemperatur«).

Farbfilter sind aber auch dazu geeignet, um die Graustufenumsetzung bei Verwendung von panchromatischem bzw. Schwarzweiß-Filmmaterial gezielt zu beeinflussen. Die gleiche Möglichkeit bieten auch zahlreiche High-End-Scanner, bei denen der so genannte *Abtastkanal* gewählt werden kann. Denn würde man zum Beispiel ein rotes Objekt auf schwarzem Hintergrund mit dem Grünfilter – der häufig standardmäßig beim Scannen von Graustufen verwendet wird – erfassen, wäre das Resultat nicht zufriedenstellend, da sich der Grünfilter komplementär zu Rot verhält und somit Rot auch sehr stark absorbiert. Der Rotfilter würde also in diesem Fall eine klarere Trennung von Objekt und Hintergrund ergeben. Denn die Filterfarbe wird jeweils hell, während die Komplementärfarbe dunkel wird (siehe Abbildung 14.1).

Abbildung 14.1
Unterschiedliche Resultate der Verwendung eines Rot- und eines Grünfilters bei einem roten Objekt auf schwarzem Hintergrund

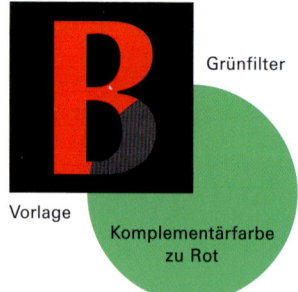

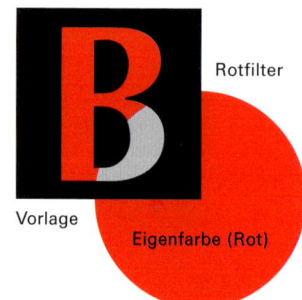

14.2 Farbfilter in der digitalen Bilderfassung

Farbfilter findet man auch bei Flachbettscannern mit CCD-Zeilensensor oder in einer Digitalkamera mit Flächensensor. Hier sind Farbfilter in den Grundfarben der additiven Farbmischung (Rot, Grün, Blau) direkt über den lichtempfindlichen Sensoren angebracht, um damit das auffallende Licht in seine drei Hauptspektralbereiche (RGB) aufzusplitten. Damit übernehmen Farbfilter die Funktion von Farbauszugs- oder Selektionsfiltern.

CCD-Flächensensor einer Digitalkamera

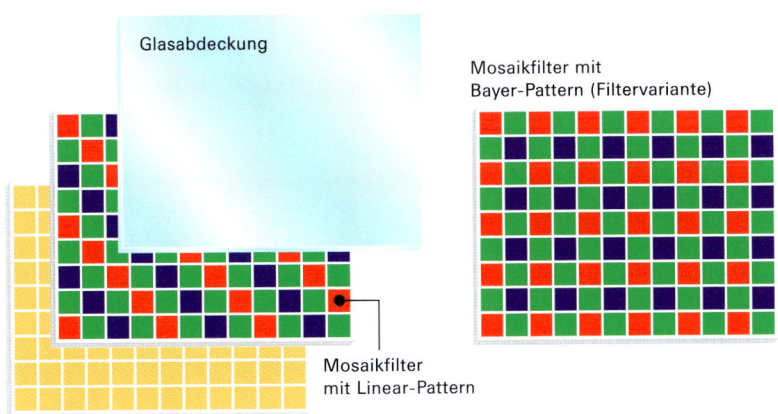

Glasabdeckung

Mosaikfilter mit Bayer-Pattern (Filtervariante)

Mosaikfilter mit Linear-Pattern

Datenspeicherung (Bildsensor)

Abbildung 14.2
CCD-Flächensensor einer Digitalkamera mit Mosaikfilter

In der Bildreproduktion haben die Eigenschaften dieser Farbauszugsfilter einen bedeutenden Einfluss auf die resultierende Farbreproduktion. Ihre grundsätzliche Eigenschaft besteht darin, nur gerade diejenigen Lichtanteile durchzulassen, die auch der Färbung des Filters entsprechen. Ideale Farbfilter sollten folglich genau je ein Drittel des weißen Lichtes bzw. des sichtbaren Spektrums durchlassen und die übrigen zwei Drittel vollständig absorbieren.

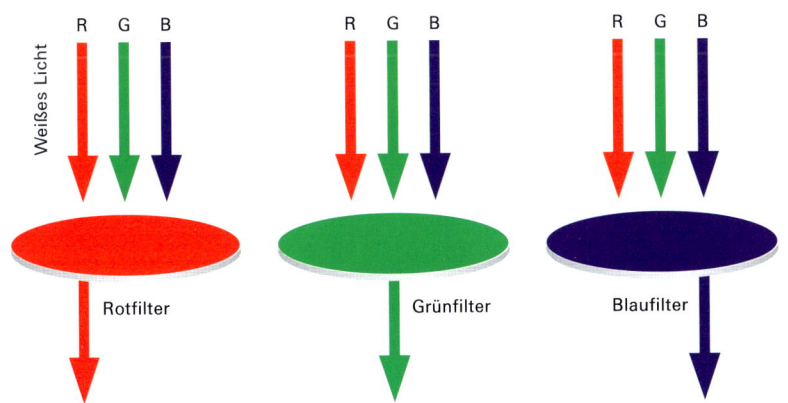

Weißes Licht

R G B · · · R G B · · · R G B

Rotfilter · · · Grünfilter · · · Blaufilter

Abbildung 14.3
Eigenschaften der Farbauszugsfilter bei der digitalen Bilderfassung

Schmalband- und Breitbandfilter

Einen ebenso großen Einfluss hat auch die Bandbreite, das heißt das spektrale Durchlassvermögen der Filter. Man unterscheidet zwischen Schmalband- und Breitbandfiltern. Die schmalbandigen Farbauszugsfilter führen unter Umständen zu Verschwärzlichung oder zu partieller Farbverschiebung, da keiner der Filter die Übergangsbereiche von Blau nach Grün und von Grün nach Rot durchlässt. Hat nun eine Vorlage genau in einem dieser Bereiche eine Remission, wird sie von keinem der Filter korrekt erfasst. Dennoch werden *Schmalbandfilter* für die Erfassung von Halbtonvorlagen mit kontinuierlichem Spektrum eingesetzt. Anders bei den *Breitbandfiltern*, bei denen sich die Durchlassbereiche leicht überlappen. Sie lassen neben ihrem hauptsächlichen Durchlassbereich auch noch geringe Anteile der benachbarten Spektralbereiche passieren, was in diesem Fall aber zu geringen Sättigungsverlusten führen kann. Idealerweise werden Breitbandfilter für Vorlagen eingesetzt, deren spektrale Remissionseigenschaften unbekannt sind, wie beispielsweise farbige Lacke oder Kunststoffe.

Abbildung 14.4
Durchlassbereiche von Schmalband- und Breitbandfiltern

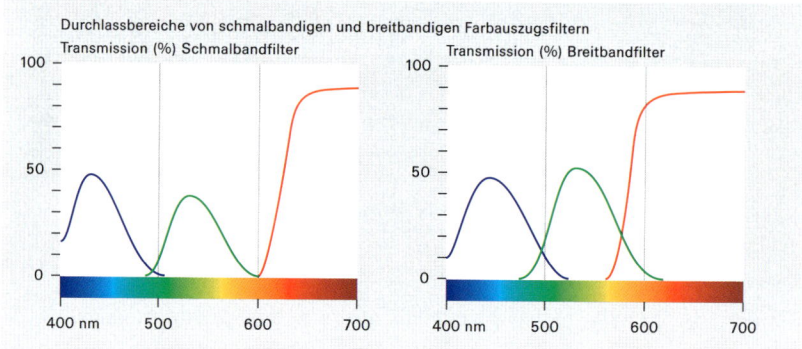

14.3 Farbfilter in optischen Messgeräten für die Qualitätskontrolle

Eine wichtige Funktion haben die normierten Farbfilter in den Lichtfarben Rot, Grün und Blau im Inneren eines Densitometers. Zum Ermitteln der Farbdichtewerte einer Druckprobe misst das Densitometer die Absorptionseigenschaften einer Skalenfarbe Cyan, Magenta und Gelb unter komplementärfarbigem Licht, das heißt das Messlicht der integrierten Lichtquelle durchdringt die Farbschicht einer Druckfarbe zwei Mal, und das remittierte Restlicht trifft auf die Fotomesszelle mit dem vorgeschalteten Filter in der jeweiligen Komplementärfarbe. Je weniger Lichtanteile remittiert werden, desto höher ist der Dichtewert und desto höher ist auch die Sättigung einer aufgetragenen Druckfarbe. Bei diesen Farbfiltern handelt es sich um normierte, etwa 0,1 mm dünne und mit einem Farbstoff eingefärbte Gelatinefolien, die ganz bestimmte Anforderungen erfüllen müssen. Ihre Bandbreite für farbiges Licht – das nach Wellenlängen bemessen ist – muss für eine bestimmte Druckfarbe ein Minimum an Transmission und dadurch ein Maximum an Absorption aufweisen.

▸ Der Rotfilter dient zum Messen der Dichte von Cyan.

▸ Der Grünfilter dient zum Messen der Dichte von Magenta.

▸ Der Blaufilter dient zum Messen der Dichte von Gelb.

Nähere Angaben zur Funktionsweise eines Densitometers finden Sie im Abschnitt »Densitometer« in Kapitel 19.

Kapitel 15

Rastertechnologien

15.1 Rastertechnologien

Die prinzipielle Funktion und die Notwendigkeit, Halbtonbilder in kleine Rasterelemente zu zerlegen, um Tonwertstufen bzw. Helligkeitsstufen im Offset-,
Flexo-, Siebdruck und all den elektrostatischen Druckverfahren wie Laserdruck
und Digitaldruck oder Tintenstrahldruck darzustellen, wurde bereits im Abschnitt über die autotypische Farbmischung erklärt.

Periodische bzw. amplitudenmodulierte Rasterung (AM)

Die geniale Erfindung von Georg Meisenbach in der zweiten Hälfte des 19. Jahr-
hunderts bezeichnet man als amplitudenmodulierte, autotypische Rasterung
oder kurz *AM-Rasterung* (siehe Kapitel 12, Abschnitt »Die autotypische Farbmischung«). Das typische Merkmal eines AM-Rasters ist die Gleichabständigkeit
der Rasterelemente zueinander bzw. deren Mittelpunkte. Anders ausgedrückt
könnte man auch sagen, ihre Frequenz ist gleichmäßig und wird in der Anzahl
der Linien bzw. Rasterpunktlinien pro Zentimeter oder Inch (lpi) gemessen. Je
höher die Rasterfrequenz ist, desto mehr Details können damit wiedergegeben
werden. Was sich beim AM-Raster hingegen ändert, ist die Größe oder die Flächendeckung der einzelnen Rasterpunkte, die proportional zum Tonwert der
Vorlage erfolgt (also gewissermaßen die Amplitude bzw. Wiedergabeintensität),
sowie die Rasterwinkelung beim Mehrfarbendruck.

Dieses grundlegende Verfahren wurde im Laufe der Zeit auch weiterentwickelt
und brachte neben anderen Formen für die Rasterelemente (Punkt, Quadrat,
Ellipse) auch weitere Rastertechnologien hervor – beispielsweise die in der grafischen Industrie immer häufiger verwendeten so genannten *stochastischen*
Raster oder frequenzmodulierten Raster, kurz als *FM-Raster* bezeichnet.

Nichtperiodische bzw. frequenzmodulierte Rasterung (FM)

Eine frequenzmodulierte Rasterung funktioniert anders als eine amplitudenmodulierte Rasterung. So genannte stochastische Rastermethoden – man spricht
auch von *Zufallsrastern* – verwenden Mikro-Rasterpunkte mit gleich bleibender
Punktgröße bzw. Flächendeckung – meistens in der kleinstmöglichen noch
druckbaren Punktgröße – und variieren dafür die Abstände der Punkte, um verschiedene Helligkeitsstufen darzustellen. Das Resultat sind mehr Punkte in
dunklen Bildstellen und weniger Punkte in hellen Bildstellen, basierend auf der
Technik der *Error Diffusion* oder des *Dithered Screenings*. Die dabei entstehende
Kornstruktur ist vergleichbar mit der Struktur von hochempfindlichen Filmmate-
rialien. In Begriffen der Wellentheorie ausgedrückt, variiert die Frequenz, während die Amplitude der Punkte unverändert bleibt. Somit gibt es auch das Maß
der Rasterweite pro Zentimeter als solches nicht mehr. Die scheinbar wahllos
über die Fläche verstreuten Punkte unterliegen einer Zufallslogik und sind nicht
auf die gleiche Weise messbar wie beim AM-Raster. Bei FM-Rastern spricht man
deshalb von der *Spotgröße* und beschreibt damit die verwendete Größe der Rasterpunkte, die in Mikron (μ) oder Mikrometer angegeben wird – das ist der milli-

onste Teil eines Meters. Für den Druck auf gestrichenem Papier sind Spotgrößen zwischen 18–22 µ geeignet, für den Zeitungsdruck 30–40 µ und für den Flexodruck 28 µ. Die Spotgrößen bewegen sich also in einem Größenbereich, der von bloßem Auge nicht mehr erkennbar ist, was einem Druckerzeugnis auch diese unverwechselbare und typische Halbtonwirkung verleiht.

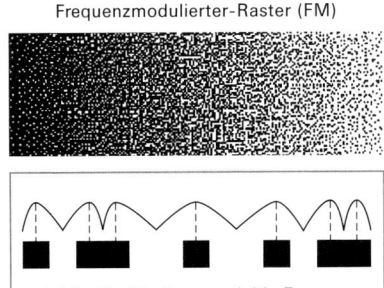

Amplitudenmodulierter-Raster (AM)   Frequenzmodulierter-Raster (FM)

gleiche Frequenz, variable Punktgrösse   gleiche Punktgrösse, variable Frequenz

Abbildung 15.1
Unterschiede zwischen
AM- und FM-Raster

Die Verwendung von FM-Rastern bietet zahlreiche Vorteile. So sind eine hervorragende, scharfe Detailzeichnung (besonders auch in Schattenbereichen), brillante Farben, glattere Tonwertübergänge und keine Moirés die entscheidenden Vorteile gegenüber einem AM-Raster. Von Vorteil für die Druckvorstufe ist zudem auch die geringere Datenmenge, bedingt durch eine geringere notwendige Bildauflösung und damit auch eine geringere Belichterauflösung bei vergleichbarer Qualität eines konventionellen AM-Rasters. Nicht selten wird im Verpackungsdruck, im Bereich Mode- und Textil-Abbildungen und nicht zuletzt auch im Fotodruck mit FM-Rastern gedruckt – überall dort, wo feinste Strukturen und Details von besonderer Wichtigkeit sind. In ähnlicher Form findet man eine FM-Rastertechnologie auch bei Proofgeräten bzw. Tintenstrahldruckern.

Wo Vorteile sind, fehlen meistens auch die Nachteile nicht. So ist beispielsweise ein standardisierter, das heißt ein rechtsverbindlicher Kontraktproof nach ISO/DIN-Norm 12647 (siehe Kapitel 23, Abschnitt »Der digitale Kontraktproof«) nicht möglich. Auch der Tonwertzuwachs im Druck – vor allem im Mittelton – ist größer als mit einem konventionellen Raster und erfordert deshalb eine eigene und somit neue Druckkennlinie. Hingegen sind die Schwankungen der Tonwerte wiederum geringer als bei AM-Rastern. Erfolgt zudem die Plattenbelichtung nicht mit einem CtP-Belichter (Computer-to-Plate) – vorzugsweise auf Thermoplatten –, ist eine peinlich exakte und saubere Arbeitsweise unerlässlich, um Staubpartikel und Streulicht bei der konventionellen Plattenbelichtung zu vermeiden. Ebenso trägt auch die Qualität der Software bzw. des Rasteralgorithmus wesentlich dazu bei, dass keine Streifenbildung, Körnigkeit oder gar störende Musterwiederholungen der Raster-Bitmap in homogenen Flächen auftreten. Ein gewisser Nachteil kann auch die wesentlich dünnere Farbe sein, die ein FM-Raster auf die Platte und den Gummituchzylinder überträgt; die Farbe trocknet relativ schnell auf dem Gummituch, was vermehrte Waschintervalle zur Folge haben kann.

Abbildung 15.2
FM-Raster bei
verschiedenen Tonwerten

 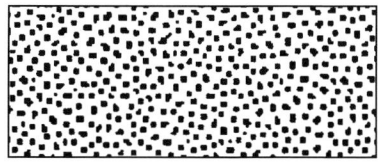

FM-Raster 60 %   FM-Raster 20 %

Von frequenzmodulierter Rasterung spricht man schon seit den 80er-Jahren, doch erst 1992 führte das Reproduktionsunternehmen Vignold den *CristalRaster* ein. Informatikern, Druck- und Reprofachleuten war es gelungen, eine Rastertechnologie zu entwickeln, die eine halbtonähnliche Wirkung in konventionellen Druckverfahren hervorbringt. 1993 wurden die Rechte von CristalRaster an die Firma AGFA verkauft, welche die Technologie in ihre PostScript-RIPs implementierte – worauf schließlich weitere RIP-Hersteller folgten. In den Anfängen war die FM-Rastertechnologie geprägt von zahlreichen technischen Problemen, was die grafische Industrie lange zögern ließ, so dass die FM-Rasterung nur langsam Fuß fassen konnte. Nachdem der CristalRaster für einigen Wirbel in der Druckvorstufe gesorgt und sogar zu kleineren Glaubenskriegen zwischen Befürwortern und Gegnern geführt hatte, folgten weitere namhafte Hersteller von Hard- und Software mit unterschiedlichsten Rasterprodukten. Darunter befinden sich auch einige, die nur Variationen zu bekannten autotypischen Rastern sind.

AGFA: AGFA CristalRaster

Ugra/EMPA: Velvet Screening

Scitex: Fulltone Screening

Scangraphic: High Fidelity Screening

Linotype-Hell: Diamond Screening

Barco: Monet Screening

Gratech: X-Raster

Adobe: Brillant Screening

Berthold: Mezzodot-Verfahren

SWG: HiLine

Mittlerweile revolutioniert die FM-Rasterung die grafische Industrie und führt zu ganz neuen Qualitätsdimensionen. Doch kann auch ein FM-Raster eine schlechte Vorlage niemals optimieren. Mit FM-Rasterverfahren werden sowohl im Bogen- als auch im Rollenoffset Druckauflösungen erzielt, die über der des Tiefdrucks liegen, womit auch die sehr hohe Farbintensität erreicht wird. Passerdifferenzen führen zu äußerst geringen Farbtonverschiebungen, was damit zu tun hat, dass sich bis zu rund 500 000 Mikro-Rasterpunkte auf einer Fläche von 1 cm² befinden können. Beim AM-Raster dagegen können Passerdifferenzen bereits zu sichtbaren Farbabweichungen führen, da in diesem Fall nicht druckende Stellen mal mit der einen, mal mit der anderen Farbe überlagert werden. Besonders vorteilhaft beim Drucken von Textil-Abbildungen ist die Tatsache, dass keine störenden Moirés als Folge einer Überlagerung frequenzgleicher Strukturen auftreten können. Ebenso ausgeschlossen ist die Bildung augenfälliger Rosettenstrukturen. Im Zeitungsdruck bietet ein FM-Raster besondere Vorteile. Im Gegensatz zu den üblichen groben Zeitungsrastern (34er, 40er, 48er) bleibt beim FM-Raster weniger »Papierweiß« – das bei Zeitungspapier ohnehin eher gräulich ist – zwischen den Rasterpunkten stehen, was eine erhöhte Leuchtkraft und eine nuanciertere Bildwiedergabe begünstigt. Die absolut moiréfreie Druckwiedergabe ist auch geradezu prädestiniert für HiFi-Color oder sechsfarbige Hexachrome-Druckerzeugnisse.

Crossmodulierte Rasterung (XM)

Zu behaupten, die frequenzmodulierte Rastertechnologie (FM) sei grundsätzlich besser als die traditionelle amplitudenmodulierte Rasterung (AM), wäre keine sehr objektive Bewertung. Beide Technologien sind gleichermaßen berechtigt, gewisse Vorzüge für sich in Anspruch zu nehmen. AGFA mit seiner langjährigen Erfahrung im Bereich Rastertechnologien entwickelte eine neuartige Rastermethode, die den Namen *:Sublima* trägt.

Das von AGFA patentierte Verfahren kombiniert die Vorzüge der AM-Rastertechnologie in den Mitteltönen mit den Vorzügen der frequenzmodulierten Rastertechnologie (FM) in den Lichtern und Tiefen. Es wird auch als *crossmodulierte Rasterung* (XM) bezeichnet. :Sublima kann sowohl im Bogen- als auch im Rollenoffset (das heißt im Akzidenzdruck genauso wie im Zeitungs- oder Verpackungsdruck) eingesetzt werden und liefert hochwertige, fotorealistische Reproduktionen von Halbtonbildern bei extrem hoher Tiefenschärfe und gleichzeitig sehr ruhigen Flächen. Der sehr hohe druckbare Tonwertumfang von 1–99 % bei gleichzeitiger Verwendung höchster Rasterweiten im Akzidenzdruck von 210, 240, 280 und 340 lpi (82, 94, 110 und 133 L/cm) – und dennoch sehr moderaten Auflösungen – ermöglicht die Druckbarkeit hellster Töne sowie feinster Details in Lichtern und Schatten. Genau in den Bereichen, in denen ein AM-Raster Informationsverluste aufweist, findet der Wechsel von einer zur anderen Rastertechnologie statt. :Sublima ermöglicht dadurch eine stufenlose Wiedergabe von den Lichtern (Frequenzmodulation) über die Mitteltöne (Amplitudenmodulation) bis hin zu den Schatten (Frequenzmodulation). Der ideale »Umschlagpunkt« *(Transition Point)* zwischen den beiden Rastertechnologien wird von :Sublima automatisch nach einem von AGFA patentierten Verfahren berechnet und ist abhängig von der jeweiligen Rasterweite. Erkennbar sind solche Übergänge mit bloßem Auge allerdings nicht, so wie das bei anderen, typischen Hybridrastertechnologien der Fall ist, da keine Überschneidung der beiden Technologien stattfindet. Denn :Sublima ist kein echter Hybridraster. Obschon bei :Sublima die Rasterung in den Lichtern und Tiefen zwar stochastisch (zufällig) erscheint, handelt es sich nicht wirklich um eine FM-Rasterung. Denn die in frequenzmodulierten Flächen verwendeten und nach dem FM-Modus kontrollierten und allgemein kleineren (quadratischen) Punkte von gleich bleibender Größe sind dennoch in der Fortführung der ansonsten verwendeten Rasterwinkelungen des AM-Rasters angeordnet.

Abbildung 15.3
Durch Wegnehmen einzelner Rasterpunkte in den Lichtern entsteht nur scheinbar eine frequenzmodulierte Rasterung.

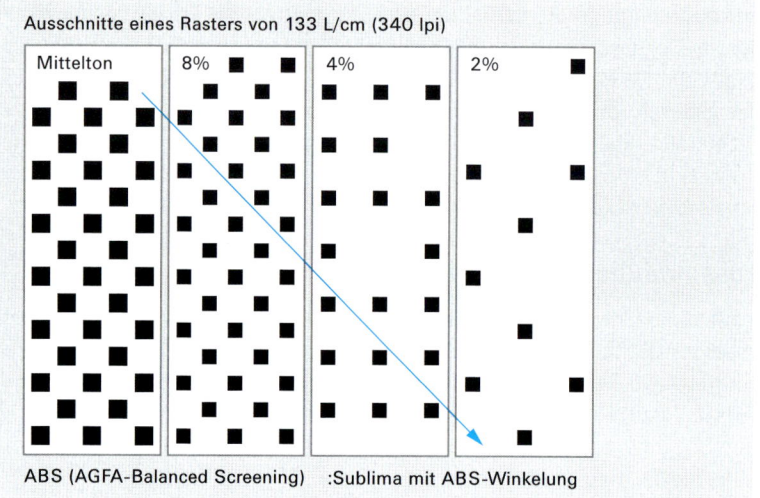

Ausschnitte eines Rasters von 133 L/cm (340 lpi)

Mittelton   8%   4%   2%

ABS (AGFA-Balanced Screening)   :Sublima mit ABS-Winkelung

Der Unterschied zur normalen AM-Rasterung besteht darin, dass bei gleich bleibender Flächendeckung der Rasterpunkte in den Lichtern deren Abstände (Frequenz) zueinander erhöht werden, indem ganz einfach Punkte »herausgenommen« werden, um dadurch den notwendigen Dichtewert (das heißt Tonwert der Vorlage) zu erzielen. :Sublima wurde entwickelt, um damit feinstmögliche Rasterweiten bis zu 133 L/cm (die im Druck noch mühelos zu halten sind) und bei kleinstmöglicher Punktgröße von 21 Mikron (was etwa einem 1%-Punkt bei einem traditionellen 6oer-Raster entspricht) zu realisieren. Sobald :Sublima den kleinstmöglichen Druckpunkt, der mit einer Druckmaschine noch reproduzierbar ist, erreicht hat, bleibt die Größe der Punkte unverändert. In den Mitteltönen wird ein gewöhnliches amplitudenmoduliertes AGFA Balanced Screening (ABS) verwendet. Die Richtung der Rasterpunkte im Übergangsbereich vom AM- zum FM-Rasteralgorithmus hängt ganz vom AM-Raster ab; somit sind die Rasterpunkte innerhalb der Rastermatrix nicht zufällig positioniert. Die hohen Rasterfrequenzen von :Sublima erzeugen kleinste Rosetten, die mit bloßem Auge nicht erkennbar sind und auch die typische halbtonähnliche Wirkung nicht beeinträchtigen. Ebenso ist auch das Risiko von Moirés deutlich geringer. Die spezielle Rasterstruktur von Sublima ermöglicht weiche und glatte Übergänge in den Mitteltönen und erlaubt zudem auch einen größeren Farbumfang bei besserer Farbtreue. Damit wird mit den üblichen CMYK-Druckfarben sogar das Reproduzieren von Sonderfarben möglich, die im normalen Offsetdruck mit einem AM-Raster außerhalb des druckbaren Farbumfangs liegen.

Rosette　　　　　　Moiré

Abbildung 15.4
Unterschied zwischen
einer Rosette und einem
Moiré

Da es sich bei :Sublima um eine Software-Option für die beiden Workflow-Lösungen AGFA Apogee 3 und ApogeeX bzw. für den Apogee PDF-RIP handelt, welche automatisch im RIP abläuft, ist das Umsteigen auf die neue XM-Rastertechnologie für die Druckvorstufe problemlos und ohne Änderung des gewohnten Arbeitsablaufs möglich. Einmal eingerichtet werden muss je eine Tonwertkurve für jede Rasterweite, um mit :Sublima fortan ohne zusätzlichen Aufwand zu arbeiten. Da das Druckverhalten der XM-Rasterung genauso stabil ist wie das der AM-Rasterung, können auch die gewohnten Farbeinstellungen an der Druckmaschine vorgenommen werden. Weitere Informationen zu :Sublima sind erhältlich unter: www.agfa.com.

Effektraster

Mit so genannten Effektrastern (wie beispielsweise Linienraster, Kreuzlinienraster, Kreisraster oder Kornraster) soll zusätzlich zur Simulierung der Tonwerte eine besondere und augenfällige grafische Bildwirkung oder ein Effekt erzielt werden. Sie lassen sich je nach Software und Ausgabegerät generieren.

Linienraster　　　　Kreuzraster

Abbildung 15.5
Linienraster und Kreuz-
raster im Vergleich

15.2 Rasterpunktformen

Die Bildwirkung ist nicht allein von der verwendeten Rastertechnologie (AM, FM, XM) abhängig, sondern ebenso sehr auch von der verwendeten geometrischen Form der Rasterelemente (beim AM-Raster), die neben der Rasterweite und der Rasterwinkelung zu den qualitätsbestimmenden Faktoren der Bildrasterung zählt. Ein gleichmäßiger, kontinuierlicher Tonwertverlauf zwischen Hochlicht und Tiefe sowie die unvermeidliche Tonwertzunahme (TZ), das heißt die Punktverbreiterung im Druck, hängen unter anderem auch stark von der Form der Rasterelemente ab. Alternativen zu der ursprünglich runden Form (die praktisch nur noch bei Druckkontrollstreifen verwendet wird) sind eine quadratische bzw. eine euklidische und eine elliptische Form. Die Tonwertzunahme ist dabei abhängig von der erreichten geometrischen Größe der jeweiligen Rasterelemente und verständlicherweise dort am stärksten, wo sich die einzelnen Rasterelemente zusätzlich berühren. Je nach Rasterpunktform und Anzahl gleichzeitiger Berührungspunkte (dem so genannten *Punktschluss*) kann es an diesen Stellen zu sichtbaren Stufen (so genannten *Tonwertsprüngen*) kommen. Folglich ist auch die Tonwertzunahme keine lineare Funktion, sondern unmittelbar von der verwendeten Rasterpunktform abhängig. Bei der elliptischen Rasterpunktform (auch als *Kettenraster* bezeichnet) finden solche Tonwertsprünge typischerweise an zwei Stellen in einem glatten Verlauf statt: Einmal zwischen dem 30 %- und 40 %-Tonwert und nochmals zwischen dem 60 %- und 70 %-Tonwert, wodurch sich insgesamt aber sehr harmonische Verläufe ergeben. Bei der quadratischen Punktform hingegen findet sich die Stelle der stärksten Punktzunahme im Druck beim 50 %-Tonwert, bei der runden Punktform zwischen dem 70 %- und 80 %-Tonwert und bei der euklidischen Punktform beim 50 %-Tonwert.

Abbildung 15.6
Punktschluss bei unterschiedlichen Rasterpunktformen

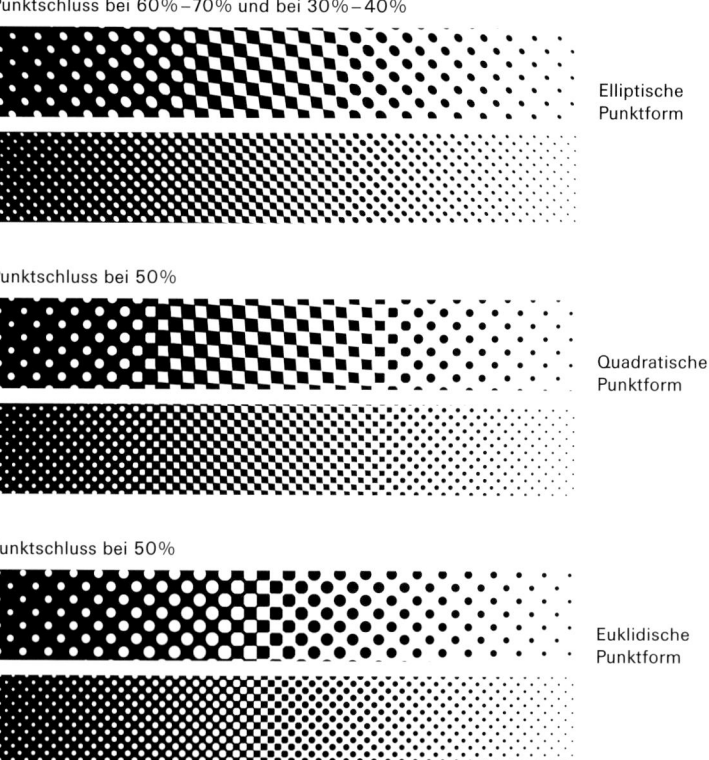

Punktschluss bei 60 % – 70 % und bei 30 % – 40 %

Elliptische Punktform

Punktschluss bei 50 %

Quadratische Punktform

Punktschluss bei 50 %

Euklidische Punktform

Bei der Tonwertzunahme spielt natürlich auch die Rasterfrequenz bzw. die Rasterweite eine Rolle. So haben feinere Rasterweiten zwangsläufig auch eine stärkere Tonwertzunahme zur Folge. Obschon höhere Rasterweiten eine bessere

Detailwiedergabe ermöglichen, sind sie dennoch in Abhängigkeit vom späteren Druckverfahren und vom verwendeten Bedruckstoff zu bestimmen. Bei der elektronischen Bildrasterung ist die realisierbare Rasterweite zudem auch von der maximalen Auflösung des Ausgabegeräts und der gewünschten Anzahl der Tonwertstufen bzw. von der Rastertiefe abhängig. Die drei Parameter Rasterweite, Anzahl Tonwertstufen und Auflösung des Ausgabegeräts (Gerätepixel bzw. Recorderelemente [REL] pro Inch oder pro cm) stehen in einer direkten Abhängigkeit voneinander. Denn je höher die Rasterweite, desto höher muss die Auflösung des Ausgabegeräts sein, um beispielsweise 256 Tonwertstufen darzustellen.

Belichterauflösung und Anzahl Tonwertstufen

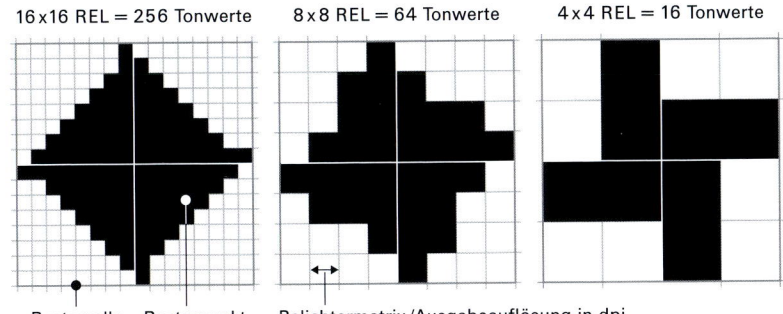

16 x 16 REL = 256 Tonwerte   8 x 8 REL = 64 Tonwerte   4 x 4 REL = 16 Tonwerte

Rasterzelle   Rasterpunkt   Belichtermatrix/Ausgabeauflösung in dpi

Abbildung 15.7
Belichterauflösung und Anzahl Tonwertstufen

Rasterpunktaufbau

Nachdem nun die verschiedenen Rastertechnologien und Rasterpunktformen erläutert wurden, schauen wir uns ein solches Rasterelement in starker Vergrößerung noch etwas genauer an. Wie schon erwähnt, ist die Flächendeckung (das heißt die Größe des Rasterpunktes) zuständig für die resultierende Tonwertstufe, die sich in einem Wertebereich von 0 % (Spitzlicht bzw. Papierweiß) bis 100 % (Vollton) bewegt. Die maximale Ausdehnung (100 %) eines einzelnen Rasterelements auf dem Film oder der Platte wird begrenzt durch eine so genannte *Rasterzelle* bzw. das Einheitsquadrat, das jedem Element zugeordnet ist. Die geometrische Größe einer solchen Rasterzelle wiederum ist abhängig von der Rasterweite, die durch die Anzahl der Linien bzw. Rasterpunktlinien pro Streckeneinheit bestimmt wird (Line per Inch [lpi] oder Linie pro cm [L/cm]).

Hinweis

Das Messen der Rasterweite erfolgt immer in derjenigen Richtung, bei der die Rasterpunkte den kürzesten Abstand zueinander aufweisen.

Messen der Rasterweite

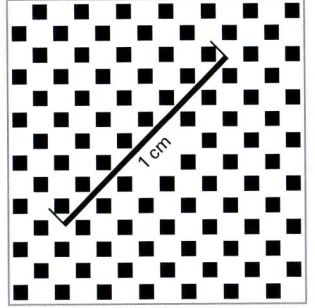

1 cm

Abbildung 15.8
Messen der Rasterweite

Jedem Rasterelement ist also eine ganz bestimmte quadratische Fläche zuge-ordnet und mehr nicht. Innerhalb dieser Fläche kann es sich von 0–100 % aus-dehnen. Füllt es die Fläche vollständig, hat es eine Flächendeckung von 100 % erreicht. Die Form des Rasterelements kann unterschiedlich sein (Punkt, Qua-drat, Ellipse). Der *Flächendeckungsgrad* eines Rasterelements beschreibt das Verhältnis der bedeckten Fläche durch das Rasterelement in Bezug zur unbe-deckten Fläche der Rasterzelle.

Abbildung 15.9
Der Punktaufbau inner-halb einer Rasterzelle

Die Rasterzelle (Einheitsquadrat)

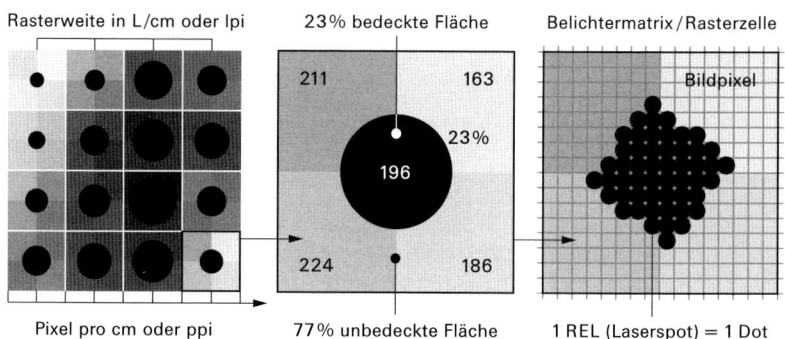

Ein Rasterpunkt von 23 % Flächendeckung bedeutet (ohne Berücksichtigung des Tonwertzuwachses im Druck), dass 23 % der Rasterzelle bedeckt und 77 % unbedeckt sind. Je größer die Flächendeckung, desto dunkler ist der Tonwert. Der arithmetische Mittelwert der vier Bildpixel ergibt in der Stufenskala von 0 (100 %) bis 255 (0 %) einen Grauwert von 196 bzw. 23 % Flächendeckung.

Bei der elektronischen Bildrasterung wird die Fläche eines digitalen Halbtonbil-des also in eine bestimmte Anzahl solcher Rasterzellen (durch Bestimmen der Rasterweite) in horizontaler und vertikaler Richtung unterteilt und bildet die so genannte *Rastermatrix*.

Abbildung 15.10
Zusammenhang zwischen Belichterauflösung, Ras-terweite und Anzahl der Tonwerte

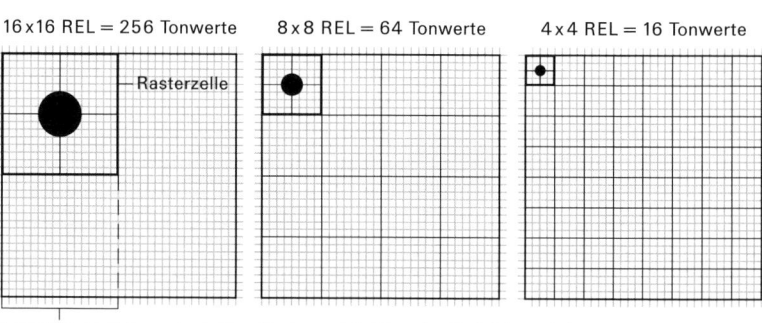

Aus Abbildung 15.10 wird gut ersichtlich, wie Belichterauflösung, Rasterweite und die Anzahl möglicher Tonwerte in Abhängigkeit voneinander stehen. Höhere Rasterweiten erfordern eine höhere Belichterauflösung, um genügend Tonwert-stufen zu erhalten.

Die Rasterpunkte innerhalb dieser Zellen werden nun vom Laserstrahl des Belichters gebildet und setzen sich wiederum selbst aus einer bestimmten Anzahl winzig kleiner Laserpunkte, den so genannten *Recorderelementen* (RELs), zusammen. Die RIP-Software berechnet, welche RELs innerhalb der Rasterzelle für die verschiedenen Tonwerte zu belichten sind. Die Größe oder Feinheit dieser Laserpunkte wird durch die mögliche Belichterauflösung bestimmt und in Dots per Inch (dpi) oder seltener in Dots per cm (dpcm) angegeben. Der Belichter selbst hat also sein eigenes »Gitternetz«, die *Belichtermatrix*. Typische Auflösungen bei Filmbelichtern sind 2540 dpi, 1270 dpi und 635 dpi.

Für den Belichtungsvorgang bestimmt man außer der Rasterpunktform die Belichterauflösung und die gewünschte Rasterweite. Dabei ordnet man gewissermaßen die Rastermatrix über der Belichtermatrix an. Infolgedessen umfasst eine Rasterzelle immer eine bestimmte Anzahl Recorderelemente. Ändert man die Rasterweite oder die Belichterauflösung, ändert sich auch die Anzahl der RELs innerhalb der Rasterzelle und somit die Anzahl der möglichen Tonwertstufen.

Recorderelement (REL)

Die Anzahl RELs (Recorderelemente) pro Rasterzelle bestimmt also die Anzahl der darstellbaren Tonwertstufen. Oder umgekehrt bestimmt die gewünschte Anzahl der Tonwertstufen die maximal mögliche Rasterweite bei gegebener Belichterauflösung bzw. bei einer gewünschten Rasterweite und einer gewünschten Anzahl Graustufen die dazu notwendige Belichterauflösung. Umfasst eine Rasterzelle beispielsweise 8x8 REL, sind damit 64 Tonwertstufen darstellbar. Umfasst sie hingegen 16x16 REL, sind 256 Tonwertstufen möglich – genauso viele, wie ein digitales Bild in der Regel aufweist (8 Bit = 256 Tonwertstufen pro Kanal).

Belichterauflösung, Anzahl Tonwertstufen und Rasterweite stehen also in enger Beziehung zueinander und beeinflussen sich gegenseitig.

Beispiele:

Belichterauflösung 2540 dpi bzw. 1000 dpcm:

Anzahl Tonwertstufen 256
$\sqrt{256}$ = 16 Dots (REL)   1000 dpcm / 16 = 62,5 L/cm = max. Rasterweite

Belichterauflösung 1270 dpi bzw. 500 dpcm:

Anzahl Tonwertstufen 64
$\sqrt{64}$ = 8 Dots (REL)   500 dpcm / 8 = 62,5 L/cm = max. Rasterweite

Anzahl Tonwertstufen 256
$\sqrt{256}$ = 16 Dots (REL)   500 dpcm / 16 = 31 L/cm = max. Rasterweite

Die Anzahl der tatsächlich druckbaren Tonwerte wird allerdings durch den kleinsten noch druckbaren Rasterpunkt begrenzt. Beträgt der Lichterpunkt beispielsweise 4 % (4 x 256/100 % = 10,24 Dots ≈ 10 Dots) und die letztdruckende sichtbare Tonwertstufe vor dem Vollton 96 % (96x256/100 % = 245,76 ≈ 246 Dots), ergeben sich noch 236 Tonwerte (256-10-10 = 236).

Pixelmatrix (Bildauflösung)

Neben der Rastermatrix und der Belichtermatrix gibt es aber noch eine weitere Matrix, die im Zusammenhang mit der Bildrasterung von Bedeutung ist, nämlich die *Pixelmatrix* einer digitalen Halbtonvorlage. Es handelt sich um die matrixartig angeordneten kleinen quadratischen Bildelemente, in die eine Halbtonvorlage beim Scanning (Scanner oder Digitalkamera) zerlegt und anschließend quantifiziert wird. Das heißt jedes Pixel – bei 8 Bit Datentiefe pro Kanal (siehe Kapitel 17, Abschnitt »Datentiefe«) – erhält eine Tonwertstufe auf einer Werteskala zwischen 0 (Schwarz) und 255 (Weiß) zugeordnet, die dem Helligkeitswert der Vorlage entspricht.

Die Anzahl und somit auch die geometrische Größe dieser Pixel (ein Kunstwort für *Picture Element*) wird durch die Anzahl der Pixel pro Streckeneinheit in ppi (Pixel per Inch) oder ppcm (Pixel pro cm) bei der Bilderfassung definiert und in Abhängigkeit von der Rasterweite des späteren Auflagendrucks bestimmt. Wie bereits erwähnt, entspricht die Größe – bei FM-Rastern die Menge – eines Rasterelements der jeweiligen Helligkeitsstufe einer Bildstelle. Der Gedanke liegt nahe, für jeden autotypischen Rasterpunkt ein Bildpixel zur Verfügung zu haben. Das würde einem Qualitätsfaktor (QF) 1 entsprechen. Da es aber beim Generieren der Rasterpunkte immer auch zu Informationsverlusten kommt und Flächen zudem durch störende Strukturbildung sehr unruhig wiedergegeben werden, reicht ein Bildpixel pro Rasterpunkt für eine qualitativ gute Bildwiedergabe in der Regel nicht. Man rechnet idealerweise mit zwei Pixeln bzw. vier Pixeln im Quadrat (je zwei in der Breite und Höhe), da es sich bei der Angabe in ppi oder ppcm um eine Streckenangabe und somit eine eindimensionale Angabe handelt. Zusammen ergeben also vier Bildpixel einen Rasterpunkt, was einem QF 2 entspricht.

Abbildung 15.11
Berechnung des arithmetischen Mittelwerts von 2x2 Bildpixeln

Berechnung des arithmetischen Mittelwerts
von 2 x 2 Bildpixeln (QF 2)

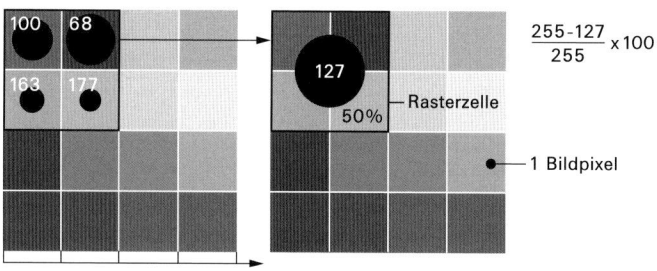

Pixel pro cm oder ppi

Der Durchschnittswert (arithmetisches Mittel) aller vier Pixel (siehe Abbildung 15.11) ergibt zum Beispiel die Tonwertstufe 127 und wird nun vom RIP umgerechnet in eine Werteskala von 0–100 % zur Bestimmung der Rasterpunktgröße. Die Umrechnungsformel lautet:

Rastertonwert (R%) = 255 - Durchschnittswert Tonwertstufe / 255 x 100

Der Wert des QF 2 ist in gewissen Fällen nicht zwingend, und man kann sich trefflich darüber streiten. Die Scan- und Bildbearbeitungssoftware LinoColor von Heidelberg arbeitet standardmäßig mit QF 2, wogegen AGFA für Rasterweiten bis 54 L/cm den Faktor 2 empfiehlt und für feinere Rasterweiten den Faktor 1,5. Für die Wahl des richtigen QF kann man sich auch nach dem Bildmotiv richten. So sind geringere Werte als 2 durchaus genügend für Bilder mit diffusen Strukturen, wie zum Beispiel eine Wasseroberfläche, ein Wolkenhimmel oder andere Strukturen, die keine klaren Details erfordern. Der QF darf den Wert 1 aber niemals unterschreiten. Wieder etwas anders sieht es bei Linienzeichnungen bzw. Strichbildern aus. Hier gibt es nur zwei Tonwerte, nämlich Schwarz und Weiß (1 Bit). Folglich müssen auch keine Rasterpunkte generiert werden, um Halbtöne zu simulieren. Die Bildauflösung von Strichbildern entspricht in der Regel der maximalen Drucker- oder Belichterauflösung. Bei Verwendung eines Druckers mit 600 dpi wäre die Bildauflösung folglich 600 ppi. Bei hochauflösenden Belichtern mit 2540 dpi oder 2400 dpi genügen aber in den meisten Fällen auch 1200 ppi (der Wert sollte aber trotzdem unter Berücksichtigung der feinsten Linienstärke bestimmt werden). Höhere Auflösungen bringen außer einer wesentlich größeren Datenmenge keine sichtbar bessere Qualität. In LinoColor beispielsweise wird die Bildauflösung einer Strichvorlage standardmäßig mit dem QF 8 berechnet.

Berechnungsbeispiel:

Ausgabe: 60er-Raster
60 l/cm x QF 8 = 480 x 2,54 = 1219 ≈ 1200 ppi

Rastertonwert (R%)

Der Rastertonwert (R%) bzw. die *wirksame Flächendeckung* – als Messgröße eines gedruckten Rasterbildes – wird in der Praxis mit einem Densitometer gemessen und setzt sich aus der so genannten *geometrischen Flächendeckung* (bedeckte/unbedeckte Fläche) und der *optischen Flächendeckung* zusammen. Der densitometrische Messwert entspricht dabei dem visuellen Eindruck eines Tonwerts. Bei einem gedruckten Rasterbild ist der Rastertonwert immer größer als die geometrische Flächendeckung der Rasterelemente auf dem Film oder der Platte und hat einerseits mit der Punktverbreiterung im Druck und andererseits mit der Streuung des Lichts auf dem Papier (dem so genannten *Lichtfang*) zu tun. Bei der *integralen Messung* (Rastermessung) einer Rasterfläche auf Film oder Platte sind Rastertonwert und Flächendeckung weitgehend identisch. Beim gedruckten Rasterbild hingegen ist der Rastertonwert größer als die tatsächliche Flächendeckung. Der Lichtfang wird verursacht durch Licht, das am Rande der Rasterelemente in das unbedruckte Papier eindringt und diffus reflektiert wird (gestreute Reflexion), indem dabei ein Teil des Lichtes unter die Rasterpunkte gerät und dadurch das reflektierte Restlicht um diesen Anteil geringer ausfällt. Als Ergebnis erscheinen die Rasterelemente dunkler und größer, als es von ihrer geometrischen Flächendeckung her zu erwarten wäre. Denn das Densitometer misst das remittierte (auf Papier oder Platte) bzw. transmittierte (auf Film) Licht und nicht die Flächendeckung, womit auch der visuell wahrnehmbare

Rastertonwert und der Messwert des Densitometers übereinstimmen. Dieses remittierte oder transmittierte Licht gilt als relevante Messgröße für gedruckte Rasterflächen. Die Wahrnehmung eines Tonwerts entspricht somit der wirksamen Flächendeckung unter Berücksichtigung des Lichtfangs.

Die Rasterelemente einer Druckform unterliegen im Druck sowohl einer geometrischen Flächenzunahme (Tonwertzunahme) als auch einer optischen Tonwertzunahme (Lichtfang), die sowohl visuell als auch messtechnisch erfassbar sind.

Abbildung 15.12
Wirksame Flächendeckung eines Rasterelements

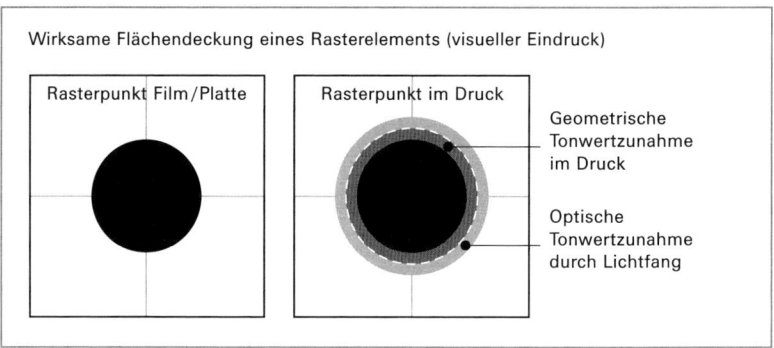

Rationale und irrationale Rasterwinkelung

Das Thema Rasterwinkelung wurde bereits im Abschnitt »Rasterwinkelung von Sonderfarben« in Kapitel 10 angeschnitten und bezieht sich grundsätzlich nur auf die amplitudenmodulierte Rasterung. Denn um störende geometrische Muster bzw. Moirés zu minimieren, die durch eine Überlagerung von zwei (oder mehr) gleichen Strukturen entstehen, werden die vier Prozessfarben (CMYK) und eventuell zusätzliche Sonderfarben in unterschiedlichen Winkeln zueinander angeordnet. Hier möchte ich nun die ganz spezielle Problematik und die Konsequenzen für die Rasterwinkelung und den RIP (Raster Image Prozessor) näher beleuchten.

Für die elektronische Bildrasterung bedeuten unterschiedliche Rasterwinkel, dass die Matrix der Rasterzellen für jede Prozess- und/oder Sonderfarbe in einem speziellen Winkel (0°, 15°, 45°, 75°) über der Belichtermatrix angeordnet werden muss, was in der Tat nicht ganz unproblematisch ist. Aufgrund der rationalen Gesetzmäßigkeiten der PostScript-Rasterung ist die Positionierung einer Rasterzelle nur auf die Ecke eines RELs (Dot) problemlos möglich, was somit nur beim 0°- und 45°-Winkel der Fall ist. Die Ecken einer jeden Rasterzelle sind dabei immer deckungsgleich mit der Ecke eines Recorderelements der Belichtermatrix.

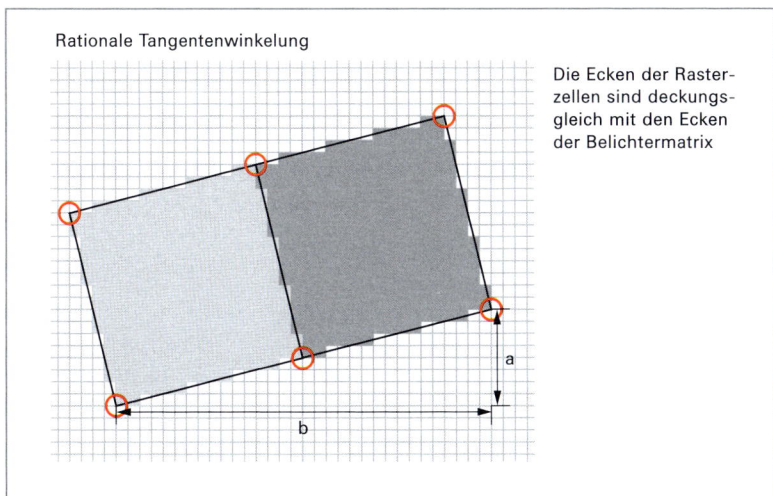

Rationale Tangentenwinkelung

Die Ecken der Raster-
zellen sind deckungs-
gleich mit den Ecken
der Belichtermatrix

a

b

Abbildung 15.13
Rationale Tangenten-
winkelung

Alle Rasterzellen weisen dadurch eine identische Form und die genau gleiche Anzahl RELs auf, was den Berechnungsaufwand für die Rasterzellenbeschreibung im RIP erheblich reduziert. Die einzelnen Rasterpunktgrößen müssen vom RIP nur einmal berechnet und gespeichert werden. Bei wiederholtem Bedarf einer Punktgröße wird die Rasterzellenberechnung vom RIP nur noch aufgerufen und zusammen mit dem Rasterwinkel dupliziert. Solche Winkel bezeichnet man als *rationale Tangentenwinkel*, denn der Tangens (Winkelfunktion) des Rasterwinkels weist ein ganzzahliges Verhältnis der RELs in horizontaler und vertikaler Richtung auf ($\tan \alpha = a/b$). Die beiden anderen gebräuchlichen Rasterwinkel von 15° und 75° werden als *irrationale Tangentenwinkel* bezeichnet, da die Ecken der Rasterzellen nicht genau mit den Ecken der Belichtermatrix bzw. eines RELs übereinstimmen. Denn ihre Tangenten sind nicht die Funktion zweier ganzer Zahlen. Jede Rasterzelle weist infolgedessen eine unterschiedliche Form und eine unterschiedliche Anzahl RELs auf. Der RIP muss also jeden Rasterpunkt, der im 15°- oder 75°-Winkel angeordnet ist, und jeden Tonwert immer wieder neu berechnen, so zum Beispiel einen 20 %-Tonwert aus 48 RELs und einen 20 %-Tonwert aus 52 RELs usw. Diese *irrationale Tangentenrasterung (IRT-Screening)* erfordert auch eine ordentliche Portion Rechnerleistung, um all diese Berechnungen durchzuführen, was zugunsten präziser Winkel aber voll auf Kosten der Geschwindigkeit erfolgt. Deshalb wird das IRT-Screening oft mit spezieller Hardware, die mit besonderen Chipbausteinen ausgerüstet ist, realisiert.

Abbildung 15.14
Rationale Tangenten-
rasterung

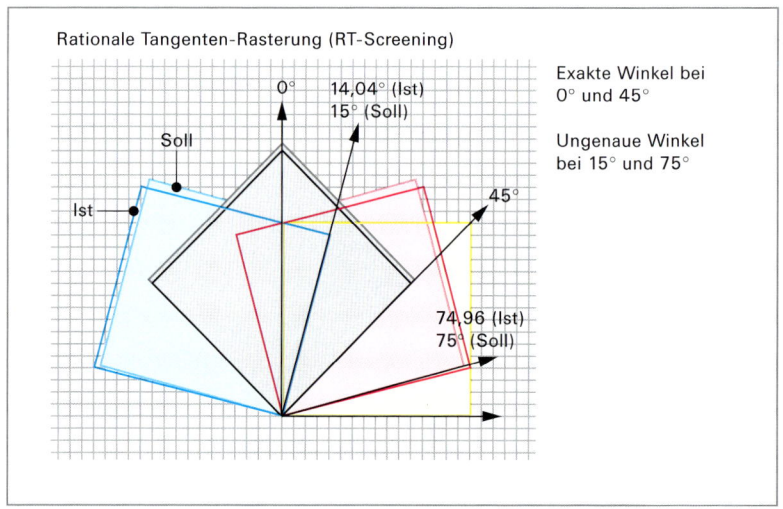

Eine alternative Lösung des Problems besteht darin, die beiden irrationalen Tan-gentenwinkel auf den nächsten rationalen Tangentenwinkel auf- oder abzurun-den, so dass alle Rasterzellen innerhalb eines Rasterwinkels wieder eine identi-sche Form aufweisen. Dieses Verfahren wird als *rationale Tangentenrasterung (RT-Screening)* bezeichnet. Die rationale Tangentenrasterung wird beispiels-weise bei allen digitalen PostScript-Rastertechniken angewendet, so zum Bei-spiel beim *Accurate Screening* von Adobe, das man auch im DRUCKEN-Dialog von Photoshop unter RASTERUNG findet.

Abbildung 15.15
Das Accurate Screening
lässt sich in Photoshop in
den Rastereinstellungen
aktivieren.

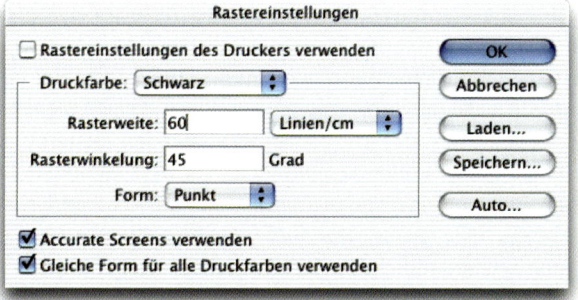

Natürlich sind die Berechnungen bei diesem Rasterverfahren sehr schnell und auch sehr effizient, haben aber den Nachteil, dass sich das Runden der Winkel nicht nur auf die Winkelgenauigkeit, sondern auch auf die Rasterweite auswirkt. Die vier Prozessfarben haben durch Drehen und Anpassen der Rasterzellen auf die Belichtermatrix folglich nicht mehr genau die gleiche Rasterweite.

Superzelle

Die andere Alternative – die den Vorteil von präzisen Winkeln und optimiertem Rechenaufwand in sich vereinigt – sind so genannte Superzellen. Das Verfahren wird als *Super Cell Screening* bezeichnet. Die in rationalen Tangentenwinkeln angeordneten und überdimensionierten Rasterzellen umfassen mehrere »Subzellen«, die zusammen eine Superzelle bilden, zum Beispiel in Form einer 3x3-Matrix (9 Subzellen), deren Ecken die Belichtermatrix genau an der Ecke eines RELs schneiden. Durch die wesentlich größere Dimension einer solchen Superzelle weist sie im Vergleich zu einer »normalen« Rasterzelle auch viel mehr Berührungspunkte zwischen den Ecken der Superzelle und der Belichtermatrix auf, was eine genauere Annäherung an präzise Rasterwinkel ermöglicht. Somit erfüllen Superzellen die Anforderungen der rationalen Rasterung. Jede Superzelle weist die gleiche Form und die gleiche Anzahl RELs auf, was den Berechnungsvorgang wesentlich beschleunigt – bei gleichzeitig präzisen Winkeln. Je größer die Superzelle, umso höher ist die Genauigkeit der Rasterwinkel. Aus der nachfolgenden Tabelle wird klar ersichtlich, dass eine 3x3-Superzelle bei einem Raster von 133 lpi bei einer Belichterauflösung von 1200 dpi und einem Rasterwinkel von 15° das präziseste Ergebnis in puncto Rasterweite und Rasterwinkel ergibt. Noch genauere Ergebnisse würde man bei Superzellen über 5x5 erzielen.

Superzellenmatrix	Rasterweite	Winkel
1X1	130,15	12,52°
2X2	135,43	16,38°
3X3	133,70	15,06°
4X4	132,82	14,42°
5X5	131,55	15,25°

Im Vergleich zu einer einzelnen gewöhnlichen Rasterzelle weist die Superzelle natürlich nicht nur einen Mittelpunkt, sondern immer mehrere (statische) Mittelpunkte für jede Subzelle auf, von wo aus die einzelnen Rasterpunkte aufgebaut werden.

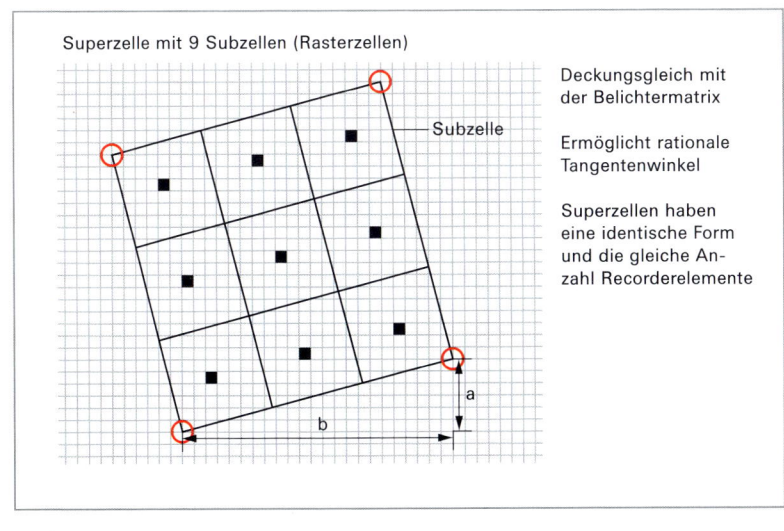

Abbildung 15.16
Superzelle

Rasterberg

Die von der RIP-Software verwendeten Rasterungsalgorithmen bzw. die Art und Weise, wie und in welcher Reihenfolge der Belichter die Rasterpunkte aus RELs von der Mitte her aufbaut, sind nicht nur für jeden einzelnen Tonwert, sondern auch für jede mögliche Rasterpunktform und jede vom Belichter realisierbare Auflösung in der RIP-Software gespeichert. Die als *Rasterberg* bezeichnete Technik zur Speicherung von Rasterberechnungen kann man sich als eine Pyramide vorstellen, die aus mehreren Ebenen besteht. Jede Ebene enthält die Rasterpunktberechnung für einen darstellbaren Tonwert, der sich aus einer bestimmten Anzahl RELs zusammensetzt. Das Fundament der Pyramide umfasst die größte Anzahl zu belichtender RELs und nimmt nach oben hin laufend ab – genauso wie der Tonwert. Der Rasterberg ist der Teil der RIP-Software, der die Bitmap für den Belichter bzw. die Steuerungsdaten für den Laserstrahl berechnet. Neben dem Rasterberg enthält die RIP-Software auch die Algorithmen für die Berechnung der Rasterwinkelung und ist der maßgebende Qualitätsfaktor bei der Rasterberechnung. Mit den fertig »gerippten« Daten kann nun das anvisierte Ausgabegerät, für das die Daten »interpretiert« wurden, angesteuert werden. In der Regel handelt es sich um einen Film- oder Plattenbelichter, es kann aber ebenso gut ein PostScript-fähiger Drucker oder eine Digitaldruckmaschine sein. Die eigentliche Ausgabe auf Film, Platte oder Papier wird mit einem Laserstrahl realisiert, der zeilenweise in der festgelegten Schrittweite (Auflösung in dpi) über die zu belichtende Fläche gelenkt wird und dabei die nötigen Belichterpunkte (Dots) setzt. Je feiner der kleinstmögliche Durchmesser des Laserstrahls, desto geringer ist die mögliche Spurweite und somit die maximale Auflösung.

Abbildung 15.17
Rasterpyramide

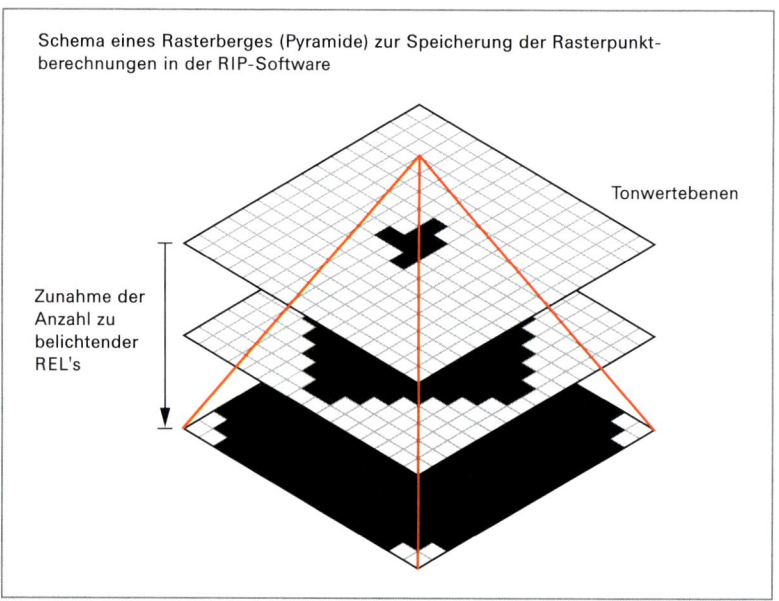

Schema eines Rasterberges (Pyramide) zur Speicherung der Rasterpunktberechnungen in der RIP-Software

Tonwertebenen

Zunahme der Anzahl zu belichtender REL's

16

Überfüllen und Überdrucken

16.1 Überfüllung

Das aus drucktechnischen Gründen angewendete Verfahren des so genannten Überfüllens oder Unterfüllens von präzise aneinander stoßenden oder übereinander liegenden Farbflächen und farbigem Text wird je nach Softwareapplikation auch mit dem englischen Begriff *Trapping* bezeichnet. Dabei werden Farbflächen geringfügig vergrößert; die so erzielte leichte Überlappung zwischen benachbarten Farben verhindert, dass unbedruckte, papierweiße Zwischenräume (so genannte *Blitzer*) zwischen zwei (oder mehr) verschiedenfarbigen Flächen entstehen.

Verursacht werden solche visuell auffälligen, unerwünschten Registerungenauigkeiten durch nie ganz vermeidbare mechanische Schwankungen der Druckmaschine – auch bei perfekter Film- und/oder Plattenkopie. Besonders bei sehr schnell laufenden Druckmaschinen können sich der Papierbogen oder die Papierbahn sowohl in vertikaler als auch in horizontaler Richtung leicht ausdehnen. Bei diesen mechanisch bedingten Passerdifferenzen, die vermehrt bei breiten Papierbahnen oder großen Papierbogen entstehen, handelt es sich in der Regel nur um den Bruchteil eines Millimeters, der aber bereits zu augenfälligen Verschiebungen von genau aneinandergrenzenden farbigen Flächen führt. Schwankt nun die Registerungenauigkeit maximal um den Wert der angelegten Überlappung, kann es nicht mehr zu Blitzern kommen. Nur die Breite der Überlappung nimmt in einer Richtung zu und in der anderen ab.

Abbildung 16.1
Mechanisch bedingte
Passerdifferenzen mit und
ohne Überfüllung

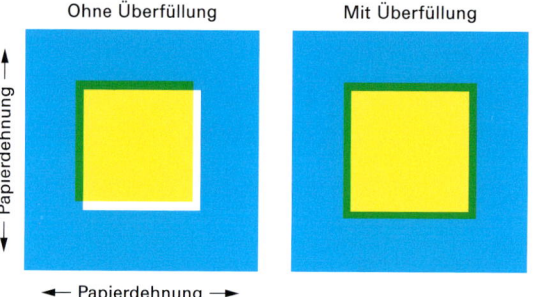

Das Problem wird in der Druckvorstufe nach unterschiedlichen Kriterien und auf unterschiedliche Weise gelöst. Die Entscheidung, ob ein Objekt unter- oder überfüllt wird und um wie viel (in Punkt oder mm) das geschieht, hängt weitgehend von der Farbe des Motivs, vom Bedruckstoff und seiner Laufrichtung, vom späteren Druckverfahren (Zeitungsoffset, Rollen- oder Bogenoffset, Flexo- oder Siebdruck) sowie von der Registertoleranz der Druckmaschine ab. Ebenso stellt sich die Frage, wo das Trapping erfolgt. Soll bereits in der Layout- und der Grafikapplikation überfüllt werden? Vom Erzeuger der Datei oder vom Druckvorstufenmitarbeiter? Oder erst im RIP, ganz am Schluss der Prozesskette, wo das Druckverfahren definitiv feststeht? Moderne PostScript-3-RIPs verfügen dazu (optional) über ein spezielles Trapping-Modul.

Früher gehörte das Überfüllen eindeutig in den Verantwortungsbereich des Reprounternehmens oder der Druckerei. Im heutigen DTP-Zeitalter findet eine Verlagerung in die Druckvorstufe oder zum Designer statt. Das Überfüllen in einer Grafikapplikation (Illustrator oder FreeHand) erfolgt dabei anders als in einer Layoutapplikation (XPress oder InDesign), wobei man mit verschiedenen Begriffen konfrontiert wird, die nachfolgend genauer erläutert werden.

Registerhaltungsprobleme oder Passerdifferenz

Vorausgesetzt Film- und Plattenkopie sind sorgfältig und genau hergestellt, führen Registerhaltungsprobleme in der Druckmaschine durch das leicht verschobene Drucken der einzelnen Farbauszüge zu sichtbaren, papierweißen Lücken (Blitzer) zwischen zwei exakt aneinander stoßenden Objekten; oder es kommt zu Farbverschiebungen.

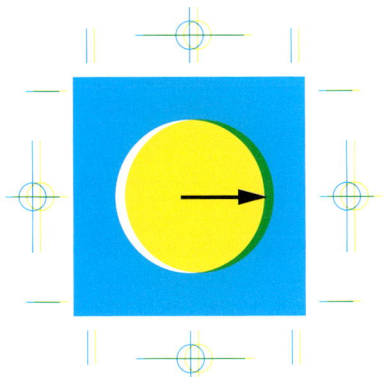

Abbildung 16.2
Passerdifferenzen im Druck führen zu so genannten »Blitzern«.

Aussparen (Knockout)

In der Regel wird beim Erzeugen der Farbauszüge ein Objekt, das über einem anderen Objekt oder Hintergrund liegt, vollständig und präzise aus dem/den darunter liegenden Farbauszug/zügen ausgespart und behält dadurch unverändert seine ihm zugewiesene Farbe. Eine Ausnahme von dieser Regel sind schwarzer Text oder feine schwarze Linien, die in den meisten Fällen standardmäßig als überdruckend definiert sind.

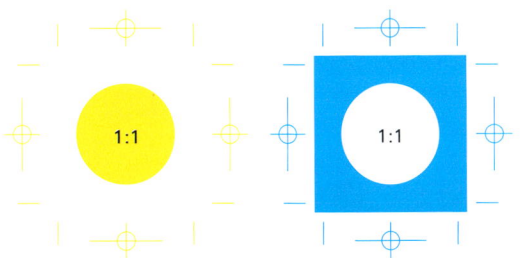

Abbildung 16.3
Aussparen eines Vordergrundobjekts über einem Hintergrund

Überdrucken (Overprint)

Wird ein Objekt, das über einem anderen Objekt oder Hintergrund liegt, als überdruckend definiert, wird es nicht aus dem/den Farbauszug/zügen des Hintergrundelements ausgespart. Die Farbe des Vordergrundes wird mit der Farbe des Hintergrundes durch den lasierenden Übereinanderdruck (gemäß subtraktiver Farbmischung) zu einer neuen Farbe gemischt. Das Prinzip des Überdruckens kann auch ganz gezielt eingesetzt werden, um damit einen speziellen Effekt zu erzielen. So überdruckt zum Beispiel in Abbildung 16.4 das gelbe Vordergrundobjekt den cyanfarbenen Hintergrund und wird dadurch Grün. Gleichzeitig wird damit natürlich auch das Problem von Passerdifferenzen gelöst.

Abbildung 16.4
Überdruckendes Vordergrundobjekt über einem Hintergrund

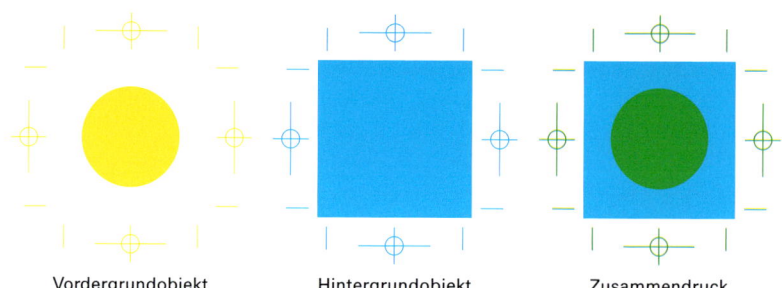

Vordergrundobjekt   Hintergrundobjekt   Zusammendruck

Trapping

Unter dem Begriff Trapping versteht man grundsätzlich zwei verschiedene Arten von Objekt-Überlappungen. Man spricht von einer *Überfüllung* oder einer *Unterfüllung*, wobei das Prinzip des geringfügigen Vergrößerns eines Objekts in beiden Fällen dasselbe ist. Beide Maßnahmen lassen Passerdifferenzen im Druck weniger deutlich sichtbar werden. Ob nun ein Objekt über- oder unterfüllt werden muss, entscheidet immer die Objektfarbe im Vordergrund bzw. deren Helligkeitswert.

Überfüllung (Spread)

Eine Überfüllung erfolgt immer dann, wenn die Farbe des Vordergrundobjekts heller ist als die Farbe des Hintergrundes. Denn das geringfügige Vergrößern von hellen Formen verändert ihr Aussehen optisch weniger augenfällig als das Vergrößern von dunklen Formen.

Abbildung 16.5
Geringfügiges Vergrößern eines hellen Vordergrundobjekts über einem dunklen Hintergrund

Vordergrundobjekt   Hintergrundobjekt   Zusammendruck

Unterfüllung (Choke)

Ist hingegen die Farbe des Hintergrundes heller als die Farbe des Vordergrundobjekts, wird der Hintergrund unterfüllt. Das heißt es ist auch in diesem Fall wieder die hellere Farbe, welche die dunklere Farbe leicht überlappt.

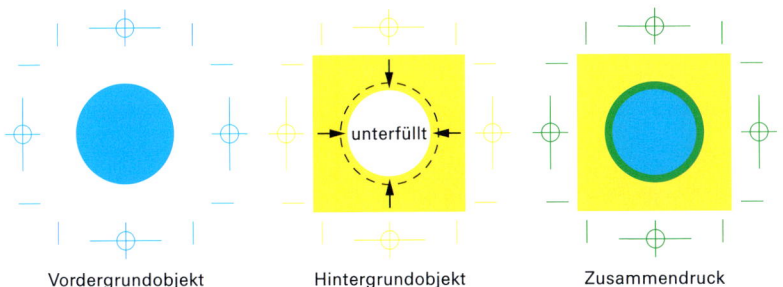

Vordergrundobjekt   Hintergrundobjekt   Zusammendruck

Abbildung 16.6
Geringfügiges Vergrößern eines hellen Hintergrundes unter einem dunkleren Vordergrundobjekt

Generell erfolgt sowohl beim Überfüllen als auch beim Unterfüllen immer eine Ausdehnung der helleren Fläche in den Bereich der dunkleren Fläche.

Allgemein lässt sich sagen, dass das Problem des Über- oder Unterfüllens sowie die Entscheidung darüber, ob ein Über- oder Unterfüllen überhaupt notwendig ist, nicht immer ganz einfach zu lösen sind. Ebenso unterscheidet sich auch die Art und Weise, wie eine Über- oder Unterfüllung in einer Grafik- oder Layoutapplikation angelegt wird.

Überfüllen im Layout

Professionelle Layoutprogramme wie beispielsweise XPress verfügen über einen automatischen Überfüllungsalgorithmus und entlasten den Anwender damit weitgehend von der Entscheidung, ob und wie ein Objekt überfüllt werden soll, um Passerdifferenzen in der Druckmaschine auszugleichen.

Doch bevor XPress – nachdem es die Beziehungen von Vorder- zu Hintergrundobjekt(en) untersucht hat – entscheiden kann, ob ein bestimmtes Objekt ausgespart, überdruckt, überfüllt oder unterfüllt werden soll, muss man in den Programmvorgaben verschiedene grundlegende Parameter hinterlegen, auf die XPress nun zugreifen kann. Sind die Default-Werte in Bezug auf das spätere Druckverfahren und den Bedruckstoff angemessen definiert, erzielt man damit in den meisten Fällen korrekte Ergebnisse – von wenigen Ausnahmen abgesehen. Dennoch ist es ratsam, diesen Automatismus genau zu überprüfen und nötigenfalls manuell einzugreifen. Das nachträgliche Überschreiben der Default-Werte in der Überfüllungspalette oder der Farbpalette hat dabei immer höhere Priorität.

Überfüllungsprioritäten in XPress

1. **Objektspezifische Überfüllungen.** Erste und absolute Priorität haben alle manuellen Änderungen in der Überfüllungspalette. Beim Berechnen des Trappings für ein bestimmtes Objekt überprüft XPress immer zuerst, ob

irgendwelche von den Default-Werten abweichende Einstellungen in der Überfüllungspalette (ANSICHT → ÜBERFÜLLUNG ZEIGEN) vorgenommen wurden.

Abbildung 16.7
Überfüllungspalette von
QuarkXPress

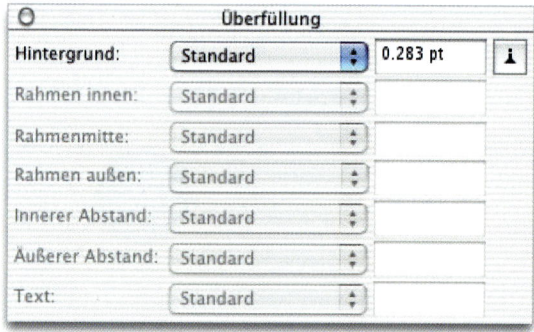

2. **Farbspezifische Überfüllungen.** Zweite Priorität haben spezifische Überfüllungswerte, die sich auf ein ganz bestimmtes Farbenpaar beziehen (BEARBEITEN → FARBEN... → ÜBERFÜLLUNG BEARBEITEN).

Abbildung 16.8
Farbpalette von
QuarkXPress

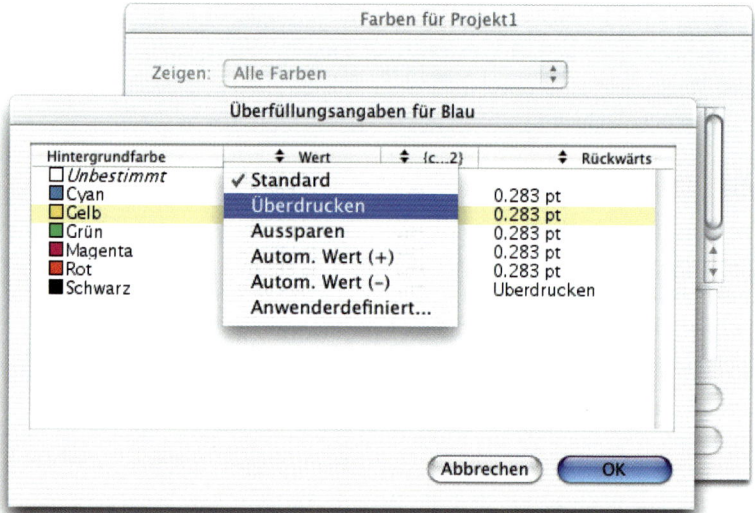

3. **Standard-Überfüllungen.** Letzte Priorität haben schließlich die Vorgaben oder Default-Werte (BEARBEITEN → VORGABEN → DOKUMENT → ÜBERFÜLLUNG) in den Voreinstellungen von XPress.

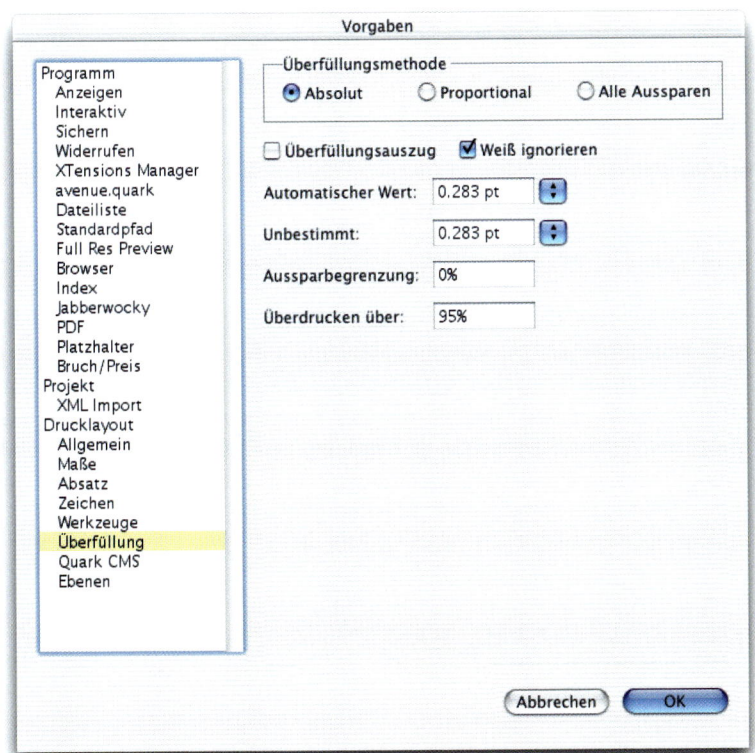

Abbildung 16.9
Überfüllungsvorgaben in
den Voreinstellungen von
XPress

Überfüllung im Grafikprogramm

Im Gegensatz zu einem Layoutprogramm ist das Überfüllen in einem Grafikprogramm wie Illustrator oder FreeHand hauptsächlich mit Handarbeit verbunden.
Eine Fläche, die gegen ihren Hintergrund *überfüllt* werden soll, wird in der Regel
um ein zusätzliches Linienelement in der gleichen Farbe wie die Fläche ergänzt
und als überdruckend definiert.

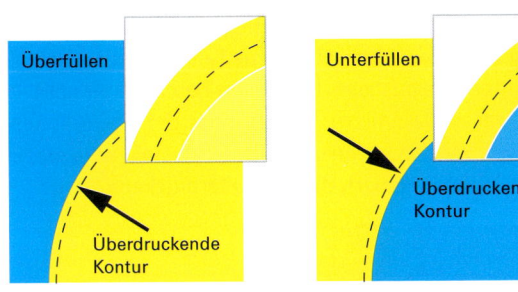

Abbildung 16.10
Manuelles Über- und
Unterfüllen in einem
Grafikprogramm

Soll eine Fläche gegen ihren Hintergrund *unterfüllt* werden, erhält die überdruckende Linie die Farbe des Hintergrundes.

Abbildung 16.11
In der Attribute-Palette von
Illustrator wird das zusätzliche Linienelement als
überdruckende Kontur
definiert.

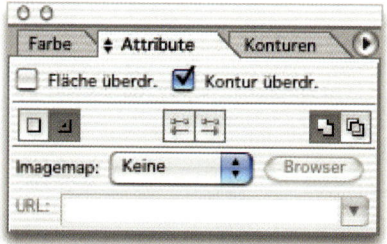

Vorsicht ist geboten beim Definieren der Strichstärke! Da Grafikprogramme Linien grundsätzlich von der Mitte her aufbauen, muss man den Überfüllungs-wert immer verdoppeln, da nur die Hälfte der Linie als Überlappung wirkt. Lautet der Überfüllungswert nach Angabe der Druckerei zum Beispiel 0,2 pt, muss infolgedessen die Strichstärke 0,4 pt betragen, denn die eine Hälfte der Linie bzw. Kontur liegt außerhalb des Objekts und somit über dem Hintergrund und die andere Hälfte liegt innerhalb des Objekts selbst.

Abbildung 16.12
Beim Anwenden einer
Überfüllungslinie auf ein
Objekt wirkt nur die eine
Hälfte der Linie als Über-
lappung.

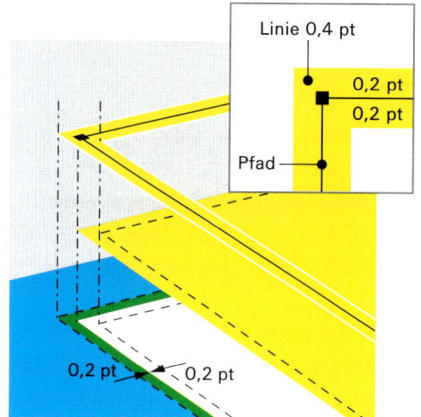

Für spezielle Situationen wie partielle Übergriffe oder wenn ein Objekt über zwei oder mehr verschiedenfarbigen Hintergrundflächen liegt, wird das manuelle Anlegen von Überfüllungen schon schwieriger. Für solche Fälle halten auch Illus-trator und FreeHand einen Automatismus zum Überfüllen bereit (PATHFINDER → ÜBERFÜLLEN oder XTRA-FUNKTIONEN → ÜBERFÜLLEN...). Hier muss der Überfüllungs-wert natürlich nicht verdoppelt werden, denn anstelle einer Linie wird damit automatisch eine zusätzliche Fläche generiert, die auf »Überdrucken« steht.

Abbildung 16.13
Partielle Überfüllung

Partielle Überfüllung (Effekt stark übertrieben dargestellt)

Je nach Druckverfahren gilt es auch, die Unregelmäßigkeiten und die spezifische Ausdehnung des Bedruckstoffs durch unterschiedliche Überfüllungsstärken in horizontaler und vertikaler Richtung auszugleichen. Die Option HÖHE/BREITE in der Palette PATHFINDER-ÜBERFÜLLEN von Illustrator CS2 beispielsweise dient dazu, die horizontale Überfüllungsstärke in Bezug zur vertikalen Überfüllungsstärke (100 %) durch Angabe eines Prozentwerts zu erhöhen (> 100 %) oder zu verringern (< 100 %). Gibt man 100 % ein, ergibt sich sowohl für die horizontale als auch für die vertikale Überfüllung die gleiche Stärke.

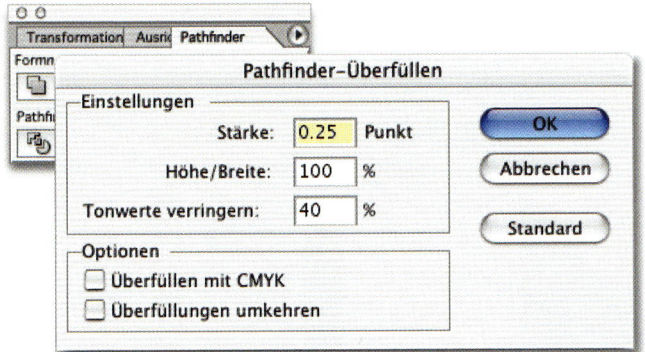

Abbildung 16.14
Unterschiedliche Überfüllungsstärken werden in der PATHFINDER-Palette von Illustrator definiert.

Überfüllen von Halbtonbildern

In der Bildbearbeitung kann man sich beim Thema Überfüllung ganz ruhig zurücklehnen und sich freuen, dass man damit nichts zu tun hat. Denn normale Halbtonbilder müssen nicht überfüllt werden. Durch die lückenlose und gleichmäßige Verteilung der Tonwerte in allen Farbauszügen kann es bei Passerdifferenzen nie zu einer unbedruckten und somit papierweißen Stelle bzw. einem Blitzer kommen.

Wieder etwas anders sieht es aber aus, wenn Teile von einem Bild vollständig mit einer Sonderfarbe gefüllt werden. An den Stellen, an denen das Bild und die Sonderfarbe aufeinandertreffen, kann es durchaus im späteren Druck zu einem unschönen Blitzer kommen. Um das zu verhindern, sollte man die Sonderfarbe an den kritischen Stellen überfüllen. Photoshop hält dazu die Option ÜBERFÜLLEN im Menü BILD bereit. Zum Überfüllen muss der Sonderfarben-Kanal aktiviert werden, alle übrigen Bildkanäle müssen sichtbar (eingeblendet) sein. Nur so funktioniert die Überfüllungsoption korrekt. Werden die Bildkanäle irrtümlicherweise auch aktiviert, kann das zu gänzlich unerwarteten Ergebnissen führen!

Der andere Lösungsweg besteht darin, den Sonderfarben-Kanal zu aktivieren (die anderen Kanäle ausblenden) und den Filter DUNKLE BEREICHE VERGRÖSSERN (Menü FILTER → SONSTIGE FILTER) anzuwenden. Dieser Filter erlaubt mit der Option RADIUS die Eingabe einer Anzahl Pixel zum Vergrößern der dunklen Bereiche (welche die Sonderfarbe repräsentieren). Im Gegensatz zur partiell wirkenden Überfüllungsoption wächst hier die Fläche allerdings auf allen Seiten gleichmäßig, was vielleicht nicht unbedingt erwünscht ist.

Abbildung 16.15
Überfüllen eines Halbton-
bildes in Photoshop mit
der Option ÜBERFÜLLEN im
Menü BILD

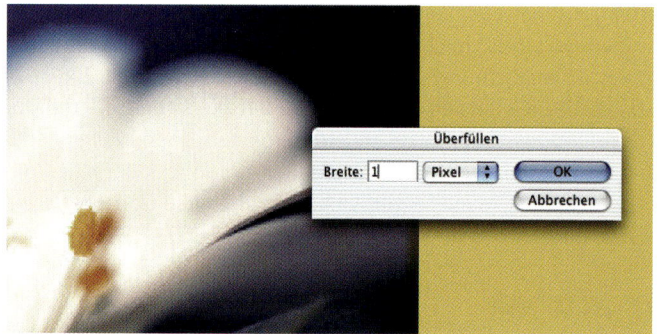

Abbildung 16.16
Überfüllen eines
Halbtonbildes mit dem
Filter DUNKLE BEREICHE
VERGRÖßERN

Standard-Überfüllungsregeln

▸ Alle Farben werden zu Schwarz überfüllt.

▸ Hellere Farben werden zu dunkleren überfüllt.

▸ Gelb wird zu Cyan, Magenta und Schwarz überfüllt.

▸ Reines Cyan und reines Magenta werden zu gleichen Teilen überfüllt.

Farbhelligkeit beim Überfüllen

Das Trapping erfolgt also grundsätzlich immer auf Basis der helleren Farbe.
Sämtliche Überfüllungsautomatismen bewerten nebeneinander liegende Farben
aufgrund ihrer neutralen Dichte. Wird manuell überfüllt, erfolgt demnach zuerst
eine Bewertung der Farbhelligkeit, was nicht immer ganz eindeutig ist, denn
unser physiologisches Hellempfinden einer Farbe weicht oft von der tatsächlichen Helligkeit einer Farbe ab. Ein »Messinstrument« zum Ermitteln der Farbhelligkeit steht in XPress im Menü BEARBEITEN → FARBEN... → BEARBEITEN zur Verfügung. Im HSB-Modell kann hier jede Farbe (außer Cyan, Magenta, Gelb,
Schwarz, Weiß) auf ihren Helligkeitswert überprüft werden.

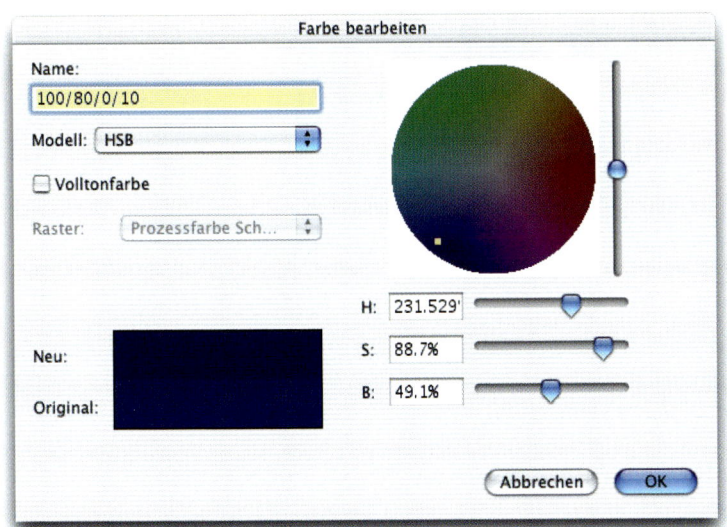

Abbildung 16.17
Ermitteln des Helligkeits-
werts einer Farbe im HSB-
Modell mithilfe von FARBE
BEARBEITEN in QuarkXPress

In Illustrator kann der Befehl FILTER → FARBEN → IN GRAUSTUFEN KONVERTIEREN vorübergehend sehr hilfreich sein, um zu bestimmen, welche Farbe heller ist. Anschließend lässt sich dieser Schritt mit Befehl-Z gleich wieder unschädlich machen.

Abbildung 16.18
Mit dem Filter IN GRAUSTU-
FEN KONVERTIEREN lassen
sich in Illustrator Helligkeitswerte abgleichen.

Bei den Prozessfarben Cyan, Magenta und Gelb kann man davon ausgehen,
dass sie im Vergleich zu den Sekundärfarben Rot, Grün und Blau heller sind.
Schwieriger wird es bei den Primärfarben Cyan und Magenta, denn sie wirken
bei 100 % Deckkraft praktisch gleich hell, was beim Überfüllen – das in der Regel
zu gleichen Teilen erfolgt – zu einer dunkelblauen, visuell auffälligen und gut
erkennbaren Outline führt.

Abbildung 16.19
Spezifische Überfüllungs-
farben verhindern augen-
fällige Outlines.

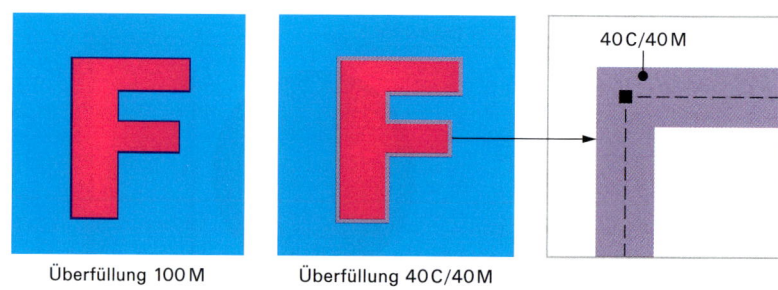

Überfüllung 100 M   Überfüllung 40 C/40 M

In solchen und ähnlichen Fällen ist es daher besser, eine spezifische Überfüllungsfarbe zu verwenden (zum Beispiel 40 % C und 40 % M) oder die Deckkraft
der Überfüllung zu vermindern.

Spezielle Überfüllungsfarben

Manche Situationen, wie beispielsweise das Aufeinandertreffen von zwei besonders kräftigen CMYK-Farben, erfordern eine spezielle Überfüllungsfarbe, die auf
gemeinsamen Farbkomponenten basiert. Dazu werden zuerst die prozentualen
CMYK-Anteile von Vorder- und Hintergrundfarbe ermittelt. Alle Farbwerte, die in
der helleren Farbe höher sind als in der dunkleren, werden als Komponenten für
die neue Überfüllungsfarbe gewählt.

	C	M	Y	K	
Vordergrundobjekt	0	20	95	10	Helleres Objekt
Hintergrundobjekt	100	40	60	8	Dunkleres Objekt
Überfüllungsfarbe	0	0	95	10	

Überfüllen mit einem Tonwert

Beim Überfüllen von zwei hellen Objekten kann sich bedingt durch die dunklere
der beiden Farben eine augenfällige Outline bilden. Wird beispielsweise ein hell-
gelbes Objekt gegen einen hellblauen Hintergrund überfüllt, entsteht möglicherweise im Überlappungsbereich eine hellgrüne, gut sichtbare Kante. Um solche
störenden Effekte besser zu kontrollieren, wird in der Praxis oft nur mit einem
Tonwert der Überfüllungsfarbe gearbeitet, den man vorzugsweise von der Druckerei in Erfahrung bringt.

Überfüllen von Prozessfarben

Das Überfüllen von zwei Prozessfarben ist nicht in jedem Fall erforderlich. Nicht
notwendig ist beispielsweise das Überfüllen von zwei Prozessfarben, die über
genügend gemeinsame Farbkomponenten verfügen, da es hier bei Passerdifferenzen unter keinen Umständen je zu papierweißen Blitzern kommen kann. Die
dabei auftretende Farbe zwischen den Objekten wird sich – aufgrund gemeinsa-
mer Komponenten – nur unwesentlich von den beiden Objektfarben unterscheiden. In Anbetracht dieser Tatsache könnte man also bereits beim Erstellen einer

Grafik oder Illustration daran denken, die verwendeten Farben so zu definieren, dass sie zumindest eine gemeinsame Farbkomponente aufweisen. Besonders bei Illustrationen mit zahlreichen kleinen farbigen Objekten oder feinen farbigen Linien (zum Beispiel Stadtpläne) lässt sich damit Zeit raubendes Über- oder Unterfüllen von vornherein vermeiden.

Ebenso erübrigt sich auch das Überfüllen von zwei besonders hellen Objektfarben, die nahe dem Papierweiß sind.

Notwendig sind Überfüllungen hingegen bei allen erdenklichen Farbkonstellationen, die keine gemeinsamen Farbkomponenten aufweisen. Dazu gehören insbesondere alle reinen Prozessfarben (CMY) und alle Sonderfarben wie Pantone oder HKS. Auch in Fällen, in denen Vorder- und Hintergrundfarbe abwechselnd jeweils einen wesentlich höheren Anteil einer Farbkomponente aufweisen als die andere, ist ein Überfüllen notwendig.

Überfüllen von Sonderfarben

Sonderfarben wie Pantone oder HKS müssen grundsätzlich immer überfüllt werden, da sie als fertig gemischte Schmuckfarben nie über gemeinsame Farbkomponenten verfügen.

Überfüllen von Text, Linien und Verläufen

Überfüllen von Text – mit Ausnahme von besonders großen Schriftgraden – ist in den meisten Fällen eine heikle Angelegenheit; die Strategie dazu sollte wohlüberlegt sein. Bei gewöhnlichem schwarzen Mengensatz über einem farbigen Hintergrund ist Überdrucken die einzige richtige Lösung – was auch für feine schwarze Linien gilt. Farbiger Text mit Schriftgraden bis zu 24 pt sowie besonders kleine Objekte bis etwa 3,5 mm Kantenlänge bzw. Durchmesser sollten vorzugsweise ausgespart werden, um zu verhindern, dass die kleinen Buchstaben- und Objektformen durch Überfüllen bis zur Unleserlichkeit oder Unkenntlichkeit verunstaltet werden. Man könnte sich auch überlegen, ob farbiger Text eventuell sogar den Hintergrund überdrucken soll. Sofern gemeinsame Farbkomponenten zwischen Vorder- und Hintergrund vorhanden sind, fällt eine geringe Farbabweichung durch Überdrucken unter Umständen weniger ins Gewicht, als wenn unschöne Blitzer durch Aussparen entstehen. Gemischte Prozessfarben sollte man ohnehin besser nie auf kleine Schriftgrade (oder besonders feine Linien) anwenden, da schon geringste Passerdifferenzen die Lesbarkeit des Textes beeinträchtigen können. Große Schriftgrößen kann man dagegen problemlos wie jedes andere grafische Objekt überfüllen, ohne dass die Buchstabenformen zu stark verzerrt werden. Schrift sollte aber grundsätzlich nie unterfüllt werden, und die Linienkonturen sollten immer dieselbe Farbe erhalten wie die Schriftfüllung.

Eine weitere Möglichkeit besteht darin, große Schriftgrade in Zeichenwege bzw. Pfade zu konvertieren und anschließend zu duplizieren. Das Duplikat wird weiß gefüllt und hinter dem Original angeordnet. Die Schriftzeichen im Vordergrund werden nun proportional um den (einfachen) Überfüllungswert skaliert bzw. geringfügig vergrößert und als überdruckend definiert. Diese etwas andere

Methode des Überfüllens kann auch bei dünnen Linien oder besonders kleinen Objekten angewendet werden, die durch Hinzufügen einer zusätzlichen Konturlinie zu stark in ihrer Form verändert werden. Diese Methode eignet sich übrigens auch hervorragend dazu, um einen Verlauf zu überfüllen. Im Unterschied zu einem Schriftzeichen würde man in diesem Fall aber den Verlauf nach dem Erstellen eines Duplikats eins zu eins belassen und das dahinter angeordnete, weiße Duplikat um den (einfachen) Überfüllungswert an allen Seiten verkleinern. Aber auch für das Überfüllen eines Verlaufs stehen noch weitere Methoden zur Wahl. Sofern der Verlauf über einem einfarbigen Hintergrund steht, kann man ihn durch Hinzufügen einer Kontur in der Farbe des Hintergrundes auf einfache Weise unterfüllen. Eine elegante Lösung bei einem mehrfarbigen Hintergrund besteht darin, dass man eine hinzugefügte Kontur (in der Stärke des doppelten Überfüllungswertes) in einen Pfad konvertiert und dieser schmalen Fläche denselben Verlauf zuordnet (in Illustrator mit der Pipette) und als überdruckend definiert. Sind die beiden Verläufe einmal nicht ganz passend bzw. deckungsgleich zueinander, wählt man beide Objekte aus und bearbeitet sie gleichzeitig mit dem Verlaufswerkzeug. In der Druckvorstufe sollte man allerdings an angelieferten Kundendaten nicht eigenmächtig Veränderungen vornehmen und bevorzugt eine der anderen Methoden wählen, um damit die Integrität der Kundendaten zu wahren.

Abbildung 16.20
Überfüllen von Textlinien
und Verläufen

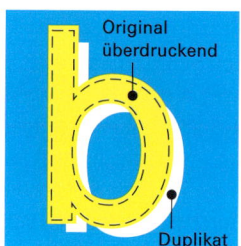

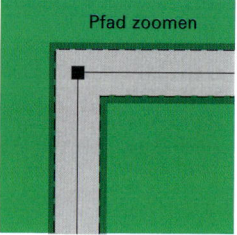
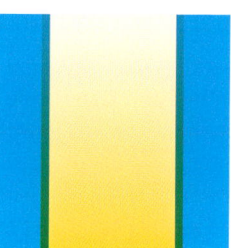

Schrift in Pfade konvertieren   Überfüllen dünner Linien   Überfüllen von Verläufen

Achtung, Falle!

Sind alle Über- oder Unterfüllungen im Grafikprogramm sauber und korrekt angelegt und ist das EPS für die Platzierung im Layout gespeichert, geht man normalerweise davon aus, dass nun im Druck bestimmt nichts mehr schief läuft!

Natürlich ist es absolut notwendig, sämtliche Überfüllungen bereits in der Grafikapplikation in die Illustration einzuflechten, bevor man die Datei als EPS abspeichert und im Layout platziert. Denn Layoutprogramme überfüllen grundsätzlich nur ihre eigenen Objekte und niemals solche in einer EPS-Datei! Dennoch sollte man keinesfalls der Versuchung erliegen, ein EPS mit Überfüllungen im Layout zu skalieren, denn dadurch werden zwangsläufig auch alle Über- oder Unterfüllungen proportional in ihren Abmessungen verändert. Das kann bei starker Vergrößerung zu hässlichen und augenfälligen Konturen führen oder bei starker Verkleinerung zu einer untauglichen Überfüllung, die nicht in der Lage ist, die Passerdifferenzen aufzufangen.

EPS-Dateien, die Überfüllungen enthalten, sollten unbedingt in der richtigen Endgröße vorbereitet werden, da sie in einem gewissen Sinne schon fast geräteabhängig sind.

In XPress werden Überfüllungsparameter immer in die Ausgabedatei geschrieben; sofern Farbauszüge ausgegeben werden, sind die Parameter auch tatsächlich vorhanden. Wird hingegen eine Composite-Datei erzeugt, fügt XPress zwar ordnungsgemäß für jedes Objekt einen Überfüllungsbefehl hinzu, doch wird dieser von den meisten RIPs einfach ignoriert. Konvertiert man anschließend eine solche PostScript-Composite-Datei in ein PDF, ist von diesen Überfüllungskommentaren gar nichts mehr vorhanden, was laut PDF-Spezifikation von Adobe auch absolut korrekt ist, denn eine PDF-Datei sollte grundsätzlich keine gerätespezifischen Parameter enthalten. Somit muss aber die Möglichkeit vorhanden sein, das Trapping von PDF-Dateien kurz vor der Belichtung im RIP durchzuführen; dies wird als so genanntes *InRIP-Trapping* bezeichnet.

Überfüllungswerte

Genaue Überfüllungswerte sollte man vorzugsweise bei der Druckerei, die für den späteren Auflagendruck zuständig ist, erfragen. Als Richtwerte für den Offsetdruck sind die nachfolgend aufgeführten Angaben zu betrachten. Die niedrigeren Werte gelten für extrem registergenaue Druckmaschinen, die maximal eine halbe Rasterpunktlinie Passerdifferenz aufweisen.

Rasterfrequenz		Überfüllungswert	
lpi	L/cm	pt	mm
65	26er	0,55 / 2,20	0,20 / 0,78
100	40er	0,36 / 1,44	0,13 / 0,51
133	54er	0,27 / 1,08	0,10 / 0,39
150	60er	0,24 / 0,96	0,08 / 0,34
200	80er	0,18 / 0,72	0,06 / 0,25

Aus der Tabelle wird ersichtlich, dass bei zunehmender Rasterfrequenz die Überfüllungswerte geringer werden, was beim höheren Wert etwa zwei Rasterpunktlinien und beim niedrigeren Wert einer halben Rasterpunktlinie Registertoleranz entspricht. Die Werte zwischen Minimum und Maximum variieren je nach Druckmaschine. Für den Bogenoffsetdruck mit einem 60er-Raster gelten nicht selten Werte zwischen 0,08 bis 0,10/0,12 mm, für den Rollenoffsetdruck Werte zwischen 0,08 bis 0,15 mm. Druckverfahren wie Flexo- oder Siebdruck erfordern in der Regel höhere Werte.

16.2 InRIP-Trapping

Moderne PostScript-3-RIPs bieten optional ein zusätzliches Modul, das es erlaubt, das Trapping erst kurz vor der Ausgabe im RIP zu generieren. Die Vorteile liegen klar auf der Hand: Weder Designer noch Layouter brauchen sich dadurch um die korrekten Überfüllungen zu kümmern. Das Verlagern des Trappings an das Ende der gesamten Produktionskette bietet darüber hinaus auch den Vorteil, dass zu diesem Zeitpunkt das genaue Druckverfahren bekannt ist, womit sich der gleiche Datenbestand problemlos auch für weitere Druckverfahren an die entsprechenden Ausgabebedingungen anpassen lässt. Denn die meisten Überfüllungsverfahren schreiben diese zusätzlichen überdruckenden Seitenelemente »hart« in die PostScript-Seitenbeschreibung; sie werden dadurch zum festen Bestandteil der Datei, die später weder gelöscht noch verfahrensspezifisch angepasst werden können. Wurden beispielsweise falsche Überfüllungen verwendet oder soll die Seite zum Beispiel im Flexodruck statt im Offsetdruck ausgegeben werden, lassen sich die Überfüllungen nicht mehr ändern.

Obschon das InRIP-Trapping die Möglichkeit bietet, durch Eingabe der Parameter die Überfüllung genau zu steuern, lässt sich das vom RIP erzeugte Überfüllungsergebnis in der Regel nicht mehr manipulieren und objektspezifisch auf besondere Anforderungen hin optimieren. Möglich sind hingegen so genannte *Überfüllungszonen (Trapping Zones),* die von den Grundeinstellungen abweichende Überfüllungsparameter erhalten können, um individuell oder gar nicht getrappt zu werden. Objektbezogenes Überfüllen ist damit allerdings nicht möglich. In dieser Hinsicht bieten einige Acrobat Plug-ins (im Rahmen eines PDF-Ausgabeworkflows) – wie beispielsweise *SuperTrap* von Heidelberg – zahlreiche Möglichkeiten, um Überfüllungen individuell zu verändern.

16.3 Überdrucken

Das Überdrucken von Farben anstelle des Aussparens – das zudem die unschönen Blitzer vermeidet – kann vom Designer bewusst in die farbliche Gestaltung mit einbezogen werden. Es kann aber auch passieren, dass eine Farbe unbeabsichtigt als überdruckend definiert wurde und der Effekt somit völlig ungewollt ist.

Die Mischfarbe aus Vorder- und Hintergrundfarbe, die sich ergibt, wenn zwei Objekte im Grafik- oder Layoutprogramm übereinander liegen (Fläche, Linien, Text) und das im Vordergrund liegende als überdruckend definiert ist, kann oft am Bildschirm nicht korrekt dargestellt werden (je nach Software). Übereinander druckende Objekte werden auch von den meisten Farbdruckern und Proofgeräten nicht korrekt dargestellt und sind somit auch nicht ersichtlich. So kann man durchaus sehr unangenehme Überraschungen im späteren Auflagendruck erleben, wenn ein Objekt fälschlicherweise als überdruckend definiert ist. Zum Glück bieten aber die aktuellsten Adobe-Programme Illustrator (ab Version 9), Acrobat (ab Version 5) und InDesign (ab Version 2) eine sehr hilfreiche Überdrucken-Vorschau, die das Ergebnis einer Adobe-InRIP-Separation simuliert.

  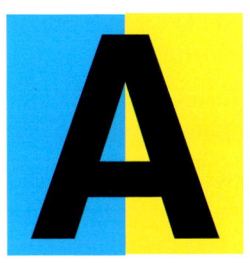

Abbildung 16.21
Überdrucken als
gestalterisches Element

Aussparen	Überdrucken	Überdrucken

Überdruckendes Schwarz

Sinnvoll ist in den meisten Fällen das Überdrucken von schwarzen Elementen (wie beispielsweise Text oder feine Linien). Damit haben Blitzer von vornherein keine Chance, und zudem wird auch die Sättigung von Schwarz durch die zusätzlichen Farbkomponenten erhöht. Was bei kleinen Schriftgraden gut ist, kann bei großen Schriften aber durchaus sehr störend wirken. Zahlreiche Treiber und RIPs verfügen über eine Option, um schwarze Objekte automatisch überdruckend auszugeben, was aber in gewissen Fällen nicht unbedingt erwünscht ist, weshalb ein objektbezogenes Definieren von überdruckenden oder aussparenden schwarzen Elementen sehr nützlich ist. Wie bereits erwähnt, ist das Verhalten beim Überdrucken bei einer Host-basierten Separation nicht genau gleich wie bei einer InRIP-Separation.

Überdrucken in der InRIP-Separation (PostScript Level 2)

Der mit PostScript Level 2 und PDF 1.2 (Acrobat 3) eingeführte Operator »setoverprint« ist zuständig dafür, ob ein bestimmtes Objekt überdruckt oder ausgespart wird. Die vom Anwender definierten Überdrucken-Informationen, können zwar durchaus sauber in der PostScript- oder PDF-Datei stehen (sofern im Distiller ÜBERDRUCKEN BEIBEHALTEN im Register ERWEITERT aktiviert wurde), sie sind aber noch keine Garantie dafür, dass sie bei einer InRIP-Separation nicht einfach ignoriert werden. Das hat zur Folge, dass die einmal als überdruckend definierten Objekte bei der Ausgabe einfach ausgespart werden. Besonders bei Verwendung eines Adobe-Interpreters ist mit unliebsamen Überraschungen zu rechnen. Die von Adobe definierten Normen für die InRIP-Separation bezüglich Überdrucken-Verhalten stoßen in der grafischen Industrie – die beim Überdrucken besondere Wünsche hat – auf wenig Gegenliebe. In dieser Norm sind beispielsweise bestimmte Farbraumkombinationen festgelegt, die sich generell nicht überdrucken, das heißt sie werden standardmäßig ausgespart:

▸ Überdruckendes CMYK-Objekt (DeviceCMYK) vor einem CMYK-Objekt (DeviceCMYK)

▸ Überdruckender CMYK-Verlauf (DeviceCMYK) vor einem CMYK-Objekt (DeviceCMYK)

▸ Überdruckende CMYK-Bilddaten (DeviceCMYK) vor einem CMYK-Objekt (DeviceCMYK)

- ▸ Überdruckende Graustufen (DeviceGray) vor einem CMYK-Objekt (DeviceCMYK)

- ▸ Überdruckendes RGB-Objekt (DeviceRGB) vor einem CMYK-Objekt (DeviceCMYK)

Harlequin-Interpreter von Global Graphics hingegen bieten diesbezüglich eine größere Fexibilität bei der Ausgabe. Das birgt aber den großen Nachteil in sich, dass ein bestimmtes Dokument auf dem Belichter X anders ausgegeben wird als auf dem Belichter Y.

Das Verhalten, vor dem Auftragen immer zuerst alle vier Prozessfarben-Kanäle (CMYK) zu löschen bzw. auszusparen, betrifft neben dem Prozessfarbraum grundsätzlich alle nicht vom Gerät direkt unterstützten Farbräume, wie zum Beispiel DeviceRGB oder DeviceGray (siehe Kapitel 8, Abschnitt »Device-Farbräume«). Selbst dann wird ausgespart, wenn Überdrucken explizit definiert ist. Ausgenommen von dieser Regel sind alle Sonderfarben. Sowohl Separation-Farbräume als auch DeviceN-Farbräume überdrucken erwartungsgemäß (siehe Kapitel 10, Abschnitt »Sonderfarben in PostScript«). Auch beim Überdrucken von DeviceCMYK-Objekten bleiben die Sonderfarben-Kanäle unangetastet und werden niemals gelöscht.

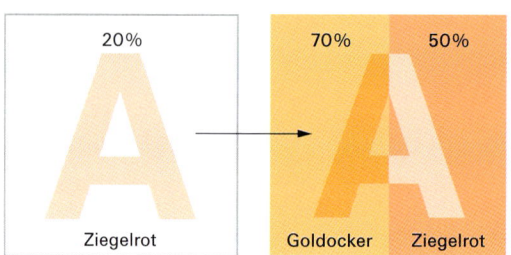

Abbildung 16.22
Überdrucken von zwei
Sonderfarben

Überdrucken von zwei Sonderfarben (mit CMYK simuliert)

Die beiden Werte von 50 % und 20 % Ziegelrot werden also nicht etwa addiert zu 70 % Ziegelrot. Denn das vorherige Löschen eines Farbkanals bezieht sich dabei immer nur auf den Farbkanal, der selbst wieder Farbe aufträgt. In diesem Fall 20 % Ziegelrot. Eine Farbmischung entsteht hingegen bei 70 % Goldocker und 20 % Ziegelrot, wobei die 70 % Goldocker unangetastet stehen bleiben und von den 20 % Ziegelrot überdruckt werden.

Überdrucken in PostScript Level 3

Dieses an sich wenig erwünschte Überdrucken-Verhalten bei der InRIP-Separation kann nun seit der Einführung eines zusätzlichen Operators in PostScript nach Bedarf geändert werden. Der zuerst in Illustrator eingeführte *Overprint Mode (OPM)* – was ihm auch den Namen »Illustrator-Überdrucken-Modus« eintrug – wurde auch in PDF 1.3 integriert und später in PostScript Level 3 (Revision 3015) übernommen. Die Urfassung von PostScript Level 3 verfügte noch nicht über den OPM.

Illustrator-Überdrucken-Modus (OPM)

Der Illustrator-Überdrucken-Modus bestimmt darüber, wie sich ein DeviceCMYK-Objekt verhält, bei dem ÜBERDRUCKEN aktiviert ist und das über ein Objekt in Prozessfarben gedruckt wird. Er hat aber grundsätzlich keine Auswirkungen auf überdruckende Objekte in anderen Farbräumen und ebenso wenig auf Objekte, bei denen ÜBERDRUCKEN nicht explizit definiert ist. Das heißt ein überdruckendes CMYK-Objekt wird nur dann tatsächlich überdruckt, wenn gleichzeitig der Overprint Mode aktiviert ist (OPM 1). Ist der Overprint Mode nicht aktiviert (OPM 0), wird auch nicht überdruckt, selbst wenn das Objekt als überdruckend definiert ist. Ebenso wenig gilt er für Bilder (Halbton- und Bitmap-Bilder) oder für Verläufe, die als *Smooth Shades* (weiche Verläufe) codiert sind. »Smooth Shades« zählt ebenfalls zu den neuen Befehlen in PostScript Level 3.

Das Überdrucken mit aktiviertem OPM ist dabei folgendermaßen geregelt: Alle CMYK-Komponenten des Hintergrundobjekts, die im überdruckenden Element nicht vorkommen (also deren Werte im Vordergrundelement 0 % betragen), bleiben in diesem Fall unangetastet stehen. Beträgt der Wert einer CMYK-Komponente im überdruckenden Element hingegen mehr als 0 %, werden die entsprechenden Farbkomponenten des Hintergrundobjekts zuerst gelöscht und anschließend mit den Werten des Vordergrundelements gefüllt. Das Löschen eines Farbkanals im Vordergrundobjekt bezieht sich also immer nur auf Kanäle, die 0 % sind, wobei immer alle vier Komponenten zum Tragen kommen. So würde also bereits ein Wert von 0,1 % im überdruckenden Objekt genügen, um zu verhindern, dass der entsprechende Farbkanal vor dem Auftragen zuerst gelöscht wird. Dieses Verhalten könnte man folglich ganz gezielt einsetzen, um dadurch ganz bestimmte Überdrucken-Ergebnisse zu erhalten.

> **Achtung**
>
> Der OPM wirkt allein auf Vektorgrafiken, Text und Masken (Imagemask) in DeviceCMYK!

Hintergrund 80/50/0/10   Stern = OPM 1

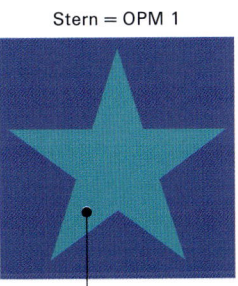

Objekt 0/5/20/0   Objekt 80/5/20/10

Abbildung 16.23
Prinzip des Überdruckens bei aktiviertem OPM (OPM 1)

Hintergrundobjekt	Vordergrundobjekt (OPM 1)	Überdruckfarbe
C 80	C 0	C 80
M 50	M 5	M 5
Y 0	Y 20	Y 20
K 10	K 0	K 10

Überdrucken in der OnHost-Separation

Neben der InRIP-Separation, die hauptsächlich in einem PDF-Workflow mit unseparierten Daten zwingend eingesetzt werden muss, gibt es aber nach wie vor das traditionelle Verfahren der OnHost-Separation, die nach Technote 5044 (von Adobe) erfolgt. Hier ist die Anwendungssoftware zuständig für die Separation der Daten. Doch nicht nur die Art des Separationsverfahrens, sondern auch das Verhalten beim Überdrucken unterscheidet sich von einer InRIP-Separation. So werden überdruckende CMYK- (DeviceCMYK) oder Graustufen-Objekte (Device-Gray) vor CMYK-Objekten erwartungsgemäß überdruckend ausgegeben.

Überdrucken verschiedener Farbräume

Das Thema Überdrucken ist noch lange nicht erschöpft, und der CMYK-Farbraum macht nur einen Teil der möglichen Farbräume und Farbraumkombinationen aus – auch im Zusammenwirken mit verschiedenen Objekten. Ich habe deshalb nachfolgend zwei der drei Testspalten zum Überprüfen des Überdrucken-Verhaltens eines RIPs aus der Altona Testsuite in einer Tabelle aufgeführt – zusammen mit den korrekten Ergebnissen bei der InRIP-Separation einer PDF/X-Datei mit einem Adobe-Interpreter. Die Ergebnisse betreffen in Tabelle 1 (Abbildung 16.25) nur überdruckende Objekte bei aktiviertem Illustrator-Überdrucken-Modus (OPM 1) und in Tabelle 2 (Abbildung 16.26) überdruckende Objekte bei nicht aktiviertem Illustrator-Überdrucken-Modus (OPM 0).

16.4 Altona Testsuite

Die aus insgesamt drei PDF-Dateien bestehende Altona Testsuite wurde von ECI, FOGRA, Ugra und dem Bundesverband Druck und Medien speziell zum Überprüfen verschiedener Kriterien von digitalen Ausgabesystemen wie Proof-Lösungen oder digitaler und konventioneller Drucksysteme entwickelt. Anderweitig kann die Testsuite aber auch dazu verwendet werden, um einen PDF-Workflow auf Einhaltung der PDF/X-3-Spezifikation bzw. auf PDF/X-3-Kompatibilität hin zu überprüfen sowie auf die Farbgenauigkeit aller Hard- und Softwarekomponenten. Zudem umfasst das Altona-Testsuite-Anwendungspaket auch mehrere Referenzdrucke auf verschiedenen Papiertypen zur visuellen Anpassung von Proof- und Druckausgabe sowie die dazugehörigen ISO-Standardprofile der neusten Version.

Bestandteile der Altona Testsuite

Altona Measure (PDF-1.3-Datei)

Die Datei »Altona Measure« dient zur farbmetrischen und densitometrischen Überprüfung von Ausgabesystemen (digitale Proofdrucker, digitale und konventionelle Drucksysteme) bezüglich Farbwiedergabeverhalten, Farbführung und weiterer Kriterien gemäß Standard-Druckbedingungen nach ISO 12647-2.

Altona Visual (PDF/X-3-Datei)

Die Testdatei »Altona Visual« dient zur visuellen Überprüfung der PDF/X-3-Kompatibilität sowie für den Colormanagement-Workflow und enthält daher neben verschiedenen CMYK- und Sonderfarben-Elementen auch geräteunabhängige CIE-Lab- und RGB-Daten auf ICC-Basis. Anhand der verschiedenen Referenzdrucke, die auf den ISO-Standard-Profilen basieren, lässt sich die Genauigkeit der Farbwiedergabe digitaler Prüfdrucksysteme einstellen.

Altona Technical (PDF/X-3-Datei)

Mit »Altona Technical« steht eine Testform zur Verfügung, um das Überdrucken-Verhalten eines RIPs zu überprüfen. Sie weist nahezu alle erdenklichen Kombinationen an Farbräumen und Seitenelementen (Fläche, Linien, Text, Halbtonbild, Bitmap-Bild, Maske) auf. Als Referenz dient eine InRIP-Separation mit einem Adobe-Interpreter. Zusammen mit einer ausführlichen Dokumentation kann die Testform unter www.eci.org heruntergeladen werden.

Aufbau der Testform »Altona Technical«

Die Hintergrundebene der Testform besteht aus 24 Zeilen (A bis X), die wiederum in zwei Hälften unterteilt sind. Die linke Hälfte besteht nur aus Prozessfarben, und die rechte Hälfte einer Zeile besteht nur aus Sonderfarben (siehe Abbildung 16.24). Die überdruckende Vordergrundebene besteht aus einer Gruppe mit sechs verschiedenen Elementen (Fläche, Linien, Text, Halbtonbild, Bitmap-Bild, Maske), die sowohl über der linken Hälfte mit den Prozessfarben als auch über der rechten Hälfte mit den Sonderfarben überdruckend ausgegeben werden. Diese Elementgruppe ist über sämtlichen Hintergrundzeilen platziert und erhält von Zeile zu Zeile einen anderen Farbraum und andere Farbwerte.

Prozessfarben (CMYK)   Sonderfarben (hier in CMYK simuliert)

Abbildung 16.24
Eine Zeile aus der Testform »Altona Technical«

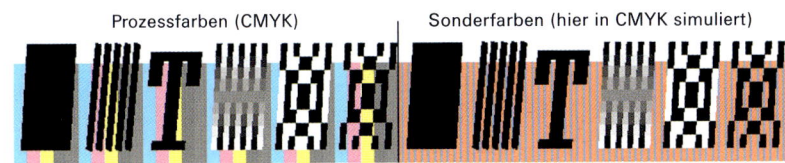

Hintergrund einer Zeile (A bis X) der Testform Altona Technical

Die Abfolge von fünf senkrechten Streifen in Prozessfarben wird sechs Mal wiederholt, um die Gruppe von sechs verschiedenen überdruckenden Elementen auszugeben. Die Abfolge von zwei senkrechten Streifen in Sonderfarben wird hintereinander wiederholt, um alle sechs überdruckenden Elemente der Vordergrundgruppe auszugeben.

Die Elemente der Vordergrundgruppe werden in den nachfolgenden Tabellen mit folgenden Kurzbezeichnungen gekennzeichnet:

Fläche	F
Linien	L
Text	T
Halbton-Bild	HT
Bitmap-Bild	BM
Maske	M

In jeder Zeile verdeutlicht jeweils ein grafisches Symbol bei jedem Vordergrundelement, ob Überdruckeneffekte sichtbar sein sollen oder nicht und wo ein
gemischtes Verhalten auftreten sollte, das heißt nur partiell überdruckt werden
sollte.

Illustrator-Überdrucken-Modus OPM=1　　　　　　　　　　　　　　　　Tabelle 1a

Farbraum (Überdruckendes Element)	Überdruckende Vordergrundelemente über Prozessfarben (PF)					
	F	L	T	HT	BM	M
A DeviceGray, »30% Schwarz«	□	□	□	□	□	□
B DeviceGray, »100% Schwarz«	□	□	□	□	□	□
C Separation Black, »30% Schwarz«	△	△	△	△	△	△
D Separation Black, »100% Schwarz«	△	△	△	△	△	△
E DeviceCMYK, »30% Schwarz«	△	△	△	□	□	△
F DeviceCMYK, »100% Schwarz«	△	△	△	□	□	△
G Separation All, 5% auf jedem Farbauszug	□	□	□	□	□	□
H DeviceGray, »Weiß«	□	□	□	□	□	□
I Separation Black, 0%, »Weiß«	△	△	△	△	△	△
J DeviceCMYK, 0/0/0/0%, »Weiß«	■	■	■	□	□	■
K Separation All, 0%, »Weiß«	□	□	□	□	□	□
L DeviceCMYK, 30/0/0/0%, »30% Cyan«	△	△	△	□	□	△
M Separation Cyan, 30%, »30% Cyan«	△	△	△	△	△	△
N DeviceCMYK, 30/0/50/0%, »helles Grün«	△	△	△	□	□	△
O DeviceCMYK, 30/1/50/1%, »helles Grün«	□	□	□	□	□	□
P DeviceN Cyan+Gelb, 30/50%, »helles Grün«	△	△	△	△	△	△
Q Sonderfarbe MyRed, 30% »Rosa«	■	■	■	■	■	■
R DeviceN SF MyRed+vier Mal »None«, 30/0/30/30/0%	■	■	■	■	■	■
S DeviceN Cyan+SF MyRed, 30/30%, »helles Violett«	△	△	△	△	△	△
T DeviceN SF MyBlue+MyRed, 20/40%, »Altrosa«	■	■	■	■	■	■
U Geräteunabhängiges Grau 0,7, »30% Grau«	□	□	□	□	□	□
V Geräteunabhängiges RGB (ECI-RGB v1.0 .icc) 0,85/0,85/0,5, »gelbliches Grün«	□	□	□	□	□	□
W Geräteunabhängiges Lab (Lab D50) 85/22/22, »helles Pfirsichrosa«	□	□	□	□	□	□
X Geräteunabhängiges CMYK (COMMSPE_POS_ PA1_glossy_PO4), 0/20/40/0%, »helles Orange«	□	□	□	□	□	□

□ Überdrucken darf nicht auftreten　　　△ Partielles Überdrucken　　　■ Es muss überdruckt werden

Abbildung 16.25
Illustrator-Überdrucken-Modus OPM 1

Illustrator-Überdrucken-Modus OPM=1   Tabelle 1b

| | Überdruckende Vordergrundelemente über Sonderfarben (SF) | | | | | |
Farbraum (Überdruckendes Element)	F	L	T	HT	BM	M
A DeviceGray, »30% Schwarz«	■	■	■	■	■	■
B DeviceGray, »100% Schwarz«	■	■	■	■	■	■
C Separation Black, »30% Schwarz«	■	■	■	■	■	■
D Separation Black, »100% Schwarz«	■	■	■	■	■	■
E DeviceCMYK, »30% Schwarz«	■	■	■	■	■	■
F DeviceCMYK, »100% Schwarz«	■	■	■	■	■	■
G Separation All, 5% auf jedem Farbauszug	□	□	□	□	□	□
H DeviceGray, »Weiß«	■	■	■	■	■	■
I Separation Black, 0%, »Weiß«	■	■	■	■	■	■
J DeviceCMYK, 0/0/0/0%, »Weiß«	■	■	■	■	■	■
K Separation All, 0%, »Weiß«	□	□	□	□	□	□
L DeviceCMYK, 30/0/0/0%, »30% Cyan«	■	■	■	■	■	■
M Separation Cyan, 30%, »30% Cyan«	■	■	■	■	■	■
N DeviceCMYK, 30/0/50/0%, »helles Grün«	■	■	■	■	■	■
O DeviceCMYK, 30/1/50/1%, »helles Grün«	■	■	■	■	■	■
P DeviceN Cyan+Gelb, 30/50%, »helles Grün«	■	■	■	■	■	■
Q Sonderfarbe MyRed, 30% »Rosa«	△	△	△	△	△	△
R DeviceN SF MyRed+vier Mal »None«, 30/0/30/30/0%	△	△	△	△	△	△
S DeviceN Cyan+SF MyRed, 30/30%, »helles Violett«	△	△	△	△	△	△
T DeviceN SF MyBlue+MyRed, 20/40%, »Altrosa«	□	□	□	□	□	□
U Geräteunabhängiges Grau 0,7, »30% Grau«	■	■	■	■	■	■
V Geräteunabhängiges RGB (ECI-RGB v1.0 .icc) 0,85/0,85/0,5, »gelbliches Grün«	■	■	■	■	■	■
W Geräteunabhängiges Lab (Lab D50) 85/22/22, »helles Pfirsichrosa«	■	■	■	■	■	■
X Geräteunabhängiges CMYK (COMMSPE_POS_ PA1_glossy_PO4), 0/20/40/0%, »helles Orange«	■	■	■	■	■	■

□ Überdrucken darf nicht auftreten   △ Partielles Überdrucken   ■ Es muss überdruckt werden

Illustrator-Überdrucken-Modus OPM = 0   Tabelle 2a

Farbraum (Überdruckendes Element)	Überdruckende Vordergrundelemente über Prozessfarben (PF)					
	F	L	T	HT	BM	M
A DeviceGray, »30% Schwarz«	☐	☐	☐	☐	☐	☐
B DeviceGray, »100% Schwarz«	☐	☐	☐	☐	☐	☐
C Separation Black, »30% Schwarz«	△	△	△	△	△	△
D Separation Black, »100% Schwarz«	△	△	△	△	△	△
E DeviceCMYK, »30% Schwarz«	☐	☐	☐	☐	☐	☐
F DeviceCMYK, »100% Schwarz«	☐	☐	☐	☐	☐	☐
G Separation All, 5% auf jedem Farbauszug	☐	☐	☐	☐	☐	☐
H DeviceGray, »Weiß«	☐	☐	☐	☐	☐	☐
I Separation Black, 0%, »Weiß«	△	△	△	△	△	△
J DeviceCMYK, 0/0/0/0%, »Weiß«	☐	☐	☐	☐	☐	☐
K Separation All, 0%, »Weiß«	☐	☐	☐	☐	☐	☐
L DeviceCMYK, 30/0/0/0%, »30% Cyan«	☐	☐	☐	☐	☐	☐
M Separation Cyan, 30%, »30% Cyan«	△	△	△	△	△	△
N DeviceCMYK, 30/0/50/0%, »helles Grün«	☐	☐	☐	☐	☐	☐
O DeviceCMYK, 30/1/50/1%, »helles Grün«	☐	☐	☐	☐	☐	☐
P DeviceN Cyan+Gelb, 30/50%, »helles Grün«	△	△	△	△	△	△
Q Sonderfarbe MyRed, 30% »Rosa«	■	■	■	■	■	■
R DeviceN SF MyRed+vier Mal »None«, 30/0/30/30/0%	■	■	■	■	■	■
S DeviceN Cyan+SF MyRed, 30/30%, »helles Violett«	△	△	△	△	△	△
T DeviceN SF MyBlue+MyRed, 20/40%, »Altrosa«	■	■	■	■	■	■
U Geräteunabhängiges Grau 0,7, »30%Grau«	☐	☐	☐	☐	☐	☐
V Geräteunabhängiges RGB (ECI-RGB v1.0 .icc) 0,85/0,85/0,5, »gelbliches Grün«	☐	☐	☐	☐	☐	☐
W Geräteunabhängiges Lab (Lab D50) 85/22/22, »helles Pfirsichrosa«	☐	☐	☐	☐	☐	☐
X Geräteunabhängiges CMYK (COMMSPE_POS_PA1_glossy_PO4), 0/20/40/0%, »helles Orange«	☐	☐	☐	☐	☐	☐

☐ Überdrucken darf nicht auftreten   △ Partielles Überdrucken   ■ Es muss überdruckt werden

Abbildung 16.26
Illustrator-Überdrücken-Modus OPM 0

Illustrator-Überdrucken-Modus OPM = 0   Tabelle 2b

Farbraum (Überdruckendes Element)	F	L	T	HT	BM	M
	Überdruckende Vordergrundelemente über Sonderfarben (SF)					
A DeviceGray, »30% Schwarz«	■	■	■	■	■	■
B DeviceGray, »100% Schwarz«	■	■	■	■	■	■
C Separation Black, »30% Schwarz«	■	■	■	■	■	■
D Separation Black, »100% Schwarz«	■	■	■	■	■	■
E DeviceCMYK, »30% Schwarz«	■	■	■	■	■	■
F DeviceCMYK, »100% Schwarz«	■	■	■	■	■	■
G Separation All, 5% auf jedem Farbauszug	□	□	□	□	□	□
H DeviceGray, »Weiß«	■	■	■	■	■	■
I Separation Black, 0%, »Weiß«	■	■	■	■	■	■
J DeviceCMYK, 0/0/0/0%, »Weiß«	■	■	■	■	■	■
K Separation All, 0%, »Weiß«	□	□	□	□	□	□
L DeviceCMYK, 30/0/0/0%, »30% Cyan«	■	■	■	■	■	■
M Separation Cyan, 30%, »30% Cyan«	■	■	■	■	■	■
N DeviceCMYK, 30/0/50/0%, »helles Grün«	■	■	■	■	■	■
O DeviceCMYK, 30/1/50/1%, »helles Grün«	■	■	■	■	■	■
P DeviceN Cyan+Gelb, 30/50%, »helles Grün«	■	■	■	■	■	■
Q Sonderfarbe MyRed, 30% »Rosa«	△	△	△	△	△	△
R DeviceN SF MyRed+vier mal »None«, 30/0/30/30/0%	△	△	△	△	△	△
S DeviceN Cyan+SF MyRed, 30/30%, »helles Violett«	△	△	△	△	△	△
T DeviceN SF MyBlue+MyRed, 20/40%, »Altrosa«	□	□	□	□	□	□
U Geräteunabhängiges Grau 0,7, »30%Grau«	■	■	■	■	■	■
V Geräteunabhängiges RGB (ECI-RGB v1.0 .icc) 0,85/0,85/0,5, »gelbliches Grün«	■	■	■	■	■	■
W Geräteunabhängiges Lab (Lab D50) 85/22/22, »helles Pfirsichrosa«	■	■	■	■	■	■
X Geräteunabhängiges CMYK (COMMSPE_POS_ PA1_glossy_PO4), 0/20/40/0%, »helles Orange«	■	■	■	■	■	■

□ Überdrucken darf nicht auftreten   △ Partielles Überdrucken   ■ Es muss überdruckt werden

Kapitel 17

17

Digitale Farbe und Datenmenge

17.1 **Datentiefe**

Von Bittiefe, Farbtiefe oder auch Datentiefe spricht man grundsätzlich nur bei digitalen Bilddaten. Ein digitales Bild besteht immer aus einer ganz bestimmten Anzahl quadratischer Bildelemente, den so genannten Pixeln.

In starker Vergrößerung betrachtet, sieht es einem Mosaik, das aus lauter verschiedenfarbigen Steinen zusammengefügt ist, sehr ähnlich. Diese »Steine« in verschiedenen Helligkeitsstufen und Farbtönen (die Pixel) werden bei der Bilderfassung mit einem Scanner oder einer Digitalkamera erzeugt und stellen die kleinste Einheit eines digitalen Bildes dar – die Bildpunkte.

Abbildung 17.1
Unterschiede zwischen analogen und digitalen Bildern

Analoge Bildvorlage

Digitales Bild (stark vergrößert)

Unbestimmte Anzahl Tonwerte und Bildpunkte

Bestimmte Anzahl Tonwerte und Bildpunkte (Pixel)

Eine analoge Halbtonvorlage (wie beispielsweise ein Farbdia, eine Graustufen- oder Farb-Fotografie) umfasst immer eine unbestimmte Anzahl Bildpunkte und Ton- oder Farbwertstufen mit fließenden Tonwertübergängen. Ein digitales Bild hingegen umfasst eine bestimmte Anzahl Bildpunkte (Pixel) und Ton- oder Farbwertstufen. Der CCD-Bildsensor eines Scanners oder einer Digitalkamera (das *Charged Coupled Device*, was so viel bedeutet wie »ladungsgekoppeltes Halbleiterelement«) besteht aus einer großen Anzahl winzig kleiner lichtempfindlicher Fotosensoren, die mit einer ebenso kleinen Speicherzelle (einem Kondensator) gekoppelt sind. Das von einer analogen Vorlage ausgehende Licht (optisches Signal) wird dabei von den Sensorelementen erfasst, die nun proportional zur Beleuchtungsstärke E (siehe Kapitel 2, Abschnitt »Lichttechnische Maßeinheiten«) elektrische Signale oder Spannungen erzeugen und diese unmittelbar in ihrem Kondensator speichern. Diese elektrischen und somit immer noch analogen Spannungsladungen werden über ein so genanntes *Schieberegister* ausgelesen und in serieller Folge dem *A/D-Wandler* (Analog/Digital-Wandler) einzeln zugeführt, der dafür zuständig ist, diese analogen Signale in digitale und für den Computer verarbeitbare Informationen umzuwandeln. Erst im A/D-Wandler erfolgt also der eigentliche Digitalisierungsvorgang, das *Quantisieren* (Sampling) und anschließende Codieren der einzelnen Bildpunkte (Pixel) in eine begrenzte binäre Ziffernfolge; das heißt jedem Bildpunkt wird eine ganz bestimmte Tonwertstufe auf einer Werteskala zugewiesen. Von der Qualität des A/D-Wandlers hängt schließlich die Anzahl der möglichen Tonwertstufen ab, die ein einzelnes Pixel pro Farbkanal haben kann. Die mögliche Anzahl der

Tonwertstufen wiederum ist abhängig von der Länge des erzeugten Binärcodes und wird als *Bittiefe* bezeichnet. Die Aufgabe des A/D-Wandlers besteht also primär darin, die unendliche Anzahl von Tonwertstufen einer analogen Vorlage und somit die unendliche Anzahl von Spannungsladungen einer endlichen und genau definierten Anzahl von Tonwerten zuzuordnen, was durch Runden und Interpolieren des durchschnittlichen Helligkeitswertes eines Pixels auf die nächstliegende Tonwertstufe einer Stufenskala erfolgt. Die Messskala dazu ist zwischen dem minimalen und dem maximalen Wert gleichmäßig abgestuft und kann feiner oder gröber sein, je nach Bittiefe.

Ist nun der A/D-Wandler in der Lage, die Tonwerte eines Pixels mit maximal 8 Bit zu codieren, sind damit 256 unterschiedliche Tonwertstufen möglich. Erfolgt die Codierung mit 10 Bit, sind 1024 Helligkeitsstufen möglich, und mit 12 Bit bereits 4096 Abstufungen. Mit jedem Bit, das zusätzlich zur Verfügung steht, verdoppelt sich die Anzahl möglicher Tonwertstufen pro Pixel und Farbkanal. Gleichzeitig erhöht sich aber auch die Datenmenge. Mit einem einzelnen Bit als kleinste digitale Einheit lassen sich genau zwei Tonwerte codieren (zum Beispiel für ein Strichbild). Mit zwei Bit lassen sich vier Tonwerte und mit drei Bit acht Tonwerte definieren usw.

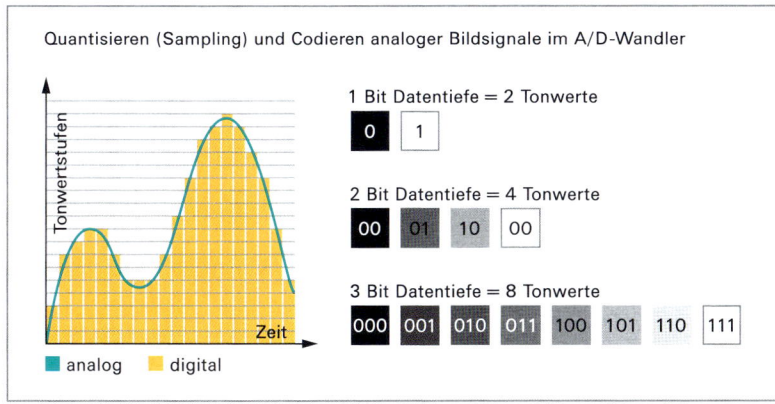

Abbildung 17.2
Quantisieren und Codieren analoger Bildsignale im A/D-Wandler

Bittiefe und Anzahl Tonwertstufen

Anzahl Bit		Anzahl Tonwertstufen	Anzahl Bit		Anzahl Tonwertstufen
1	2^1	2	8	2^8	256
2	2^2	4	9	2^9	512
3	2^3	8	10	2^{10}	1024
4	2^4	16	11	2^{11}	2048
5	2^5	32	12	2^{12}	4096
6	2^6	64	14	2^{14}	16384
7	2^7	128	16	2^{16}	65536

Abbildung 17.3
Bittiefe

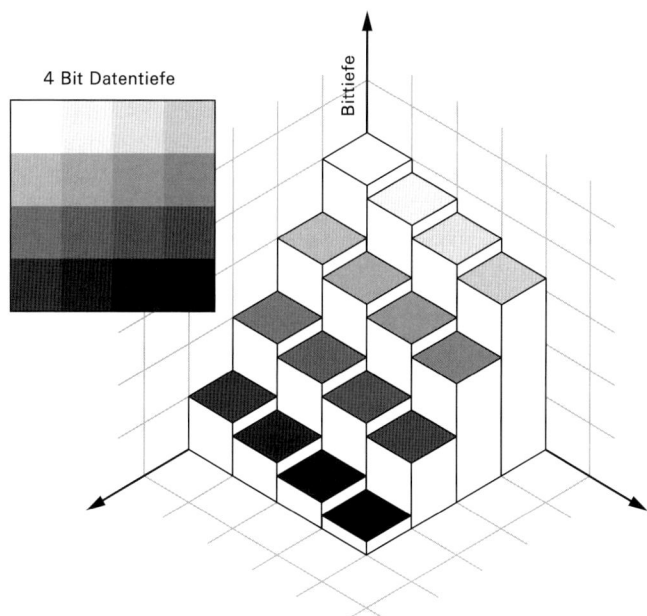

In der Regel genügen eine Datentiefe von 8 Bit für ein Graustufenbild bzw. 256 Tonwertabstufungen für das menschliche Auge, obschon wir in der Lage sind, noch weit mehr Helligkeitsnuancen wahrzunehmen. Das gilt allerdings nur bei wechselnden Betrachtungsbedingungen, wie beispielsweise vom grellen Sonnenlicht zum dunklen Innenraum durch Adaption des Auges (siehe Kapitel 1, Abschnitt »Das menschliche Auge«). Sind die Bedingungen jedoch konstant, liegt das Maximum bereits bei ungefähr 100 Helligkeitsstufen, was einer Bittiefe von etwa 6,5 Bit entspricht.

Digitale Bilddaten werden in den allermeisten Fällen mit 8 Bit Datentiefe pro Kanal verarbeitet und in dieser Form auch an ein Layout- oder Grafikprogramm weitergegeben. Die Bildbearbeitungssoftware Photoshop beispielsweise ist erst seit der Version Photoshop CS in der Lage, Bilddaten mit mehr als 8 Bit Datentiefe pro Kanal (16 Bit) zu verarbeiten. Eine solche Datei lässt sich in älteren Photoshop-Versionen zwar öffnen, doch lassen sich nicht mehr alle Werkzeuge und Funktionen für die Bildbearbeitung uneingeschränkt nutzen. Mit Photoshop CS stehen nun aber alle Funktionen aus dem Menü BILD → BEARBEITEN zur Verfügung, mit Ausnahme von VARIATIONEN. Bei den Filtern sind es vor allem der Scharfzeichnen- und Weichzeichnen-Filter, die besonders von Interesse sind und mittlerweile auch auf Bilddaten mit 16 Bit pro Farbkanal angewendet werden können.

17.2 Farbtiefe

Bei Farbbildern mit mehreren Kanälen spricht man von der *Farbtiefe*. Hier ergeben sich die möglichen Farbnuancen aus der Anzahl der Tonwertstufen pro Kanal
und der Anzahl der Kanäle. Eine Bilddatei im RGB-Modus beispielsweise besteht
aus drei Farbkanälen (Rot, Grün, Blau), und jeder dieser Farbkanäle verfügt zum
Beispiel über 256 mögliche Tonwertstufen (bei 8 Bit). Die Farbtiefe beträgt also
in diesem Fall 24 Bit oder rund 16,7 Millionen Farbnuancen ($256 \times 256 \times 256 = 2^8 \times 2^8 \times 2^8 = 2^{24}$).

Farbtiefe eines 8-Bit-RGB-Bildes (2^{24} = 16,7 Mio. Farbnuancen)

Abbildung 17.4
Farbtiefe eines
8-Bit-RGB-Bildes

8-Bit-Rotkanal (256 TW)   8-Bit-Grünkanal (256 TW)   8-Bit-Blaukanal (256 TW)

Von Flachbett- und Diascannern her kennt man Angaben wie 36, 42 oder 48 Bit
Farbtiefe oder »nur« 10, 12 oder 14 Bit. Diese technischen Angaben der Farbtiefe
sorgen nicht selten für Verwirrung, denn im einen Fall wird damit die Farbtiefe
für alle drei Farbkanäle zusammen angegeben, und im anderen Fall bezieht sie
sich auf nur einen Kanal. Mit Vorsicht zu genießen ist auch die Angabe von 32 Bit
Farbtiefe für eine CMYK-Bilddatei. Sie verfügt zwar über vier Farbkanäle mit je 8
Bit, was rein rechnerisch eine stattliche Anzahl von rund 4 Milliarden Farbnuancen ergibt. Es ist aber nicht so, dass ein von RGB nach CMYK konvertiertes Bild
nun plötzlich eine viel höhere Farbtiefe hätte, was ja eine Qualitätsverbesserung
bedeuten würde. Der vierte Kanal einer CMYK-Datei ist für die Farbe Schwarz
neben Cyan, Magenta und Gelb und hat eine ganz besondere Funktion bei der
Druckausgabe, die aber nicht zur Vergrößerung des Farbumfangs beiträgt (siehe
Kapitel 4, »Der CMYK-Modus«).

16 Bit Farbtiefe

Es stellt sich nun die Frage, in wiefern sich eine größere Datentiefe auf die Qualität einer Bilddatei auswirkt. Die meisten Scanner erfassen Bilddaten mit mehr
als 8 Bit pro Kanal – was übrigens für »Echtfarben« steht (siehe Abschnitt »True-
Color« weiter unten). So erfasst beispielsweise ein 12-Bit-Scanner 4096 mögliche Tonwertstufen pro Kanal. Es ist nahe liegend, dass bei 16 Mal mehr Tonwerten als bei 8 Bit Datentiefe mit 256 Tonwerten wesentlich feiner abgestufte
Tonwertübergänge erzeugt werden, da bereits beim Quantisieren im A/D-Wand-
ler durch die bedeutend feinere Tonwertskala weniger Rundungsfehler entstehen. Da nun jegliche Änderungen der Bildgradation (so genannte *Tonwertkorrekturen*) immer auch zu Tonwertverlusten führen, ist der Spielraum bei 4096

oder mehr Tonwerten wesentlich größer. Stehen von vornherein nur 256 Tonwertstufen pro Kanal zur Verfügung, führt eine Spreizung des Tonwertumfangs unvermeidlich zu Lücken in einem glatten Tonwertverlauf. Das heißt gewisse Tonwertstufen gehen dabei verloren, was unter Umständen zu sichtbaren Abstufungen, zu Flächen ohne Zeichnung bzw. zu so genannter *Posterisierung* führen kann, was man übrigens auch sehr gut im Histogramm – der grafischen Darstellung der Tonwertverteilung im Bild – erkennen kann.

Abbildung 17.5
Histogramm vor der
Tonwertkorrektur

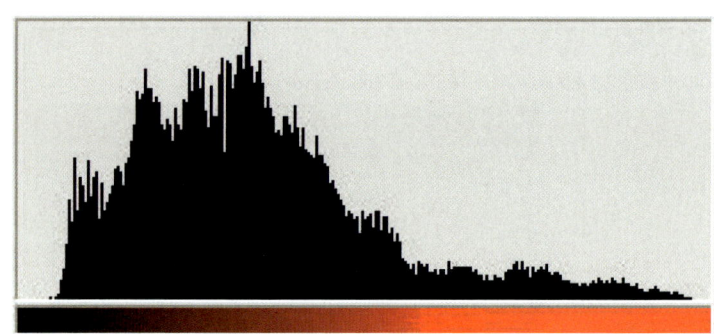

Abbildung 17.6
Histogramm nach der
Tonwertkorrektur

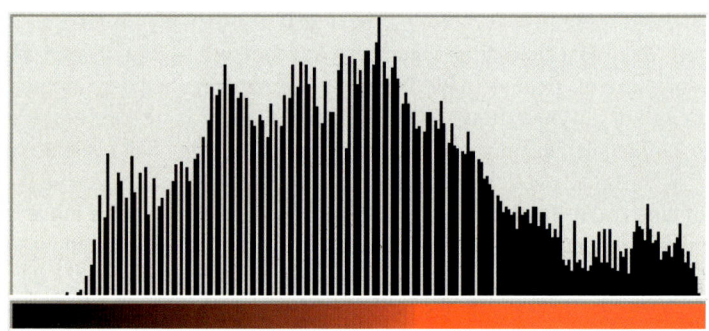

Es ist also durchaus angebracht, Tonwertkorrekturen bereits bei der Digitalisierung im Scanner vorzunehmen, um besonders auch in den Lichter- und Schattenpartien über genügend Tonwertabstufungen zu verfügen, was sich vor allem in dunklen Partien durch eine wesentlich bessere Tontrennung bemerkbar macht. Besteht die Möglichkeit, den Rohscan mit der höheren Datentiefe direkt vom Scanner in die Bildbearbeitungssoftware zu übernehmen, kann die Bearbeitung der Bilddaten auch nachträglich erfolgen, um schließlich noch die besten 256 Tonwerte in den üblichen 8-Bit-DTP-Workflow zu übernehmen.

Ob ein Scanner Daten mit mehr als 8 Bit an den Computer übergeben kann, erkennt man im entsprechenden Dialogfeld der Scan-Software, was meistens nur Scanner der oberen Preisklasse erlauben. Eine Datentiefe von 8 Bit pro Farbkanal bei der Übergabe ist Standard. Importiert man nun eine 10-, 12- oder 14-Bit-Bilddatei in Photoshop, wird sie im 16-Bit-Modus geöffnet. Das bedeutet aber nicht, dass aus einer 10-Bit-Datei nun plötzlich eine 16-Bit-Datei wird, dass also auch automatisch mehr Tonwerte vorliegen. Die restlichen Bits werden lediglich mit Nullen aufgefüllt. Ebenso wenig kann man aus einer 8-Bit-Datei eine 16-Bit-Datei hervorzaubern, obschon der 16-Bit-Modus grundsätzlich wählbar ist.

Wie schon erwähnt, muss eine Bilddatei im Anschluss an die Bearbeitung mit einer höheren Farbtiefe für den Import in eine Layoutapplikation dennoch in den 8-Bit-Modus heruntergerechnet werden, da sich die Seitenbeschreibungssprache PostScript nur mit 8-Bit-Daten versteht. Außerdem bedeuten 8 Bit pro Pixel, dass genau 1 Byte für die Codierung eines Pixels notwendig ist, was die kleinste von einem Computer parallel verarbeitbare Grundeinheit darstellt. Für das Speichern einer Bilddatei im 16-Bit-Modus kommen nur die beiden Formate Photoshop (.psd) und TIFF (.tif) in Frage.

16-Bit-RAW-Format

Zahlreiche moderne Digitalkameras der mittleren und oberen Preisklasse erlauben neben JPEG und TIFF das Speichern der Daten im kameraeigenen RAW-Format, das ebenfalls mit einer Farbtiefe von 16 Bit pro Kanal arbeitet. Nebenbei erwähnt stellt das RAW-Format eine glückliche Kombination von größtmöglicher Farbtiefe und ausgezeichneter Bildqualität bei vergleichsweise geringem Platzbedarf dar. Die Datenmenge einer 36-Bit-RAW-Datei (12 Bit pro Farbkanal) liegt deutlich unter der einer TIFF-Datei, ist aber größer als die einer JPEG-Datei.

Eine RAW-Datei ist in gewissem Sinne ein digitales Negativ und speichert lediglich die von den Fotosensoren erfassten Helligkeitswerte. Bearbeitet wird eine RAW-Datei nicht in der Kamera, sondern erst später in einem speziellen (herstellerspezifischen) RAW-Editor auf dem Arbeitsplatzrechner. Dabei hat man nach der Aufnahme noch zahlreiche Einflussmöglichkeiten auf die erfassten Bilddaten – vergleichbar mit einer digitalen Dunkelkammer. Optimieren lassen sich Weißabgleich, Tonwerte und Gradation, Sättigung, und sogar eine Korrektur der Belichtung ist möglich. Abschließend lassen sich die Bilddaten individuell und motivabhängig schärfen. Ganz zum Schluss entscheidet man darüber, ob man eine JPEG- oder eine TIFF-Datei wünscht.

Farbtiefe und Dateigröße

Die Datenmenge einer Bilddatei ist unmittelbar abhängig von der Bildauflösung und somit von der Anzahl der Pixel insgesamt sowie von der Datentiefe (8 oder mehr Bit) eines Pixels. Die Datenmenge von 1 Byte (8 Bit) pro Pixel bezieht sich dabei auf ein Graustufenbild mit einem Kanal. Ein RGB-Bild mit drei Farbkanälen benötigt somit 3 Byte, und ein CMYK-Bild mit vier Kanälen bereits 4 Byte pro Pixel. Beträgt die Farbtiefe zwischen 10 und 16 Bit, sind bereits zwei Byte pro Pixel und Farbkanal notwendig. Ein Bild mit 10 Bit Farbtiefe belegt folglich den doppelten Speicherplatz, ebenso eine 12-, 14- oder 16-Bit-Datei. Ob 10 oder 16 Bit Farbtiefe, hat dabei auf die Datenmenge keinen Einfluss mehr. Zwei Byte werden so oder so benötigt.

Eine ebenso geringe Datenmenge wie ein Graustufenbild haben Farbbilder mit so genannten *indizierten Farben*, wie sie vorwiegend für die Übertragung im Internet verwendet werden. Obschon sie farbig sind, haben sie dennoch nur einen einzigen Kanal und weisen maximal 256 Farben (oder weniger) auf, die so genannten *Palettenfarben* (siehe Kapitel 5, »Farbauswahlsysteme«). Somit reicht 1 Byte pro Pixel für die Codierung der gesamten Farbinformation.

Noch geringer fällt die Datenmenge bei Strichbildern im so genannten *Bitmap-Modus* aus, da sie nur gerade aus zwei Tonwerten bestehen (Schwarz und Weiß), das heißt ihre Datentiefe beträgt lediglich 1 Bit. Mit einem Byte (8 Bit) können infolgedessen die Informationen von acht Pixeln mit 1 Bit Datentiefe gespeichert werden. Was dagegen bei Strichbildern wieder etwas ins Gewicht fällt, ist die notwendige hohe Bildauflösung, die rund vier Mal höher ist als bei einer Halbtonvorlage.

Von Farbtiefe spricht man aber nicht nur im Zusammenhang mit digitalen Bilddaten für die Druckausgabe oder das Web. Bezeichnenderweise ist Farbtiefe auch das Leistungsmerkmal einer Grafikkarte bzw. eines Grafikstandards. Man spricht dann beispielsweise von *TrueColor* oder *HighColor* und beschreibt damit, wie viele Farben ein Monitor darstellen kann.

Reduktion der Farbtiefe

Acrobat Distiller zur Erzeugung von PDF-Dateien weist einige Optionen zur Reduktion der Dateigröße auf. Bei den Kompressionsverfahren für Farb- oder Graustufenbilder beispielsweise bietet sich neben der verlustbehafteten JPEG-Kompression auch das verlustfreie ZIP-Verfahren an. Unter QUALITÄT stehen 4-BIT oder 8-BIT zur Wahl. Diese recht unscheinbare Option birgt die Gefahr in sich, ein Bild unbeabsichtigt zu ruinieren. Wählt man die Option 4-BIT, reduziert man damit die Anzahl der Farben im Bild auf 16 pro Kanal. 8-BIT Farbtiefe hingegen steht für die im DTP-Umfeld üblichen 256 Tonwertstufen pro Kanal. Die eigentlich verlustfreie ZIP-Kompression hat bei 4 Bit Farbtiefe in diesem Fall aber dennoch deutlich sichtbare Informations- bzw. Datenverluste zur Folge, die bei einem fotografischen Halbtonbild zu so genannter *Posterisierung* führen. Die Option 4-BIT sollte daher nur mit äußerster Vorsicht – wenn überhaupt – aktiviert werden und zwar in Abhängigkeit vom Dateiinhalt.

Abbildung 17.7
Ungewollte Reduktion der
Farbtiefe in Acrobat
Distiller

17.3 Farbmodus und Bittiefe

Der Farbmodus, in dem eine Bilddatei vorliegt, bestimmt über die Anzahl möglicher Farbnuancen und die Anzahl der Kanäle.

Bitmap:
Modus: Bitmap
Bittiefe pro Pixel: 1 Bit (Schwarz und Weiß)
Anzahl Kanäle: 1 Kanal

Graustufen:
Modus: Graustufen
Bittiefe pro Pixel: 8 Bit (256 Tonwertstufen)
                        16 Bit (65 536 Tonwertstufen)
Anzahl Kanäle: 1 Kanal

Duplex:
Modus: Duplex, Triplex, Quadruplex
Bittiefe pro Pixel: 8 Bit (256 Tonwertstufen)
Anzahl Kanäle: 1 Kanal (mit Zusatzinformationen für eine oder
                        mehrere Sonderfarben)

Mehrkanal:
Modus: Mehrkanal
Bittiefe pro Pixel: 8 Bit (256 Tonwertstufen)
Anzahl Kanäle: mindestens 1 Kanal bis maximal 24 Kanäle (in Photoshop)

Indizierte Farben:
Modus: Indizierte Farben
Bittiefe pro Pixel: 8 Bit (256 Palettenfarben)
Anzahl Kanäle: 1 Kanal

RGB-Farbe:
Modus: RGB
Bittiefe pro Pixel: 8 Bit (256 Tonwertstufen)
                        16 Bit (65 536 Tonwertstufen)
Anzahl Kanäle: 3 Kanäle

CMYK-Farbe:
Modus: CMYK
Bittiefe pro Pixel: 8 Bit (256 Tonwertstufen)
                        16 Bit (65 536 Tonwertstufen)
Anzahl Kanäle: 4 Kanäle

Lab-Farbe:
Modus: Lab
Bittiefe pro Pixel: 8 Bit (verwendet drei Komponenten für die Farbdarstellung)
Anzahl Kanäle: 3 Kanäle

17.4 TrueColor (24 Bit Farbtiefe)

TrueColor (was so viel heißt wie Echtfarben) umfasst genau 16,7 Millionen Farbnuancen, was rund 3,5 mal mehr ist als das menschliche Auge an Lichtfarben unterscheiden kann (rund 5 Millionen). Körperfarben kann das menschliche Auge noch rund 1,2 Millionen unterscheiden, und im CMYK-Farbraum des Offsetdrucks wird die Anzahl darstellbarer Farben nochmals auf etwa 576 000 reduziert. Diese hohe Farbauflösung lässt ein 24-Bit-RGB-Bild sehr wirklichkeitsgetreu aussehen. Wie viele Farben aber ein Monitor mit Rot, Grün und Blau tatsächlich darstellen kann, hängt grundsätzlich vom Standard der Grafikkarte ab, wobei die Größe des Videospeichers (VRAM) das maßgebende Leistungsmerkmal ist für die mögliche Farbtiefe und die dabei gleichzeitig mögliche maximale Bildschirmauflösung. Für die Bildbearbeitung in der Druckvorstufe verwendet man in der Regel ausschließlich Grafikkarten, die in der Lage sind, 16,7 Millionen Farben darzustellen, was je 8 Bit für den roten, grünen und blauen Kanal ergibt. Pro Farbkanal sind somit $2^8 = 256$ Tonwertabstufungen möglich. Das ergibt in allen erdenklich möglichen Kombinationen der drei Farbkanäle zusammen $256^3 = 16{,}7$ Millionen Farbnuancen. Für eine Echtfarbenwiedergabe (TrueColor) im Druck sind nur Thermosublimationsdrucker wirklich geeignet, denn allein sie sind durch die Art und Weise, wie sie die Farben auf Papier bringen, in der Lage, echte Halbtöne und somit feinste Tonwertabstufungen zu erzeugen. Auf speziellem Papier können damit fotorealistische Bilder hergestellt werden, die praktisch nicht von echten Halbtonfotos unterschieden werden können. Tintenstrahl- und Farblaserdrucker sind hingegen aufgrund unzureichender Rasterung der Grundfarben nicht in der Lage, 24 Bit Farbtiefe auch tatsächlich auf Papier zu bringen.

Grafikstandards für TrueColor (Echtfarbendarstellung):

Standard	Bildschirmauflösung	Farbtiefe	Anzahl Farben
SXGA (Super XGA)	Bis 1280 x 1024	24 Bit	16,7 Mio.
QuickDraw (Mac OS 9)	Bis 1280 x 1024	24 Bit	16,7 Mio.
Open GL (Mac OS X)	Bis 1280 x 1024	24 Bit	16,7 Mio.

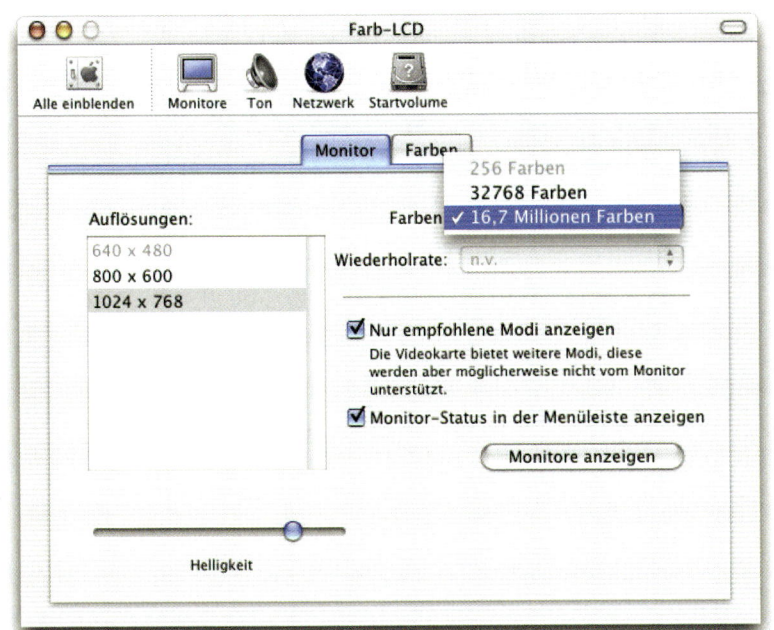

Abbildung 17.8
Monitor-Farbtiefe in der
Systemeinstellung
MONITORE von Mac OS X

17.5 HighColor (16 Bit Farbtiefe)

Von *HighColor* spricht man bei einer Bildschirmdarstellung bzw. einer Farbtiefe von 15 Bit (32768 Farben) bzw. 16 Bit (65536 Farben). HighColor benötigt somit auch nicht die gleiche Menge Videospeicher wie TrueColor (24 Bit) mit rund 255 Mal mehr Farbnuancen, womit auch der Bildschirmaufbau wesentlich schneller erfolgt. Die immer noch recht stattliche Anzahl von 32768 bzw. 65536 Farben scheint auf den ersten Blick viel zu sein, reicht aber für die Darstellung von gleichmäßigen, stufenlosen Verläufen bereits nicht mehr aus. Die insgesamt 16 Bit, die zur Verfügung stehen, werden unterschiedlich auf die drei Farbkanäle RGB aufgeteilt. So erhält der Rotkanal 6 Bit, was 64 bzw. 2^6 Tonwertstufen ergibt, und die beiden Kanäle Grün und Blau erhalten je 5 Bit, also je 32 bzw. 2^5 Tonwertstufen. Warum ausgerechnet der Rotkanal 6 Bit erhält, hat vermutlich damit zu tun, dass er den höchsten Kontrastumfang aufweist und somit auch eine gute Zeichnung ergibt. Fälschlicherweise wird oft behauptet, bei TrueColor handle es sich um eine Farbdarstellung mit 16 Bit pro Farbkanal, was natürlich völliger Unsinn ist, denn 65536^3 ergibt Milliarden Farbwerte, die weder von einem Monitor (das heißt einer Grafikkarte) dargestellt, noch vom menschlichen Auge unterschieden werden können, das bereits bei einer TrueColor-Darstellung (3x8 Bit) an seine Grenzen stößt.

Grafikstandards für HighColor:

Standard	Bildschirmauflösung	Farbtiefe	Anzahl Farben
SVGA (Super VGA)	800 x 600	16 Bit	65 536
	Bis 1600 x 1200	16 Bit	65 536
XGA	1024 x 768	16 Bit	65 536

Kapitel 18

18

Drucktechnische
Parameter

18.1 Funktion der schwarzen Druckfarbe im Vierfarbendruck

Bei der Farbseparation von RGB-Daten in die Prozessfarben des Vierfarbendrucks erhält man neben den drei Farbauszügen für Cyan, Magenta und Gelb einen vierten Farbauszug für die Farbe Schwarz (K). Die Theorie der subtraktiven Farbmischung besagt, dass der vollflächige Übereinanderdruck von Cyan, Magenta und Gelb ein Schwarz ergibt. In der Praxis führt diese Theorie – aufgrund spektraler Mängel der Druckfarben – allerdings nur zu einem müden Braunton (siehe Kapitel 11, Abschnitt »Druckfarben«). Für eine Bilddatei bedeutet das eine zu geringe Tiefe bzw. einen zu geringen Dichtewert in den dunklen neutralen Bildstellen und somit auch einen bedeutenden Kontrastverlust, der mit Schwarz als zusätzliche Druckfarbe ausgeglichen werden soll. Außerdem kann die schwarze Druckfarbe aber auch dazu verwendet werden, um Tertiärfarben zu verschwärzlichen (anstelle der Komplementärfarbe), das heißt die Buntfarben in ihrer Helligkeit zu reduzieren. Somit kann die Gradation des Schwarzkanals auch sehr unterschiedlich sein.

Abbildung 18.1
Gradation des Schwarzkanals bei UCR und bei GCR

Gradation des Schwarzkanals im Buntaufbau (UCR) und im Unbuntaufbau (GCR)

Je nach Funktion der schwarzen Druckfarbe gibt es zwei Methoden für den Aufbau des Schwarzkanals bzw. zwei unterschiedliche Methoden der Farbseparation. Man unterscheidet dabei zwischen einem Buntaufbau (UCR) und einem Unbuntaufbau (GCR).

18.2 Buntaufbau (UCR)

Beim Buntaufbau (UCR) dient die schwarze Farbe ausschließlich zur Erhöhung des Kontrastumfangs durch Zugabe von Schwarz in dunklen neutralen Bildstellen (Dreivierteltöne und Tiefen).

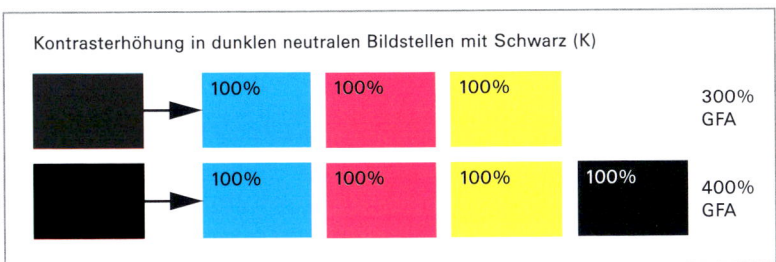

Kontrasterhöhung in dunklen neutralen Bildstellen mit Schwarz (K)

Abbildung 18.2
Kontrasterhöhung durch
Zugabe von Schwarz in
dunklen neutralen Bild-
stellen

Die Verschwärzlichung der Buntfarben (Tertiärfarben) erfolgt bei UCR mit der entsprechenden Komplementärfarbe, und Grautöne werden chromogen mit Cyan, Magenta und Gelb aufgebaut.

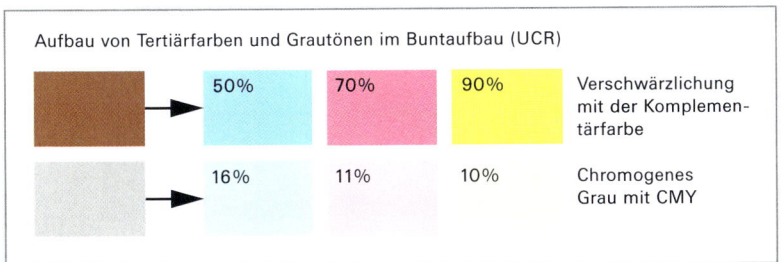

Aufbau von Tertiärfarben und Grautönen im Buntaufbau (UCR)

Abbildung 18.3
Aufbau von Tertiärfarben
und Grautönen im Bunt-
aufbau (UCR)

Der Schwarzkanal einer Separation mit UCR ist typischerweise gekennzeichnet durch einen kurzen und steilen Gradationsverlauf, weshalb auch oft die Begriffe *Skelettschwarz* oder *kurzes Schwarz* verwendet werden. Um das Prinzip des Buntaufbaus besser zu begreifen, nehmen wir eine schwarze Bildstelle in einer RGB-Datei, die vor der Separation den RGB-Wert 0/0/0 aufweist. Nach der Farbseparation von RGB nach CMYK liegen im Extremfall vier Farbauszüge mit je 100 % Flächendeckung vor, was für die spätere Druckausgabe bedeutet, dass die schwarze Bildstelle eine Gesamtflächendeckung bzw. einen Gesamtfarbauftrag (GFA) von 400 % aufweist. Ein vollflächiger Übereinanderdruck von Cyan, Magenta, Gelb und Schwarz allein für eine schwarze Bildstelle ist aber einerseits aus rein drucktechnischen Gründen problematisch und andererseits auch aus wirtschaftlicher Sicht nicht sinnvoll und nicht notwendig.

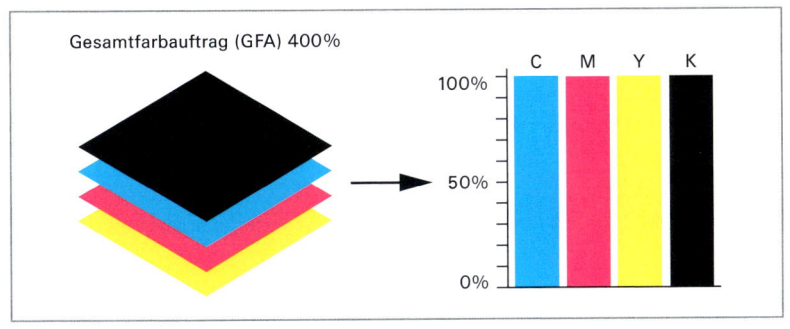

Gesamtfarbauftrag (GFA) 400%

Abbildung 18.4
Separation ohne Unter-
farbenreduktion (UCR)

Im Grunde genommen würde die schwarze Druckfarbe allein genügen, um eine schwarze Bildstelle zu reproduzieren. Das würde aber dazu führen, dass die Fläche im Vergleich zu einer schwarzen Bildstelle, die gleichzeitig mit Buntfarben unterlegt ist, weniger gesättigt erscheint. Aus diesem Grund versucht man, die Buntfarbenanteile in den dunklen neutralen Bildstellen so weit zu reduzieren, dass durch einen überhöhten Farbauftrag keine drucktechnischen Probleme mehr auftreten, aber dennoch die notwendigen minimalen Dichtewerte nicht unterschritten werden, um sichtbare Kontrastverluste auszuschließen. Daher kommt auch der Begriff *Unterfarbenreduktion*, der wiederum abgeleitet ist vom englischen Begriff *Under Color Removal* oder kurz UCR. Die Separation des RGB-Wertes 0/0/0 könnte wie in Abbildung 18.5 aussehen.

Abbildung 18.5
Separation mit Unter-
farbenreduktion (UCR)

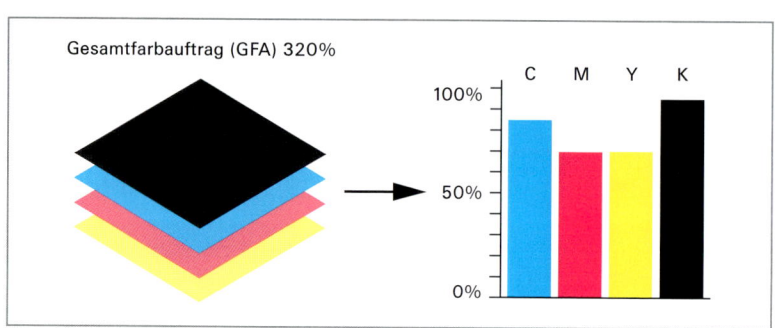

Drucktechnische Vorteile der Unterfarbenreduktion

Der maximal zulässige Gesamtfarbauftrag (CMYK) und somit die Unterfarbenreduktion hängen weitgehend vom Druckverfahren, dem verwendeten Bedruckstoff (Oberfläche und Saugfähigkeit) sowie vom Druckmaschinentyp ab und bringen zahlreiche drucktechnische wie wirtschaftliche Vorteile mit sich. Einmal abgesehen vom verminderten Buntfarbenverschleiß, der eine spürbare Kosteneinsparung mit sich bringt, führen dünnere Farbschichten dazu, dass die Farben im Druck schneller trocknen, was wiederum auch eine Erhöhung der Druckgeschwindigkeit erlaubt. Für schnell laufende Druckmaschinen ist eine Unterfarbenreduktion geradezu ein Muss.

Schnellere Farbtrocknung

Der Trocknungsprozess von Offsetdruckfarben erfolgt nach dem wegschlagend-oxidativen Prinzip (siehe Kapitel 11, »Prozessfarben«), wobei die Farben auf dem kurzen Weg zwischen zwei Druckwerken aber keinesfalls vollständig trocknen, sondern sich lediglich geringfügig verfestigen. Außerdem trocknen die Farben schneller, je dünner die Farbschichten sind und je mehr sie auf noch unbedrucktes Papier gelangen, was aber im Vierfarbendruck bei der zweiten, dritten und vierten Farbe nur noch zu einem geringen Teil der Fall ist. Eine Unterfarbenreduktion verhindert zudem auch das so genannte *Abliegen* der Farben im Stapel.

Verbesserte Farbannahme

Von Farbannahme spricht man in Zusammenhang mit dem mehrfarbigen Nass-in-Nass-Druck, bei dem mehrere Farben kurz aufeinander folgend übereinander gedruckt werden. Tatsache ist, dass eine Druckfarbenschicht, die auf noch unbedrucktes Papier oder auf eine bereits trockene Farbschicht aufgetragen wird, nur zu etwa 50 % übertragen wird, die restlichen 50 % bleiben am Gummituchzylinder. Wird auf eine noch nasse Farbschicht gedruckt, sind es sogar nur noch etwa 25 %, die übertragen werden.

Dieses Farbannahmeverhalten wird erst dann störend beeinträchtigt, wenn die durchschnittliche Flächendeckung einer Prozessfarbe mehr als 80 % beträgt. Ein Gesamtfarbauftrag (GFA), das heißt eine minimale Unterfarbenreduktion auf 320 %, ist folglich als Mindestwert anzustreben. Werte unter 300 % GFA hingegen bringen keine weiteren Vorteile mehr bezüglich des Farbannahmeverhaltens.

Wie stark eine Unterfarbenreduktion ohne sichtbaren Kontrastverlust erfolgen kann, ist letzten Endes vom Druckverfahren und vom Bedruckstoff abhängig, aber auch von der Stärke des Schwarz (als prozentualer Anteil am GFA). Denn grundsätzlich werden nicht nur Cyan, Magenta und Gelb reduziert, sondern immer auch die schwarze Druckfarbe. Um bei dieser Farbreduktion dennoch einen höchstmöglichen Kontrastumfang zu erhalten, werden die Prozessfarben unterschiedlich stark reduziert, wobei Schwarz als dunkelste Farbe immer am wenigsten reduziert wird.

Vorgaben für den Buntaufbau (UCR)

Um den Schwarzaufbau bei der Farbseparation mit UCR zu steuern, werden verschiedene Vorgaben benötigt.

Gesamtfarbauftrag (GFA)

Die wohl wichtigste aller Vorgaben ist der technisch realisierbare Gesamtfarbauftrag (GFA) und somit die Stärke der Unterfarbenreduktion. Der GFA ist die Summe der Rastertonwerte aller vier Farben (CMYK) in einer schwarzen Bildstelle. Wie nun diese Gesamtsumme auf die vier Druckfarben verteilt werden soll, wird in der Regel durch die Stärke von Schwarz (oder Cyan) bzw. durch den maximalen prozentualen Anteil, den die Farbe Schwarz in einer dunklen neutralen Bildstelle aufweisen soll, gesteuert.

Beispiel:

Gesamtfarbauftrag	320 %
Stärke von Schwarz	**95 %**
Restsumme für CMY	225 %

Die restlichen 225 % für die Farben Cyan, Magenta und Gelb werden nun unter Berücksichtigung der Graubalance entsprechend reduziert. Mit anderen Worten,

Cyan wird im Vergleich zu Magenta und Gelb weniger stark reduziert (siehe »Graubalance« weiter unten).

Beispiel:

Restsumme für CMY	225 %
Cyan	**85 %**
Magenta	**70 %**
Gelb	**70 %**
	225 %

Stärke von Schwarz (SK)

Außer dem GFA hat besonders die Stärke von Schwarz (SK) einen ganz wesentlichen Einfluss auf den resultierenden Dichtewert einer schwarzen Bildstelle, was insbesondere bei einem geringen GFA bzw. einem starken UCR von tragender Bedeutung für einen akzeptablen Kontrastumfang ist, denn grundsätzlich sollte eine schwarze Bildstelle eine möglichst hohe Dichte aufweisen. Wobei der mögliche erreichbare Dichtewert bei gegebenem GFA weitgehend auch von der farblichen Zusammensetzung einer schwarzen Bildstelle abhängt. Grundsätzlich gilt, je geringer der GFA, desto stärker muss das Schwarz sein, was aber bei einem GFA < 280 % wiederum zu massiven Farbtonverschiebungen und zum »Vergrauen« von dunklen Tertiärfarben führen kann (je nach Software und insbesondere in Photoshop). Umgekehrt kann aber auch ein hoher GFA bei gleichzeitig hohem Schwarzanteil zu Verlusten in der Schattenzeichnung führen. Prinzipiell sollte die Unterfarbenreduktion weder auf die Farbwiedergabe noch auf die Tonwertabstufungen einen Einfluss haben. Realistische Maximalwerte für die schwarze Druckfarbe bewegen sich im Bereich von 85–95 % für den Rollen- und Bogenoffset und bei maximal 70 % für den Tiefdruck. 100 % für das Schwarz ist nicht zu empfehlen.

Einsatzpunkt (EP)

Nicht jede Software (zum Beispiel Photoshop) bietet die Möglichkeit, den Einsatzpunkt (EP) der Unterfarbenreduktion selbst zu bestimmen. Mit dem EP erfolgt eine Vorgabe, ab welcher Tonwertstufe der Grauachse die Buntfarbenreduktion beginnen soll und gleichzeitig die schwarze Druckfarbe ins Spiel kommt. Der ideale Einsatzpunkt für die Unterfarbenreduktion beginnt in der Regel im Mitteltonbereich zwischen dem 50 %- und 60 %-Tonwert, wobei sich aber der Einsatzpunkt bei zunehmend geringerem GFA und gleichzeitig hohem Schwarzanteil immer mehr in Richtung Vierteltöne verschieben sollte. Damit werden unschöne Tonwertabrisse in dunklen Bildstellen weitgehend vermieden. Denn ein später EP und eine hohe Stärke des Schwarz führen zu einer gefährlich steilen Gradation im Schwarzkanal, so dass bereits kleine Unterschiede in der Vorlagendichte große Tonwertunterschiede im Schwarzkanal ergeben.

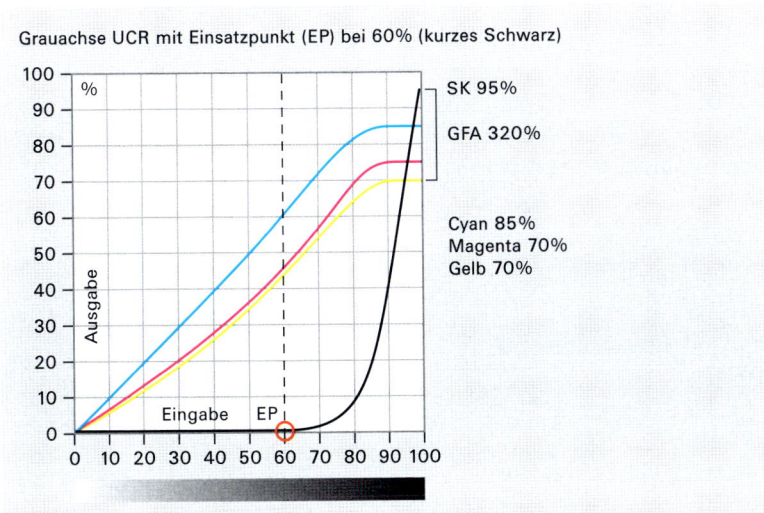

Grauachse UCR mit Einsatzpunkt (EP) bei 60% (kurzes Schwarz)

Abbildung 18.6
Grauachse UCR mit Unter-
farbenrücknahme bei den
Mitteltönen

Das Verschieben des EP in die helleren Tonwerte führt gleichzeitig auch zu einer Stabilisierung der Graubalance über einen wesentlich größeren Tonwertbereich, was durchaus wünschenswert ist, denn das menschliche Auge reagiert besonders sensibel auf geringste farbliche Abweichungen in den hellen und mittleren Grautönen. Die Kombination eines tiefen EP mit einem geringen GFA führt aber dazu, dass die Unterfarbenreduktion auch in nicht neutralgrauen Bildstellen zu wirken beginnt.

Richtwerte für den Gesamtfarbauftrag

Die nachfolgend aufgeführten Werte für den GFA sind lediglich als Richtwerte zu verstehen. Genaue Werte sind von der jeweiligen Druckerei in Erfahrung zu bringen.

Druckverfahren	GFA	Schwarzaufbau
2-Farben-Bogenoffset	300–340 %	UCR / GCR
4-Farben-Bogenoffset	300–320 %	UCR / GCR
Rollenoffset	280–300 %	UCR / GCR
Zeitungsoffset	220–260 %	GCR
Tiefdruck	340–360 %	UCR / GCR

Die Methode der Unterfarbenreduktion (UCR) bzw. der Buntaufbau ist besonders gut geeignet für gestrichene Papiere, die einen genügend hohen GFA erlauben. Dieser ist notwendig, um einen genügend hohen Kontrastumfang zu erzielen; gestrichene Papiere saugen die Farben kaum auf, womit auch die aufgebrachte Farbe eine eigene Schicht auf dem Papier bildet. Richtwerte für den GFA für gestrichene Papiere liegen im Bereich von 300–340 %.

Auf allen ungestrichenen Papieren hingegen kann nicht mit hohen Farbsummen gearbeitet werden, denn die Farben werden vom Papier sehr stark aufgesogen. Richtwerte für den GFA bei ungestrichenen Papieren liegen im Bereich von 280–300 % und für Zeitungspapier zwischen 220–260 %. Bedingt durch einen geringen möglichen GFA bietet sich als Alternative zum Buntaufbau (UCR) der so genannte Unbuntaufbau (GCR) an.

Abbildung 18.7
Farbe auf gestrichenem und ungestrichenem Papier

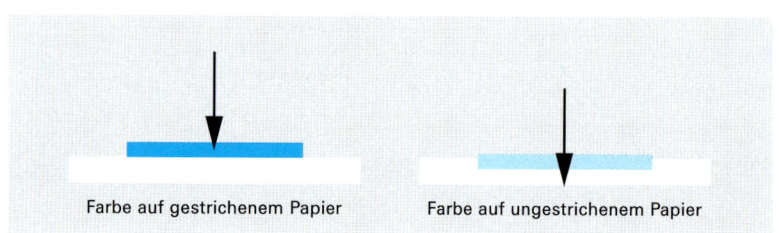

Farbe auf gestrichenem Papier   Farbe auf ungestrichenem Papier

18.3 Unbuntaufbau (GCR)

Die etwas andere Methode für den Aufbau des Schwarzkanals bei der Farbseparation ist der so genannte Unbuntaufbau oder GCR, was als Abkürzung für den englischen Begriff *Gray Component Replacement* (Graukomponenten-Ersetzung) steht. Im Vergleich zum Buntaufbau (UCR) hat die schwarze Druckfarbe beim Unbuntaufbau (GCR) abgesehen von der Erhöhung des Kontrastumfangs, einer Reduktion der Buntfarbenanteile und allen damit verbundenen drucktechnischen Vorteilen (wie verbesserte Farbannahme, schnellere Farbtrocknung und geringerer Buntfarbenverschleiß) eine wesentliche Bedeutung für den gesamten Farbaufbau in einem Bildmotiv. Denn die Verschwärzlichung der Buntfarben (Tertiärfarben) erfolgt beim Unbuntaufbau mit Schwarz statt mit der Komplementärfarbe. Ebenso werden auch Grautöne je nach stärke des GCR ganz oder teilweise mit Schwarz (und Papierweiß) aufgebaut, anstelle eines chromogenen Aufbaus mit Cyan, Magenta und Gelb. Genau diese Ersetzung der chromogenen Graukomponente durch Schwarz hat gewichtige Vorteile im Auflagendruck, denn der Gradationsverlauf im Schwarzkanal erstreckt sich über einen größeren Tonwertbereich, der je nach gewünschter Stärke des GCR von den Lichtern bis zur Tiefe reicht, weshalb man in diesem Zusammenhang auch von einem *langen Schwarz* spricht. Das wiederum führt dazu, dass sich die unvermeidlichen Druckschwankungen der einzelnen Prozessfarben weniger stark oder gar nicht auf die Farbwiedergabe auswirken können. Mit anderen Worten, GCR führt zu einer Graustabilisierung über den gesamten Tonwertbereich. Denn gerade in neutralgrauen oder wenig bunten hellen bis mittleren Tertiärfarben mit geringer Sättigung – wie zum Beispiel Beige- (Haut, Holz usw.) oder Olivtöne – werden geringste farbliche Abweichungen vom menschlichen Auge als besonders störend empfunden. Bei Bildmotiven mit vorwiegend hoch gesättigten Farben und starken Farbkontrasten hingegen werden solche Schwankungen kaum wahrgenommen, selbst in kleinen neutralgrauen Flächen fallen sie nicht ins Auge. Besteht hingegen ein Bildmotiv zur Hauptsache aus Grautönen oder wenig bunten Tertiärfarben und nur vereinzelt aus hoch gesättigten Buntfarben, werden bereits kleinste Differenzen in die eine oder andere Farbrichtung als störend empfunden. Denn je näher eine Farbe bei der Grauachse liegt, desto empfindlicher ist sie auf Farbschwankungen.

Funktion der schwarzen Druckfarbe im Unbuntaufbau

▸ Erhöhung des Kontrastumfangs (Dichte)

▸ Verschwärzlichung der Buntfarben (Tertiärfarben) anstelle der Komplementärfarbe

▸ Substitution der chromogenen Graukomponente anstelle von CMY

▸ Graustabilisierung von den Lichtern bis zur Tiefe

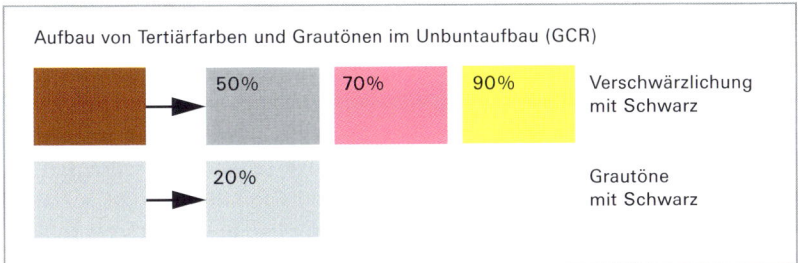

Abbildung 18.8
Aufbau von Tertiärfarben und Grautönen im Unbuntaufbau (GCR)

Das Prinzip des Unbuntaufbaus

Das Prinzip des Unbuntaufbaus beruht auf der so genannten Graukomponenten-Ersetzung (Substitution) durch Schwarz. Anhand eines neutralen Grautons und somit auch der chromogenen Graukomponente einer jeden Tertiärfarbe lässt sich das Prinzip von GCR erläutern.

Grautöne

Im Buntaufbau (UCR) werden die hellen und mittleren Grautöne ausschließlich mit den Prozessfarben Cyan, Magenta und Gelb aufgebaut – immer unter Berücksichtigung der Graubalance. Beim Unbuntaufbau (GCR) hingegen entstehen Grautöne prinzipiell aus einem mehr oder weniger großen Schwarzanteil, was wie in Abbildung 18.9 aussehen kann.

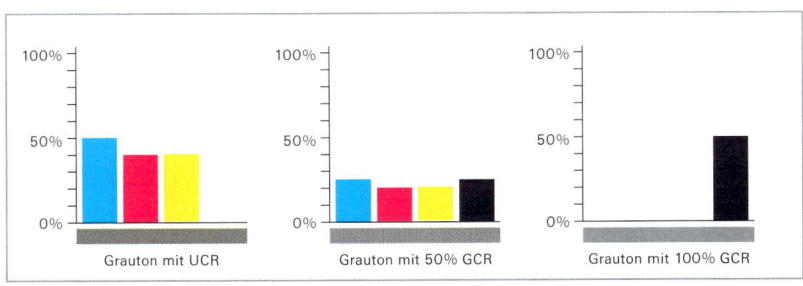

Abbildung 18.9
Prinzipieller Aufbau eines Grautons bei UCR und bei GCR

Allein die Stärke des Unbuntaufbaus entscheidet darüber, um wie viel Prozent Cyan, Magenta und Gelb – die zusammen ein Grau ergeben – ganz (GCR 100 %) oder nur zum Teil (etwa GCR 50 %) durch Schwarz ersetzt werden (Graukomponenten-Substitution).

Tertiärfarben

Eine Tertiärfarbe besteht im Gegensatz zu einer Sekundärfarbe (2 Farbkomponenten) oder einer Primärfarbe (1 Farbkomponente) immer aus allen drei Farbkomponenten (CMY), wobei die Farbkomponente mit dem geringsten Anteil an einer Farbe zu einer Verschwärzlichung führt (Komplementärfarbe). Eine Tertiärfarbe besteht also aus einem Buntanteil und einem Grauanteil bzw. Schwarzanteil (aus CMY). Anhand eines Brauntons lassen sich dieser Sachverhalt und damit auch das Prinzip der Substitution der chromogenen Graukomponente in einer Tertiärfarbe gut illustrieren.

Die Basis und somit die beiden dominanten Farbkomponenten des Brauntons bilden Magenta und Gelb, die im Übereinanderdruck ein sattes und warmes Rot ergeben. Kommt nun zu diesem Rot die dritte Farbkomponente Cyan hinzu, wird das Rot verschwärzlicht und verschiebt sich mit zunehmendem Cyananteil in Richtung eines Brauntons hin zur Grauachse, bis schließlich theoretisch ein Schwarz entsteht. Diese Verschwärzlichung könnte nun ebenso gut allein mit der schwarzen Druckfarbe erfolgen, womit gleichzeitig der Buntfarbenverbrauch reduziert werden kann. Bei einem maximalen Unbuntaufbau (GCR 100 %) würde infolgedessen die gesamte Graukomponente durch Schwarz ersetzt werden. Für ein mittleres GCR (50 %) würden die Buntfarbenanteile (CMY) auf der Basis des kleinsten gemeinsamen Nenners (Anteil der Verschwärzlichung) um die Hälfte reduziert und durch einen gleichwertigen Anteil an Schwarz ersetzt.

Abbildung 18.10
Prinzipieller Aufbau von
Tertiärfarben bei GCR

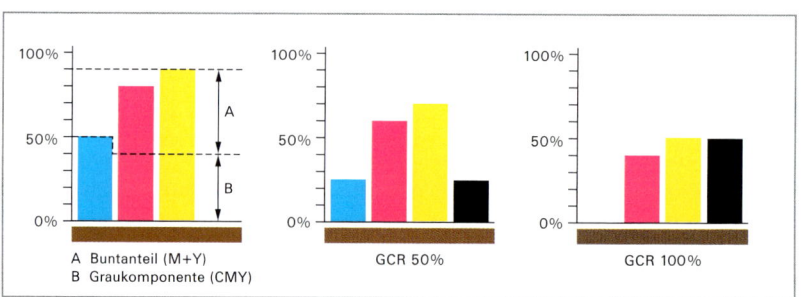

A Buntanteil (M+Y)
B Graukomponente (CMY)

GCR 50 %

GCR 100 %

Eine Tertiärfarbe kann man also prinzipiell aus den drei bunten Prozessfarben aufbauen, oder man kann sie auch nur aus zwei bunten Prozessfarben und Schwarz aufbauen und erhält zweimal dieselbe Farbe.

Vorgaben für den Unbuntaufbau

Die Vorgaben für den Schwarzaufbau mit GCR sind vergleichbar mit den Vorgaben bei UCR. Neben dem Gesamtfarbauftrag (GFA) und der Stärke von Schwarz (SK) muss als zusätzliche Vorgabe die Stärke des GCR definiert werden.

Stärke des GCR

Mit der Stärke des GCR wird bestimmt, um welchen Anteil die chromogene Graukomponente aus Cyan, Magenta und Gelb reduziert und durch Schwarz ersetzt wird. Je stärker das GCR, desto mehr verschiebt sich auch der Wirkungsbereich zunehmend in hellere Tonwertbereiche. Je nach Software kann die Stärke des GCR mittels einer Prozentangabe zwischen 0–100 % definiert werden oder durch Begriffe wie GCR-min, GCR-max, GCR wenig, GCR mittel, GCR stark, GCR maximum usw.

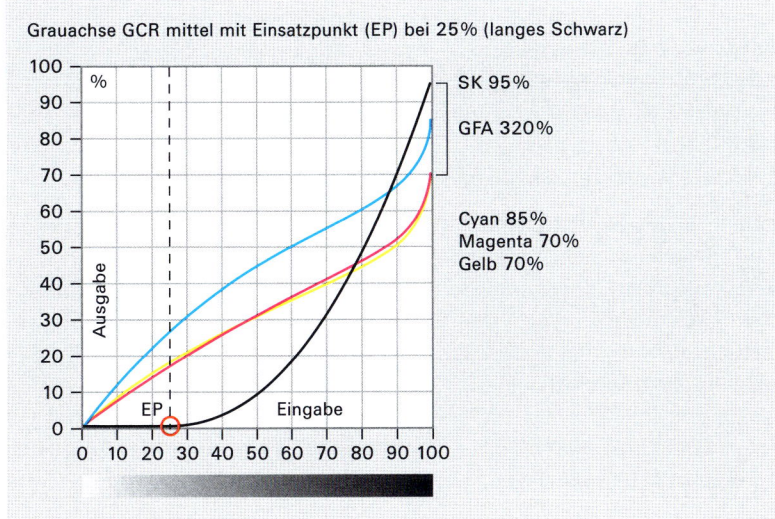

Abbildung 18.11
Grauachse bei einem mittleren GCR

Unterfarbenaddition (UCA)

Bei einem sehr starken GCR besteht die Gefahr, dass die Buntfarbenanteile von Cyan, Magenta und Gelb zu stark reduziert werden, was schließlich zu einem sichtbaren Kontrastverlust führen kann, was besonders bei einem sehr geringen GFA von < 250 % (wie beispielsweise im Zeitungsdruck) zu augenfälligen Sättigungsverlusten in schwarzen Bildstellen führen kann. Um den notwendigen GFA und somit die notwendige minimale Dichte im Schwarz zu erreichen, wird mit der so genannten Unterfarbenaddition (UCA für *Under Color Addition*) in den dunklen neutralen Bildstellen wieder ein bestimmter Tonwert aus Cyan, Magenta und Gelb hinzugefügt, was im Prinzip genau das Gegenteil von UCR ist. Je nach Software erfolgt diese Unterfarbenaddition ganz automatisch, um den vorgegebenen GFA zu erreichen. Wenn nicht, muss der GFA kontrolliert und gegebenenfalls manuell eingestellt werden. Photoshop beispielsweise verfügt dazu in den Separationseinstellungen über die Option UNTERFARBENZUGABE.

Je stärker der Unbuntaufbau, desto größer ist die Gefahr, dass Buntheit und Helligkeit dabei ungünstig beeinträchtigt werden. Doch eine Separation mit GCR darf sich in keiner Weise sichtbar auf die Farbwiedergabe oder die Tonwertabstufungen auswirken. Die chromogene Graukomponente muss so durch Schwarz ersetzt werden, dass kein Unterschied in der Helligkeit erkennbar wird.

Vorteile eines Unbuntaufbaus (GCR) im Druck

Ein Schwarzaufbau mit GCR hat in der Praxis einige ganz wesentliche Vorteile und sollte einem Schwarzaufbau mit UCR standardmäßig vorgezogen werden. Besonders im Zeitungsdruck hat sich der Unbuntaufbau auf breiter Basis durchgesetzt. Erwähnenswert ist vor allem die stabilisierende Wirkung in sämtlichen Tertiärfarben von geringer Sättigung und mittlerer Helligkeit, denn je näher die Farben bei der Grauachse bzw. bei Unbunt liegen, desto vorteilhafter wirkt sich die stabilisierende Wirkung aus. Da die verschwärzlichende Komponente (Komplementärfarbe) einer Tertiärfarbe ganz oder teilweise durch Schwarz ersetzt wird, besteht damit eine Basis, die keinen Farbstich annehmen kann. Die Farbe kann nur in der Helligkeit variieren, nie aber in die eine oder andere Farbrichtung tendieren. Keinerlei Vorteile, aber ebenso wenige Nachteile ergeben sich bei einer Separation mit GCR in Farbbereichen, die nicht unbunt aufgebaut werden können – also Farben, die aus nur einer Farbkomponente (Primärfarben) oder aus höchstens zwei Farbkomponenten (Sekundärfarben) aufgebaut sind.

In der Praxis wird ein mittleres GCR seine stabilisierende Wirkung in den erwähnten Farbbereichen voll entfalten können, während sich Druckschwankungen bei einem schwachen GCR noch voll durchsetzen können. Einen maximalen Unbuntaufbau wird man in der Regel aber kaum je anwenden, denn er führt grundsätzlich immer zu einer sehr geringen Dichte. Sinnvoll lässt sich ein maximales GCR hingegen einsetzen, wenn man ein Graustufenbild in den CMYK-Modus transformiert, wobei sich nun die ganze Bildinformation im Schwarzkanal befindet. Die übrigen Farbkanäle (CMY) bleiben dabei leer und können beliebig bearbeitet werden, so zum Beispiel um das Graustufenbild einzufärben. Ebenso gut eignet sich ein maximales GCR für die Separation von Screenshots, wobei in diesem Fall sogar ein maximales Schwarz von 100 % erwünscht ist. Damit lässt sich vermeiden, dass diese typischen schwarzen Linienkonturen eines Screenshots aus allen vier Prozessfarben aufgebaut werden, was bereits bei geringsten Passerungenauigkeiten zu deutlich erkennbaren und störenden Farbsäumen bei diesen feinen, technischen Linien führen kann. In idealer Weise eignet sich ein mittleres bis starkes GCR beispielsweise auch dazu, um ein Graustufenbild vierfarbig zu drucken und damit eine stärkere Tiefe zu erzielen. Ein Buntaufbau (UCR) wäre hier zu riskant, denn kleinste Farbschwankungen im Druck hätten unweigerlich einen sichtbaren Farbstich zur Folge.

18.4 Begriffe zum Schwarzaufbau

Langes Schwarz

Die Länge des Schwarz bezeichnet den Tonwertbereich bzw. den Helligkeitsbereich, in dem die schwarze Druckfarbe einsetzt und die Farben Cyan, Magenta und Gelb ergänzt oder ersetzt. Ein »langes Schwarz« erstreckt sich im Vergleich zu einem kurzen Schwarz über die gesamte Helligkeitsachse, von den Lichtern bis zu den Tiefen.

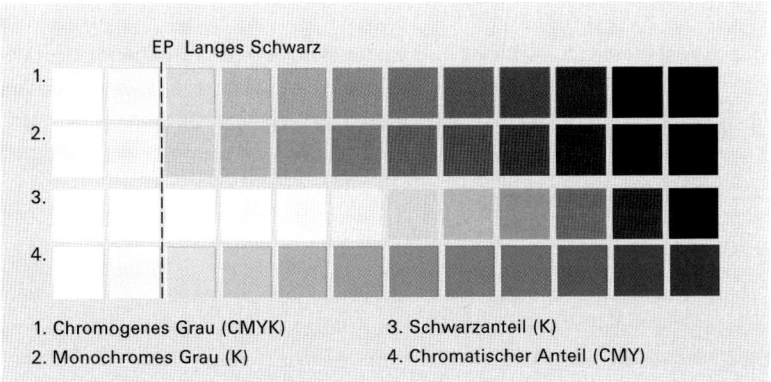

Abbildung 18.12
Langes Schwarz

(Aus technischen Gründen sind die Abb. 18.12, 18.13 und 18.14 in diesem Buch nicht ganz perfekt)

Kurzes Schwarz

Ein so genanntes »kurzes Schwarz« wirkt nur in den dunklen Motivbereichen, setzt etwa bei den Mitteltönen (50–60 %) ein und reicht bis zu den Tiefen.

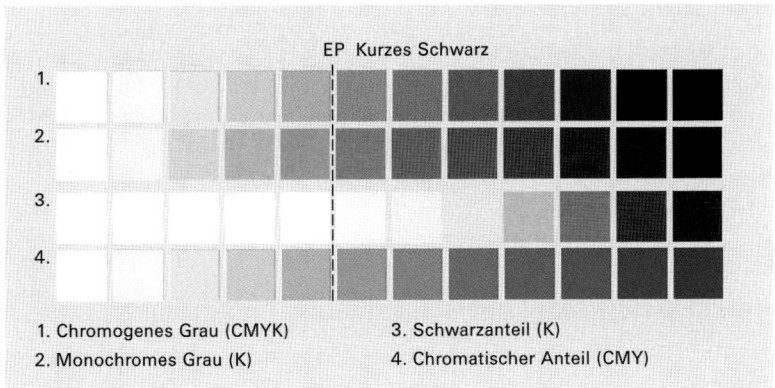

Abbildung 18.13
Kurzes Schwarz

Breites Schwarz

Mit der Breite des Schwarz bezeichnet man den Sättigungsbereich, in dem die schwarze Druckfarbe Cyan, Magenta und Gelb ersetzt. Ein »breites Schwarz« wirkt bis in gesättigtere Farben hinein. Damit lässt sich beispielsweise ein sehr geringer GFA (wie er für den Zeitungsdruck nötig ist) realisieren. Gleichzeitig erhöht sich aber auch die Gefahr des *Vergrauens*, was sich besonders bei Hauttönen ungünstig auswirken kann.

Schmales Schwarz

Ein »schmales Schwarz« wirkt nur in den neutralen unbunten Bereichen eines Motivs.

Langes schmales Schwarz

Ein »langes schmales Schwarz« bringt in der Praxis einige Vorteile mit sich, wie beispielsweise eine Graustabilisierung über den gesamten Tonwertbereich. Damit werden die normalen Druckschwankungen weniger oder gar nicht sichtbar. Durch das schmale Schwarz wird gleichzeitig das »Vergrauen« von Hauttönen vermieden.

Kurzes schmales Schwarz

Ein »kurzes schmales Schwarz« wirkt ausschließlich in dunklen neutralen Bildstellen und ist typisch für den Buntaufbau (UCR) mit einem hohen GFA. So wird beispielsweise im Tiefdruck meistens mit einem kurzen schmalen Schwarz gedruckt. Die eher etwas makabre Bezeichnung *Skelettschwarz* verdeutlicht in treffender Weise, wie der Schwarzkanal aufgebaut ist, denn er ist gekennzeichnet durch einen kurzen und steilen Gradationsverlauf. Die schwarze Druckfarbe bildet ein »Skelett« in den dunklen neutralen Bereichen. Aber auch ein schwacher Unbuntaufbau (GCR) weist ein kurzes und relativ schmales Schwarz auf.

Langes breites Schwarz

Ein »langes breites Schwarz« ist kennzeichnend für einen starken Unbuntaufbau (GCR). Ein starkes GCR bei gleichzeitig geringem GFA erlaubt eine höchstmögliche Reduktion der Farbmenge im Druck und kommt daher hauptsächlich für ungestrichene Papiertypen wie zum Beispiel Zeitungspapier zur Anwendung, wobei aber die Gefahr des »Vergrauens« von Hauttönen besteht, denn die schwarze Druckfarbe wirkt auch in den hellen und wenig gesättigten Tertiärfarben.

Kriterien für die Wahl der Schwarzaufbaumethode

Ideal für alle Papierklassen ist ein Schwarzaufbau mit einem möglichst langen und schmalen Schwarz mit einer maximalen Stärke (SK) von 95 %. Für ungestrichene Papiere und Zeitungspapier sollte das Schwarz etwas breiter sein als für gestrichene Papiere. Welche Optionen für die Definition des Schwarzaufbaus zur Verfügung stehen, ist von der dazu verwendeten Software abhängig, wobei diese für die Separation sehr wichtigen Einstellungen von Seiten der Softwarehersteller nur sehr mangelhaft – wenn überhaupt – dokumentiert werden. Ebenso wenig werden dazu einheitliche Begriffe und Maßeinheiten verwendet.

Als Anhaltspunkt für die Wahl des richtigen Schwarzaufbaus (UCR oder GCR) kann die jeweilige Papierklasse gelten:

Gestrichene Papiere:	‣ UCR (Skelettschwarz)
	‣ Leichtes GCR
Ungestrichene Papiere:	‣ UCR mit etwas breiterem Schwarz
	‣ Mittleres GCR
Zeitungspapier:	‣ Mittleres bis starkes GCR, eventuell mit Unterfarbenzugabe (UCA,) um den notwendigen GFA zu erreichen. Es besteht die Gefahr des »Vergrauens« von Hauttönen.

18.5 Graubalance

Unter Graubalance oder Farbbalance versteht man die neutrale Wiedergabe von chromogen aufgebauten Grautönen im Druck. Für eine optimale Farbreproduktion ist eine korrekte Graubalance von ganz entscheidender Bedeutung, denn sie beeinflusst die gesamte Farbwiedergabe im Bild. Das menschliche Auge reagiert äußerst sensibel auf kleinste Abweichungen in Neutraltönen; es wird daher auch als besonders störend empfunden, wenn bildwichtige und helle Farben mit geringer Buntheit (Sättigung) davon betroffen sind. Als weniger störend oder kaum bemerkbar wirken sich Abweichungen in der Graubalance auf stark gesättigte, kräftige Farben aus.

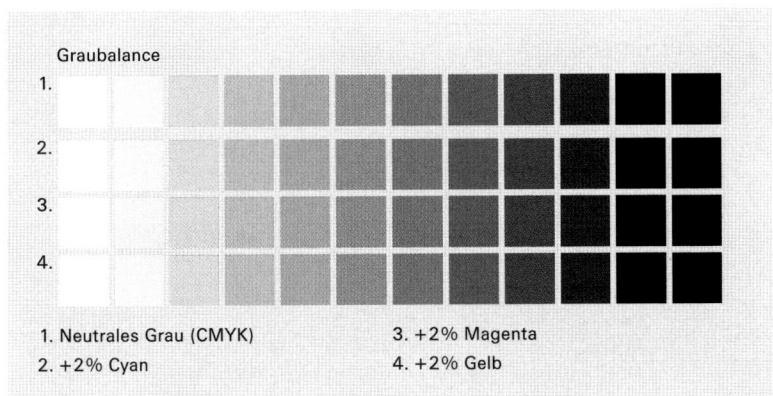

Abbildung 18.14
Abweichungen der Graubalance in neutralen Grautönen

Graubalance

1.
2.
3.
4.

1. Neutrales Grau (CMYK)   3. +2% Magenta
2. +2% Cyan   4. +2% Gelb

Doch was heißt das konkret? Im RGB-Modus (additive Farbmischung) ergeben drei gleiche RGB-Werte (Binärwerte) – wie zum Beispiel R 127, G 127, B 127 – ein mittleres, absolut neutrales Grau. Nimmt man hingegen die drei Grundfarben des Drucks CMY (subtraktive Farbmischung) und druckt sie mit prozentual gleichen Anteilen und bei gleicher Volltondichte übereinander, entsteht kein neutrales Grau. Würde man beispielsweise je 50 % Cyan, Magenta und Gelb in einer neutralgrauen Bildstelle übereinander drucken, erhält man ein bräunliches Grau.

Die Hauptursache für diese Abweichungen sind die spektralen Eigenschaften der Druckfarben, deren spektrale Remissionen infolge unerwünschter Nebenabsorptionen (siehe Kapitel 11, »Prozessfarben«) nicht gleichmäßig verlaufen und zu einer insgesamt stärkeren Remission im roten Spektralbereich führen.

Abbildung 18.15
Ungleichmäßige Remission
von Prozessfarben

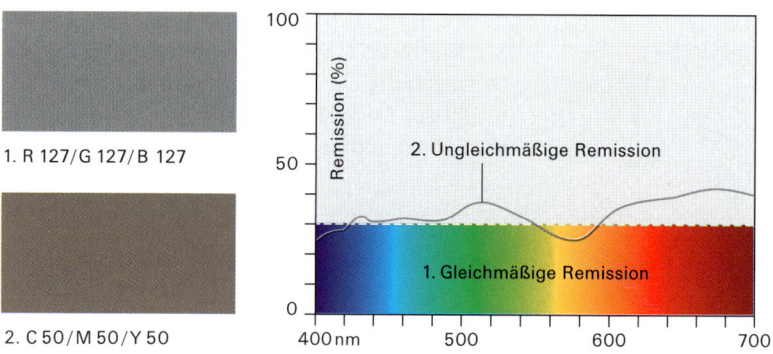

1. R 127/G 127/B 127

2. C 50/M 50/Y 50

Um eine neutrale Wiedergabe von chromogenen Grautönen zu erhalten, muss der prozentuale Anteil von Cyan grundsätzlich immer etwas höher sein als der für Magenta und Gelb. Daneben sind aber noch weitere, ebenso wichtige Faktoren zu berücksichtigen:

▸ die Färbung des Bedruckstoffs

▸ die Volltondichte (DV)

▸ die Tonwertzunahme (TZ)

▸ die Farbreihenfolge im Druck

▸ das Farbannahmeverhalten im Druck

Dabei kommt den Faktoren Volltondichte und Tonwertzunahme besondere Bedeutung zu. Werden sie bei der Druckausgabe nicht konstant gehalten, wird das labile Gleichgewicht der Farben gestört, und die Graubalance kippt schnell in die eine oder andere Richtung.

Graubalancewerte

Zur Bestimmung genauer Werte eines chromogenen Grautons eignet sich eine Testform mit fein abgestuften Zusammendrucken von Cyan, Magenta und Gelb mit entsprechenden Prozentangaben. Soll eine Graubalancekurve über den ganzen Tonwertbereich ermittelt werden, wählt man mehrere Tonwertstufen aus der Testform. Dabei sind aber einige sehr wichtige Punkte zu beachten, um verbindliche Ergebnisse zu erhalten:

▸ Die visuelle Abmusterung der Testform muss unter Normlicht D50 erfolgen.

▸ Die ermittelten CMY-Werte gelten nur für bestimmte Druckfarben (zum Beispiel Europaskala Offsetdruck) und entsprechende Druckbedingungen.

▸ Die Färbung des Bedruckstoffs muss berücksichtigt werden.

Graubalance nach DIN/ISO 12647-2 (Offsetdruck)

Für den Standard-Offsetdruck nach ISO 12647-2 gelten folgende Werte für die Graubalance:

	C	M	Y
Viertelton	25	19	19
Mittelton	50	40	40
Dreiviertelton	75	64	64

Möchte man die Graubalancewerte für ein bestimmtes Ausgabeprofil in Erfahrung bringen, geht man dazu in den Photoshop-Farbwähler, gibt bei LAB unter L den gewünschten Grauton ein (zum Beispiel L 50) und bei A und B jeweils Null. Danach kann man die genauen Werte bei CMYK ablesen. Die andere Möglichkeit besteht darin, drei gleiche RGB-Werte einzugeben und dann die entsprechenden CMYK-Werte abzulesen.

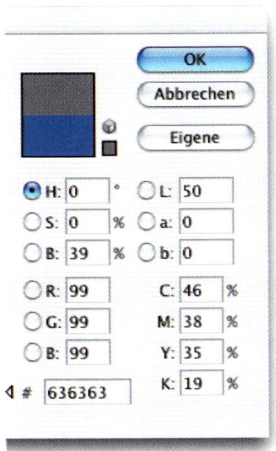

Abbildung 18.16
Ermitteln der Graubalance im Photoshop-Farbwähler

Korrektur der Graubalance

Die Korrektur der Graubalance bei der Bilddatenaufbereitung hat grundsätzlich nichts mit einer Farbstichkorrektur zu tun. Ein Farbstich ist eine unerwünschte farbliche Dominanz über das ganze Bild und hat seine Ursache bei der Bilddatenerfassung (Input) – beispielsweise bei der Aufnahmebeleuchtung und der spektralen Empfindlichkeit des fotografischen Materials, bei der Entwicklung im Labor oder bei falschen Einstellungen beim Scannen. Kurz, es handelt sich um einen Fehler oder Mangel in der Vorlage bzw. des digitalen Bildes und muss individuell mit entsprechenden Werkzeugen wie Gradationskurve, Tonwertkorrektur usw. korrigiert werden. Wobei diese Korrektur noch unabhängig von irgendeiner Druckausgabe im RGB-Modus erfolgt.

Die Korrektur der Graubalance hingegen hat mit den spektralen Eigenschaften der Druckfarben, der Färbung des Bedruckstoffs, der Volltondichte, dem Tonwertzuwachs usw. zu tun – das heißt mit drucktechnischen Parametern bei der Druckausgabe (Output), die Einfluss auf die Graubalance ausüben. Die Korrektur erfolgt grundsätzlich erst bei der Separation der Daten nach CMYK mit einem ICC-Ausgabeprofil des späteren Druckprozesses, wobei auch hier die Korrektur über den Gradationsverlauf der einzelnen Farben erfolgt. Es handelt sich um eine nichtlineare Korrektur, denn die größten Abweichungen der Grauachse liegen in der Regel im Bereich der Mitteltöne. Natürlich ist es unerlässlich, zuvor auch einen vorhandenen Farbstich in der Bildvorlage zu korrigieren. Liegen die Daten in einem medienneutralen Farbraum vor (zum Beispiel ECI-RGB), hat man damit eine ausgezeichnete Ausgangslage, um die Daten mittels ICC-Profil für verschiedenste Druckprozesse zu separieren – unter Berücksichtigung der jeweiligen Graubalance, denn sie ist grundsätzlich geräte- und verfahrensabhängig.

18.6 Volltondichte (DV)

Mit Volltondichte bezeichnet man in der Fachsprache den maximalen Dichtewert einer vollflächig (100 %) gedruckten Prozessfarbe wie Cyan, Magenta, Gelb oder Schwarz. Wie viel der Dichtewert bzw. die aufgetragene Farbschichtdicke betragen darf, hängt allein von der Oberflächenbeschaffenheit des Bedruckstoffs ab und ist in den verschiedenen Druckstandards genau festgelegt. Die Volltondichte wird vom Drucker an der Maschine mit einem Densitometer während des Auflagendrucks auch laufend kontrolliert; Abweichungen werden über die Maschinenelektronik nachreguliert. Der dazu notwendige Druckkontrollstreifen, der auf jedem Druckbogen über die ganze Bogenbreite mitgedruckt wird, besteht aus aneinander gereihten gleichen Segmenten verschiedener Kontrollfelder. Die Segmentierung ergibt sich aus der Tatsache, dass ein Offsetdruckwerk in mehrere Farbzonen von 30–40 mm Breite unterteilt ist, die individuell eingestellt und reguliert werden können, um an jeder Stelle des Druckbogens eine optimale Farbmenge aufzutragen. Die Volltondichte wird also dementsprechend auch über die ganze Bogenbreite kontrolliert. Die unterschiedlichen Werte für die Volltondichte stehen in direktem Zusammenhang mit der Saugfähigkeit des verwendeten Bedruckstoffs. Auf gestrichenen (glanz, halbmatt, matt) Papiersorten bildet die Farbe eine eigenständige Schicht auf der glatten Papieroberfläche und erreicht dadurch eine hohe Sättigung. Auf ungestrichenen Papiersorten wie Offset- und Zeitungspapier mit rauer ungeglätteter Oberfläche hingegen wird die Farbe aufgesogen und dringt tief in das Papier ein, womit sie auch nicht die gleiche Sättigung erzielt wie auf gestrichenem Papier. Als Faustregel gilt: Je besser die Papierqualität, desto höhere Volltondichten können gedruckt werden und desto kräftiger werden die Farben. Je schlechter die Papierqualität, desto geringer sind die Volltondichten und desto flauer werden die Farben. Daher ist es auch von entscheidender Bedeutung, für welchen Druckprozess bzw. welche Papierqualität Farbdaten aufbereitet werden, weil ein

und dieselbe CMYK-Datei auf unterschiedlichen Papiersorten gedruckt keinesfalls gleich aussehen wird in ihrer farblichen Wiedergabe. Dazu kommt noch die
spezifische Tonwertzunahme für einen bestimmten Bedruckstoff. Werden die
Werte für die Volltondichten nicht genau eingehalten, ergeben sich unmittelbar
auch sehr störende Abweichungen in der Graubalance.

Volltondichte im Offsetdruck – Richtwerte

Papierklasse	C	M	Y	K
1 glänzend gestrichen	1,60	1,55	1,50	1,90
2 matt gestrichen	1,55	1,50	1,40	1,80
3 ungestrichen	1,00-1,40	1,00-1,40	0,90-1,25	1,20-1,60

Die Variationsbreite bei Papierklasse 3 beruht auf der sehr unterschiedlichen
Qualität bei ungestrichenen Papieren.

Typische Elemente eines Druckkontrollstreifens

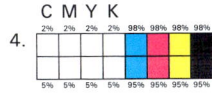

Abbildung 18.17
Elemente eines Druck-
kontrollstreifens

1. Volltonfelder sowie Rastertonfelder für jede Prozessfarbe mit 80 %, 40 % und
   20 % Flächendeckung

2. Trappingfelder für C+M+Y+K, M+Y, C+Y, C+M

3. Graubalance-Felder 80 % und 40 % abwechselnd chromogenes (CMY) und
   monochromes (K) Grau

4. Spitzpunktfelder und maximale Tiefe vor dem Vollton

5. Passkreuze

18.7 Tonwertzunahme (TZ)

Mit der Tonwertzunahme oder *Punktverbreiterung* kommt bei der Druckausgabe ein weiterer wichtiger Faktor ins Spiel, der grundsätzlich bereits bei der Datenaufbereitung berücksichtigt werden muss. Das Maß der Tonwertzunahme (in %) gibt an, um wie viele Prozent höher die Flächendeckung eines Rastertonwerts auf dem Papier sein wird, im Vergleich zu Film/Platte. Das würde heißen, dass beispielsweise bei einer Tonwertzunahme von 15 % im 40 %-Rastertonwert auf Film/Platte später im Druck auf ein bestimmtes Papier ein Tonwert von 55 % resultiert. Der Tonwert wird also wesentlich dunkler als erwartet. Werden nun die Tonwerte in allen Prozessfarben dunkler, bedeutet das auch visuell gut erkennbare Farbabweichungen. Um diese drucktechnisch bedingten Veränderungen der Tonwerte zu kompensieren, werden Bilddaten in der Regel bereits bei der Datenaufbereitung in der Druckvorstufe um die entsprechenden Werte reduziert, um schließlich auf dem Papier den gewünschten Tonwert zu erhalten. Eine so genannte *Druckkennlinie* gibt Auskunft über das Ausmaß der Tonwertzunahme über den gesamten Tonwertbereich. In der Regel wird die Tonwertzunahme für den 40 %- und den 80 %-Tonwert getrennt angegeben. Wird nur ein Wert angegeben, ist international der Zuwachs für den 50 %-Tonwert gemeint.

Abbildung 18.18
Druckkennlinie

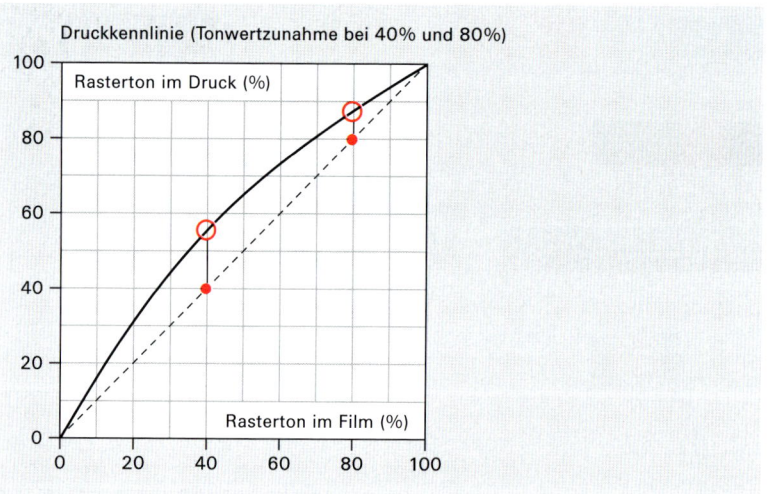

Genau wie die Volltondichte ist auch die Tonwertzunahme direkt abhängig vom jeweiligen Bedruckstoff. Bei gestrichenen Papieren »stehen« die einzelnen Rasterpunkte recht sauber und scharf auf dem Papier, wogegen ungestrichene Papiere mit ihrer Tendenz, die Farbe in sich aufzusaugen, dazu führen, dass die Rasterpunkte verfließen, womit sich ihre geometrische Größe auf dem Papier verändert. Aber dennoch ist es nicht allein die Qualität des Bedruckstoffs, die zu einer mehr oder weniger starken Tonwertzunahme führt; auch die Rasterweite, die Rasterpunktform und die Größe der Rasterelemente tragen dazu bei, dass sich Tonwerte verändern. So führen feinere Rasterweiten wie zum Beispiel ein

120er-Raster zu einer höheren Tonwertzunahme als ein 60er-Raster auf gleichem Papier. Bekannt ist auch die Tatsache, dass ein frequenzmodulierter Raster (FM) tendenziell eine höhere Tonwertzunahme aufweist als ein amplitudenmodulierter Raster (AM) bei derselben Papierqualität, weshalb man auch eine neue Druckkennlinie für einen FM-Raster erstellen muss.

Die Tonwertzunahme wird als Differenz (A) zwischen dem Tonwert des Drucks (A) und dem entsprechenden Tonwert des Films (A_F) in %-Einheiten angegeben, wobei die Angabe in der Regel für den 50 %-Tonwert erfolgt.

$A = A - A_F$

Der so genannte *Lichtfang* verursacht zusätzlich eine gewisse Tonwertzunahme, die aber rein optischer Natur ist. Das neben den gedruckten Rasterpunkten einfallende Licht dringt in die unbedruckten Stellen des Papiers und wird diffus gestreut. Ein Teil des diffusen Lichts gerät dabei unter die Rasterpunkte, wodurch das vom Papier reflektierte Licht durch zusätzliche Absorption reduziert wird. Durch diese geometrische und optische Tonwertzunahme – die sowohl visuell wahrnehmbar als auch messtechnisch erfassbar ist – erscheint das gedruckte Bild dunkler. Die Rasterpunkte erscheinen also in ihrer Summe dunkler als es ihrer geometrischen Flächendeckung entspricht.

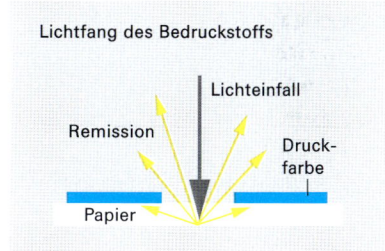

Abbildung 18.19
Tonwertzunahme durch Lichtfang

Kapitel 19

Grundlagen des Colormanagements

19.1   Colormanagement

Heute stößt man teilweise immer noch – was erschreckend ist – auf grafische Betriebe oder andere Prepress-Dienstleister, die von Colormanagement nicht viel verstehen, bei denen von morgens bis abends in der Druckvorstufe irgendetwas »gewurstelt« wird – vorbei an zeitgemäßen Technologien, denn schließlich kommt am Ende der Druckmaschine auch so immer etwas auf Papier Gedrucktes heraus.

Daneben gibt es aber auch moderne, innovative Unternehmen, die sich neuen Technologien zuwenden, sich mit ihnen auseinandersetzen und versuchen, ihre Arbeitsabläufe zu beschleunigen oder sich wiederholende Arbeitsschritte weitgehend zu automatisieren und auf der Basis von Standards abzuwickeln, um gleichbleibende Qualität und kontrollierbare Arbeitsprozesse und somit auch eine gewisse Produktionssicherheit zu erlangen. Ganz entscheidende Komponenten in diesen so genannten Workflows sind ein durchdachtes Colormanagement-System (CMS) und vor allem auch kompetente Mitarbeiter, die verstehen, um was es dabei eigentlich geht.

Ein Blick zurück in die Zeiten analoger Arbeitsprozesse in geschlossenen Systemkreisläufen verdeutlicht die Notwendigkeit neuer Konzepte. Nur durch eine homogene Farbdatenverarbeitung in den heutigen, weitgehend offenen Publikationssystemen lässt sich vom Entwurf bis zur Druckausgabe eine konsistente Farbwiedergabe in diesen durchgehend digitalisierten Arbeitsabläufen erzielen. Modernste Hard- und Softwarekomponenten bauen zunehmend auf Colormanagement auf und untermauern den Trend, dass man früher oder später nur noch auf der Basis dieser Technologie Prepressdaten verarbeiten kann.

Die Zeit ist also reif, sich damit zu beschäftigen und vor allem auch in der Praxis umzusetzen! Hard- und Software stehen auf hohem technologischem Niveau bereit, um nach ICC-Standard – und zugegeben, qualitativ hohen Anforderungen – Farbdaten zu verarbeiten. Um es gleich vorwegzunehmen: Ein praxistaugliches Colormanagement-System erfordert Disziplin und ein hohes Maß an Qualität aller am Prozess beteiligten Komponenten. Ebenso sind Grundlagenkenntnisse über Druck und Reproduktion, die menschliche Farbwahrnehmung, Farbmischprinzipien, geräteabhängige Farbräume (RGB und CMYK) sowie geräteunabhängige, farbmetrische Farbräume (XYZ, xyY und Lab) unerlässlich.

Analoge Arbeitsprozesse im Rückblick

Traditionelle und CMYK-basierte Reproduktionsabläufe fanden durchwegs in geschlossenen Systemen eines bestimmten Herstellers statt. Dabei erfolgte die Reproduktion von Bilddaten mit dem Scanner (oder der Reprokamera), immer zielgerichtet für einen ganz bestimmten Druckprozess (Offsetdruck, Tiefdruck, Zeitungsdruck, Flexodruck), auf einer ganz bestimmten Druckmaschine mit ihren ganz bestimmten Eigenschaften, Farbe auf ein ganz bestimmtes Papier zu übertragen. Der spätere Verwendungszweck einer Druckvorlage musste also von Anfang an genau bekannt sein. Mit anderen Worten: Die Daten wurden verfahrensangepasst und somit geräteabhängig verarbeitet. Verfahrenstechnisch bedingte Veränderungen der Farbinformationen bei den nachfolgenden Prozess-schritten wurden dabei durch gegenseitiges aufeinander Abstimmen aller am Prozess beteiligten Geräte durch Linearisieren, Kalibrieren und durch Austausch von Kennlinien kompensiert. Dabei fand die Farbkommunikation auf rein densi-tometrischer Basis statt, indem Flächendeckungsinformationen (Dichtewerte) in Form von Druck- und Kopierkennlinien sowie Gradationskurven durch diesen geschlossenen Kreislauf transportiert wurden. Das setzte wiederum voraus, dass sämtliche Systemkomponenten mit dem gleichen Primärfarbensystem (CMYK) arbeiten. Bilddaten mussten also solche geschlossenen Systeme nie verlassen, die oft aus einem Trommelscanner und einem Trommelbelichter bestanden, wo gleichzeitig die Belichtung der separierten Filme erfolgte. Auch in solchen EBV-Systemen (Elektronische Bildverarbeitung) gab es bereits so etwas wie ein Colormanagement, aber eben nicht systemübergreifend, sondern in Form fest implementierter Tabellen und Algorithmen, die herstellerseitig entwi-ckelt wurden. Das Feintuning solcher Systeme wurde erst an Ort und Stelle beim Anwender vorgenommen.

Insgesamt handelte es sich also um recht starre, unflexible und in sich geschlos-sene Verfahrensprozesse, bei denen sämtliche drucktechnischen, vorlagen- und erfassungsgerätespezifischen Farb- und Tonwertveränderungen unmittelbar bei der Bilddatenerfassung korrigiert wurden. Damit waren die Daten ein für allemal fest zementiert und konnten nur gerade für eine ganz bestimmte Druckausgabe (beispielsweise Offsetdruck auf gestrichenes Papier) verwendet werden. Benö-tigte man die gleichen Daten aber auch noch für den Zeitungsdruck oder gar auf internationaler Ebene, wo man nicht mit den Europaskala-Druckfarben arbeitet, musste man mit dem ganzen Reproduktionsprozess nochmals von vorne begin-nen, um entsprechend andere Korrekturen vorzunehmen – wieder im Hinblick auf einen ganz bestimmten Druckprozess. Mit dieser Arbeitsweise erzielte man durchaus gute und vorhersehbare Ergebnisse, vorausgesetzt man hatte genü-gend Erfahrung und verwendete die Druckvorlage ausschließlich für den vorge-sehenen Druckprozess.

Moderne Produktionsumgebungen

Heute hat sich die Farbdatenverarbeitung grundlegend verändert. Das Ziel ist aber letztes Endes immer noch genau das gleiche, nämlich Farben verbindlich, vorhersehbar und konstant zu reproduzieren. Der Wandel von geschlossenen Kreisläufen mit aufeinander abgestimmten Systemkomponenten hin zu offenen Systemkonfigurationen, der zunehmende Datenaustausch und die Mehrfach-nutzung von Daten für verschiedene Medien (Print, Web, CD-ROM usw.) erfor-dern neue Konzepte mit medien- und geräteneutraler Farbdatenverarbeitung.

In modernen Produktionsumgebungen versammelt sich eine Vielzahl offener, modularer und elektronischer Systemkomponenten verschiedener Hersteller – mit unterschiedlichen Primärfarbsystemen (RGB oder CMYK). Ein Colormanage-ment-System (CMS) fungiert dabei als standardisierte Schnittstelle, um Farbin-formationen zwischen diesen verschiedenen Komponenten eindeutig zu kom-munizieren.

Der ICC-Standard

Auf Initiative der FOGRA (Deutsche Forschungsgesellschaft für Druck- und Reproduktionstechnik) wurde 1992 das International Color Consortium (ICC) gegründet, zusammen mit namhaften Herstellern von Betriebssystemen und DTP-Applikationen (Apple, Sun, Silicon Graphics, Taligent, Microsoft, Agfa, Kodak) sowie dem PostScript-Erfinder Adobe. Ihr gemeinsames Ziel bestand darin, einen Standard für ein Colormanagement-System (CMS) für offene Systeme zu entwickeln, um damit einen geräteunabhängigen Austausch von Farbdaten zwischen verschiedenen Systemkomponenten, Anwendungsprogrammen und Plattformen – an zentraler Stelle im Betriebssystem – zu ermöglichen. 1993 wurde schließlich die offizielle Spezifikation für den ICC-Standard veröffentlicht, der auch bald Eingang in das Mac-Betriebssystem fand. Zusammen mit Linotype-Hell kündigte Apple 1995 die Implementierung der Farbtechnologie *ColorSync 2.0* (von Linotype-Hell) als Systemerweiterung im Mac-Betriebssystem an. Später folgte Microsoft mit *Image Color Management* (ICM). In der Folge unternahmen auch immer mehr Hersteller von DTP-Applikationen erste Schritte in Richtung eines ICC-basierten Colormanagements – mehr oder weniger elegant.

Geräteabhängige Farbräume (RGB, CMY, CMYK)

In Anbetracht der Vielzahl an unterschiedlichen Eingabe- und Ausgabegeräten, die in einen Reproduktionsprozess involviert sind (angefangen bei der Bilddatenerfassung mit Scanner oder Digitalkamera, über den Monitor für den Softproof bis zu all den verschiedenen Druckausgabegeräten wie Tintenstrahldrucker, Thermosublimationsdrucker, Laserdrucker usw.) ist eine Farbbildreproduktion keine einfache Aufgabe, denn jedes dieser Geräte stellt eine zahlenmäßig (RGB) oder anteilmäßig (CMYK) beschriebene Farbe grundsätzlich anders dar. Denn sie sind zahlreichen Einflussgrößen unterworfen, welche ihr Farbwiedergabeverhalten maßgeblich beeinflussen.

Monitor (RGB)

Ein zahlenmäßig klar definiertes RGB-Signal (zum Beispiel R 225, G 20, B 34), das auf verschiedenen Monitoren ausgestrahlt wird, sieht auf jedem der Geräte anders aus. Denn RGB-Werte definieren nur, wie stark eine Leuchtquelle strahlen soll, sie machen aber keine Angabe darüber, welcher Art die Primärfarben der Leuchtquelle sein sollen. Die Farbwiedergabe ist also von verschiedenen spezifischen Einflussgrößen des jeweiligen Geräts abhängig. Selbst wenn sie vom genau gleichen Typ und von der gleichen Serie sind.

Einflussgrößen auf die Farbwiedergabe:

▸ Spektrale Eigenschaften der Primärfarben (Phosphorfarben in RGB)

▸ Kontrast

▸ Helligkeit min/max

▸ Gamma

▸ Leuchtdichte

▸ Herrschendes Umgebungslicht

Dasselbe RGB-Signal
auf drei verschiedenen Monitoren
ausgestrahlt

Abbildung 19.1
Dasselbe RGB-Signal auf
verschiedenen Monitoren

Druckausgabegeräte (CMYK)

Das gleiche Problem haben wir auch bei den Druckausgabesystemen. Gibt man eine CMYK-Datei mit anteilmäßig genau definierten CMYK-Farben auf mehreren Drucksystemen aus, wird man ebenso viele unterschiedliche Druckergebnisse erhalten. Auch hier haben verschiedene Faktoren Einfluss auf die resultierende Farbwiedergabe. Denn CMYK-Werte definieren nur, wie groß der prozentuale Anteil einer Primärfarbe an einer Farbe ist, aber nicht wie die spektralen Eigenschaften der Primärfarben sein sollen und die Art der Übertragung auf den Bedruckstoff.

Einflussgrößen auf die Farbwiedergabe:

▸ Spektrale Eigenschaften der Primärfarben (CMYK)

▸ Bedruckstoff

▸ Verfahrensbedingte Tonwertveränderungen

▸ Interaktion Proofmedium und Tinte (bei Proofsystemen)

Scanner/Digitalkamera (RGB)

Bei der Bilddatenerfassung mit Scanner oder Digitalkamera verhält es sich ganz ähnlich. Kein Erfassungsgerät »sieht« die Farben einer Vorlage oder eines Objekts im Raum genau gleich wie ein anderes. Denn auch diese Geräte erfassen Farben in Abhängigkeit von verschiedenen technischen und physikalischen Einflussgrößen. Selbst zwei Scanner vom gleichen Typ liefern von derselben Vorlage unterschiedliche Ergebnisse, unter anderem auch bedingt durch gewisse Toleranzen bei der Fertigung von CCD-Sensoren.

Einflussgrößen auf die Farbwiedergabe:

▸ Spektrale Eigenschaften der Vorlagen- bzw. Aufnahmebeleuchtung

▸ Spektrale Eigenschaften der Vorlage (Dia, Farbfotografie)

▸ Farbfilter (Bandbreite)

▸ Lichtsensoren (Empfindlichkeit)

▸ Optisches System

Fotografische Vorlagen (CMY)

Selbst fotografische Farbvorlagen, wie Farbdiapositive und Farbfotos, die in einem Reproduktionsprozess an vorderster Stelle der Prozesskette stehen, zählen zu den geräteabhängigen Farbräumen. Je nach Filmhersteller (Agfa, Kodak, Fuji) weisen sie unterschiedliche Primärfarben auf (CMY), die sich durch Unterschiede in Farbton und Sättigung bemerkbar machen.

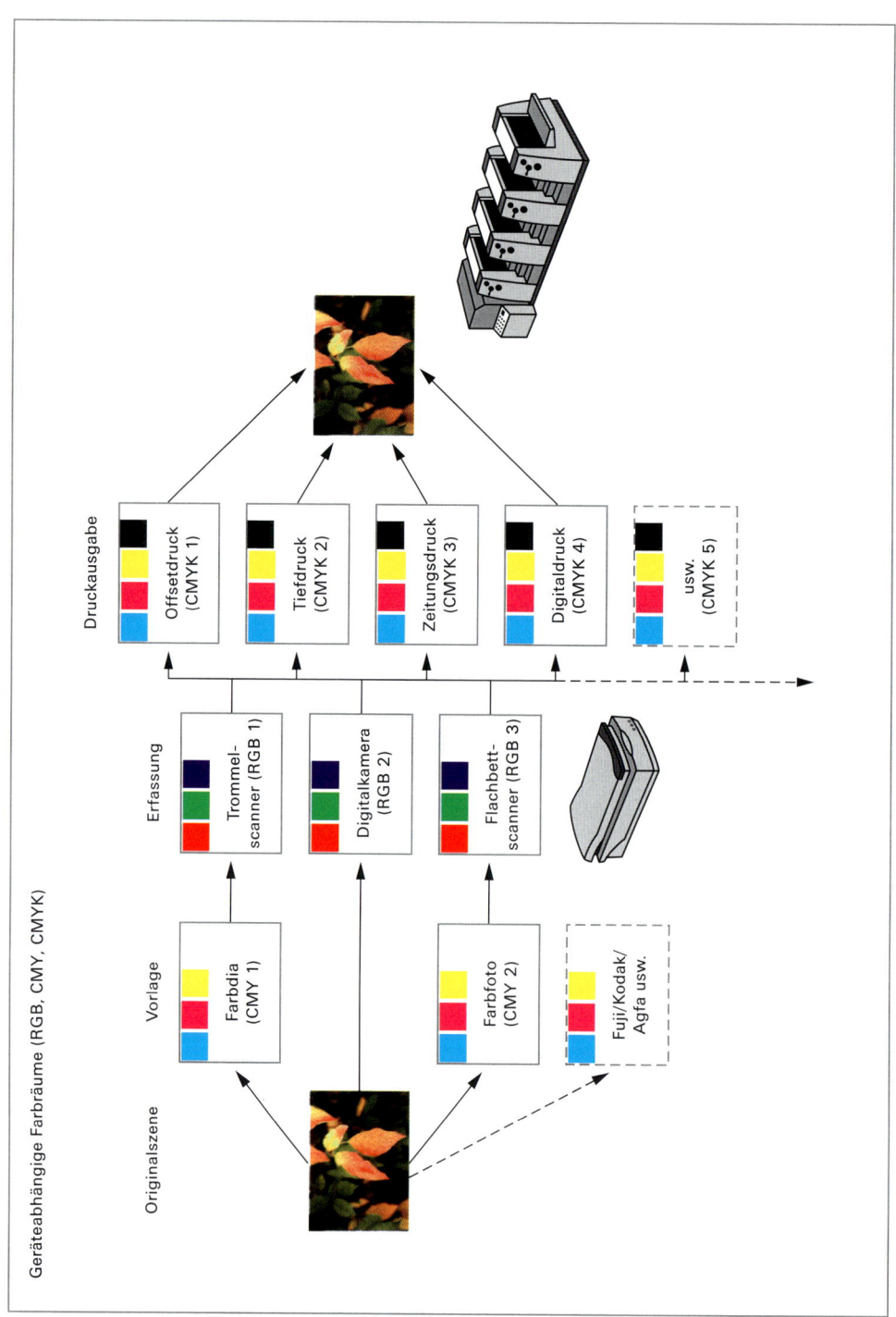

Abbildung 19.2
Geräteabhängige Farbräume

Unterschiedliche Farbräume (Gamut)

Es gibt also nicht nur einen einzigen CMYK-Gerätefarbraum und einen einzigen RGB-Gerätefarbraum, sondern eine nahezu uneingeschränkte Anzahl an CMYK- und RGB-Farbräumen – ebenso viele, wie es Eingabe- und Ausgabegeräte gibt, die jedes für sich Farben etwas anders sehen und beschreiben. Dem maximal möglichen und darstellbaren Farbraum (Gamut) eines Geräts sind klare Grenzen gesetzt durch technische, physikalische und materialbedingte Eigenschaften, wobei die zugrunde liegenden Primärfarben als Eckwerte den Farbraum umreißen. Die bei jedem Gerät verwendete Technologie reduziert den sichtbaren Farbraum auf das technisch Machbare, womit auch kein Gerät in der Lage ist, alle sichtbaren und vom menschlichen Auge wahrnehmbaren Farben darzustellen. Geräteabhängige Farbräume sind grundsätzlich kleiner und unterscheiden sich in ihrem Umfang, wobei RGB-Farbräume in der Regel meistens größer sind als CMYK-Farbräume.

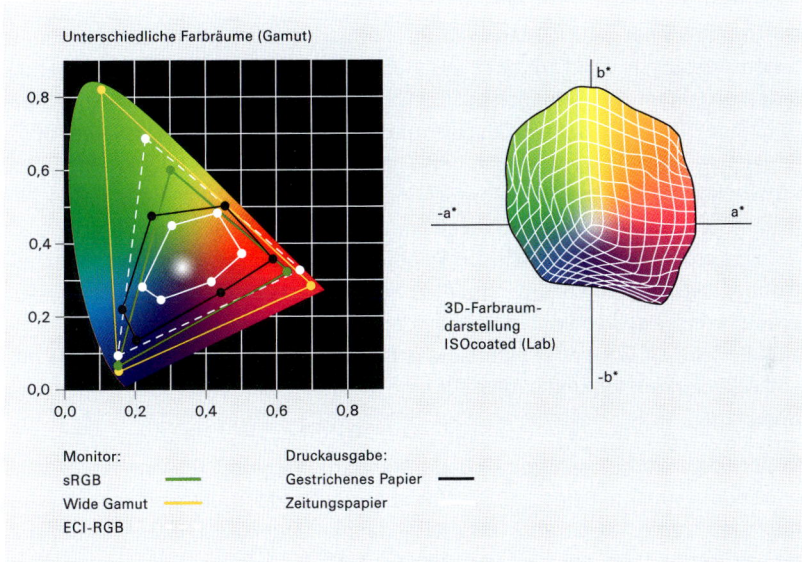

Abbildung 19.3
Unterschiedliche Farbräume (Gamut)

Das Problem unterschiedlicher Farbräume und der daraus resultierenden Farbdifferenzen zwischen den Geräten, die letztlich eine unmissverständliche Farbenkommunikation untergraben, kann nur gelöst werden, indem man Farben in einem eindeutig definierten, farbmetrischen Referenzfarbraum (CIE-XYZ/-Lab) als eindeutige Bezugsgröße beschreibt, welcher unabhängig ist von spezifischen Grundfarben eines bestimmten Geräts. Denn die farblichen Ergebnisse von Scanner-Vorlage, Monitor und Druckausgabe stimmen praktisch nie überein.

Geräteunabhängige, virtuelle Farbräume

Geräteunabhängige Farbräume sind die zahlenmäßige Beschreibung der visuellen Farbwahrnehmung durch das menschliche Auge und umfassen alle sichtbaren Farben (siehe Kapitel 6, »Farbmaßsysteme«).

Die virtuellen Primärfarben XYZ – als rechnerisches Konstrukt – bilden die Grundlage aller geräteunabhängigen Farbräume nach CIE-Norm wie CIE-L'u'v' und CIE-L*a*b*, wobei sich der CIE-L*a*b*- oder kurz Lab-Farbraum in der Druckvorstufe etabliert hat. Die rein densitometrische Farbkommunikation mittels Flächendeckungsinformationen, wie sie in geschlossenen Systemen üblich war, kann im Rahmen eines Colormanagements in offenen Systemen nicht mehr praktiziert werden. Farben werden als Spektralwerte mit einem Spektralfotometer erfasst und mit den Koordinaten L*a*b* bzw. xyY festgelegt. Damit lässt sich jede Farbe eindeutig und absolut beschreiben.

Farbmetrisches Referenzsystem (CIE-XYZ)

Das International Color Consortium (ICC) einigte sich daher für den geräteneutralen Austausch von Farbdaten als Basis für das Colormanagement-System. Jedes an einem Reproduktionsprozess beteiligte Eingabe- und Ausgabegerät bzw. jeder Teilprozess soll in Bezug zum farbmetrischen Referenzsystem (XYZ/Lab) charakterisiert werden, also hinsichtlich der individuellen Farbwiedergabeeigenschaften und somit der Abweichungen zur Referenz. Diese farbmetrischen Geräte- und Prozessbeschreibungen werden in einer Datei gespeichert und als *ICC-Farbprofile* bezeichnet, die fortan bei jedem Prozessschritt miteinander verrechnet werden können, um Farbdaten auf der Basis einer eindeutigen Bezugsgröße in das jeweilige Primärfarbensystem einer beliebigen Systemkomponente zu konvertieren. Zwei oder mehr solche Profile lassen sich nun schrittweise miteinander verknüpfen und sorgen für eine mediengerechte Farbraumtransformation.

In der Folge wurde 1993 vom ICC ein Standard festgelegt für eine einheitliche anwendungsunabhängige und plattformübergreifende Struktur solcher Farbprofile. Gleichzeitig wurde auch das so genannte *Colormanagement-Framework-Interface* entwickelt, das die Möglichkeit schafft, ICC-basierte Farbraumtransformationen an zentraler Stelle im Betriebssystem durchzuführen. Damit wird ein plattformübergreifender Austausch von ICC-Farbprofilen möglich, der es erlaubt, Farbraumtransformationen auf einer beliebigen Plattform und zu einem beliebigen Zeitpunkt im Reproduktionsprozess durchzuführen. Denn Farbdaten, die mit einem Farbprofil gespeichert werden, sind damit eindeutig und auf der Grundlage eines geräteneutralen Referenzfarbraums beschrieben. Das Ziel, Farben in offenen Systemumgebungen kontrolliert von einem Farbraum in den anderen zu transformieren und zu verwalten, birgt zusätzlich die Möglichkeit in sich, gewisse Arbeitsschritte zu automatisieren, Arbeitsabläufe zu optimieren und zu stabilisieren. Dadurch sind auch eine gleich bleibende Qualität und Produktionssicherheit gewährleistet.

Colormanagement-System (CMS)

Ein Colormanagement-System als Basistechnologie zur kontrollierten Farbdatenverarbeitung in modularen Reproduktionssystemen hat verschiedene Aufgaben zu erfüllen, um stets eine optimale Farbwiedergabe zu erzielen:

1. Beschreibung der Farben in einem farbmetrischen, geräteunabhängigen Referenzfarbraum (XYZ/Lab), der für alle Eingabe- und Ausgabegeräte einsetzbar ist.

2. Farbtransformation nach einheitlichen Richtlinien, unter Berücksichtigung aller gerätespezifischen Abweichungen und der jeweiligen Wiedergabemöglichkeiten bei der Ausgabe – an zentraler Stelle im Betriebssystem.

Colormanagement-Architektur

Um ein voll funktionsfähiges Colormanagement-System (CMS) zum Laufen zu bringen, so dass es als Software-Schnittstelle die Aufgabe erfüllen kann, Farbtransformationen nach einheitlichen Richtlinien durchzuführen, und für alle ICC-kompatiblen Applikationen und Geräte frei zugänglich ist, braucht es verschiedene Software-Komponenten, die zum Teil bereits standardmäßig im Betriebssystem vorhanden sind und nur noch aktiviert werden müssen. Wiederum andere Komponenten müssen von außen hinzugefügt werden, um die ganze CMS-Architektur zu vervollständigen.

Im Mac-Betriebssystem findet man folgende wichtigen Komponenten, die nachfolgend noch einzeln erläutert werden:

- Die ColorSync-Systemerweiterung (CMS); sie umfasst:
    - Colormanagement-Framework-Interface (Schnittstelle)
    - Color Matching Modul (CMM-Farbtransformationseinheit)
- Kontrollfeld /Systemerweiterung COLORSYNC
- Kontrollfeld/Systemerweiterung MONITORE
- ColorSync Profile (Ordner für Profile)
- ColorSync-Dienstprogramm (Mac OS X)

Dazu kommen noch von außen hinzugefügte Komponenten:

- ICC-Farbprofile
- ICC-kompatible Applikationen
- Testcharts (zur Profilierung)
- Spektralfotometer (Lab-Messwertermittlung)
- Software zur Profilerstellung bzw. Editierung

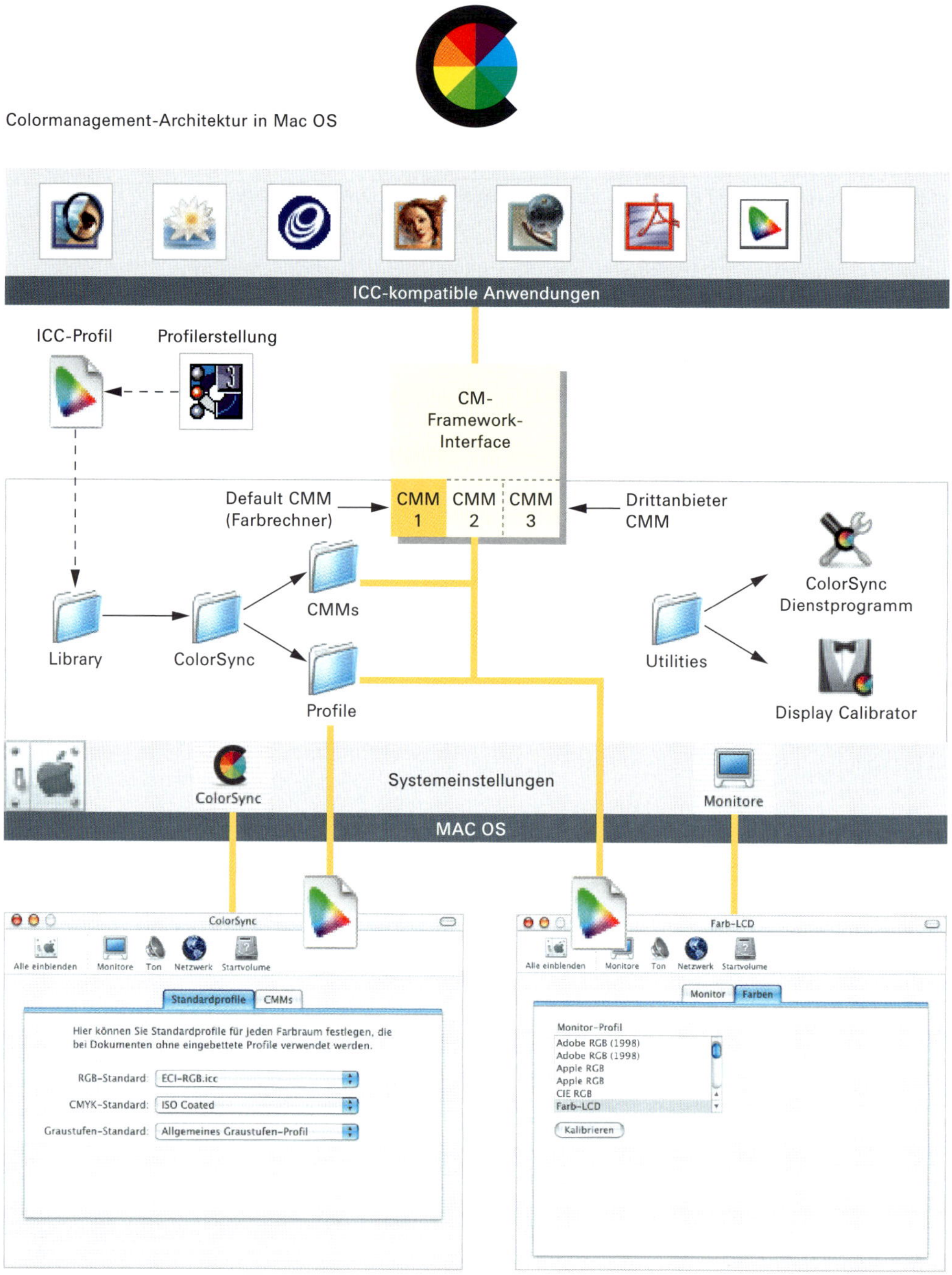

Colormanagement-Architektur in Mac OS

ICC-kompatible Anwendungen

ICC-Profil   Profilerstellung

CM-
Framework-
Interface

Default CMM   CMM | CMM : CMM   Drittanbieter
(Farbrechner)   1 | 2   :   3   CMM

CMMs

ColorSync
Dienstprogramm

Library   ColorSync

Utilities

Profile

Display Calibrator

ColorSync   Systemeinstellungen   Monitore

MAC OS

ColorSync

Alle einblenden   Monitore   Ton   Netzwerk   Startvolume

Standardprofile   CMMs

Hier können Sie Standardprofile für jeden Farbraum festlegen, die
bei Dokumenten ohne eingebettete Profile verwendet werden.

RGB-Standard: ECI-RGB.icc

CMYK-Standard: ISO Coated

Graustufen-Standard: Allgemeines Graustufen-Profil

Farb-LCD

Alle einblenden   Monitore   Ton   Netzwerk   Startvolume

Monitor   Farben

Monitor-Profil
Adobe RGB (1998)
Adobe RGB (1998)
Apple RGB
Apple RGB
CIE RGB
Farb-LCD

Kalibrieren

Abbildung 19.4
Colormanagement-Architektur in Mac OS

ColorSync-Systemerweiterung

ColorSync ist die standardmäßig implementierte Systemerweiterung bzw. das Colormanagement-System (CMS) auf der Betriebssystemebene eines jeden Macintosh-Rechners und erweitert den Funktionsumfang des Betriebssystems um die Möglichkeit zur Durchführung einer ICC-Farbtransformation mittels CMM. ColorSync ist unter anderem zuständig für die Verwaltung des Monitorprofils, des so genannten *Systemprofils*, auf das auch alle ICC-kompatiblen Applikationen für eine korrekte Monitordarstellung (Softproof) Zugriff haben.

▸ *Pfad in OS 9:* Systemordner / Systemerweiterungen / ColorSync

▸ *Pfad in OS X:* Systemeinstellungen / ColorSync

Colormanagement-Framework-Interface

Das so genannte *CM-Framework-Interface* als Schnittstelle ist die eigentliche Schaltzentrale für die Verständigung aller CMS-Komponenten untereinander und wird auf dem Macintosh durch die ColorSync-Systemerweiterung zur Verfügung gestellt. ICC-kompatible Anwendungsprogramme greifen mittels ColorSync auf die Funktionen des CMMs (Farbrechner) zu, das wiederum auch Zugriff auf die ICC-Farbprofile im Ordner COLORSYNC PROFILE und die Kontrollfelder/Systemerweiterungen COLORSYNC und MONITORE hat.

Color Matching Modul (CMM)

Beim Color Matching Modul handelt es sich um den eigentlichen Farbrechner (die wichtigste Komponente in der ColorSync-Systemerweiterung), der eine Farbraumtransformation auf Basis der gewünschten ICC-Farbprofile durchführt, indem diese über den geräteneutralen Referenzfarbraum (XYZ/Lab) miteinander verrechnet bzw. verknüpft werden. Das heißt er sorgt für die Zuordnung eines Gerätefarbraums zu einem anderen Gerätefarbraum – unter Berücksichtigung bestimmter Umrechnungsziele, die auch als Rendering Intents bezeichnet werden und darüber bestimmen, was mit Farben geschieht, die außerhalb des Zielfarbraums liegen. Würde man diese Aufgabe einfach den einzelnen Anwendungsprogrammen überlassen – ohne CMS nach ICC-Standard –, würde man zu völlig unterschiedlichen Farbergebnissen kommen. Denn jedes Programm würde dazu seinen eigenen, internen Farbrechner und seine eigenen, internen Lookup-Tables verwenden, was nicht im Sinne einer geräteunabhängigen Farbdatenverarbeitung gemäß ICC wäre. Zudem können diese Lookup-Tables nicht zwischen den einzelnen Anwendungen ausgetauscht werden.

Das CMM auf dem Mac, das alle Anwendungsprogramme gemeinsam nutzen können, heißt *Apple ColorSync* und wurde von Linotype-Hell entwickelt. ICM 2.0, das Colormanagement-System auf dem PC, verwendet das gleiche CMM von Linotype-Hell und ermöglicht somit gleiche Ergebnisse auf PC und Mac.

Das CMM ist von geradezu strategischer Bedeutung für eine akkurate Farbwiedergabe, denn außer dem betriebssystemeigenen CMM von Apple gibt es auch noch eine Anzahl weiterer CMMs anderer Hersteller – wie Agfa, Kodak, Adobe, Linotype (Heidelberg) –, die bei einer Farbtransformation zu unterschiedlichen

Ergebnissen führen (mit Ausnahme der beiden CMMs von Apple und Linotype, da es sich hier um genau die gleiche CMM handelt). Diese herstellerspezifischen CMMs erlauben firmenspezifische Lösungen auf der gemeinsamen Plattform und sind insbesondere notwendig, um die – vom ICC-Standard nicht spezifizierten und auch nicht unterstützten – *private Tags* in ICC-Profilen überhaupt lesen zu können.

Welches CMM man verwenden will, ist letztlich jedem Anwender freigestellt. Um konsistente Farbergebnisse zu erzielen, sollte man allerdings immer das gleiche Modul verwenden. Photoshop beispielsweise stützt sich auf das eigene, interne CMM (Adobe ACE) als Standardeinstellung.

ColorSync-Kontrollfeld

Das Kontrollfeld der ColorSync-Systemerweiterung findet man unter Mac OS X in den SYSTEMEINSTELLUNGEN und unter Mac OS 9 im Ordner KONTROLLFELDER im Systemordner. Hier lassen sich unter dem Reiter PROFILE bzw. STANDARDPROFILE ICC-Farbprofile für die Farbräume RGB, CMYK und Graustufen festlegen, die bei Dokumenten ohne eingebettetes Profil standardmäßig verwendet werden sollen (OS 9/OS X). In OS 9 gibt es zusätzlich eine Option für Standard-Ein- und -Ausgabegeräte. Für die dortige Option MONITOR ist es erforderlich, zuerst im Kontrollfeld MONITORE das korrekte Profil für den Monitor zu aktivieren, damit es an dieser Stelle verfügbar ist. Diese Einstellung wirkt sich auf die Monitordarstellung in den verschiedenen Anwendungsprogrammen aus, sofern sie ICC-kompatibel sind und das Colormanagement aktiviert ist. Ein weiterer Reiter CMMs erlaubt das Festlegen eines Standard-CMMs. Diese Einstellungen lassen sich später jederzeit in einer Anwendungssoftware individuell überschreiben.

▸ *Pfad in OS 9:* Systemordner / Kontrollfelder / ColorSync

▸ *Pfad in OS X:* Systemeinstellungen / ColorSync

Kontrollfeld Monitore

Das Kontrollfeld MONITORE findet man unter Mac OS X ebenfalls in den SYSTEMEINSTELLUNGEN und unter OS 9 im Ordner KONTROLLFELDER. Hier sollte man das so genannte »Systemprofil«, das heißt das Monitorprofil einstellen, auf das außer der ColorSync-Systemerweiterung auch alle ICC-kompatiblen Anwendungsprogramme Zugriff haben und das für den Softproof am Monitor von Bedeutung ist. Man sollte sich unbedingt ein eigenes Monitorprofil erstellen und nicht das werkseitig beigefügte Profil verwenden, denn dieses ist in der Regel nicht individuell und präzise genug und wird immer für eine ganze Serie von Monitoren eines bestimmten Typs erstellt. Monitore verändern aber im Laufe der Zeit ihre Farbwiedergabe, zum Beispiel durch eine abnehmende Leuchtdichte mit zunehmendem Alter des Geräts usw.

▸ *Pfad in OS 9:* Systemordner / Kontrollfelder / Monitore

▸ *Pfad in OS X:* Systemeinstellungen / Monitore

ColorSync Profile

COLORSYNC PROFILE ist ein spezieller Ordner im Betriebssystem, um ICC-Farbprofile an Ort und Stelle zu versammeln, denn nur so werden sie von ColorSync auch gefunden. Bei diesen Dateien handelt es sich um so genannte *Charakterisierungsdaten*, welche die spezifischen Farbwiedergabeeigenschaften eines bestimmten Geräts oder Teilprozesses beschreiben. In Mac OS X gibt es insgesamt drei Ordner für Profile, verteilt auf je eine Hierarchieebene. Software-Applikationen von Adobe hingegen haben bei der Installation die Gewohnheit, ihre eigenen Profile in einem speziellen Ordner abzulegen, der nur ihnen gehört. Dieser Ordner befindet sich hier: / Library / Application Support / Adobe / Color / Profiles. Der Ordner auf Betriebssystemebene ist zu finden unter:

▸ *Pfad in OS 9:* Systemordner / ColorSync Profile

▸ *Pfad in OS X:* ~ / User / Library / ColorSync / Profile
　　　　　　　　　 / Library / ColorSync / Profile
　　　　　　　　　 / System / Library / ColorSync / Profile

ColorSync-Dienstprogramm

Das nur in Mac OS X zur Verfügung stehende ColorSync-Dienstprogramm ist ein sehr interessantes Software-Tool, mit dem man genaue Informationen über ein bestimmtes ICC-Profil erhält. Dabei kann man sich alle im System vorhandenen ICC-Profile nach verschiedenen Ordnungskriterien auflisten lassen. Durch Doppelklick auf einen Listeneintrag erhält man die ganze Fülle an Informationen zu einem bestimmten ICC-Profil, wie beispielsweise den Farbraum des Profils und den PCS *(Profile Connection Space)*, das heißt den geräteunabhängigen Referenz- bzw. Verbindungsfarbraum, der bei der Farbraumtransformation verwendet wird (XYZ oder Lab). Man kann sich aber auch über den Medien-Weißpunkt informieren und vieles mehr. Besonders interessant ist auch die *lokalisierte Profilbeschreibung*. Hier hat man die Möglichkeit, den nach außen sichtbaren Namen des Profils zu ändern. Denn beim einfachen Überschreiben des Profilnamens unter dem Datei-Icon wird zwar der Name vermeintlich geändert, aber ein Listeneintrag in einer Anwendungssoftware zeigt weiterhin den alten Namen, nämlich den internen Namen im Header der Datei, der in diesem Fall nicht automatisch geändert wird. Man hat auch die schöne Möglichkeit, sich den Profil-Farbraum als 3-D-Körper zu betrachten und ihn mit der Maus in alle Richtungen zu rotieren. ICC-Profile innerhalb des Systemordners können überprüft und nötigenfalls sogar repariert werden. Zudem wird eine Fehlermeldung ausgegeben, wenn ein Profil nicht den ICC-Spezifikationen entspricht. Es ist gut zu wissen, dass es dieses nützliche Tool gibt, für die Funktionalität des Colormanagement-Systems ist es allerdings nicht erforderlich.

19.2 ICC-Farbprofile (Color Profile)

Für ein ICC-konformes Colormanagement-System sind ICC-Farbprofile nicht weg-zudenken, denn sie bilden die allerwichtigste Komponente – die Farbraumbe-schreibung eines Eingabe- oder Ausgabegeräts. Sie sind gewissermaßen der Dreh- und Angelpunkt einer Farbtransformation zwischen zwei Gerätefarbräu-men. Das Ergebnis einer Farbtransformation hängt dabei maßgeblich von ihrer Qualität ab, das heißt der Qualität der Software zur Profilherstellung und der Präzision der dazu verwendeten Daten im Profil.

Eine ICC-Profildatei ist ein vom ICC standardisiertes, plattform-, geräte- und anwendungsunabhängiges Dateiformat und enthält im Wesentlichen die Beschreibung der Farbwiedergabeeigenschaften – und somit den möglichen darstellbaren Farbumfang – eines ganz bestimmten Eingabe- oder Ausgabege-räts in Bezug zu einem farbmetrischen, geräteunabhängigen Referenzfarbraum (XYZ/Lab).

Für jedes an einem Reproduktionsprozess beteiligte Gerät bzw. für jeden Teil-prozess (Scanner, Digitalkamera, Monitor, Drucker, Proofer, Druckprozess usw.) muss ein individuelles Profil, eine Charakterisierungsdatei erstellt werden. Diese Geräteprofile werden in drei Klassen unterteilt:

1. Eingabeprofile (für Scanner und Digitalkameras) = reine Quellprofile

2. Ausgabeprofile (für Drucker, Proofer, Kopierer, Druckmaschinen) = Quell- und Zielprofile

3. Anzeigeprofile (für Monitore) = Quell- und Zielprofile

Abbildung 19.5
Eingabe-, Ausgabe- und
Anzeigeprofile (Symbole)

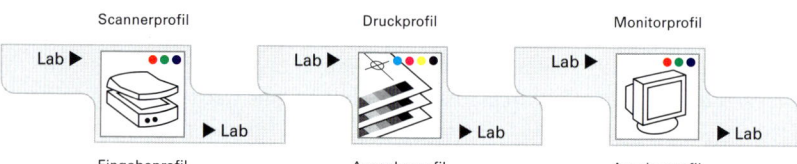

Für den Monitor ist nur ein Profil nötig. Für Druckausgabegeräte (Drucker, Proo-fer, Druckmaschinen) sind in der Regel immer mehrere ICC-Profile zu erstellen. Denn die Farbwiedergabe eines Ausgabegeräts ändert sich in Abhängigkeit vom jeweiligen Status, das heißt vom gerade verwendeten Bedruckstoff und seiner Färbung, vom Proofmedium (bei Proofern) und vom daraus resultierenden Farb-auftrag (Volltondichte) und der möglichen Tonwertveränderung (TZ). Grundsätz-lich müssen Geräteprofile neu erstellt werden, wenn andere Verbrauchsmateria-lien verwendet werden (Tinte, Toner, Druckfarben) oder wenn Verschleißteile (Gummituch, Druckkopf) ersetzt wurden. Für einen Scanner sind in der Regel auch immer mehrere Profile notwendig, denn es gibt Unterschiede zwischen ver-schiedenen fotografischen Materialien. Ein Farbdiapositiv von 4x5 Inch, ein Kleinbilddia von 24x36 mm, eine Farbfotografie, eine Schwarzweiß-Fotografie oder gar ein Schwarzweiß- oder Farbnegativ mit dem Scanner zu erfassen, führt zu gänzlich unterschiedlichen Ergebnissen. Dies gilt selbst dann, wenn sie alle vom gleichen Hersteller sind. Zudem kommen noch die Unterschiede zwischen den Materialien verschiedener Hersteller wie Agfa, Kodak und Fuji. Für jedes dieser Materialien und Formate sind individuelle Profile notwendig.

Bevor wir uns näher damit befassen, wie man ICC-Profile für die verschiedenen Geräte erstellt, schauen wir uns die Struktur einer ICC-Profildatei noch etwas genauer an, denn es ist wichtig zu verstehen, welche Informationen wo gespeichert sind und wozu sie bei der Farbraumtransformation dienen.

Profiltypen

ICC-Profile werden in verschiedene Typen oder Klassen eingeteilt und erhalten eine entsprechende vierbuchstabige Kennung, die neben anderen allgemeinen Informationen im Header der Datei eingetragen ist. In Erfahrung bringen kann man diese Informationen mit dem COLORSYNC-Dienstprogramm (OS X) oder dem COLORSYNC™ PROFILE INSPECTOR – einer kleinen speziellen Software (OS 9).

Eingabeprofile (scnr)

Diese Profile sind für monochrome (Schwarzweiß-)Eingabegeräte und solche mit dreikomponentigem Farbraum (RGB), wie beispielsweise Scanner oder Digitalkameras.

Monitorprofile (mntr)

Diese Profile sind für monochrome Geräte (Schwarzweiß) und solche mit dreikomponentigem Farbraum (RGB).

Ausgabeprofile (prtr)

Diese Profile sind für monochrome Ausgabegeräte (Schwarzweiß) und solche mit drei- oder vierkomponentigem Farbraum (RGB, CMY oder CMYK).

Daneben gibt es weitere spezielle Profiltypen, die in der ICC-Spezifikation aber eine eher untergeordnete Rolle spielen:

Device-Link-Profile (link)

Device-Link-Profile sind eine spezielle Form von ICC-Profilen, die eine komplette Farbtransformation von zwei bestimmten Gerätefarbräumen in einem einzigen Profil zusammenfassen. Es handelt sich um unidirektionale oder so genannte Einweg-Link-Profile *(Oneway Link),* die nur eine einzige Transformationsrichtung ('A2Bn') vom Quellfarbraum zum Zielfarbraum enthalten, wobei der Rendering Intent beliebig sein kann. Außer einer erhöhten Performance bei der Farbtransformation bieten sie beispielsweise bei einer CMYK-zu-CMYK-Transformation den gewichtigen Vorteil, dass man so genannte *4-D-Transformationen* durchführen kann. 4-D bedeutet die Möglichkeit, jeden CMYK-Wert des Quellfarbraums direkt mit jedem entsprechenden CMYK-Wert des Zielfarbraums zu verknüpfen, ohne dabei den traditionellen Weg über den Lab-Farbraum (PCS) eines gewöhnlichen ICC-Profils zu gehen. Damit kann man verhindern, dass der Schwarzaufbau (siehe Kapitel 18, »Drucktechnische Parameter«) der Quelldatei dabei zerstört wird. Je nach Software zur Berechnung von Device-Link-Profilen besteht die Möglichkeit, den spezifischen Farbaufbau der Quelldaten beizubehalten und nur dort wirksam werden zu lassen, wo es notwendig ist.

Die Software *ColorBlind-Professional* beispielsweise bietet die Möglichkeit, solche Link-Profile zu erstellen und unterscheidet dabei zwischen folgenden Link-Kombinationen:

▸ Scanner-to-Printer

▸ Scanner-to-Monitor

▸ Monitor-to-Printer

▸ Printer-to-Printer

Wird zum Beispiel ein Link-Profil »Printer-to-Printer« erstellt, dann werden zuerst die Lab-Werte des Quellprofils auf die Lab-Werte des Zielprofils abgebildet und durch die Gerätefarbwerte des Quell- und Zielprofils ersetzt. Das Ergebnis ist ein einziger Lookup-Table, welcher die gerätespezifischen Farbwerte von zwei Druckerprofilen direkt miteinander verknüpft. Der Farbraum eines Link-Profils ist derselbe wie der Farbraum des Quellprofils und der PCS (Profile Connection Space) derjenige des Zielprofils. Ein Device-Link-Profil ist infolgedessen ein maßgeschneidertes ICC-Profil und kann ausschließlich für eine Farbtransformation zwischen einer ganz bestimmten Gerätekombination eingesetzt werden. Ebenso wenig kann man ein Link-Profil in eine Bilddatei einbetten.

Abbildung 19.6
CMYK-zu-CMYK-Transformation mit einem Link-Profil

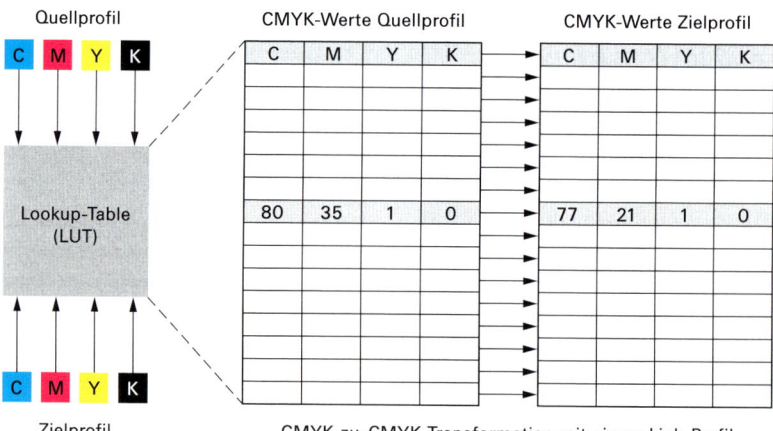

CMYK-zu-CMYK-Transformation mit einem Link-Profil

Der Einsatz von Link-Profilen kann über verschiedene Wege erfolgen:

1. Man überträgt das Link-Profil an den RIP des Ausgabegeräts und überlässt die Farbtransformation und die Farbseparation dem RIP – vorausgesetzt der RIP unterstützt eine InRIP-Separation.

2. Man verwendet die Link-Profile in einem so genannten *Batch-Programm*, das speziell dazu dient, verschiedenen Bildtypen Profile zuzuordnen, ohne dabei die Daten zu öffnen und zu betrachten. Batch-Programme unterstützen dabei verschiedene Dateiformate wie zum Beispiel EPS, PS, TIFF, ScitexCT oder JPEG und automatisieren mittels überwachter Hot-Folder weitgehend das Zuordnen von Profilen ohne weitere Bedienereingriffe.

3. Man verwendet ein Link-Profil in Photoshop für die Farbanpassung und die Farbseparation.

Abstrakte Profile (abst)

In der Regel beschreibt ein ICC-Profil die genauen Farbwiedergabeeigenschaften eines ganz bestimmten Geräts. Bei Ausgabeprofilen kann es aber durchaus sinnvoll oder notwendig sein, eine Feinabstimmung der Profile vorzunehmen, um dadurch farblich angepasstere Ergebnisse zu erzielen. Mögliche Korrekturen in einem ICC-Profil sind zum Beispiel das Anpassen von Sättigung und Helligkeit, das Anpassen des Gradationsverlaufs oder das Ändern des Default Rendering Intents (siehe »Default Rendering Intent« weiter unten). Spezielle Software wie beispielsweise *ColorBlind Edit* oder die Scansoftware *LinoColor* bieten die Möglichkeit der Profileditierung. Die nötigen Korrekturen lassen sich als eigenes Korrektur-Set bzw. als Einstellung abspeichern, separat verwalten und bei der Ausgabe den jeweiligen Bilddaten zuordnen. Auf der Grundlage des editierten Profils kann man aber auch ein neues Profil mit den spezifisch angepassten Eigenschaften erstellen, wobei das ursprüngliche Profil unangetastet erhalten bleibt. Da nun ein editiertes Profil nicht mehr genau die Farbwiedergabeeigenschaften bzw. den Gerätefarbraum eines ganz bestimmten Geräts beschreibt, werden solche Profile als *abstrakte Profile* mit der Kennung 'abst' bezeichnet. Abstrakte Profile unterliegen zudem der Einschränkung, dass man sie nicht mehr einbetten kann und immer eine direkte Verrechnung mit den Bilddaten erfolgen muss. Die Farbraumtransformation erfolgt dabei immer von PCS zu PCS *(Profile Connection Space)*.

Color Space Conversion Profile (spac)

Ein Color Space Conversion Profile dient zur Konvertierung eines geräteunabhängigen Farbraums zu und vom Verbindungsfarbraum (Profile Connection Space), beispielsweise von CIE-XYZ zu CIE-Lab oder umgekehrt. Ein solches Profil (zum Beispiel »Lab_Profile (D50).icc«) kann wie ein gewöhnliches ICC-Profil eingebettet werden.

Named Color Profile (nmcl)

Dieser Profiltyp ist für einzelne Sonderfarben gedacht, die durch ihren Namen identifiziert werden. In der Praxis sind diese Profile aber kaum anzutreffen.

ICC-Profildateistruktur

Der strukturelle Aufbau einer ICC-Profildatei gliedert sich in zwei Teile: Einerseits in einen Header mit den allgemeinen Informationen zum Profil selbst, wie zum

Beispiel Dateigröße, Profiltyp (Kennung), Farbraum, Version, Hersteller, Erstellungsdatum und nicht zuletzt auch der so genannten Default Rendering Intent (Farbraumanpassungsmethode).

Abbildung 19.7
Allgemeine Informationen
im Header eines ICC-Profils

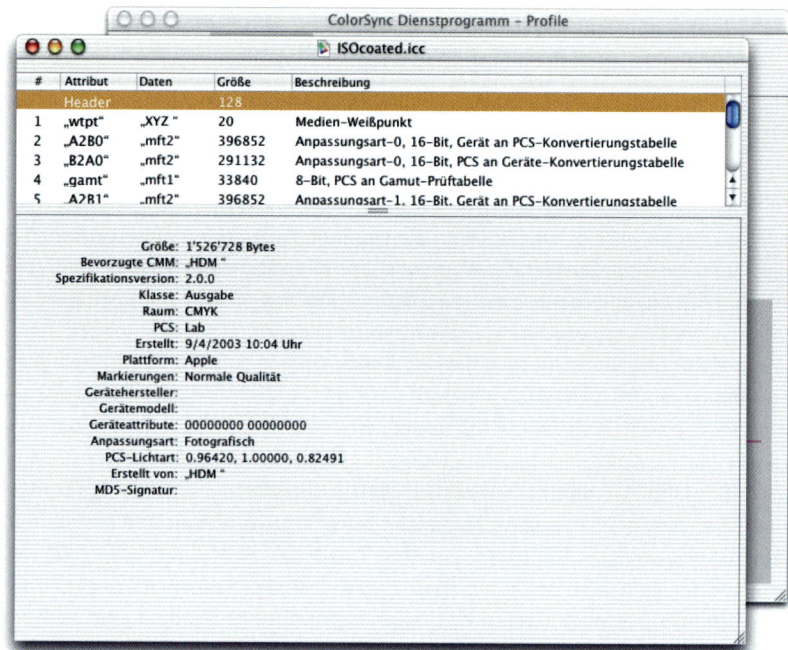

Der zweite und weitgehend auch variable Teil besteht ähnlich wie bei einer TIFF-Datei aus so genannten *Tags*. Auch hier unterscheidet man zwischen den absolut notwendigen Tags *(Required Tags)*, den optionalen Tags *(Optional Tags)*, die je nach Profiltyp benötigt werden, und schließlich noch den *Private Tags*, die vom ICC-Standard nicht unterstützt werden und auch nur von der entsprechenden Herstellersoftware genutzt werden können. Alle diese Tags oder Elemente sind in einer Liste, dem *Tag Table*, zusammengefasst. Diese Tags enthalten alle Daten, die zur Umrechnung von einem Farbraum in einen anderen notwendig sind: ein Tag mit geräteabhängigen Farbwerten *(Device Space Data)*, ein Tag mit den geräteunabhängigen Farbwerten XYZ/Lab *(Device Connection Space Data)*, die Definition des Weißpunktes *(White Point)* als Normfarbwerte XYZ, Tabellen (3-D-Lookup-Tables), aus denen für bestimmte Farbwertkombinationen des Quellfarbraums entsprechende Werte im Zielfarbraum zugeordnet werden können und umgekehrt (bei verschiedenen Rendering Intents), sowie Transferkurven *(Tone Reproduction Curves)*.

Methoden der Farbraumtransformation

Jeder Farbraum – sowohl geräteabhängig als auch geräteunabhängig – lässt sich durch eine Reihe linearer oder nichtlinearer mathematischer Operationen von seinem eigenen Koordinatensystem in das Koordinatensystem eines anderen

Farbraums transformieren bzw. überführen. Die dazu verwendeten Algorithmen sind entscheidend für die Genauigkeit und die Geschwindigkeit der Farbraumtransformation.

Grundsätzlich sollte man Farbraumtransformationen nur dann durchführen, wenn sie absolut notwendig sind, denn jede Transformation führt auch immer zu gewissen Farbraumverlusten. Es macht also wenig Sinn, Farbdaten quer durch die Farbräume zu jagen. Es gilt der Grundsatz: So wenig wie möglich und nur so viel wie notwendig.

In ICC-Profilen gibt es grundsätzlich drei Methoden für das Umrechnen von einem Gerätefarbraum (zum Beispiel RGB oder CMYK) in den Profile Connection Space (PCS) XYZ/Lab bzw. in umgekehrter Richtung, wovon üblicherweise zwei miteinander kombiniert zur Anwendung kommen:

▸ Transferkurven (TRCs – Tone Reproduction Curves)

▸ 3x3-Matrixmultiplikationen

▸ Lookup-Tables (LUTs)

Matrixtransformationen erster Ordnung

Die so genannte Matrixtransformation erster Ordnung – in der Regel eine 3x3-Matrix mit 9 Koeffizienten – erlaubt eine mathematisch einfache und blitzschnelle Transformation von mehreren Millionen Bildpunkten in wenigen Sekunden und wird zum Beispiel in Monitorprofilen angewendet (RGB nach XYZ/Lab) und für Transformationen von RGB oder XYZ nach Lab oder CIE-L'u'v und umgekehrt. Die für die 3x3-Matrix notwendigen Koeffizienten (a, b, c) erhält man aus den XYZ-Koordinaten der Spektralkurven der roten (a), grünen (b) und blauen (c) Phosphore des jeweiligen Monitors.

Wie bereits erwähnt, kommen immer zwei Transformationsmethoden kombiniert zur Anwendung, die sich in ihrer Funktion ergänzen. Grundsätzlich durchlaufen die drei Komponenten mit den Eingangsfarbwerten (RGB) getrennt nach Kanälen zuerst eine Tone Reproduction Curve (TRC), bevor sie der Matrixtransformation unterworfen werden. Erfolgt die Transformation in umgekehrter Richtung, das heißt von XYZ in den RGB-Farbraum des Monitors, werden die Daten zuerst mittels Matrixtransformation in »lineares« RGB umgerechnet und erst in einem zweiten Schritt mit Hilfe einer TRC in das »nichtlineare« RGB des Monitors.

Der Grund für die zusätzliche Verwendung von TRCs liegt also in der Charakteristik eines Monitors, der nichtlineares RGB aufweist, und der Tatsache, dass nach einer Matrixtransformation RGB-Koordinaten vorliegen, die sich linear verhalten. Um also beispielsweise einen doppelt so hohen Wert im Rot-Kanal korrekt am Monitor darzustellen, durchlaufen die linearen RGB-Werte, wie sie von der Matrix kommen, zusätzlich noch eine TRC, um das typische Verhalten eines Monitors zu kompensieren. Solche Matrixtransformationen liefern in beiden Transformationsrichtungen die gleichen Ergebnisse. Eine Hin- und Rücktransformation bringt somit grundsätzlich keine Farbabweichungen mit sich.

Abbildung 19.8
Matrixtransformation
erster Ordnung

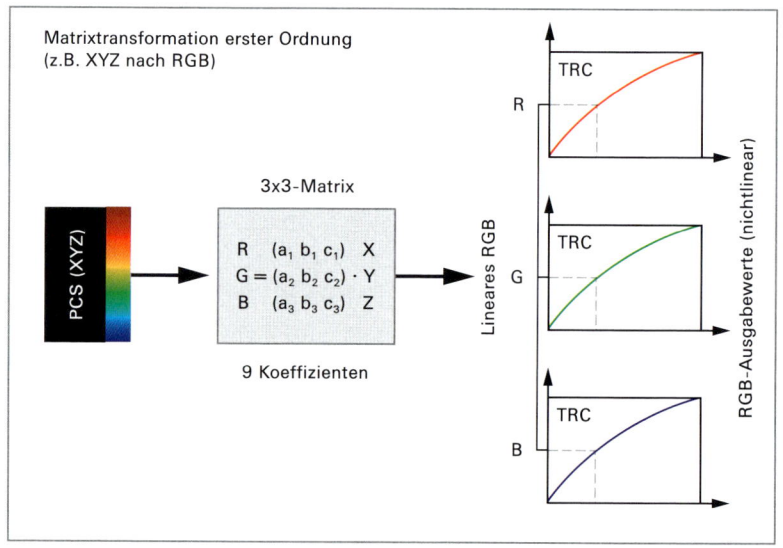

Matrixtransformationen höherer Ordnung

Mit einer so genannten Matrixtransformation höherer Ordnung könnte man eine Farbraumtransformation von RGB oder XYZ/Lab nach CMYK durchführen. Dies würde aber einen hohen mathematischen Rechenaufwand bedeuten, der entweder schnell und ungenau oder langsam und genau sein kann. Auch stellen dabei die nicht standardisierten Farbräume ein Problem dar, da sie es nicht erlauben, solche Umrechnungsalgorithmen für jede x-beliebige Transformation einzusetzen.

Interpolationsmodelle (3-D-Lookup-Tables)

Als besonders effiziente Umrechnungsmethode bei Farbraumtransformationen zwischen unterschiedlich großen Farbräumen wie zum Beispiel von RGB nach CMYK kommen so genannte Interpolationsmodelle oder Lookup-Tables (LUTs) zur Anwendung. Sie sind nichts anderes als Farbwerttabellen, die eine bestimmte Anzahl Stützpunkte im Farbraum (dreidimensional) besitzen und zusammengehörige CMYK- und CIE-Lab-Werte enthalten. Eine Farbraumtransformation mit einem Lookup-Table erfolgt also ohne Rechenaufwand lediglich durch einfaches Zuordnen von Eingangssignalen des Quellfarbraums zu entsprechenden Ausgangssignalen des Zielfarbraums. Um solche mehrdimensionalen Tabellen (3-D-Lookup-Tables) zu erstellen, werden so genannte *Testcharts* bzw. Testformen wie beispielsweise die IT8.7/3 (ISO 12642) – die mehrere hundert Farbfelder mit zugehörigen CMYK-Referenzfarbwerten besitzen – mit dem gewünschten Ausgabeverfahren (zum Beispiel Offsetdruck oder Proofdrucker) gedruckt und anschließend mit einem Spektralfotometer farbmetrisch vermessen, um die entsprechenden CIE-Lab-Werte zu erhalten (PCS). Die dabei ermittelten Werte werden schließlich als Lookup-Table gespeichert, wobei eine unmittelbare Zuordnung zwischen den Zahlenkombinationen besteht, die später bei der Farbraumtransformation nur noch abgelesen werden. Die Präzision der Umrechnung ist unter anderem von der Anzahl der Stützpunkte im Zielfarbraum abhängig. Einen 3-D-Lookup-Table stellt man sich am besten als Würfel vor mit einem Gitternetz aus Stützpunkten und entsprechenden Lab-Koordinaten samt den zugehörigen CMYK-Werten. Für Lab-Eingangswerte, die nicht genau einem Stützpunkt im Gitternetz zugeordnet werden können, müssen die entsprechenden CMYK-Ausgangswerte aus benachbarten CMYK-Werten interpoliert werden, was je nach Anzahl der Stützpunkte zu mehr oder weniger Rundungsfehlern führen kann. Genau hier liegt auch eines dieser untrüglichen Qualitätsmerkmale einer Profildatei verborgen, nämlich die Qualität des Interpolationsalgorithmus.

Genau wie bei einer Matrixtransformation durchlaufen die einzelnen Komponenten der Eingabedaten auch bei der LUT-Methode zuerst eine Tone Reproduction Curve (TRC), dann erst den Lookup-Table und abschließend wieder eine TRC für jeden Ausgabekanal. Erst die TRCs ermöglichen das flexible Umrechnen und somit ein flexibles Steuern des Farbaufbaus, indem die Werte der Eingabekanäle verzerrt werden bzw. die Gradation der Ausgabekanäle verändert wird.

Abbildung 19.9 zeigt auf anschauliche und schematische Weise, wie eine Umrechnung von CIE-Lab (PCS) nach CMYK erfolgt, bei der die Eingangswerte durch eine lineare TRC unverändert an den Lookup-Table weitergegeben werden. Die CMYK-Ausgangswerte werden aufgrund einer ebenfalls linearen TRC nicht verändert.

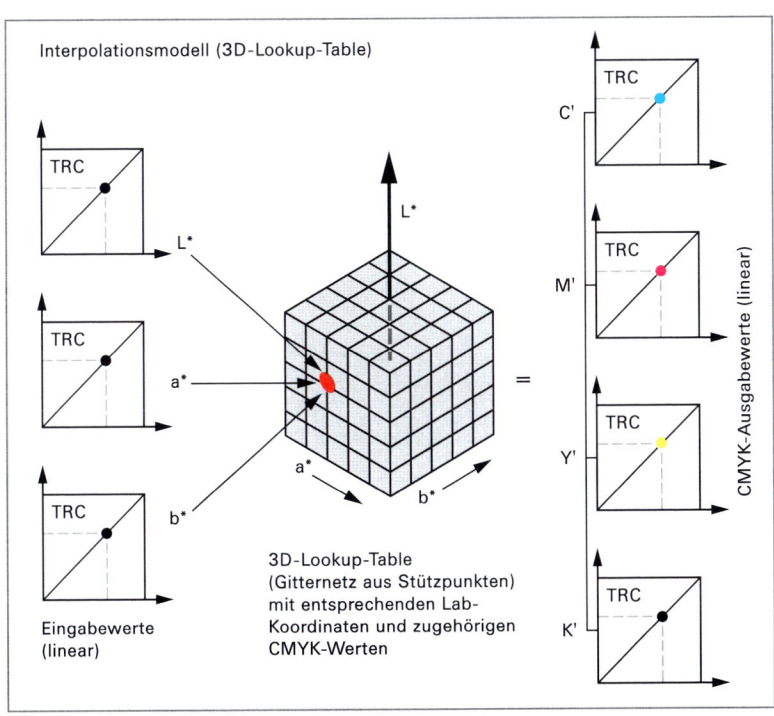

Abbildung 19.9
Interpolationsmodell (3-D-Lookup-Table)

Im Gegensatz zu einer Matrixtransformation, bei der ein Hin- und Rücktransformieren identische Resultate ergibt, weisen Interpolationsmodelle zwangsläufig unterschiedliche Ergebnisse auf.

Ein Ausgabeprofil (zum Beispiel für einen Drucker oder einen Druckprozess) verfügt insgesamt immer über sechs verschiedene Lookup-Tables (siehe Abbildung 19.10). Nämlich je drei LUTs für den Transformationsschritt vom Referenzfarbraum (XYZ/Lab) bzw. vom *Profile Connection Space* (PCS) in den Gerätefarbraum des Ausgabegeräts (CMYK) bei drei verschiedenen Farbraumanpassungsmethoden, den so genannten *Rendering Intents,* und je drei weitere LUTs in umgekehrter Richtung, also vom Gerätefarbraum (CMYK) hin zum Profile Connection Space (XYZ/Lab). Denn mit diesen verschiedenen Tabellen lässt sich ein weiteres Problem bei der Farbtransformation lösen: das Problem unterschiedlich großer Farbräume (Gamut Maps).

Abbildung 19.10
Sechs verschiedene
Lookup-Tables in einem
Ausgabeprofil

P = perceptual
C = colorimetric
S = saturation

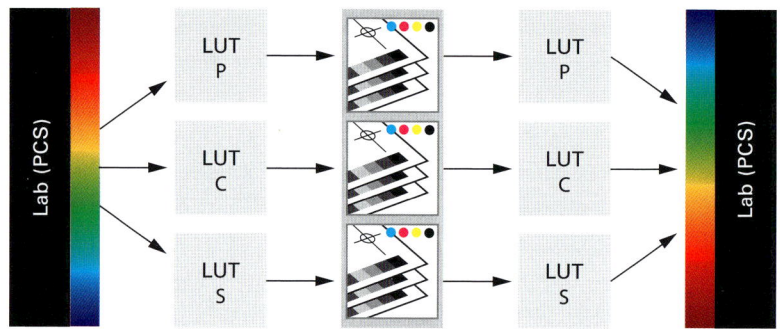

Für ein Ausgabeprofil sind drei Rendering Intents in beiden Richtungen notwendig:

- ‘B2An‘ für die Konvertierung von Lab (Profile Connection Space) zu CMYK

- ‘A2Bn‘ für die Konvertierung von CMYK zu Lab (Profile Connection Space)

Dabei steht »n« für den ICC-spezifizierten Rendering Intent, der folgende Werte haben kann:

- 0 = perceptual

- 1 = relative colorimetric bzw. absolute colorimetric

- 2 = saturation

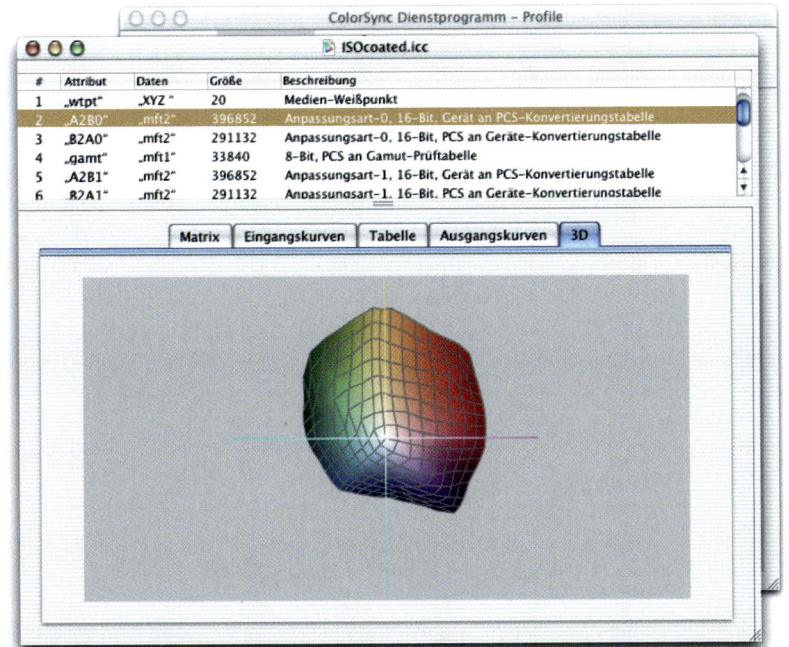

Abbildung 19.11
Tag Table mit Rendering
Intents

Der absolut farbmetrische Rendering Intent wird unter Verwendung des Weißpunktes (wtpt) vom relativ farbmetrischen abgeleitet und hat kein eigenes Tag.

Damit ist ein weiteres wichtiges Thema angeschnitten, nämlich die innere Struktur von ICC-Profilen. Diese ist unter anderem von Bedeutung, wenn es darum geht, ICC-Profile mit spezieller Software zu editieren, um ihre Präzision bei der Farbtransformation zu verfeinern.

Intern ist jedes ICC-Profil in einen so genannten Input- und einen Output-Bereich unterteilt. Der Output-Bereich ist zuständig für die Transformation von Lab – als Schnittstelle zu einem anderen Profil (PCS) – in den Gerätefarbraum des Profils (CMYK oder RGB). Der Input-Bereich sorgt für die Transformation vom Gerätefarbraum (CMYK oder RGB) zur Lab-Schnittstelle. Ein ICC-Profil hat also am Eingang und am Ausgang je eine geräteneutrale (Lab-)Schnittstelle, um mit einem anderen Profil gekoppelt zu werden.

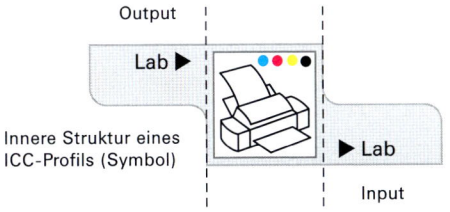

Abbildung 19.12
Input- und Output-Bereich
eines ICC-Profils

Wie bereits erwähnt, gibt es verschiedene Profiltypen. Die reinen Eingabeprofile, wie sie von Scannern oder Digitalkameras stammen, können in einem Colormanagement-Workflow nur als so genannte *Quellprofile* eingesetzt werden. (Denn schließlich wird wohl kaum jemand auf die Idee kommen, irgendetwas auf einem Scanner oder einer Digitalkamera ausgeben zu wollen!) Wird nun beispielsweise das Scannerprofil mit einem Ausgabeprofil gekoppelt, wird beim Scannerprofil nur der Input-Bereich durchlaufen, das heißt vom RGB-Farbraum des Scanners zur Lab-Schnittstelle. Beim angekoppelten Ausgabeprofil hingegen wird der Output-Bereich durchlaufen, das heißt von der Lab-Schnittstelle in den Gerätefarbraum für die Ausgabe. Monitor-, Drucker- und RGB-Arbeitsfarbraumprofile hingegen (siehe Kapitel 4, Abschnitt »Kalibrierte, geräteunabhängige RGB-Farbräume«) können grundsätzlich sowohl Quell- als auch Zielprofil sein.

Abbildung 19.13
Profilverknüpfung zwischen einem Scannerprofil und einem Ausgabeprofil

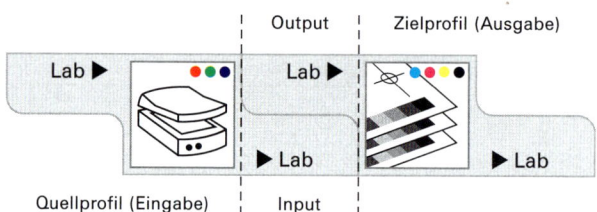

Beim Colormanagement geht es also in erster Linie darum, verschiedene ICC-Profile richtig miteinander zu verknüpfen, denn ein einzelnes Profil für sich alleine hat noch keine Funktion, es ist nur die Farbraumbeschreibung eines bestimmten Geräts oder eines Teilprozesses, eine Art »Identitätskarte«, die sich – je nach Dateiformat – auch in einer Datei einbetten lässt, was beim Übertragen der Datei an ein anderes Gerät oder eine Anwendungssoftware mit aktiviertem Colormanagement gewährleistet, dass die Farben so dargestellt werden, wie sie tatsächlich sein sollten.

In jeder Anwendungssoftware, in der man solche Profilverknüpfungen vornimmt, hat man in der Regel auch die Möglichkeit, einen Rendering Intent bzw. eine Farbraumanpassungsmethode auszuwählen, das heißt man wählt damit eine dieser bereits erwähnten Tabellen oder Lookup-Tables aus, die für den nachfolgenden Transformationsschritt die richtige ist. Doch bevor wir uns für eine – und hoffentlich die richtige – entscheiden, werden wir uns die Möglichkeiten, die sich hinter den Begriffen PERZEPTIV, SÄTTIGUNG, RELATIV FARBMETRISCH und ABSOLUT FARBMETRISCH verbergen (siehe Abbildung 19.14), im nächsten Abschnitt zuerst genauer anschauen.

Abbildung 19.14
Vier verschiedene Render-Prioritäten

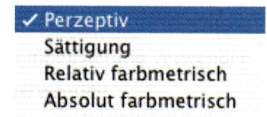

19.3 Gamut Map

Der englische Begriff *Gamut* oder *Gamut Map* steht für Farbumfang und bezeichnet den von einem bestimmten Eingabe- oder Ausgabegerät (Scanner, Digitalkamera, Monitor, Drucker) erfassbaren oder darstellbaren Teilbereich eines Farbraums. Man unterscheidet zwischen geräteabhängigen und geräteunabhängigen Farbräumen. Zu den *geräteunabhängigen* Farbräumen zählen CIE-XYZ, CIE-L*a*b* und CIE-L'u'v'. Sie basieren auf der visuellen Wahrnehmung des menschlichen Auges, sind somit unabhängig von spezifischen Grundfarben und umfassen alle geräteabhängigen Farbräume (siehe Kapitel 6, »Farbmaßsysteme«). Sie sind wesentlich größer als ein Gerätefarbraum und durch ihre Normierung gewissermaßen auch das Maß der Dinge, um Farbe neutral und objektiv zu beschreiben.

Geräteabhängige Farbräume sind:

- **CMY:** Farbige Halbtonvorlagen (Farbdiapositiv, Farbfotografie)
- **RGB:** Scanner, Digitalkamera, Monitor
- **CMY(K):** Druckausgabegeräte (Druckmaschinen, Laserdrucker, Tintenstrahldrucker, Thermosublimationsdrucker usw.)

Die mögliche Anzahl aller umsetzbaren Farben eines Eingabe- oder Ausgabegeräts wird dabei maßgeblich durch verschiedene technische und physikalische Eigenschaften der beteiligten Komponenten beeinflusst und ist primär abhängig von den jeweiligen Grundfarben eines Geräts, welche die Eckwerte des resultierenden Farbraums darstellen. Zahlreiche weitere Faktoren haben aber einen ebenso großen Einfluss auf die Farbwiedergabemöglichkeiten eines Geräts.

Bei einem Scanner beispielsweise ist der mögliche, erfassbare Farbumfang abhängig von der Vorlagenbeleuchtung, den Bildsensoren, den Farbfiltern (siehe Kapitel 14, »Transparente Körperfarben«), vom optischen System und nicht zuletzt von den spektralen Eigenschaften der Vorlage. Denn jegliche Arten von Vorlagen weisen andere Grundfarben auf, unterscheiden sich in Kontrast und Sättigung und finden sich auf verschiedensten Trägermaterialien mit anderen Oberflächenstrukturen. Bei fotografischen Farbvorlagen sind die Grundfarben je nach Filmhersteller (Agfa, Fuji, Kodak) sehr unterschiedlich. Ebenso gibt es aber auch Unterschiede zwischen einer Durchsichtvorlage (Dia, Negativ) und einer Aufsichtvorlage (Papierbild).

Beim Monitor sind es die spektralen Eigenschaften der Phosphore, Helligkeit, Gamma, Leuchtdichte und das Umgebungslicht, welche Einfluss auf den darstellbaren Farbumfang haben und somit auch auf den Softproof am Monitor, der für die Bildbearbeitung durchaus von Bedeutung ist.

Bei Druckausgabegeräten sind es die spektralen Eigenschaften der verwendeten Druckfarben (auch Toner oder Tinten), die Stärke des Farbauftrags, das Trägermaterial bzw. die Eigenschaften des Bedruckstoffs (Färbung, optische Aufheller usw.), welche den realisierbaren Farbumfang bestimmen.

Das Problem unterschiedlich großer Farbumfänge stellt in der grafischen Industrie für die Farbwiedergabequalität bei verschiedenen Ausgabegeräten und Druckprozessen ein zentrales Thema dar. Denn ein RGB-Farbraum ist immer größer als ein CMYK-Farbraum. Nicht alle Farben, die ein Monitor darstellen kann, sind auch im Vierfarbendruck (CMYK) möglich. Und nicht jede CMYK-Farbe kann von einem Monitor dargestellt werden. Ebenso wenig gibt es einen Scanner, der alle visuell wahrnehmbaren Farben erkennen und erfassen kann, und kein Drucker oder Monitor kann alle real vorkommenden Farben ausgeben oder darstellen. Besonders im Zeitungsdruck kommen diese technischen und physikalischen Einschränkungen deutlich zum Ausdruck, wo nur ein sehr bescheidener Teilbereich aller wahrnehmbaren Farben wiedergegeben werden kann.

Um nun diese verschiedenen und unterschiedlich großen Farbumfänge (Gamut) aller am Reproduktionsprozess beteiligten Geräte von der Erfassung (Scanner, Digitalkamera) in RGB bis zur Ausgabe (Drucker oder Proofer) in CMYK möglichst optimal und verlustfrei ineinander umzusetzen, gibt es verschiedene Farbraumanpassungsmethoden (Rendering Intents).

19.4   Gamut Mapping

Als Gamut Mapping bezeichnet man die Umsetzung von zwei beliebigen Farbräumen ineinander, wobei man immer einen Kompromiss eingehen muss. Das heißt geringe Verluste in der Farbwiedergabequalität sind kaum zu vermeiden.

Zwischen einem Quellfarbraum (Originalfarben) und einem Zielfarbraum sind verschiedene Ausgangslagen möglich (siehe Abbildung 19.15):

1. Der Quellfarbraum ist größer als der Zielfarbraum.

2. Der Quellfarbraum ist kleiner als der Zielfarbraum.

3. Der Quellfarbraum und der Zielfarbraum überlappen sich.

Abbildung 19.15
Drei Fälle von unterschiedlich großen Farbumfängen

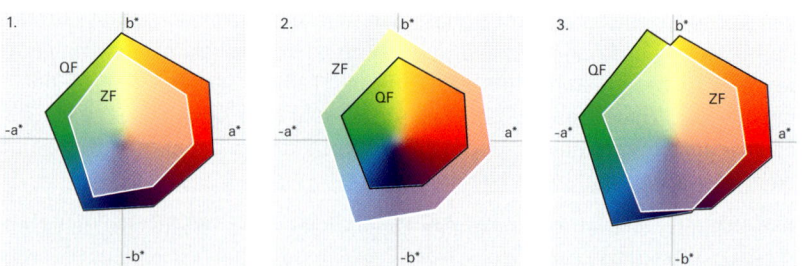

Um nun solche Farbraumkonstellationen bedürfnisgerecht umzusetzen, stehen vier – vom ICC-Standard unterstützte – Farbanpassungsoptionen zur Wahl, die so genannten Rendering Intents. Ihnen liegen bestimmte Zielvorgaben zugrunde, die im Moment der Farbraumtransformation mittels ICC-Farbprofil zur Anwendung kommen.

Rendering Intents

Perzeptiv

Der größere Farbraum (Quellfarbraum) – in der Regel RGB oder Lab – wird vollständig in den kleineren Farbraum (Zielfarbraum) – in der Regel CMYK – skaliert, was eine Veränderung aller Farben zur Folge hat, wobei aber die Abstände der Farben zueinander proportional bleiben. Dadurch bleiben auch die Zeichnung und der Gesamteindruck des Originalbildes weitgehend erhalten. Farben, die weit außerhalb des Zielfarbraums liegen, werden dabei stärker komprimiert (nichtlineare Kompression) und an die Grenzen des Zielfarbraums projiziert als Farben, die dem Zielfarbraum näherliegen. Alle dazwischen liegenden Farben werden zusammen mit den darstellbaren Farben mehr oder weniger »gestaucht«. Das Neutralweiß wird dabei auf das Papierweiß abgebildet. Das bedeutet, der Weißpunkt des Quellfarbraums wird nicht in den Zielfarbraum übernommen. Die Anpassungsfähigkeit des menschlichen Auges, Farben immer im Verhältnis zu anderen Farben wahrzunehmen, kommt dieser auch als »empfindungsgemäß«, »Wahrnehmung« oder »fotografisch« bezeichneten Methode sehr entgegen. Daher wird sie in aller Regel auch als Standard-Option für Bilddaten empfohlen. Auch bei der Umsetzung von gescannten Bildern in RGB nach CMYK direkt in der Scansoftware wird der fotografische Rendering Intent standardmäßig verwendet. Denn Scanner erfassen grundsätzlich nur RGB-Daten.

Farbmetrisch

Die colorimetrische Methode stellt eine farbmetrisch exakte Wiedergabe der Farben dar und umfasst die beiden Varianten *absolute colorimetric* (absolut farbmetrisch) und *relative colorimetric* (relativ farbmetrisch). Sämtliche Farben des Quellfarbraums, die auch im Zielfarbraum darstellbar sind, werden unverändert übernommen. Alle Farben, die außerhalb liegen, werden auf die nächstmöglichen, vom entsprechenden Ausgabegerät darstellbaren Farbwerte gleicher Helligkeit gesetzt bzw. ersetzt. Die nicht darstellbaren Farben werden also einfach »abgeschnitten«, was auch als *Clipping* bezeichnet wird und bei Farbbilddaten sichtbare Zeichnungsverluste zur Folge hat.

Die beiden farbmetrisch exakten Methoden werden daher in der Regel für die Ausgabe von Digitalproofs verwendet. Denn ein Proof sollte die Farben des späteren Auflagendrucks ja möglichst präzise wiedergeben. Das Gleiche gilt natürlich auch für den Softproof am Monitor bei bereits separierten CMYK-Bilddaten.

Die *absolut farbmetrische* Methode kommt zum Einsatz für Proofs, bei denen das Weiß des Auflagenpapiers mittels Farbauftrag simuliert werden soll, wenn ein helleres Proofmedium verwendet werden muss, oder für den Softproof am Monitor. Der Weißpunkt des Quellfarbraums bleibt dabei erhalten und stellt somit eine farbmetrisch exakte Transformation dar.

Die *relativ farbmetrische* Methode hingegen wird verwendet, wenn die Möglichkeit besteht, Auflagenpapier für den Proof zu verwenden. Bei dieser Methode wird der Weißpunkt des Quellfarbraums auf den Weißpunkt des Zielfarbraums verschoben, womit auch alle Farben relativ zum Weißpunkt verschoben werden.

Mit anderen Worten, ein neutrales Weiß der Vorlage wird auf das Papierweiß abgebildet.

Der einzige Unterschied zwischen den beiden farbmetrischen Optionen ist also der Weißpunkt. Im einen Fall wird er vom Quellfarbraum in den Zielfarbraum übernommen (absolut farbmetrisch), und im anderen Fall wird er unverändert vom Zielfarbraum übernommen (relativ farbmetrisch).

Sättigung

Bei Wahl von SATURATION bzw. SÄTTIGUNG darf eine möglichst identische, empfindungsgemäße Farbwiedergabe niemals oberste Priorität haben, denn diese Methode ergibt eine möglichst identische Wiedergabe der Sättigung der Farben und stellt eine lineare Kompression des Quellfarbraums dar. Dabei bleibt immer die relative Sättigung der Farben von einem Farbumfang zum anderen erhalten, wobei sich aber der Farbton beim Skalieren in einen kleineren Farbraum verschieben kann. Man verwendet diese Methode vorzugsweise für Geschäftsgrafiken wie Torten- oder Balkendiagramme, für Logos oder Comic-Zeichnungen. In der Druckvorstufe wird sie eher selten verwendet.

Abbildung 19.16
Farbraumanpassungsmethoden (Rendering Intents)

Farbraumanpassungsmethoden (Rendering Intents)

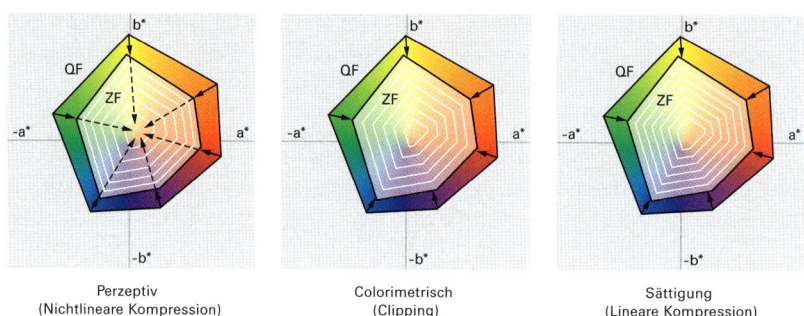

| Perzeptiv (Nichtlineare Kompression) | Colorimetrisch (Clipping) | Sättigung (Lineare Kompression) |

Default Rendering Intent

Beim Default Rendering Intent handelt es sich nicht etwa um eine weitere Farbraumanpassungsmethode, sondern lediglich um eine zusätzliche Information im Header einer ICC-Profildatei, auf die eine DTP-Applikation im Falle einer Farbraumtransformation zugreift, welche selber keine Möglichkeit zur Verfügung stellt, einen bestimmten Rendering Intent zu wählen. Der Default Rendering Intent ist also die Vorgabe der bevorzugten Farbraumanpassungsmethode, mit der eine Umwandlung in den vom Profil beschriebenen Farbraum erfolgen soll. Grundsätzlich sind aber immer alle Möglichkeiten in einem Profil enthalten. Ein typischer Kandidat, der für die Farbraumtransformation auf den Default Rendering Intent zugreift, ist XPress 4.x. Spezielle Software-Applikationen zur Profileditierung erlauben auch das nachträgliche Ändern des Default Rendering Intents.

Der richtige Rendering Intent

Die oben erläuterten Farbraumanpassungsoptionen gehen von der Annahme aus, dass der Quellfarbraum größer ist als der Zielfarbraum, wobei der größere auf den kleineren reduziert wird. Mit welchem Rendering Intent löst man aber am besten die Aufgabe, wenn der Quellfarbraum kleiner als der Zielfarbraum ist oder die beiden Farbräume sich überlappen?

Ist der Quellfarbraum kleiner als der Zielfarbraum, sind alle Farben auf jeden Fall im Zielfarbraum darstellbar und könnten folglich eins zu eins übernommen werden. Das könnte zum Beispiel der Fall sein, wenn man eine separierte CMYK-Datei wieder zurück in den RGB-Farbraum konvertieren muss, um sie beispielsweise für Internetzwecke zu nutzen. Für eine unveränderte Übernahme der Farbwerte wird man vorzugsweise die relativ farbmetrische Option verwenden. Sind jedoch besonders viele bunte Farben im Bild vorhanden, könnte es von Vorteil sein, den Quellfarbraum auf den größeren Zielfarbraum auszudehnen, womit sämtliche Farben gesättigter dargestellt werden. Hier würde also der fotografische Rendering Intent möglicherweise bessere Dienste leisten.

Tritt der Fall ein, dass sich die beiden Farbräume überlappen, sind sie einerseits nicht deckungsgleich und andererseits gegeneinander verschoben. Befinden sich die bildwichtigen Elemente innerhalb des Überlappungsbereichs, können die Farben eins zu eins übernommen werden. Liegen sie hingegen mehrheitlich außerhalb des Überlappungsbereichs, erzielt man mit der fotografischen Option *(perceptual)* möglicherweise bessere Resultate. Das heißt, man reduziert den Farbraum auf der einen Seite und erweitert ihn auf der anderen Seite.

Obschon eigentlich der »perceptual« Rendering Intent die traditionelle Methode für die Farbtransformation von RGB nach CMYK ist, kann unter Umständen die relativ farbmetrische Methode die bessere Wahl sein, wenn es darum geht, Farbbeziehungen zu erhalten, die nicht auf Kosten der Farbgenauigkeit gehen.

Unterschiede in der Gamut-Mapping-Strategie

Die ICC-Farbtransformation ist nicht so umfassend standardisiert, dass sie unter formal gleichen Bedingungen auch immer zu einheitlichen Farbergebnissen führt. Eine unterschiedliche Arbeitsweise zwischen CMMs (Farbtransformationseinheit im Betriebssystem) verschiedener Hersteller, unterschiedliche Schwarzaufbau-Lösungen und nicht zuletzt unterschiedliche Gamut-Mapping-Strategien in ICC-Profilen führen zu ebenso unterschiedlichen Farbanpassungsergebnissen.

Für die vier im ICC-Standard festgelegten Farbraumanpassungsmethoden bzw. Rendering Intents, welche diese Farbanpassung wesentlich beeinflussen und steuern, sind lediglich die Abbildungsintentionen (Absichten) vorgegeben. Das genaue Verfahren dazu, die Gamut-Mapping-Strategie, kann jeder Hersteller von Profilierungssoftware selbst bestimmen. Besonders der »perceptual« Rendering Intent, bei dem eine nichtlineare Farbraumanpassung vom Quellfarbraum in den Zielfarbraum erfolgt, arbeitet sehr herstellerabhängig. Farben des Quellfarbraums, die weit außerhalb des Zielfarbraums liegen, werden dabei stärker zum

Zielfarbraum hin verschoben als solche, die näher beim Zielfarbraum liegen. Das Kriterium »empfindungs- bzw. wahrnehmungsgemäß« lässt den Herstellern viel Interpretationsspielraum, wie welche Farbbereiche wohin projiziert werden sollen. Die größten Unterschiede zeigen Farben, die weit außerhalb des Zielfarbraums liegen *(Out-of-Gamut Mapping)*, und neutrale Farben nahe der Grauachse. Die farbmetrischen Rendering Intents »absolute colorimetric« und »relative colorimetric« lassen diesbezüglich weniger Spielraum und sind mit dem Kriterium eines kleinstmöglichen E-Wertes klarer umrissen und vollständig spezifiziert, womit es auch kaum herstellerabhängige Unterschiede gibt.

19.5   Erstellen von ICC-Farbprofilen

Nachdem die innere Struktur und die Funktion von ICC-Farbprofilen genauer beleuchtet wurden, geht es nun konkret darum, wie man zu solchen Charakterisierungsdateien, sprich ICC-Profilen kommt.

Hersteller von Monitoren, Scannern, Proofern und von Proofsoftware-Lösungen stellen in der Regel bereits ein oder mehrere solcher ICC-Profile für ihre Geräte zur Verfügung und entbinden den Anwender damit weitgehend davon, seine Geräte selbst zu profilieren. Auch die Website der European Color Initiative ECI (www.eci.org) stellt zahlreiche ICC-Farbprofile der FOGRA für Standard-Druckprozesse gemäß ISO-Norm 12647 kostenlos zum Download bereit. Hier findet man unter anderem auch das Profil für den RGB-Arbeitsfarbraum: »ECI-RGB v. 1.0.icc«. Diese so genannten Standardprofile sind sehr zu empfehlen als Standardvorgaben im ColorSync-Kontrollfeld für die beiden Farbräume RGB und CMYK und in den Farbeinstellungen von Photoshop. Damit hat man eine ausgezeichnete Ausgangslage, denn oft kommt es ja vor, dass man zum Zeitpunkt der Bilddatenaufbereitung noch gar nicht recht weiß, für welchen Ausgabeprozess die Daten eigentlich sind.

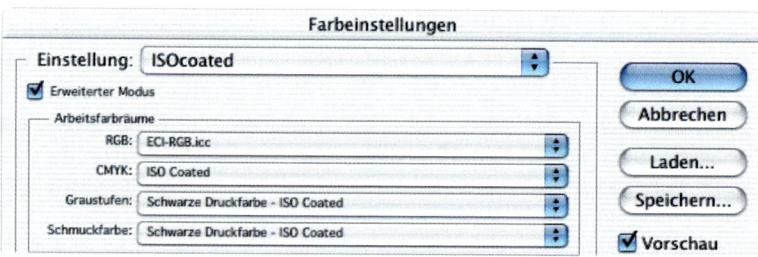

Abbildung 19.17
Standardprofile in den
Farbeinstellungen von
Photoshop

Es gibt also verschiedene Möglichkeiten, sich solche Profile zu beschaffen, dennoch wird man sich eigene, individuelle und maßgeschneiderte Profile für eigene Geräte erstellen müssen – oder man nimmt die Dienstleistung eines Spezialisten in Anspruch. Besonders Monitorprofile, die werkseitig geliefert werden, sind für die Druckvorstufe in der Regel kaum zu gebrauchen und genügen den spezifischen Anforderungen nicht. Und gerade der Monitor hat eine zentrale Bedeutung bei der Bilddatenverarbeitung als so genannter *Softproof.* Scannerprofile sind meistens recht gut zu gebrauchen, doch eben nur gerade für die

Fotomaterialien eines bestimmten Herstellers. Werden andere Fotomaterialien verwendet, muss man spezielle Profile dafür erstellen. Eigene Profile sind von besonders hoher Qualität, da bei der Erzeugung immer ein ganz spezielles Gerät und ganz besondere Bedingungen berücksichtigt werden können. Die so genannten *generischen Profile* des Herstellers hingegen entsprechen immer einem Durchschnittswert mehrerer Geräte der gleichen Klasse. Dabei gilt es auch zu beachten, dass sich die Eigenschaften eines Geräts im Laufe der Zeit mehr oder weniger stark verändern können. So gibt es beispielsweise Farbkopierer, die bereits innerhalb von wenigen Stunden in der Farbwiedergabe abdriften und die gleichen Farben schon am Abend anders darstellen als noch am Morgen des gleichen Tages. Auch Scanner, Monitore und andere Druckausgabesysteme ändern mit der Zeit ihren Farbcharakter. Daher sollte man in der Lage sein, seine Geräte selbst zu kalibrieren und die aktuelle Farbcharakteristik zu erfassen, um daraus ein Geräteprofil zu erstellen. Denn durch eine Kalibrierung kann man dieses Verhalten kontrollieren und Abweichungen gezielt korrigieren. Der Begriff Kalibrierung ist in Zusammenhang mit einem Colormanagement-System auf Softwarebasis nicht wirklich ganz korrekt. Kalibrieren bedeutet im eigentlichen Sinne die direkte Einflussname, das Eichen einer Hardware-Komponente. Mit den Korrekturtabellen eines ICC-Profils und somit den »Eichwerten« nehmen wir beispielsweise keinen Einfluss auf die CCD-Sensoren oder den Scanner als Hardware. Die Kalibrierung des Scanners – oder auch von anderen Eingabe- oder Ausgabegeräten – stellt eine softwaremäßige Kalibration dar (mit Ausnahme der Hardwarekalibration eines Monitors) und wirkt nur in der jeweiligen Anwendungssoftware.

Damit man eigene ICC-Profile für Eingabe- und Ausgabegeräte wie Scanner, Monitor, Proofer, Druckprozesse usw. erstellen kann, braucht man verschiedene Arbeitsmittel:

▸ Testcharts (IT8.7/1, IT8.7/2, IT8.7/3) mit zugehörigen Referenzwerten

▸ Spektralfotometer

▸ Software zur Profilherstellung

19.6 ICC-Scannerprofil

Für das Erstellen eines Eingabeprofils, werden verteilt über den gesamten Farbraum eines Scanners, einzelne Farborte festgelegt die so bemessen sind, dass die Distanz zwischen benachbarten Farborten einerseits nicht zu groß ist und andererseits visuell gleichabständig sind. Fehlende Zwischenwerte können bei Bedarf interpoliert werden. Die Anzahl dieser Farborte bzw. Stützpunkte, die den gesamten Farbraum, das heißt den Farbkörper eines Scanners umspannen, bestimmen direkt über die Präzision eines Scannerprofils. Man kann sich gut vorstellen, dass ein Scannerprofil das auf Basis einer 3x3-Matrix erstellt wurde, das heißt mit nur neun Stützpunkten, weniger präzise Ergebnisse liefert, als ein Scannerprofil das auf einer 32x32x32-Matrix, also auf 32768 Stützpunkten basiert.

IT8-Testcharts

Für die Charakterisierung solcher Stützpunkte im Farbraum gibt es Standard-Vorlagen, die vom *ANSI (American National Standardisation Institute)* definiert wurden und auf der ISO 12641 basieren. Das zuständige Gremium nennt sich *IT8*. Daher tragen auch die beiden Testvorlagen für die Scannerkalibrierung die Bezeichnung IT8:

▸ IT8.7/1 für Durchsichtsvorlagen (4x5 Inch und 24x36 mm)

▸ IT8.7/2 für Aufsichtsvorlagen (5x7 Inch Farbfotografie)

Abbildung 19.18
Die beiden Scanner-Test-charts IT8.7/1 und IT8.7/2

IT8.7/1 Dia 4x5 Inch

IT8.7/2 Aufsicht

Die Testcharts bestehen aus einer Anzahl gleichmäßiger Farbfelder in unterschiedlichen Farbtönen, Sättigungs- und Helligkeitsstufen, um damit den Farbraum des Scanners in allen drei Dimensionen zu ermitteln. Ferner gibt es je eine gleichmäßig abgestufte Kolonne für die Primär- und Sekundärfarben (RGB, CMYK) sowie drei Kolonnen (20 bis 22), die gemäß ICC-Spezifikation frei belegt werden können vom jeweiligen Hersteller der Testbilder (Agfa, Kodak und Fuji). Die Kolonnen 20 bis 22, die bei der Kalibrierung nicht berücksichtigt werden, beeinhalten in der Regel ein Porträt oder Farben im Hauttonbereich und sind besonders nützlich für die Kontrolle der eher schwierig darzustellenden Haut-töne. Gleichzeitig mit den Vorlagen erhält man die geräteunabhängigen Soll-Werte (Lab-Referenzwerte) oder *Target Data* in digitaler Form als ganz gewöhnliche Textdatei (.txt). Die Testvorlagen stammen meistens aus einer ganzen Produktionsserie, für die jeweils nur ein Exemplar spektralfotometrisch vermessen wird und deren Daten als durchschnittliche Referenzwerte gespeichert werden.

Die wenigsten dieser Testvorlagen für die Scannerkalibrierung werden also einzeln vermessen, denn der Aufwand wäre einfach zu groß. Hätte man es dennoch gerne präziser, kann man den Testchart vorab selbst vermessen und seine eigenen Referenzwerte speichern.

Erstellen eines Kalibrierscans

Für das Erstellen eines so genannten Kalibrierscans zum Ermitteln der gerätespezifischen Farbwerte einer normierten Vorlage wird die gewünschte IT8-Vorlage (Durchsicht oder Aufsicht) eines bestimmten Herstellers mit dem zu kalibrierenden Eingabegerät erfasst. Das Gerät muss sich dabei unbedingt in einem definierten Grundzustand befinden. In der Scansoftware LinoColor beispielsweise steht ein spezieller Menübefehl zur Verfügung, um den Scanvorgang auszulösen, nämlich KALIBRIERSCAN UNTER. Üblicherweise wird damit verhindert, dass der Scanner die Lichterzeichnung nur als Weiß und die Tiefenzeichnung nur als Schwarz erkennt – also dass er eine zu harte Gradation aufweist. Der Befehl dient dazu, das Verhalten des Scanners zu linearisieren, um die Tonwerte gleichmäßig zu erfassen. Ebenso erfolgt auch ein Weißabgleich des Scanners auf das Weiß der entsprechenden Vorlage, was in LinoColor als *Eichwert-Analyse* bezeichnet wird.

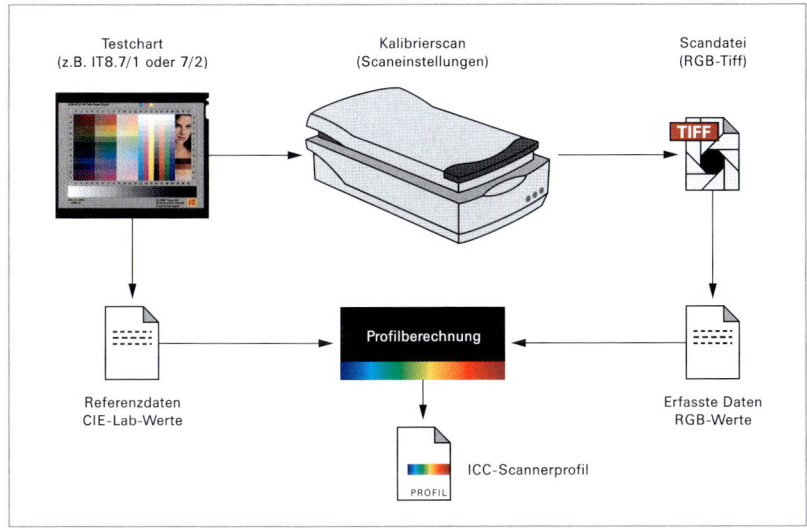

Abbildung 19.19
Erstellen eines Kalibrierscans

Verfahrensablauf

1. Der Kalibrierscan muss mit den bei der späteren Produktion üblicherweise verwendeten Scaneinstellungen vorgenommen werden, aber ohne jegliches Colormanagement auf der Basis älterer Profile und ohne jegliche Automatismen der Scansoftware.

2. Mit dem Menübefehl KALIBRIERSCAN UNTER oder ähnlich wird die IT8-Testvorlage erfasst und als RGB-TIFF gespeichert (nicht als Lab- oder CMYK-TIFF).

Hinweis

Dieser Vorgang muss prinzipiell für jedes herstellerspezifische Fotomaterial individuell durchgeführt werden, denn die spektralen Eigenschaften des Vorlagenmaterials, die Gerätecharakteristik und die definierten Scaneinstellungen beeinflussen das Scanergebnis.

3. Der Kalibrierscan (RGB-TIFF) wird nun in die Software zur Profilerstellung (zum Beispiel *ScanOpen ICC*) eingelesen, und die zugehörigen Referenzdaten werden ausgewählt. Dabei erfolgt eine automatische Analyse der erfassten RGB-Farbwerte (Ist-Werte) sowie ein Vergleich mit den zugehörigen Lab-Referenzwerten (Soll-Werte). Die Abweichungen zwischen den Messwerten und den Referenzwerten liefern der Software die nötigen Informationen über den Farbraum des Scanners, um daraus ein ICC-Profil zu berechnen. Mit anderen Worten, es werden Umrechnungstabellen erzeugt.

Da nun diese wenigen Tabelleneinträge der erfassten Farbfelder aber kaum genügend Stützpunkte bilden und der Scanner normalerweise wesentlich mehr als nur gerade die Farben auf der Testvorlage darstellen kann, werden fehlende Werte im zweiten Teil der Kalibrierung auf der Basis von mathematischen Algorithmen interpoliert.

19.7 ICC-Farbprofile für Digitalkameras

Auch Digitalkameras sind Erfassungsgeräte, für die man eigentlich gerne ein ICC-Profil hätte. Die beiden IT8-Testvorlagen für Scannerprofile sind dazu aber gänzlich ungeeignet, denn einerseits sind sie viel zu klein und andererseits würde sich auch die glänzende Oberfläche ungünstig auf das Aufnahmeergebnis auswirken. Beim Erstellen von ICC-Profilen für Digitalkameras muss man ganz besonderen Umständen Rechnung tragen, denn farbige Objekte im Raum weisen oft viel gesättigtere und reinere Farben mit unbekannter spektraler Remission auf als fotografische Vorlagen und somit auch einen größeren Farbumfang – was für eine Digitalkamera allerdings nie ein Problem darstellt. Ebenso sind weder die Aufnahmebeleuchtung und deren spektrale Strahlungsverteilung, noch der Kontrastumfang bei einer Digitalfotografie standardisiert. Unter Verwendung spezieller Testvorlagen für Digitalkameras, die wesentlich größer sind als die IT8-Vorlagen für Scanner, stellt ein ICC-Farbprofil für eine Digitalkamera höhere Anforderungen. Grundsätzlich hat aber ein eigenes ICC-Profil nur dann wirklich einen Sinn, wenn spätere Aufnahmen unter genau definierten Lichtverhältnissen erfolgen und eine hohe Farbwiedergabequalität gefordert ist. Für alle übrigen Aufnahmesituationen wie zum Beispiel Außenaufnahmen oder für RAW-Daten reicht die interne Standardverarbeitung. Der Vorteil eines individuellen ICC-Profils für eine Digitalkamera liegt darin, die »Farbfehlsichtigkeit« der Kamera weitgehend auszugleichen, die von Gerät zu Gerät und von Hersteller zu Hersteller sehr unterschiedlich ausfallen kann. Damit hat man einerseits bereits bei der Aufnahme mehr Sicherheit und Vorhersehbarkeit im Hinblick auf das farbliche Ergebnis und andererseits auch konstante Ergebnisse bei Verwendung unterschiedlicher Kameras (mit individuellen Profilen). Das Verwenden eines ICC-Kameraprofils befähigt eine Digitalkamera außerdem dazu, Farben wesentlich genauer zu erfassen als herkömmliche analoge Filmemulsionen, die grundsätzlich für eine bestimmte Lichtart bei der Aufnahme ausgelegt und optimiert sind. Aber auch ein Kameraprofil ist immer nur für eine ganz bestimmte Aufnahmebeleuchtung optimiert und sollte nur in einer mit der Profilerstellung absolut identischen Aufnahmesituation eingesetzt werden. Ein Digitalkameraprofil beschreibt also die Farbwiedergabeeigenschaften einer Kamera bei einer ganz bestimmten Lichtart, der spezifischen kamerainternen Verarbeitungstechnik und einer eventuellen Rohdatenkonvertierung (RAW-Daten). Man wird sich folglich mehrere Kameraprofile für verschiedene Lichtarten und Aufnahmebedingungen bei Studioaufnahmen erstellen.

Kalibrieren der Digitalkamera

Zum Erstellen eines ICC-Profils für eine Digitalkamera – damit sind Studiokameras für den professionellen Einsatz gemeint – benötigt man sowohl eine Profilierungssoftware als auch einen speziellen Testchart. Als empfehlenswerte Software kommt das aktuelle Digitalkameramodul von GretagMacbeth, *ProfileMaker 5 Photostudio Pro,* in Betracht, das auch gleich den neuen Testchart *ColorChecker SG (semigloss)* beinhaltet.

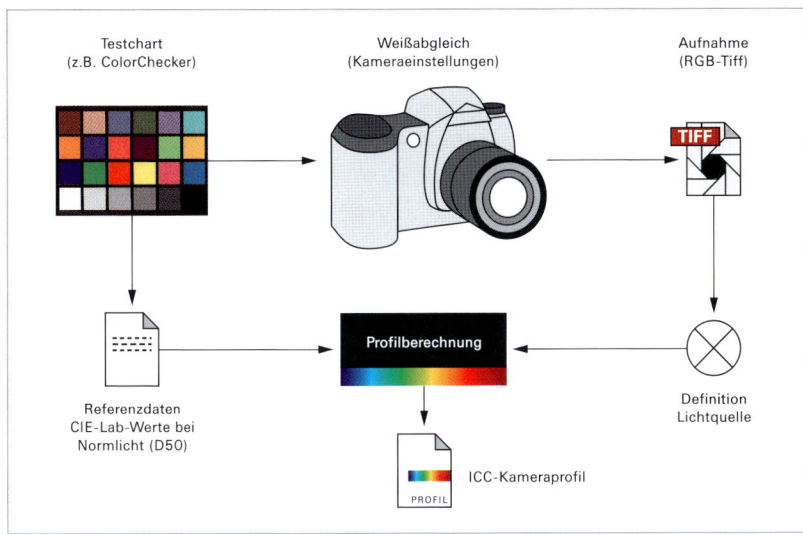

Abbildung 19.20
Verfahrensablauf beim Erstellen eines ICC-Profils für eine Digitalkamera

Weißabgleich

Bevor man die Testvorlage fotografiert, muss zuerst ein Weißabgleich der Kamera vorgenommen werden. Damit wird verhindert, dass die nachfolgende Aufnahme einen unerwünschten Farbstich aufweist. Denn im Gegensatz zum menschlichen Auge, das eine weiße Fläche immer als weiß empfindet – egal welche Farbtemperatur das Licht aufweist –, »sieht« der Bildsensor einer Digitalkamera (oder auch analoges Filmmaterial) die Farben so, wie sie tatsächlich sind, also gelblich bei Glühlampenlicht und bläulich bei Tageslicht. Auch ein Spektralfotometer oder ein Densitometer eicht man übrigens vor Gebrauch auf einen Weißstandard. Zahlreiche Digitalkameras nehmen diesen Weißabgleich automatisch vor. Dabei wird die Farbtemperatur des Umgebungslichts in Kelvin (siehe Kapitel 2, Abschnitt »Farbtemperatur«) durch ein spezielles Fenster in der Kamera ermittelt, oder der Weißabgleich erfolgt direkt durch das Objektiv (TTL –

Through the Lenses) und ermittelt dabei die Farbtemperatur der Motivbeleuchtung. Ein manueller Weißabgleich erfolgt in einem speziellen Kameramodus, indem man beispielsweise ein weißes Papier (unbedingt ohne optische Aufheller) oder einen anderen weißen Gegenstand bei gleicher Lichtsituation wie die nachfolgende Fotoszene fotografiert. Dabei misst die Kamera automatisch das Licht und speichert die Farbkorrekturwerte, die später wieder abgerufen werden können. Ein korrekter Weißabgleich ist eine der wichtigsten Voraussetzungen für ein gutes Kameraprofil.

Fotografieren des Testcharts

Die Testvorlage wird nun senkrecht von oben fotografiert, und zwar ohne Verwendung von Colormanagement, das heißt ohne Verwendung eines älteren ICC-Profils. Dazu wird sie so platziert, wie man früher Vorlagen in einer vertikalen Reprokamera aufgenommen hat, also bei einem so genannten *Reproaufbau*. Dazu benötigt man noch zwei absolut identische flächige Lichtquellen, die links und rechts im 45°-Winkel zum Testchart und zur Kamera möglichst gleichmäßig aufgestellt werden, um eine ebenso gleichmäßige Ausleuchtung der Vorlage zu erhalten. Damit die Testvorlage nicht zu hell oder zu dunkel wird, sollte man darauf achten, dass die weißen Flächen – bei 8 Bit Farbtiefe – etwa einem RGB-Wert von 235 bis 245 entsprechen. Das ergibt einen Tonwert von etwa 8 % bzw. 4 % Flächendeckung in den Lichtern. Das Testbild wird anschließend als RGB-TIFF gespeichert (nicht als JPEG oder RAW).

Profilverrechnung

Als letzter Schritt wird das ICC-Profil berechnet, indem die TIFF-Datei in der Profilierungssoftware (zum Beispiel ProfileMaker 5) aufgerufen wird und ebenso die zum Testchart gehörigen Referenzwerte. Doch bevor man die Daten miteinander verrechnet, wählt man noch die bei der Aufnahme verwendete Lichtquelle bzw. die Farbtemperatur in Kelvin. Damit werden die Unterschiede zwischen Aufnahmebeleuchtung und den unter Normlicht D50 erstellten Referenzwerten eliminiert.

19.8   ICC-Monitorprofil

Bedenkt man, dass der Monitor die unmittelbare und erste Vorschau eines späteren Druckerzeugnisses ist, kommt seiner farblichen Wiedergabe eine zentrale Bedeutung zu. Natürlich ist auch der Softproof nur eine Komponente im ganzen Gefüge eines Colormanagement-Workflows, alle anderen Bausteine in einem ICC-konformen Arbeitsablauf sind genauso wichtig. Grundsätzlich ist zu bemerken, dass eine korrekte Darstellung digitaler Bilder am Monitor nur mit einer ICC-kompatiblen Anwendung möglich ist. Dazu sollten die Bilddaten auch über ein eingebettetes Profil verfügen. Anhand der digitalen Werte jedes Pixels und des dazugehörigen ICC-Profils ist beispielsweise die Bildbearbeitungssoftware in der Lage, diese mit dem Monitorprofil zu verrechnen und somit die korrekten digitalen Werte für jedes Pixel an den Monitor bzw. die Grafikkarte zu übertragen, um eine korrekte Darstellung zu erhalten. Als Zielvorgabe einer Monitorkalibration im Prepress-Bereich gilt letzten Endes der Auflagendruck (Offsetrefe-renz) bzw. ein Analog- oder Digitalproof einer speziellen Testdatei im direkten Vergleich unter Normlicht. Um dieses Ziel zu erreichen, sind vor der Kalibration einige wichtige Punkte zu beachten, um optimale Voraussetzungen zu schaffen.

Das Kalibrieren eines Monitors bedeutet zunächst einmal, den Monitor optimal zu justieren, so dass er einen möglichst großen Farbraum darstellen kann. Dazu werden neben der Geometrie insbesondere Kontrast, Helligkeitsverlauf (Gamma) und Weißpunkt eingestellt. Es gibt verschiedene Ansätze, um einen Monitor zu kalibrieren, wobei die erzielbare Qualität der Kalibration weitgehend von den hardwaremäßigen Möglichkeiten eines Monitors abhängt. Denn je mehr man die Monitorhardware direkt justieren kann, desto weniger Korrekturen sind durch das ICC-Profil notwendig, welche unweigerlich mit Informationsverlusten verbunden sind. Sofern der Monitor die Justierung der Hardware unterstützt, ist eine so genannte reine Hardwarekalibration möglich, eine hardwareunterstützte Softwarekalibration oder eben nur eine Softwarekalibration auf Betriebssys-temebene. Mit einer *Hardwarekalibration* erreicht man eine maximale Farbquali-tät, die eine spätere Korrektur durch das ICC-Profil auf ein absolutes Minimum reduziert. Mit einer *hardwareunterstützten Softwarekalibration* lassen sich jedoch auch sehr gute Ergebnisse erzielen. Denn je mehr sich die Monitorhard-ware bei der so genannten *Vorkalibration* ausschöpfen lässt, desto präziser wird die nachfolgende Kalibration ausfallen.

Prinzipiell sind aber bei allen Ansätzen der Monitorkalibration einige wichtige Punkte im Vorfeld zu beachten. Bevor man mit der Kalibration und Profilierung beginnt, sollte der Monitor mindestens schon eine halbe Stunde in Betrieb sein. So lange braucht ein Monitor ungefähr, bis sich sein Anzeigeverhalten bzw. seine Farbwiedergabe stabilisiert hat. Ein wichtiger Punkt ist auch die Raumbe-leuchtung, die einerseits genau den späteren Arbeitsbedingungen entsprechen sollte und andererseits konstant gehalten werden muss. Zudem sollte das Umgebungslicht eines EDV-Arbeitsplatzes in etwa den Normbedingungen ent-sprechen und direktes Tageslicht oder anderes Fremdlicht ausgeschlossen wer-den. Tageslichtlampen (D50) gibt es von Osram oder Just; sie machen aus jedem Arbeitsraum eine fast perfekte Reproumgebung. Denn die Farbtemperatur des Umgebungslichts beeinflusst die Farbwirkung und ist bei warmem Licht (2800–3000 Kelvin) anders als bei kaltem, tageslichtähnlichem Normlicht (5000–6500 Kelvin). Ein weiterer ebenso wichtiger Punkt ist der Desktop-Hintergrund, den man auf ein helles Neutralgrau einstellen sollte. Denn ein farbiger und unruhiger Hintergrund bei der Bildbearbeitung beeinträchtigt unweigerlich die visuelle Farbwahrnehmung und somit die visuelle Farbabstimmung von Farbbilddaten. Als Erstes ist also die Überprüfung des Arbeitsplatzes angesagt; sie umfasst fol-gende Punkte:

▸ Monitor mindestens eine halbe Stunde in Betrieb

▸ Neutralgrauer Desktop-Hintergrund

▸ Umgebungslicht (idealerweise Normlicht D50) konstant halten

Verschiedene Ansätze zur Monitorkalibration

Es gibt mehrere Ansätze, um einen Monitor zu kalibrieren und zu profilieren. Je mehr das ICC-Monitorprofil die Monitordefizite ausgleichen muss, desto geringer ist insgesamt die Wiedergabequalität.

Softwarekalibration

Der Monitor bietet keine sinnvollen Eingriffsmöglichkeiten direkt in der Hardware, und eine Kontrolle der RGB-Werte ist nicht möglich, so dass das spätere ICC-Profil alle Abweichungen zwischen dem Ziel und den Monitoreigenschaften korrigieren muss, was unweigerlich zu Verlusten bei den 256 möglichen Farbwertstufen (8 Bit) je Farbkanal führt. Die Kalibration erfolgt also auf Kosten des Farbumfangs. Eine sichtbare Veränderung des Farbumfangs ist dadurch aber kaum auszumachen.

Hardwareunterstützte Softwarekalibration

Der Monitor verfügt über Justierungsmöglichkeiten für den Weißpunkt und die Luminanz. Damit lässt sich der Monitor bereits annähernd an das Ziel heranführen. Restabweichungen und das Gamma müssen vom ICC-Profil korrigiert werden, mit geringfügigen Verlusten bei den Tonwertstufen. Diese Verluste können verringert werden, wenn zusätzlich eine Gamma-Justierung vorhanden ist.

Manuelle Preset-Hardwarekalibration

Der Monitor verfügt über ein bis zwei präzise Werkskalibrationen für den Weißpunkt (Farbtemperatur) und darauf abgestimmte Gamma-Kurven. Damit lässt sich eine sehr genaue Kalibration auf hohem Niveau erzielen, ohne große Korrekturen durch das ICC-Profil.

Preset-Hardwarekalibration

Der Monitor ermöglicht es – statt einer individuellen Justierung – automatisch vordefinierte, individuelle Tabellen für bestimmte Farbtemperatur-Presets in den bzw. aus dem Monitor zu laden und diese an einen anderen Zielweißpunkt anzupassen. Geringe Abweichungen sind möglich, da es sich nicht um individuelle Messungen handelt. Das Gamma wird dabei direkt im Monitor an das Setup angepasst. Eine Kalibration der LUTs der Grafikkarte bzw. durch das ICC-Profil ist nicht nötig. Die Eizo-CG-Serie beruht auf diesem Prinzip.

Individuelle Hardwarekalibration

Der Monitor erlaubt eine direkte und hochgenaue Justierung von Helligkeit, Farbtemperatur und Gamma. Die Kalibrationssoftware steuert den Monitor mit 10 Bit (oder 12 Bit) Genauigkeit pro Farbkanal und führt zu geringsten Abweichungen zwischen Soll- und Ist-Werten. Neben der Farbtemperatur lassen sich auch die Helligkeit und ein beliebiger Gamma-Wert im Monitor per Hardware einstellen, was besonders wichtig für die Bildbearbeitung und den Softproof ist, denn das Monitorprofil sollte das gleiche Gamma wie das RGB-Arbeitsfarbraumprofil besitzen, um Verluste bei der Gamma-Umrechnung möglichst gering zu halten. Korrekturen durch das ICC-Profil sind keine mehr nötig.

Hinweis

Grundsätzlich sollte man den Monitor einmal pro Monat neu kalibrieren und ein neues Profil erstellen, da sich die Leistung des Monitors im Laufe der Zeit verändert und alterungsbedingt auch verschlechtert. Lässt sich der Monitor kaum oder gar nicht auf einen Standard kalibrieren, ist er vermutlich zu alt.

Voraussetzung für die Durchführung einer Monitorkalibration sind eine Kalibrationssoftware und ein Farbmessgerät (Spektralfotometer oder Colorimeter). Ein echter so genannter Hardware-kalibrierbarer Monitor für den professionellen Einsatz ist in der Regel um einiges teurer als ein gewöhnlicher Monitor und wird meistens mit einer Lichtschutzblende, einer Kalibrationssoftware und einem speziell auf die Hardware abgestimmten Farbmessgerät ausgeliefert, das über eine USB-Schnittstelle mit dem Computer verbunden ist. Ein spezielles Videokabel mit einem DDC-Kanal erlaubt außer der Übertragung des Videosignals von der Grafikkarte das direkte Ansteuern der drei Elektronenstrahlkanonen eines CRT-Monitors. Damit ist der Kreis zwischen Bildschirm, Farbmessgerät und Rechner geschlossen.

Verfahrensablauf

Bei der Monitorkalibration unterscheidet man also zwischen einer Softwarekalibration, einer hardwareunterstützten Softwarekalibration und einer reinen, farbmetrischen Hardwarekalibration. Mit Ausnahme der visuellen Softwarekalibration mittels Kontrollfeld auf Betriebssystemebene sind der Messprozess und die Profilierung bei den beiden anderen Verfahren identisch. Nachdem das Farbmessgerät auf schwarzem Grund kalibriert wurde und mittels Saugnapf über der Bildschirmoberfläche angebracht ist, erfolgt zuerst eine so genannte *Vorkalibration* des Monitors bzw. eine *Linearisierung*, um damit sicherzustellen, dass die Möglichkeiten der Monitorhardware voll ausgeschöpft werden. Von der Kalibrationssoftware wird man dabei Schritt für Schritt durch den Messprozess geführt. Dabei werden einerseits die drei einzelnen RGB-Farben vermessen und andererseits Kontrast, Helligkeit und Weißpunkt (Farbtemperatur in Kelvin) justiert – das heißt die Art und Weise, wie die Farbe Weiß mit den drei Phosphorfarben (RGB) des Monitors bei voller Intensität reproduziert werden soll. Bei der hardwareunterstützten Softwarekalibration nimmt man dazu die Einstellungen direkt an der Monitorhardware selbst vor (über entsprechende Regler für Helligkeit, Kontrast, Farbtemperatur, RGB-Farben) und verändert damit die Farbkanäle des Monitors. Bei der reinen Hardwarekalibration übernimmt die Kalibrationssoftware das direkte Ansteuern der Elektronenstrahlkanonen im Monitor – nachdem man die entsprechenden Parameter in der Software festgelegt hat – und justiert dabei mit äußerster Präzision direkt die Monitorhardware. Diese Parameter werden später in das ICC-Profil des Monitors eingebunden. Nachdem nun der Monitor linearisiert ist, schickt die Kalibrationssoftware nacheinander verschiedene RGB-Farbproben einer referenzierten Testdatei auf den Bildschirm. Das Colorimeter oder das Spektralfotometer misst dabei die tatsächliche Bildschirmdarstellung (Lab-Werte), wobei auch das Umgebungslicht und die aktuellen Phosphorwerte der Bildröhre in die Farbmessung einfließen. Die Messergebnisse (Ist-Werte) werden nun mit den Referenzwerten (Soll-Werte) verglichen, und aus den Abweichungen der einzelnen Farbwerte wird ein ICC-Monitorprofil berechnet. Der entscheidende Punkt ist nun die Korrektur der Bildschirmdarstellung. Während bei der reinen Hardwarekalibration praktisch keine Abweichungen mehr vorhanden sind, die mittels ICC-Profil korrigiert werden müssen, bleibt

> **Hinweis**
>
> DDC (Data Display Chanel) ist die Bezeichnung für eine Schnittstellen-Spezifikation, die es dem Monitor erlaubt, seine Leistungsmerkmale und Parameter zum Computer zu übertragen, so dass eine präzise Abstimmung mit der Grafikkarte möglich ist (DDC 1). DDC 2AB ermöglicht zudem auch Parameter zum Monitor zu übertragen, also eine Kommunikation in beide Richtungen (bidirektional).

auch im Vergleich zur softwaremäßigen Kalibration der Color-Lookup-Table (CLUT) der Grafikkarte völlig unangetastet und verfügt nach wie vor über den vollen Farbumfang. Denn die Korrekturen werden im Innern des Monitors vorgenommen, wo die Korrekturvorschriften direkt in der Monitorelektronik abgespeichert werden, nämlich durch direktes Ansteuern und Justieren der Strahlenkanonen. Bei der softwaremäßigen Kalibration hingegen bleibt der Monitor unangetastet, und die Korrektur findet im Color-Lookup-Table (CLUT) der Grafikkarte des Rechners statt. Diese wird dadurch veranlasst, dem Monitor entsprechend angepasste Farbinformationen weiterzugeben.

Abbildung 19.21
Verfahrensablauf bei der
Monitorkalibration

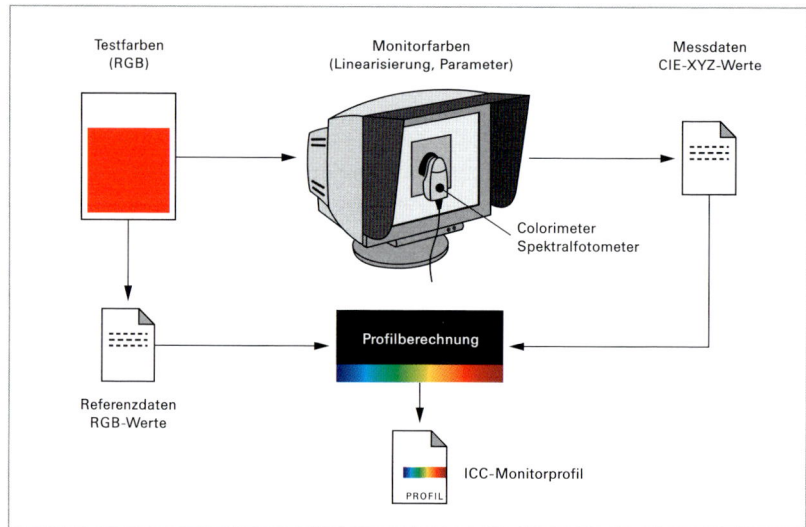

Für Anwender, die gar keine Messtechnik zum Kalibrieren und Profilieren des Monitors einsetzen wollen oder können, stellen sowohl Apple mit dem Kontrollfeld MONITOR (OS 9) bzw. mit dem DISPLAY CALIBRATOR (OS X) als auch Adobe mit dem Kontrollfeld ADOBE GAMMA eine kleine kostenlose Software auf Betriebssystemebene zur Verfügung, die es erlaubt, ohne zusätzliche Investitionen für Profilierungssoftware und Messtechnik auf rein visueller Basis ein ICC-Monitorprofil (Systemprofil) zu erstellen. Auch hier gilt es, zuerst den Arbeitsplatz zu überprüfen und die bestmöglichen Voraussetzungen zu schaffen, bevor man mit der Kalibration beginnt. Eigentlich handelt es sich dabei nur um eine annähernde Linearisierung des Monitors, denn spezielle Farbproben werden dabei nicht vermessen. Diese Art der Kalibration ist bestimmt nicht besonders professionell, doch mit etwas Geduld kann man auch mit dieser Methode recht gute Ergebnisse erzielen. Außer den beiden ersten Einstellungen für die Helligkeit, den Kontrast und eventuell die Farbtemperatur, die man direkt am Monitor vornimmt (was im Grunde Hardwarekalibration ist), werden alle weiteren Einstellungen anhand verschiedener Testfelder für das Gamma insgesamt oder getrennt für jeden einzelnen Farbkanal (RGB) sowie den Weißpunkt rein visuell vorgenommen. Ein präzises Feintuning und somit eine äußerst exakte Differenzierung sind damit natürlich nicht möglich. Doch ist es durchaus möglich, anhand des neutralgrauen Desktop-Hintergrundes oder anhand von anderen Referenzbildern, die man in die visuelle Beurteilung einbezieht, die Farbbalance des Monitors so zu pegeln, dass er zumindest keinen Farbstich aufweist. Mit den Angaben zu den Phosphorfarben bzw. -werten des Monitors und somit den xy-Koordinaten der drei Primärfarben (RGB) definiert man schließlich noch den Farbumfang (Gamut) – ein Dreieck im XYZ-Farbraum. Diese Einstellungen verändern aber diesmal in keiner Weise mehr die Monitorhardware (diese bleibt jetzt unangetastet), sondern die Einstellungen des Color-Lookup-Tables (CLUT) in der Grafikkarte. Hier wird nun nachträglich die Farbwiedergabe verändert, was aber keine Auswirkungen auf die drei Farbkanäle im Monitor selbst hat. Die vorherigen hardwaremäßigen Kalibrationsschritte für Kontrast, Helligkeit und Farbtemperatur erfolgen losgelöst von den Einstellungen, die über ein solches Kontrollfeld im Betriebssystem an der Grafikkarte vorgenommen werden, haben aber einen ganz entscheidenden Einfluss auf alle nachfolgenden Einstellungen, denn sie sind allen folgenden Schritten übergeordnet. Grundsätzlich sind es immer drei verschiedene Parameter, welche schließlich die Farbwiedergabe am Monitor beeinflussen können:

▸ Einstellungen der Monitorhardware (Kontrast, Helligkeit, Farbtemperatur)

▸ Einstellungen des Color-Lookup-Tables (CLUT der Grafikkarte) über ein Kontrollfeld

▸ Veränderte Farbwiedergabe in ICC-kompatiblen Applikationen (zum Beispiel Photoshop) aufgrund des Monitorprofils (Systemprofils).

Hat man nun den Kalibrationsvorgang abgeschlossen, wird anhand der vorgenommenen Einstellungen ein ICC-kompatibles Monitorprofil berechnet und auch gleich an der richtigen Stelle im Betriebssystem gespeichert. Es kann schließlich als aktuelles Systemprofil in ColorSync gewählt werden. Alle ICC-kompatiblen Anwendungsprogramme haben somit Zugriff auf das Monitorprofil und können es für ihre Bildschirmdarstellung verwenden.

Man sollte auf jeden Fall weitgehend immer (bei jeder Art von Kalibration) zuerst die Möglichkeiten der Hardware voll ausschöpfen, um damit die Korrekturen über die Grafikkarte (bzw. das Monitorprofil) so gering wie möglich zu halten. Denn die Kalibration über die Grafikkarte bedeutet immer einen Verlust an Farbtiefe, das heißt die Anzahl der 16,7 Mio. darstellbaren Farben wird dabei reduziert.

Nach der Kalibration heißt es: Hände weg von sämtlichen Reglern des Monitors! Jedes Monitorprofil – und auch jedes andere Geräteprofil – beschreibt den aktuellen Zustand des Geräts und kann augenblicklich unbrauchbar gemacht werden, wenn irgendetwas an den Reglern verstellt wird oder die Lichtverhältnisse sich ändern usw.

Richtwerte für Kalibrationsvorgaben

Bei den Vorgaben für die Monitorkalibration bzw. für die Zielwerte sollte man sich vorzugsweise an den Werten des am meisten verwendeten RGB-Arbeitsfarbraums orientieren (siehe Kapitel 4, Abschnitt »RGB-Arbeitsfarbräume«).

Für die Druckvorstufe wählt man in der Regel ein Gamma von 1,8, für die Luminanz (Leuchtdichte) 120 cd/m^2 und einen Weißpunkt (Farbtemperatur) von 5000 Kelvin (D50). Um die unterschiedliche Wahrnehmung zwischen einem selbstleuchtenden Monitor und reflektierendem Papier auszugleichen, wird aber oft ein Weißpunkt von 5500 Kelvin – und somit ein vom Standard abweichender Wert – gewählt. Für alle Web- oder Videoanwendungen sind ein Gamma von 2,2 und ein Weißpunkt von 6500 Kelvin (D65) die bessere Wahl.

Kalibration von TFTs

Seit Jahrzehnten schon werden in der Druckvorstufe mit kommentarloser Selbstverständlichkeit fast ausnahmslos die bewährten CRT-Röhrenmonitore verwendet. Seit den 90er-Jahren und somit seit den Anfängen des Colormanagements sind die Verfahren zur Kalibration von Monitoren ebenso einem steten Wandel unterworfen wie die Monitortechnologien selbst. Welten trennen die heutigen Kalibrationsverfahren mit hochintegrierter Messtechnik von den rein visuellen Kalibrationsverfahren der ersten Stunde. Heute laufen die Verfahren weitgehend automatisch ab und erfordern nur noch wenige Eingriffe von Seiten des Anwenders. Die Monitortechnologien bewegen sich eindeutig in Richtung Flachbildschirme (TFTs) und werden wohl in kurzer Zeit die schwerfälligen Röhrenmonitore (CRTs) von den Bildbearbeitungsplätzen verdrängen. Bis vor kurzem noch, waren TFTs für die Bildbearbeitung tabu. Durch verschiedene Unzulänglichkeiten in der Farbwiedergabe und durch mangelnde Kalibrierfähigkeit hatten sie einen schlechten Ruf. Doch heute gibt es bereits die ersten hochwertigen hardwarekalibrierbaren TFTs, welche die Anforderungen der Druckvorstufe vollumfänglich erfüllen (zum Beispiel TFTs von Quato oder Eizo).

19.9 ICC-Ausgabeprofil (Druckprozess)

Genau wie jedes andere Gerät in der Peripherie eines Reproduktionsprozesses, das in einen ICC-konformen Workflow eingebunden werden soll, benötigen auch alle Druckausgabegeräte eindeutige Charakterisierungsdateien bzw. ICC-Farbprofile. Während der Monitor sich mit einem Profil begnügt, sind für Druckausgabegeräte wie Drucker, Proofer, Offsetdruck-, Tiefdruck-, Digitaldruck-, Siebdruck- und Flexodruckmaschinen mehrere Profile nötig. Denn im Gegensatz zu einem Monitorprofil, das die Farbwiedergabeeigenschaften dieses einen Geräts beschreibt, charakterisiert ein Druckerprofil einen ganz bestimmten Druckprozess, der auf ganz spezifischen Druckparametern beruht. Die Variabilität eines Druckprozesses ist bedingt durch:

- Druckverfahren (Offsetdruck, Tiefdruck, Siebdruck, Flexodruck, Digitaldruck usw.)

- Bedruckstoff (Färbung, gestrichen, ungestrichen, Zeitungspapier)

- Druckfarben (spektrale Eigenschaften, Europaskala, SWOP, TOYO)

- Rasterweite

- Volltondichten (Stärke des Farbauftrags)

- Tonwertveränderung (Tonwertzuwachs in Abhängigkeit vom Bedruckstoff)

- Gesamtfarbauftrag (GFA)

- Schwarzaufbau (UCR oder GCR)

- Stärke des Schwarz

Der Aufwand für ein Druckerprofil ist also ungleich größer und bedingt für jede noch so kleine Statusänderung eines der oben erwähnten Parameter ein eigenes Profil. Ändert sich beispielsweise der Schwarzaufbau, die Papiersorte oder auch nur dessen Färbung, muss ein neues, individuelles Profil erstellt werden. Auch das Wechseln des Gummituches, die Verwendung anderer Druckplatten usw. erfordern wieder neue Profile. Im Vergleich zur Praxis ist die Theorie, wie man ein Druckerprofil erstellt, von geradezu frappanter Schlichtheit. Doch in der Realität ist das ganze Thema äußerst komplex, denn Druckschwankungen oder optische Aufheller im Papier erschweren oder verfälschen den Messprozess und somit zwangsläufig die Genauigkeit eines Profils.

Arbeitet eine Druckerei nach Standard (zum Beispiel ISO 12647), kann sie sich damit viel Aufwand für eigene Profile ersparen. Die FOGRA stellt sogar Messdaten (Charakterisierungsdaten) von verschiedenen Standard-Druckprozessen wie zum Beispiel Offsetdruck, Tiefdruck oder Zeitungsdruck zur Verfügung, die aus verschiedenen Auflagen gemittelt wurden, um Druckschwankungen zu berücksichtigen, und deren Farbwerte möglichst genau den Vorgaben der ISO 12647 entsprechen. Aus diesen Messwerten kann man nun mit geeigneten Parametern wie Gesamtfarbauftrag (GFA), Stärke des Schwarz, Schwarzaufbau UCR oder GCR für einen bestimmten Druckprozess eigene Profile errechnen. Natürlich ist es auch möglich, ausschließlich mit ISO-Standardprofilen zu arbeiten. Damit kann man sich den ganzen Aufwand für das Drucken und Messen einer Testform ersparen; dies setzt aber voraus, dass man im späteren Auflagendruck ebenfalls genau nach Standard druckt. Denn ICC-Farbprofile für Druckausgabegeräte sind nur dann verbindlich, wenn sie unter den genau gleichen Druckbedingungen angewendet werden, wie sie zum Zeitpunkt der Profilherstellung herrschten – was natürlich auch für alle anderen zu profilierenden Eingabe- und Ausgabegeräte gilt.

Erstellen eines Druckerprofils

Wie alle Geräte eines ICC-Workflows muss auch ein Druckausgabegerät vor dem Profilieren kalibriert bzw. linearisiert werden. Man bezeichnet dies auch als

Standard-Abgleich, so dass die Standard-Tonwertzunahme (Punktzuwachs) und die Standard-Dichten vorliegen. Dazu druckt man einen speziellen Testkeil mit gleichmäßig abgestuften Tonwerten zwischen 0 % und 100 % Flächendeckung für alle Grundfarben (CMYK). Mit einem Densitometer werden anschließend die Volltondichten und die Tonwertzunahmen ermittelt sowie eine Druckkennlinie erstellt. Diese Daten dienen nun dazu, eine Druckmaschine (oder ein Digital-drucksystem) entweder durch einen mechanischen Eingriff oder durch Hinterle-gen der Druckkennlinie im RIP zu kalibrieren. Geht es um das Profil für einen Druckprozess, kommt noch der Faktor Film- und/oder Plattenkopie dazu. Mit anderen Worten, der Belichter als Teilprozess vor der Druckausgabe ist mit im Spiel und muss ebenfalls vorab kalibriert werden, was auf ähnliche Weise erfolgt wie beim Druckausgabegerät. Ein Testkeil mit Graustufen wird belichtet, um Dichten und Tonwerte mit einem Densitometer zu messen und den Belichter in seinem Wiedergabeverhalten konstant zu halten bzw. zu linearisieren. Obschon moderne CtP-Thermoplattenbelichter praktisch toleranzfrei arbeiten, muss auch dieser Prozess laufend sorgfältig überprüft werden, um die Aktualität des Druckerprofils zu gewährleisten. Kurz, alle Parameter, die Einfluss auf das Druckergebnis haben, müssen stabil und reproduzierbar bleiben.

Zur Profilierung eines Druckausgabegeräts oder eines spezifischen Druckpro-zesses sind folgende Arbeitsmittel notwendig:

▸ Testform IT8.7/3 (ISO 12642) oder herstellerspezifische Testformen mit den dazugehörigen Referenzdaten

▸ Spektralfotometer, Densitometer

▸ Profilierungssoftware (zum Beispiel *PrintOpen* oder *ProfileMaker*)

Testform IT8.7/3

Zur Herstellung eines Druckerprofils ist es empfehlenswert, die internationale Standard-Testform ISO 12642 bzw. ANSI IT8.7/3 zu verwenden. Genau diese Testform wird auch für das Herstellen eines Prooferprofils verwendet, womit man gleichzeitig den Proof mit dem Auflagendruck vergleichen kann. Die Test-form (CMYK-TIFF) umfasst 928 repräsentative Farbfelder, die eindeutig definiert sind und zusätzlich als CMYK-Werte in einer Referenzdatei beiliegen. Man kann natürlich auch eine herstellerspezifische Testform drucken, ist damit aber an eine ganz bestimmte Profilierungssoftware gebunden. Die ISO-Testform hinge-gen wird von jeder am Markt erhältlichen Software zur Profilerstellung und auch von anderen Auswertungslösungen unterstützt. Außer dem IT8.7/3-Testchart zum Ermitteln der Lab-Messwerte für die Profilerstellung enthält eine gesamte Testform in der Regel auch noch einige Referenzbilder zur rein visuellen Beurtei-lung sowie weitere Kontrollelemente, um den Digitalproof mit dem Auflagen-druck zu vergleichen. Hinzu kommen noch die üblichen Druckkontrollstreifen, um zu prüfen, ob die Testform unter standardisierten Druckbedingungen ausge-geben wird. Zudem gehören auch verschiedene Informationen auf die Druck-form, die das spätere Zuordnen von Referenzdruck, Messwerten und Profil ermöglichen.

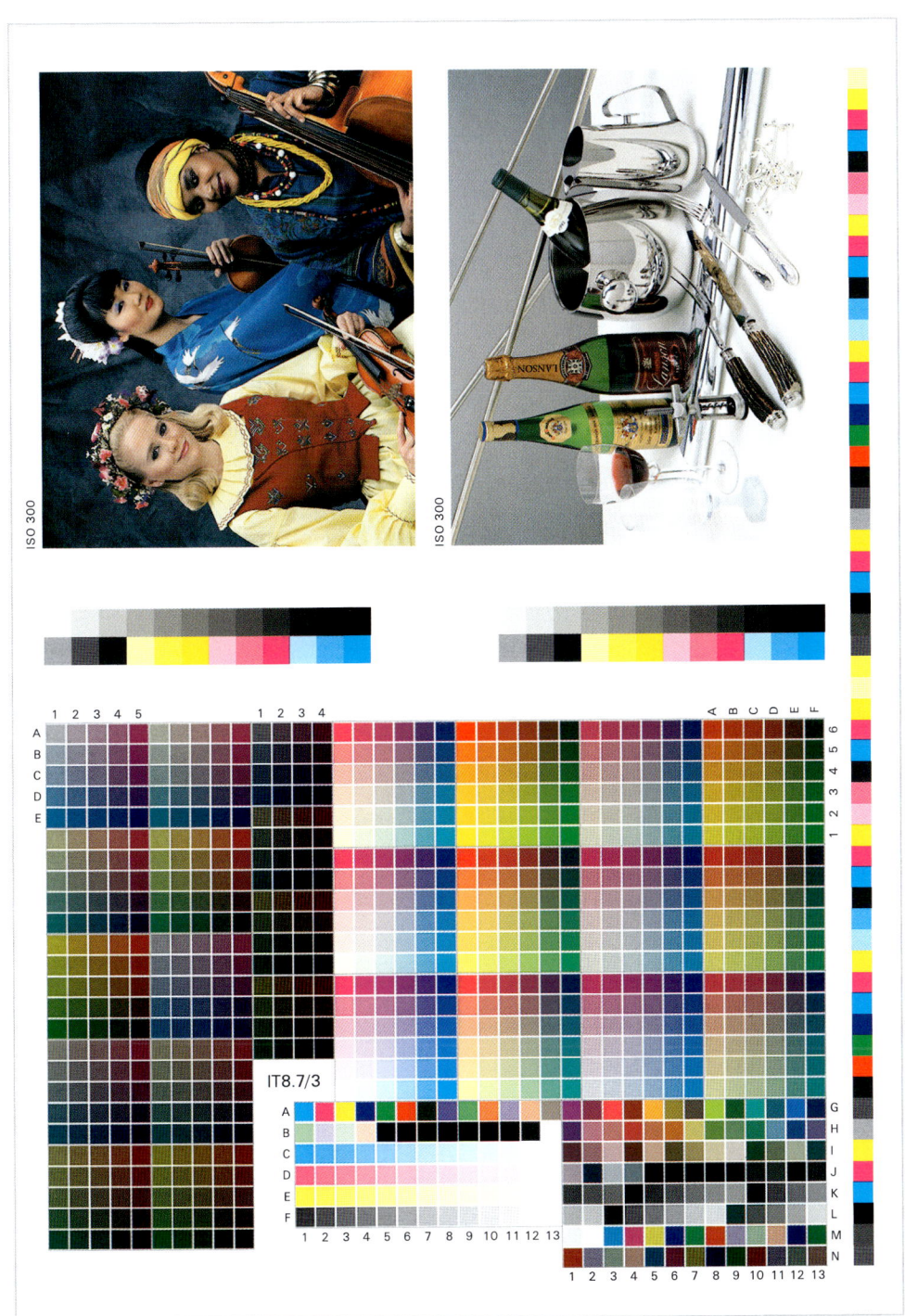

Abbildung 19.22
ISO-Testform zur Erstellung von Drucker- und Prooferprofilen

Verfahrensablauf

1. Belichter und Druckausgabesystem kalibrieren (linearisieren)

2. Belichtung der digitalen Testform unter standardisierter Druckformherstellung

3. Kalibrierter Druck der Testform unter standardisierten Produktionsbedingungen in kleiner Auflage.

4. Spektralfotometrische Vermessung mehrerer Exemplare aus verschiedenen Abschnitten der Auflage zur Ermittlung durchschnittlicher Lab-Messwerte

5. Profilberechnung anhand der CMYK-Referenzwerte und den ermittelten Lab-Werten der Testform. Von ganz entscheidender Bedeutung für das Druckprofil sind die Separationseinstellungen, die man dabei definieren muss – ähnlich wie in Photoshop – und die dem Programm mitteilen, mit welchen drucktechnischen Parametern die Bilddaten zu separieren sind. Folgende Parameter sind erforderlich:

   ‣ Art des Schwarzaufbaus (UCR oder GCR)

   ‣ Gesamtfarbauftrag (GFA)

   ‣ Maximum Schwarz

   ‣ Gamut Mapping; das heißt der Default Rendering Intent eines Profils (für Druckerprofile wird der »perceptual« Rendering Intent verwendet)

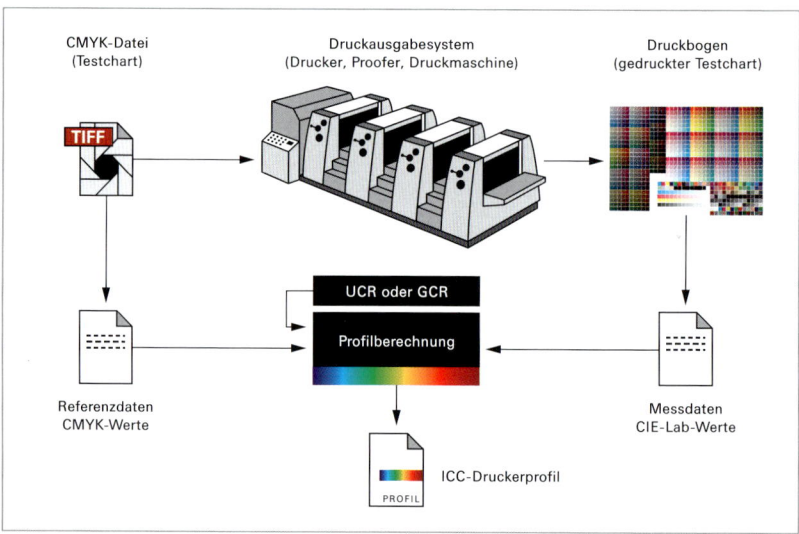

Abbildung 19.23
Verfahrensablauf bei der Erstellung von Ausgabeprofilen

Schwarzaufbau

Je nach Profilierungssoftware stehen unterschiedlich ausgefeilte Möglichkeiten zur Verfügung, um den Schwarzaufbau für verschiedene Druckverfahren zu optimieren. Der Umgang mit den Einstellungsoptionen erfordert aber auch Erfahrung und Kompetenz.

Rendering Intent

Ein besonders relevanter Faktor beim Erstellen eines ICC-Druckprofils ist die Gamut-Mapping-Strategie; insbesondere beim »perceptual« Rendering Intent gibt es herstellerspezifische Unterschiede im Algorithmus, was bei gleichen Quelldaten bei der späteren Farbraumtransformation zu unterschiedlichen farblichen Ergebnissen führen kann. Die Unterschiede im fotografischen Rendering Intent können sich hauptsächlich bei der Graubalance, dem Kontrast und in den gesättigten Farben zwischen verschiedenen Druckprofilen bemerkbar machen – also bei denjenigen Farben des Quellfarbraums, die weit außerhalb des Zielfarbraums liegen, und bei denjenigen nahe der Grauachse.

ICC-Profile für CMYK-N-Geräte

Im Großformat-, Digital-, Analog- und Textildruck werden vorwiegend so genannte CMYK-N-Geräte eingesetzt, die durch Verwendung von mehr als nur vier Farben (CMYK) das mögliche druckbare Farbspektrum erweitern. Für das Farbmanagement von solchen CMYK-basierten Multi-Color-Ausgabegeräten hat GretagMacbeth die ProfileMaker-5-Produktfamilie um eine weitere Softwarekomponente namens *PM5 Publish Plus* erweitert. Damit lassen sich speziell ICC-Profile für CMYK-N-Geräte (mit bis zu 10 Farbkanälen) erstellen. In Photoshop kann man anhand eines solchen ICC-Profils Bilddaten für den Multi-Color-Druck aufbereiten und entsprechende Farbseparationen ausgeben. Mit einem Softproof am Monitor kann man die Bilddaten vorab visuell überprüfen und mit dem zusätzlichen Photoshop-Plug-in *PM5-MultiColor* direkt aus Photoshop ausgeben. Weitere Angaben finden Sie unter www.gretagmacbeth.com.

Hinweis

Eingabe- und Ausgabeprofile sind in einem gewissen Sinne eigentlich »Prozessprofile«, weshalb man darauf achten sollte, Farbdaten immer auf dem gleichen Weg zu verarbeiten wie die jeweiligen Testcharts bei der Profilherstellung, um dabei stets alle spezifischen Einflussfaktoren wie Scannertreiber, Druckertreiber, Gerätekalibrationen, Belichtereinstellungen, Plattenbelichtungszeit, Entwicklungsvorgänge usw. zu berücksichtigen. Besser noch ist es, die Eingabe- und Ausgabetestcharts so zu verarbeiten, wie in der täglichen Praxis üblich.

19.10 Reihenfolge der Gerätekalibration

Die bisher aufgeführte Reihenfolge der Gerätekalibration sollte weitgehend so eingehalten werden: Scanner, Monitor, Proofer, Druckausgabe.

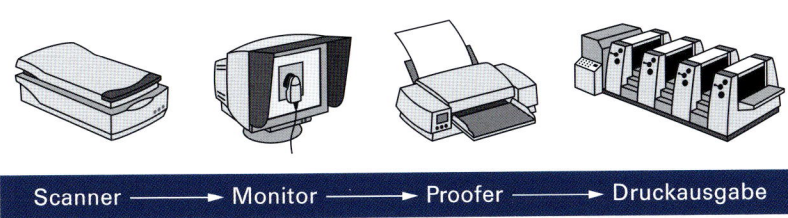

Abbildung 19.24
Reihenfolge der Gerätekalibration

Der Scanner bzw. die Digitalkamera als Eingabegerät und somit als erstes Glied einer Prozesskette sollte immer zuerst kalibriert und profiliert werden. Dann folgt das Anzeigegerät, der Monitor, als erste visuelle Zwischenkontrolle (Softproof) vor dem Druckprozess. Nach dem Softproof am Monitor kommt der Digitalproof als zweite wichtige Zwischenkontrolle, der den späteren Druckprozess präzise simulieren soll. Da er als verbindliche Vorlage für den Drucker an der Maschine gelten soll, hat seine farbliche Wiedergabequalität einen besonders hohen Stellenwert. In Kapitel 23, »Proof«, ist mehr zu erfahren über das Kalibrieren und Profilieren eines Proofdruckers.

19.11 Kontrolle und Qualitätsprüfung von ICC-Farbprofilen

Nachdem man alle Eingabe- und Ausgabegeräte sorgfältig kalibriert und profiliert hat, sollte man die Qualität aller Geräteprofile einem ersten Testlauf unterziehen und die rein objektive farbliche Übereinstimmung in Bezug zur gedruckten Referenz überprüfen. Denn die anspruchsvollste Aufgabe eines Colormanagement-Systems ist eine farblich konsistente und vorhersehbare Wiedergabe eines Druckprozesses am Monitor und im Proof. Der Farbraum des Monitors wird beim Softproof so angepasst, dass er die dem späteren Druck entsprechende Farbwiedergabe darstellt. Auch der Proofdrucker soll den Farbraum des späteren Auflagendrucks präzise simulieren. In beiden Fällen geht es also nicht darum, den vollen Farbumfang (Vollgamut) des Monitors oder des Proofers zu überprüfen, sondern die Simulationsfähigkeit in Bezug zum Auflagendruck. Ob eine Farbe »richtig« oder »falsch« ist, ist letztlich keine Frage des Colormanagement-Systems, sondern eine rein subjektive und von Mensch zu Mensch unterschiedliche Empfindung. Denn Farbe ist und bleibt auch in einem technisch korrekten Colormanagement-Workflow letztens Endes eine Sinneswahrnehmung.

Das ICC-Profil des Druckprozesses hat dabei im ganzen Workflow eine zentrale Funktion. Denn eine Druckausgabe ist ja auch das Ziel allen Tuns in der Druckvorstufe. Da es nun hier in erster Linie um rein visuelle Vergleichskontrollen geht, ist die dabei herrschende Beleuchtung von essentieller Bedeutung. Bevor man also damit beginnt, die eigenen ICC-Profile (oder auch Standardprofile) und ihr Wiedergabeverhalten mit Argusaugen zu mustern, muss für eine korrekte Beleuchtung, sprich für *Abmusterungslicht* gesorgt werden. Dazu verwendet man einen so genannten *Normlichtkasten* mit Normlicht D50, den man neben dem Monitor aufstellt. Um das Druckprofil zu prüfen, ruft man die digitale Fassung der angedruckten Testform am Monitor auf und vergleicht die Referenzbilder mit dem Druck unter Normlicht. Dabei durchlaufen die Daten (CMYK) zuerst den Input-Bereich des Druckprofils (CMYK → Lab) und anschließend den Output-Bereich des Monitorprofils (Lab → Monitor-RGB) mit dem »absolut farbmetrischen« Rendering Intent, um auch das Papierweiß zu simulieren.

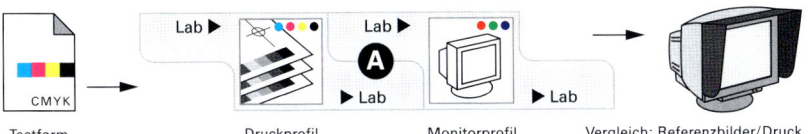

Abbildung 19.25
Qualitätskontrolle eines
Druckprofils anhand eines
Softproofs

Korrekterweise müsste man eigentlich sagen, man überprüft damit die Teilprozesse »Belichter-Druckmaschine-Bedruckstoff«, die in einem Druckprofil reflektiert werden. Weicht die Monitordarstellung augenfällig vom Druck ab, ist im ersten Augenblick unklar, ob der Fehler beim Monitorprofil oder beim Druckprofil liegt. Einfacher gestaltet sich das Verifizieren des schuldigen Profils, wenn man für mehrere Druckprozesse Profile erstellt hat. Weist die Monitordarstellung (Softproof) über alle Druckprofile gleichmäßige Abweichungen auf, liegt der Fehler beim Monitorprofil oder auch einfach an den herrschenden Umgebungsbedingungen, die nicht mehr denen bei der Erstellung des Monitorprofils entsprechen. Zeigt hingegen nur ein bestimmtes Druckprofil größere Abweichungen zwischen dem Referenzdruck und der Monitordarstellung bzw. dem Softproof, liegt es am Druckprofil. Das lässt sich schließlich noch in einem Quervergleich mit einem Digitalproof (oder Analogproof) erhärten. Vorzugsweise gibt man auch hier mehrere Proofs für verschiedene Druckprozesse (auf dem gleichen Proofmedium) aus und vergleicht sie mit den entsprechenden Referenzdrucken und dem Softproof. Dabei durchlaufen die CMYK-Daten wieder zuerst den Input-Bereich des Druckprofils (CMYK → Lab) und anschließend den Output-Bereich des Prooferprofils (Lab → Proofer-CMYK) mit dem absolut farbmetrischen Rendering Intent (mit Papierton-Simulation).

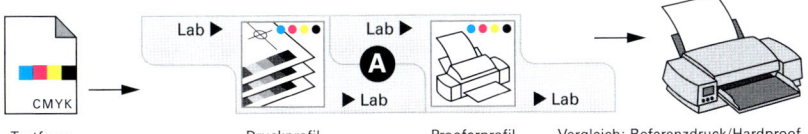

Abbildung 19.26
Qualitätskontrolle von
Druckprofilen anhand
eines Digitalproofs

Zeigen alle Digitalproofs (unter Normlicht) eine gleichmäßige Farbabweichung im Vergleich zum entsprechenden Referenzdruck, ist vermutlich das ICC-Profil des Proofdruckers nicht ganz korrekt. Weicht hingegen nur einer der Digitalproofs ab, muss es am Druckprofil liegen. Die auf der Testform mitgedruckten Kontrollkeile für den Proof (wie beispielsweise der Ugra/FOGRA-Medienkeil CMYK) erlauben zudem noch eine messtechnische Kontrolle zwischen Referenzdruck und Digitalproof (siehe Kapitel 23, Abschnitt »Kontrollmittel«). Zusammenfassend lässt sich sagen, dass die ganze Prozesskette angefangen beim Softproof über den Digitalproof bis zur Druckausgabe überall gleich aussehen sollte.

19.12 Korrektur von ICC-Ausgabeprofilen

Der fotografische bzw. »perceptual« Rendering Intent mit seiner in der ICC-Spezifikation nicht eindeutig definierten Berechnungsmethode kann dazu führen, dass die Druckergebnisse von identischen Bilddaten, die einmal für den Offsetdruck, den Tiefdruck und den Zeitungsdruck separiert wurden, in ihrem Gesamteindruck deutlich voneinander abweichen, obschon sie eigentlich identisch aussehen sollten. Sind die Ausgabeprofile zudem noch mit Software verschiedener Hersteller erzeugt worden oder wird auf Betriebssystemebene mit unterschiedlichen CMMs gearbeitet, kann sich das Problem zusätzlich verschärfen. Fallen manuelle Nachkorrekturen der Bilddaten an, können sie entweder direkt mit den jeweiligen Bilddaten verrechnet oder im Falle von stets wiederkehrenden Korrekturen direkt in das ICC-Ausgabeprofil eingerechnet werden. Es ist also möglich, ein ICC-Profil nachträglich zu korrigieren bzw. anzupassen. So kann man beispielsweise auch Standardprofile noch geringfügig anpassen und unter einem neuen Profilnamen abspeichern.

Graubalance

Als besonders störend und augenfällig werden Schwankungen der Graubalance beim fotografischen Rendering Intent empfunden, die je nach Eigenfärbung des bei der Ausgabe verwendeten Bedruckstoffs in Richtung gelblich oder bläulich kippen kann. Das kommt daher, dass der Weißpunkt (Papierweiß), der in jedem ICC-Profil als einzelner Wert in einem eigenen Tag hinterlegt ist, im Falle einer Farbraumtransformation mit dem fotografischen Rendering Intent nicht berücksichtigt wird. Das führt dazu, dass beispielsweise ein Scan, der einmal für den Offsetdruck auf eher bläuliches Papier umgesetzt wird und ein weiteres Mal auf ein gelbliches Papier für den Tiefdruck, im Druckergebnis auch insgesamt bläulicher bzw. gelblicher ausfällt, was zwangsläufig zu Unstimmigkeiten bei der Graubalance führt. Idealerweise sollte die Färbung des jeweiligen Bedruckstoffs als zusätzliche Einflussgröße auf die Farbwiedergabe berücksichtigt werden, um einer unerwünschten Farbverschiebung entgegenzuwirken. ProfileMaker, die Profilierungssoftware von GretagMacbeth, bietet beim Berechnen eines Druckprofils die Option an, beim »perceptual« Rendering Intent die korrekte Graubalance zu erhalten. Wird bei der Profilberechnung die Option PRESERVE GRAYBALANCE aktiviert, kann damit bei der späteren Separation mit dem fotografischen Rendering Intent eine Verschiebung der Graubalance unterbunden werden, wenn auf einem Bedruckstoff mit Eigenfärbung gedruckt wird.

Weißpunkt

Das nachträgliche Editieren des Weißpunktes in einem ICC-Ausgabeprofil – was zum Beispiel mit der Software *ColorBlind Edit* von Color Solutions möglich ist – hat aber grundsätzlich keinen Einfluss auf den fotografischen oder den relativ farbmetrischen Rendering Intent im Input- oder Output-Bereich des Profils, da der Weißpunkt bei der Separation in beiden Fällen ohnehin nicht berücksichtigt wird. Die Änderungen wirken sich lediglich auf den absolut farbmetrischen Rendering Intent aus, der für den Softproof am Monitor oder den Digitalproof verwendet wird. Die Berechnung des absolut farbmetrischen Rendering Intents erfolgt auf Basis des Eintrags für den Weißpunkt und der Tabelle (LUT) für den relativ farbmetrischen Rendering Intent.

Kontrast

Eine weitere mögliche Schwachstelle im fotografischen Rendering Intent ist der Kontrast. Wird die gleiche RGB- (oder Lab-) Datei einmal für den Offsetdruck auf gestrichenes Papier separiert und ein weiteres Mal für den Rollenoffsetdruck auf Zeitungspapier, das einen vergleichsweise geringeren Farbumfang (Gamut) aufweist, ist leicht zu erahnen, dass man im Kontrastumfang gewisse Abstriche in Kauf nehmen muss. Da der fotografische Rendering Intent in der Regel sämtliche Helligkeitsstufen zwischen der hellsten und dunkelsten Bildstelle relativ gleichmäßig verteilt, ist im Vergleich zum gestrichenen Offsetpapier das Druckergebnis auf Zeitungspapier deutlich stumpfer und flauer. Um eine visuell bessere Übereinstimmung zwischen den beiden Medien zu erhalten, muss man möglicherweise eine manuelle Nachkorrektur über die Gradationskurve vornehmen, um den Kontrast für die Zeitungsseparation zu optimieren. Eine solche Korrektur kann beispielsweise in LinoColor oder ColorBlind Edit als eigenständiges Set mehrerer Korrekturschritte gespeichert und bei Bedarf wieder abgerufen werden. Oder man kann die Korrekturen direkt im Output-Bereich (Lab → CMYK) des Ausgabeprofils unter einem neuen Profilnamen speichern. Doch bevor man ein Druckprofil editiert, sollte man die Korrekturen anhand des gespeicherten Sets an mehreren verschiedenen Motiven auf Praxistauglichkeit hin überprüfen.

Korrekturen an einem ICC-Ausgabeprofil nimmt man zum Beispiel in LinoColor oder ColorBlind Edit bei geöffneter RGB- (oder Lab-) Datei und je einem Softproof (mit dem absolut farbmetrischen Rendering Intent) beispielsweise für den Offsetdruck als Referenz und dem Zeitungsdruck im direkten Vergleich unter Sichtkontrolle vor. Die erforderlichen Korrektureinstellungen werden anschließend als Set gespeichert oder bei Bedarf zusätzlich direkt im Druckprofil, statt sie direkt mit dem Bild zu verrechnen. Auf diese Weise lässt sich beispielsweise das Bildlicht und somit auch eine Verschiebung der Graubalance in Richtung Offsetdruck verändern oder der Kontrast lässt sich weiter optimieren usw. Alle diese Korrekturen betreffen nur den fotografischen Rendering Intent im Output-Bereich des Profils, alle anderen Rendering Intents sollen davon unberührt bleiben. In welchem Lookup-Table und in welcher Transformationsrichtung die Korrekturen erfolgen sollen, kann man in der Software genau festlegen – mit Ausnahme von LinoColor, dort erfolgt eine Korrektur standardmäßig immer im fotografischen Rendering Intent des Output-Bereichs.

Farbsättigung

Dass besonders gesättigte Farben bei der Separation mit dem fotografischen Rendering Intent schlecht bedient sind, hat mit der nichtlinearen Kompression und somit der nicht farbmetrisch exakten Umsetzung des Quellfarbraums zu tun. Trifft beispielsweise der Fall zu, dass in einer Bilddatei (Pixel) eine ganz bestimmte Hausfarbe vorkommt, die möglichst exakt wiedergegeben werden soll, und die Bilddatei für verschiedene oder ähnliche Druckprozesse separiert werden muss, kann es zu sehr ausgeprägten Unterschieden bei der farblichen Umsetzung der gesättigten Farben kommen. Das liegt daran, dass die ICC-Spezifikation den Herstellern von Profilierungssoftware beim fotografischen Rendering Intent besonders viel Spielraum offen lässt, was die Umsetzung besonders bunter Farben betrifft, die weit außerhalb des Zielfarbraums liegen. Um eine annähernd identische Farbwiedergabe zwischen verschiedenen Druckstandards zu erzielen, sind manuelle Korrekturen unumgänglich. Ebenso unumgänglich ist auch eine genaue Kontrolle aller verwendeten ICC-Druckprofile, bevor man damit beginnt, medienneutrale RGB- (oder Lab-) Daten in blindem Eifer automatisch zu separieren.

Obschon ein ICC-Profil in der Regel genau die Farbwiedergabeeigenschaften eines Geräts wiederspiegelt, ergeben sich durch das Editieren eines Profils interessante Möglichkeiten für das Colormanagement, indem man eine Feinabstimmung der farblichen Ergebnisse nach der Farbraumtransformation vornehmen kann. Wichtig zu wissen ist dabei, dass es sich beim editierten Profil nicht mehr um ein typisches *Ausgabeprofil* (Kennung 'prtr') handelt, sondern um ein so genanntes *abstraktes Profil* (Kennung 'spac'), denn es stellt keine Beschreibung eines Gerätefarbraums mehr dar. Es kann auch nicht mehr in eine Bilddatei eingebettet werden und muss immer direkt mit den Bilddaten verrechnet werden.

19.13 Funktionsweise der Profilverknüpfung

Wie wir bereits wissen, besteht ein ICC-Profil aus einem Input- und einem Output-Bereich, enthält eine Information über den Weißpunkt und drei verschiedene Arten von Lookup-Tables (Umrechnungstabellen):

- ▸ **F:** Fotografischer Rendering Intent (perceptual)

- ▸ **R:/A:** Relativ farbmetrischer Rendering Intent (absolut farbmetrisch = relativ farbmetrisch und Weißpunkt)

- ▸ **S:** Sättigungsoptimiert

Werden nun zwei Profile miteinander verknüpft bzw. verrechnet, werden grundsätzlich immer die entsprechenden Rendering Intents, das heißt Lookup-Tables (LUTs) beider Profile genutzt. Bei einer Farbraumtransformation von RGB nach CMYK werden also die beiden fotografischen LUTs miteinander verrechnet oder für den Softproof am Monitor mit Papierweiß-Simulation die beiden absolut farbmetrischen LUTs (relativ farbmetrisch und Weißpunkt).

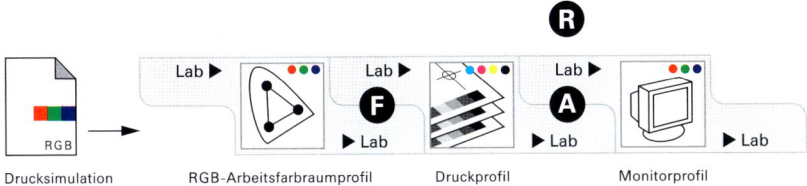

Abbildung 19.27
Profilverknüpfung

Drucksimulation RGB-Arbeitsfarbraumprofil Druckprofil Monitorprofil

Oder nehmen wir zum Beispiel die Drucksimulation von CMYK-Daten auf einem Proofdrucker mit dem absolut farbmetrischen Rendering Intent. Der gewählte Rendering Intent für die Farbraumanpassung wird hier im Input-Bereich des Quellprofils bzw. des Simulationsprofils (Druckprozess) aktiviert und damit von CMYK nach Lab umgerechnet. Diese Lab-Daten werden ebenfalls wieder mit dem absolut farbmetrischen Rendering Intent im Output-Bereich des Zielprofils in den Farbraum des Proofdruckers transformiert.

Die Wahl der richtigen Rendering Intents spielt in der Colormanagement-Praxis eine ganz entscheidende Rolle, doch gestaltet sich die Aufgabe, ein Anwendungsprogramm richtig zu konfigurieren, nicht immer ganz so einfach. Manchmal ist die Unterstützung von Colormanagement mangelhaft, manchmal sind Rendering Intents für gewisse Aufgaben bereits fest eingestellt, doch man weiß nicht welche, und wieder andere benutzen etwas seltsame Bezeichnungen für die Farbraumanpassungsmethoden. Besteht tatsächlich keine Möglichkeit, einen Rendering Intent zu wählen, wird automatisch die als Default Rendering Intent definierte und im Profil als Zusatzinformation hinterlegte Methode für die Farbraumanpassung verwendet (siehe »Default Rendering Intent« weiter oben). Der Default Rendering Intent im Header einer ICC-Profildatei kann beispielsweise im ProfileEditor von GretagMacbeth nachträglich auch noch geändert werden, was gerade dann sehr nützlich ist, wenn in der Anwendungssoftware zwar ein ICC-Profil angewählt werden kann, aber kein bestimmter Rendering Intent.

19.14 Messtechnik für die Kalibration und Profilierung

Ein kleiner Exkurs in die Welt der Farbmesstechnik im Rahmen eines Colormanagement-Systems kann nicht schaden, denn wenn man etwas managen will, muss man auch wissen, wie und womit man die Abläufe kontrollieren und somit beherrschen kann.

Will man sich ein durchgängiges Colormanagement einrichten, muss man seinen Arbeitsplatz auch mit entsprechender Messtechnik wie Densitometer und Spektralfotometer ausstatten, die nicht ganz billig aber notwendig ist, um Prozessschritte zu kontrollieren, Geräte zu kalibrieren und profilieren. Oft sind solche Geräte wie Spektralfotometer oder Colorimeter zusammen mit der Profilierungssoftware als Gesamtpaket erhältlich. Besonders interessant sind Spektralfotometer, die sich sowohl zum Messen von gedruckten Testcharts für Ausgabeprofile als auch zur Messung von Lichtfarben für Monitorprofile eignen und optional zusammen mit einem Messtisch für die automatische Messung von Testcharts eingesetzt werden können. Das *Spectrolino* von GretagMacbeth ist ein solches Gerät, das aber nur über eine Schnittstelle mit angeschlossenem Computer arbeitet und über entsprechende Software angesteuert wird. Geräte, die autonom arbeiten, sind vergleichsweise teurer, da sie über einen eigenen, internen Mikrochip verfügen.

Spektralfotometer

Ein Spektralfotometer dient sowohl zum Messen der spektralen Remission einer Farbprobe auf beliebiger Oberfläche als auch zum Messen der spektralen Emission eines Monitors in $\Delta\lambda$-Schritten. Es wird dazu verwendet, Farben von unterschiedlichen Druckverfahren (wie zum Beispiel Offsetdruck und Digitalproof) auf der Basis eines Tintenstrahldrucks farbmetrisch miteinander zu vergleichen. Das Spektralfotometer zerlegt das sichtbare Spektrum mit einem so genannten *Beugungsgitter* in seine Wellenlängen (Dispersion), die anschließend von einem speziellen Lichtsensor gemessen werden. Es liefert Messwerte in einem der geräteneutralen, farbmetrischen CIE-Farbräume, wie CIE-Lab, CIE-xyY oder CIE-XYZ. Farben werden damit objektiv und unter standardisierten Bedingungen gemessen, genau wie beim Bewerten von Farben auf einem standardisierten Leuchttisch oder Normlichtkasten. Auch beim Arbeiten mit einem Spektralfotometer wird eine zu messende Vorlage von einer gleich bleibenden, konstanten Normlichtquelle von 5000 K oder 6500 K – die über die Software simuliert wird – sowie zwei Beobachtungswinkeln von 2° oder 10° (siehe Kapitel 1, Abschnitt »Der 2°- oder 10°-Normalbeobachter«) gemessen. Zusammen mit den gespeicherten Normspektralwertfunktionen (siehe Kapitel 6, Abschnitt »Das CIE-Normvalenzsystem«) werden die Normfarbwerte XYZ errechnet, welche die Basis für das Umrechnen in die verschiedenen Normfarbräume bilden. Diese äußerst präzisen Farbmessgeräte nehmen kleinste Farbunterschiede wahr, die das menschliche Auge nicht mehr unterscheiden kann. Bei hochwertigen Geräten sind die Abstände zwischen den einzelnen Abtastschritten sehr klein (meistens 10 bis 20 nm), was besonders wichtig beim Vermessen von Monitorfarben ist, da insbesondere das Rot-Signal sehr schmalbandig ist. Übertrieben gesagt, würde das Rot-Signal aus der Messung herausfallen, wenn die Abstände zwischen den einzelnen Abtastschritten zu groß wären, was ungenaue Messergebnisse zur Folge hätte.

Für eine Farbmessung wird das Gerät mit seiner Abtastfläche auf die Farbprobe gerichtet, wobei das einfallende Licht, das auf diese Abtastfläche auftrifft, reflektiert, auf das Beugungsgitter gelenkt und in seine spektralen Wellenlängen zerlegt wird, welche nun vom Sensor erfasst und in Normspektralwerte umgerechnet werden. Bei den teureren Geräten, die über einen integrierten Mikrochip verfügen und nur für den Datenaustausch an den Arbeitsplatzrechner angedockt werden, erfolgt die Umrechnung direkt im Gerät, andernfalls wird der über die Schnittstelle verbundene Rechner dazu bemüht. Der integrierte Polarisationsfilter – für normgerechte Messungen – dient dazu, Streulichtanteile zu eliminieren und damit Fehlinterpretationen auszuschließen.

Messverfahren

Grundsätzlich stehen zwei Verfahren für eine Farbmessung zur Verfügung, die in der ISO-Norm 5033 genau beschrieben sind und sich durch eine unterschiedliche Messgenauigkeit unterscheiden.

Dreibereichsverfahren

Das so genannte Dreibereichsverfahren simuliert gewissermaßen die spektrale Empfindlichkeit der Netzhaut des menschlichen Auges, indem das von einer Lampe im Innern des Geräts ausgestrahlte Messlicht an der Probe reflektiert und von drei lichtempfindlichen Sensoren empfangen wird. Vor jedem Sensor für je einen Farbkanal befindet sich ein Farbfilter für den roten, grünen und blauen Spektralbereich, der im Sensor eine Empfindlichkeit herstellt, die den Normspektralwertfunktionen entspricht. Die Auswertung der drei Sensorsignale ergibt unmittelbar die Normfarbwerte XYZ für Rot, Grün und Blau einer Farbprobe und dient für weitere farbmetrische Berechnungen. Dieses recht einfache und auch preiswerte Messprinzip erreicht allerdings nicht die hohe Messgenauigkeit eines Spektralfotometers.

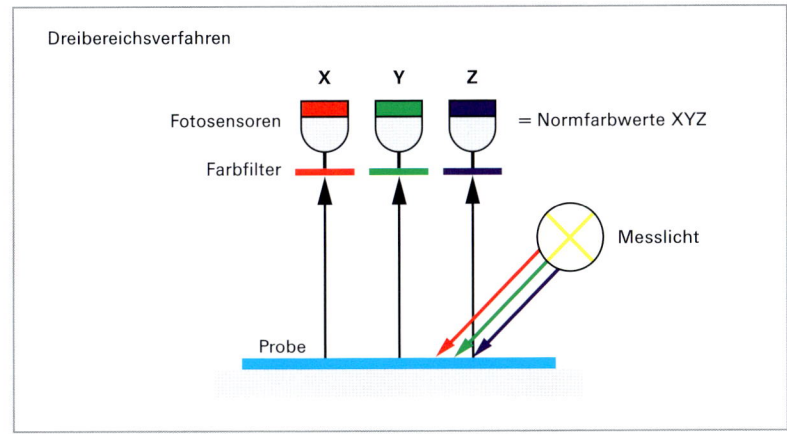

Abbildung 19.28
Dreibereichsverfahren

Spektralverfahren

Wesentlich präzisere Messergebnisse liefern Spektralfotometer, die Remissionswerte im Abstand von wenigen Nanometern (nm) über das gesamte sichtbare Spektrum erfassen. Ein so genanntes *Gitter-Dioden-Modul* (Beugungsgitter) zerlegt dabei das von der Messprobe remittierte Messlicht in Abschnitte von 10 bis 20 nm und projiziert das Licht auf eine Diodenzeile mit vorzugsweise 256 lichtempfindlichen Dioden. Diese somit hochaufgelösten Signale werden zunächst elektronisch verstärkt, digitalisiert und schließlich ausgewertet. Als Messergebnis erhält man eine grafische Darstellung der erfassten Remissionswerte in Form einer Remissionskurve zwischen 380 nm bis 780 nm.

Abbildung 19.29
Spektralverfahren mit
Gitter-Dioden-Modul

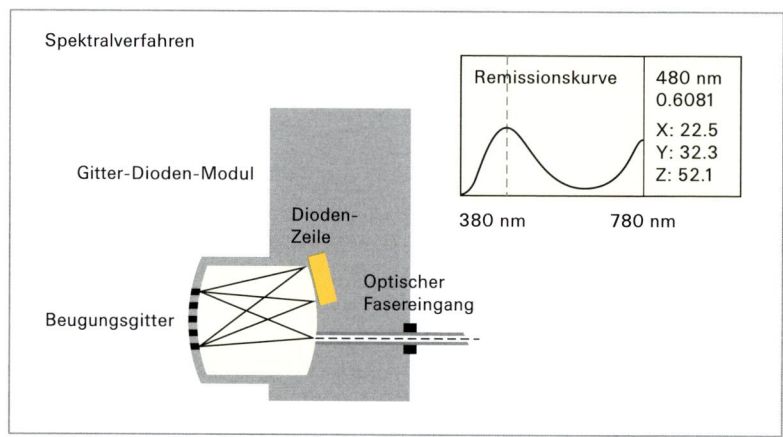

Spektralfotometer mit einem *Filter-Dioden-Modul* bestehen aus mehreren Dioden, denen schmalbandige Farbfilter vorgeschaltet sind, womit jede Diode eine ganz bestimmte Bandbreite des Spektrums misst.

Eine weitere Methode zum Ermitteln von Remissionswerten besteht darin, eine Farbprobe mit spektral schmalbandigem Licht verschiedener Wellenlängen – ausgestrahlt von farbigen Leuchtdioden – aufeinanderfolgend zu bestrahlen, wobei ein spektral breitbandiger Sensor die einzelnen Remissionswerte erfasst.

Die aus diesen Messprinzipien gewonnenen Normfarbwerte XYZ werden durch eine so genannte *valenzmetrische Auswertung* gewonnen, indem die Remissionskurve und die Normspektralwertfunktionen zueinander in Beziehung gesetzt werden.

Messbedingungen für gedruckte Testcharts

Ein Spektralfotometer ist das Farbmessgerät der Wahl, wenn es darum geht, gedruckte Testcharts farbmetrisch zu vermessen und anhand der Lab-Messwerte ein Proofer- oder Druckprofil zu berechnen. Gemäß ISO 13655 sind dabei folgende Einstellungen am Gerät vorzunehmen:

- Lichtart D50 (5000 K)
- 2°-Normalbeobachter
- 0/45° oder 45/0° Messgeometrie
- CIE-Lab-System

Da auch Farbmessgeräte immer eine gewisse Messtoleranz aufweisen und die Reproduzierbarkeit zwischen verschiedenen Geräten geringfügige Abweichungen aufweist, ist es empfehlenswert, immer dasselbe Gerät zu benutzen.

Fehler und Abweichungen in der Messtechnik

Die unten aufgeführten durchschnittlichen ΔE-Werte eines einzelnen Spektralfotometers – selbst bei Dauerbelastung – sind dennoch geringer als die normalen Farbschwankungen im Auflagendruck. Ein wesentlich größerer Fehler kann dagegen auftreten bei der Verwendung verschiedener Messgeräte. Damit die Summe all dieser kleinen Fehler nicht zu einem viel größeren Fehler führt, sollte man versuchen, die Fehler in jedem Teilprozess so gering wie möglich zu halten.

▸ Kurzzeitige Abweichung bei Spektralfotometern   ΔE 0,02–0,34

▸ An verschiedenen Arbeitstagen   ΔE 0,07–0,62

▸ Bei 1 bis 2 Stunden Messung ohne erneuten Weißabgleich   ΔE 0,15–2,04

▸ Bei verschiedenen Farbmessgeräten (im Mittel)   ΔE 1,38–4,90

Messuntergrund

In der ISO 12647-2 und in den Richtlinien der FOGRA war bis vor kurzem noch eine schwarze Messunterlage für Testcharts festgelegt *(Black Backing)*. Seit Sommer 2003 schreibt die neueste Version der ISO 12647-2 für die Farbmessung bei der Profilerstellung – und auch bei der Proofkontrolle – generell eine weiße Messunterlage vor. Man spricht auch von einer Messung auf »Papierweiß«. Die schwarze Messunterlage hatte bei dünnen Papieren wie beispielsweise bei Zeitungspapier den Nachteil, dass die Messwerte grundsätzlich zu dunkel wurden, während eine reinweiße Unterlage das Gegenteil bewirkt, das heißt die Messwerte werden zu hell. Idealerweise sollte man mehrere Bogen unbedrucktes Auflagenpapier unter den Testchart oder den Digitalproof legen *(Substrate Backing)*, um die Wiedergabe des Papiertons nicht ungünstig zu beeinträchtigen.

Spektral-Densitometer

Ein besonders innovatives und neues Farbmessgerät von Techkon deckt gleich zwei messtechnische Bedürfnisse der grafischen Industrie ab. Gemeint ist das so genannte Spektral-Densitometer mit dem selbsterklärenden Namen *Spectrodens*. Neben der farbmetrischen und somit absoluten Erfassung von Farbinformationen macht das Spectrodens auch Angaben zu ΔE-Werten und »spektralen Dichtewerten«, die aus der spektralen Farbinformation berechnet werden und genau wie die branchenüblichen CMYK-Volltondichten ein Maß für den Farbauftrag sind. Das erlaubt es dem Gerät zudem, die Beschränkung auf den Vierfarbendruck zu überwinden und auch auf Sonderfarben auszudehnen, für die es bisher keine wirklich verlässliche Methode gab, die Volltondichte bzw. die Stärke des Farbauftrags zu kontrollieren. Für die hohe Messpräzision sorgt ein Spektralsensor in Mikrosystemtechnik, der ohne mechanische Komponenten auskommt. Die erfassten Messdaten lassen sich beispielsweise an ICC-Profilierungssoftware oder andere Auswertungslösungen übertragen. Für eine normgerechte Messung sorgt der auf Tastendruck umschaltbare Polarisationsfilter für densitometrische oder farbmetrische Messungen. Für das Messen von Monitorfarben kann das Spectrodens hingegen nicht eingesetzt werden.

Abbildung 19.30
Spektral-Densitometer

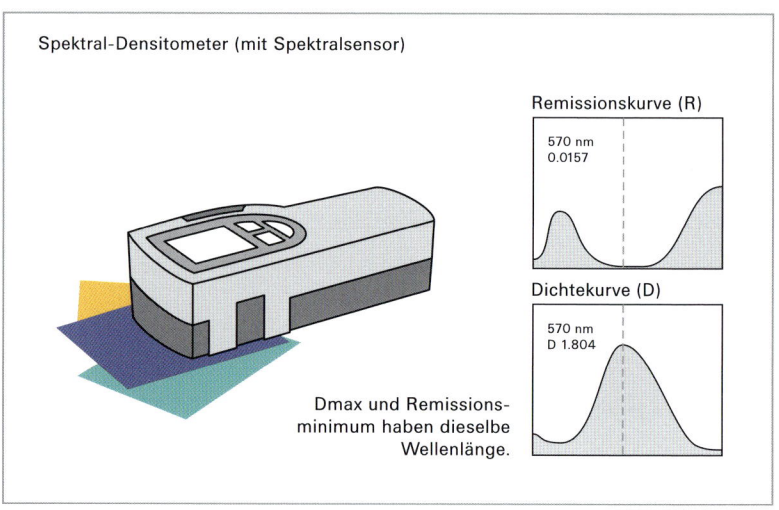

Spektrale Dichtewerte

Ein Spektral-Densitometer kann aus einer farbmetrischen Remissionskurve R (λ) eine densitometrische Dichtekurve D (λ) ableiten. Dabei ist die Dichtekurve nichts anderes als das proportionale Spiegelbild der Remissionskurve und beruht auf der Tatsache, dass ein hoher Remissionswert gleichbedeutend mit einem niedrigen Dichtewert ist und umgekehrt. Aus der Dichtekurve können für beliebige Wellenlängen die Dichtewerte bestimmt werden. Im Gegensatz zu einem mit genormten Filtern versehenen Densitometer, das Dichtewerte für die Prozessfarben Cyan, Magenta und Gelb der Europaskala bei 620, 530 und 430 nm misst, verfügt ein Spektral-Densitometer über ein spektrales Messmodul, das mit mathematisch definierten und somit frei wählbaren Filtern an jeder beliebigen Stelle des Spektrums die Dichte bestimmen kann, was beispielsweise zum Bestimmen der Dichtewerte von Sonderfarben nützlich ist, die in der Regel ihr Dichtemaximum bei anderen Wellenlängen haben. Ein Spektral-Densitometer besitzt also keine physikalisch vorhandenen RGB-Filter mehr, sondern setzt jeweils einen virtuellen Filter im Komplementärfarbbereich ein, um die maximalen Absorptionseigenschaften bzw. den spektralen Remissionsgrad einer Sonderfarbe zu ermitteln. So lassen sich beispielsweise auch eingemessene Sonderfarbenmuster in der Software *Spectrodens Connect* (für Windows) auf dem Arbeitsplatzrechner auslesen, in individuellen Farbbibliotheken zusammenfassen und bei Bedarf wieder ins Gerät zurück übertragen.

Das Spectrodens von Techkon gibt es in drei Leistungsklassen, wobei die Geräte jederzeit auch nachträglich per Programm-Upload auf eine höhere Leistungsstufe aufgerüstet werden können. Spectrodens »Basic« dient ausschließlich für densitometrische Auswertungen in der reinen CMYK-Produktion. Spectrodens »Advanced« bietet zusätzlich farbmetrische Funktionen für die Messung von Sonderfarben in Repro und Druck. Den vollen Funktionsumfang, wie er zum Beispiel im hochqualitativen Verpackungs-, Etiketten- oder Displaydruck erforder-

lich ist, bietet schließlich das Spectrodens »Premium«. Außer spektralen Dichtewerten liefert das Spectrodens farbmetrische Informationen wie L*a*b*- und
ΔE-Werte. Nähere Informationen erhalten Sie unter www.techkon.de.

Densitometer

In der grafischen Industrie hat ein Densitometer verschiedene Aufgaben zu
erfüllen. Im Gegensatz zu einem Spektralfotometer kann man damit nicht die
farbmetrischen Werte einer Farbe erfassen, sondern die Farbdichte. Die optische
Farbdichte gibt Auskunft über die Farbschichtdicke, die beim Druckprozess auf
den Bedruckstoff übertragen wurde. Der Drucker überprüft damit laufend den
Fortdruckprozess anhand des Druckkontrollstreifens, der auf jeder Druckform
mitgeführt wird. Unter dem Begriff »Densitometrie« versteht man ganz allgemein das Messen optischer Dichten (D) oder das Messen der Schwärzung einer
transparenten Schicht (Film). Wichtige drucktechnische Parameter, wie Volltondichte und Tonwertzunahme bzw. Punktverbreiterung von Cyan, Magenta, Gelb
und Schwarz usw., werden mit dem Densitometer überprüft und erlauben auch
Rückschlüsse über die Beschaffenheit der Druckplatten, des Gummituchs und
des Bedruckstoffs. Mit einer so genannten *integralen Dichtemessung* lässt sich
auch die Flächendeckung von Rasterreproduktionen (Film, Druckbogen) und – je
nach Funktionsumfang eines Densitometers – auch die Rastertonwerte auf einer
Druckplatte erfassen. Zahlreiche Densitometer verfügen zudem über eine
Datenschnittstelle zum Computer und einen Anschluss zu einem speziellen Drucker, um gespeicherte Auftragsdaten, Messwerte oder sogar Druckkennlinien in
grafischer Darstellung als Qualitätszertifikat auszudrucken. Neben zwei Polari-
sationsfiltern für die Messung auf nasser Druckfarbe enthalten sie eine gewöhnliche kleine Glühlampe mit etwa 2856 K als Lichtquelle, drei Farbfilter in Rot,
Grün und Blau mit einem spektralen Durchlassbereich bei 620, 530 und 430 nm
(siehe Kapitel 14, »Transparente Körperfarben«) sowie einen Interferenzfilter.
Die integrierte Software wird über ein kleines Display auf der Oberseite des
Geräts und einen Bedienknopf bzw. ein Bedienrad gesteuert. Doch wie ist es
möglich, mit einer gewöhnlichen Glühlampe von 2856 K eine standardisierte
Messung unter Normlicht D50 oder D65 durchzuführen? Die Strahlungsfunktionen verschiedener Lichtarten wurden von der internationalen Beleuchtungskommission (CIE) für den gesamten sichtbaren Wellenlängenbereich von 380–
780 nm sowie den angrenzenden UV-Bereich von 300–380 nm (aufgrund möglicher Fluoreszenzeffekte) definiert und werden in Form von Tabellen im Speicher
der Gerätesoftware (auch bei Spektralfotometern) abgelegt. Bei einer Farbmessung wird nun die Strahlungsfunktion der gewählten Lichtart (D50 oder D65) mit
der gerätespezifischen Lichtquelle verrechnet und somit simuliert.

Abbildung 19.31
Densitometer

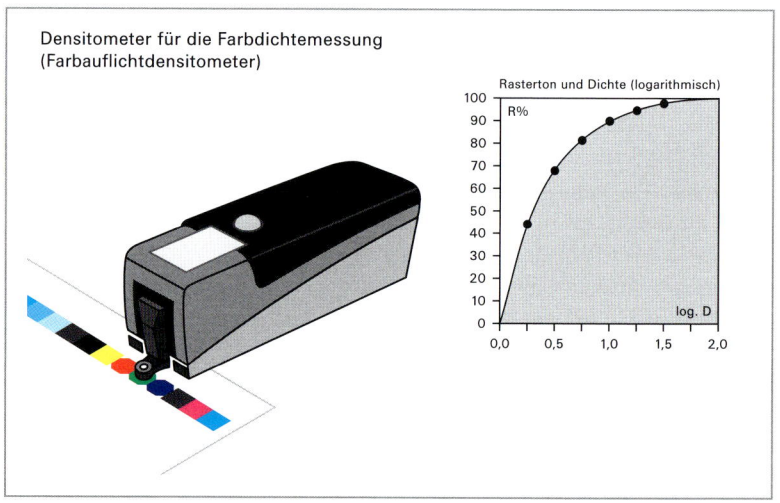

Densitometer für die Farbdichtemessung
(Farbauflichtdensitometer)

Zwischen der Dichte (D) und der gedruckten Farbmenge besteht ein Zusammen-hang, wobei das Prinzip der Dichtemessung eigentlich die Remissionsmessung einer Körperfarbe darstellt. Das aufgestrahlte Messlicht durchdringt dabei zwei-mal die Farbschicht, wobei es nach dem ersten Durchdringen an der Grenzfläche zwischen Farbschicht und Bedruckstoff remittiert wird und dadurch ein weiteres Mal die Farbschicht durchdringt. Das remittierte Restlicht trifft schließlich auf einen Fotosensor mit vorgeschaltetem Filter, dessen Charakteristik bzw. Durch-lassbereich in einer Norm (DIN 16536-2 und ISO 5-3) genau festgelegt ist. Es ist nahe liegend, dass beim Durchdringen von lasierenden Farbschichten (Druckfar-ben), die selbst wie Farbfilter wirken, auch ein Teil des aufgestrahlten Messlichts absorbiert wird. Aus dem noch remittierten Lichtanteil (Restlicht) bezieht man nun die nötigen Informationen über die Menge und somit auch die Dichte der gedruckten Farbe. Hohe Remissionswerte ergeben niedrige Dichtewerte, und niedrige Remissionswerte hohe Dichtewerte, die sich in der Regel auf den Dich-tewert einer unbedruckten Stelle des Papiers beziehen, der mit einem Remissi-onswert 1 oder 100 % bzw. einem Dichtewert D=0 definiert wird. Das vermeint-lich einfache Prinzip ist durch verschiedene physikalische Vorgänge wie Absorption und Streuung von Messlicht in der pigmenthaltigen Farbschicht und die Remission an der strukturierten Bedruckstoffoberfläche äußerst komplex und stellt entsprechend hohe Anforderungen an die Messtechnik bzw. an das Densitometer.

Densitometer mit Statusfiltern

Bei einem Densitometer mit so genannten Statusfiltern werden die Dichtewerte für die Druckfarben CMYK durch vier Fotosensoren mit vorgeschalteten Farbfil-tern getrennt erfasst. Für jede Druckfarbe steht somit ein eigener Messkanal zur Verfügung. In Europa werden Filter nach Status *DIN E* verwendet und in den USA mit Rücksicht auf den SWOP-Farbstandard (siehe Kapitel 11, »Prozessfarben«) *ISO-T-Filter*, die sich nur beim Blaufilter voneinander unterscheiden. Der ISO-T-Blaufilter ist im Vergleich zum DIN-E-Blaufilter breitbandiger und ergibt somit entsprechend niedrigere Dichten für Gelb (Y). Die Dichte von Schwarz wird mit einem Filter gemessen, der der visuellen Hell- bzw. Grauempfindlichkeit des menschlichen Auges entspricht V (λ). Im Grunde könnte man dazu ebenso gut einen beliebigen anderen Filter verwenden, da es in der Natur von Schwarz liegt, über den gesamten Spektralbereich das Licht nahezu gleichmäßig zu absorbieren.

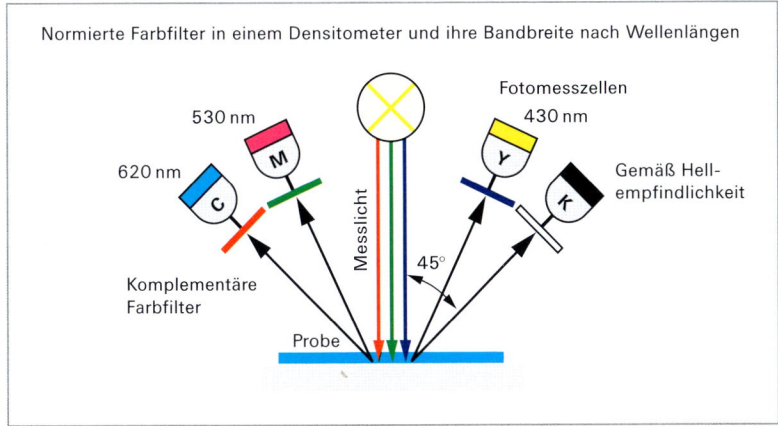

Abbildung 19.32
Normierte Farbfilter in einem Densitometer und ihre Bandbreite nach Wellenlängen

Funktion der Polarisationsfilter

Die beiden Polarisationsfilter im Densitometer haben einen wesentlichen Einfluss auf die resultierenden Dichtewerte. Die um 90° gekreuzten linearen Polarisationsfilter verhindern, dass an der Farboberfläche reflektierte Glanzlichter – die zu geringe Dichtewerte ergeben – in die Messung mit einbezogen werden, und stellen sicher, dass nur das modulierte und zweimal die Farbschicht durchdrungene Messlicht ausgewertet wird. Somit ergeben sich Dichtewerte, die sowohl auf nasser wie auch auf trockener Farbe identisch sind. Der erste Polarisationsfilter sorgt dafür, dass das aufgestrahlte Messlicht vor dem Auftreffen auf der Farbschicht polarisiert wird, und der zweite Polarisationsfilter vor dem Photosensor sperrt das an der Oberfläche reflektierte und immer noch polarisiert gebliebene Glanzlicht und lässt nur das zweimal die Farbschicht passierte und wieder unpolarisierte Licht hindurch.

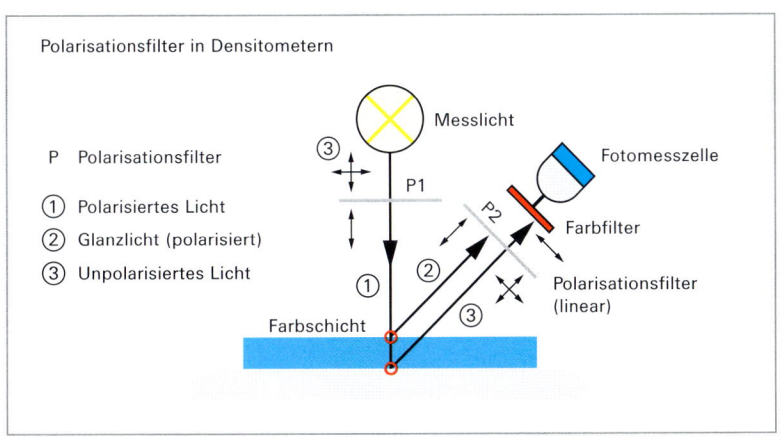

Abbildung 19.33
Polarisationsfilter in Densitometern

Densitometer sind kleine und handliche High-Tech-Geräte, die man auch benötigt, um ein Ausgabegerät (Drucker, Proofer, Film- oder Plattenbelichter, Druckmaschine) zu kalibrieren bzw. zu linearisieren. Vor dem eigentlichen Messvorgang wird auch ein Densitometer immer zuerst geeicht, das heißt kalibriert, indem man das Gerät auf einer leeren Stelle des jeweiligen Bedruckstoffs, einer leeren Filmstelle oder einer speziellen Eichplatte nullt.

Kapitel 2

20
Colormanagement in der Praxis

20.1 Wichtige Grundlagen

Ein praxistaugliches Colormanagement ist ein sehr komplexes Thema und erfordert auch eine ordentliche Portion theoretisches Grundwissen (auch wenn oft das Gegenteil behauptet wird), um einen reibungslosen und von Erfolg gekrönten Ablauf zwischen Eingabe, Visualisierung und Druckausgabe zu gewährleisten. Nur wer fähig ist, die Zusammenhänge zu erkennen und zu begreifen, ist auch in der Lage, eine x-beliebige, ICC-kompatible Anwendungssoftware korrekt zu konfigurieren, in den Workflow einzubinden und mit den richtigen Referenz- und Arbeitsfarbräumen zu arbeiten – angefangen bei den richtigen Grundeinstellungen in der ColorSync-Systemerweiterung, über die homogene Konfiguration aller am Prozess beteiligten Anwendungen, bis zur Wahl des richtigen Rendering Intents für die einzelnen Transformationsschritte und einem normgerechten Umgebungslicht. Ebenso ist auch eine gewisse Furchtlosigkeit gefordert, angesichts mehrfach verschachtelter und zum Teil schwer auffindbarer Dialogfenster mit unverständlichen Eingabefeldern, zu denen es – wenn überhaupt – von Seiten der Softwarehersteller ebenso unverständliche Erläuterungen gibt.

Standards und Normen

Von Standards und Normen war schon des Öfteren die Rede; sie haben auch im Colormanagement ihren festen Platz. Standardisierungskonzepte, ausgearbeitet von nationalen und internationalen Instituten, Organisationen und Forschungsgesellschaften für die grafische Industrie, setzen es sich zum Ziel, Normen zu schaffen und Richtlinien herauszugeben, um eine möglichst einheitliche Qualität und Konstanz auf hohem Niveau zu erreichen; sie umfassen sämtliche Teilschritte eines Reproduktionsprozesses, angefangen bei der Reproduktion, über den Andruck oder Proof, bis hin zu Plattenkopie und Auflagendruck. Ferner sollen auch die medienneutrale Farbdatenverarbeitung gefördert und unterstützt und für jedermann zugängliche Arbeits- und Kontrollmittel entwickelt und zur Verfügung gestellt werden. Internationale Standards und Normen tragen aber auch dazu bei, Daten systemübergreifend aufzubereiten und weiterzugeben. Damit wird eine eindeutige und farbmetrisch referenzierte Datenschnittstelle geschaffen. Zu diesen Standards zählen auch die verschiedenen RGB-Arbeitsfarbräume (siehe Kapitel 4, Abschnitt »RGB-Arbeitsfarbräume«) und CMYK-Referenzfarbräume als so genannte Standard-Farbräume, die man als Grundeinstellung in ColorSync und in den übrigen Anwendungen verwenden kann (oder sollte). Sie sind gewissermaßen auch der Schlüssel für den Aufbau von kostengünstigen und effizienten Colormanagement-Workflows.

Druckstandards

Seit Jahren schon existieren so genannte Druckstandards für die wichtigsten industriellen Druckverfahren wie den Offsetdruck, Tiefdruck, Zeitungsdruck usw. Neue Standards für zeitgemäße Druckverfahren wie Digitaldruck kommen dazu. Die Standardisierung hat zum Ziel, die früher fast unendlich große Anzahl an möglichen Druck- und Kopierkennlinien bzw. Ausgabebedingungen stark einzugrenzen und in engen Toleranzen zu halten. Die Standards basieren dabei auf gemittelten Durchschnittswerten eines typischen Druckprozesses über mehrere Betriebe hinweg.

Ein Druckstandard macht genaue Angaben über die spektralen Eigenschaften der Druckfarben (zum Beispiel Europaskala), die Stärke des Farbauftrags (Volltondichte), die Tonwertzunahme und die Farbreihenfolge für unterschiedliche Bedruckstoffe, die je nach Tonwertzunahme in verschiedene Papierklassen eingeteilt werden. Im deutschsprachigen Raum erarbeiten die FOGRA und der BVDM (Bundesverband Druck und Medien) deutsche Normen und Richtlinien für die grafische Industrie. Zudem ist die FOGRA in der ISO vertreten, wenn es darum geht, solche Standards auf internationaler Ebene zu erarbeiten. Sie erstellt Richtlinien für die Produktion, von der Erstellung von Druckdaten bis hin zum finalen Druckerzeugnis.

DIN/ISO 12647

Die DIN/ISO 12647 ist eine deutsche und internationale Norm für Druckdaten und umfasst die Herstellung von gerasterten Farbauszügen, Andruck und Proof sowie den Auflagendruck. Sie besteht aus mehreren Teilen und stellt die Nachfolgenorm der Europaskala dar.

ISO 12647-1	Einflussfaktoren und Messmethoden
ISO 12647-2	Offsetdruck
ISO 12647-3	Zeitungsdruck
ISO 12647-4	Tiefdruck
ISO 12647-5	Siebdruck
ISO 12647-6	Flexodruck
ISO 12647-7	Digitaldruck

Ein zentraler Punkt der ISO-Norm 12647-2 für den Offsetdruck ist die Unterteilung in verschiedene Bedruckstoff-Klassen, wie glanz- und mattgestrichene Papiertypen (13 % TZ), ungestrichene weiße und gelbliche (19 % TZ) sowie dünne LWC-Papiere (16 % TZ) für den Rollenoffsetdruck.

ISO-Profile

Die European Color Initiative (ECI) – ein Anwendergremium von Colormanagement-Profis, dem auch die FOGRA und der BVDM angehören und das die Idee eines ICC-basierten Colormanagement-Workflows vorantreibt und fördert – testet unter anderem Vorgaben und Richtlinien von BVDM und FOGRA auf ihre Praxistauglichkeit und stellt den Colormanagement-Anwendern zahlreiche Hilfsmittel zur Verfügung. Zu den besonders wichtigen Hilfsmitteln zählen die verschiedenen ISO-Profile – unterteilt nach Papierklassen –, die anhand der Charakterisierungsdaten (Farbmessdaten) der ISO 12647-2 berechnet wurden. Die gleichen Daten dienen auch als Vorgabe zur Qualitätskontrolle für den digitalen Kontraktproof mit dem Ugra/FOGRA-Medienkeil CMYK (siehe Kapitel 23, Abschnitt »Der digitale Kontraktproof«) und den Prozessstandard-Offsetdruck des BVDM.

ISO-Profile (Version 2) und Charakterisierungsdaten

	Papiertyp	ISO-Profil	Charakterisierungsdaten
Offsetdruck:	Glanz-/mattgestrichen	ISOcoated.icc	FOGRA27L
	Weiß ungestrichen	ISOuncoated.icc	FOGRA29L
	Gelblich ungestrichen	ISOuncoatedyellowish.icc	FOGRA30L
	LWC	ISOwebcoated.icc	FOGRA28L
Endlosdruck:	Gestrichen	ISOcofcoated.icc	FOGRA31L
	Ungestrichen	ISOcofuncoated.icc	FOGRA32L

Das Basispaket mit den wichtigsten ISO-Profilen nach ISO 12647-2 kann kostenlos auf der Website der ECI heruntergeladen werden (www.eci.org). Auf der gleichen Seite findet man auch das ICC-Profil für den ECI-RGB-Arbeitsfarbraum (RGB-Working-Space), der unter Photoshop und den übrigen Anwendungen eingerichtet werden sollte.

ISO-Profile und ihre Verwendung

Hauptverwendungszweck der ISO-Profile ist einerseits die Separation von RGB-Daten (vorzugsweise ECI-RGB) nach CMYK (Standard-CMYK); sie erfüllen somit die Vorgaben der ISO 12647-2 für den Offsetdruck. Andererseits werden sie auch für den Softproof am Monitor und den Digitalproof verwendet, um den Druck gemäß ISO 12647-2 zu simulieren. Wurde zudem das Profil für den Proofdrucker sorgfältig erstellt, sind die ISO-Profile die beste Voraussetzung, um damit einen rechtsverbindlichen Kontraktproof gemäß Vorgaben von BVDM und FOGRA zu erstellen. Damit wird ein branchenweites, durchgängiges Colormanagement ermöglicht. Die Standard-Profile der ISO sind ferner auch eingebunden in ein komplettes System zur Qualitätssicherung für den Offsetdruck und den Proof mit dem Ugra/FOGRA-Medienkeil CMYK. Ebenso lassen sich anhand der Charakterisierungsdaten, die von der FOGRA zur Verfügung gestellt werden, mittels Profilierungssoftware eigene Varianten der ISO-Profile berechnen. Das ist besonders sinnvoll, wenn man einen speziellen Schwarzaufbau benötigt.

Anwendungsbeispiel:

Ein Scan durchläuft zuerst den Input-Bereich (Scanner-RGB → Lab) des Scanner-Profils und anschließend den Output-Bereich (Lab → CMYK) eines ISO-Profils mit dem fotografischen Rendering Intent.

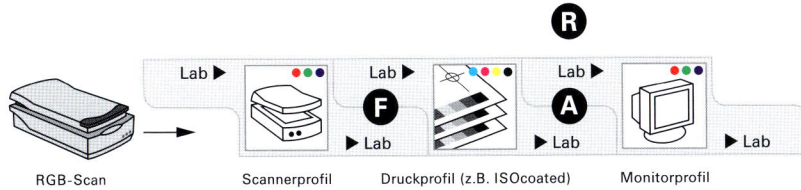

Abbildung 20.1
Mögliche Anwendung
eines ISO-Profils

RGB-Scan   Scannerprofil   Druckprofil (z.B. ISOcoated)   Monitorprofil

Für den Softproof am Monitor durchlaufen die Daten zuerst den Input-Bereich (CMYK → Lab) des ISO-Profils und anschließend den Output-Bereich (Lab → Monitor-RGB) des Monitorprofils mit dem absolut farbmetrischen Rendering Intent.

Konfiguration des Betriebssystems

Das Betriebssystem als eigentliches Fundament eines ICC-basierten Colormanagement-Workflows muss als Erstes konfiguriert werden, damit die übrigen Anwendungen darauf zugreifen können. Hier werden gewissermaßen die Default-Einstellungen vorgenommen, nachdem sämtliche Eingabe-, Anzeige- und Ausgabeprofile erstellt und ordnungsgemäß im COLORSYNC PROFILE-Ordner untergebracht wurden. Dazu besorgt man sich noch das ECI-RGB-Profil für den RGB-Arbeitsfarbraum und die ISO-Profile auf der Website der ECI (www.eci.org). Dann kann es endlich richtig losgehen.

Colormanagement-Einstellungen unter Mac OS 9

Kontrollfeld Monitore

Unter FARBEN wählt man das eigene individuelle Monitorprofil, damit es im Kontrollfeld COLORSYNC in der Dropdown-Liste unter MONITOR zur Verfügung steht.

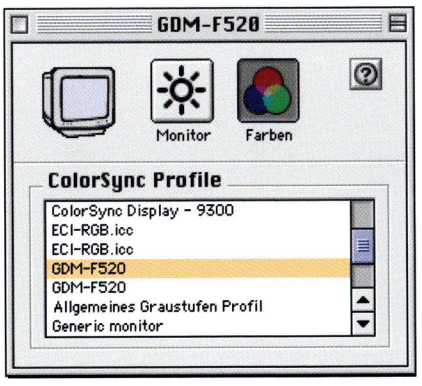

Abbildung 20.2
Monitorprofile im Kontrollfeld MONITORE in OS 9

Kontrollfeld ColorSync

Unter PROFILE → PROFILE FÜR IHRE STANDARDGERÄTE wählt man Standard-Einstellungen für Peripheriegeräte.

Abbildung 20.3
Profile für Standardgeräte
im Kontrollfeld COLORSYNC

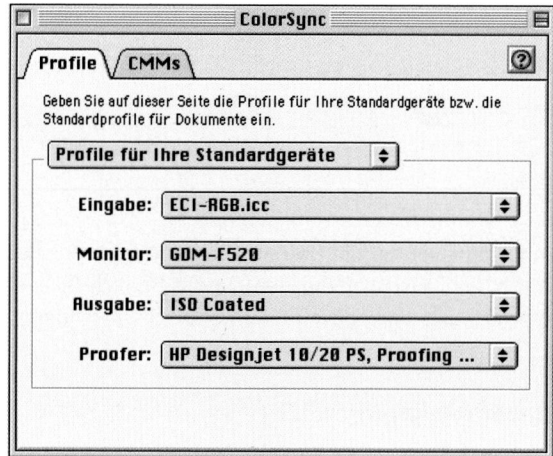

Eingabe:	**ECI-RGB.icc**	Standard-RGB-Farbraum (evtl. Scanner- oder Digitalkameraprofil)
Monitor:	**mein Monitorprofil.icc**	Anwendungen wie zum Beispiel Photoshop oder Illustrator greifen selbsttätig auf dieses Profil zu.
Ausgabe:	**ISOcoated.icc**	Standard-CMYK-Farbraum (Druckprozess)
Proofer:	**mein Prooferprofil.icc**	Für den Hardproof bzw. die Composite-Ausgabe

Unter PROFILE → STANDARDPROFILE FÜR DOKUMENTE wählt man Standard-Einstellungen für Dokumente, die nicht über ein eingebettetes ICC-Profil verfügen.

Abbildung 20.4
Standardprofile für
Dokumente im Kontrollfeld
COLORSYNC

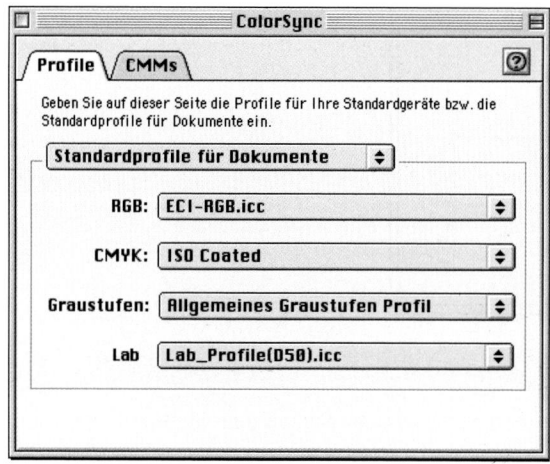

RGB:	**ECI-RGB.icc**
CMYK:	**ISOcoated.icc**
Graustufen:	**Allgemeines Graustufen-Profil**
Lab:	**Allgemeines Lab-Profil oder Lab_Profile (D50)**

Unter CMMs → Bevorzugte CMM wählt man das gewünschte Color Matching Modul (Farbrechner). Zu empfehlen ist das Apple CMM, wobei man unbedingt darauf achten sollte, auch in den übrigen Anwendungen durchgehend das gleiche CMM zu wählen, um unerwünschte Farbschwankungen bei der Farbtransformation zu vermeiden. Möchte man zur Hauptsache Daten aus unterschiedlichen Quellen bearbeiten, eignet sich das Heidelberg CMM (Linotype-Hell) besonders gut, da es das neutralste von allen ist.

Hinweis

Ob man sich für das Apple CMM oder das Heidelberg CMM entscheidet, spielt keine Rolle. Beide sind von Heidelberg, und beide liefern identische Resultate.

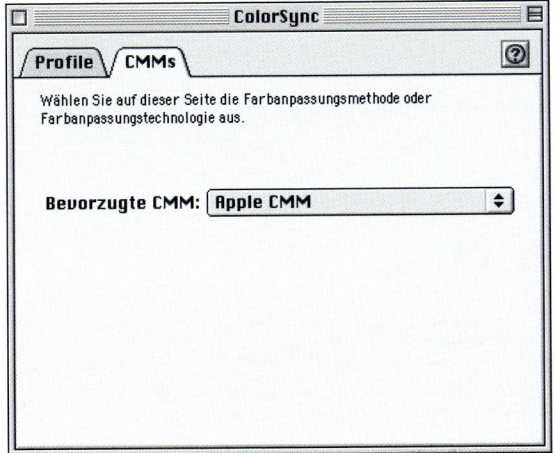

Abbildung 20.5
Festlegen des bevorzugten CMMs im Kontrollfeld COLORSYNC

Alle diese Einstellungen werden von einigen Anwendungen automatisch übernommen, so dass man hier das Verhalten der eigenen Arbeitsstation festlegt. Zudem lassen sich die gemachten Voreinstellungen im Menü Ablage → Konfigurationen... speichern oder andere Konfigurationen importieren. Stichwortartige Kommentare zur aktuellen Konfiguration werden unter Info... gesichert.

Colormanagement-Einstellungen unter Mac OS X

In Mac OS X findet man in den Systemeinstellungen unter ColorSync die nötigen Kontrollfelder, um das System für das Colormanagement zu konfigurieren. Das Verfahren ist grundsätzlich dasselbe wie in OS 9.

Abbildung 20.6
Monitorprofil wählen in
der Systemeinstellung
MONITOR

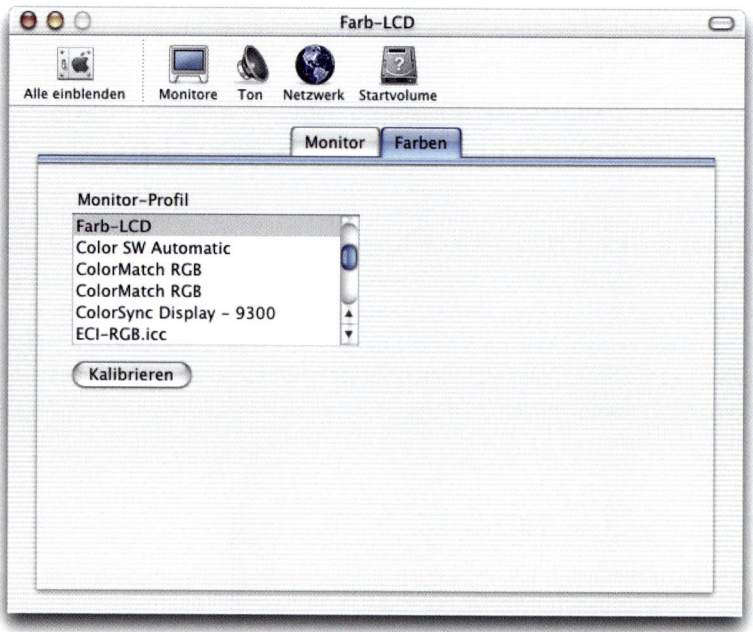

Abbildung 20.7
Standardprofile für
Dokumente in der System-
einstellung COLORSYNC

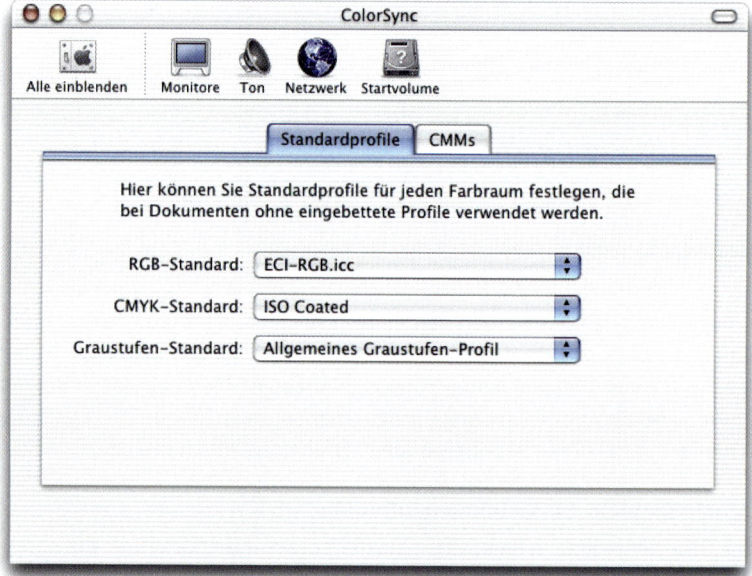

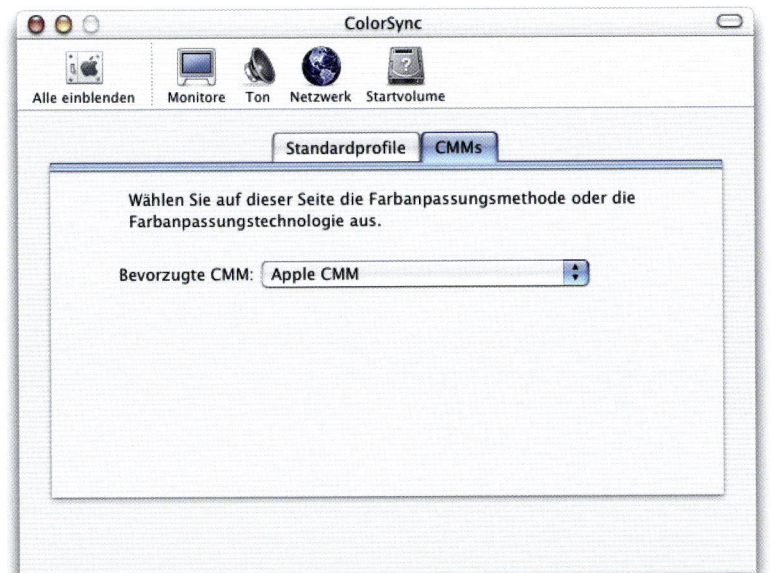

Abbildung 20.8
Festlegen des bevorzugten CMMs in der Systemeinstellung COLORSYNC

20.2 Colormanagement in Photoshop

Bevor man in Photoshop überhaupt damit beginnt, irgendein Bild zu öffnen oder zu bearbeiten, sollte man grundsätzlich immer zuerst die Colormanagement-Grundeinstellungen im Dialogfenster unter FARBEINSTELLUNGEN... überprüfen und nötigenfalls anpassen. Die Ursache zahlreicher grober Fehler, die bei der Farbdatenverarbeitung gemacht werden, haben ihre Wurzeln in falsch eingestellten Parametern in Photoshop, denn vielen Anwendern fehlt das grundsätzliche Verständnis für die Einstellungen und die Prozesse, die damit in Gang gebracht werden. Oder man ist schlicht und einfach überfordert mit all den Optionen, die Photoshop bietet. Die Grundeinstellungen für die Farbverarbeitung sind aber von ganz entscheidender Bedeutung für die spätere Farbraumtransformation und für die Übernahme von Bilddaten mit und ohne eingebettete Profile.

Im Menü BEARBEITEN oder unter PHOTOSHOP → FARBEINSTELLUNGEN... findet sich das eigentliche Herzstück von Photoshop. Im Gegensatz zur Version 5 von Photoshop befinden sich nun alle Colormanagement-Einstellungen zusammengefasst unter dem gleichen Menüpunkt, ordentlich aufgeräumt und benutzerfreundlich. Ist ERWEITERTER MODUS aktiviert, stehen zusätzliche Optionen zur Wahl.

Abbildung 20.9
Farbeinstellungen in
Photoshop

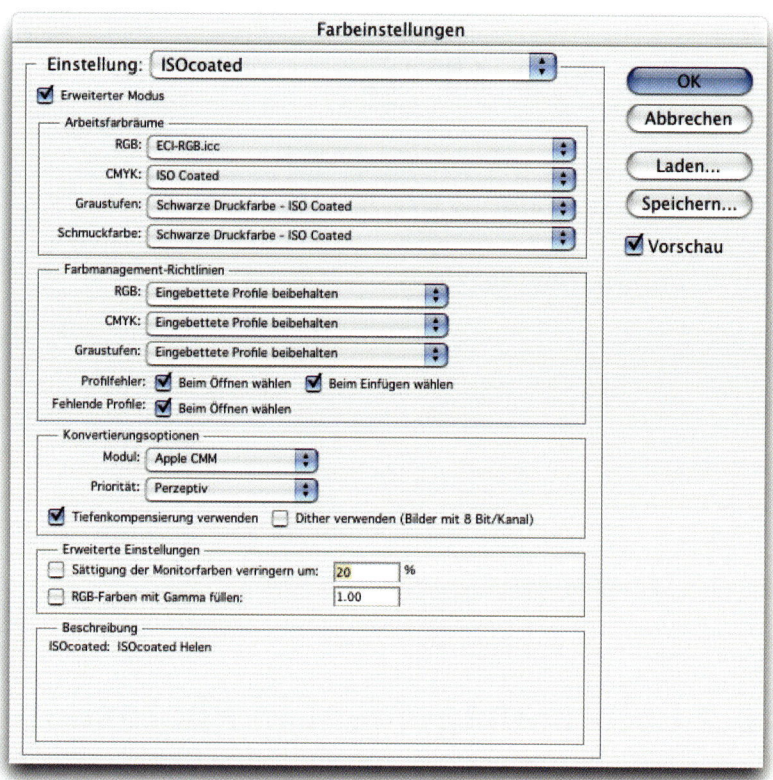

Zuerst wird nach den nativen Arbeitsfarbräumen gefragt. Photoshop wünscht Angaben zu den Arbeitsfarbräumen für RGB, CMYK, GRAUSTUFEN und VOLLTON bzw. SCHMUCKFARBE.

Arbeitsfarbräume

RGB

Als RGB-Arbeitsfarbraum wählt man ECI-RGB.ICC. Damit definiert man den Farbraum, in dem die Bilddaten im RGB-Modus bearbeitet werden sollen, denn der Farbraum des Monitors ist dafür gänzlich ungeeignet. Er wird von der ECI als Standard-RGB-Farbraum für die Druckvorstufe empfohlen. Will man hingegen hauptsächlich Bilder für das Web aufbereiten, ändert man den Arbeitsfarbraum auf sRGB. Dabei sollte man natürlich nicht vergessen, den RGB-Arbeitsfarbraum auch in den übrigen Applikationen entsprechend anzupassen.

CMYK

Als CMYK-Arbeitsfarbraum wählt man hier jeweils das ICC-Profil aus, welches den späteren Druckprozess charakterisiert und mit dem schließlich auch eine Separation der Daten nach CMYK erfolgt. Mit dieser Einstellung wird also darüber entschieden, wie die Bilddaten in die einzelnen Farbauszüge zerlegt werden. Das hört sich vielleicht unspektakulär an, doch die größten Fehler werden hier begangen, wenn beispielsweise die nächste Datei für den Zeitungsdruck separiert werden soll und an dieser Stelle immer noch ein Profil für den Offsetdruck auf gestrichenes Papier eingestellt ist. Die Arbeitsfarbräume RGB, CMYK, GRAUSTUFEN und VOLLTON bzw. SCHMUCKFARBE sind der eigentlich variable Teil bei den Farbeinstellungen, die man vor jeder Arbeitssitzung zuerst auf korrekte Einstellungen hin überprüfen sollte. In Fachkreisen wird die Verwendung eines der Standard-ISO-Profile der ECI empfohlen (zum Beispiel ISOcoated), das der späteren Druckausgabe bzw. dem entsprechenden Papiertyp weitgehend entspricht. Mit diesen Standard-Profilen ist man besonders gut bedient und auf der sicheren Seite, wenn zum Zeitpunkt der Bilddatenaufbereitung seitens des Auftraggebers noch keine genauen Vorgaben vorliegen und somit noch Unklarheit herrscht über die genauen Druckbedingungen, aber zumindest der Papiertyp feststeht (gestrichen, ungestrichen usw.) Grundsätzlich besteht unter EIGENE… nach wie vor die Möglichkeit, eigene Separationseinstellungen zu definieren, was allerdings fundierte Fachkenntnisse und Wissen voraussetzt, um damit gute Ergebnisse zu erzielen.

Graustufen

Der Arbeitsfarbraum für Graustufenbilder wird über den zu erwartenden Tonwertzuwachs im Mittelton (50 %) bei der Druckausgabe definiert. Neben drei bzw. fünf vordefinierten Tonwertzuwächsen (Dot Gain 10 %, 15 %, 20 %, 25 %, 30 %) kann man auch einen eigenen Tonwertzuwachs bestimmen. Unter EIGENER… kann eine Druckkennlinie über den ganzen Tonwertbereich definiert werden. Weniger bekannt ist die Tatsache, dass Photoshop den unter GRAUSTUFEN definierten Tonwertzuwachs auch berücksichtigt, wenn beispielsweise eine RGB-Datei mit einer Modusänderung in Graustufen transformiert wird. Man sollte sich also vorab einen Blick in die Farbeinstellungen gönnen, um keine unkontrollierten Graustufenumsetzungen zu erhalten.

Vollton- bzw. Schmuckfarbe

Der Arbeitsfarbraum für Volltonfarben wird genau wie für Graustufen über den zu erwartenden Tonwertzuwachs bei der Druckausgabe definiert. Wird beispielsweise ein Duplex mit Schwarz und einer Sonderfarbe (zum Beispiel Pantone oder HKS) erstellt, berücksichtigt Photoshop dennoch nicht die Vorgabe für Graustufen, sondern die Vorgaben für Vollton (Schmuckfarbe); diese sollten aber idealerweise den gleichen Wert aufweisen, denn ein Duplex ist nichts anderes als eine 1-Kanal-Graustufendatei (8 Bit) mit einer Zusatzinformation für eine oder mehrere Sonderfarben, womit für den Duplex-Modus ohnehin immer zuerst eine Graustufendatei vorliegen muss.

Die ECI empfiehlt, bei den Arbeitsfarbräumen GRAUSTUFEN und VOLLTON bzw. SCHMUCKFARBE das gleiche Profil zu wählen wie für den Arbeitsfarbraum CMYK – oder genauer ausgedrückt nur den Schwarz-Kanal dieses Profils. Da es sich aber um ein CMYK-Profil handelt, wird es in der Dropdown-Liste bei GRAUSTUFEN und VOLLTON bzw. SCHMUCKFARBE standardmäßig nicht aufgeführt. Unter dem Eintrag

GRAUSTUFEN-EINSTELLUNGEN LADEN…bzw. VOLLTONFARBEN LADEN… kann man es an dieser Stelle dennoch laden. Der Texteintrag im Dropdown-Menü weist anschließend darauf hin, dass es sich nur um die Information für die schwarze Druckfarbe aus dem entsprechenden CMYK-Profil handelt.

Die in den Farbeinstellungen definierten nativen Arbeitsfarbräume haben in einem Colormanagement folgende Aufgaben:

- ▸ Grundlage für eine Farbraumtransformation zwischen den standardmäßigen Farbmodi (zum Beispiel RGB nach CMYK oder umgekehrt usw.)

- ▸ Farbraumvergleich zwischen einer zu öffnenden oder einzufügenden Datei und dem entsprechenden nativen Arbeitsfarbraum in den Farbeinstellungen

- ▸ Umwandeln der Datei in den Farbraum des Monitors für den Softproof. Dieses Umwandeln betrifft jedoch nur die Darstellung und nicht die Bilddaten. Dazu greift Photoshop selbsttätig auf das Monitorprofil im COLORSYNC-Kontrollfeld bzw. in der Systemeinstellung MONITOR zurück; es muss in den Farbeinstellungen nicht explizit ausgewählt werden. Daher ist es auch besonders wichtig, zuerst das Betriebssystem für den Colormanagement-Workflow zu konfigurieren, vor allen anderen Anwendungen.

Änderungen bei den Arbeitsfarbraum-Einstellungen bei geöffneter Bilddatei haben keinen Einfluss auf die Pixelwerte in der Datei, diese bleiben unverändert. Dadurch ändert sich nur die Bildschirmdarstellung, da Photoshop versucht, das Bild unter Verwendung eines anderen nativen Farbraums darzustellen.

Farbmanagement-Richtlinien

Mit den Farbmanagement-Richtlinien gibt man Photoshop genaue Anweisungen, was beim Öffnen oder Einfügen von Bilddaten zu geschehen hat, die über kein eingebettetes ICC-Profil verfügen oder deren eingebettetes Profil nicht der aktuellen Einstellung einer der oben definierten Arbeitsfarbräume entspricht. Will man Bilder nicht binnen kürzester Zeit unkontrolliert und unbeabsichtigt ruinieren, ist die einzig richtige Grundeinstellung bei allen Farbräumen (RGB, CMYK, Graustufen) EINGEBETTETE PROFILE BEIBEHALTEN. Bei PROFILFEHLER und FEHLENDE PROFILE wird die Option BEIM ÖFFNEN WÄHLEN aktiviert. Warum das die einzig richtigen Grundeinstellungen sind, wird weiter unten bei »Bilddaten und Profilfehler« erläutert.

Konvertierungsoptionen

Die Begriffe Color Matching Modul bzw. CMM und Rendering Intent bzw. Farbraumanpassungsmethode sind Ihnen bereits bestens bekannt.

Modul

Photoshop und auch weitere Adobe-Programme bezeichnen den Farbrechner (CMM) kurzerhand einfach als *Modul*; das Programm erwartet an dieser Stelle eine Angabe zum gewünschten CMM (siehe Kapitel 19, Abschnitt »Color Matching Modul«).

Priorität

Die wenig aussagekräftige Bezeichnung Priorität (vielleicht nur das Produkt einer unglücklichen Übersetzung) meint eigentlich den Rendering Intent – die Methode, wie der größere Farbraum (RGB oder Lab) in den kleineren (CMYK) bei der Farbraumtransformation umgerechnet werden soll bzw. mit welchem Lookup-Table. Besonders zu beachten ist dabei, dass sowohl das CMM als auch der Rendering Intent mit den Einstellungen von ColorSync und den übrigen Anwendungen übereinstimmt. Der Rendering Intent kann später in verschiedenen Dialogen noch an die konkrete Aufgabenstellung angepasst werden und dient hier vorläufig als Default-Einstellung.

Tiefenkompensierung verwenden

Als noch weniger verständlich präsentiert sich die Option Tiefenkompensierung verwenden. Standardmäßig aktiviert, wirft sie eine berechtigte Frage in den Raum.

Die Option steuert, ob unterschiedliche Tiefen des Quellfarbraums beim Konvertieren in den Zielfarbraum berücksichtigt werden sollen. Ist die Option aktiviert, wird der vollständige dynamische Bereich des Quellfarbraums durch den des Zielfarbraums ersetzt. Ist die Option deaktiviert, wird der dynamische Bereich des Quellfarbraums im Zielfarbraum simuliert, was Blockschatten oder graue Schatten zur Folge haben kann. Anders ausgedrückt, die Tiefenkompensierung sorgt dafür, dass die dunkelste neutrale Farbe des Quellfarbraums statt mit Schwarz (zum Beispiel R=0, G=0, B=0), mit der dunkelsten neutralen Farbe des Zielfarbraums abgestimmt wird und dabei die Differenzierung der Tiefen bzw. der Schattendetails erhalten bleibt, was besonders geeignet ist, wenn der Schwarzpunkt des Quellfarbraums dunkler ist als der Schwarzpunkt des Zielfarbraums. Man lässt die Option aktiviert, denn es herrscht darüber große Unklarheit und man erhält dazu auch sehr widersprüchliche Informationen. Es ist also nicht ganz klar, welche Auswirkungen die Option nach sich zieht. Unter anderem wird auch behauptet, diese Option würde Zeichnungsverluste in den Tiefen verhindern. Adobe empfiehlt auf jeden Fall, die Option zu aktivieren.

Dither verwenden (Bilder mit 8 Bit/Kanal)

Diese Option sollte nicht aktiviert werden, denn damit wird gesteuert, ob beim Konvertieren von Bildern mit 8 Bit pro Kanal zwischen Farbräumen Dithering auf Farben angewendet wird. Bei aktivierter Option werden von Photoshop Farben im Zielfarbraum so gemischt, dass eine fehlende, im Quellfarbraum vorhandene Farbe simuliert wird. Damit werden mögliche blockartige Streifenbildungen im Bild reduziert; das birgt aber auch die Gefahr des Verrauschens in sich. Zudem führt es beim Komprimieren von Bildern – besonders auch für das Web – zu größeren Dateien.

Erweiterte Einstellungen

Sättigung der Monitorfarben verringern

Um den korrekten Softproof am Monitor nicht zu gefährden, sollte diese Option nicht aktiviert werden, denn sie führt dazu, dass alle Farbräume dargestellt werden, deren Farbumfang größer ist als der Farbumfang des Monitors, indem die Farbsättigung um den definierten Wert reduziert wird. Mit anderen Worten, die Monitordarstellung entspricht nicht mehr der späteren Druckausgabe.

RGB-Farben mit Gamma füllen

Eine ebenfalls wenig verständliche Option, die aber auf jeden Fall nicht aktiviert wird. Laut Adobe wird damit gesteuert, wie sich RGB-Farben beim Füllen verhalten (zum Beispiel beim Angleichen oder Malen von Ebenen im Normal-Modus). Ist die Option aktiviert, werden RGB-Farben mit den festgelegten Gamma-Werten gefüllt. Ein Gamma-Wert von 1,0 wird als »farbmetrisch korrekt« betrachtet und sollte eine möglichst geringe Anzahl von Bildeffekten an den Kanten zur Folge haben. Ist die Option deaktiviert, werden RGB-Farben direkt im Farbraum des Dokuments gefüllt. Dieses Verhalten entspricht den meisten anderen Anwendungen.

Common Color Architecture

Common Color Architecture steht bei Adobe-Anwendungen für identische Ressourcen beim Colormanagement. Das Konzept ist mittlerweile in fast alle Adobe-Anwendungen eingebunden und erlaubt es, Voreinstellungen für das Colormanagement in so genannten .csf-Dateien zu hinterlegen, womit Photoshop, Illustrator und InDesign auf identische Ressourcen zurückgreifen können – auch plattformübergreifend. Damit sind ICC-Profile, Rendering Intents und die Farbmanagement-Richtlinien austauschbar, wodurch rein theoretisch Fehlerquellen beim Colormanagement ausgeschlossen sind.

Colormanagement-Synchronisation

Um Farbeinstellungen beispielsweise aus Photoshop mit anderen Adobe-Anwendungen gemeinsam zu nutzen und somit das Colormanagement zwischen den einzelnen Anwendungen zu synchronisieren, lassen sich mehrere solche Farbeinstellungen für verschiedene Aufgabenstellungen konfigurieren, in einer so genannten .csf-Datei speichern und bei Bedarf wieder laden. Damit nun auch andere Anwender und Adobe-Anwendungen im Dialogfeld FARBEINSTELLUNGEN → LADEN... auf diese .csf-Dateien Zugriff haben und schließlich in der Dropdown-Liste EINSTELLUNG als Konfiguration angezeigt werden, sollte man die Dateien in einem der folgenden, allgemein zugänglichen Ordner hinterlegen:

Mac OS 9.x:

Systemordner / Application Support / Adobe / Color / Settings

ISOcoated.csf

Mac OS X:

/ Library / Application Support / Adobe / Color / Settings

ISOcoated.csf

Beim Speichern hat man zusätzlich die Möglichkeit, einen kurzen Kommentar bzw. ein paar Stichworte zur Farbeinstellung hinzufügen, welche später angezeigt werden, wenn sich der Mauszeiger in der Dropdown-Liste EINSTELLUNG kurze Zeit über der Konfiguration befindet.

Softproof einrichten in Photoshop

Für den Softproof in Photoshop benötigt man außer einem kalibrierten und profilierten Monitor die richtigen Voreinstellungen. Dazu begibt man sich in das Menü ANSICHT → PROOF EINRICHTEN → EIGENE....

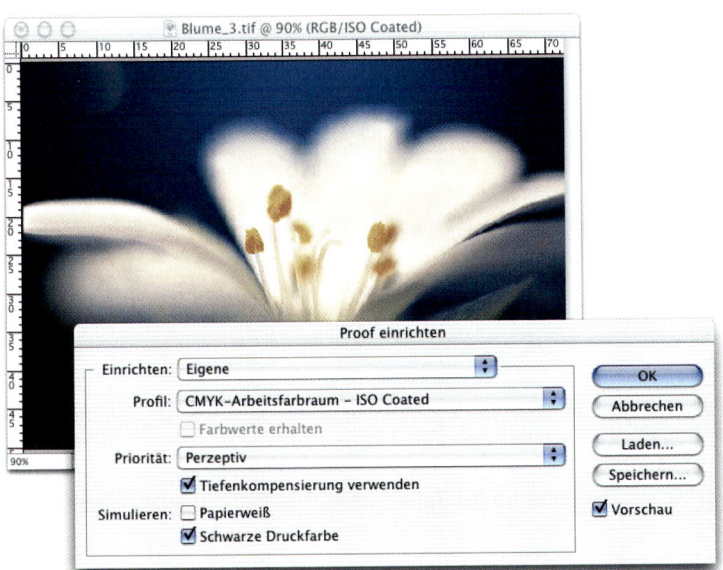

Abbildung 20.10
Softproof einrichten in Photoshop

Auch hier kann man wieder verschiedene eigene Voreinstellungen definieren, die Konfiguration als .psf-Datei speichern und bei Bedarf wieder laden. Um auch solche Proof-Einstellungen wieder mit anderen Anwendern gemeinsam zu nutzen und später bei Bedarf jederzeit zu laden, sollte man sie vorzugsweise in einem der folgenden Verzeichnisse speichern:

Mac OS 9.x:

Systemordner / Application Support / Adobe / Color / Proofing

ISOcoated.psf

Mac OS X:

/ Library / Application Support / Adobe / Color / Proofing

ISOcoated.psf

Möchte man in Photoshop die eigenen Proof-Einstellungen als Standard-Proof-Einstellungen für alle weiteren Dokumente verwenden, muss man sämtliche Dokumentfenster schließen, bevor man ANSICHT → PROOF EINRICHTEN → EIGENE... wählt.

Es stehen verschiedene bereits bekannte Optionen für den Softproof von RGB-Daten unter CMYK-Druckbedingungen (standardmäßig CMYK-Arbeitsfarbraum) zur Verfügung, ohne dabei jedoch die Pixelwerte der Quelldatei zu verändern. Neben der Wahl eines ICC-Profils für den zu simulierenden Druckprozess können der Rendering Intent sowie die Papierweiß-Simulation unter Berücksichtigung des im Profil für den Druckprozess hinterlegten Lab-Wertes für den Bedruckstoff bzw. den Weißpunkt gewählt werden. Ist VORSCHAU aktiviert, werden Veränderungen an den Einstellungen direkt sichtbar. Die Tiefenkompensierung fehlt ebenso wenig wie die Simulation der schwarzen Druckfarbe. Damit wird der tatsächliche, im Druckprofil definierte, dynamische Bereich im Farbraum des Monitors angezeigt. Man kann sich aber auch die einzelnen Farbauszüge anzeigen lassen, was ein Überprüfen des im Druckprofil definierten Schwarzaufbaus gestattet, noch bevor die Daten separiert sind. Soll eine Bilddatei für mehrere unterschiedliche Medien verwendet werden, kann man sich Softproofs für die verschiedenen Druckprozesse nebeneinander in einer neuen Ansicht (ANSICHT → NEUE ANSICHT) anzeigen lassen, denn alle Einstellungen zum Farbproof wirken sich nur auf das jeweils aktivierte Fenster aus. So kann man sich zu einer geöffneten Bilddatei ohne Weiteres in einer neuen Ansicht auch noch andere Druckprozesse anzeigen lassen, indem man im Menü ANSICHT → PROOF EINRICHTEN → EIGENE... ein entsprechendes ICC-Ausgabeprofil wählt und damit die Möglichkeit erhält, verschiedene Druckausgaben direkt miteinander zu vergleichen.

Bei Verwendung der Papierweiß-Simulation wird der Gesamteindruck des Farbproofs insgesamt weniger hell wirken, was daran liegt, dass die Farben unter Berücksichtigung der Färbung des Bedruckstoffs und somit auch der späteren realen Farbwirkung im Druck dargestellt werden und nicht wie die Farben bzw. die CMYK-Prozentwerte auf Papier übertragen werden. Grundsätzlich ist die Papierweiß-Simulation nur für bereits separierte CMYK-Daten geeignet und nicht unbedingt für den Softproof von RGB-Daten. Liegen die Daten bereits im CMYK-Farbraum vor, beschränkt sich die Möglichkeit eines Softproofs ohnehin auf die Papierweiß-Simulation. Gleichzeitig mit der Papierweiß-Simulation wird auch automatisch die Option für die schwarze Druckfarbe aktiviert – sofern das Profil beide Optionen unterstützt.

Es ist sogar möglich, einen Softproof für ein RGB-Ausgabegerät wie beispielsweise einen Fotopapier-Belichter anzuzeigen, das heißt man kann damit auch RGB-nach-RGB-Konvertierungen überprüfen, was bei Photoshop 5 noch nicht möglich war. In dieser Version wurde der Softproof noch als »Vorschau« bezeichnet und erlaubte nur eine CMYK-Vorschau mit dem Profil des CMYK-Arbeitsfarbraums. Er basierte auf den Voreinstellungen für die Farbverwaltung, womit der definierte Rendering Intent (perzeptiv) von Photoshop auch wieder für die Monitordarstellung verwendet wurde, was allerdings einen nicht verbindlichen Softproof zur Folge hatte. Denn sowohl für den Transformationsschritt von RGB nach CMYK als auch von CMYK zum Monitor-RGB wurde der fotografische Rendering Intent verwendet. Für den Transformationsschritt von CMYK zum Monitor-RGB wäre aber der farbmetrische Rendering Intent (relativ oder absolut) korrekt, um damit nicht die Farben möglicherweise ein weiteres Mal zu komprimieren, sondern diesmal farbmetrisch exakt zu übernehmen. Seit Photoshop 6 ist dieser grobe Fehler glücklicherweise behoben.

Der kürzeste Weg zum Softproof in Photoshop führt über die Tastenkombination Befehl-Y, um eine CMYK-Vorschau auf Basis des in den Farbeinstellungen definierten CMYK-Arbeitsfarbraums zu erhalten; mit Befehl-Y gelangt man wieder zurück nach RGB. Photoshop verrechnet dazu den RGB-Arbeitsfarbraum unter Verwendung des perzeptiven Rendering Intents mit dem CMYK-Arbeitsfarbraum und diesen wieder unter Verwendung des relativ farbmetrischen Rendering Intents mit dem Monitorprofil. Die Möglichkeit, sich von Photoshop über den Menüpunkt ANSICHT → PROOF EINRICHTEN gleichzeitig mehrere Softproofs verschiedener Druckprozesse im direkten Vergleich anzeigen zu lassen, kann schnell dazu verleiten anzunehmen, es handle sich hier um den Transformationsschritt vom Profil des Druckprozesses zum Monitorprofil, wozu man korrekterweise den relativ farbmetrischen Rendering Intent wählt. Nein, hier geht es schlicht und einfach um weitere Varianten des Transformationsschrittes vom RGB-Arbeitsfarbraum hin zu verschiedenen CMYK-Farbräumen unter Verwendung des perzeptiven Rendering Intents.

Hardcopy-Proof aus Photoshop

Hat man sich mittels Softproof einen ersten Eindruck über die qualitativen Eigenschaften einer Bilddatei verschafft, hätte man vielleicht auch ganz gerne einen Ausdruck davon in den Händen, ohne dabei jedoch die Pixelwerte der Originaldatei dauerhaft umzurechnen. Ich möchte allerdings die Bezeichnung Digitalproof äußerst vorsichtig verwenden, denn für die direkte Ausgabe eines rechtsverbindlichen Kontraktproofs (siehe Kapitel 23, Abschnitt »Der digitale Kontraktproof«) reichen die Möglichkeiten von Photoshop kaum, doch für interne Zwecke ist dagegen absolut nichts einzuwenden.

Verwendet man dazu beispielsweise einen Tintenstrahldrucker *ohne eigene Proofsoftware*, muss man in einem ersten Schritt das Simulationsprofil (das Profil des zu simulierenden Druckprozesses) in den FARBEINSTELLUNGEN als CMYK-Arbeitsfarbraum definieren. Dann begibt man sich zum DRUCKEN-Dialog von Photoshop und lässt sich unter WEITERE OPTIONEN EINBLENDEN das verborgene Einblendmenü anzeigen. In der Dropdown-Liste wählt man sich den Bereich für das FARBMANAGEMENT aus, um hier noch ein paar Einstellungen vorzunehmen. Unter QUELLFARBRAUM wählt man den Punkt PROOF EINRICHTEN, worauf automatisch das Profil des CMYK-Arbeitsfarbraums angezeigt wird. Gleichzeitig ändert sich auch die Einstellung des Rendering Intents auf ABSOLUT FARBMETRISCH, was für diesen Fall die korrekte Umrechnungsmethode ist, wobei auch das Papierweiß in Form eines Farbauftrags mitsimuliert wird. Im Bereich DRUCKFARBRAUM braucht man jetzt nur noch das Profil des Proofdruckers auswählen, und Photoshop berechnet auf Basis der zugrunde liegenden RGB-Datei (mit Profil), des Druckprofils und des Prooferprofils die entsprechenden CMYK-Daten für die Simulation des Druckprozesses.

Abbildung 20.11
Hardcopy-Proof aus
Photoshop mit einem
Drucker ohne eigene
Proofsoftware

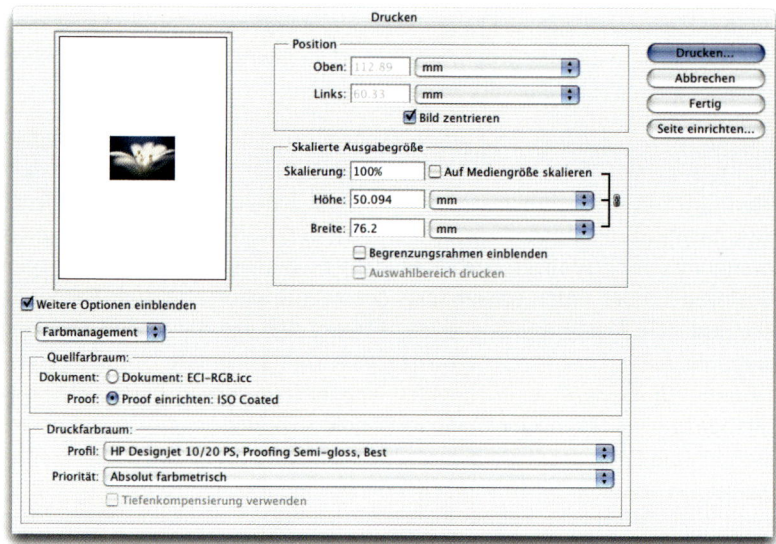

Die Vorgehensweise ist geringfügig anders, wenn der Proofdrucker über *eine eigene Proofsoftware* verfügt. Unter QUELLFARBRAUM wählt man für diesen Fall den Punkt DOKUMENT und somit das eingebettete Profil der zugrunde liegenden Datei, die geprooft werden soll. Der Rendering Intent wechselt dabei automatisch auf PERZEPTIV, was für den Umrechnungsschritt von RGB nach CMYK korrekt ist. Denn die Proofsoftware übernimmt den weiteren Umrechnungsschritt von den CMYK-Daten in den Farbraum des Proofdruckers mit dem Rendering Intent ABSOLUT FARBMETRISCH. Der DRUCKFARBRAUM ist in diesem Fall nicht der Proofer, sondern das Druckprofil für den Auflagendruck. Diese Vorgehensweise setzt voraus, dass vorab die Proofsoftware des Druckers noch entsprechend konfiguriert wird. Das heißt das Profil für den Auflagendruck wird in der Proofsoftware zum Quellfarbraum und das Prooferprofil zum Zielfarbraum. Mehr zum Thema Proof erfahren Sie in Kapitel 23.

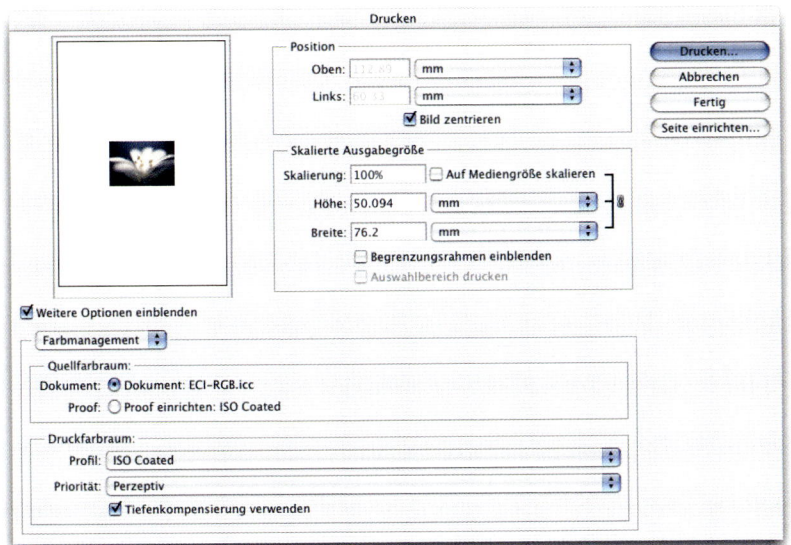

Abbildung 20.12
Hardcopy-Proof aus
Photoshop mit einem
Drucker mit eigener
Proofsoftware

20.3 Colormanagement in Illustrator

Glücklicherweise verfolgt Adobe innerhalb der eigenen Programme eine recht konsequente Linie, was auch deutlich in der Farbverwaltung zum Ausdruck kommt. So zeigen sich im Menü BEARBEITEN → FARBEINSTELLUNGEN... in Illustrator praktisch die genau gleichen Optionen wie in Photoshop, was einer homogenen Konfiguration aller Anwendungen sehr entgegenkommt. Ist ERWEITERTER MODUS aktiviert, sieht man sich mit den gleichen Optionen konfrontiert wie bei Adobes Flaggschiff Photoshop, womit sich an dieser Stelle ein näheres Eingehen auf die einzelnen Optionen auch weitgehend erübrigt. Wichtig ist eine homogene Konfiguration zwischen den verschiedenen Anwendungen, um eine konsistente Farbdatenverarbeitung sicherzustellen. Noch besser ist die Synchronisation der Farbeinstellungen zwischen Adobe-Anwendungen, wenn der Zugriff auf die .csf-Dateien gewährleistet ist (siehe »Common Color Architecture« weiter oben). Da Illustrator alle Möglichkeiten von ColorSync voll unterstützt, muss in den Farbeinstellungen das Monitorprofil nicht explizit ausgewählt werden. Die Software greift selbsttätig auf das korrekte Profil in der Systemeinstellung zu.

Abbildung 20.13
Farbeinstellungen in
Illustrator

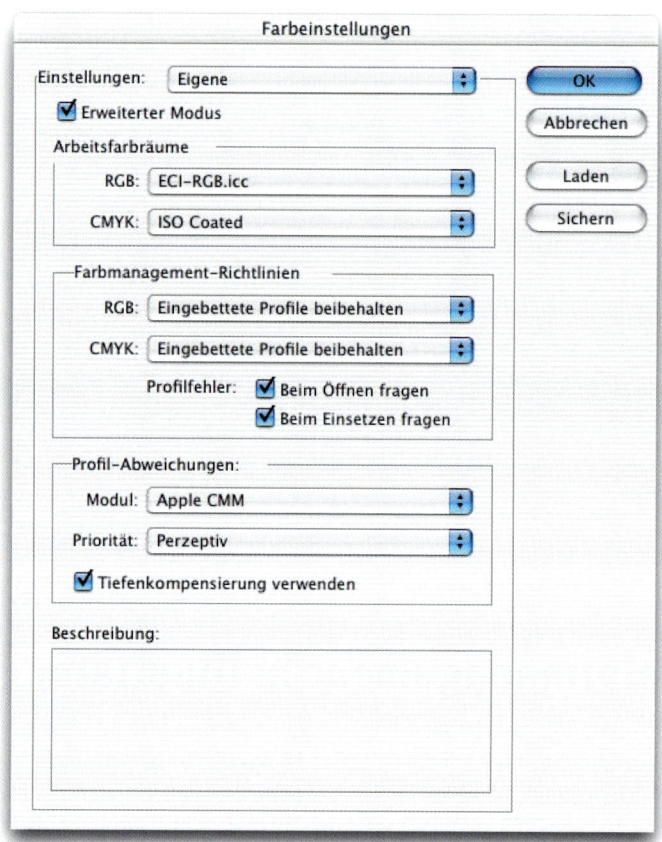

Arbeitsfarbräume

RGB

Als RGB-Arbeitsfarbraum empfiehlt sich ECI-RGB.icc, um damit die notwendige Konsistenz mit den übrigen Anwendungen im Workflow zu wahren. Ab Illustrator 10 findet man unter den fest implementierten RGB-Farbräumen neuerdings standardmäßig den Arbeitsfarbraum COLORSYNC RGB: ECI-RGB.icc.

CMYK

Für den CMYK-Arbeitsfarbraum gilt das Gleiche, womit man auch hier standardmäßig ISOCOATED.icc wählt – zumindest solange noch keine konkreten Angaben zur späteren Druckausgabe verfügbar sind. Auch bei den CMYK-Farbräumen findet man ab Illustrator 10 an unterster Stelle in der Liste möglicher Farbräume den CMYK-Arbeitsfarbraum COLORSYNC CMYK: ISO COATED.icc. Man spürt daraus den eindeutigen Willen von Adobe, den professionellen Anwendern das Arbeiten mit Colormanagement zu erleichtern und eine ideale, auf Standardprofilen basierte Arbeitsweise zu unterstützen.

Farbmanagement-Richtlinien

Was für Photoshop von Bedeutung ist, gilt auch für Illustrator. Hier wird im Wesentlichen voreingestellt, was Illustrator zu tun hat, wenn ein RGB- oder CMYK-Dokument geöffnet wird, das über ein eingebettetes Profil verfügt.

Profilfehler

Um eine unbemerkte und unkontrollierte Farbraum-Konvertierung zu unterbinden, soll Illustrator beim Öffnen oder Einfügen nachfragen, was im Falle eines Profilfehlers zu tun ist. Seltsamerweise ist aber absolut unklar, weshalb es möglich ist, in einem Illustrator-CMYK-Dokument ohne irgendeine Fehlermeldung sowohl ein RGB-Bild als auch ein CMYK-Bild mit falschem oder fehlendem Profil über den Menübefehl ABLAGE → PLATZIEREN... problemlos in das Grafikdokument zu importieren! Was im Übrigen auch der Fall ist, wenn man etwas über die Zwischenablage (Befehl-C) einfügt (Befehl-V). Der einzige verlässliche Weg, um eine Information über das eingebettete Profil oder das Fehlen eines solchen in einer Pixeldatei zu erhalten, besteht darin, die Datei zuerst in Photoshop zu öffnen oder die Pixeldatei über den ÖFFNEN-Befehl direkt in einem separaten Illustrator-Dokument zu öffnen. Normalerweise erhält man daraufhin eine Fehlermeldung, wenn ein anderes oder gar kein Profil vorliegt.

Profil-Abweichungen

Modul

Selbstverständlich wird auch hier wieder das gleiche CMM gewählt wie in allen übrigen Anwendungen.

Priorität

Einzig bei PRIORITÄT wählt man in einer Grafiksoftware standardmäßig den Rendering Intent RELATIV FARBMETRISCH, um eine farbmetrisch möglichst exakte Umsetzung der Farben zu erhalten. Dies ist besonders wichtig, wenn es darum geht, eine spezielle Firmenfarbe (zum Beispiel für ein Logo) möglichst präzise umzusetzen (siehe Kapitel 19, Abschnitt »Rendering Intent«).

Tiefenkompensierung verwenden

Genau wie in Photoshop wird auch in Illustrator die Option für die Tiefenkompensierung aktiviert.

Colormanagement in der Grafiksoftware

Was an dieser Stelle vielleicht besonders interessiert, ist die Grundsatzfrage, ob Colormanagement in der Grafiksoftware überhaupt notwendig und sinnvoll ist oder sein kann. Die Antwort hängt grundsätzlich davon ab, wie und wozu man eine Grafiksoftware einsetzt. Denn nicht selten werden damit ganze Layouts mit Satz, Bild und Grafik erstellt. In der Bildbearbeitungssoftware ist es sozusagen eine Selbstverständlichkeit, dass man mit ICC-Profilen arbeitet, doch in der Grafiksoftware drängt es sich nicht zwingend auf, was vermutlich mit der eigentlichen Aufgabenstellung zu tun hat. Denn für zahlreiche Projekte wie beispielsweise Logos oder Geschäftsausstattungen wird sehr oft mit so genannten »Hausfarben« gearbeitet, womit in der Regel ein Sonderfarben-Fächer für Pantone oder HKS reicht, um eine Farbe zu bestimmen. Zudem erübrigt sich dabei auch ein Proof, denn eine Sonderfarbe ist und bleibt eine Sonderfarbe (siehe Kapitel 10, Abschnitt »Sonderfarben im Proof«). Ebenso selbstverständlich nehmen die meisten Grafik-Designer einen Farbwertatlas für CMYK-Farben zur Hand und bestimmen damit die Farben für eine Grafik – was aber voraussetzt, dass der spätere Auflagendruck unter den genau gleichen Druckbedingungen und auf den genau gleichen Bedruckstoff erfolgt wie beim Farbwertatlas. Bei dieser rein visuellen Arbeitsweise lauern bereits einige Gefahren – einmal ganz abgesehen vom verwendeten Umgebungslicht, das die Farbwahrnehmung zusätzlich verfälschen kann. Arbeitet man zudem noch international, verschärft sich das Problem dahingehend, dass in den USA oder Japan (noch) mit anderen Druckfarben-Standards gearbeitet wird, so dass ein Blau aus C 100 / M 100 zwangsläufig etwas anders aussehen wird. Das Ergebnis ist also nicht mehr eindeutig kalkulierbar. In solchen Fällen ist Colormanagement unzweifelhaft eine wertvolle Hilfe. Selbst wenn man nicht beabsichtigt, durchgängig mit Colormanagement zu arbeiten, bietet bereits der Softproof am Monitor im Hinblick auf das zu erwartende Druckergebnis die Möglichkeit, Farben korrekt darzustellen, was insbesondere bei einer rein visuellen Arbeitsweise von großem Vorteil ist. Vorausgesetzt werden natürlich ein einwandfrei kalibrierter Monitor und ein konstantes Umgebungslicht. Noch mehr drängt sich das Arbeiten mit Colormanagement auf, wenn medienneutrale Bilddaten in der Grafiksoftware platziert werden. Oft jedoch werden später im Auflagendruck entweder die Grafik oder die Bilder nicht farbrichtig wiedergegeben. Wird beispielsweise eine Farbe als RGB-Wert aus einem Bild in eine Grafik übernommen, entstehen aufgrund unterschiedlicher Rendering Intents in der Grafiksoftware (standardmäßig relativ farbmetrisch) und der Bildbearbeitungssoftware (standardmäßig fotografisch) zum Teil augenfällige Abweichungen bei der farblichen Umsetzung (besonders bei gesättigten Farben) – was meistens damit zu tun hat, dass der Workflow nicht optimal abgestimmt ist oder keine homogenen Voreinstellungen für das CMM in den einzelnen Anwendungen vorliegen. Diesen speziellen Situationen sollte man unbedingt Beachtung schenken. Denn um die Farben einer Grafik später in exakter Übereinstimmung mit einem Bild zu reproduzieren, wählt man für diesen Fall immer den gleichen Rendering Intent wie für die Bilddaten (perzeptiv). Die jeweilige Render-Priorität ist bei einer Farbraumanpassung ein besonders wichtiges Instrument im ganzen Colormanagement-Workflow, mit dem sich die Farbwiedergabe gezielt steuern lässt. Ebenso bedeutsam ist, dass man sich Gedanken darüber macht, welche Methode für welche Aufgabenstellung optimal geeignet ist.

Illustrator beispielsweise sollte sowohl bei Bildern im RGB-Modus als auch bei Bildern im CMYK-Modus – in allen gängigen ICC-kompatiblen Speicherformaten

– die eingebetteten Profile erkennen und auswerten, wobei es aber nicht möglich ist, gleichzeitig RGB- und CMYK-Daten im gleichen Dokument zu platzieren, denn ein Illustrator-Dokument kann im Gegensatz zu einer Layoutsoftware prinzipiell nur *einen* Dokumentfarbraum haben – RGB oder CMYK. Das bedeutet, dass man ein RGB-Bild nicht ohne Farbraumtransformation in einem CMYK-Dokument von Illustrator platzieren kann. In diesem Fall führt Illustrator eine Farbraumtransformation durch und verwendet dazu das in den Farbeinstellungen standardmäßig definierte Profil des CMYK-Arbeitsfarbraums sowie den voreingestellten Rendering Intent. Besonders beachten sollte man auch die Tatsache, dass Illustrator Vektor- und Pixeldaten nicht getrennt behandelt und nur ein Rendering Intent für alle Elemente gewählt werden kann.

In der Regel ist es sinnvoll, wenn man grundsätzlich mit optimierten CMYK-Bilddaten arbeitet, die über ein eingebettetes Profil verfügen; denn das Profil beschreibt, welche Farbe mit einem bestimmten Wert tatsächlich gemeint ist. Damit lassen sie sich auch problemlos in den Workflow integrieren und optimal umsetzen. Im Idealfall sind also alle Komponenten, die in eine Grafikdatei integriert werden, bereits mit einem ICC-Profil gekennzeichnet. Darüber hinaus erlaubt Illustrator aber auch das Zuweisen eines Profils oder das Konvertieren in den Dokumentfarbraum. Ein RGB-Dokument in Illustrator anzulegen ist wirklich nur dann sinnvoll, wenn das spätere Ausgabemedium auf dem RGB-Farbraum basiert (wie beispielsweise das Web) oder wenn man durchgängig medienneutral arbeiten will, weil die spätere Druckausgabe noch nicht bekannt ist. Damit bewahrt man sich ein Höchstmaß an Flexibilität und letztlich auch ein Höchstmaß an Farbqualität, denn jede Illustrator-Datei lässt sich über den Menüpunkt Ablage → Dokumentfarbmodus in den gewünschten CMYK-Arbeitsfarbraum (gemäß Voreinstellung) konvertieren und unter einem neuen Namen speichern.

ICC-Profil einbetten

Beim Speichern einer Grafik im nativen Illustrator-Format (.ai) besteht nach einem Klick auf Sichern die Möglichkeit, das Arbeitsfarbraumprofil in die Datei einzubetten. Soll die Datei für den späteren Import in ein Layoutprogramm gespeichert werden, bieten sich in erster Linie die beiden PostScript-basierten Formate EPS und PDF an. Wird als PDF gespeichert, kann das zugrunde liegende ICC-Profil eingebettet werden. Zudem lässt sich an dieser Stelle eine Option aktivieren, die das spätere Bearbeiten der als PDF gespeicherten Illustrator-Grafik erlaubt (Illustrator-Bearbeitungsfunktionen beibehalten) – was allerdings die Datenmenge erhöht. Wird die Datei hingegen im EPS-Format gespeichert, besteht keine Möglichkeit, das verwendete Profil in die Datei einzubetten. Alternativ kann man eine Illustrator-Grafik auch als TIFF oder JPEG exportieren, nur ist dabei zu bedenken, dass die Illustrator-Vektorgrafik in eine nicht mehr editierbare Pixeldatei umgerechnet wird. Ein Profil lässt sich sowohl in das TIFF als auch in das JPEG einbetten.

Abbildung 20.14
Das native Illustrator-
Format erlaubt das
Einbetten eines ICC-Profils.

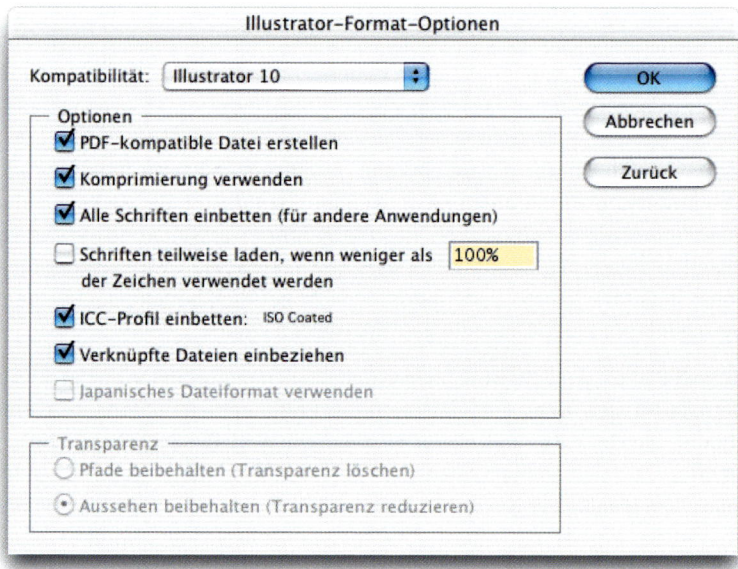

Abbildung 20.15
PDF-Optionen in Illustrator
erlauben das Einbetten
eines ICC-Profils.

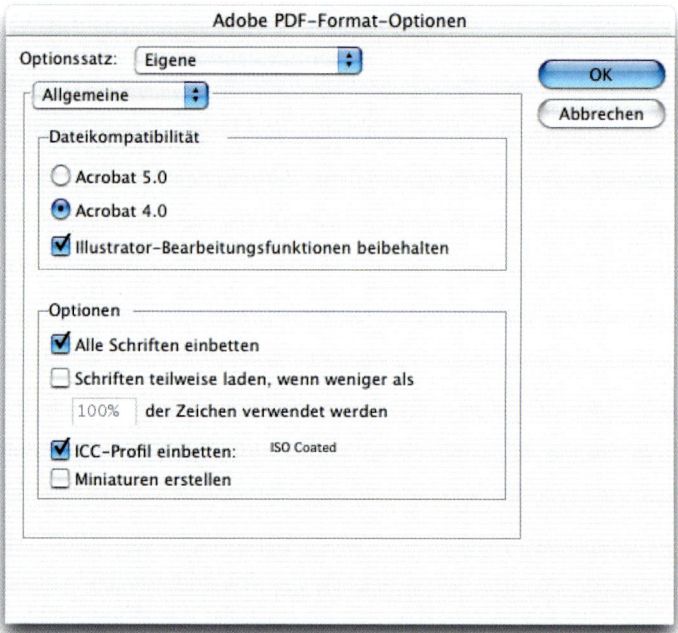

Softproof einrichten in Illustrator

Ähnlich wie in Photoshop gestaltet sich auch in Illustrator die Möglichkeit zum Softproof von RGB-Daten am Monitor. Unter dem Menüpunkt ANSICHT → PROOF EINRICHTEN → EIGENE... findet man identische Optionen, um ein Ausgabeprofil zu wählen. Einzig die Papierweiß-Simulation und die Simulation der schwarzen Druckfarbe stehen nicht zur Verfügung. Dafür gibt es eine Option FARBNUMMERN BEIBEHALTEN. Ist diese Option aktiviert, bleiben die Farbwerte der Quelldatei beim Softproof erhalten und werden den entsprechenden Farborten im Zielprofil zugewiesen. Absolut sinnlos ist diese Option natürlich für den Softproof von RGB-Daten nach CMYK. Mehr Sinn macht sie hingegen, wenn man sich einen Softproof von RGB nach RGB-Farbraum oder CMYK nach CMYK-Farbraum anzeigen lässt, um beispielsweise ein geeignetes Quellprofil für profillose Daten über den Softproof zu ermitteln. Um die Drucksimulation zu sehen, muss der Dialog zuerst mit OK beendet werden. Unter ANSICHT → FARB-PROOF kann man den Softproof schließlich auch wieder ausschalten.

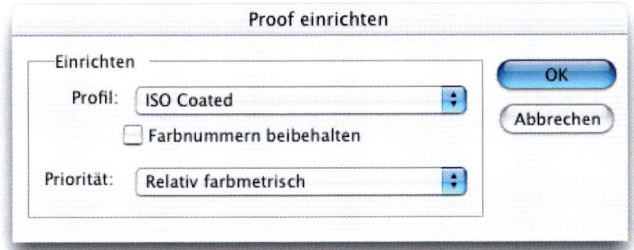

Abbildung 20.16
Softproof einrichten in Illustrator

20.4 Colormanagement in XPress

QuarkXPress hat nach wie vor eine Leaderposition unter den Layoutprogrammen und bietet mittlerweile auch alles, was es braucht, um in den Colormanagement-Workflow eingebunden zu werden. Das in XPress integrierte Colormanagement gewährleistet konsistente Farben auf dem Monitor, dem Proofdrucker und bei der endgültigen Druckausgabe. Um aber die Programm-funktionen für die Farbverarbeitung zu nutzen, muss als Erstes die *CMS-XTension* aktiviert werden, die sich standardmäßig im XTENSIONS-Ordner befindet. Dazu bewegt man die Maus in den Menüpunkt HILFSMITTEL → XTENSIONS MANAGER... und setzt ein Häkchen vor QUARK CMS. Leider ist danach ein Neustart von XPress notwendig, um die CMS-XTension zu laden und auszuführen.

Abbildung 20.17
Aktivieren der
CMS-XTension

Quark CMS.xnt

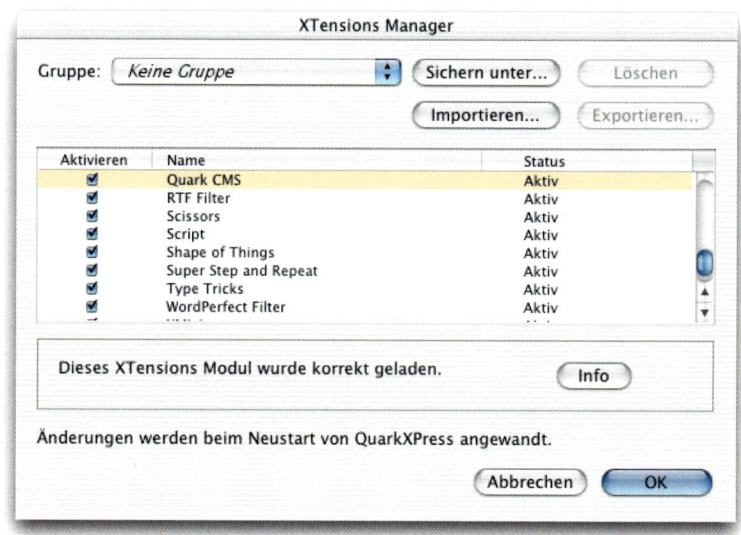

Der weitere Schritt besteht nun darin, XPress mit den Farbmanagementvorgaben zu füttern, wie das bei allen Anwendungen üblich ist. Dazu begibt man sich in den Menüpunkt BEARBEITEN → VORGABEN → FARBMANAGEMENT... (XPress 5) bzw. XPRESS → EINSTELLUNGEN... → STANDARDDRUCKLAYOUT → QUARK CMS (XPress 6). Sollen diese Vorgaben für alle weiteren Dokumente Gültigkeit haben, darf dabei kein Dokument geöffnet sein, sonst gelten sie nur für dieses eine Dokument.

Im Dialogfenster für die Farbmanagement-Vorgaben muss man zuerst das Farbmanagement nochmals explizit aktivieren, um Standardvorgaben für Eingabe- und Ausgabegeräte, importierte Bilder und alle in XPress definierten Farben, die auf native Vektorelemente (Linien, Flächen, Verläufe) angewendet werden, zu definieren. XPress stellt dazu überraschend vielfältige Optionen bereit, die schon fast an die Parameter eines RIPs erinnern. So lassen sich beispielsweise Quellprofile für Vektorelemente und Bilder sowohl in RGB als auch in CMYK und sogar Hexachrome (siehe Kapitel 9, Abschnitt »Pantone Hexachrome«) getrennt behandeln, was eine gute Voraussetzung für einen universellen Workflow ist.

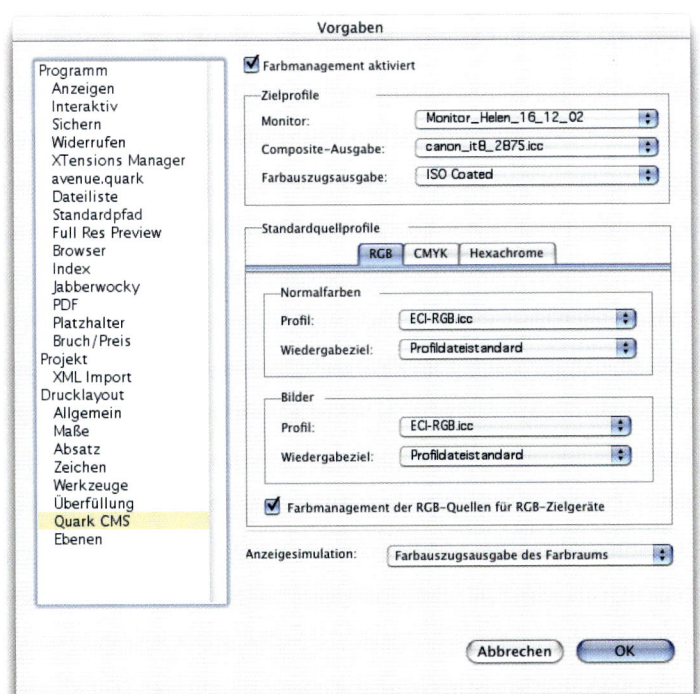

Abbildung 20.18
Standardquellprofile für
RGB in XPress

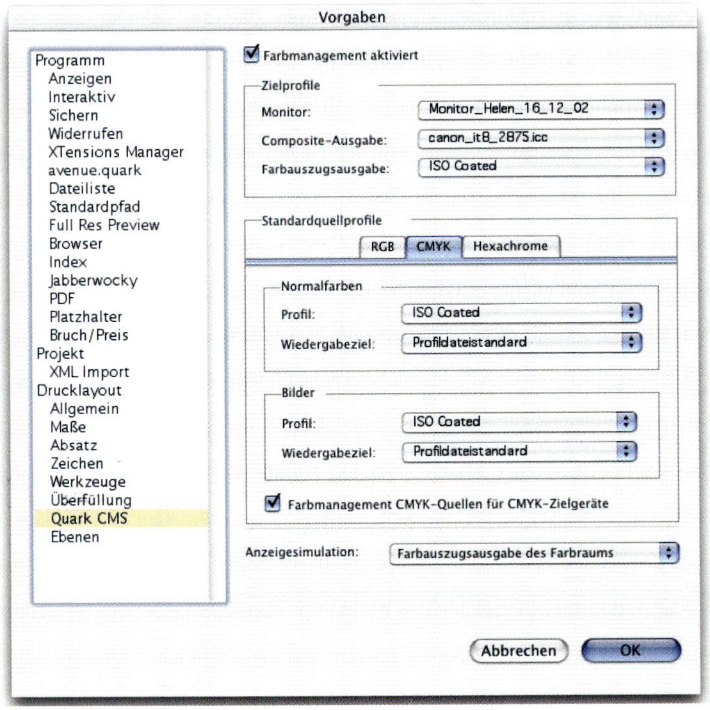

Abbildung 20.19
Standardquellprofile für
CMYK in XPress

Zielprofile

Bei den so genannten Zielprofilen werden ICC-Geräteprofile für die standardmäßig verwendeten Peripheriegeräte eingestellt, auf denen letztlich eine Ausgabe
erfolgen soll – für den verwendeten Monitor und somit den Softproof, den Proofdrucker (Composite-Ausgabe) und den vorgesehenen Druckprozess (Farbauszugsausgabe). Das gleiche Profil wie für den Druckprozess wählt man auch für die
Composite-Ausgabe, wenn beispielsweise die fertigen Daten als Composite-PDF
weitergegeben werden. Andernfalls kann man hier auch die Vorgabe KEIN wählen.

Tipp

Da XPress nicht selbsttä-
tig auf das in COLORSYNC
definierte Monitorprofil
(Systemprofil) zugreift,
muss man es an dieser
Stelle explizit auswäh-
len.

Stehen die gewünschten ICC-Profile nicht in der Dropdown-Liste zur Auswahl,
sind sie entweder nicht verfügbar oder nicht aktiviert. Um zu überprüfen, auf
welche Profile die CMS-XTension Zugriff hat, muss man sich wieder in den Menüpunkt HILFSMITTEL → PROFIL-MANAGER begeben. Das liegt daran, dass XPress den
COLORSYNC PROFILE-Ordner nicht automatisch findet. Unter ORDNER FÜR HILFSPRO-
FILE wählt man nun den gewünschten Ordner. Als Grundeinstellung sind in
XPress immer alle in einem bestimmten Ordner installierten Profile automatisch
aktiviert, nachdem man den Ordner hinzugefügt hat, was aber auch den Start-
vorgang von XPress erheblich verlangsamen kann. Werden ICC-Profile in der aufgeführten Liste nicht gebraucht, kann man das Häkchen vor dem Profilnamen
auch deaktivieren. Wurde irgendetwas am COLORSYNC PROFILE-Ordner oder einem
x-beliebigen Ordner, der Profile enthalten kann, geändert, indem neue Profile
hinzugefügt oder Profile in einen anderen Ordner verschoben wurden, muss
man XPress darüber informieren; dazu klickt man im Profile-Manager auf AKTUA-
LISIEREN. Somit stehen XPress wieder alle aktuellen Profile zur Verfügung. An dieser Stelle kann man auch jederzeit einen anderen Ordner, der Profile enthält,
hinzufügen und XPress zur Verfügung stellen – eine besonders interessante

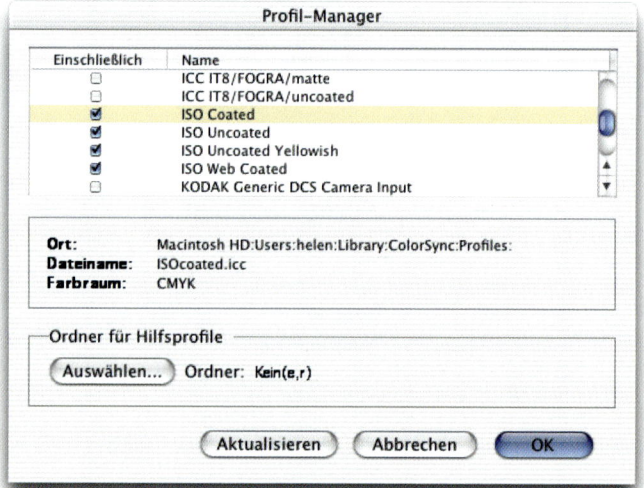

Abbildung 20.20
Profile aktivieren oder
deaktivieren

Option, wenn man kundenspezifische Profile-Ordner anlegen möchte. Leider ist es nicht möglich, XPress mehrere Ordner gleichzeitig zur Verfügung zu stellen. Außerdem werden nur Profile angezeigt, die direkt in einem Profile-Ordner liegen. Unterordner oder Aliase werden von XPress nicht ausgewertet.

Standardquellprofile

In den drei Registerkarten RGB, CMYK und HEXACHROME werden STANDARDQUELL-PROFILE für in XPress angelegte Farben (Normalfarben) bzw. damit eingefärbte Vektorelemente (Linien, Flächen, Verläufe) sowie in XPress importierte Bilddaten für jedes der drei Farbmodelle definiert; sie sollten der jeweils typischen Arbeitssituation angepasst werden. Diese Standardquellprofile werden dazu verwendet, um in XPress angelegte Farben bzw. importierte Bilddaten so in den Farbraum eines der unter ZIELPROFILE definierten Ausgabegeräte zu konvertieren, dass von der Eingabe, über die Anzeige am Monitor, bis zur Druckausgabe eine konsistente Farbwiedergabe erzielt wird.

RGB

Als RGB-Farbquelle wählt man für NORMALFARBEN (Vektoren) – das heißt für alle in XPress erstellten RGB-Farben – den ECI-RGB-Arbeitsfarbraum. Um die Homogenität innerhalb des gesamten Colormanagement-Workflows zu gewährleisten, wählt man für Bilddaten, die in XPress importiert werden, auch hier das Profil des ECI-RGB-Arbeitsfarbraums, mit dem die Bilddaten in Photoshop aufbereitet wurden; das hängt aber letztlich vom praktizierten Workflow ab. Auch für RGB-Bilddaten, die nicht über ein eingebettetes Profil verfügen, ist der ECI-RGB-Arbeitsfarbraum eine sehr sinnvolle Wahl. Werden hingegen Bilder standardmäßig mit einem bestimmten Scanner in RGB erfasst und anschließend nicht direkt in den ECI-RGB-Arbeitsfarbraum konvertiert, wird in diesem Fall natürlich das zutreffende Scannerprofil (oder Digitalkameraprofil) gewählt. Im Idealfall sollten alle RGB-Bilddaten über ein eingebettetes ICC-Profil verfügen, dessen Verwendung durch XPress immer Priorität vor den hier getroffenen Voreinstellungen hat.

CMYK

Bei der CMYK-Farbquelle wählt man sowohl für NORMALFARBEN als auch für importierte CMYK-Bilddaten das ICC-Profil, das tatsächlich zur CMYK-Farbquelle passt und im Idealfall in die Quelldatei eingebettet ist. Diese sollte in der Regel wiederum zu einem entsprechenden CMYK-Ausgabegerät unter ZIELPROFILE, das heißt zu einem der Peripheriegeräte passen. Um die Einheitlichkeit im Workflow zu wahren, wählt man hier zum Beispiel das Standardprofil ISO COATED.

Hexachrome

Das Gleiche wie bei CMYK gilt auch für die Registerkarte HEXACHROME.

Wiedergabeziel

Die zur Verfügung stehenden Optionen in der Dropdown-Liste unter WIEDERGABE-
ZIEL beziehen sich auf den jeweiligen Rendering Intent (siehe Kapitel 19,
Abschnitt »Rendering Intent«), der bei der Farbraumumsetzung vom Quellfarbraum in den Zielfarbraum verwendet werden soll. Das Schöne daran ist, dass
man Vektor- und Pixeldaten getrennt behandeln kann.

- PROFILDATEISTANDARD (Default Rendering Intent)

- WAHRNEHMBAR (fotografisch)

- RELATIVE FARBMETRIK

- SÄTTIGUNG

- ABSOLUTE FARBMETRIK

Farbmanagement der ...-Quellen für ...-Zielgeräte

Die Option FARBMANAGEMENT DER RGB-/CMYK-QUELLEN FÜR RGB-/CMYK-ZIELGERÄTE
wird in den Farbmanagementvorgaben standardmäßig aktiviert, damit eine
Farbkorrektur angewendet wird, wenn der entsprechende Quellfarbraum nicht
mit dem Zielfarbraum identisch ist.

Anzeigesimulation

Mit der Option ANZEIGESIMULATION wählt man den Farbraum für eines der unter
ZIELPROFILE definierten Geräte aus, der vom Monitor simuliert werden soll – also
den gewünschten Softproof-Modus.

Aus

Es erfolgt kein Softproof.

Farbraum für Monitor

Die Darstellung erfolgt im Farbraum des Monitors auf der Basis des unter ZIEL-
PROFILE gewählten ICC-Profils für den Monitor. Damit wird also weder die Compo-
site- noch die Farbauszugsausgabe vom Monitor simuliert.

Composite-Ausgabe des Farbraums

Die Anzeigesimulation basiert auf dem ICC-Profil für das unter COMPOSITE-AUS-
GABE gewählten Proofdruckers und dem Monitorprofil.

Farbauszugsausgabe des Farbraums

Der Softproof basiert auf dem ICC-Profil für den unter FARBAUSZUGSAUSGABE definierten Druckprozess und dem Monitorprofil.

Der Softproof in XPress kann aber keineswegs mit einem Softproof in Photoshop
verglichen werden, denn XPress berücksichtigt dabei nicht das Papierweiß des
verwendeten Bedruckstoffs. Zudem ist auch die niedrigauflösende Vorschau (72
ppi) für eine importierte Bilddatei nicht geeignet, um die korrekte Farbwiedergabe zu beurteilen. Damit die Option ANZEIGESIMULATION überhaupt zur Verfügung

steht, müssen gewisse hardwareseitige Voraussetzungen erfüllt werden. So muss der Monitor auf eine Mindestfarbtiefe von Tausenden von Farben eingestellt sein – sofern die Grafikkarte und das VRAM dazu in der Lage sind.

Ablage → Bild laden

Beim Importieren von TIFF- oder JPEG-Bildern zeigt XPress in der Dialogbox BILD LADEN (Befehl-E) im Reiter FARBMANAGEMENT an, ob die Bilddatei über ein verankertes (das heißt eingebettetes) Profil verfügt. Leider wird mit der Bezeichnung VERANKERT nicht ersichtlich, um welches Profil es sich dabei handelt, so dass man Fremddaten vor dem Platzieren zuerst in Photoshop auf das eingebettete Profil hin überprüfen muss, um das korrekte Quellprofil zu erfahren.

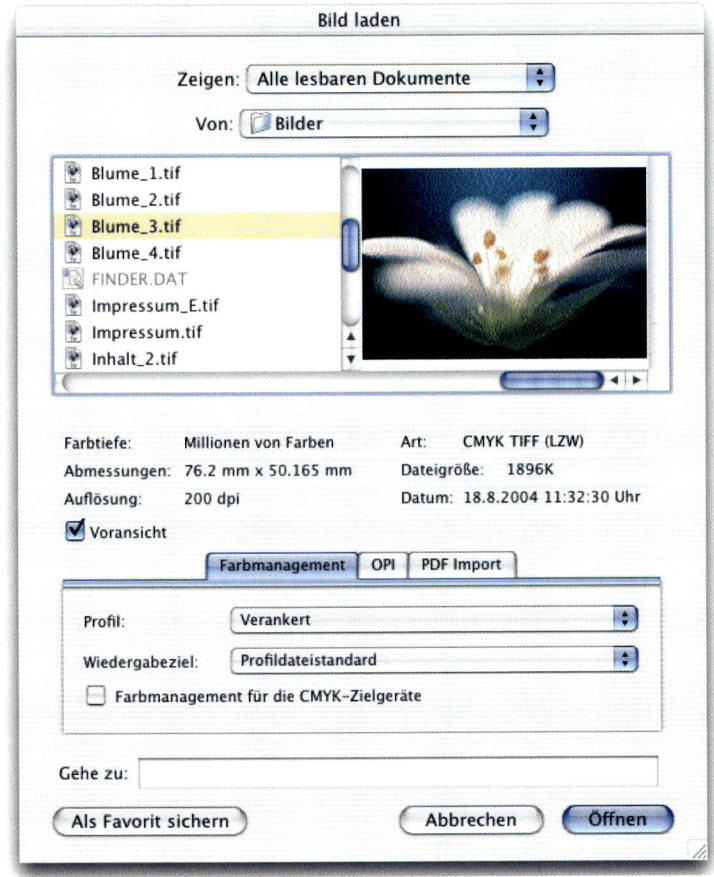

Abbildung 20.21
BILD LADEN in XPress

Bilddaten mit korrektem Profil

Entspricht das eingebettete (verankerte) Profil bzw. der CMYK-Farbraum des Bildes genau der späteren Druckausgabe und somit dem unter FARBAUSZUGSAUSGABE (oder der COMPOSITE-AUSGABE für ein CMY(K)-Ausgabegerät) definierten Gerätefarbraum, muss man in der Dialogbox BILD LADEN die Option FARBMANAGE-

MENT DER CMYK-QUELLEN FÜR CMYK-ZIELGERÄTE deaktivieren, um eine weitere Farbanpassung für die bereits optimierte CMYK-Bilddatei zu verhindern.

Bilddaten ohne Profil

Eine zu importierende Bilddatei, die über kein eingebettetes Profil verfügt, erhält in der Dialogbox BILD LADEN standardmäßig das Profil EINSTELLUNG (XPress 5) bzw. STANDARD (XPress 6). Damit wird das in den Farbmanagementvorgaben unter STANDARDQUELLPROFILE definierte Profil im Bereich BILDER (CMYK oder RGB) zugewiesen. Das trifft jedoch nicht zu, wenn das Dateiformat des zu importierenden Bildes vom CMS nicht unterstützt wird (siehe Kapitel 21, Abschnitt »Dateiformate für den Colormanagement-Workflow«). In der Dropdown-Liste unter PROFIL stehen weitere ICC-Profile zur Wahl, die man einer Bilddatei zuweisen kann und auf die XPress Zugriff hat (bei RGB-Bilddaten Monitor und Eingabeprofile von Scannern und Digitalkameras und bei CMYK-Bilddaten Ausgabeprofile). Über die drei Optionen PROFIL, WIEDERGABEZIEL und FARBMANAGEMENT FÜR DIE . . . -ZIELGERÄTE in der Dialogbox BILD LADEN kann man genau steuern, wie das Colormanagement den Farbraum eines Bildes an den Farbraum des Druckausgabegeräts anpasst.

Bilddaten mit falschem Profil

Häufig trifft in der Praxis auch der Fall zu, dass man Fremddaten verarbeiten muss, die vom Auftraggeber gelieferten Bilddaten jedoch für einen anderen Druckprozess (zum Beispiel Tiefdruck) aufbereitet wurden. Das eingebettete Profil entspricht somit nicht dem aktuell vorgesehenen Druckprozess (zum Beispiel Offsetdruck). Bei BILD LADEN → PROFIL erhält man den Hinweis, dass ein verankertes Profil vorliegt. Damit wird das in den Farbmanagementvorgaben definierte Standardquellprofil automatisch überschrieben, denn ein eingebettetes Profil hat grundsätzlich Vorrang vor den Vorgaben und sollte auch nicht geändert werden durch Zuweisen eines anderen Profils. Denn das Umrechnen von CMYK-Bilddaten für einen anderen als den im eingebetteten Profil charakterisierten Druckprozess ist nicht zu empfehlen, da der Schwarzaufbau (UCR oder GCR) dabei zerstört wird!

RGB-Scannerdaten ohne Profil

Liegt ein gescanntes RGB-Bild ohne Profil vor, wählt man im Dialogfenster BILD LADEN dasjenige Profil, das den Scanner charakterisiert, der das Bild erfasst hat (sofern das Scannerprofil zur Verfügung steht). Damit nun dieses Profil in der Liste überhaupt zur Auswahl steht, muss es mit dem Profil-Manager in XPress geladen und in den Farbmanagementvorgaben als Standardquellprofil im Reiter RGB im Bereich BILDER als Vorgabe definiert werden. Als Wiedergabeziel ist beim Vorliegen von RGB-Daten PROFILDATEISTANDARD oder WAHRNEHMBAR die richtige Wahl.

Lab-Bilddaten

Werden Bilddaten geladen, die im Lab-Farbraum vorliegen, so muss grundsätzlich nie ein Quellprofil zugewiesen werden, womit die Funktion auch gar nicht verfügbar ist.

In XPress angelegte Farben (Vektoren)

Alle in XPress angelegten Farben im RGB- oder CMYK-Modus werden in der Regel parallel zu den Bilddaten einer Farbkorrektur unterzogen, wenn im Bereich NORMALFARBEN in den Farbmanagementvorgaben das gleiche Quellprofil definiert ist wie unter BILDER und eine Farbkorrektur für die Zielgeräte aktiviert ist. Es könnte aber sein, dass man beispielsweise die CMYK-Prozentwerte für eine in XPress angelegte Hintergrundfläche unbedingt erhalten möchte. Dazu wählt man bei NORMALFARBEN ganz einfach das gleiche ICC-Profil, das zum vorgesehenen Ausgabegerät passt. Soll hingegen die Farbe der entsprechenden Druckausgabe angepasst werden, erfolgt sie grundsätzlich nach Maßgabe des unter NORMALFARBEN definierten Profils und des Profils eines unter ZIELPROFILE definierten Ausgabegeräts. Das Wiedergabeziel hängt davon ab, ob man eine farbmetrisch exakte Wiedergabe wünscht (relative Farbmetrik) oder ob die farbliche Wiedergabe beispielsweise eines Hintergrundes exakt zu einer Bilddatei passen soll (wahrnehmbar). Die Korrektur wird allerdings erst in der Druckausgabe sichtbar, da sich – im Gegensatz zu Photoshop – die nummerische Darstellung in XPress bei einem Profilwechsel nicht ändert.

Profilinformationen

Im Menü ANSICHT (XPress 5) bzw. FENSTER (XPress 6) → PROFILINFORMATIONEN stehen Informationen zu einem bereits importierten Bild in einem aktiven Bildrahmen bereit. Das ist besonders wertvoll, wenn man ein Dokument mit bereits platzierten Bildern bearbeiten muss. In der Palette PROFILINFORMATIONEN hat man die Möglichkeit, ein Profil zuzuweisen und darüber zu entscheiden, ob und mit welchem Rendering Intent eine Farbanpassung erfolgen soll oder nicht. In XPress stehen also insgesamt drei Möglichkeiten zur Verfügung, um die Farbdatenverarbeitung zu steuern, wobei die Palette PROFILINFORMATIONEN absolute Priorität genießt, vor dem Dialogfenster BILD LADEN als zweite Priorität und den FARBMANAGEMENTVORGABEN als letzte Priorität. Es ist wichtig, dass man sich dessen bewusst ist, um unliebsame Überraschungen zu vermeiden.

Abbildung 20.22
Profilinformationen in XPress

Dialogfenster »Verwendung«

Das Colormanagement in XPress umfasst noch weitere Komponenten. Unter HILFSMITTEL → VERWENDUNG… → PROFILE erhält man Informationen zu allen im geöffneten Dokument verwendeten bzw. in den Vorgaben definierten Profilen. Durch Wahl eines Profils in der Dropdown-Liste kann man beispielsweise erfahren, auf welche Objekte es angewendet wird (Normalfarben oder Bilder), und erhält auf Wunsch noch weitere Informationen dazu, zum Beispiel die Information, ob es sich um ein Monitorprofil (mntr), ein Scannerprofil (scnr) oder ein Druckerprofil (prtr) handelt. Mit einem Doppelklick auf eines der Profile und der dadurch aufgeführten Objektliste lässt sich ein Profil auch durch ein anderes ersetzen, was gleichzeitig eine Änderung der Vorgaben zur Folge hat.

Abbildung 20.23
Mit PROFIL ERSETZEN werden auch die Vorgaben für das Farbmanagement verändert.

Druckausgabe

Vor der definitiven Druckausgabe besteht noch die Möglichkeit, im Reiter PROFILE des DRUCKEN-Dialogs die in den Farbmanagementvorgaben definierten Profile für die beiden Druckausgabegeräte COMPOSITE-AUSGABE und FARBAUSZUGSAUSGABE nachhaltig zu verändern. Das heißt, wenn man unter AUSZÜGE und COMPOSITE andere als die standardmäßig aus den Farbmanagementvorgaben übernommenen Profile für den Proofdrucker und den Druckprozess wählt, werden diese Änderungen auch in den Farbmanagementvorgaben reflektiert.

Die Option COMPOSITE AN AUSZUG ANGLEICHEN wird immer dann aktiviert, wenn man die spätere Druckausgabe auf dem gewählten Proofdrucker bzw. Composite-Drucker simulieren will. Doch selbst bei der Druckausgabe ist man nicht vor Fußangeln sicher. Denn in im Dialogfenster des PostScript-Druckertreibers (OS 9), zu der man über den DRUCKEN-Dialog von XPress gelangt, tauchen unter FARBANPASSUNG etwas irreführend bestimmte Einstellungen doppelt auf, die sich bei unterschiedlicher Konfiguration auf unglückliche Weise gegenseitig beeinflussen.

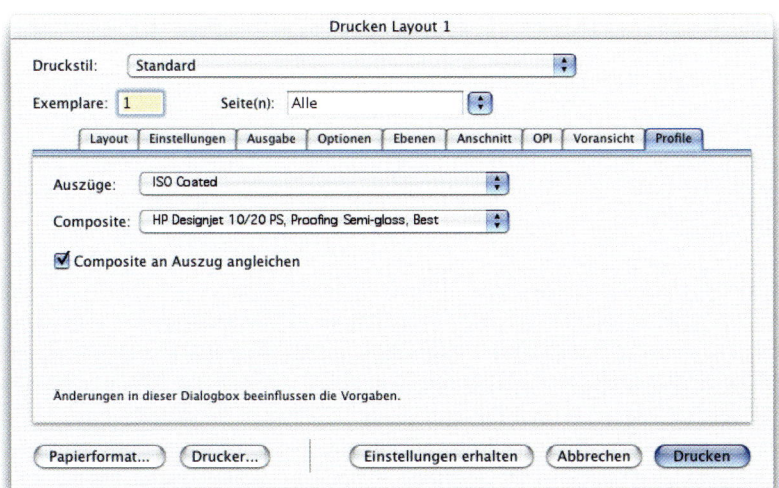

Abbildung 20.24
Mit COMPOSITE AN AUSZUG
ANGLEICHEN lässt sich die
spätere Druckausgabe
simulieren.

CMS-XTension

Die *CMS-XTension* ist die Colormanagement-Software von XPress, die eine genaue Umsetzung bzw. die Anpassung von Farben an ein x-beliebiges ICC-kompatibles Ausgabegerät ermöglicht. Auf gar keinen Fall handelt es sich dabei aber um eine Bildbearbeitungssoftware oder ein CMM (Farbrechner). Mit ihr kann man weder Farbkorrekturen an Bilddaten durchführen, noch Pixelwerte oder Volltonfarben nachhaltig verändern. Sie befähigt XPress vielmehr dazu, auf ColorSync und ein daran angeschlossenes CMM zuzugreifen. Anders als in Photoshop und Illustrator, hat man in XPress also keine Möglichkeit, ein anderes als das auf Betriebssystemebene definierte CMM (Color Matching Modul) zu wählen. Damit kann man die farbliche Wiedergabe eines ganzen Layouts bereits zu einem sehr frühen Zeitpunkt im Produktionsprozess beurteilen und nötigenfalls noch korrigieren, ohne dabei größere Kosten zu verursachen, indem man vor der definitiven Ausgabe direkt aus XPress einen Farbproof zur visuellen Kontrolle erstellt. Auch Farben, die man in XPress anlegt, lassen sich aufgrund der Anzeigesimulation am Monitor wesentlich präziser definieren und auf den späteren Auflagendruck abstimmen, als es mit dem anteilmäßigen Blindflug auf Basis von reinen CMYK-Prozentwerten möglich ist. Durch ein aktiviertes Colormanagement in XPress erhält man aber auch qualitativ hochwertige Farbauszüge für den Vierfarbendruck sowie für Pantone Hexachrome mit sechs Farbauszügen.

Die Funktion von Colormanagement in XPress besteht darin, gerätespezifische Farbwiedergabeeigenschaften zwischen verschiedenen Geräten auszugleichen, indem feine Verschiebungen an den Farben vorgenommen werden, wenn sie von Gerät zu Gerät weitergereicht werden, so dass sie immer gleich aussehen – ohne dabei jedoch die Quelldaten anzutasten. Die geräteübergreifende Farbanpassung erfolgt rein softwaremäßig auf Basis eines Quellprofils und eines Zielprofils und dem CMM, das zwischen den beiden Profilen übersetzt.

20.5 Bilddaten und Profilfehler (Photoshop)

Nachfolgend geht es darum, wie man in Photoshop mit Bilddaten umgeht, die über gar kein eingebettetes Profil verfügen, und mit solchen, die über ein falsches oder – präziser ausgedrückt – über ein anderes Profil verfügen, als es in den aktuellen Farbeinstellungen zum jeweiligen Arbeitsfarbraum definiert ist. Grundsätzlich ist aber nicht alles, was Photoshop als Profilfehler betrachtet, auch tatsächlich ein Fehler. Vielmehr sind Abweichungen bei den Profilen der Normalfall, denn Bilder werden von Scannern und Digitalkameras erfasst, die ihren eigenen Gerätefarbraum haben und somit auch nicht in einem geräteunabhängigen, kalibrierten RGB-Arbeitsfarbraum wie beispielsweise ECI-RGB vorliegen. Was hingegen als Fehler taxiert werden kann, sind Pixelbilder, die sich ganz ohne Profil und somit ganz ohne »Identitätskarte« bei Photoshop anmelden. Solche Fehler lassen sich jedoch dank Farbmanagement-Richtlinien in den Farbeinstellungen von Photoshop erkennen und durch Zuweisen eines geeigneten Quellprofils beheben.

Im Zusammenhang mit so genannten Profilfehlern wird man immer wieder mit den beiden Begriffen *In Profil konvertieren* oder *Profil zuweisen* konfrontiert, die es klar zu unterscheiden gilt und deren Verwendung auch zu gänzlich unterschiedlichen Ergebnissen führt.

Profil zuweisen

Der Begriff »zuweisen« ist fast selbst erklärend. Man will damit an den bestehenden Farbnummern (wie zum Beispiel dem RGB-Wert 5/115/193) des Scanners als solchen nichts ändern, sondern man möchte genau diesen Farbnummern einen bestimmten Farbraum (wie beispielsweise den ECI-RGB-Farbraum) zuweisen. Das heißt der RGB-Wert 5/115/193 des Scanners ist immer noch der gleiche, doch er erhält einen anderen Farbort, nämlich den Farbort, der dem Wert 5/115/193 im ECI-RGB-Farbraum entspricht. Beim Profilzuweisen findet also immer eine Verschiebung des Farborts statt, die dazu führt, dass sich unter Beibehaltung der Farbnummern das Aussehen der Farben verändert. Es werden die x- und y-Koordinaten im CIE-XYZ-Farbraum verändert.

In Profil konvertieren

Genau umgekehrt verhält es sich, wenn man in ein bestimmtes Profil konvertiert. Der RGB-Wert 5/115/193 des Scanners beispielsweise erhält beim Konvertieren in den ECI-RGB-Farbraum andere Farbnummern, weil man damit das Aussehen der Farben beibehalten möchte. Das heißt der Farbort einer Farbe und somit die x- und y-Koordinaten werden dadurch nicht verschoben, sondern in diejenigen Farbnummern konvertiert (über die Lab-Schnittstelle), die dem Farbaussehen im neuen Farbraum entsprechen. Farbdaten werden damit also in ein anderes Profil überführt.

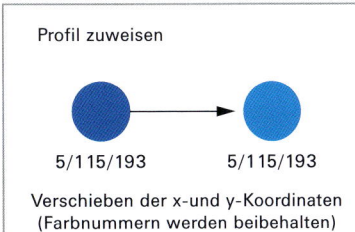
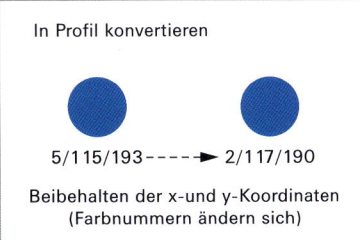

Abbildung 20.25
Profil zuweisen versus In
Profil konvertieren

Um das recht komplexe Thema verständlicher zu machen, werden nachfolgend einige typische Beispiele von Profilabweichungen beschrieben. Ich gehe davon aus, dass die FARBMANAGEMENT-RICHTLINIEN folgendermaßen eingestellt sind:

RGB:	Eingebettete Profile beibehalten
CMYK:	Eingebettete Profile beibehalten
Graustufen:	Eingebettete Profile beibehalten
Profilfehler:	Beim Öffnen wählen
	Beim Einfügen wählen
Fehlende Profile:	Beim Öffnen wählen

Scannerdaten ohne Profil

Als Ausgangsmaterial liegt ein RGB-Bild ohne eingebettetes Profil vor, das direkt von einem Scanner oder einer Digitalkamera stammt und noch in keiner Weise verändert wurde. Das ICC-Profil des entsprechenden Eingabegeräts (Scanner oder Digitalkamera) steht zur Verfügung, und wir wissen, von welchem Eingabegerät das Bild stammt. Beim Öffnen des Bildes in Photoshop erhält man die Fehlermeldung, dass das RGB-Dokument nicht über ein eingebettetes Profil verfügt.

Man wählt in diesem Fall die Option PROFIL ZUWEISEN und gibt in der Dropdown-Liste das passende Scanner- oder Digitalkameraprofil an (damit wird die ursprüngliche Quelle definiert). Gleichzeitig wird die Option UND DOKUMENT ANSCHLIEßEND IN RGB-ARBEITSFARBRAUM KONVERTIEREN aktiviert, um das Bild in den definierten Arbeitsfarbraum (zum Beispiel ECI-RGB.icc) umzurechnen, denn in diesem Farbraum möchte man das Bild bearbeiten. Beim erneuten Speichern der Datei wird nun das Profil des RGB-Arbeitsfarbraums eingebettet, womit die Farben im Bild eindeutig beschrieben sind.

Für Scanner- oder Digitalkameradaten ohne Profil sollte das Zuweisen des Eingabeprofils (sofern vorhanden) und das anschließende Konvertieren in den RGB-Arbeitsfarbraum immer der erste Schritt sein, noch bevor man irgendetwas an den Bilddaten verändert. Dabei spielt es grundsätzlich keine Rolle, ob das Konvertieren in den RGB-Arbeitsfarbraum unmittelbar in der Scansoftware erfolgt oder erst später in Photoshop. Das Ergebnis sollte in beiden Fällen das gleiche sein.

Abbildung 20.26
PROFIL ZUWEISEN

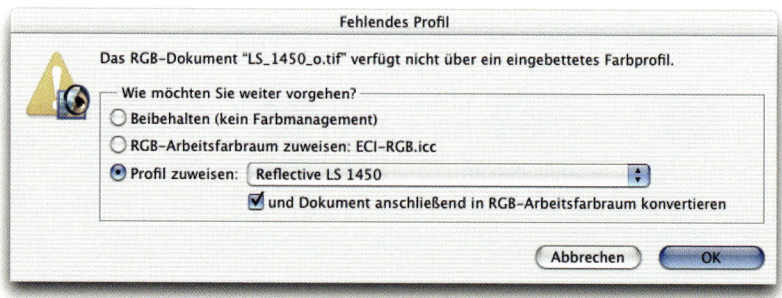

RGB-Bilddaten ohne Profil

Als Ausgangsmaterial liegen diesmal Fremddaten ohne eingebettetes Profil vor, so wie man sie beispielsweise oft aus Datenbanken erhält. Man ist also nicht darüber informiert, in welchem Quellfarbraum die Bilder erstellt wurden. Beim Öffnen des Bildes erhält man erwartungsgemäß eine Fehlermeldung von Photoshop. Es bestehen in diesem Fall zwei Möglichkeiten, was mit dem Farbraum des Bildes geschehen soll.

Die eine Möglichkeit weist dem Bild den voreingestellten RGB-Arbeitsfarbraum zu, indem man die Option RGB-ARBEITSFARBRAUM ZUWEISEN aktiviert. Damit werden die Daten beim Öffnen aber noch nicht definitiv konvertiert – und möglicherweise auch gleich ruiniert. Um sie später zu konvertieren, begibt man sich in den Menüpunkt BILD → MODUS → IN PROFIL KONVERTIEREN....

Abbildung 20.27
RGB-ARBEITSFARBRAUM
ZUWEISEN

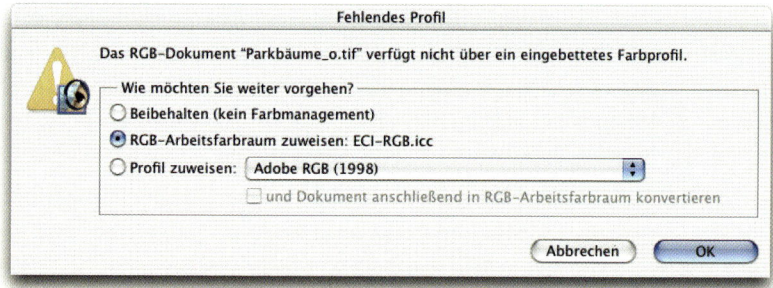

Es könnte aber auch sein, dass uns bei dieser Vorgehensweise das Bild überhaupt nicht gefällt, weil zum Beispiel die Hauttöne zu rot werden oder die Farben im Bild generell zu gesättigt oder möglicherweise auch viel zu flau wirken. Um bei profillosen Daten möglichst individuelle Lösungen zu finden, besteht die zweite Möglichkeit darin, zuerst ein wenig mit verschiedenen RGB-Arbeitsfarbräumen als möglichen Quellfarbräumen herumzuspielen, um zu erfahren, wie das Bild zum Beispiel im Apple-RGB- oder im Adobe-RGB-Farbraum usw. aussieht. Mit anderen Worten, es geht darum, einen geeigneten Quellfarbraum zu suchen, in dem sich das Bild wohl fühlt und gut aussieht. Denn es ist durchaus denkbar, dass eine profillose Datei ursprünglich aus einem dieser kalibrierten RGB-Arbeitsfarbräume stammt. In diesem Fall würde man dem Bild zuerst einen geeigneten Farbraum zuweisen (BILD → MODUS → PROFIL ZUWEISEN…) und es danach in den voreingestellten RGB-Arbeitsfarbraum konvertieren, genau wie bei den Scannerdaten ohne Profil. Denn solange man einer Datei irgendein Profil zuweist, hat man die Daten noch nicht verändert, sondern nur die Beschreibung des Farbraums, in dem die Pixel liegen; damit sind auch keine Tonwertverluste zu befürchten. Erst beim Konvertieren werden Farb- oder Graustufenwerte dauerhaft verändert. Ist VORSCHAU aktiviert, kann man die farblichen Veränderungen beim Suchen eines geeigneten Farbraums mitverfolgen.

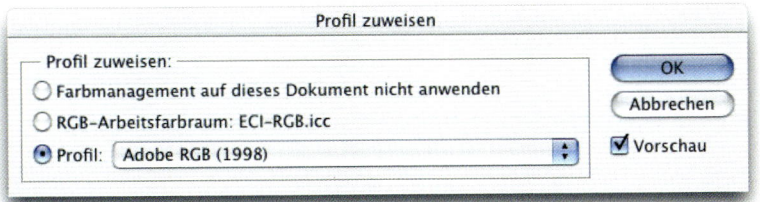

Abbildung 20.28
Ausprobieren verschiedener RGB-Arbeitsfarbräume als möglichen Quellprofilen

Diese eher unkonventionelle Lösung ist vielleicht nicht ganz im Sinne von Colormanagement und seinen Erfindern, letzten Endes geht es aber darum, dass eine möglichst optimale Bilddatei vorliegt, die nun für einen bestimmten Druckprozess aufbereitet werden kann – womit sich ohnehin niemand mehr dafür interessiert, aus welchem Quellfarbraum die Daten letztlich stammen. Daraus wird auch ganz klar ersichtlich, wie wichtig es ist, immer das Quellprofil beim Speichern einer Bilddatei einzubetten, denn nur so kann sie vom Datenempfänger problemlos in den Workflow integriert werden.

RGB-Bilddaten mit falschem Profil

Werden wir von Photoshop beim Öffnen einer RGB-Datei darauf hingewiesen, dass es sich beim eingebetteten Profil nicht um den in den FARBEINSTELLUNGEN definierten aktuellen Arbeitsfarbraum handelt, sondern zum Beispiel um Adobe RGB oder Color Match RGB, stellt sich die Frage, wie Photoshop die Bilddaten öffnen soll. Auf gar keinen Fall sollte man die Option EINGEBETTETES PROFIL VERWERFEN aktivieren. Ebenso wenig ist auch die Option DOKUMENTFARBEN IN DEN ARBEITSFARBRAUM KONVERTIEREN die ultimativ richtige Lösung, denn alles, was konvertiert wird, ist unwiderruflich verändert, also umgerechnet worden. Der sicherste und kontrollierte Weg führt über die Option EINGEBETTETES PROFIL VERWENDEN. Damit werden die Bilddaten so angezeigt, wie sie ursprünglich gedacht waren. Jetzt besteht die Möglichkeit, ihnen über den Menüpunkt BILD → MODUS → PROFIL ZUWEISEN… das Arbeitsfarbraum-Profil vorläufig einmal zuzuweisen – womit sie ihre Farbnummern beibehalten. Anschließend kann man sie immer noch in den Arbeitsfarbraum konvertieren. Man kann sie aber ebenso gut auch in ihrem ursprünglichen Farbraum belassen und direkt in den Arbeitsfarbraum konvertieren – womit sie ihr Farbaussehen beibehalten, während ihre Farbnummern neu berechnet werden. In den allermeisten Fällen wird man vermutlich die RGB-Daten in den Arbeitsfarbraum konvertieren.

Abbildung 20.29
EINGEBETTETES PROFIL
VERWENDEN ist die vorsich-
tige Herangehensweise.

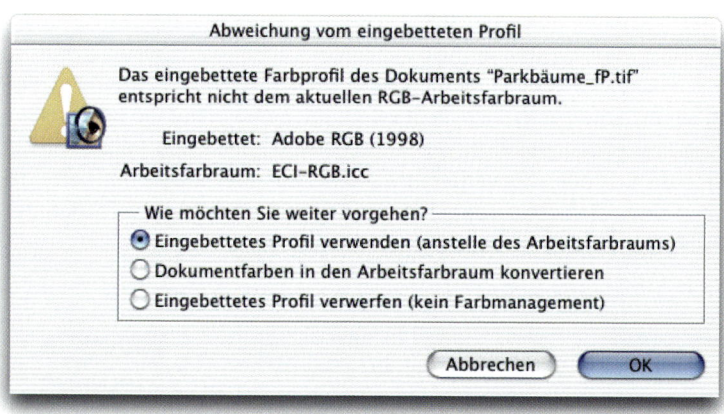

Um aufzuzeigen was passieren kann, wenn man die Daten unkontrolliert in den Arbeitsfarbraum konvertiert, wähle ich absichtlich zwei Farbräume, die einen extrem unterschiedlichen Farbumfang aufweisen. Das Foto in Abbildung 20.30 links wurde im ECI-RGB-Farbraum erstellt und mit Profil gespeichert. In den Farbeinstellungen von Photoshop ist hingegen WIDE GAMUT RGB definiert – ein besonders großer Farbraum, der den CMYK-Farbraum für den Offsetdruck auf gestrichenes Papier bei weitem überragt und nicht verlustlos reproduziert werden kann. Man erkennt ganz klar, was mit den Daten passiert (Bild rechts), wenn man sie unkontrolliert in den Arbeitsfarbraum konvertiert.

Abbildung 20.30
Unkontrolliertes Konver-
tieren in den Arbeitsfarbraum kann zu bösen
Überraschungen führen.

ECI-RGB   Wide-Gamut-RGB

Aus diesem Grund sollte man in den Farbeinstellungen bei den FARBMANAGEMENT-RICHTLINIEN niemals IN ARBEITSFARBRAUM KONVERTIEREN wählen, sondern prinzipiell immer EINGEBETTETES PROFIL BEIBEHALTEN und sich von Photoshop über vorhandene Profilabweichungen informieren lassen. Damit ist auch die Frage beantwortet, weshalb diese Einstellung für alle Farbräume die einzig richtige ist.

CMYK-Bilddaten ohne Profil

Es ist grundsätzlich nie gut, wenn CMYK-Bilddaten ohne Profil den Weg in unseren Rechner finden. Auf gar keinen Fall aber darf man sie einfach in den CMYK-Arbeitsfarbraum konvertieren oder ihnen irgendein Profil zuweisen. In diesem Fall ist es angebracht, die Datei mit der Option BEIBEHALTEN (KEIN FARBMANAGE-MENT) zu öffnen und sich die Daten erst einmal anzuschauen. Vielleicht lässt sich ja vom Datenlieferanten noch in Erfahrung bringen, von welcher Quelle (Scanner) die Daten stammen bzw. für welchen Druckprozess sie aufbereitet wurden. Wenn nicht, kann man versuchen anhand des Gesamtfarbauftrags in der dunkelsten schwarzen Bildstelle und des Schwarzkanals (das heißt anhand des Schwarzaufbaus) herauszufinden, ob die vorliegende Datei für den vorgesehenen Druckprozess überhaupt in Frage kommt oder ob die zugrunde liegenden Druckparameter allzu weit entfernt sind.

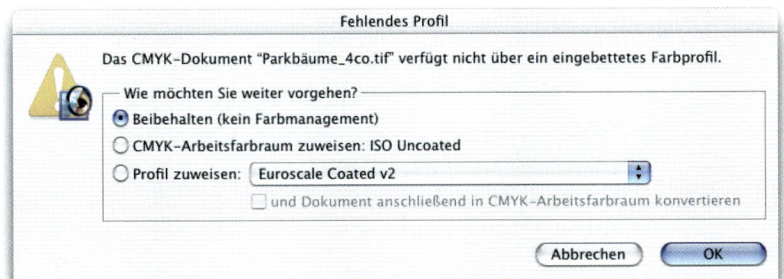

Abbildung 20.31
BEIBEHALTEN (KEIN FARBMA-NAGEMENT) bei CMYK-Bilddaten ohne Profil

Sofern nur noch einige geringfügige CMYK-Korrekturen anfallen, sollte man beim erneuten Speichern der Datei auf jeden Fall vermeiden, dass man unbemerkt das aktuelle CMYK-Arbeitsfarbraum-Profil einbettet. Es ist nicht zu empfehlen, profillosen CMYK-Daten den eigenen Stempel aufzudrücken, denn der Scanner, mit dem möglicherweise die Separation erfolgte, hat vermutlich das Bild mit ganz anderen Einstellungen separiert. Das wäre insofern fatal, wenn die Datei später wieder verwendet und in einen Colormanagement-Workflow eingebunden wird. Aufgrund des falschen Quellprofils ist auch eine falsche Farbumsetzung so gut wie garantiert.

> ### Achtung
> Mit einem falsch angewendeten Colormanagement kann man sehr viel Schaden anrichten und intakte Bilddaten in Sekundenschnelle ruinieren, so dass sie nicht mehr zu gebrauchen sind. Eine vorsichtige Herangehensweise bei Fremddaten ohne Profile ist also durchaus angebracht.

CMYK-Bilddaten mit falschem Profil

Achtung

Es ist nicht zu empfehlen, CMYK-Daten, die für einen ganz bestimmten Druckprozess optimiert wurden, für einen anderen Druckprozess umzurechnen, das heißt in ein anderes Profil zu konvertieren, da der Schwarzaufbau dabei unwiderruflich zerstört wird!

CMYK-Bilddaten, die über ein eingebettetes Profil verfügen, das nicht dem aktuellen Arbeitsfarbraum entspricht uns aber darüber informiert, für welchen Druckprozess die Daten optimiert wurden, sind im Vergleich zu Daten ohne Profil (über deren Verwendungszweck man nur Vermutungen anstellen kann) die wesentlich bessere Ausgangslage für einen Colormanagement-Workflow.

Wendet man nun aber einfach die gleichen Regeln an wie bei RGB-Daten mit falschem Profil und konvertiert sie in den CMYK-Arbeitsfarbraum, ist dabei mit ungleich größeren Verlusten zu rechnen.

Daher wird dringend empfohlen, beim Öffnen der Datei das eingebettete Profil beizubehalten, indem man die Option EINGEBETTETES PROFIL VERWENDEN aktiviert, um zu prüfen wie das Bild im eigenen Druckprozess ausgegeben wird und nötigenfalls nur noch geringfügige technische bzw. verfahrensspezifische CMYK-Korrekturen durchzuführen.

Abbildung 20.32
EINGEBETTETES PROFIL
VERWENDEN bei CMYK-Bilddaten mit falschem Profil

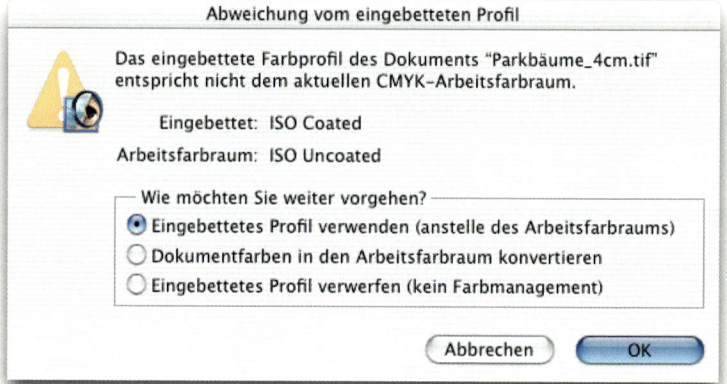

Erhält man so genannte Referenz-CMYK-Daten (wie beispielsweise ISOcoated), die einen typischen Druckstandard repräsentieren, kann man davon ausgehen, dass aufgrund der Ähnlichkeit zwischen einem Referenz-CMYK- und dem individuellen CMYK-Farbraum der Gamut-Mapping-Einfluss bei einer ICC-Farbraumtransformation äußerst gering ist. Allerdings werden bei einer CMYK-zu-CMYK-Farbraumtransformation der Schwarzaufbau und der Gesamtfarbauftrag der Quelldaten mit großer Wahrscheinlichkeit immer sichtbar verändert, weshalb man allzu große Unterschiede zwischen den Prozessparametern eines Referenz-CMYKs und eines individuellen CMYKs vermeiden sollte. Das farbliche Ergebnis sollte weitgehend während dem Druckprozess durch die Farbführung in der Maschine an den Farbraum des jeweiligen individuellen CMYKs herangeführt werden und nicht durch eine ICC-Farbraumtransformation.

Es wäre also geradezu absurd zu glauben, mit Colormanagement könne man Wunder vollbringen oder es handle sich um ein Allerweltsheilmittel, mit dem nichts verboten und alles erlaubt ist, nur weil eine Farbraumtransformation über den verheißungsvollen, geräteunabhängigen Lab-Farbraum erfolgt! Es wird grundsätzlich kaum von Erfolg gekrönt sein, wenn man versucht, beispielsweise einen CMYK-Farbraum für den Tiefdruck in den CMYK-Farbraum für den Offsetdruck – oder umgekehrt – zu überführen, oder von ISOcoated (für gestrichenes Papier) nach ISOuncoated (für ungestrichenes Papier). Schließlich kommt man auch nie auf die Idee, aus einem Streifenhörnchen ein Nashorn machen zu wollen!

Das nachfolgende Beispiel eines einfachen Verlaufs von Cyan nach Schwarz zeigt anhand der einzelnen Farbkanäle auf eindrückliche Weise, was passiert, wenn man eine CMYK-zu-CMYK-Transformation mit zwei ICC-Profilen (ISOcoated und ISOuncoated) durchführt. Die beiden Farbkanäle Magenta und Gelb sind in der Quelldatei leer. Nach der Transformation nach ISOuncoated mit dem relativ farbmetrischen Rendering Intent enthalten sämtliche Farbkanäle Informationen.

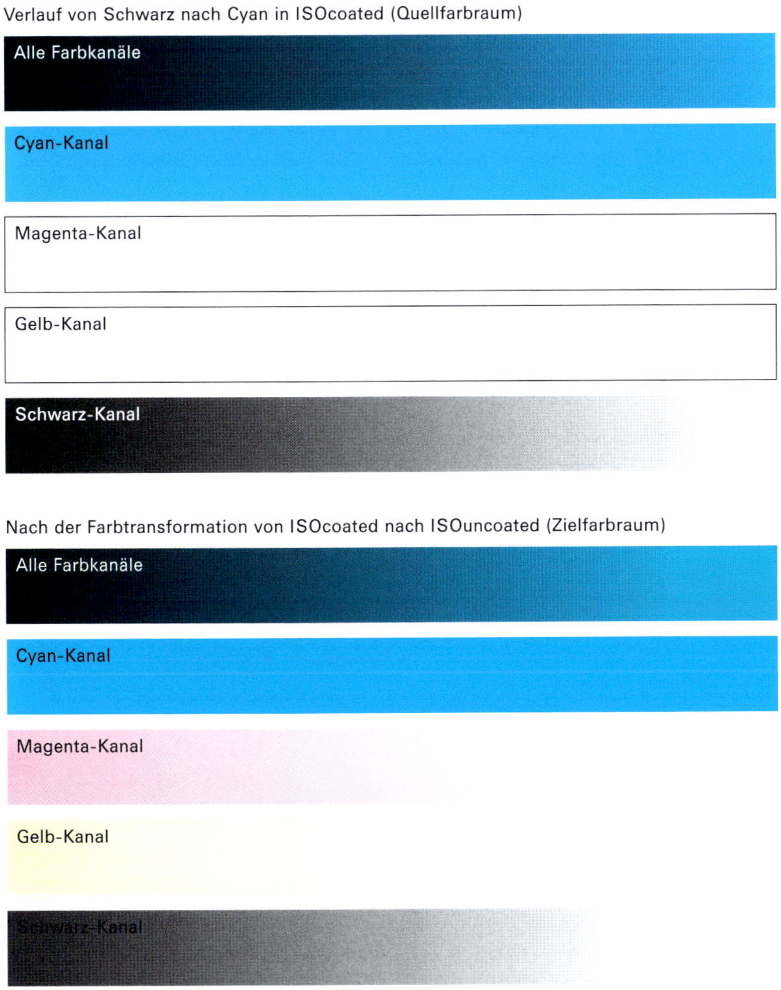

Verlauf von Schwarz nach Cyan in ISOcoated (Quellfarbraum)

Abbildung 20.33
Die einzelnen Kanäle eines Verlaufs vor und nach einer CMYK-zu-CMYK-Farbraumtransformation

Nach der Farbtransformation von ISOcoated nach ISOuncoated (Zielfarbraum)

Nach einer CMYK-zu-CMYK-Transformation nach ISOuncoated kann man anhand der Farbkanäle deutlich erkennen, dass der Farbaufbau des Quellfarbraums (ISOcoated) zerstört ist.

Ebenso wenig kann man mit gutem Gewissen empfehlen, CMYK-Daten zurück in den RGB-Farbraum zu konvertieren und mit der Datenaufbereitung ganz von vorne zu beginnen. Das einmalige Konvertieren in den RGB-Modus birgt in der Tat noch keine wirklich gravierenden Verluste in sich, doch sollte man es auch nicht verharmlosen. Bei jeder weiteren Konvertierung zwischen den Farbmodi verliert man unweigerlich noch mehr Informationen, da der Großteil aller Pixel anhand weniger Stützpunkte durch einen mathematischen Algorithmus interpoliert wird (siehe Kapitel 19, Abschnitt »Interpolationsmodelle«).

20.6 Grafikdateien und Profilfehler (Illustrator)

Vergleichbar mit Photoshop erhält man auch in Illustrator sowohl beim Einfügen aus der Zwischenablage als auch beim Öffnen eines Dokuments eine Fehlermeldung, wenn die Datei nicht über ein eingebettetes Profil verfügt oder über ein anderes, als in den Farbeinstellungen definiert. Ähnlich (aber dennoch nicht genau gleich) lassen sich auch in Illustrator Profile zuweisen und ganze Dokumente in Profile konvertieren – natürlich nur bei aktiviertem Colormanagement.

RGB-Dokument ohne Profil

Beim Öffnen eines RGB-Dokuments ohne eingebettetes Profil wird man von Illustrator darüber informiert. Gleichzeitig wird eine Anweisung über das weitere Vorgehen erwartet.

Abbildung 20.34
Warnhinweis beim Öffnen
eines RGB-Dokuments
ohne eingebettetes Profil

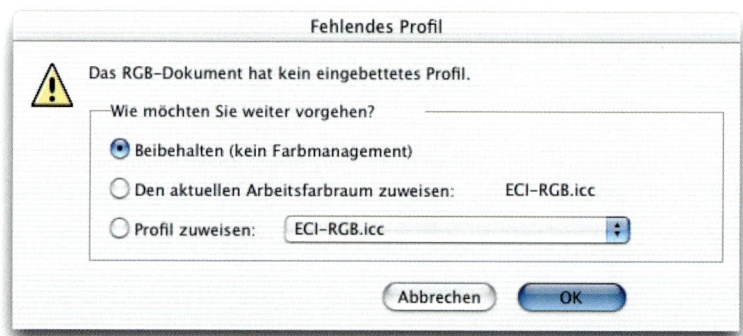

Profillose Daten haben den großen Nachteil, dass man nicht weiß, woher sie kommen und wozu sie gedacht sind. Da man auch bei Illustrator-Dateien nur Vermutungen darüber anstellen kann, öffnet man die Datei vorzugsweise zuerst einmal ohne Farbmanagement, indem man die Option BEIBEHALTEN (KEIN FARBMANAGEMENT) aktiviert. Die schwierigere Aufgabe besteht nun darin, ein geeignetes Quellprofil für die Datei zu finden. Um diese Aufgabe unter Sichtkontrolle durchzuführen, wählt man den Menüpunkt ANSICHT → PROOF EINRICHTEN → EIGENE.... Im sich öffnenden Dialog kann man nun ein geeignetes RGB-Profil suchen, das den

Softproof gut aussehen lässt. Besonders wichtig dabei ist, dass die Option FARB-
NUMMERN BEIBEHALTEN aktiviert ist, womit die Farbwerte des Dokuments für den
Softproof erhalten bleiben und den entsprechenden Farborten im gewählten
Profil zugewiesen werden.

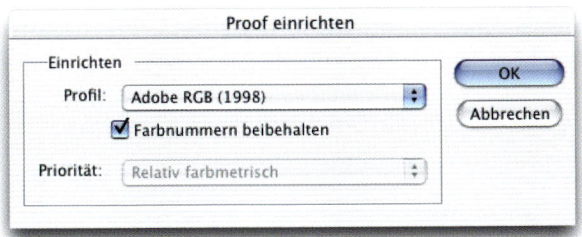

Abbildung 20.35
Unbedingt FARBNUMMERN
BEIBEHALTEN aktivieren!

Mit anderen Worten, das Aussehen der Farben wird sich mehr oder weniger verändern. Um den Softproof zu aktivieren, muss man den Dialog mit OK beenden.
Hat man auf diese Weise – etwas umständlicher als in Photoshop – ein geeignetes Profil gefunden, kann man den Dialog verlassen und der Datei das gewählte
Profil definitiv zuweisen. Im Menüpunkt BEARBEITEN → PROFIL ZUWEISEN... steht
dazu ein Dialog zur Verfügung. Anders als in Photoshop hat man hier aber nicht
die Möglichkeit, das Dokument gleich anschließend in den voreingestellten
RGB-Arbeitsfarbraum (zum Beispiel ECI-RGB) zu konvertieren. Da Illustrator
diese Option nur im ÖFFNEN-Dialog bereitstellt, muss man die Datei zuerst mit
eingebettetem Profil speichern und erneut in Illustrator öffnen. Die erwartete
Fehlermeldung über das falsche Profil kann man nun durch Aktivieren der
Option DIE FARBEN DES DOKUMENTS IN DEN AKTUELLEN ARBEITSFARBRAUM KONVERTIEREN
beenden.

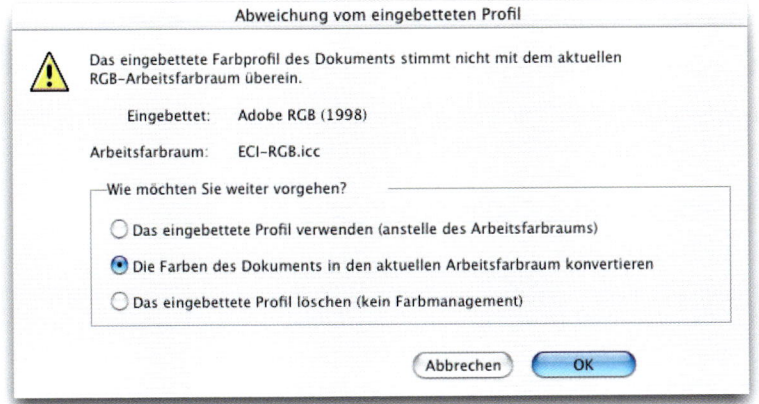

Abbildung 20.36
Fehlermeldung von
Illustrator bei Profil-
abweichung

RGB-Dokument mit falschem Profil

Wesentlich besser gestaltet sich die Situation, wenn bereits ein ICC-Profil in der
Datei eingebettet ist. Beim Öffnen der Datei erfährt man von Illustrator, um wel-

ches Profil es sich dabei handelt. Man sollte aber auf jeden Fall der Versuchung wiederstehen, die Datei unmittelbar in den Arbeitsfarbraum zu konvertieren, wozu man in einem ersten Schritt die Option DAS EINGEBETTETE PROFIL VERWENDEN (anstelle des Arbeitsfarbraums) aktiviert. Folglich kann man sich die Datei einmal so anschauen, wie sie eigentlich gedacht war. Das Dokument lässt sich problemlos auch im Nachhinein über den Menüpunkt BEARBEITEN → PROFIL ZUWEISEN noch in den voreingestellten Arbeitsfarbraum überführen.

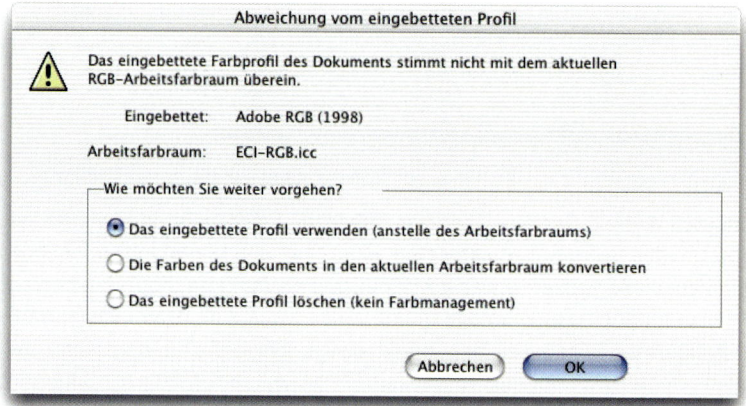

Abbildung 20.37
DAS EINGEBETTETE PROFIL VERWENDEN (ANSTELLE DES ARBEITSFARBRAUMS)

Diese an sich sehr vorsichtige Herangehensweise hat den Vorteil, dass man im Extremfall immer noch die Möglichkeit hat, lenkend einzugreifen und die Datei nicht unmittelbar beim Öffnen ruiniert. Ist man seiner Sache hingegen ganz sicher, kann man sie natürlich auch gleich beim ersten Öffnen in den Arbeitsfarbraum konvertieren lassen, und zwar durch Aktivieren der Option DIE FARBEN DES DOKUMENTS IN DEN AKTUELLEN ARBEITSFARBRAUM KONVERTIEREN.

CMYK-Dokument mit falschem oder fehlendem Profil

Zum Thema CMYK-Dokument mit falschem oder fehlendem Profil gilt grundsätzlich genau das Gleiche wie für CMYK-Bilddaten.

Konvertieren eines CMYK-Dokuments nach RGB

Obschon es grundsätzlich nicht zu empfehlen ist, verfahrensangepasste CMYK-Daten zurück in den RGB-Farbraum zu konvertieren (um sie zum Beispiel in einen medienneutralen Workflow zu integrieren), ist die Ausgangslage einer Vektordatei im CMYK-Modus wesentlich besser dazu geeignet – solange sie keine importierten CMYK-Bilddaten enthält. Im Vergleich zu einer Pixeldatei, die beispielsweise aus besonders heiklen Hauttönen bestehen kann, lassen sich bei einer Vektordatei mit mehrheitlich homogenen Farbflächen mögliche Farbverschiebungen oder Farbraumverluste kaum eindeutig ausmachen. Doch man sollte sich stets im Klaren darüber sein, dass jeder Konvertierungsschritt einer zu viel ist und gewisse Verluste mit sich bringt.

CMYK-Dokumente mit falschem (zum Beispiel SWOP) oder CMYK-Dokumente ohne eingebettetes Profil sollte man zunächst ganz ohne Farbmanagement öffnen. Dazu aktiviert man die Option DAS EINGEBETTETE PROFIL LÖSCHEN (KEIN FARBMANAGEMENT). Um nun relativ sicher in den RGB-Arbeitsfarbraum zu konvertieren, sollte man zuerst ein passendes CMYK-Quellprofil für die Datei finden, mit dem die Farben im Dokument gut aussehen. Das lässt sich wiederum gut über den Softproof lösen. Im Menü ANSICHT → PROOF EINRICHTEN → EIGENE... sucht man sich ein passendes CMYK-Profil, mit dem die Farben des Dokuments besonders gut und gefällig aussehen. Die Option FARBNUMMERN BEIBEHALTEN muss auch hier wieder zwingend aktiviert sein. Ist man fündig geworden, verlässt man den Dialog PROOF EINRICHTEN und bewegt sich zum Menü BEARBEITEN → PROFIL ZUWEISEN..., um der Datei das auserwählte CMYK-Profil zuzuweisen (dabei muss es sich keineswegs um das voreingestellte Profil des CMYK-Arbeitsfarbraums handeln). Gleich anschließend konvertiert man nun das Dokument in den RGB-Modus mithilfe von DATEI → DOKUMENTFARBMODUS → RGB-FARBE (siehe Abbildung 20.38). Dabei wird grundsätzlich immer der voreingestellte RGB-Arbeitsfarbraum verwendet (zum Beispiel ECI-RGB).

Abbildung 20.38
Ein CMYK-Dokument in den RGB-Modus konvertieren

Überprüfen des aktuellen Dokumentfarbraums

Um die Gewissheit zu haben, dass das Dokument wirklich im richtigen Farbraum vorliegt, findet man im Menü FENSTER → DOKUMENTINFORMATIONEN alle notwendigen Angaben zum Farbraum und zum eingebetteten Farbprofil sowie weitere hilfreiche Informationen zum Dokument.

Kapitel 21

Colormanagement-Workflows

21.1 Medienneutrale Workflows

Ich weiß, zahlreiche Menschen klammern sich in traditioneller Manier jahrelang an althergebrachte Arbeitsweisen und an Produktionsabläufe von gestern. Genauso beschäftigen zahlreiche Druckvorstufenabteilungen ein Heer von traditionell ausgebildeten Lithografen, die ausschließlich gelernt haben, in CMYK zu denken, in CMYK zu scannen und Bilder in CMYK zu korrigieren. Die Vorstellung, professionelle Farbkorrekturen sollte man in CMYK machen, hält sich schon fast wie eine unheilbare Krankheit. Doch sind wir einmal ganz ehrlich, kein Polygraf und kein Technopolygraf – den Beruf des Lithografen gibt es schon seit geraumer Zeit nicht mehr – lernt heute noch, im CMYK-Farbraum Bilder für den Druck aufzubereiten (CMYK eignet sich bestenfalls für das Feintuning), und kein noch so dickes Fachbuch über die Bilddatenaufbereitung mit Photoshop beschäftigt sich auf mehr als zehn Seiten mit CMYK-Korrekturen! Photoshop als De-facto-Standard für die Bildbearbeitung entfaltet sein ganzes Potenzial im RGB-Modus. Die meisten Funktionen von Photoshop lassen sich nur im RGB-Modus anwenden und stehen im CMYK-Modus schon gar nicht zur Verfügung. Es ist also allerhöchste Zeit, sich endlich mit RGB-Korrekturen zu beschäftigen – die entsprechenden CMYK-Werte werden von Photoshop in der Informationspalette jederzeit angezeigt. Ob man die Korrekturen in der Scansoftware oder erst in Photoshop durchführt, ist nicht relevant, doch das Schlimmste, was man tun kann, ist Rohdaten während des Scanvorgangs oder unmittelbar danach in den CMYK-Modus zu konvertieren.

Parallel zur Entwicklung von ICC-basiertem Colormanagement hat sich auch die Farbdatenverarbeitung grundlegend verändert. Für die Anwender bedeutet dieser Wandel eine ebenso grundlegende Umstrukturierung und Neuorganisation des ganzen Reproduktionsworkflows. Eines der wichtigsten Ziele der ECI (European Color Initiative) – eines Anwendergremiums internationaler Farbmanagement-Profis – ist die Förderung der medienneutralen Farbdatenverarbeitung auf der Basis eines systemübergreifenden, effizienten ICC-Colormanagement-Workflows. Wobei »medienneutral« gleichzusetzen ist mit RGB- oder Lab-Daten. Die Begriffe »medienneutral« und »Colormanagement« sind eng miteinander verknüpft. Ausgabeabhängige, verfahrensspezifische CMYK-Workflows von der Erfassung bis zur Druckausgabe sind im Zeitalter von multimedialer und somit Mehrfachnutzung von Daten für unterschiedliche Ausgabemedien (zum Beispiel Online- oder Printprodukte) nicht flexibel genug. Denn liegen die Daten erst einmal im CMYK-Farbraum vor, ist damit ihr Ausgabeziel ein für allemal fest zementiert und es ist nicht möglich, sie ohne massive Qualitätseinbußen wieder in den RGB-Farbraum zurück zu transformieren – etwa weil der Auftraggeber sie auch gerne im Web publizieren möchte, und dazu braucht man nun einmal RGB-Daten. Ebenso wenig kann man eine für den Offsetdruck auf gestrichenes Papier optimierte CMYK-Datei einfach für den Zeitungs- oder Tiefdruck verwenden. Man muss folglich mit dem ganzen Reproduktionsprozess, angefangen bei der Datenerfassung mit dem Scanner, wieder von vorne beginnen. Die Philosophie eines medienneutralen Workflows ist ebenso genial wie einfach und wirkt wenig effizienten Produktionsabläufen entgegen.

Die Idee, medienneutral zu arbeiten, will nun aber nicht heißen, dass man um jeden Preis und bis zur letzten Konsequenz in einem medienneutralen RGB-

(oder Lab-) Arbeitsfarbraum wie zum Beispiel ECI-RGB (oder Adobe RGB) verharren muss. Es geht vielmehr auch darum, vorwiegend Bilddaten medienneutral aufzubereiten, zu archivieren und zu gegebenem Zeitpunkt erst kurz vor der Ausgabe, wenn der Druckprozess bekannt ist, einer Farbraumtransformation nach CMYK zu unterziehen – die in der Regel auch immer mit einem Farbraumverlust verbunden ist. Damit bewahrt man sich ein hohes Maß an Flexibilität, da man gewissermaßen über eine digitale *Masterdatei* im RGB- oder Lab-Modus verfügt und diese dank ihrer Medienneutralität in x-beliebige verschiedene CMYK-Farbräume transformieren kann, wobei die volle Integrität der Masterdatei gewahrt bleibt. Und gerade das Arbeiten mit RGB-Bildern gestaltet sich denkbar einfach. Ganz zu schweigen von den wesentlich stärkeren Einflussmöglichkeiten, die RGB-Korrekturen im Vergleich zu CMYK-Korrekturen bieten, die immer an einen bestimmten Ausgabeprozess gebunden sind. Es gibt also nicht entweder RGB (bzw. Lab) oder CMYK – beide Modi haben ihre Berechtigung und ihre Einsatzgebiete, aber zum richtigen Zeitpunkt. Wie es so schön heißt, es gibt verschiedene Wege, die nach Rom führen, aber nicht alle sind gleich gut.

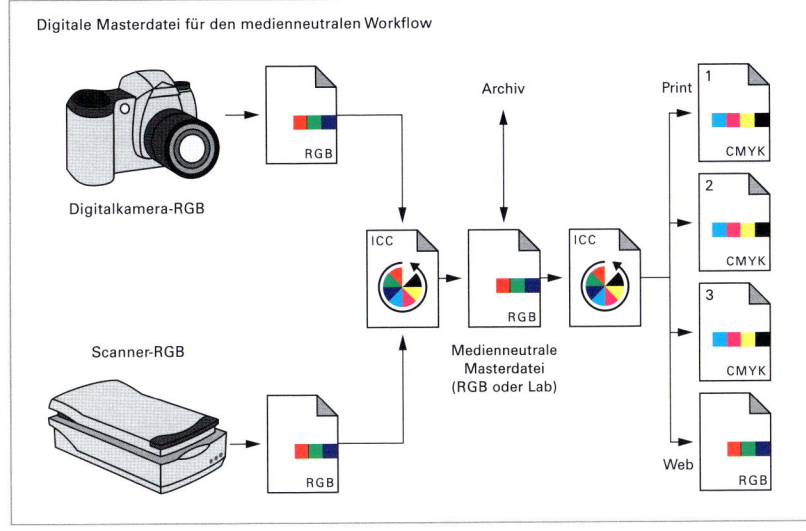

Abbildung 21.1
Digitale Masterdatei für den medienneutralen Workflow

Workflow-Varianten

Man kennt verschiedene digitale Arbeitsabläufe vom Original bis zur Auslieferung der Daten an den Druck, die nachfolgend im Sinne von möglichen Workflow-Konzepten bzw. typischen Arbeitsabläufen kurz skizziert werden. Sie unterscheiden sich weitgehend dadurch, dass die Separation der Daten in räumlich und zeitlich verschiedenen Phasen des Reproduktionsprozesses erfolgt. Als medienneutraler bzw. geräteneutraler Farbraum hat sich der ECI-RGB-Arbeitsfarbraum als Standard-RGB etabliert. CIE-Lab als Arbeitsfarbraum wird von den verschiedenen DTP-Applikationen nur unzureichend unterstützt, und reine Lab-Workflows werden vermutlich auch die große Ausnahme bleiben. Zu schwierig ist das Verständnis für diesen Farbraum, um sich unter einem Lab-Wert irgendetwas Konkretes vorzustellen, und zu spärlich sind die Korrekturmöglichkeiten, die Photoshop und andere Bildbearbeitungsprogramme anbieten – mit Ausnahme von LinoColor anhand des LCH-Modells (siehe Kapitel 7, Abschnitt »Das LCH-Modell«). Gegen eine Bildarchivierung von unbearbeiteten Bilddaten im Lab-Farbraum spricht hingegen nichts. Und mit seiner zentralen Funktion als »Profile Connection Space« – als geräteneutrale Schnittstelle – im ICC-Color-management hat er auch seine volle Daseinsberechtigung. Ob RGB oder Lab, im Arbeitsablauf verändert sich zwischen diesen beiden Farbräumen rein formal grundsätzlich nichts.

Einschränkungen eines idealen medienneutralen Workflows

Ein durchgehend medienneutraler ICC-Workflow von der Datenerfassung über das druckfertige medienneutrale Layout bis zur Schnittstelle zwischen Datenlie-ferant bzw. Druckvorstufe und Druckerei und somit bis zu den Übergabedaten ist rein theoretisch durchaus praktizierbar, doch gilt es hier einige wesentliche Punkte zu beachten, die eine konsequente Umsetzung erschweren können.

Ein idealer medienneutraler ICC-Workflow für ein Inserat, das in verschiedenen Werbeträgern publiziert werden soll, könnte folgendermaßen aussehen: Der Datenlieferant bzw. die Druckvorstufe erstellt eine medienneutrale Datei im ECI-RGB- oder Lab-D50-Farbraum und übergibt sie an die verschiedenen Drucke-reien, die nun ihrerseits eine verfahrensspezifische Farbraumtransformation nach CMYK für die verschiedenen Druckprozesse (zum Beispiel Tiefdruck, Zei-tungsdruck) durchführen. Da der Datenlieferant bzw. die Druckvorstufe zum Zeitpunkt der Datenübergabe noch keine Kenntnisse über die einzelnen indivi-duellen Druckprozesse hat, wird er bzw. sie den jeweiligen Druckereien einen so genannten *idealisierten Proof* bzw. einen *Vollgamut-Proof* (siehe Kapitel 23, Abschnitt »ICC-Proof-Varianten«) übergeben. Und genau an diesem Punkt stellt sich auch die Frage der Verantwortlichkeit. Der Datenlieferant bzw. die Druckvor-stufe trägt also lediglich die Verantwortung für den Inhalt und die Geräteneutra-lität der Übergabedatei, und die jeweilige Druckerei trägt allein die Verantwor-tung für die Qualität ihrer ICC-Profile und der Farbraumtransformation und somit auch der bestmöglichen Farbanpassung. Es gibt somit verschiedene Gründe, die gegen einen durchgehend medienneutralen Workflow sprechen:

1. Der CIE-Lab-Farbraum wird nur unzureichend unterstützt.

2. Der zusammen mit den Übergabedaten mitgelieferte idealisierte Proof ist für die Druckerei nicht verbindlich genug, um die Daten farbverbindlich anzupas-sen. Die Alternative wäre ein generischer ICC-Proof, der ein verfahrenstypi-sches Standard-CMYK simuliert.

3. Nach der Farbraumtransformation von medienneutralen Daten sind oft noch geringfügige CMYK-Korrekturen in den verfahrensangepassten CMYK-Daten erforderlich, die aber letztlich in der Verantwortlichkeit des Datenlieferanten bzw. der Druckvorstufe liegen und somit auch von diesem/r durchgeführt werden sollten.

In einem medienneutralen Workflow unterscheidet man zwischen kreativen und verfahrensspezifischen Korrekturen, wobei erstere im medienneutralen Daten-bestand erfolgen und letztere im verfahrensangepassten CMYK-Datensatz.

Daraus wird ganz klar ersichtlich, dass ein durchgehend medienneutraler Work-flow nur bei betriebsinterner Weiterverarbeitung konsequent praktiziert werden kann und alle Datensätze, die an externe Partner übergeben werden, vorzugs-weise als verfahrenstypisches Referenz-CMYK (zum Beispiel ISOcoated) aufbe-reitet werden, um daraus die notwendigen verfahrensspezifischen Anpassungen vorzunehmen – wobei die verfahrensspezifischen Anpassungen auch von der Druckerei durchgeführt werden können. Diese Vorgehensweise setzt allerdings voraus, dass zumindest der Druckprozess (Tiefdruck, Zeitungsdruck usw.) bekannt ist.

Medienneutraler ICC-Workflow

Beim medienneutralen Arbeitsablauf werden medienneutrale ECI-RGB- oder Lab-D50-Daten (PDF-Übergabedatei) übergeben. Die Farbseparation nach CMYK erfolgt in der Druckerei nach Maßgabe der jeweiligen Druckbedingungen. Der mitgelieferte generische ICC-Proof simuliert ein für das Druckverfahren typi-sches Referenz-CMYK (zum Beispiel ISOcoated). Das für den Proof verwendete ICC-Profil wird mitgeliefert (siehe Abbildung 21.2).

Medienspezifischer ICC-Workflow

Beim medienspezifischen Arbeitsablauf werden die Daten möglichst lange im medienneutralen ECI-RGB- oder Lab-D50-Farbraum belassen. Erst für die Über-gabedaten (PDF) und den Proof werden die Daten in das jeweilige verfahrensan-gepasste CMYK bzw. für die vorgesehenen Druckbedingungen separiert. Mitge-liefert werden ein verfahrensangepasster ICC-Proof und das entsprechende ICC-Druckprofil. (siehe Abbildung 21.3)

Verfahrenstypischer ICC-Workflow

Beim verfahrenstypischen Arbeitsablauf werden die Daten bereits nach der kre-ativen und inhaltlichen Bildbearbeitung im ECI-RGB- oder Lab-D50-Farbraum in ein so genanntes *Referenz-CMYK* (zum Beispiel ISOcoated) transformiert. Alle weiteren Arbeitsschritte erfolgen im Referenz-CMYK. Die Druckerei erhält zusammen mit den CMYK-Übergabedaten einen generischen ICC-Proof im Refe-renz-CMYK sowie das verwendete ICC-Profil. Die Druckerei ihrerseits erstellt aus den Übergabedaten die verfahrensangepassten individuellen CMYK-Daten und nimmt eventuell geringfügige CMYK-Korrekturen (im Bereich von 1–5 %) vor (siehe Abbildung 21.4)

Verfahrensangepasster ICC-Workflow

Der verfahrensangepasste Arbeitsablauf ist mit dem verfahrenstypischen Ablauf praktisch identisch. Doch erfolgt unmittelbar nach der Bildbearbeitung im ECI-RGB- oder Lab-D50-Farbraum eine ICC-Farbtransformation in den individuellen verfahrensangepassten CMYK-Farbraum des Druckprozesses. Alle weiteren Arbeitsschritte erfolgen nun im verfahrensangepassten CMYK, was beispiels-weise bedeuten kann, dass für verschiedene Werbeträger (zum Beispiel Maga-zin, Zeitung, Zeitschrift) mehrere Layouts erstellt werden müssen. Zusätzlich zu den jeweiligen Übergabedaten wird ein verfahrensangepasster Proof oder ein generischer Proof für ein typisches Referenz-CMYK mitgeliefert. Ein generischer ICC-Proof in einem verfahrenstypischen Referenz-CMYK (zum Beispiel Tiefdruck) sollte nur aus Gründen der Zeitersparnis einem verfahrensangepassten ICC-Proof vorgezogen werden, wenn beispielsweise mehrere individuelle Tiefdruck-CMYKs erzeugt werden, die in der Regel sehr ähnlich sind (siehe Abbildung 21.5).

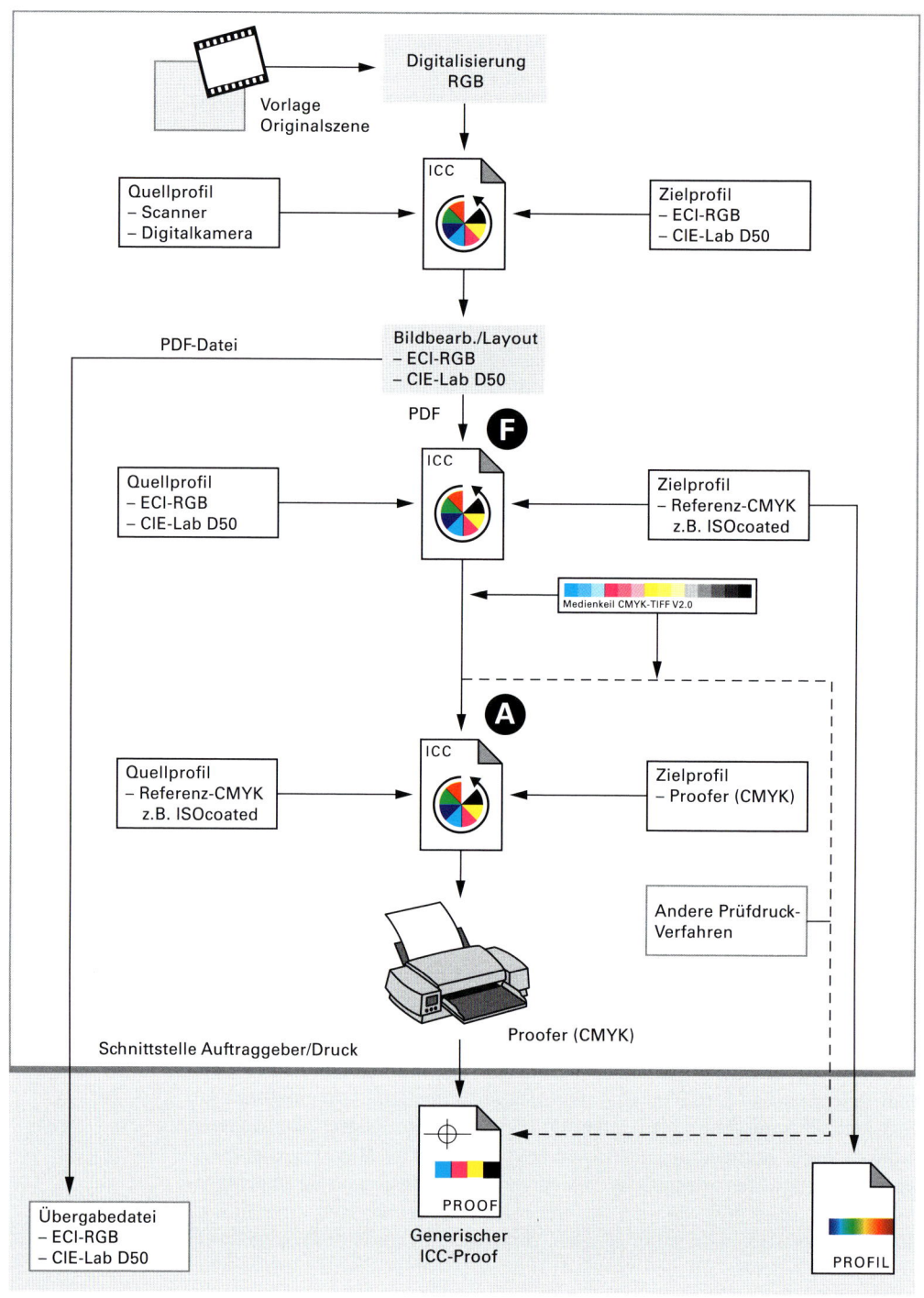

Abbildung 21.2
Medienneutraler ICC-Workflow

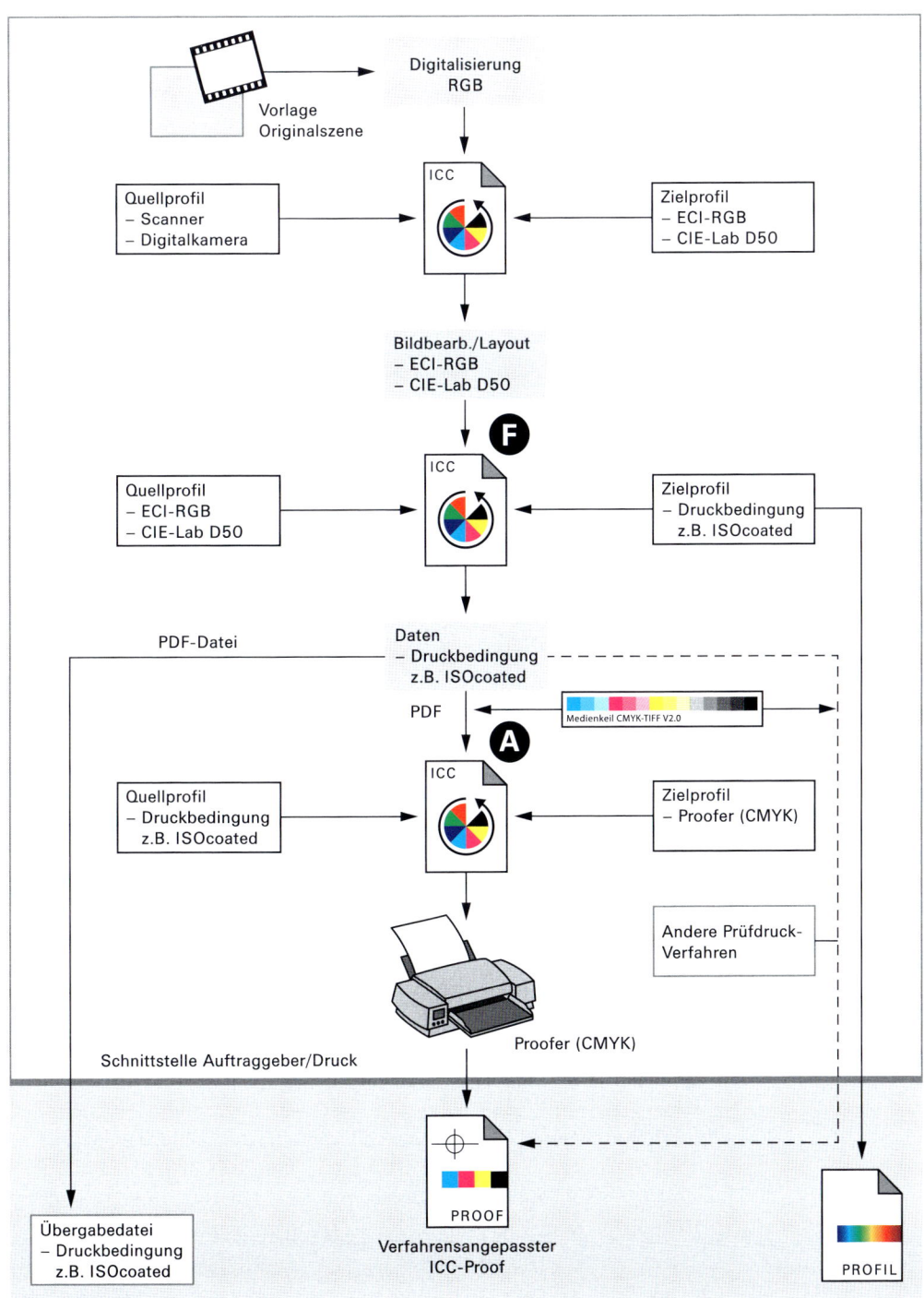

Abbildung 21.3
Medienspezifischer ICC-Workflow

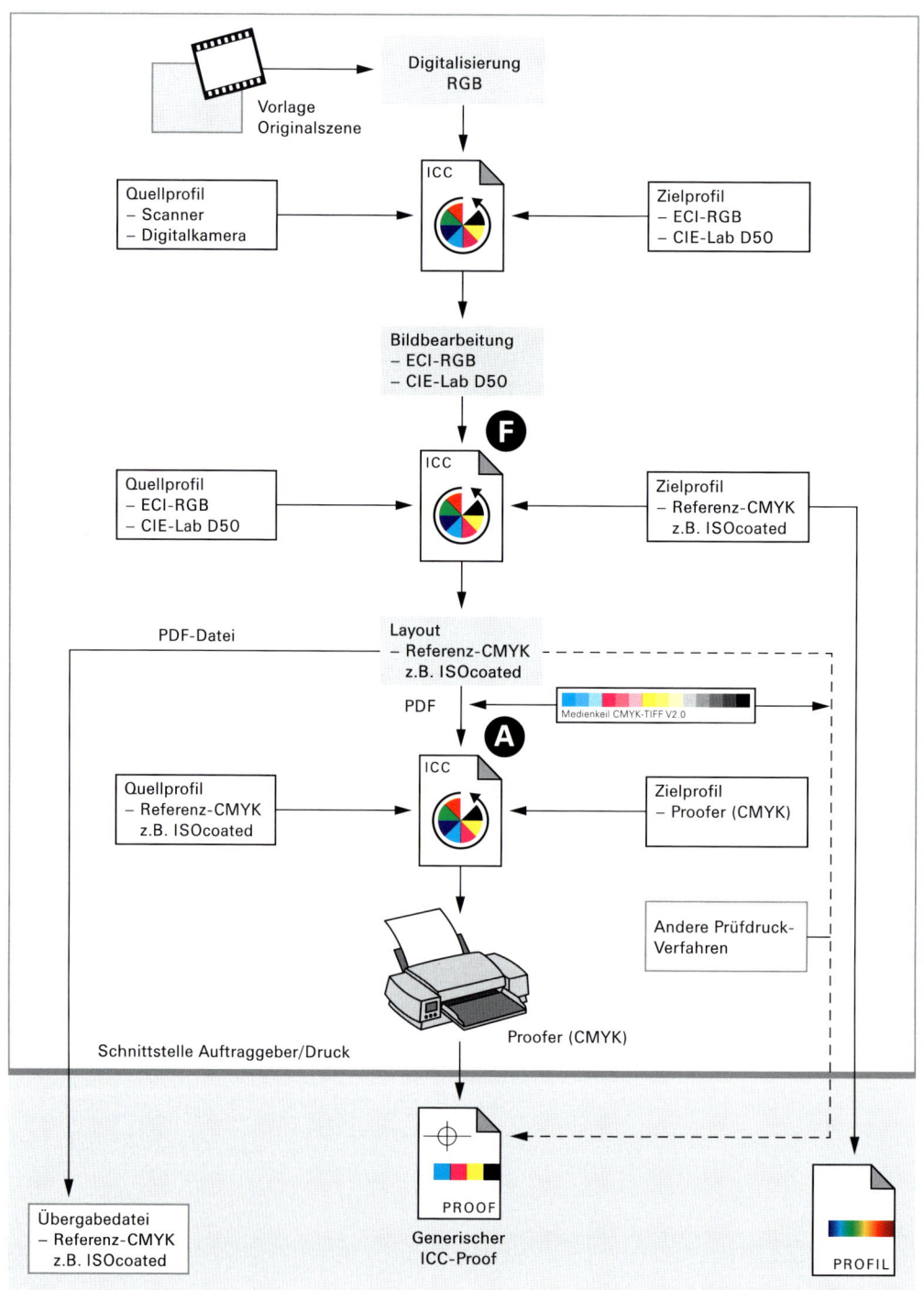

Abbildung 21.4
Verfahrenstypischer ICC-Workflow

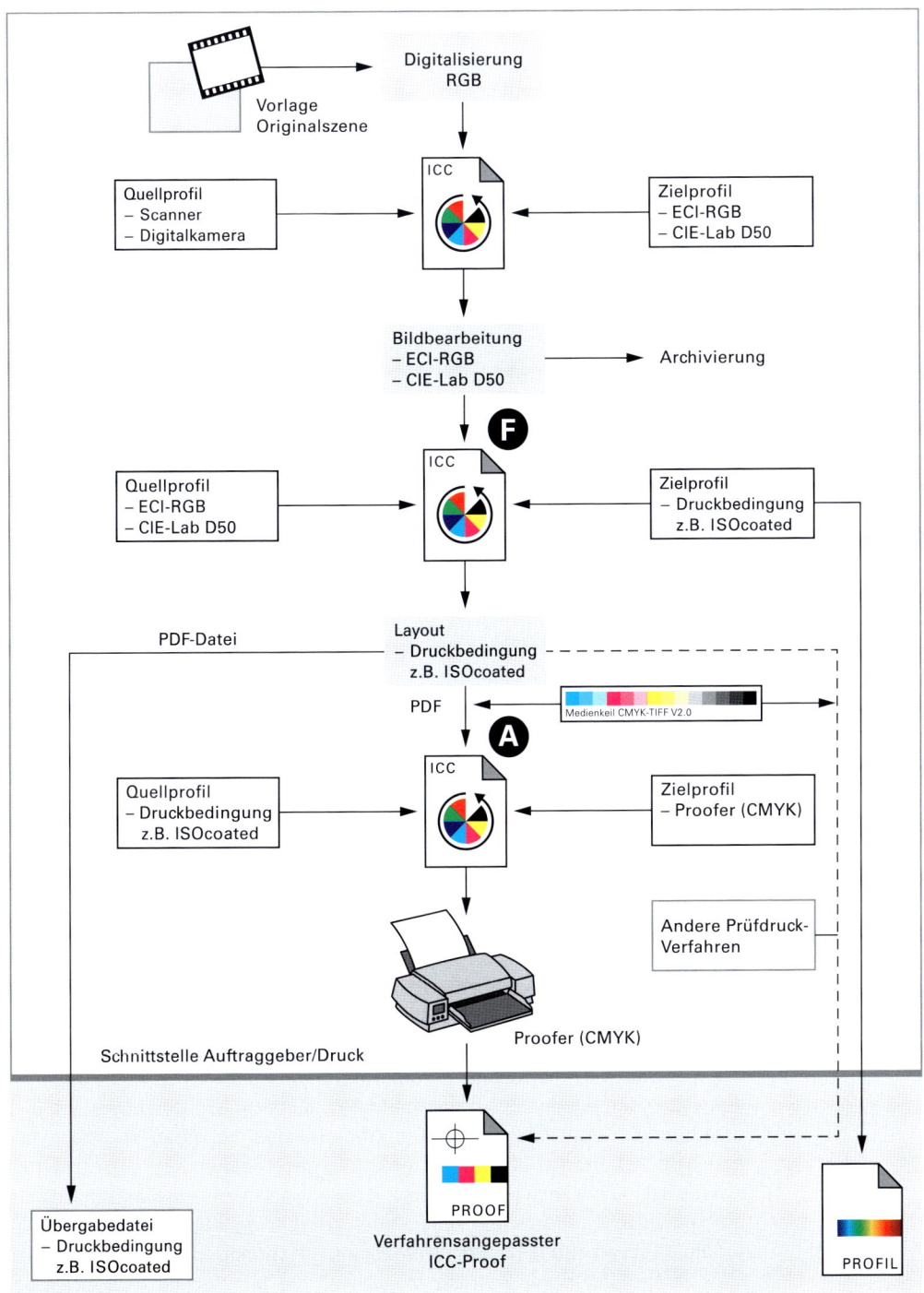

Abbildung 21.5
Verfahrensangepasster ICC-Workflow

Vor- und Nachteile der verschiedenen Workflow-Varianten

Die skizzierten Arbeitsabläufe haben ihre verschiedenen Vor- und Nachteile. In der Praxis wird der Austausch von verfahrensangepassten CMYK-Daten mit individuellem verfahrensangepasstem ICC-Proof am häufigsten angewendet.

Beim Austausch von medienneutralen ECI-RGB- oder Lab-D50-Daten mit generischem Proof liegt die Verantwortung für die Separation nach CMYK sowie auch die entsprechende spezifische Farbanpassung allein bei der Druckerei. Doch anhand des generischen ICC-Proofs können die individuellen Farbanpassungen innerhalb bekannter Toleranzen wesentlich besser bewertet werden als mit einem idealisierten Proof. Für den Datenlieferanten bzw. die Druckvorstufe bedeutet das Herstellen eines generischen Proofs zudem eine gewisse Zeitersparnis, und die Druckdaten können auch ohne genauere Kenntnisse des späteren individuellen Druckprozesses erstellt werden. Der große Nachteil dabei ist, dass eventuell notwendige geringfügige CMYK-Korrekturen im verfahrensangepassten CMYK nicht vom Datenlieferanten ausgeführt werden können. Das würde voraussetzen, dass die medienneutral angelieferten Daten zu möglichst optimalen CMYK-Daten führen, die weitgehend ohne nachträgliche Farbanpassung auskommen.

Beim Workflow mit verfahrenstypischen Referenz-CMYK-Daten mit generischem Proof fällt die verfahrensindividuelle Farbanpassung ebenfalls allein in die Verantwortlichkeit der Druckerei. Doch anhand der großen Ähnlichkeit zwischen Referenz-CMYK und individuellem CMYK sollte eine zuverlässige Farbanpassung möglich sein, womit auch die Verantwortung der Druckerei tragbar wird. Gefährlich wäre eine CMYK-zu-CMYK-Transformation mittels ICC-Profil, denn sowohl der Schwarzaufbau als auch der Gesamtfarbauftrag werden dabei möglicherweise sichtbar verändert. Große Unterschiede zwischen den Prozessparametern sind daher auf jeden Fall zu vermeiden. Beim verfahrenstypischen Workflow können die Daten seitens des Datenlieferanten bzw. der Druckvorstufe ohne genaue Kenntnisse des individuellen Druckprozesses erstellt werden.

Die Workflow-Variante mit verfahrensangepassten Daten und individuellem ICC-Proof überträgt die Verantwortung für die verfahrensspezifische Farbanpassung vollkommen dem Datenlieferanten bzw. der Druckvorstufe. Anhand der individuellen CMYK-Daten und des individuellen Proofs erhält die Druckerei eine eindeutige und farbverbindliche Vorlage, die keinen Interpretationsspielraum offen lässt. Sowohl die kreativen als auch die verfahrensspezifischen Korrekturen liegen voll in den Händen des Datenlieferanten, der sich letztlich auch gegenüber dem Kunden verantworten muss. Der große Nachteil bei dieser Workflow-Variante liegt im beträchtlichen Mehraufwand für die Produktion der verschiedenen Datensätze. Abgesehen von den verschiedenen verfahrensangepassten Layouts und individuellen Proofs fällt zudem auch der medienneutrale Zwischenschritt für die Bildbearbeitung und Archivierung an, die Variante bietet aber ein hohes Maß an Flexibilität und lässt die Möglichkeit der Mehrfachnutzung offen, bei gleichzeitig hoher Produktionssicherheit.

21.2 Dateiformate für den Colormanagement-Workflow

Nicht alle in der Druckvorstufe üblichen Dateiformate sind gleichermaßen gut geeignet für den Colormanagement-Workflow. TIFF, PICT und JPEG sind die drei Pixelformate, die ICC-Profile einbetten können. Doch ist PICT kein Thema für die Druckvorstufe, und JPEG zählt grundsätzlich zu den verlustbehafteten Kompressionsverfahren, so dass bei einer Farbraumtransformation mit zusätzlichen Informationsverlusten zu rechnen ist. In geradezu idealer Weise eignet sich das TIFF-Format (Tagged Image File Format), das außer Pixel- und Vektorinformationen für einen Freistellpfad auch Alphakanäle und ICC-Profile enthalten kann. Zudem unterstützt es den Bitmap-, Graustufen-, RGB- und CMYK-Modus sowie Lab und indizierte Farben. RGB-TIFF-Bilder sind immer dann eine besonders gute Wahl, wenn der spätere Druckprozess noch nicht definitiv feststeht. Zudem werden eingebettete ICC-Profile in der Regel von allen ICC-kompatiblen Anwendungen anstandslos aus einer TIFF-Datei ausgewertet. InDesign beispielsweise erkennt im Gegensatz zu XPress ICC-Profile nur in TIFF-Dateien und verwendet ansonsten die Profile in den Voreinstellungen für das Farbmanagement.

Der Problembereich EPS-Dateien und Colormanagement

Das EPS-Format (Encapsulated PostScript File Format) ist das Format der Wahl, wenn Grafiken für den Import in ein Layoutprogramm gespeichert werden. Als so genanntes Meta File Format kommt es mit Vektor- und Pixeldaten gleichermaßen zurecht; es unterstützt den Bitmap-, Graustufen-, RGB- und CMYK-Modus, indizierte Farben und ganz besonders auch Volltonfarben (Pantone oder HKS) – womit es auch das einzige Format ist, welches für Duplexbilder in Frage kommt. Nicht alle Anwendungen unterstützen jedoch das Einbetten eines ICC-Profils und noch weniger können diese eingebetteten Profile von ColorSync ausgewertet werden. Es ist also generell nicht möglich, mithilfe von Colormanagement die Inhalte einer EPS-Datei farblich anzupassen. Das hat folgenden Grund: Eine EPS-Datei besteht immer aus zwei Teilen, nämlich aus einer niedrigauflösenden Vorschau (72 ppi) im PICT-Format (Mac) oder TIFF-Format (PC), die lediglich zur Platzierung im Layout dient, und aus der hochauflösenden PostScript-Seitenbeschreibung. Eine Anwendung wie beispielsweise XPress kann aber nur auf diese Vorschau zugreifen und ist nicht in der Lage, die eigentliche Seitenbeschreibung zu interpretieren. Nur der PostScript-Interpreter im RIP eines Ausgabegeräts (Belichter, Drucker) oder ein Software-RIP kann die hochauflösende Seitenbeschreibung auswerten. Folglich ist es auch nicht möglich, eine Drucksimulation (Proof) mittels ICC-Profilverrechnung unter ColorSync auf Betriebssystemebene durchzuführen. Eine Farbanpassung der PostScript-Seitenbeschreibung kann also nicht über das ICC-Colormanagement in der jeweiligen Anwendung stattfinden. Um dieses Problem zu lösen, gibt es spezielle Software-RIPs wie Parachute von ColorBlind oder BatchMatcher PS von Logo/GretagMacbeth. Beide funktionieren nach dem gleichen Prinzip: Man erzeugt eine PostScript-Datei über den Druckertreiber, die anschließend den Software-RIP durchläuft, und zwar unter

Verrechnung der PostScript-Daten mit einem Quellprofil, einem Simulationsprofil (Druckprozess) und einem Zielprofil (Proofdrucker) und der Wahl eines Rendering Intents für den Proof (absolut farbmetrisch). Schließlich wird die Datei auf den Proofdrucker geschickt. EPS-Dateien müssen infolgedessen bereits vor dem Platzieren im Layout für die spätere Druckausgabe optimiert werden. Mit anderen Worten, man muss möglicherweise mehrere verfahrensangepasste Versionen der Datei speichern. Wichtig dabei ist auf jeden Fall, dass ein ICC-Quellprofil eingebettet wird – sofern das möglich ist. In Photoshop geht man dabei folgendermaßen vor: Im Menü DATEI → SPEICHERN UNTER... wird zuerst die Option FARBPROFIL EINBETTEN:... aktiviert. Nach einem Klick auf den Button SICHERN erscheint ein weiterer Dialog, in dem man die Option POSTSCRIPT-FARBMANAGEMENT vorfindet. Dieser Option sollte man besondere Beachtung schenken. Handelt es sich um verfahrensangepasste CMYK-Daten, wird die Option vorzugsweise nicht aktiviert, geht es dagegen um medienneutrale Daten im ECI-RGB-Farbraum, wird die Option aktiviert.

Um nun beispielsweise ein RGB-EPS für die Druckausgabe zu optimieren, öffnet man die Datei in Photoshop und begibt sich in den Menüpunkt BILD → MODUS → IN PROFIL KONVERTIEREN.... Nun definiert man den Zielfarbraum durch Wahl des entsprechenden Druckprofils und (da es sich um RGB-Quelldaten handelt, die in den CMYK-Farbraum konvertiert werden) des perzeptiven Rendering Intents. Bei einer CMYK-zu-CMYK-Konvertierung wählt man den relativ farbmetrischen Rendering Intent. Nach dem Umrechnen speichert man die Bilddatei wieder mit eingebettetem ICC-Profil. Dabei sollte man allerdings bedenken, dass eine CMYK-zu-CMYK-Konvertierung mit zwei normalen ICC-Profilen (ein Quell- und ein Zielprofil) den Schwarzaufbau der Datei grundsätzlich zerstört; sie sollte daher nur mit einem so genannten *Device-Link-Profil* (siehe Kapitel 19, Abschnitt »Profiltypen«) erfolgen.

PDF-Format

Analog zu EPS bietet sich auch ein PDF als Austauschformat für einzelne Grafiken an. PDF ist gewissermaßen der kleine Bruder von PostScript und somit auch von EPS, doch ist PDF ein vergleichsweise vielfältiges Format. Für den Colormanagement-Workflow ist es bestens geeignet, da sich ICC-Profile darin einbetten lassen und im späteren Workflow auch entsprechend ausgewertet werden. Seit der PDF-Version 1.3 gibt es dazu eine spezielle Speicherkonstruktion für ICC-Profile, womit es technisch möglich wird, Bilder und die zugehörigen Quellprofile als separate Informationen in einer PDF-Datei zu speichern. Zudem unterstützt PDF zahlreiche Farbräume wie Graustufen, RGB, CMYK, Lab, indizierte Farben, Sonderfarben und mehrkomponentige Farbräume (DeviceN) für den hochwertigen Mehrfarbendruck, wie zum Beispiel Pantone Hexachrome oder auch Bilder im Duplex-Modus.

Außerdem bieten natürlich auch so genannte native Dateiformate – zum Beispiel das Photoshop-Format (.psd), das Illustrator-Format (.ai) oder das InDesign-Format (.indd) – die Möglichkeit, ICC-Profile einzubetten.

ICC-Profil einbetten

Das so genannte Einbetten eines ICC-Profils beim Speichern einer Datei ist in der *ICC-Profile Specification* genau festgelegt, um die Austauschbarkeit einer »getaggten« Datei (*Tag* = Etikette, Schildchen) sicherzustellen. Die beträchtlichen Vorteile einer Profileinbettung liegen klar auf der Hand. Profilierte Daten lassen sich beliebig zwischen Anwendungen, Arbeitsstationen und Netzwerken – auch systemübergreifend – austauschen, und niemand braucht sich darum zu kümmern, ob das richtige Profil – und somit die korrekte Beschreibung der Farben – auch auf dem eigenen Rechner verfügbar ist. Hinfällig werden somit das erneute Zuweisen eines Quellprofils und die damit verbundene Gefahr einer Fehlleistung, die unter Umständen eine Datei vollständig ruinieren kann. Für eine reibungslose und kommentarlose Weiterverarbeitung ist ein eingebettetes bzw. angehängtes Profil von großem Vorteil, weshalb vermutlich auch die wichtigsten systemübergreifenden Austauschformate TIFF, EPS und PDF mit dieser Eigenschaft ausgestattet sind, aber auch JPEG und PICT. Sogar Web-Formate wie SVG, GIF und PNG bieten die Möglichkeit, durch Einbetten eines ICC-Profils ihre Inhalte farbangepasst preiszugeben. Die Dateigröße wird dabei allerdings vergrößert, doch ist so eine konsistente Farbwiedergabe gewährleistet.

Bei EPS-Dateien gibt es zwei Bereiche, die sich für das Einbetten eines ICC-Profils eignen: Einerseits ist es die Bildschirmvorschau im PICT- oder TIFF-Format, die sich dazu eignet, ein ICC-Profil einzubetten, und es der importierenden Anwendung erlaubt, die niedrigauflösende Vorschau farbkorrigiert am Monitor darzustellen; andererseits ist es die hochauflösende PostScript-Seitenbeschreibung, die für das Colormanagement bei der späteren Ausgabe von zentraler Bedeutung ist. Allerdings sind nur spezielle Anwendungen wie Soft- oder Hardware-RIPs oder entsprechende OPI-Server in der Lage, auf die in der PostScript-Seitenbeschreibung eingebetteten ICC-Profile zuzugreifen und auszuwerten.

Auch die Inhalte einer PDF-Datei, die mit einem ICC-Profil versehen ist, sollten beim Importieren oder Öffnen in farblicher Hinsicht korrekt verarbeitet werden; so erhält eine ICC-kompatible Anwendung Informationen darüber, ob und welche Farbanpassungen erforderlich sind, wobei auch Konflikte mit den aktuellen Colormanagement-Einstellungen erkannt werden sollten. Lediglich in InDesign haben PDF-Daten den Nachteil, dass sie beim Importieren nicht als »Bilder« behandelt werden, womit sie genau wie eine EPS-Datei vom Colormanagement ausgeschlossen sind.

Beim TIFF-Format (6.0) ist dafür ein eigenes Tag, ein so genanntes *private Tag* vorgesehen, um ein ICC-Profil in einer Bilddatei einzubetten. Dabei handelt es sich um ein nicht zwingend erforderliches *(required)* Tag, womit auch nicht zwangsläufig jeder TIFF-Reader das eingebettete Profil auswerten kann oder muss.

Grundsätzlich können nur so genannte Quellprofile eingebettet werden. Dazu gehören Scanner-, Monitor- und Ausgabeprofile sowie Profile des Typs »Color Space Conversion« für in Lab codierte Daten. Nicht eingebettet werden können die so genannten *abstrakten* Profile (die mit spezieller Software editiert wurden) sowie *DeviceLink*-Profile, die eine Konvertierung von einem Gerätefarbraum in einen bestimmten anderen Gerätefarbraum zusammenfassen. Wirksam wird ein eingebettetes Profil immer in demjenigen Prozess, der eine Farbraumtransformation vornimmt, was im Falle eines Druckers oder Belichters der RIP ist oder im Falle einer Layoutapplikation das Colormanagement-System auf Betriebssystemebene (ColorSync oder ICM). Es gibt aber auch ganz spezielle Programme wie *BatchMatcher PS*, die als eigentliche Software-RIPs funktionieren und eine entsprechende Farbtransformation vornehmen, um die Farbdaten später eins zu eins an ein Ausgabegerät übertragen zu können.

Deaktivieren von eingebetteten Profilen

Die pauschale Empfehlung, ICC-Profile grundsätzlich immer einzubetten, damit jederzeit erkennbar ist, welcher Farbraum den Daten zugrunde liegt, ist insbesondere bei CMYK-Daten mit Vorsicht zu genießen. Für eine längerfristige Bildarchivierung oder sofern die Bilddaten an Dritte zur Weiterverarbeitung übergeben werden, ist diese Vorgehensweise sicher sehr sinnvoll, doch sollte man sich im Klaren darüber sein, dass eingebettete Profile mitunter auch zum Problem werden können. Werden »getaggte« Bilder beispielsweise in einer Layout- oder Grafikanwendung mit aktiviertem Colormanagement platziert, werden in der Regel die eingebetteten Profile auch genutzt. Das heißt es erfolgt automatisch eine Transformation in einen geräteneutralen Farbraum (Lab/XYZ) und beim Drucken schließlich eine weitere Transformation in den Farbraum des zugewiesenen Profils für den Druckprozess. Für bereits separierte CMYK-Daten bedeutet das eine nochmalige Separation, was dazu führt, dass der ursprüngliche Schwarzaufbau durch den Zwischenschritt Lab/XYZ und zurück nach CMYK dabei zerstört wird. Es ist also bestimmt nicht sinnvoll, bereits für den späteren Druckprozess angepasste CMYK-Daten durch ein aktiviertes Colormanagement noch einmal einer Farbanpassung zu unterziehen, weshalb man in diesem Fall beim Drucken aus der Anwendung das Colormanagement komplett deaktivieren sollte. Sofern die Anwendung die Möglichkeit bietet, lassen sich die eingebetteten Profile für Bilddaten bereits beim Importieren von Bilddaten oder auch erst nach dem Platzieren individuell deaktivieren (zum Beispiel in XPress unter BILD LADEN oder PROFILINFORMATION → FARBE VERWALTEN). Damit werden die entsprechenden Bilddaten eins zu eins zum Drucker übertragen.

Geräteunabhängige Farbbeschreibung

Ein ICC-Profil ist im Grunde genommen eine Kalibrierungsinformation, die den Farbraum einer Pixel- oder Vektordatei geräteunabhängig und somit neutral und objektiv beschreibt (Lab/XYZ). Zu den geräteunabhängigen Farbbeschreibungen in PostScript Level 2 und PostScript Level 3 zählen die CIEBased-Farbräume für Eingangsfarbwerte, die nun nach XYZ – als geräteunabhängiger Verbindungsfarbraum – umgerechnet werden.

- ▸ CIEBasedA (1-kanalig Graustufen)

- ▸ CIEBasedABC (3-kanalig)

▸ CIEBasedDEF (3-kanalig)

▸ CIEBasedDEFG (4-kanalig)

Kalibrierte Farbräume im PDF-Umfeld sind:

▸ CalGray

▸ CalRGB

▸ Lab

▸ ICCBased (ICC-basiert durch angehängtes ICC-Profil)

▸ DefaultGray

▸ DefaultRGB

▸ DefaultCMYK

Zu erwähnen ist dabei, dass PostScript und somit auch EPS und PDF ICC-Profile nicht direkt unterstützen, womit beispielsweise in einem PostScript-3-RIP intern eine Wandlung der Kalibrierungsinformation des ICC-Profils von ICCBased → CIEBased → XYZ stattfindet (in PostScript immer CIE-XYZ).

Geräteabhängige Farbbeschreibung

Durch Deaktivieren der Option FARBPROFIL EINBETTEN beim Speichern einer Datei wird diese bewusst (oder unbewusst) als ungekennzeichnet markiert und die Farbinformation infolgedessen geräteabhängig beschrieben. Sie beinhaltet somit keine Kalibrierungsinformation, welche die Farben genau spezifiziert, womit sie auch in Abhängigkeit vom jeweiligen Ausgabegerät dargestellt oder ausgegeben wird. Zu den geräteabhängigen Farbbeschreibungen in PostScript und PDF zählen:

▸ DeviceGray

▸ DeviceRGB

▸ DeviceCMYK

▸ DeviceN

Eine DeviceCMYK-Farbe (*device* = Gerät) wird beispielsweise im PostScript-Interpreter unangetastet an das Ausgabegerät weitergereicht. Das Verzichten auf die Profilierung einer Datei schließt aber keineswegs aus, dass zum Beispiel eine ursprünglich im RGB-Farbraum eines Scanners oder einer Digitalkamera angelegte Bilddatei in einem ersten Schritt mittels ICC-Profil in einen kalibrierten RGB-Arbeitsfarbraum (zum Beispiel ECI-RGB) transformiert wurde und in einem zweiten Schritt mit einem ICC-Profil für den Auflagendruck (zum Beispiel ISOcoated) in den CMYK-Farbraum umgerechnet wurde. Die Bilddaten bzw. Farbinformationen wurden also zweimal mit einem ICC-Profil verrechnet. Das heißt die finalen Kalibrierungsinformationen sind in die Daten eingerechnet. Stimmt der Farbraum der Datei mit dem späteren Druckprozess überein, ist auch keine weitere Farbraumtransformation mehr notwendig, womit das fehlende Profil keinen Schaden verursachen kann.

21.3 Medienneutrale Farbräume

Zu den medienneutralen Farbräumen (oder präziser ausgedrückt zu den geräteunabhängigen Arbeitsfarbräumen) zählen einige so genannte *kalibrierte* RGB-Farbräume (siehe Kapitel 4, Abschnitt »RGB-Arbeitsfarbräume«) und natürlich der Lab-Farbraum (Lab-D50), der von all diesen Farbräumen den größten Farbumfang bietet, denn er umfasst alle visuell wahrnehmbaren Farben und ist somit auch wesentlich größer als alle RGB- und CMYK-Farbräume, die in ihrem Farbumfang vergleichsweise stark reduziert sind. Das ist sein Vorteil, gleichzeitig aber auch sein Nachteil, denn so viele Farben – theoretisch rund 16 Millionen – wie mit diesem virtuellen, rein rechnerischen Konstrukt bei 8 Bit pro Kanal codierbar sind, können in der realen Medienproduktion gar nie genutzt werden. Nur etwa ein Drittel aller im Lab-Farbraum codierbaren Farbwerte kommt in der Wirklichkeit tatsächlich vor, der Rest steht für Farben, die nicht real existieren und die auch von keinem Eingabe- oder Ausgabegerät erfasst, dargestellt oder ausgegeben werden können. Daneben gibt es aber auch einige Farben, die real vorkommen, aber im Lab-Farbraum nicht abgedeckt werden. Da der wesentlich größere Lab-Farbraum genau wie ein wesentlich kleinerer RGB-Farbraum auch nur mit 8 Bit codiert ist, kann man sich gut vorstellen, dass bei einer Farbraumtransformation nach CMYK durch die unvermeidlichen Rundungsfehler zahlreiche Tonwerte nivelliert werden, womit auch Detailzeichnung verloren geht. Das könnte man beispielsweise umgehen, indem man den Lab-Farbraum mit 16 Bit pro Kanal codiert. Die alternative Lösung ist zur Zeit der ECI-RGB-Farbraum (www.eci.org), der dieses Problem dadurch löst, indem er die theoretisch möglichen Farbwerte im Hinblick auf die real vorkommenden Farbwerte einfach besser ausnutzt und die theoretisch möglichen Werte gleichmäßig über den Raum der tatsächlich vorkommenden verteilt. Dadurch eignet er sich besser als medienneutraler Arbeitsfarbraum und somit für das Codieren realer Farben als Lab. Bedingt durch den geringeren Gamut-Mapping-Einfluss des farbumfangreduzierten ECI-RGB-Farbraums ergeben sich zuverlässigere und präzisere Farbanpassungsergebnisse und harmonischere Verläufe als bei Lab-Daten, da gleich unterschiedliche Farben auch gleich weit voneinander entfernt sind. So eignet sich beispielsweise der ECI-RGB-Arbeitsfarbraum im Vergleich zu einem geräteabhängigen Scanner-RGB auch besser für die Bildbearbeitung. Farbverschiebungen und Tonwertabrisse durch ungleichmäßig verteilte Farben treten dadurch praktisch nicht auf. Dennoch bietet das Arbeiten mit CIE-basierten Farbräumen hinsichtlich Qualität und Vorhersehbarkeit erhebliche Vorteile für die Medienproduktion, die trotz möglicher Probleme eine herkömmliche Produktionsweise bei weitem aufwiegt.

ECI-RGB. v 1.0.icc

Das geräteunabhängige ECI-RGB-Arbeitsfarbraumprofil ist vom Typ *Monitorprofil* (Kennung 'mntr') mit dreikomponentigem Farbraum (RGB) und dem Default Rendering Intent FOTOGRAFISCH bzw. PERZEPTIV.

Lab_Profile (D50)

Das für eine medienneutrale Arbeitsweise empfohlene Arbeitsfarbraumprofil »Lab_Profile (D50)« ist ein so genanntes *Color Space Conversion Profile* (Kennung 'spac') und dient zur Konvertierung eines geräteneutralen Farbraums (zum Beispiel CIE-XYZ) hin zur Lab-Schnittstelle bzw. in umgekehrter Richtung. Als Default Rendering Intent wird die fotografische Methode verwendet.

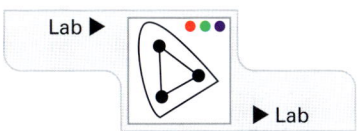

Profil: ECI-RGB. v1.0.icc
Typ: Monitorprofil (mntr)

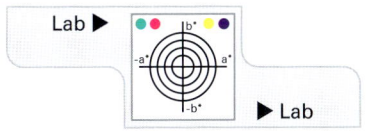

Profil: Lab_Profile (D50)
Typ: Color Space Conversion Profile (spac)

Abbildung 21.6
Geräteneutrale Arbeits-
farbräume (Symbole)

21.4 Erzeugung von medienneutralen ECI-RGB-Bilddaten

Das Bereitstellen medienneutraler Bilddaten als Basis für die Archivierung oder für den direkten Import in ein Layout- oder Grafikdokument ist keine Hexerei, bietet jedoch eine ideale und flexible Ausgangslage für die vorher erwähnten Workflow-Varianten, mit dem Ziel PDF/X-3-Übergabedaten zu erstellen. Von Scannern oder Digitalkameras erfasste Bilder liegen grundsätzlich immer als RGB-Daten vor, wobei es sich hier allerdings um geräteabhängige RGB-Farbräume handelt, die sich für eine Bilddatenaufbereitung aus bereits erwähnten Gründen weniger gut eignen. Deshalb werden sie in einem ersten Arbeitsschritt immer in einen kalibrierten RGB-Arbeitsfarbraum – vorzugsweise ECI-RGB – transformiert. Denn es ist nicht sinnvoll, die Bilder zuerst zu korrigieren, um sie letzten Endes in einen anderen RGB-Farbraum zu überführen, denn jede Transformation führt zu mehr oder weniger sichtbaren Farbverschiebungen und Farbraumverlusten durch Rundungsfehler. Die Devise lautet daher: So wenig wie möglich transformieren und nur so viel wie notwendig.

Photoshop-Farbeinstellungen

Bevor in Photoshop Bilder bearbeitet werden, sollten immer zuerst die Farbeinstellungen auf ihre Korrektheit überprüft werden und die in Abbildung 20.9 beschriebenen Einstellungen aufweisen. Die Vorgaben für den CMYK-Arbeitsfarbraum richten sich nach dem vorgesehenen Druckprozess mit individuellem oder Referenz-CMYK-Profil.

Unbearbeitete Bilddaten von Scanner oder Digitalkamera

Die digitale Bilddatei im Beispiel aus Abbildung 21.7 liegt in Form von unbearbeitetem Datenmaterial und ohne eingebettetes Profil im RGB-Farbraum des Scanners oder der Digitalkamera vor, was sich beim ersten Öffnen des Bildes in Photoshop durch eine Fehlermeldung bemerkbar macht.

Abbildung 21.7
Warnhinweis bei
fehlendem Farbprofil

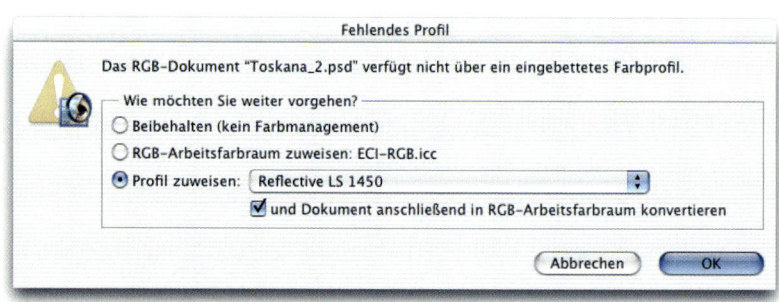

Für das weitere Vorgehen wählt man PROFIL ZUWEISEN und gibt das entsprechende Scanner- oder Digitalkameraprofil an, sofern man weiß, mit welchem Eingabegerät das Bild erfasst wurde. Gleichzeitig wird auch die Option UND DOKUMENT ANSCHLIESSEND IN RGB-ARBEITSFARBRAUM KONVERTIEREN aktiviert, um das Bild in den voreingestellten Arbeitsfarbraum umzurechnen, womit es nun im vorgesehenen ECI-RGB-Farbraum für die weitere Bildbearbeitung vorliegt. Ist das Eingabeprofil bereits eingebettet, kann man direkt in den RGB-Arbeitsfarbraum konvertieren.

Ein kurzer Blick in die untere linke Ecke des Dokumentfensters gibt Aufschluss darüber, ob die Umrechnung in den ECI-RGB-Farbraum erfolgreich war. Eventuell muss man dazu auf das kleine Dreieck klicken und die Anzeige DOKUMENTPROFIL auswählen (siehe Abbildung 21.8).

Abbildung 21.8
Hier erhalten Sie Informationen über die korrekte
Umrechnung

Bilddatenaufbereitung

Die Bilddatenaufbereitung, Bildmontagen oder eventuell notwendige Retuschen werden nun im medienneutralen ECI-RGB-Farbraum vorgenommen. Sinnvoll ist ein Softproof am Monitor, um dabei die visuelle Kontrolle über das zu erwartende Druckergebnis zu haben. Der schnellste Weg führt dabei über die Tastenkombination Befehl-Y, um den Softproof auf Basis des voreingestellten CMYK-Arbeitsfarbraums zu aktivieren bzw. zu deaktivieren. Nähere Angaben zum Softproof in Photoshop sind in Kapitel 20 im Abschnitt »Softproof einrichten in Photoshop« zu erfahren.

Verfahrensneutrale Speicherung

Nach der Bilddatenaufbereitung wird die Datei im ECI-RGB-Farbraum gespeichert, wobei es hier mehrere Möglichkeiten gibt. Im Hinblick auf eine längerfristige Archivierung medienneutraler Datenbestände ist vor dem nativen Photoshop-Format (.psd) dem TIFF-Format (.tif) der Vorzug zu geben, um möglichen Problemen mit älteren Programmversionen vorzubeugen, da man die Dateien später vielleicht nicht mehr öffnen kann.

Für den Import in eine Layout-Anwendung wie XPress oder InDesign wird vorzugsweise ebenfalls das TIFF-Format gewählt, denn im Gegensatz zum EPS-Format kann das eingebettete ICC-Profil von jeder ICC-kompatiblen Anwendungssoftware im späteren Workflow auch ausgewertet werden.

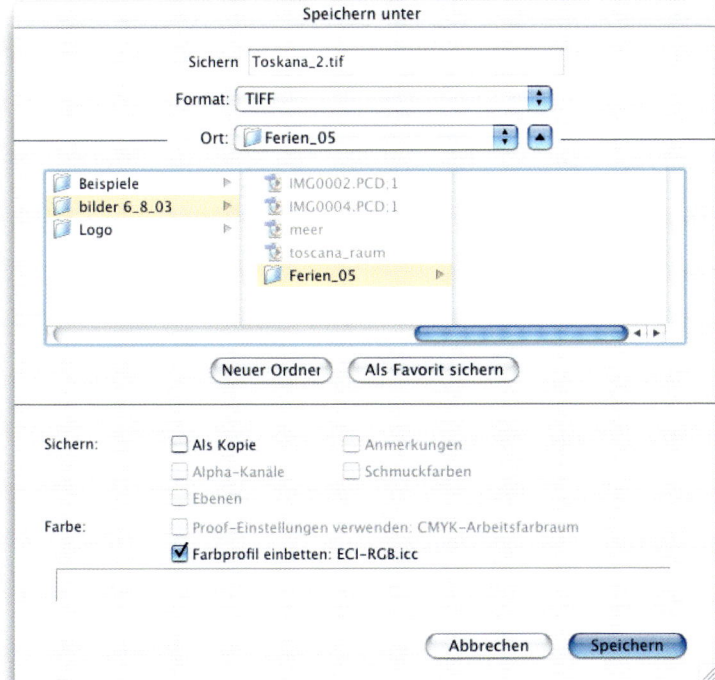

Abbildung 21.9
Bearbeitete Bilddateien sind vorzugsweise im TIFF-Format zu speichern und das Farbprofil einzubetten.

Abbildung 21.10
TIFF-Optionen in Photoshop

Die weiteren Optionen beim Speichern im TIFF-Format haben keine Auswirkungen auf den Farbraum des TIFFs. Einzig die LZW-Kompression sollte man aus Kompatibilitätsgründen zu PDF/X-3 nicht aktivieren.

JPEG oder JPEG 2000 als Speicherformat bzw. als verlustbehaftetes Kompressionsformat sind schon rein aus Qualitätsgründen nicht zu empfehlen, denn beim Erstellen einer PDF-Datei werden die Daten in Acrobat Distiller unter Umständen noch einmal komprimiert.

Beim Speichern als medienneutrale EPS-Datei über den Menüpunkt DATEI → SPEICHERN UNTER… ist Folgendes zu beachten: Grundsätzlich muss die Option FARBPROFIL EINBETTEN aktiviert sein. Im Falle einer medienneutralen Weiterverarbeitung ist die ebenso wichtige Option POSTSCRIPT-FARBMANAGEMENT im Dialog EPS-OPTIONEN (nach dem Klicken auf den Button SPEICHERN) zu aktivieren, wobei alle übrigen Optionen deaktiviert bleiben – außer wenn Rastereinstellungen und Druckkennlinien aus gestalterischen Gründen mitgespeichert werden sollen.

Abbildung 21.11
Optionen beim Speichern
als medienneutrale EPS-
Datei

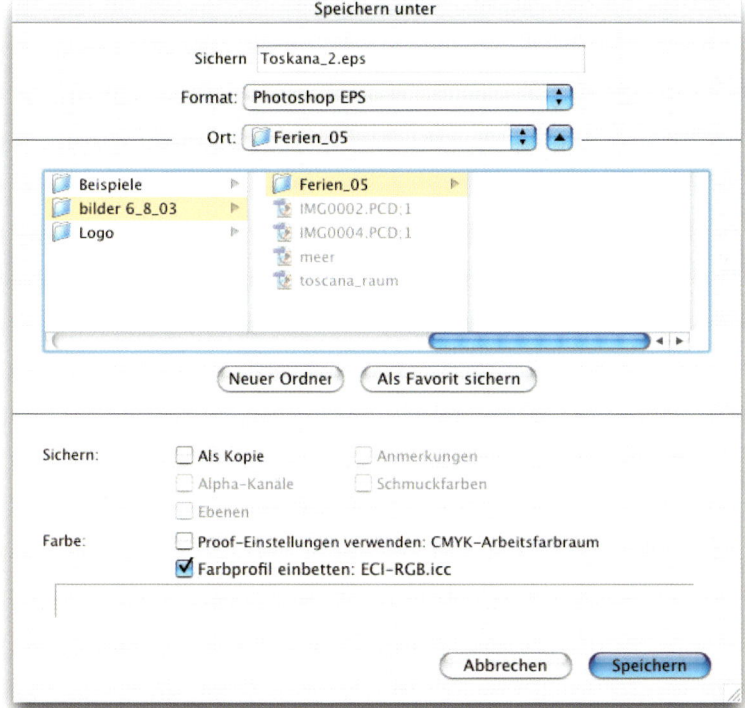

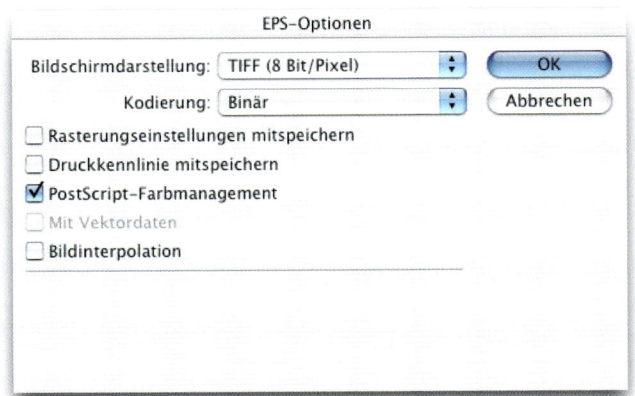

Abbildung 21.12
Nach einem Klick auf
SPEICHERN erscheint der
Dialog EPS-OPTIONEN.

Das erste wichtige Zwischenziel in einem medienneutralen Workflow ist damit erreicht, und die Bilddaten sind korrekt aufbereitet für die Weiterverarbeitung im Hinblick auf eine PDF/X-3-Datei.

21.5 Erzeugung von medienneutralen ECI-RGB-Grafiken

In den nachfolgenden Abschnitten wird anhand von Illustrator erläutert, wie man medienneutrale Vektorgrafiken im ECI-RGB-Farbraum erzeugen kann und wie die fertigen Daten für den Import in ein medienneutrales Layout-Dokument im Hinblick auf eine PDF/X-3-Datei zu speichern sind.

Farbeinstellungen in Illustrator

Bevor man damit beginnt, Vektorgrafiken in Illustrator zu erstellen, sollte man vorab die Farbeinstellungen auf ihre Korrektheit hin überprüfen; sie sollten den in Abbildung 20.13 beschriebenen Einstellungen entsprechen. Die Vorgaben für den CMYK-Arbeitsfarbraum richten sich jeweils nach dem vorgesehenen Druckprozess mit individuellem oder Referenz-CMYK-Profil.

Neues Dokument anlegen

Mit Befehl-N erstellt man ein neues Dokument im RGB-Modus. Um den aktuellen Farbraum des Dokuments zu überprüfen, steht im Menü FENSTER → DOKUMENTIN-FORMATIONEN eine spezielle Palette zur Verfügung, die außer dem Farbraum und dem Farbprofil noch weitere nützliche Informationen bereithält. Einfacher und schneller geht es – vergleichbar mit Photoshop – mit einem Blick in die untere linke Dokumentecke. Möglicherweise muss man das kleine Dreieck mit der Maus anklicken und im Dropdown-Menü den Punkt FARBPROFIL DES DOKUMENTS wählen.

Abbildung 21.13
Neues Illustrator-
Dokument im RGB-Modus
anlegen

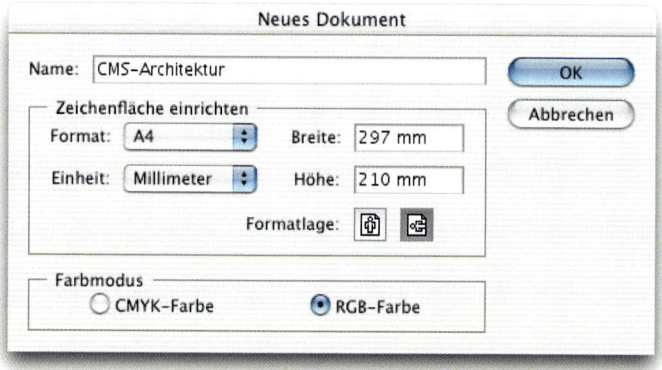

Abbildung 21.14
Ein Blick auf die
Dokumentinformationen,
um den aktuellen
Farbraum zu überprüfen

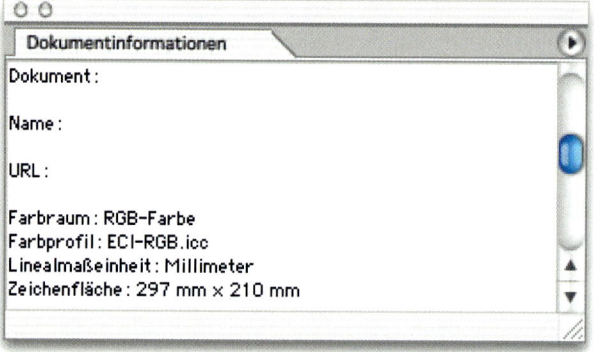

Softproof

Um das zu erwartende Druckergebnis in farblicher Hinsicht zu beurteilen, sollte stets der Softproof aktiviert sein. Eingerichtet wird der Softproof im Menü ANSICHT → PROOF EINRICHTEN → EIGENE.... Nähere Angaben zu diesen Einstellungen finden Sie in Kapitel 20 im Abschnitt »Softproof einrichten in Illustrator«.

ECI-RGB-Farben anlegen

Nicht ganz so einfach wie bei CMYK-Farben gestaltet sich das Anlegen von Farben im ECI-RGB-Farbraum. Einerseits kann man sich wenig unter einem Farbwert wie beispielsweise RGB 51/104/255 vorstellen, andererseits gibt es für die Lichtfarben RGB keine Tonwertatlasse, um sich die gewünschten Farben samt RGB-Werten auszusuchen. Möglichkeiten, um dennoch ans Ziel zu kommen, gibt es verschiedene.

So kann man sich auf die Bildschirmanzeige verlassen und die Farben rein visuell bei aktiviertem Softproof für den späteren Druckprozess bzw. das Referenz-CMYK bestimmen. Das setzt allerdings voraus, dass der Monitor einwandfrei kalibriert ist. Unter FARBART in der Farbfelderpalette von Illustrator hat man – aufgrund eines Übersetzungsfehlers – nicht die Möglichkeit, RGB-FARBE zu wählen, und muss daher auch für RGB-Farben die Farbart CMYK-FARBE selektieren. Bei FARBMODUS wählt man RGB. Die entsprechenden CMYK-Werte lassen sich – nicht ganz so elegant wie in Photoshop – unter dem CMYK-Modus ablesen, was allerdings zu wenig schönen Werten mit zwei Stellen nach dem Komma führt! Das hat weitgehend damit zu tun, dass der definierte RGB-Farbwert im Farbraum des vorgesehenen Auflagendrucks (gemäß CMYK-Arbeitsfarbraum) so nicht dargestellt werden kann, weshalb in der Farbfelderpalette auch das kleine Warndreieck erscheint und gleichzeitig ein kleines Feld mit einer alternativen druckbaren Farbe. Den Vorschlag von Illustrator sollte man also übernehmen, indem man auf das kleine Feld klickt.

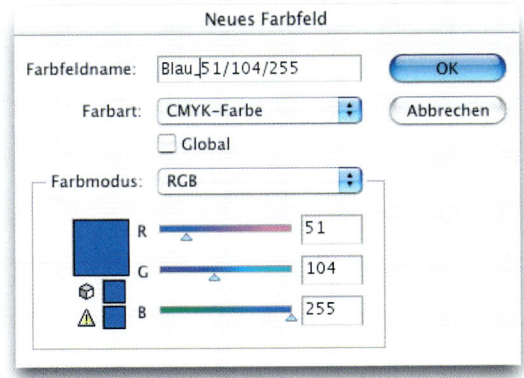

Abbildung 21.15
Anlegen von Farben im RGB-Modus

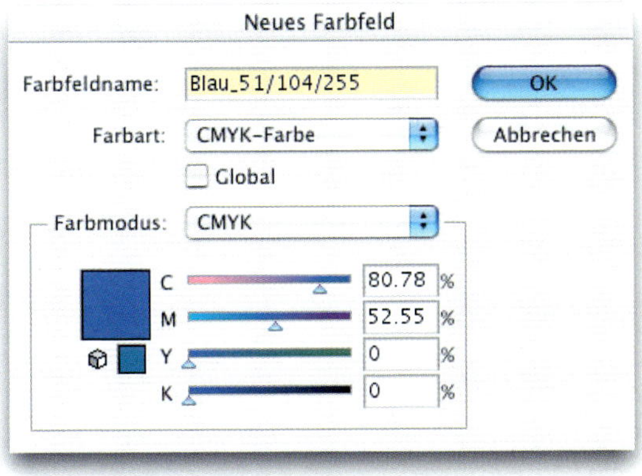

Abbildung 21.16
Farbangabe mit den entsprechenden CMYK-Werten

Man kann auch die Info-Palette von Photoshop benutzen, um beispielsweise einen Farbton in einem ECI-RGB-Bild abzulesen und in die Farbfelderpalette von Illustrator zu übertragen.

Oder man verwendet den Farbwähler von Photoshop und gibt zum Beispiel einen spektralfotometrisch ermittelten Lab-Wert ein, liest die entsprechenden ECI-RGB-Werte und überträgt sie in Illustrator. Absolute Voraussetzung dazu ist, dass auch der RGB-Arbeitsfarbraum von Photoshop auf ECI-RGB voreingestellt ist.

Abbildung 21.17
RGB-Werte im Farbwähler
von Photoshop ablesen

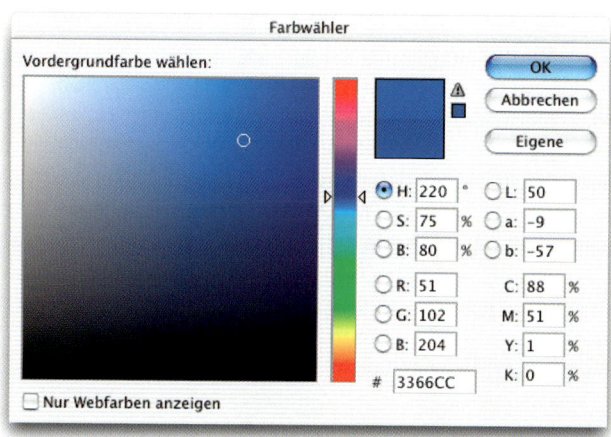

Medienneutrale Speicherung

Bei einer medienneutralen Arbeitsweise sollte grundsätzlich immer auch das original Illustrator-Dokument als Arbeitsdatei im nativen Illustrator-Format (.ai) gespeichert werden. Bei den Format-Optionen im Menü DATEI → SPEICHERN UNTER... → ADOBE ILLUSTRATOR DOCUMENT → SICHERN wird die Option ICC-PROFIL EINBETTEN aktiviert.

Abbildung 21.18
Optionen für das native
Illustrator-Format

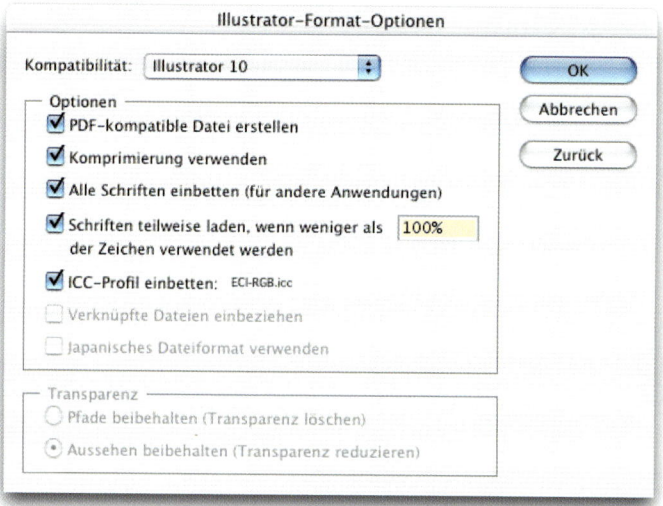

Beim Speichern einer EPS-Datei in Illustrator besteht keine Möglichkeit, ein ICC-Profil einzubetten bzw. mitzuspeichern.

Für die spätere Weiterverarbeitung in InDesign eignet sich nur das PDF-Format (.pdf), um die farbmetrisch korrekten RGB-Daten unangetastet zu belassen.

Beim Speichern als PDF verwendet man vorzugsweise die in Abbildung 21.19 und Abbildung 21.20 angegebenen Optionen.

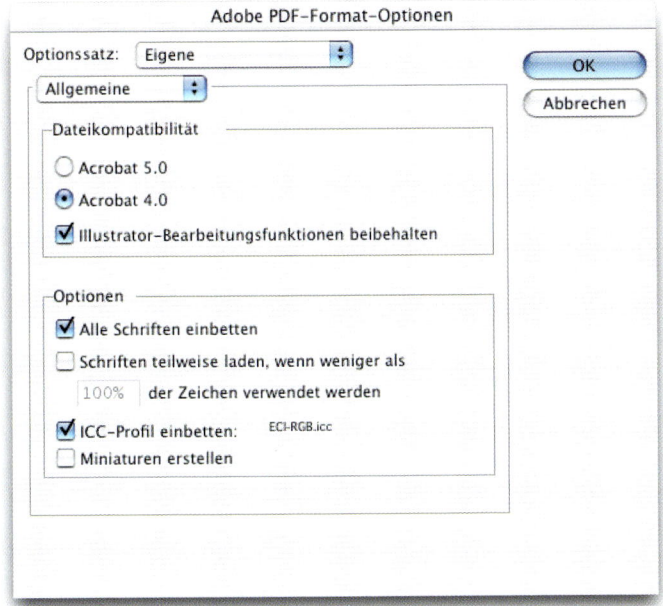

Abbildung 21.19
Allgemeine PDF-Format-Optionen in Illustrator

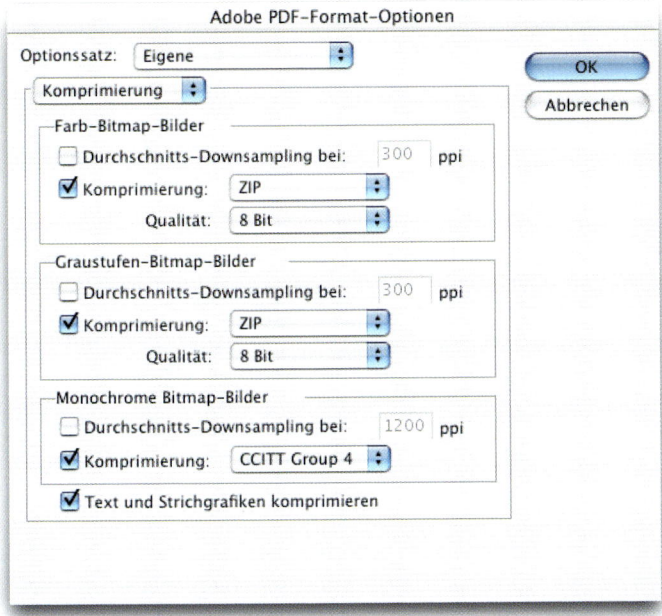

Abbildung 21.20
PDF-Format-Optionen
KOMPRIMIERUNG

21.6 Erzeugung von verfahrens- angepassten CMYK-Bilddaten

Das Arbeiten mit verfahrensangepassten CMYK-Daten wird heute immer noch weitaus am häufigsten praktiziert. Der nachfolgend beschriebene Arbeitsablauf gilt gleichermaßen für verfahrensangepasste wie auch für verfahrenstypische CMYK-Daten, wobei anstelle des individuellen Druckprofils ein Standard-CMYK-Profil für einen typischen Druckprozess (zum Beispiel Tiefdruck, Offsetdruck usw.) verwendet wird. Zu empfehlen sind die neusten ISO-Profile (www.eci.org). Der Arbeitsablauf ist bis hin zur Bilddatenaufbereitung im ECI-RGB-Farbraum mit der medienneutralen Erzeugung wie weiter vorne beschrieben identisch. Für die verfahrensangepasste oder verfahrenstypische Weiterverarbeitung werden die Bilddaten hingegen in den geräteabhängigen CMYK-Farbraum konvertiert.

Unbearbeitete Bilddaten von Scanner oder Digitalkamera

Die digitale Bilddatei liegt im Beispiel von Abbildung 21.21 in Form von unbearbeitetem Datenmaterial und ohne eingebettetes Profil im RGB-Farbraum des Scanners oder der Digitalkamera vor, was sich beim ersten Öffnen des Bildes in Photoshop durch eine Fehlermeldung bemerkbar macht.

Abbildung 21.21
Warnhinweis bei
fehlendem Farbprofil

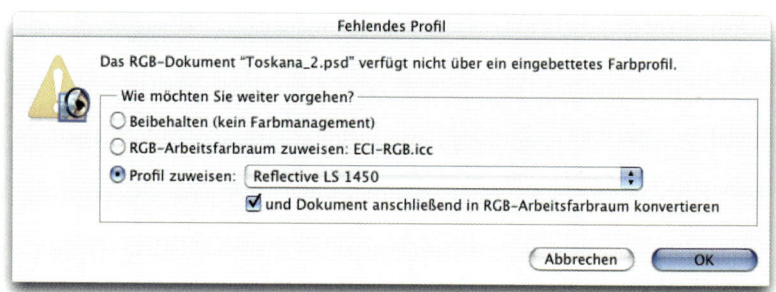

Für das weitere Vorgehen wählt man PROFIL ZUWEISEN und gibt das entsprechende Scanner- oder Digitalkameraprofil an, sofern man weiß, mit welchem Eingabegerät das Bild erfasst wurde. Gleichzeitig wird auch die Option UND DOKUMENT ANSCHLIESSEND IN RGB-ARBEITSFARBRAUM KONVERTIEREN aktiviert, um das Bild in den voreingestellten Arbeitsfarbraum umzurechnen, womit es nun im vorgesehenen ECI-RGB-Farbraum für die weitere Bildbearbeitung vorliegt. Ist das Eingabeprofil bereits eingebettet, kann man direkt in den RGB-Arbeitsfarbraum konvertieren.

Bilddatenaufbereitung

Bilddatenaufbereitung, Bildmontagen oder eventuell notwendige Retuschen werden nun im medienneutralen ECI-RGB-Farbraum vorgenommen. Sinnvoll ist ein Softproof am Monitor, um dabei die visuelle Kontrolle über das zu erwartende Druckergebnis zu haben. Der schnellste Weg führt dabei über die Tastenkombination Befehl-Y, um den Softproof auf der Basis des voreingestellten

CMYK-Arbeitsfarbraums zu aktivieren bzw. zu deaktivieren. Nähere Angaben zum Softproof in Photoshop sind in Kapitel 20 im Abschnitt »Softproof einrichten in Photoshop« zu erfahren.

Farbraumtransformation nach CMYK

Nach der Bilddatenaufbereitung wird das Dokument in den CMYK-Farbraum konvertiert, womit die Daten für den vorgesehenen Druckprozess separiert werden. Dazu gibt es in Photoshop zwei Möglichkeiten. So wird durch Anwählen von BILD → MODUS → CMYK-FARBE das in den Voreinstellungen definierte CMYK-Arbeitsfarbraum-Profil verwendet. Die andere Möglichkeit führt über den Menüpunkt BILD → MODUS → IN PROFIL KONVERTIEREN... und erlaubt die Wahl eines Zielprofils. Die übrigen Konvertierungsoptionen entsprechen den Voreinstellungen im Dialog FARBEINSTELLUNGEN und sollten an dieser Stelle nicht mehr geändert werden müssen.

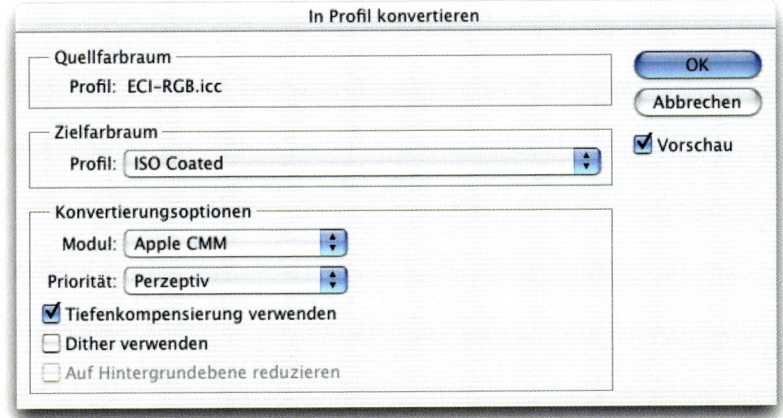

Abbildung 21.22
Konvertierung in den CMYK-Farbraum über IN PROFIL KONVERTIEREN

Ein kurzer Blick in die untere linke Ecke des Dokumentfensters gibt Aufschluss darüber, ob die Umrechnung in den CMYK-Farbraum erfolgreich war. Eventuell muss man dazu auf das kleine Dreieck klicken und die Anzeige DOKUMENTPROFIL auswählen (siehe Abbildung 21.23).

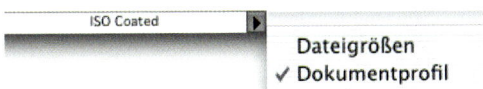

Abbildung 21.23
Das Dokumentprofil gibt Aufschluss darüber, ob die Umrechnung erfolgreich war.

Verfahrensangepasste CMYK-Korrekturen

Man sollte sich angewöhnen, immer nur eine Kopie der Arbeitsdatei in den CMYK-Farbraum zu konvertieren, um die noch medienneutralen ECI-RGB-Daten in dieser »neutralen« Form zu archivieren, sozusagen als digitale Masterdatei, um sie jederzeit auch für andere Druckprozesse separieren oder für Online-

Medien verwenden zu können. Geringfügige CMYK-Korrekturen (im Bereich von 1–5 %) werden nun in den verfahrensangepassten CMYK-Daten vorgenommen.

Verfahrensangepasste Speicherung

Für den Import in eine Layout-Anwendung wie XPress oder InDesign wird vorzugsweise das TIFF-Format verwendet, denn im Gegensatz zum EPS-Format kann das eingebettete ICC-Profil von jeder ICC-kompatiblen Anwendungssoftware im späteren Workflow auch ausgewertet werden.

Abbildung 21.24
Speichern als TIFF mit aktivierter Option FARBPROFIL EINBETTEN

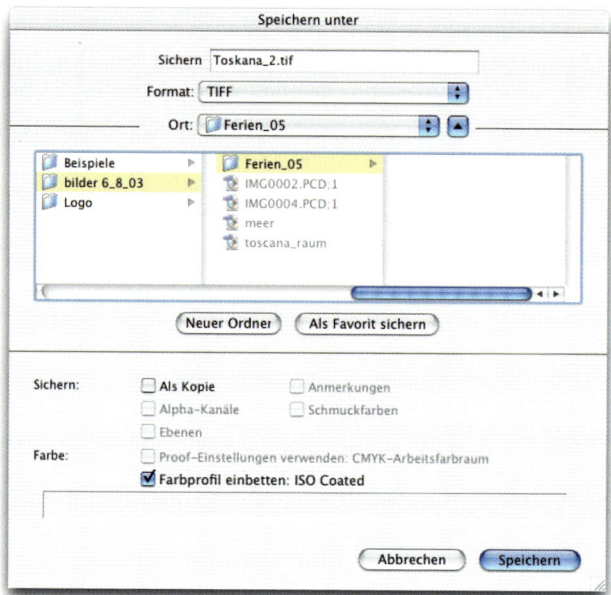

Abbildung 21.25
TIFF-Optionen

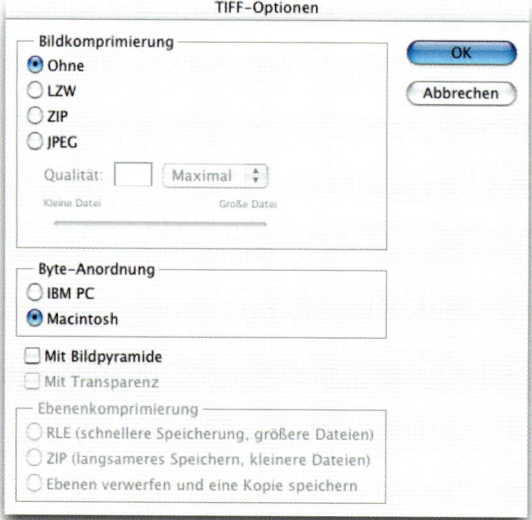

Die weiteren Optionen beim Speichern im TIFF-Format haben keine Auswirkungen auf den Farbraum des TIFFs.

JPEG oder JPEG 2000 als Speicherformat bzw. als verlustbehaftetes Kompressionsformat sind schon rein aus Qualitätsgründen nicht zu empfehlen, denn beim Erstellen einer PDF-Datei werden die Daten in Acrobat Distiller unter Umständen noch einmal komprimiert.

Beim Speichern als verfahrensangepasste EPS-Datei über den Menüpunkt DATEI → SPEICHERN UNTER… gilt es Folgendes zu beachten: Die Option FARBPROFIL EINBETTEN wird auch hier standardmäßig aktiviert. Die zweite wichtige Option POST-SCRIPT-FARBMANAGEMENT im Dialog EPS-OPTIONEN (nach dem Klicken auf SPEICHERN) darf im Falle von verfahrensangepassten oder verfahrenstypischen CMYK-Daten hingegen unter keinen Umständen aktiviert werden; das gilt auch für alle übrigen Optionen – außer wenn Rastereinstellungen und Druckkennlinien aus gestalterischen Gründen mitgespeichert werden sollen.

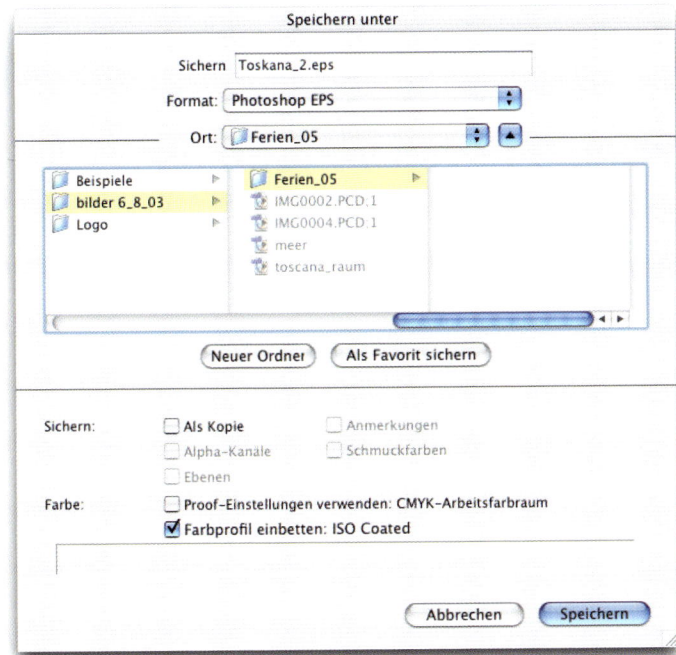

Abbildung 21.26
Speichern als EPS mit aktivierter Option FARBPROFIL EINBETTEN

Abbildung 21.27
Die Option PostScript-
Farbmanagement wird nicht
aktiviert.

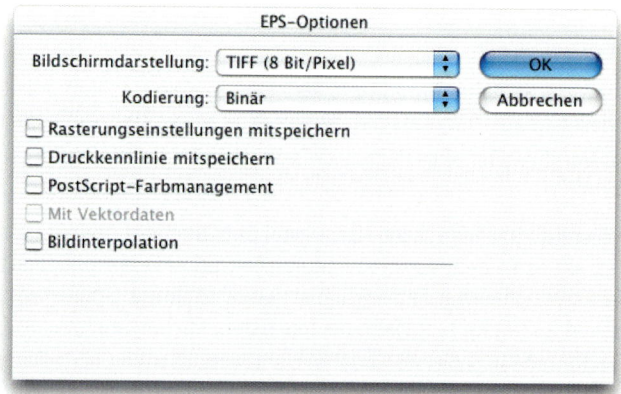

Das erste wichtige Zwischenziel in einem verfahrensangepassten Workflow ist damit erreicht, und die Bilddaten sind korrekt aufbereitet für die Weiterverarbeitung im Hinblick auf eine PDF/X-3-Datei.

21.7 Erzeugung von verfahrens- angepassten CMYK-Grafiken

Die nachfolgenden Abschnitte beschäftigen sich damit, wie man verfahrensangepasste CMYK-Vektorgrafiken in Illustrator erzeugt und speichert.

Farbeinstellungen in Illustrator

Das erste Gebot, bevor man mit der Erstellung von Grafiken in Illustrator beginnt, ist das Kontrollieren der Farbeinstellungen; diese sollten die in Abbildung 20.13 beschriebenen Vorgaben aufweisen. Der CMYK-Arbeitsfarbraum richtet sich jeweils nach dem vorgesehenen Druckprozess mit individuellem oder Referenz-CMYK.

Neues Dokument anlegen

Mit Befehl-N erstellt man ein neues Dokument im CMYK-Modus. Um den aktuellen Farbraum des Dokuments zu überprüfen, steht im Menü FENSTER → DOKUMENTINFORMATIONEN eine spezielle Palette zur Verfügung, die außer dem Farbraum und dem Farbprofil noch weitere nützliche Informationen bereithält. Einfacher und schneller geht es – vergleichbar mit Photoshop – mit einem Blick in die untere linke Dokumentecke. Möglicherweise muss man das kleine Dreieck mit der Maus anklicken und im Dropdown-Menü den Punkt FARBPROFIL DES DOKUMENTS wählen.

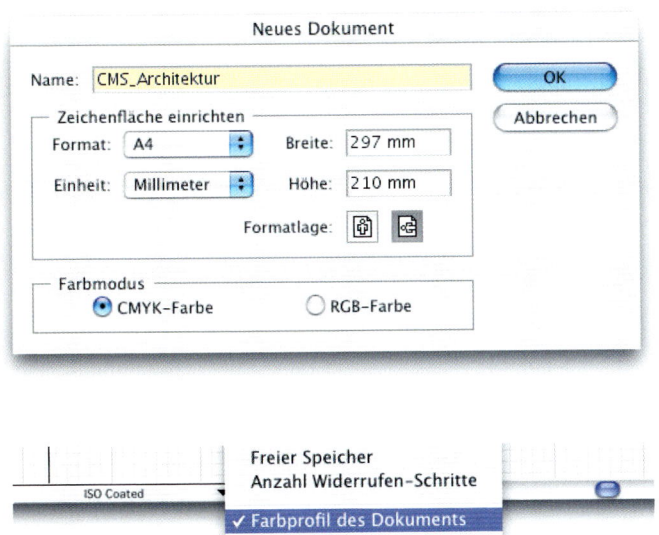

Abbildung 21.28
Neues Illustrator-Doku-
ment im CMYK-Modus
anlegen

Abbildung 21.29
Dokumentfarbraum
überprüfen

Softproof

Um das zu erwartende Druckergebnis in farblicher Hinsicht zu beurteilen, sollte stets der Softproof aktiviert sein. Eingerichtet wird der Softproof im Menü ANSICHT → PROOF EINRICHTEN → EIGENE…. Nähere Angaben zu diesen Einstellungen finden Sie in Kapitel 20 im Abschnitt »Softproof einrichten in Illustrator«.

CMYK-Farben anlegen

Das Anlegen von Farben in Form anteilmäßiger CMYK-Werte entspricht der tradi-tionellen Arbeitsweise eines verfahrensangepassten oder verfahrenstypischen Arbeitsablaufs in einer Grafik-Anwendung und wird auch heute noch von zahlrei-chen Grafik-Designern angewendet. Einerseits erscheint ein CMYK-Wert weniger abstrakt als ein RGB-Wert, und andererseits gibt es zu diesem Farbmodell umfangreiche Tonwertatlasse, um sich zumindest annäherungsweise eine ent-sprechende Farbe auszusuchen und deren Anteile an CMYK abzulesen. Der Nachteil dabei ist, dass Tonwertatlasse in der Regel einem typischen Offset-druck auf gestrichenes Papier entsprechen, womit abweichende Druckbedin-gungen auch zu anderen farblichen Ergebnissen führen. Man geht damit also ein gewisses Risiko ein.

Eine weitere Möglichkeit ist das rein visuelle Arbeiten am Monitor. Um damit keine unangenehmen Überraschungen zu erleben, ist ein gut kalibrierter Moni-tor erste Voraussetzung.

Alternativ kann man auch Photoshops Farbwähler beanspruchen oder das kos-tenlose *EyeOne Share* von GretagMacbeth (www.i1color.com), um anhand spek-tralfotometrisch erfasster Lab-Werte durch Eingabe die entsprechenden verfah-rensangepassten oder verfahrenstypischen CMYK-Werte zu erfahren und in

Illustrator zu übertragen. Voraussetzung für ein zuverlässiges Ergebnis sind identische Einstellungen des CMYK-Arbeitsfarbraums von Photoshop bzw. Eye-One Share und Illustrator, der dem späteren Auflagendruck entspricht.

Speichern als CMYK-Daten ohne ICC-Profil

Die nun im CMYK-Farbraum vorliegende Grafikdatei wird man auf jeden Fall einmal im nativen Illustrator-Format (.ai) mit eingebettetem Profil speichern, um auch später darüber informiert zu sein, für welchen Druckprozess sie vorgesehen ist.

Für den Import in eine Layout-Anwendung wird man sich in der Regel für ein EPS entscheiden. Denn so gut wie alle Layout-, Grafik- und Textverarbeitungsprogramme können platzierte bzw. importierte EPS-Dateien lesen. Mit DATEI → SPEICHERN UNTER… bleibt das original Illustrator-Dokument unangetastet. Bei den EPS-OPTIONEN ist es nun von großer Wichtigkeit, kein ICC-Profil einzubetten und auf gar keinen Fall POSTSCRIPT-FARBMANAGEMENT zu aktivieren – was bei Illustrator ohnehin nicht möglich ist. Nicht verwechseln darf man die Option CMYK-POSTSCRIPT mit der Option POSTSCRIPT-FARBMANAGEMENT. CMYK-POSTSCRIPT dient lediglich dazu, Vektorobjekte, die RGB-Farben enthalten, auch aus Anwendungen heraus drucken zu können, welche RGB-Farben nicht unterstützen. Wird die EPS-Datei später wieder in Illustrator geöffnet, sind die RGB-Farben immer noch vorhanden.

Abbildung 21.30
Die EPS-FORMAT-OPTIONEN

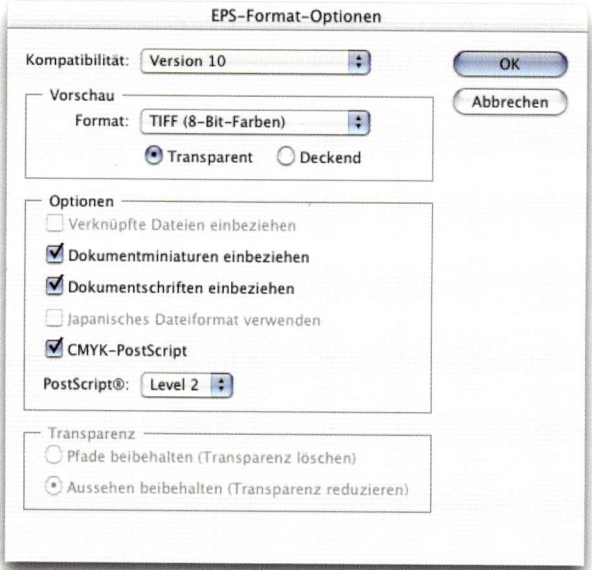

21.8 Erzeugung von verfahrensange-passten Layoutdaten in XPress

In einer Layoutanwendung wie zum Beispiel XPress (oder InDesign) werden nun Satz, Bilder und Grafiken zu ganzen Seiten umbrochen und druckfertig aufberei-tet. Das Ziel des fertigen Layouts ist eine PDF-Übergabedatei (PDF/X-3), die als Zwischenschritt immer zuerst eine PostScript-Druckdatei erfordert.

Die nachfolgend beschriebenen Arbeitsabläufe sollen als Prinzip verstanden werden und nicht als Rezept für eine ganz bestimmte XPress-Version. Denn heute werden Programm-Upgrades schneller auf den Markt geworfen, als man Bücher schreiben und publizieren kann. Zudem werden auch immer noch in gro-ßer Anzahl ältere Programmversionen verwendet. Die Optionen sind für XPress 5.x (OS 9) wie auch für XPress 6.x (OS X) nahezu identisch, bis auf wenige Neue-rungen in XPress 6.x, auf die entsprechend hingewiesen wird. Hat man das grundlegende Prinzip verstanden, lässt es sich sinngemäß auch auf andere Anwendungen und Versionen übertragen.

Farbmanagementvorgaben in XPress

Beim so genannten Seitenumbruch im verfahrensangepassten CMYK-Farbraum in einer Layout-Anwendung wie XPress hat das Farbmanagement vorerst ein Ende. Noch bevor man mit dem Layouten beginnt, wird das Farbmanagement vollständig deaktiviert, und zwar über BEARBEITEN → VORGABEN → FARBMANAGE-MENT... → FARBMANAGEMENTVORGABEN (XPress 5.x) bzw. QUARKXPRESS → EINSTELLUN-GEN... → QUARK CMS (XPress 6.x).

Abbildung 21.31
Farbmanagement in den
Vorgaben von XPress
deaktivieren

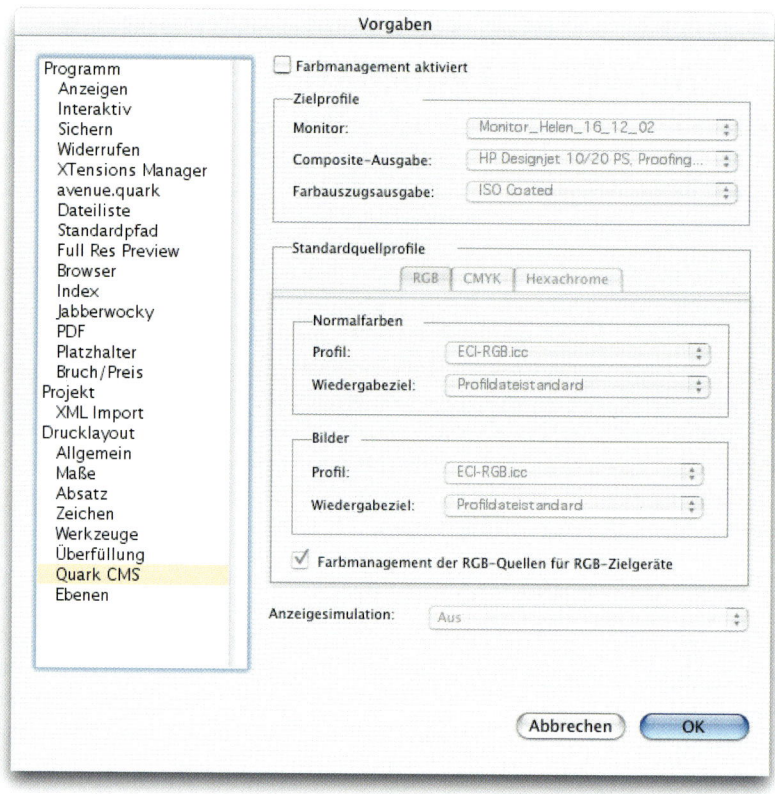

Farben in XPress anlegen

Alle in XPress selbst angelegten Farben (Normalfarben) für Linien, Flächen, Verläufe usw. werden auf die gleiche Weise erstellt wie in einer Grafik-Anwendung, zum Beispiel anhand eines CMYK-Tonwertatlasses, mithilfe von Photoshop, Eye-One Share von GretagMacbeth oder ganz einfach visuell. Wobei man hier bedenken muss, dass bei deaktiviertem Farbmanagement in XPress auch der Softproof nicht aktiv ist und somit die Farben im Farbraum des Monitors dargestellt werden. Rein aus dieser Überlegung heraus kann es auch sinnvoll sein, das Farbmanagement erst zu deaktivieren, kurz bevor man in eine PostScript-Druckdatei ausgibt.

Bilder und Grafiken

Alle zu importierenden Layoutbestandteile wie Bilder und Grafiken sollten wie vorher beschrieben korrekt für den späteren Auflagendruck aufbereitet sein und brauchen uns deshalb in ihrer Farbwiedergabe auch nicht weiter beschäftigen.

Speicherung

Zum Speichern eines XPress-Layouts gibt es nur so viel zu sagen, dass grundsätzlich nie die Möglichkeit besteht, im SPEICHERN-Dialog von XPress ein ICC-Profil direkt in die Datei einzubetten. Ist das Farbmanagement aktiviert, steht im Menü ABLAGE → FÜR AUSGABE SAMMELN... die Option FARBPROFILE zur Verfügung, um diese vor der Weitergabe des Dokuments in einem separaten Ordner zu sammeln.

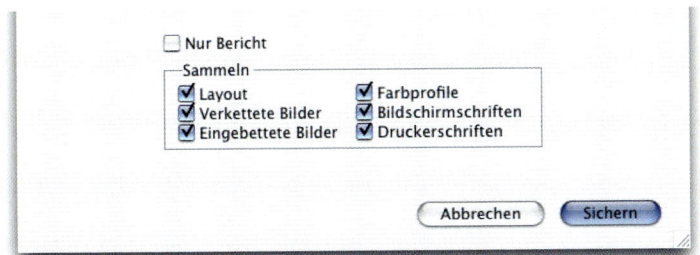

Abbildung 21.32
So lassen sich in XPress
Farbprofile sammeln.

21.9 In PostScript-Datei drucken

Der beste Weg zu einer druckvorstufentauglichen PDF-Datei (PDF/X-3) führt immer noch über eine PostScript-Datei und die anschließende Übergabe an Acrobat Distiller. Zahlreiche DTP-Anwendungen, so auch XPress (5.x und 6.x), verfügen über eine PDF-Exportfunktion, die allerdings an eine Qualität, wie sie in der Druckvorstufe erforderlich ist, kaum heranreicht und deshalb nicht zu empfehlen ist. Außer die Exportfunktion einer Anwendung greift im Hintergrund auf Acrobat Distiller zu und verwendet die original *Adobe PDF-Library*, wie zum Beispiel Adobe InDesign. Quark hingegen lizenzierte die *Jaws PDF Library* von Global Graphics, womit eine exportierte PDF-Datei nicht mehr dem Branchenstandard entspricht. Dennoch darf nicht verschwiegen werden, dass sich viele PostScript-RIPs regelmäßig an direkt aus InDesign exportierten PDFs verschlucken können. Ein weiteres Problem beim direkten PDF-Export aus InDesign ist die Art der Schrifteinbettung. Adobe verwendet dabei ein 2-Byte-Format mit CID-Codierung, was absolut konform ist zur PDF- und PostScript-Spezifikation, aber noch lange nicht jeder RIP kommt damit problemlos zurecht. Ob PostScript/Distiller oder interner Programmcode zur PDF-Erzeugung verwendet wird, kann durchaus Auswirkungen auf die spätere Ausgabe haben. Enthält beispielsweise ein Dokument Grafiken im EPS-Format, so müssen diese für die PDF-Erzeugung mittels PostScript-Interpreter verarbeitet werden, um ein hochwertiges PDF zu erhalten, doch die wenigsten Anwendungen verfügen über einen eigenen PostScript-Interpreter, was dazu führt, dass entweder nur die niedrigauflösende Vorschau in die Datei übernommen wird oder im Falle von XPress gar nichts! Daher führt der sicherste Weg über eine PostScript-Druckdatei und Acrobat Distiller – ein Programm, das im Grunde nichts anderes ist als ein Software-PostScript-3-RIP bzw. PostScript-Interpreter.

Vor dem Drucken in eine Datei muss ein PostScript-Treiber in der Auswahl gewählt werden (OS 9) – was bei OS X nicht mehr speziell nötig ist. Anschließend empfiehlt es sich, im Menü HILFSMITTEL → VERWENDUNG... zu überprüfen, ob alle im Dokument verwendeten Schriften auf dem System verfügbar sind und alle importierten Bilder und Grafiken sauber mit dem Dokument verknüpft sind (STATUS OK).

Abbildung 21.33
Hier kann überprüft werden, ob die Bilder ordentlich verknüpft sind.

Der DRUCKEN-Dialog in XPress wird über das Menü ABLAGE → DRUCKEN… (5) bzw. PRINT… (6) aufgerufen. Der Dialog setzt sich aus mehreren Reitern zusammen, deren Einstellungen nachfolgend erläutert werden, denn das Erstellen einer PostScript-Datei erfordert besondere Aufmerksamkeit bei den Details.

Layout (6) / Dokument (5)

Die Option AUSZÜGE wird nicht aktiviert, denn das Ziel ist eine Composite-Datei. Ob Passkreuze und Anschnitt erforderlich sind, hängt von den Produktionsanforderungen ab und wird von Fall zu Fall entschieden.

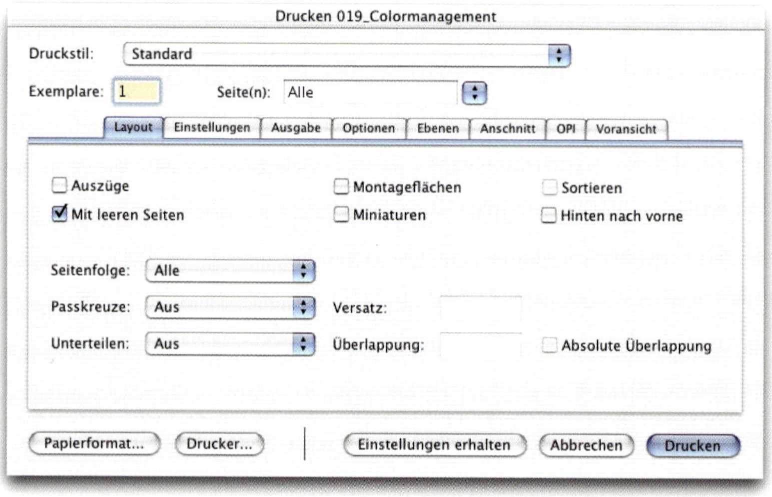

Abbildung 21.34
Der Reiter LAYOUT im DRUCKEN-Dialog von XPress 6

Einstellungen (6) / Installieren (5)

Laut PDF-Spezifikation soll eine PDF-Datei keine gerätespezifischen Angaben enthalten, wozu man unter DRUCKERBESCHREIBUNG unbedingt die PPD (PostScript Printer Description) von Acrobat Distiller (XPress 5.x) bzw. Adobe PDF (XPress 6.x) – dem virtuellen Drucker – auswählen muss.

Die PAPIERGRÖßE ist auf ANWENDERDEFINIERT zu stellen, und die PAPIERBREITE in Millimeter einzugeben. Werden Passkreuze und Schnittzeichen ausgegeben, sind zusätzlich 20 mm oder 60 pt zur Papierbreite zu addieren. Bei PAPIERHÖHE stellt man AUTOM. ein, damit XPress selbsttätig die korrekte Höhe berechnet. Die SEITENPOSITIONIERUNG steht auf LINKE KANTE. Die Angaben zu PAPIERVERSATZ und SEITENABSTAND gelten für die Belichtung auf Rollenmaterial, wobei der Papierversatz den seitlichen Abstand zum Material angibt und der Seitenabstand die Entfernung zwischen zwei Seiten.

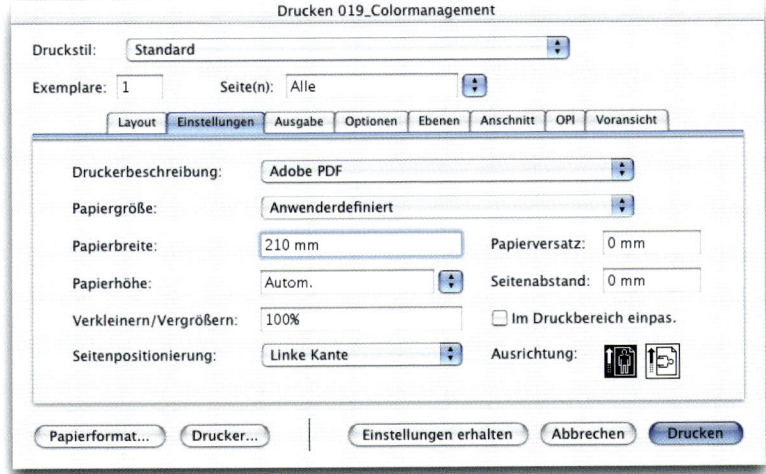

Abbildung 21.35
Der Reiter EINSTELLUNGEN

Ausgabe

Der Reiter AUSGABE beherbergt noch einige wichtige Angaben bezüglich der Rasterparameter. Unter RASTEREINSTELLUNG wählt man KONVENTIONELL und unter FREQUENZ den entsprechenden Wert in lpi (Lines per Inch), der der Rasterweite der späteren Druckausgabe entspricht. Die AUFLÖSUNG bezieht sich dabei ausschließlich auf Vektorelemente wie Schrift, Linien usw. und bewegt sich mit 2400 dpi (Dots per Inch) im üblichen Bereich für den Offsetdruck auf gestrichenes Papier mit einem 60er-Raster und mit 1200 dpi für den Zeitungsdruck mit einem 30er-Raster. Unter FARBEN DRUCKEN wählt man die Option COMPOSITE-CMYK (XPress 5.x und 6.x).

Die in XPress zur Verfügung stehenden Ausgabefarbräume richten sich einerseits nach der gewählten Druckerbeschreibung (PPD) und andererseits danach, ob das Farbmanagement aktiviert oder deaktiviert ist. Die einzelnen Farbräume bedeuten Folgendes:

COMPOSITE-CMYK
- ▸ CMYK bleibt CMYK
- ▸ RGB wird CMYK (Bilder und Vektoren)
- ▸ Volltonfarbe bleibt Volltonfarbe

COMPOSITE-RGB
- ▸ RGB bleibt RGB
- ▸ CMYK wird RGB (Bilder und Vektoren)
- ▸ Volltonfarbe bleibt Volltonfarbe

UNVERÄNDERT
- ▸ CMYK bleibt CMYK
- ▸ RGB bleibt RGB
- ▸ Volltonfarbe bleibt Volltonfarbe

DEVICEN
- ▸ CMYK bleibt CMYK
- ▸ RGB wird CMYK (Bilder und Vektoren)
- ▸ Volltonfarbe bleibt Volltonfarbe

Für einen typischen Vierfarbendruck mit eventuell zusätzlichen Volltonfarben wählt man unter FARBEN DRUCKEN vorzugsweise COMPOSITE-CMYK.

Abbildung 21.36
Der Reiter AUSGABE

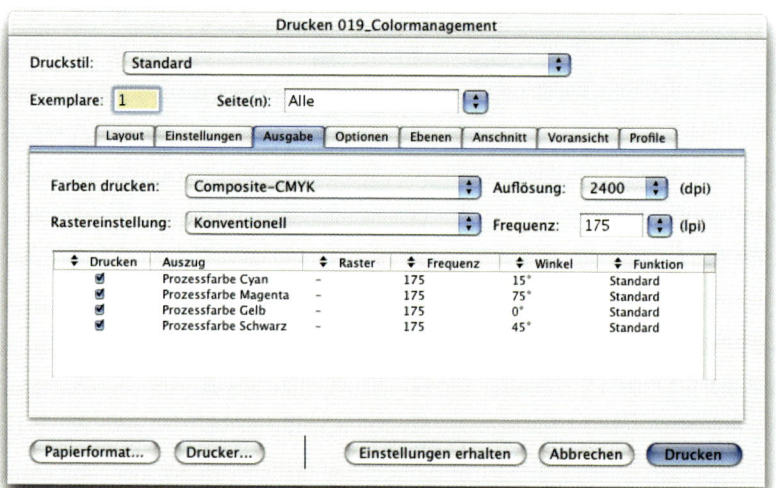

Optionen

Bei OPTIONEN ist darauf zu achten, dass EPS-SCHWARZ ÜBERDRUCKEN und VOLLAUFLÖSENDE TIFF-AUSGABE deaktiviert sind. Denn ist die Option VOLLAUFLÖSENDE TIFF-AUSGABE deaktiviert, werden TIFF-Bilder, die eine im Verhältnis zur gewählten Rasterfrequenz (im Reiter AUSGABE) zu hohe Auflösung aufweisen, von XPress auf die notwendige Auflösung heruntergerechnet. Ist man sicher, dass die Auflösung der platzierten TIFF-Bilder korrekt ist, kann die Option auch deaktiviert werden.

Abbildung 21.37
Der Reiter OPTIONEN

Hinweis

Die beiden in XPress 6 neu dazugekommenen Farbräume UNVERÄNDERT und DEVICEN sind für die Ausgabe in eine Datei vorgesehen. (UNVERÄNDERT steht bei aktiviertem Farbmanagement nicht zur Verfügung). Der Farbraum DEVICEN sorgt dafür, dass alle Sonderfarben-Informationen im Layout erhalten bleiben, so dass später bei der Separation auch zusätzliche Sonderfarben-Auszüge ausgegeben werden.

Voransicht

Der letzte Reiter dient zum Überprüfen der definierten Papierbreite und bietet eine kleine Vorschau, wie das Dokument auf dem Medium oder der MediaBox (so der Fachbegriff) positioniert ist, sowie eine Zusammenfassung der eingestellten Optionen.

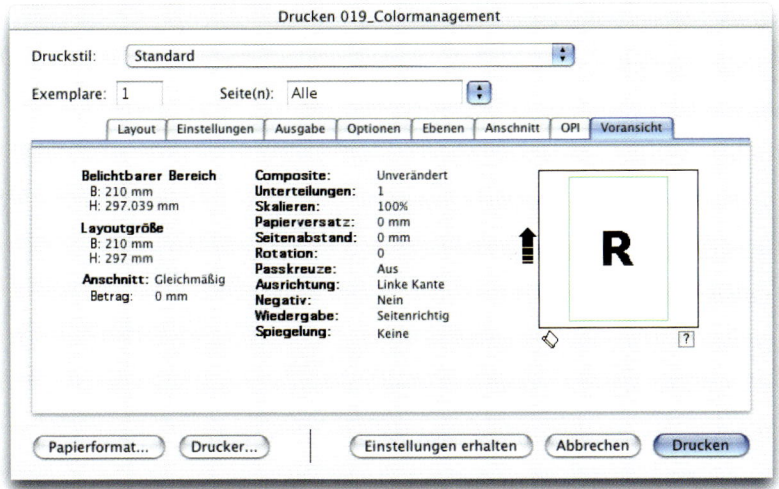

Abbildung 21.38
Der Reiter VORANSICHT

Drucker...

Schließlich muss noch der Druckertreiber des Betriebssystems konfiguriert werden. Über die Schaltfläche DRUCKER... im DRUCKEN-Dialog von XPress ist im Druckertreiber AUSGABE → DATEI (OS 9) zu wählen bzw. AUSGABEOPTIONEN → ALS DATEI
SICHERN (OS X) und FORMAT → POSTSCRIPT und nicht etwa ADOBE-PDF!

Abbildung 21.39
Druckertreiber
konfigurieren

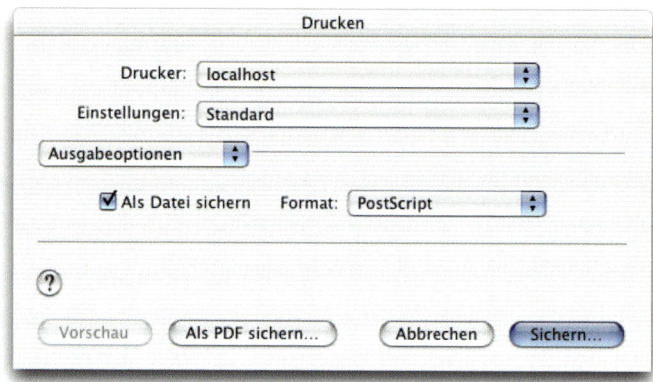

OS 9

Im Dropdown-Menü im Bereich FARBANPASSUNG ist es wichtig, FARBE/GRAUSTUFEN
einzustellen und nicht etwa POSTSCRIPT-FARBANPASSUNG oder COLORSYNC-FARBAN-
PASSUNG. Der Bereich AUSGABEDATEI/POSTSCRIPT-EINSTELLUNGEN ist besonders wichtig. Bei FORMAT wählt man POSTSCRIPT-JOB oder POSTSCRIPT. Bei POSTSCRIPT-LEVEL
ist LEVEL 1, 2 UND 3 KOMPATIBEL zu wählen. Die Codierung der Datei soll BINÄR sein,
und sämtliche Schriften sind unbedingt immer einzubetten, was über die Einstellung ALLE EINSCHLIESSEN beim Punkt AUFZUNEHMENDE/ZEICHENSÄTZE erfolgt. Im
Bereich OPTIONEN dürfen keine Optionen aktiviert sein, und im Bereich ZEICHEN-
SÄTZE gilt es zu beachten, dass unter ZEICHENSÄTZE LADEN bei BEVORZUGTES FORMAT:
TYPE 1 aktiviert wird und die Option ZEICHENSÄTZE IMMER BEIFÜGEN und niemals TYPE
42 ERSTELLEN markiert ist.

Abbildung 21.40
Einstellungen in OS 9

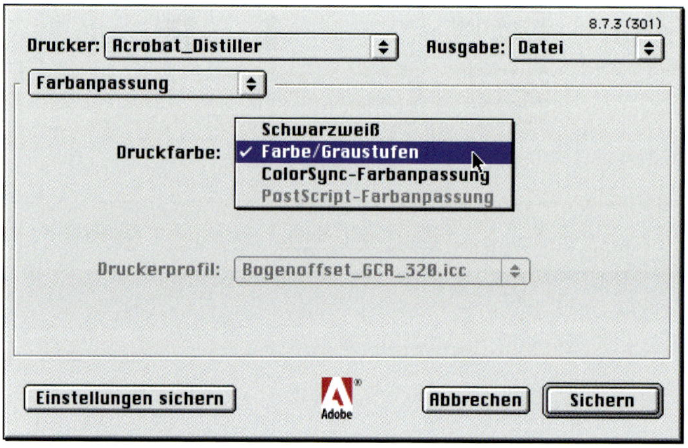

Die resultierende PostScript-Datei bietet nun eine saubere Ausgangslage, um sie mittels Acrobat Distiller in eine druckvorstufentaugliche PDF-Datei (PDF/X-3) zu konvertieren.

21.10 Medienneutrale Layoutdaten

Ein medienneutraler Seitenumbruch im Lab- oder ECI-RGB-Farbraum ist grundsätzlich möglich, aber aufgrund verschiedener Probleme, die bereits angesprochen wurden, nicht zu empfehlen, weshalb ich auch nicht näher darauf eingehen werde.

Insbesondere zu erwähnen ist das noch weitgehend ungelöste Problem, dass beim Separieren mit aktiviertem Colormanagement aus reinem RGB-Schwarz 0/0/0 (wie man es für Text oder schwarze Linien verwendet) selten oder nie auch ein reines CMYK-Schwarz 0/0/0/100 entsteht. Aber gerade für Text, Linien und andere Vektorelemente ist das geradezu unerlässlich. Man stelle sich einmal eine 9 Punkt kleine Schrift vor, die anstatt mit reinem Schwarz (100 K) nun plötzlich aus allen vier Prozessfarben (CMYK) aufgebaut wird. Abgesehen von den störenden Farbsäumen an den Kanten dieser kleinen Schriftzeichen (verursacht durch geringfügige Passerungenauigkeiten), ist die daraus resultierende Unschärfe für die Leserlichkeit absolut unakzeptabel. Graustufenverläufe erhalten einen sichtbaren Farbstich bei geringsten Farbschwankungen usw., weshalb das Erzeugen ganzer medienneutraler Dokumente auch nicht zu empfehlen ist.

21.11 PDF/X-3 – Standard für die Druckvorstufe

PDF/X-3 *(Portable Document Format Exchange)* ist eine im April 2002 verabschiedete ISO-Norm (15 930-3) und bereits wegweisend für die zukünftige und somit standardisierte Übergabe digitaler und unseparierter Druckvorlagen auf Basis einer Composite-PDF-Datei. Durch diese Normung soll ein »blinder Austausch« von digitalen Druckvorlagen möglich sein, wofür das »X« *(blind eXchange)* steht. Sowohl Ersteller als auch Empfänger von PDF/X-3-Dateien können die Daten nach den gleichen Kriterien prüfen – ohne gegenseitige Absprache. Die spätere Separation sollte dabei ausschließlich über eine InRIP-Separation in einem PostScript-3-RIP erfolgen. Bis zur Acrobat-Version 5 war man dazu gezwungen, die Ausgabe inklusive Farbraumtransformation und Separation auf einem PostScript-3-RIP (InRIP-Separation) durchzuführen. Seit Acrobat 6 ist es nun möglich, wahlweise auch eine Host-basierte Separation durchzuführen.

Ein Workflow-orientierter Standard wie PDF/X-3 ist von zentraler Bedeutung für eine effiziente Umsetzung von Produktionsabläufen und erfordert natürlich auch die Beachtung einiger Regeln beim Erstellen, Verarbeiten und Ausgeben. Mit PDF/X-3 werden alle Unwägbarkeiten von PDF bei der Ausgabe der Vergangenheit angehören. Mit diesem Standard steht endlich ein ganz klares Regelwerk mit eindeutigen Spielregeln zur Verfügung, wie PDF in der grafischen Industrie sicher und zugleich flexibel eingesetzt werden kann. Nicht sinnvoll oder notwendig sind PDF/X-3-Daten bei rein unternehmensinternen Workflows, da hier die Arbeitsabläufe grundsätzlich kontrolliert werden können. Genau genommen handelt es sich bei PDF/X um eine ganze Familie von Teil-Standards, die unterschiedliche Anforderungen der Printproduktion abdecken. Das hauptsächlich in den USA für Zeitschriften-Anzeigen verwendete PDF/X-1 (15930-1 [PDF 1.2]) lässt ausschließlich CMYK- und Sonderfarben zu. PDF/X-2 (15930-2 [PDF 1.4]) hingegen befasst sich mit unvollständigen Druckvorlagen, die beispielsweise niedrigauflösende Platzhalter anstelle von hochauflösenden Bilddaten beinhalten. PDF/X-3 (15930-3 [PDF 1.3]) dagegen erlaubt neben CMYK- und Sonderfarben auch Lab- und ICC-basierte Farbräume und bietet somit die Möglichkeit von ICC-Colormanagement.

Abbildung 21.41
Die Entwicklung von PDF
und PDF/X

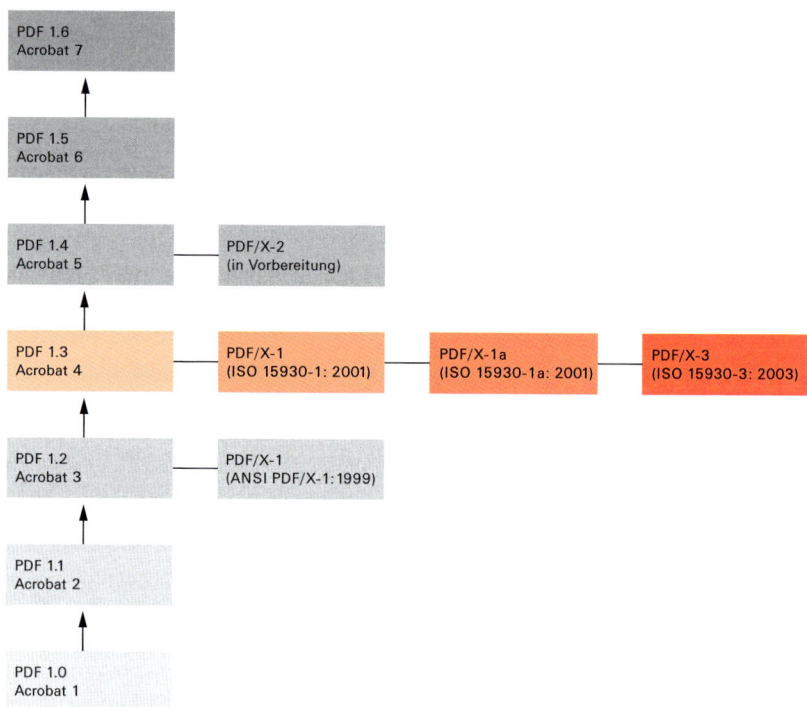

Unterschiede zwischen PDF/X-3 und PDF

Um es ganz klar und unmissverständlich zu sagen, PDF/X-3 ist ein Standard für eine Technologie und bestimmt nicht darüber, ob beispielsweise die Qualität der Bildauflösung sinnvoll ist oder das Seitenformat richtig definiert ist. Selbst Bilder mit nur 72 ppi Auflösung sind PDF/X-konform. Der PDF/X-Standard begrenzt Adobes PDF-Format auf eine ganz bestimmte Teilmenge von diesem universellen, vielfältigen und auch mächtigen Format und sorgt dafür, dass alle für die

Druckvorstufe untauglichen und riskanten Aspekte vermieden werden und gleichzeitig alle wichtigen Vorteile genutzt werden und alles für die Druckvorstufe Sinnvolle erlaubt ist.

Die Häufigkeit von PDF-Dateien, die den Anforderungen der Druckvorstufe nicht gerecht werden, nimmt proportional zur Verbreitung von PDF im Office- und Amateurbereich zu, so dass die Dringlichkeit für einen Branchenstandard gegeben ist – einen Standard, der so sicher und zuverlässig ist wie ein analoger Film, aber in digitaler Form vorliegt. Denn für PDF gibt es eine Anzahl von Einstellungen und Eigenschaften, wie beispielsweise alle interaktiven Elemente (Formularfelder, Kommentare usw.), die sich bei der späteren Belichtung störend auswirken können. Genau hier setzt PDF/X-3 an, indem bestimmte technologische Mindestanforderungen erfüllt sein müssen und gewisse Eigenschaften nicht zulässig sind. Deshalb basiert PDF/X-3 auch auf der PDF-Version 1.3 und nicht höher (neuste Version bei Acrobat 7.0 ist PDF 1.6). Die Regeln der PDF/X-Norm umfassen folgende Punkte:

▸ Verwendete Schriften müssen eingebettet sein und von der verarbeitenden Software zwingend verwendet werden.

▸ Bilddaten müssen als PDF-Bestandteil enthalten sein und mit der PDF-Seitenbeschreibung codiert werden.

▸ OPI-Kommentare sind unzulässig.

▸ Transferkurven (Druckkennlinien) sind unzulässig.

▸ Rastereinstellungen sind erlaubt, müssen vom Empfänger aber nicht zwingend verwendet werden.

▸ Die TrimBox (beschnittene Seite) muss definiert sein.

▸ Die BleedBox (Seite mit Beschnitt) muss definiert sein, sofern Beschnitt vorhanden und für die Produktion relevant ist.

▸ Innerhalb der TrimBox bzw. BleedBox sind Kommentare, Formularfelder und andere interaktive Elemente unzulässig.

▸ Vorhandene oder nicht vorhandene Überfüllungen müssen mittels des Eintrags »Trapped« im Info-Dictionary angegeben werden.

▸ LZW-Kompression ist aus patentrechtlichen Gründen unerwünscht, da Softwarehersteller Lizenzgebühren für deren Verwendung entrichten müssen. Die ZIP-Kompression (in PostScript und PDF als *Flate Encoding* bezeichnet), ist ebenso effizient, aber nicht mit einem Patent belegt.

▸ Jegliche Verschlüsselung der PDF-Datei ist verboten, selbst wenn sie kein Kennwort zum Öffnen erfordert.

▸ Im so genannten *Output Intent Dictionary* müssen die Ausgabebedingungen, für welche die PDF/X-Datei erstellt wurde, vermerkt sein.

- Von den mit PDF 1.4 eingeführten Transparenzfunktionen soll kein Gebrauch gemacht werden, da PDF/X-1a und PDF/X-3 auf PDF 1.3 basieren.

- Undefinierte profillose RGB-Farben sind nicht erlaubt.

- Erlaubte Farbräume sind CMYK, Graustufen, Sonderfarben und Duplex (DeviceN). Die ICC-basierten Farbräume Lab, CalGray und CalRGB sind nur zusammen mit einem ICC-Profil erlaubt.

- Das Ausgabeprofil (Output Intent) muss eingebettet sein und Informationen darüber enthalten, für welche Ausgabebedingung die Datei vorgesehen ist.

- JBIG2-Kompression für Strichdaten ist unzulässig, da PDF/X-3 auf PDF 1.3 basiert.

PDF/X-3 ist der aktuelle Standard für die Übermittlung druckfertiger digitaler Druckvorlagen und schafft eine klar definierte Schnittstelle zwischen allen an der Produktion Beteiligten. Rückfragen bei der Weiterverarbeitung erübrigen sich, und Probleme finden keinen Nährboden.

PDF/X-3 und Colormanagement

Damit sind wir wieder beim Thema Colormanagement. Eine PDF/X-3-Datei erlaubt das Verwenden von ICC-Profilen, um damit beispielsweise Bilder und grafische Objekte farblich genau zu definieren. Es ist sogar so, dass ein RGB-Element nicht ohne ICC-Profil (Quellprofil) enthalten sein darf. Wobei zu beachten ist, dass sich diese Profile sowohl bei der Ausgabe als auch beim Softproof am Monitor grundsätzlich immer auf das Ergebnis auswirken. Es ist aber ebenso erlaubt, geräteunabhängige Bilder und Objekte, die bereits an die spätere Druckausgabe angepasst sind, in eine PDF/X-3-Datei zu integrieren und ein Dokument zum Beispiel ausschließlich mit CMYK- und Sonderfarben aufzubauen. Das Einbetten von ICC-Profilen (Quellprofile) hat eigentlich nur dann einen Sinn, wenn tatsächlich eine Farbraumtransformation – beispielsweise von ECI-RGB-Daten (medienneutral) nach CMYK – erfolgen soll oder wenn eine CMYK-zu-CMYK-Transformation erwünscht oder erforderlich ist. In PDF/X-3 ist das ICC-Ausgabeprofil im Output Intent dazu da, den Empfänger der Datei über den CMYK-Farbraum innerhalb der PDF-Datei zu informieren. Damit wird sichergestellt, dass keine weitere, unerwünschte Farbraumtransformation stattfindet. Denn sobald ICC-profilierte oder kalibrierte Farbräume in einer PDF-Datei enthalten sind, erfolgt unweigerlich eine Farbraumtransformation. Das Tagging eines Farbraums führt grundsätzlich immer zu einer geräteneutralen Farbbeschreibung (ICCBased → CIEBased → XYZ). Im Ausgabegerät findet schließlich die Transformation in den geräteabhängigen Ausgabefarbraum statt (XYZ → DeviceCMYK), normalerweise anhand des aktiven CRDs *(Color Rendering Dictionary)*.

Von ganz entscheidender Bedeutung für eine PDF/X-3-Datei ist also der so genannte *Output Intent*, was so viel heißt wie »Ausgabeabsicht«. Im Output Intent wird ein ICC-Ausgabeprofil eingebettet (Zielprofil), um den Empfänger der Datei darüber zu informieren, für welchen Druckprozess bzw. für welche Druckbedingungen die vorliegende PDF/X-3-Datei erstellt wurde. Dieser Output Intent hat verschiedene Aufgaben zu erfüllen, wobei zu erwähnen ist, dass der Datenempfänger dieses Ausgabeprofil – das übrigens aus der Datei extrahiert werden kann – im weiteren Verarbeitungsprozess (Softproof, Hardproof, Separation) durch entsprechende Angaben in der jeweiligen Software explizit aktivieren muss, da es nicht automatisch berücksichtigt wird. Bei PDF/X-3-Dateien, die nur CMYK- und Sonderfarben verwenden, kann die Separation ohne das ICC-Ausgabeprofil im Output Intent erfolgen – unter der Voraussetzung, dass es zum tatsächlichen Druckprozess passt. Des Weiteren muss das ICC-Profil im Output Intent zwingend für den farbverbindlichen Digitalproof und somit zur Simulation des späteren Auflagendrucks verwendet werden, sowie auch für die korrekte Separation von Lab- oder ICC-basierten RGB-Farbräumen. Es ist daher dringend zu empfehlen, das korrekte ICC-Ausgabeprofil (das tatsächlich dem späteren Druckprozess entspricht) in die PDF/X-3-Datei einzubetten.

In gewissen Fällen kann das ICC-Ausgabeprofil im Output Intent auch zum Quellprofil werden. Verwendet eine PDF/X-3-Datei ausschließlich geräteabhängige Farben wie zum Beispiel CMYK- und Sonderfarben und ist der Output Intent mit dem tatsächlichen Druckprozess nicht identisch, so müssen die geräteabhängigen Farben der PDF-Datei in die geräteabhängigen Farben des tatsächlichen Druckprozesses umgerechnet werden. Die Umrechnung kann entweder im RIP während der InRIP-Separation oder in einem Colorserver mit anschließender InRIP-Separation erfolgen, wobei in diesem Fall das ICC-Ausgabeprofil im Output Intent als Quellprofil dient. Das korrekte Zielprofil wird bei der InRIP-Separation als so genanntes *Color Rendering Dictionary* (CRD) in den RIP geladen (siehe Kapitel 22, »PostScript-Farbmanagement«).

21.12 Ergänzungen zu PDF/X-3

Certified-PDF-Technologie

Im Unterschied zu einer internationalen Norm wie PDF/X-3, handelt es sich bei *Certified PDF* um eine proprietäre, herstellerspezifische Technologie, die aber keine Garantie für eine absolut einwandfreie digitale Druckvorlage ist.

Im Umfeld der Normierung von PDF für die Druckvorstufe entstand neben der Initiative »PDF/X Plus« eine weitere Initiative mit Namen »Certified PDF«, die sich mit der Qualitätssicherung von PDF-Druckvorlagen beschäftigt, aber nicht auf einen bestimmten Standard abgestützt ist, sondern beliebige Anforderungen unterstützen soll. Bei Certified PDF von Enfocus handelt es sich um eine proprietäre Methode zur Definition von Regeln in Form so genannter »Profile« (hat nichts mit ICC-Profilen zu tun) zum Erstellen und Überprüfen von PDF-Dateien. So können beispielsweise »Profile« für ganz unterschiedliche Anwendungen wie Druckvorstufe, Archive oder Internet definiert werden. Es ist natürlich durchaus möglich, »Profile« für die Druckvorstufe zu definieren, die gemäß den Richtlinien der PDF/X-Norm erstellt werden. Diese können angereichert werden mit zusätzlichen druckrelevanten Kriterien für einen ganz bestimmten Druckprozess, zum Beispiel die minimale Bildauflösung, vollständige Schrifteinbettung, keine Haarlinien (also keine Linien ohne feste Strichstärke; Haarlinien sind immer genauso dick wie der kleinste druckbare Punkt (Dot) des jeweiligen Ausgabegeräts und können bei einer Belichterauflösung von 2400 dpi zu massiven Problemen führen) usw.

Der Nachteil von Certified PDF ist, dass dazu zwingend die Softwarekomponenten *Instant PDF*, *PitStop-Professional* oder *PitStop-Server* von Enfocus notwendig sind. Man kann Certified PDF vermutlich mehr als eine mögliche Ergänzung zu PDF/X-3 denn als ernsthafte Konkurrenz betrachten.

PDF/X Plus

PDF/X Plus stellt eine Kombination dar aus einer PDF/X-Norm und weiteren spezifischen Anforderungen (Plus) für die Anlieferung von Druckdaten. So könnte beispielsweise nur der CMYK-Farbraum erlaubt sein und eine bestimmte Bildauflösung gefordert werden. Zurzeit ist PDF/X Plus noch in der Entwicklungsphase, und konkrete branchenspezifische Richtlinien und Empfehlungen liegen nicht vor.

21.13 Von PostScript zu PDF (PDF/X-3) mit Acrobat Distiller

Hinweis

Da ich mich wie bereits im vorangehenden Abschnitt nicht auf eine ganz bestimmte Softwareversion von Distiller festlegen möchte, sondern mehr Gewicht auf den allgemeinen Vorgang lege, wird der Ablauf mehr vom Prinzip her beschrieben und bei grundlegenden Unterschieden zwischen Distiller 5.05 und 6 darauf hingewiesen. Schließlich gibt es immer noch zahlreiche Anwender, die mit Mac OS 9 und Distiller 5.05 arbeiten, weshalb auch diese Arbeitsumgebung bei den nachfolgenden Erläuterungen nicht leer ausgehen soll.

Um aus einer PostScript-Druckdatei eine druckvorstufentaugliche PDF-Datei (PDF/X-3) zu erzeugen, verwendet man bevorzugt Adobes Acrobat Distiller (5.05 oder 6) und nicht eine PDF-Exportfunktion aus einer Anwendung (wie zum Beispiel XPress oder InDesign).

Um eine PDF/X-3-Datei mit Acrobat 5.05 zu erzeugen, ist dazu das kostenlose Acrobat-Plug-in *PDF/X-3 Inspector* (Freeware) von callas software notwendig, das auf der Technologie des großen Bruders *pdfInspektor2* basiert. Sie können es von der Website www.pdfx.info herunterladen.

Distiller-Jobsettings für PDF/X-3

Alle relevanten Einstellungen (Settings) in Distiller werden in so genannten »joboptions«-Dateien zusammengefasst und als eigentliche »Jobsettings« abgelegt.

Pfad in OS 9 mit Acrobat Distiller 5.05:

Applications / Adobe Acrobat / Distiller / Settings

PDF-X3.joboptions

Pfad in OS X mit Acrobat Distiller 6:

/ Users / Shared / Adobe PDF / Settings
(Zugriff für alle Anwender)

PDFX3.joboptions

Diese Einstellungen muss man glücklicherweise nur einmal vornehmen und kann sie später nach Bedarf aufrufen unter EINSTELLUNGEN (5.05) bzw. STANDARD-EINSTELLUNGEN (6). Bereits standardmäßig vorinstalliert sind einige solcher »Jobsettings« für ganz verschiedene Anwendungsbereiche und Qualitätsansprüche. Neu in Acrobat 6 sind zusätzliche Settings für PDF/X-1a und PDF/X-3, die man auch modifizieren und unter neuem Namen speichern kann. Sie können also als Ausgangslage für eigene Settings herangezogen werden, sollten nach Möglichkeit aber nicht einfach überschrieben werden (SPEICHERN UNTER…). Um ein Setting an die eigenen Bedürfnisse anzupassen, wählt man den Menüpunkt VOREINSTEL-LUNGEN → EINSTELLUNGEN… bzw. ADOBE PDF-EINSTELLUNGEN BEARBEITEN…. Damit stehen sämtliche PDF-Optionen verteilt auf mehrere Reiter in direktem Zugriff.

Die alternative Möglichkeit besteht darin, die vorgefertigten Settings, die zusammen mit dem *PDF/X-3 Inspector* für Acrobat 5 mitgeliefert werden zu verwenden. Distiller-Jobsettings für PDF/X sind auch vom PDF-Experten Stephan Jäggi unter www.prepress.ch/pdfx/index.html kostenlos erhältlich und in der Regel gut geeignet. Wenn man sie nicht eins zu eins verwenden will, sind sie zumindest eine gute Ausgangslage, um sie an die individuellen Bedürfnisse anzupassen. Damit kann man sich »selbstgestrickte« Settings weitgehend ersparen, denn die Einstellmöglichkeiten sind zahlreich. Über deren Funktion, Sinn und Notwendigkeit kann man sich fast die Zähne ausbeißen, denn sie sind wirklich nicht ganz einfach zu verstehen.

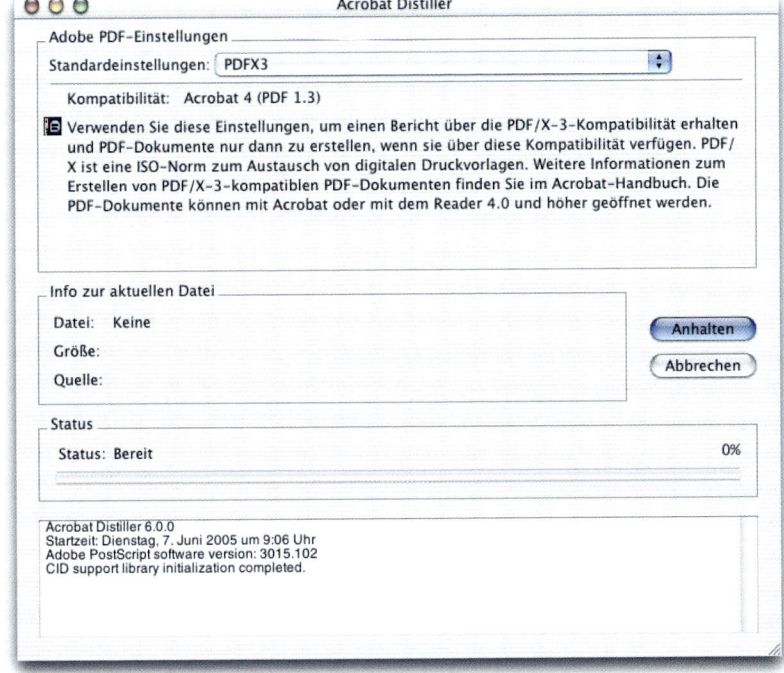

Abbildung 21.42
PDF-Einstellungen in Acrobat Distiller

Eigene PDF/X-3-Settings erstellen

Um das unbeabsichtigte Überschreiben vorhandener Settings zu vermeiden, sollte man die noch anzufertigenden Settings gleich zu Beginn unter einem neuen Namen speichern, bevor man irgendetwas ändert. Die notwendigen Vorgaben zur Erzeugung von PDF (PDF/X-3) gliedert sich in fünf bzw. sechs Registerkarten: ALLGEMEIN, BILDER (6) / KOMPRIMIERUNG (5), SCHRIFTEN, FARBE, ERWEITERT, PDF/X (6).

Allgemein

Im Reiter ALLGEMEIN ist insbesondere die Kompatibilität von zentraler Bedeutung für eine PDF/X-3-Datei und sollte auf ACROBAT 4.0 (PDF 1.3) gesetzt werden. Wichtig für eine Druckausgabe ist zudem die von Distiller emulierte Belichterauflösung, die man auf den praktisch sinnvollen Wert – für die meisten Ausgabebedingungen – von 2400 dpi setzt. Sie dient aber nur dann als Standardauflösung, wenn der PostScript-Code keine entsprechenden Anweisungen enthält (zum Beispiel bei einer EPS-Datei oder einer geräteneutralen PostScript-Datei). Die Auflösung im Distiller ersetzt aber grundsätzlich nicht die Angabe zur Auflösung im DRUCKEN-Dialog von XPress beim Erzeugen der PostScript-Datei. Dieser im PostScript-Code enthaltene Auflösungswert überschreibt die Standardauflösung von Distiller. Hier zeigt sich sehr deutlich, dass der Distiller ein Software-Interpreter (PostScript-3-RIP) ist, der zum Interpretieren einiger PostScript-Befehle eine Angabe zur Auflösung benötigt, die aber nicht zwangsläufig der

Abbildung 21.43
Der Reiter ALLGEMEIN in den
PDF-Einstellungen von
Acrobat Distiller

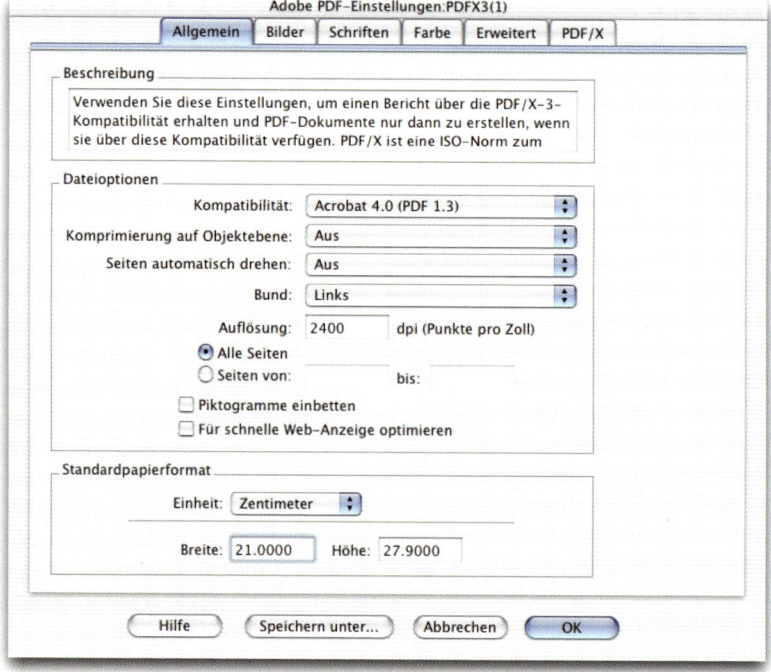

definitiven Belichterauflösung entsprechen muss, denn eine PDF-Datei ist laut Spezifikation auflösungsunabhängig. So hat die Auflösung beispielsweise Einfluss auf den so genannten *Flateness-Faktor* (auch bekannt unter dem Begriff *Kurvennäherung*), der darüber entscheidet, wie glatt eine Kurve ausgegeben wird. Die Kurve wird vom RIP in kleine Geradenstücke zerlegt, deren Länge von der Auflösung abhängig ist, weshalb man auch keine zu geringe Auflösung wählen sollte. Sinnvoll ist es daher, die gleiche Auflösung wie in der PostScript Datei einzustellen.

Bilder (6) / Komprimierung (5)

Schlank sein ist »in« und gehört auch zu den besonderen Privilegien einer PDF-Datei. Im Vergleich zu dem seitenschweren und meterlangen Code einer PostScript-Datei ist der Code einer PDF-Datei von geradezu äußerster Bescheidenheit. Diesem Umstand trägt nicht zuletzt auch die Möglichkeit zur Kompression von Bild-, Vektor- und sogar Textdaten bei; die Datenkompression sollte aber für ein druckvorstufentaugliches PDF (PDF/X-3) mit äußerster Zurückhaltung angewendet werden und im Rahmen des Angemessenen erfolgen, um die Bildqualität bei der Druckausgabe nicht zu beeinträchtigen. Denn die PDF/X-Konformität ist wie bereits erwähnt noch lange keine Garantie für die Qualität einer PDF-Datei. Hinter der Bezeichnung AUTOMATISCH verbirgt sich die verlustbehaftete JPEG-Kompression in fünf verschiedenen Qualitätsstufen. Sehr kontrastreiche Bilder wie zum Beispiel Screenshots leiden am stärksten unter einer JPEG-Kompression, weshalb man sie auch nicht dieser Kompressionsmethode unterziehen sollte; mit der verlustfreien ZIP-Kompression (PDF/X-3-konform) erzielt man hier angemessenere Ergebnisse. Mit der gleichen Methode komprimiert Distiller auch Text und Vektorgrafiken. Für reine Schwarzweiß-Bilder kann CCITT GROUP 4 gewählt werden – ein Kompressionsalgorithmus, der auch von Faxgeräten verwendet wird und vergleichbar mit dem Lauflängen- *(Run Length Encoding)* und dem ZIP-Verfahren die volle Qualität der Bilddaten bewahrt.

Eine Reduktion der Bildauflösung soll auch nur dann erfolgen, wenn die Auflösung der Bilddaten um mindestens 50 % über der erforderlichen Auflösung für den vorgesehenen Druckprozess bzw. Rasterweite liegt. Zu massiven Qualitätseinbußen und Schärfeverlusten kann dieses Downsampling zum Beispiel führen, wenn in XPress die Option VOLLAUFLÖSENDE TIFF-AUSGABE aktiviert wurde. In XPress entsteht schnell einmal eine zu hohe Auflösung, wenn eine TIFF-Datei skaliert und mit weniger als 100 % (zum Beispiel 35 %) platziert und folglich auch unverändert in die PostScript-Datei übernommen wird – womit sie bei 35 % eine rund drei Mal höhere Auflösung aufweist. Eine solche Datei unterliegt nun bei der PDF-Erzeugung einer Reduktion der Auflösung und wird von Distiller gnadenlos auf die gewünschte Anzahl Pixel per Inch heruntergerechnet, das heißt es werden Daten gelöscht. Doch der Distiller ist nicht die geeignete Stelle, um die Bilder in der Auflösung zu reduzieren. Alle Daten in der PostScript-Datei sollten bereits korrekt vorliegen und möglichst »linear« in das PDF übernommen werden.

Durch Aktivieren der Option Mit Graustufen glätten werden reine Schwarzweiß-
bzw. Strichbilder in Graustufen-Bilder konvertiert; diese Option ist besonders
gut geeignet für PDF-Dateien, die am Bildschirm betrachtet werden, da sie
dadurch etwas gefälliger wirken. Für die Druckvorstufe ist die Option natürlich
absolut ungeeignet.

Abbildung 21.44
Der Reiter Bilder

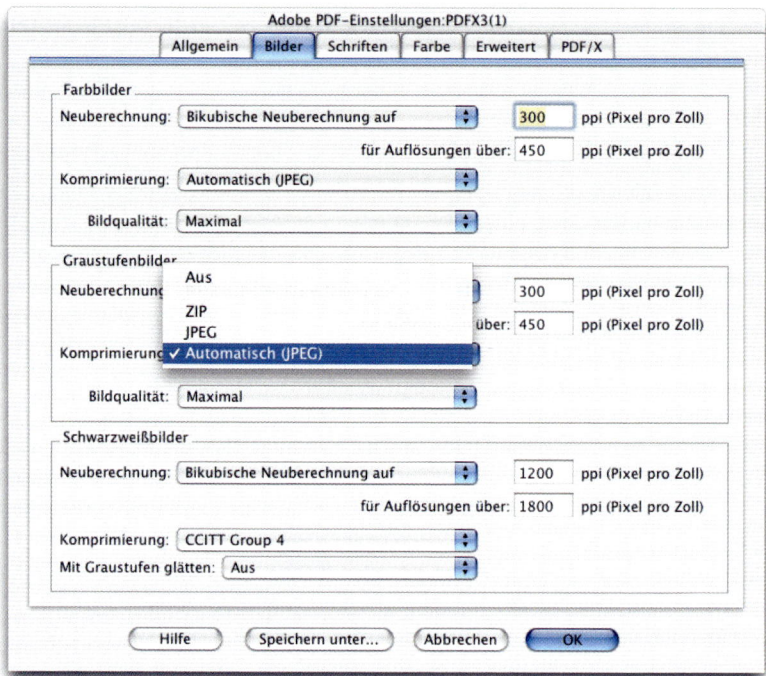

Schriften

Schriften – vor allem fehlende – sind der Albtraum für jede Druckerei, die Fremddaten verarbeiten muss. Um dieses Problem auf kollegiale Weise zu entschär-
fen, werden immer alle Schriften vollständig in das PDF eingebettet. Untergrup-
pen sind nicht zu empfehlen, denn dabei werden immer nur gerade die
Schriftzeichen eingebettet, die im Dokument tatsächlich verwendet wurden. Ist
eine kleine »Reparatur« am Text nötig – auch wenn es nur ein fehlender Buch-
stabe ist –, kann es schlimmstenfalls sein, dass er eben gerade nicht in der
Untergruppe vorhanden ist. Ebenso wenig werden dadurch die vollständigen
Metrikdaten einer Schrift eingebettet. Die Prozentangabe steuert dabei die verwendete Menge des Zeichensatzes, die nicht überschritten werden darf, um nur
als Untergruppe eingebettet zu werden. Wird das Limit überschritten, wird vollständig eingebettet. Der Wert 100 % würde also in jedem Fall zu einer Untergruppe führen. Die Tatsache, dass die Schrift einer Untergruppe einen eigenen
Namen erhält, kann man hingegen geschickt ausnutzen, um damit zu verhindern, dass der RIP seine eigene Schrift mit gleichem Namen verwendet. Damit
ist man ganz sicher, dass tatsächlich genau die im Dokument benutzte Schrift

für die Belichtung verwendet wird. Wenn die Schrifteinbettung fehlschlägt, soll der Auftrag abgebrochen werden, denn damit wäre sie nicht mehr PDF/X-3-konform und würde die anschließende Prüfung nicht bestehen. Schriften, die grundsätzlich immer oder nie in ein PDF eingebettet werden sollen, kann man unter EINBETTUNG durch Auswählen der entsprechenden Schriften definieren.

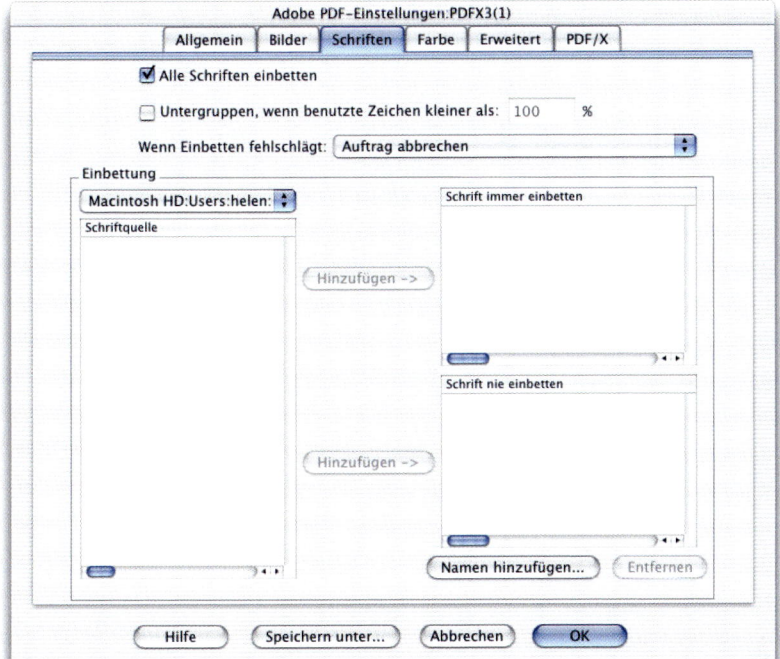

Abbildung 21.45
Der Reiter SCHRIFTEN

Farbe

Die im Reiter FARBE möglichen Einstellungen wirken sich sowohl auf den Softproof am Monitor als auch auf die spätere Druckausgabe aus. Unter EINSTELLUNGSDATEI kann man dem Distiller Zugriff gewähren auf eine der .csf-Dateien (siehe Kapitel 20, Abschnitt »Common Color Architecture«). Es handelt sich um Farbeinstellungsdateien, wie man sie in Photoshop erstellen, speichern und allen übrigen Adobe-Anwendungen zur Verfügung stellen kann und die alle für das Farbmanagement relevanten Informationen (wie zum Beispiel verwendete Profile, Rendering Intent, CMM usw.) enthalten.

Farbmanagement

Ein aktiviertes Farbmanagement bedeutet grundsätzlich immer, dass man auf die im Dokument enthaltenen Farbinformationen Einfluss nehmen will. Das Deaktivieren des Farbmanagements hingegen darf nicht etwa zur falschen Annahme verleiten, dass farbmetrisch charakterisierte Farben nicht als solche erhalten bleiben. Will man also die bereits in der PostScript-Datei enthaltenen geräteabhängigen bzw. verfahrensangepassten oder verfahrenstypischen und auch alle geräteunabhängigen, medienneutralen Farbräume unverändert in die PDF-Datei (PDF/X-3) übernehmen und dabei keine Transformation der Farbräume durchführen, besteht die Möglichkeit, einerseits natürlich keine .csf-Datei zu wählen (OHNE) und unter FARBMANAGEMENT die Option FARBE NICHT ÄNDERN (6) einzustellen.

Die radikale Option in Distiller 5.05 findet man unter EINSTELLUNGSDATEI → FARBMANAGEMENT AUS. Damit ist bis auf die Optionen unter GERÄTEABHÄNGIGE DATEN alles deaktiviert und erinnert an das Vorgehen in XPress. FARBE NICHT ÄNDERN oder FARBMANAGEMENT AUS sind die richtigen Optionen für eine Druckerei, die alle ihre Prozesskomponenten kalibriert hat, die Farben in der Datei anhand entsprechender ICC-Profile aufbereitet hat und genau diese Geräte für die Ausgabe verwendet. Das ist also auch die richtige Einstellung für unsere PDF/X-3-Datei.

Abbildung 21.46
Der Reiter FARBE

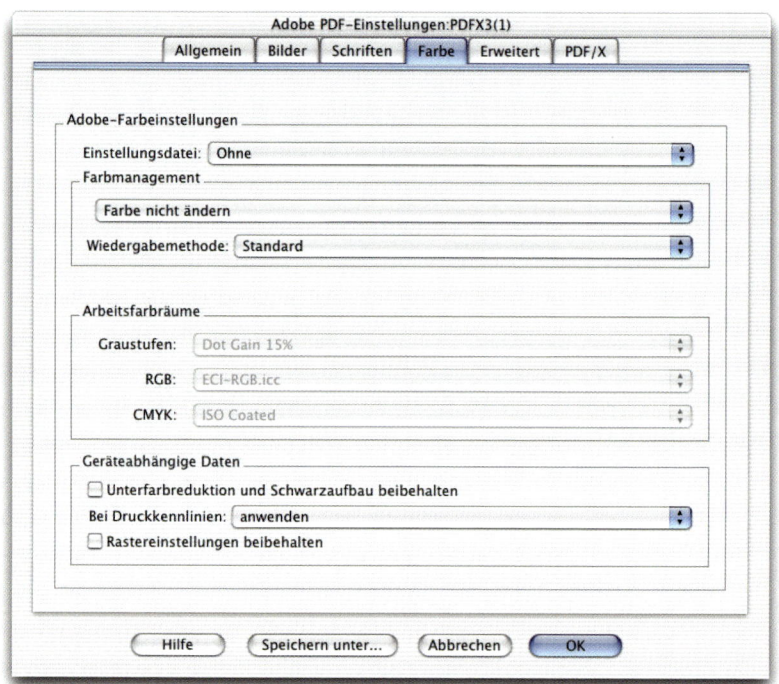

Seit der PDF-Version 1.3 ist die Verwendung von ICC-Profilen erlaubt, um Farbdaten zu kalibrieren. In Distiller gibt es zwei Varianten, wie ICC-Profile in die PDF-Datei gelangen können. Variante eins setzt voraus, dass die Profile bereits in der PostScript-Datei enthalten sind, was beispielsweise der Fall ist, wenn eine in Photoshop gespeicherte EPS-Datei mit aktivierter Option POSTSCRIPT-FARBMANAGEMENT im Layout platziert wird. Da PostScript ICC-Profile nicht als solche direkt unterstützt, werden sie in so genannte *Color Space Arrays* oder CSAs (siehe Kapitel 22, »PostScript-Farbmanagement«) konvertiert und auf diese Weise als kalibrierte Farbinformationen in die PDF-Datei übernommen. Distiller ab Version 5 verfügt über eine ganz besondere Intelligenz, die es ihm erlaubt, die im PostScript-Code gefundenen CSAs vollständig durch das ursprünglich zugrunde liegende ICC-Profil zu ersetzen, vorausgesetzt die dazu notwendigen Informationen (Schlüssel) sind im PostScript-Code vorhanden. Bei Distiller 5 funktioniert das allerdings nur jeweils für das erste Bild eines Dokuments. Erst Distiller 6 wendet das Verfahren auf alle in der Datei enthaltenen Bilder an. Um das CSA auch tatsächlich zu ersetzen, muss es allerdings auf dem entsprechenden Rechner auch vorhanden sein. Gesucht wird über den Pfad »Application Support / Adobe / Color / Profiles / Recommended«. Wird das passende Profil von Distiller nicht gefunden, wird das CSA in ein generisches ICC-Profil umgewandelt, das im PDF den Namen *PostScript CSA profile* trägt; doch handelt es sich dabei um ein unvollständiges ICC-Profil, das nicht über die anderen Rendering Intents verfügt und nur eine Konvertierungsrichtung enthält. Um solche notwendigen Informationen (Schlüssel) in das CSA zu schreiben, ist mindestens Photoshop 5.02 erforderlich bzw. EPS-Dateien aus Acrobat 5.

Die zweite Variante, um ICC-Profile in eine PDF-Datei zu bringen, ist das nachträgliche Zuweisen in Distiller. Die Option ALLES FÜR FARBMANAGEMENT KENNZEICHNEN (KEINE KONVERTIERUNG) fügt allen Dokumentelementen (Bilder, Grafiken, Text) in den Farbräumen Graustufen, RGB und CMYK ein Quellprofil hinzu. Diese Methode ist insofern nicht zu empfehlen, da pro Farbraum immer nur ein ICC-Quellprofil zugewiesen werden kann. Sind im PostScript-Code beispielsweise RGB-Daten aus unterschiedlichen Quellen vorhanden, ist das individuelle Anpassen der Farbdaten nicht möglich. Nur BILDER FÜR FARBMANAGEMENT KENNZEICHNEN beschränkt das »Taggen« ausschließlich auf Bilder. Grafiken und Text sind davon nicht betroffen, was sich zumindest positiv auf die farbliche Wiedergabe von schwarzem Text und schwarzen Linien auswirkt und unerwünschte Farbverschiebungen verhindert.

Das Zuweisen von Quellprofilen in Distiller führt aber noch nicht dazu, dass sie mit den Farbrauminformationen verrechnet werden. Distiller weist den Farbräumen nur Profile zu. Sofern im späteren Workflow nicht die Möglichkeit besteht, diese eingebetteten Profile durch eine Anwendungssoftware oder ein Ausgabegerät auszuwerten, erfolgt die Farbwiedergabe unverändert, genau wie bei »ungetaggten« Daten. ALLE FARBEN IN SRGB KONVERTIEREN führt dazu, dass sowohl in der Datei enthaltene CMYK- als auch RGB-Farbräume gnadenlos in den geräteunabhängigen sRGB-Farbraum konvertiert werden – ausgenommen sind Graustufenbilder, die dabei unangetastet davonkommen. Diese radikale Option eignet sich bestenfalls für die Verwendung in Online-Medien. Zudem ist der sRGB-Farbraum standardisiert, das heißt jedes Ausgabegerät, das den sRGB-Farbraum unterstützt – was die meisten auch tun – gibt somit die Farben annähernd identisch aus. Aufgrund des geringen Farbumfangs (Gamut) ist sRGB aber nicht für die Druckvorstufe geeignet.

Eine weitere Möglichkeit, wie ICC-Profile in eine PDF-Datei eingebettet werden können, bietet das Acrobat-Plug-in *PitStop Professional* von Enfocus.

Wiedergabemethode (6) /Methode (5)

Achtung

Farbmanagement-Maß-
nahmen im späteren
Workflow können diese
Farbanpassungsmetho-
den in der PDF-Datei in
jedem Fall ignorieren
oder außer Kraft setzen.

Damit ist der Rendering Intent gemeint. Mit STANDARD wird die Farbraumanpassungsmethode nicht durch die PDF-Datei festgelegt, sondern durch das jeweilige Ausgabegerät, was bei vielen Geräten standardmäßig der relativ farbmetrische Rendering Intent ist.

Arbeitsfarbräume

Der Begriff Arbeitsfarbraum braucht an dieser Stelle nicht mehr näher erläutert
zu werden, denn er ist bereits hinlänglich aus den anderen DTP-Anwendungen
wie Photoshop, Illustrator und XPress bekannt. Er legt in Form eines ICC-Profils
fest, wie der entsprechende Farbraum (Graustufen, RGB und CMYK) geräteunabhängig definiert ist.

Geräteabhängige Daten

UNTERFARBREDUKTION UND SCHWARZAUFBAU BEIBEHALTEN ist für verfahrensangepasste
CMYK-Daten nicht von Bedeutung und wirkt sich nur auf einen RGB-Farbraum
(DeviceRGB) aus, der per InRIP-Separation nach CMYK (DeviceCMYK) konvertiert wird. Die beiden PostScript-Operatoren »setundercolorremoval« (UCR) und
»setblackgeneration« (Schwarzaufbau) kommen dabei im RIP zum Einsatz und
steuern optional diesen Prozess. Werden nun diese Operatoren im PostScript-
Code gefunden, werden sie in die PDF-Datei übernommen – sofern die Option
aktiviert ist. Damit übernimmt die PDF-Datei die Kontrolle über den Schwarzaufbau bei der Separation von RGB-Daten nach CMYK.

Druckkennlinien/Transferfunktionen

Laut PDF/X-3-Norm sind Druckkennlinien bzw. Transferfunktionen zum Ausgleichen von Tonwertzuwachs oder Tonwertverlust für ein bestimmtes Ausgabegerät nicht erlaubt. Sind Druckkennlinien aus rein gestalterischen Gründen in einer
Datei enthalten (zum Beispiel über die EPS-Option DRUCKKENNLINIE MITSPEICHERN),
wäre die Option ENTFERNEN wohl kaum angebracht; sie würde zu einem unerwünschten Ausgabeergebnis führen, da die Druckkennlinien von Distiller kurzerhand einfach ignoriert werden. Die Option BEIBEHALTEN bettet Druckkennlinien in
die entsprechenden Seitenobjekte ein. Aus dem einfachen Grund, dass eingebettete Druckkennlinien im späteren Workflow nicht in jedem Fall berücksichtigt
werden können, steht die Option ANWENDEN zur Verfügung; sie ist auch PDF/X-
konform. Wird eine Druckkennlinie beibehalten, wird sie vom PDF/X-3 Inspector
automatisch und ungefragt entfernt, denn sie können die Ausgabe im RIP auf
nicht vorhersehbare Weise beeinflussen. Also unbedingt die Option ANWENDEN
wählen, denn dadurch werden Transferfunktionen bzw. Druckkennlinien auf die
entsprechenden Objekte angewendet, wodurch sich natürlich auch die Farben
oder Tonwerte in der PDF-Datei entsprechend ändern können.

Rastereinstellungen beibehalten

Zu den Rastereinstellungen zählen die Rasterweite, die Rasterpunktform und die
Rasterwinkelung. Handelt es sich um vorseparierte Daten, ist die Übernahme
dieser Werte aus der PostScript-Datei essentiell; die Werte sollten auf jeden Fall

bereits korrekt für ein bestimmtes Ausgabegerät definiert sein. PDF/X-3 schreibt aber unseparierte, also Composite-Daten vor, womit sich die Übernahme eventueller Rasterinformationen aus der PostScript-Datei erübrigt, da sie zu einem späteren Zeitpunkt bei der Separation im RIP definiert werden. Ist RASTEREINSTELLUNGEN BEIBEHALTEN aktiviert, kann es mitunter zu unvorhersehbaren Ergebnissen kommen. Beachten sollte man allerdings den Spezialfall, wo Rastereinstellungen aus gestalterischen Gründen in einer Datei enthalten sind, um beispielsweise einen besonders groben Raster auf ein Bild anzuwenden. Die EPS-Speicheroption RASTEREINSTELLUNGEN MITSPEICHERN ermöglicht das Einbetten solcher Informationen; sie sollten in diesem Fall unbedingt übernommen werden. Die PDF/X-3-Norm überlässt es dabei dem Datenempfänger, ob er diese Rastereinstellungen verwenden will. Selbst falsch definierte Werte können bei der späteren Separation durch spezielle Ausgabewerkzeuge wie *Crackerjack* von Lantana oder *pdfOutput Pro* von callas software jederzeit entfernt bzw. überschrieben werden.

Erweitert

Im Reiter ERWEITERT residieren zahlreiche Optionen, die zum größten Teil schwer verständlich sind; ein genaueres Studium ist unumgänglich, wenn man auch nur annähernd eine Ahnung davon bekommen möchte, um was es dabei geht und ob sie für eine PDF/X-3-konforme Datei nötig und erlaubt sind. In Acrobat Distiller 6 sind im Vergleich zu Distiller 5 – nicht zu unserer Freude – noch weitere Optionen dazugekommen. Es gibt also noch einige Entscheidungen mehr zu fällen über Sinn und Notwendigkeit einer Option.

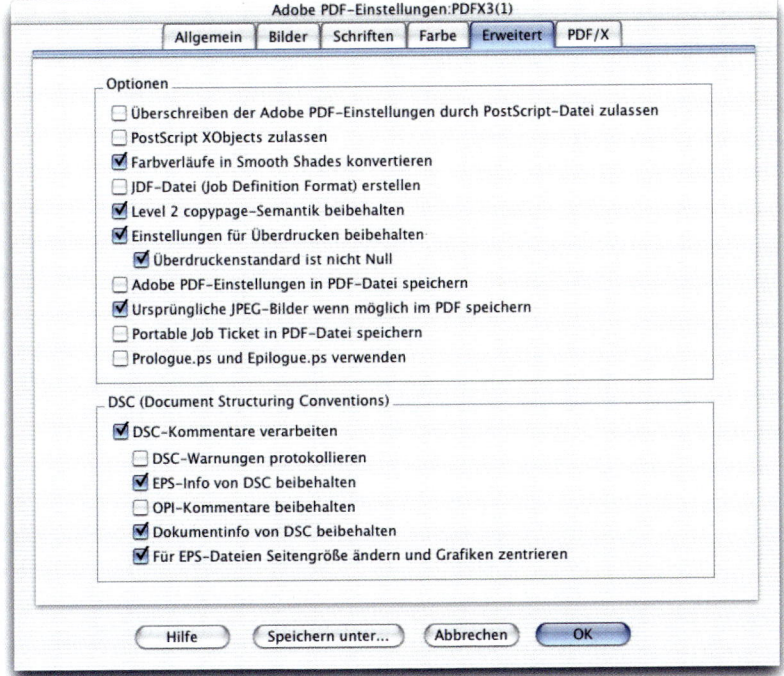

Abbildung 21.47
Der Reiter ERWEITERT

Wer keine Lust hat, sich lange damit herumzuschlagen, verwendet kurzerhand das vorgefertigte Jobsetting »PDFX3« oder ein anderes kostenlos erhältliches PDF/X-3-Setting. Neugierige Leute, die etwas mehr Ausdauer haben, können weiterlesen. Denn etwas Expertenwissen in Colormanagement und PDF/X-3 kann niemals schaden.

Überschreiben der Adobe PDF-Einstellungen durch PostScript-Datei zulassen

Hier wird festgelegt, ob bestimmte Einstellungen bzw. Steuerbefehle in der Post-Script-Datei die gerade aktuellen PDF-Einstellungen von Distiller überschreiben dürfen oder nicht.

PostScript XObjects zulassen

Die in Distiller 6 neu dazugekommene Option bestimmt darüber, ob so genannte *XObjects* in der PDF-Datei zugelassen sind. XObjects steht für *external Objects* – referenzierte Ressourcen außerhalb jeder einzelnen Seitenbeschreibung einer Datei. Ein XObject ist vergleichbar mit einer »gekapselten« EPS-Datei und stellt eine eigenständige, in sich geschlossene Einheit dar, die zum Beispiel ein Firmenlogo enthält, auf jeder Dokumentseite wiederholt verwendet wird und nur mit einer Referenz auf das einmal in der Datei gespeicherte Objekt hinweist. Obschon sie zu einer Platzersparnis in der Datei führen, sollte man die Option deaktivieren, denn XObjects in einer PDF-Datei können mitunter nicht uneingeschränkt bearbeitet werden. Die wohl häufigste Ursache für das Vorhandensein von XObjects in einer PDF-Datei sind aber im Layout platzierte Bilddaten, die mit einem OPI-Kommentar versehen sind. Layoutanwendungen wie XPress, InDesign oder PageMaker haben die unangenehme Eigenschaft, immer OPI-Kommentare für platzierte Bilder in die Datei zu schreiben – selbst dann, wenn gar nicht mit OPI-Grobbilddaten (die später von einem OPI-Server gegen die Feindaten ausgetauscht werden) gearbeitet wurde. OPI-Kommentare (und somit XObjects) entstehen auch dann, wenn aus einer Layoutanwendung in eine Post-Script-Datei gedruckt wird und die Option TIFF UND EPS AUSLASSEN aktiviert ist. Solche in der PostScript-Datei möglicherweise vorhandenen OPI-Kommentare lassen sich durch das gleichzeitige Deaktivieren der Distiller-Option OPI-KOM-MENTARE BEIBEHALTEN beseitigen.

Farbverläufe in Smooth Shades konvertieren

Der in PostScript 3 und PDF 1.3 neu eingeführte PostScript-Operator »smooth shading« sorgt für die Beschreibung von stufenlosen, auflösungsunabhängig codierten weichen Verläufen, die bis PostScript Level 2 durch eine Anzahl von Einzelelementen mit unterschiedlichen Tonwertstufen simuliert werden, was bei geringer Ausgabeauflösung zu sichtbaren Abstufungen führen kann. Solche älteren Verlaufskonstruktionen können von Distiller (ab Version 4.0) erkannt und automatisch in einen »smooth shading«-Befehl umgewandelt werden. Distiller konvertiert mit dieser als *Idiom Recognition* bezeichneten Funktion Farbverläufe aus Illustrator, InDesign, FreeHand, QuarkXPress, CorelDraw und PowerPoint und wird auf jeden Fall aktiviert.

JDF-Datei (Job Definition Format) erstellen

Das Job Definition Format ist ein auf XML *(Extensible Markup Language)* basierender Industriestandard und ermöglicht eine weitgehend automatisierte Printproduktion. Vergleichbar mit einer elektronischen Auftragstasche kann JDF neben den Produktionsdaten gleichzeitig auch Maschinen-Steuerbefehle enthalten, die zum Beispiel direkt in den Leitstand einer Druckmaschine, Schneidoder Falzmaschine eingelesen werden können. Umgekehrt erlaubt es auch den Informationsrückfluss aus der Produktion. Eine JDF-Datei begleitet den Druckauftrag von der Auftragsannahme über die gesamte Produktionsstrecke bis zur Auslieferung. Die aktivierte Option führt dazu, dass ein standardisiertes XML-basiertes Job Ticket erstellt wird, das Informationen über die Datei für den Druck enthält.

Level 2 copypage-Semantik beibehalten

Der »copypage«-Operator in PostScript Level 2 ist das Pendant zum »showpage«-Operator in PostScript 3 und befindet sich immer am Ende einer PostScript-Seitenbeschreibung – mit dem Ziel, die im Speicher des Interpreters aufgebaute Seite auf einem Ausgabegerät auszugeben. Die Arbeitsweise dieses PostScript-Operators hat sich in PostScript 3 etwas geändert. Im Gegensatz zum »showpage«-Operator, der nach erfolgter Ausgabe den Seitenpuffer im Ausgabegerät gleich wieder löscht, womit alle folgenden Aufrufe eine Leerseite produzieren, bleibt beim »copypage«-Operator die zuletzt gerippte Seite im Seitenpuffer erhalten, und alle folgenden Aufrufe kopieren die Seite. Die Option wird vorzugsweise aktiviert.

Einstellungen für Überdrucken beibehalten

Werden in der PostScript-Datei Objekte aufgefunden, die als überdruckend definiert sind (Operator »setoverprint«), werden diese Objekt-Attribute bei aktivierter Option in die PDF-Datei übernommen. Mit gutem Gewissen deaktivieren kann man diese Option aber nur, wenn im späteren Workflow eine Möglichkeit besteht, mit speziellen Überfüllungsprogrammen oder mit InRIP-Trapping in einem PostScript-3-RIP Überdrucken-Einstellungen ganz gezielt zu vergeben. Somit kann das Deaktivieren auch als Filterfunktion verwendet werden, um diese unter Umständen unerwünschten Zusatzinformationen zu ignorieren. Grundsätzlich sind aber diese drucktechnischen Parameter für die spätere Druckqualität unerlässlich und sollten deshalb übernommen werden. Es kann aber auch vorkommen, dass überdruckende Objekte aus gestalterischen Gründen in der Datei angelegt sind, die man so nicht einfach außer Kraft setzen darf.

Überdruckenstandard ist nicht Null

Bei dieser Option entscheidet man darüber, ob der Illustrator-Überdrucken-Modus bzw. der *Overprint Mode* (OPM) null (0) oder eins (1) ist. Nähere Angaben finden Sie in Kapitel 16, »Überfüllen und Überdrucken«.

> **Hinweis**
>
> In Distiller 5 befindet sich die Option EINSTELLUNGEN FÜR ÜBERDRUCKEN BEIBEHALTEN im Reiter FARBE.

Adobe PDF-Einstellungen in PDF-Datei speichern

Diese Option ist eine von den wenigen selbst erklärenden. Sie bettet genau die für das PDF relevante Joboptions-Datei in die noch zu erzeugende PDF-Datei ein. Ist das Einbetten erwünscht, wird sie als Eintrag in der PDF-Struktur bei den eingebetteten Dateien aufgeführt und kann später in Acrobat Reader unter dem Menüpunkt DOKUMENT → DATEIANLAGEN eingesehen werden.

Ursprüngliche JPEG-Bilder wenn möglich im PDF speichern

Eine gute Sache ist diese Option, wenn sie aktiviert ist. Dadurch wird Distiller veranlasst, alle in der Datei enthaltenen JPEG-Bilder zu dekomprimieren, um sicherzustellen dass sie nicht beschädigt sind; sie werden aber nicht mit der für JPEG typischen und verlustbehafteten DCT-Codierung *(Discrete Cosinuous Transformation)* erneut komprimiert, wobei auch alle Metadaten erhalten bleiben.

Portable Job Ticket in PDF-Datei speichern

Da eine PDF-Datei laut Spezifikation keine Geräte-Steuerbefehle enthalten kann, entwickelte Adobe ein neues standardisiertes Datenformat namens *Portable Job Ticket Format* (PJTF). Ähnlich aufgebaut wie das PDF-Format, werden produktionsrelevante Parameter wie Auflösung, Papierformat, Überfüllungsinformationen usw. hierarchisch gegliedert abgespeichert, auf die man später bei der Weiterverarbeitung zugreifen kann. Vorteile hat diese Trennung von Seiteninhalt und Verarbeitungsparametern insofern, da bei eventuellen Änderungen in der Produktion nur das Job Ticket geändert werden muss und nicht die eigentlichen Datenelemente neu angepasst werden müssen. In einem Job Ticket können unter anderem folgende Informationen gespeichert werden:

- ▸ Administrative Daten rund um den Auftrag (Adressen, Termine, Anzahl Exemplare usw.)

- ▸ Materialangaben (Bedruckstoff)

- ▸ Ausschießmuster für die Bogenmontage

- ▸ Trappingregeln (Überfüllungen)

- ▸ Ausgabeparameter (zum Beispiel Rasterweite, Rasterwinkel, Rasterpunktform, Auflösung usw.)

- ▸ Voreinstellungen für die Farbzonen der Druckmaschine

- ▸ Steuerdaten für Falz- und Schneidemaschinen

Sind in der PostScript-Datei solche Job-Ticket-Informationen enthalten, werden sie bei aktivierter Option in das PDF übernommen.

Prologue.ps und Epilogue.ps verwenden

»prologue.ps« und »epilogue.ps« sind PostScript-Dateien, die sich im Distiller-Ordner im Verzeichnis DATA befinden und etwas für PostScript-kundige Anwender sind, die sich mit Unerschrockenheit daran machen, diese Prolog- und Epilog-Datei mit einem Texteditor zu modifizieren, um das Verhalten der PostScript-Datei bzw. die Erzeugung der PDF-Datei auf unterschiedlichste Weise zu beeinflussen. In Acrobat 3 beispielsweise wurde ein Prolog benötigt, um die aus der PostScript-Datei stammenden Sonderfarben in der PDF-Datei beizubehalten, indem die entsprechenden Farbausgabeoperatoren modifiziert wurden. Seit Acrobat 4 ist diese Option fest implementiert. Die aktivierte Option fügt einer zu konvertierenden PostScript-Datei am Anfang einen Prolog und am Ende einen Epilog hinzu; Prolog und Epilog müssen immer gemeinsam verwendet werden. Die beiden Dateien »prologue.ps« und »epilogue.ps« findet man an folgender Stelle:

Mac OS 9: Applications / Acrobat Distiller / Data

Mac OS X: Users / Shared / Adobe PDF / Data

ASCII-Format (Distiller 5)

Die Option ASCII-FORMAT aus Distiller 5 findet man in Distiller 6 nicht mehr, da die heutigen Datenübertragungsmethoden mittlerweile fast alle binärkompatibel sind. Bei aktivierter Option werden Daten in der PDF-Datei im ASCII-Format (7 Bit) codiert, ist die Option nicht aktiviert, wird automatisch im Binär-Format (8 Bit) geschrieben. Vier binäre Datenbytes benötigen fünf Speicherbytes im ASCII-Format, was natürlich die Dateigröße unnötig aufbläht. Interessant ist die Option, um den PDF-Code in einem Texteditor zu analysieren, da die Daten im ASCII-Format hauptsächlich unverschlüsselt bzw. unkomprimiert sind.

DSC (Document Structuring Conventions)

Die von Adobe geschaffene DSC-Konvention macht gewisse Vorgaben, wie eine PostScript- oder EPS-Datei strukturiert sein soll, um problemlos verarbeitet und nachbearbeitet werden zu können – auch system- und geräteübergreifend. Die Konvention sieht so genannte *DSC-Kommentare* in Form eines Prologs zu Beginn der Datei vor, die mit der eigentlichen Seitenbeschreibung nichts zu tun haben. DSC-Kommentare beginnen immer mit zwei Prozentzeichen (%%) und werden von den meisten PostScript-Interpretern ignoriert – mit Ausnahme von Acrobat Distiller. Ein typischer DSC-Kommentar ist der »%%BoundingBox«-Kommentar, der von einer importierenden Anwendung (zum Beispiel XPress) ausgelesen werden kann, um die Größe der EPS-Datei zu erfahren, ohne dazu den ganzen PostScript-Code zu interpretieren, wozu sie auch gar nicht in der Lage ist, da die meisten Anwendungen keinen eigenen Interpreter haben. DSC-Kommentare machen zum Beispiel auch Angaben zu den verwendeten Ressourcen wie beispielsweise Schriften, Dokumentfarben usw. Eine ebenso wichtige Rolle spielen DSC-Kommentare bei OPI (Open Prepress Interface) und bei der Verarbeitung von Farbauszügen. Besonders wichtig sind die beiden DSC-Kommentare »%%Page« und »%%PlateColor« für die Verarbeitung von bereits in die einzelnen Farbauszüge zerlegten PostScript-Dateien. Nur durch die dort hinterlegten Werte ist eine Zuordnung von Farbauszugsfarbe und einer bestimmten Dokumentseite möglich. Normalerweise sind nur professionelle DTP-Anwendungen in der Lage, einen vollständigen Satz solcher DSC-Kommentare bei der Ausgabe zu erzeugen. Die Option sollte man grundsätzlich aktivieren.

DSC-Warnungen protokollieren

Da Verstöße gegen die DSC-Konvention keine PostScript-Fehler sind und weder zu einer fehlerhaften Reproduktion noch zum Abbruch der PDF-Erzeugung führen, ist auch ein spezielles Protokoll überflüssig und unnötig.

EPS-Info von DSC beibehalten

Die aktivierte Option führt zur Übernahme von DSC-Kommentaren einer EPS-Datei. Solche Struktur-Informationen umfassen zum Beispiel Dateinamen, Erstellungsdatum, Erstellungsanwendung usw., die eventuell bei der späteren Bearbeitung der PDF-Datei von Interesse sind.

OPI-Kommentare beibehalten

Auch OPI-Kommentare sind eine spezielle Art von DSC-Kommentaren; sie dienen einem OPI-Server dazu, platzierte Grobbilddaten (oder reine Kommentare) durch die hochauflösenden Bilddaten bei der Ausgabe zu ersetzen. OPI-Kommentare in der PostScript-Datei führen dazu, dass Bilddaten, die mit einer OPI-Information (Spezifikation 1.3 oder 2.0) verknüpft sind, in so genannte *Form XObjects* umgewandelt werden, was wie bereits weiter vorne erwähnt den Zugriff auf die Bilddaten durch spezielle Bearbeitungswerkzeuge erschwert. Aus diesem Grund sollte die Option in einem OPI-losen Workflow auch deaktiviert werden; OPI-Kommentare sind in der PDF/X-3-Norm ohnehin nicht erlaubt. Stößt der PDF/X-3 Inspector auf OPI-Kommentare, werden sie entfernt. Besser ist es, sie gar nicht erst zu aktivieren, denn eine PDF/X-3-Datei muss gemäß Norm grundsätzlich vollständig sein.

Dokumentinfo von DSC beibehalten

Achtung

XPress, PageMaker und InDesign haben die unangenehme Eigenschaft, immer OPI-Kommentare in die Datei zu schreiben, selbst wenn gar nicht mit OPI-Bildern gearbeitet wird und ein hochauflösendes TIFF-Bild vorliegt, was bei aktivierter Option zu einem Image XObject führt.

Vergleichbar mit den EPS-Infos, enthalten auch PostScript-Dateien im Datei-Header Informationen zu Erstellungsprogramm, Dateiname, Erstellungsdatum usw. Werden diese Informationen in die PDF-Datei übernommen, kann man sie später beim Öffnen der Datei in Acrobat anzeigen bzw. einsehen unter DATEI → DOKUMENTEIGENSCHAFTEN → BESCHREIBUNG.

Für EPS-Dateien Seitengröße ändern und Grafiken zentrieren

Diese Option bezieht sich nur auf eine einzelne EPS-Datei, die zu einer PDF-Datei verarbeitet werden soll. Da eine EPS-Datei keine gerätespezifischen Informationen enthält, beinhaltet sie auch keinen PostScript-Befehl zur Seitengröße, sondern nur eine Angabe (DSC-Kommentar) über ihre Abmessungen in Form des BoundingBox-Kommentars (die Größe eines kantenparallelen Rechtecks, das die enthaltenen Objekte vollkommen umfasst). Die Option entscheidet darüber, ob eine PDF-Seite in der Größe der BoundingBox oder in der Größe des im Reiter ALLGEMEIN definierten Standardpapierformats erzeugt werden soll. In diesem Fall wird eine EPS-Datei immer in der linken unteren Ecke des Formats platziert. Ist sie größer als das Standardpapierformat, wird sie infolgedessen rechts und oben angeschnitten.

PDF/X-3 mit Distiller 5.05

Nachdem nun alle Optionen korrekt eingestellt sind, kann man sich ans Werk machen, um aus PostScript-Dateien PDFs zu erzeugen. Die von Distiller »ausgespuckten« Daten sind aber vorerst noch ganz »normale« PDFs, die erst daraufhin überprüft werden müssen, ob sie auch tatsächlich den Mindestanforderungen der PDF/X-3-Norm entsprechen. Dazu gehört auch der Output Intent – das ICC-Ausgabeprofil, das den Datenempfänger darüber informiert, für welche Druckbedingungen die Daten aufbereitet sind. Ein internes »Etikett« soll die geprüfte Datei schließlich als PDF/X-3-konform ausweisen. Beim Datenempfänger muss die Möglichkeit vorhanden sein, die erhaltene Datei auf PDF/X-3-Konformität zu überprüfen und das im Output Intent eingebettete ICC-Ausgabeprofil zu extrahieren, um damit unter anderem einen farbverbindlichen Hardcopy-Proof zu erzeugen.

Um alle diese Aufgaben zu erledigen, nimmt man bei geöffneter Datei in Acrobat die Funktionen des Acrobat Plug-ins *PDF/X-3 Inspector* (Freeware) im Menü ZUSATZMODULE in Anspruch. Das Plug-in kann unter www.pdfx.info heruntergeladen werden.

> **Hinweis**
>
> Für Anwender, die noch mit Acrobat Distiller 5.05 arbeiten, sind nun alle Distiller-Settings so weit eingestellt, dass der Erzeugung einer druckvorstufentauglichen PDF-Datei nichts mehr im Wege steht. Für Acrobat-Distiller-6-Anwender gibt es noch einen zusätzlichen Reiter PDF/X, der weiter unten beschrieben wird.

PDF/X-3 mit Distiller 6

Nicht wesentlich anders geht es mit Distiller 6 weiter. Der Unterschied zu Distiller 5 besteht darin, dass Adobe in der Version 6 die Funktionen des PDF/X-3-Inspector-Plug-ins fest implementiert hat, womit eine direkte und unmittelbare Erzeugung einer geprüften PDF/X-3-konformen Datei in einem Rutsch möglich ist. Aus diesem Grund findet man in Distiller 6 noch einen zusätzlichen Reiter PDF/X, der weitere Optionen bereithält, um die PDF/X-Konformität zu garantieren. Es ist aber ebenso gut möglich, mithilfe der Preflight-Funktion (Menü DOKUMENT) aus einer »normalen« PDF-Datei eine PDF/X-Datei zu erzeugen.

PDF/X (Distiller 6)

PDF/X-1a oder PDF/X-3

Damit wird bestimmt, auf welche Konformität hin (PDF/X-1a oder PDF/X-3) eine PostScript-Datei vor der PDF-Erzeugung überprüft werden soll. Erfüllt sie die Anforderungen nicht, werden die Probleme in Form einer .log-Datei protokolliert.

Wenn nicht kompatibel

Erfüllt die PostScript-Datei die Mindestanforderungen für die gewählte PDF/X-Norm nicht, kann man dennoch eine PDF-Datei zusammen mit einem Problem-Bericht erstellen lassen oder den Auftrag abbrechen.

Als Fehler melden

Die PDF/X-Norm schreibt vor, dass zwingend eine Angabe zur TrimBox (Endseitenformat beschnitten) in der Datei vorhanden sein muss. Ist zusätzlich Beschnitt definiert, muss eine Angabe zur BleedBox (Seite mit Beschnitt) vorhanden sein. Eine PostScript-Datei wird folglich als nicht kompatibel markiert, wenn keine Angaben zum Endseitenformat oder Objektrahmen vorhanden sind. Diese Angaben zur Seitengeometrie sind zum Beispiel wichtig für ein Ausschieß-programm, um PDF-Seiten automatisch zu platzieren und auszugeben.

Abbildung 21.48
Übersicht über die
verschiedenen »Boxes«

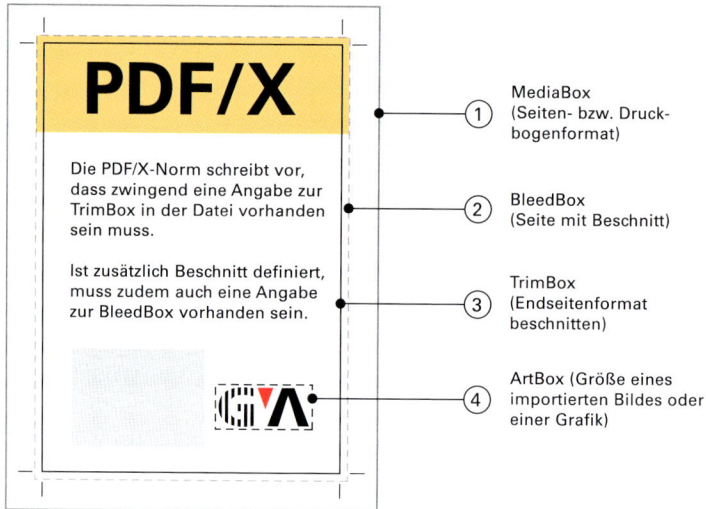

Die nachfolgenden Optionen erlauben das Einstellen der für die später im PDF definierten Endseitenformat- und Anschnitt-Rahmen (TrimBox und BleedBox) in Bezug zum Medien- bzw. Endformat-Rahmen durch Eingabe von Werten.

Abbildung 21.49
Der Reiter PDF/X in
Distiller 6

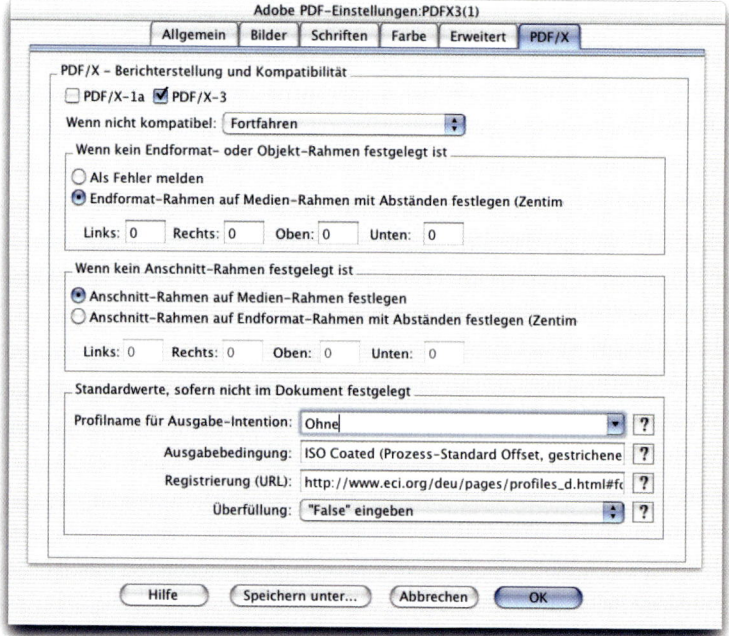

Standardwerte, sofern nicht im Dokument festgelegt

Am Schluss sollte man schließlich noch einige Standardwerte festlegen – für den Fall, dass sie nicht bereits im Dokument festgelegt, aber erforderlich sind, um die Kompatibilitätsprüfung zu bestehen. Zu diesen erforderlichen Kriterien gehört eine Angabe bei PROFILNAME FÜR DIE AUSGABE-INTENTION, also die Druckbedingung, für die das Dokument aufbereitet wurde. Findet sich kein passender Name in der Auswahlliste, kann man den Namen des entsprechenden Profils ganz einfach manuell eingeben (zum Beispiel »ISOcoated«). Ein Eintrag unter AUSGABEBEDINGUNG als zusätzliche Beschreibung der Druckbedingung kann für den Datenempfänger eventuell ganz hilfreich sein, ist aber nicht zwingend. Optional, jedoch empfohlen ist ein Eintrag unter REGISTRIERUNG (URL); er gibt die Quelle des erwähnten Profils als URL an (*Uniform Resource Locator* = standardisierte Beschreibung eines Dateiorts) und ist laut PDF/X-Definition durchaus zulässig. Für die ISO-Profile lautet der URL: http://www.eci.org/deu/pages/profiles_d.html#fogra.

PDF/X-Konformität erfordert auch zwingend eine Angabe zum aktuellen Überfüllungsstatus des Dokuments und muss mit einem Wert TRUE (Wahr, 1) oder FALSE (Falsch, 0) definiert werden – das erinnert schon fast an logische Algebra. Ist im Dokument kein Überfüllungsstatus angegeben, wird der hier angegebene Wert verwendet. Ist das Dokument bereits überfüllt, wählt man TRUE, ist es nicht überfüllt, wählt man FALSE. Wählt man den Wert NICHT DEFINIERT, erhält man die Fehlermeldung DER WERT »UNKNOWN« IST FÜR DEN ÜBERFÜLLUNGSSCHLÜSSEL NICHT ZULÄSSIG, womit auch keine PDF/X-3-Datei erstellt wird, da sie nicht kompatibel ist. Den Überfüllungsschlüssel einer PDF/X-3-Datei kann man in Acrobat unter DATEI → DOKUMENTEIGENSCHAFTEN → ERWEITERT → ÜBERFÜLLUNG erfahren.

Damit sind nun alle Distiller-Settings für das Erstellen einer PDF/X-kompatiblen PDF-Datei gemacht; sie kann als Einstellungsdatei (.joboptions) mit SPEICHERN UNTER... gesichert werden und steht von nun an unter STANDARDEINSTELLUNGEN im Distiller-Hauptfenster zur Auswahl.

PDF überprüfen

Im Gegensatz zu Distiller 5 wird in Distiller 6 noch vor der definitiven PDF-Erzeugung die PostScript-Datei auf PDF/X-Konformität hin überprüft und der Vorgang gegebenenfalls abgebrochen. Handelt es sich um eine »normale« PDF-Datei, muss sie vorher einer Prüfung unterzogen werden, damit sie als geprüfte PDF/X-3-Datei gespeichert werden kann und den Zusatz »_x3« (Vorschlag von PDF-Inspector) im Namen tragen darf.

In Acrobat 5 muss man dazu den Menüpunkt PDF/X-3 INSPECTOR (FREEWARE) aufrufen und auf ALS PDF/X-3 SICHERN... klicken.

In Acrobat 6 ruft man den Menüpunkt DOKUMENT → PREFLIGHT... auf, womit sich das PREFLIGHT-PROFILE-Fenster öffnet, das bereits über eine Anzahl vorgefertigter Prüfprofile verfügt und am unteren linken Rand den unscheinbaren Knopf PDF/X... beherbergt. Mit einem Klick erscheint das gleichnamige Fenster – dasselbe wie bei Acrobat 5 mit dem Acrobat-Plug-in PDF/X-3 Inspector (Freeware). Der weitere Vorgang ist somit in Acrobat 5 und 6 wieder identisch.

Abbildung 21.50
Das Preflight-Profile-
Fenster in Distiller 6

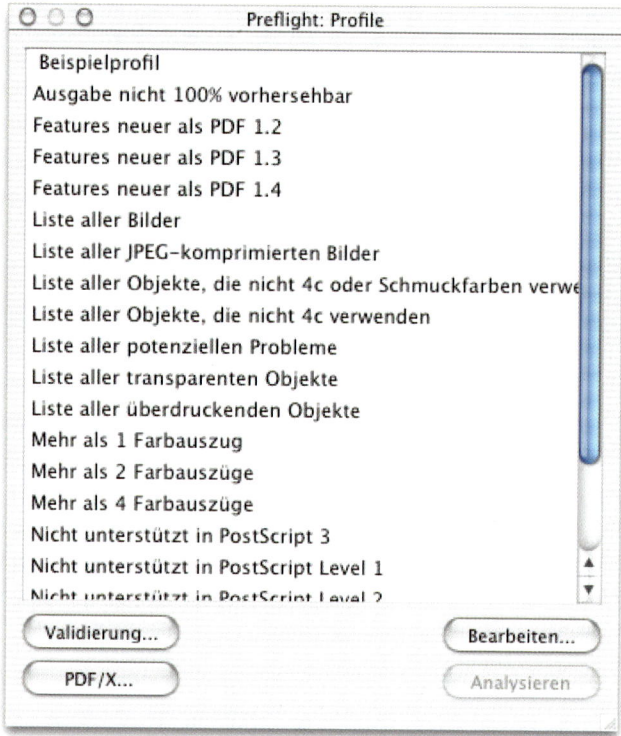

Das Fenster PREFLIGHT: PDF/X beinhaltet fünf verschiedene Knöpfe, die zu allen relevanten PDF/X-3-Funktionen führen:

- ▸ ALS PDF/X-3 SPEICHERN...

- ▸ ÜBERPRÜFEN...

- ▸ ICC-PROFIL EXPORTIEREN...

- ▸ PDF/X ENTFERNEN...

- ▸ PDF/X-3 SETS...

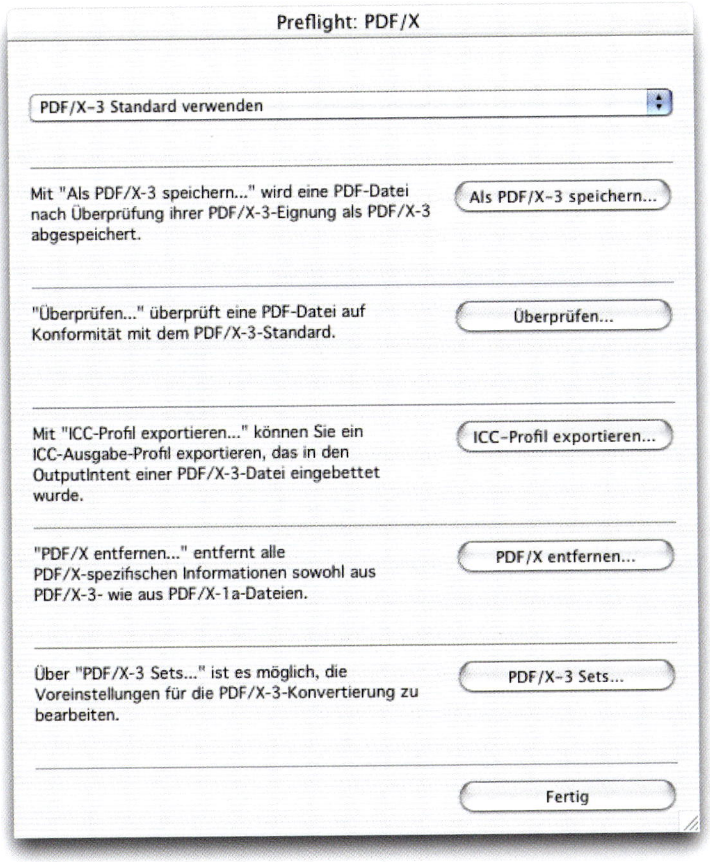

Abbildung 21.51
Das Fenster
PREFLIGHT: PDF/X

Als PDF/X-3 speichern

Über die Schaltfläche ALS PDF/X-3 SPEICHERN... gelangt man zum Dialog, in dem der unerlässliche Output Intent gewählt werden muss. Das heißt, man wählt unter PDF/X-3 SETS: den gewünschten Druckprozess in der Liste, für welchen die PDF-Datei vorgesehen ist und als PDF/X-3-Datei gespeichert werden soll (siehe Abbildung 21.52). (Neue und eigene Sets kann man über die Schaltfläche PDF/X-3 SETS... erstellen.) Unter ICC OUTPUTINTENT-PROFIL wird nun das ICC-Profil aufgeführt, das in die PDF-Datei eingebettet wird und vom Datenempfänger später extrahiert werden kann, und zwar mit der Funktion ICC-PROFIL EXPORTIEREN.... Optional kann man noch zusätzliche Prüfkriterien definieren, die in der PDF/X-3-Norm nicht vorgeschrieben, aber durchaus sehr sinnvoll und nützlich sind. Zu den zusätzlichen Prüfkriterien zählen:

▸ Maximale Anzahl gewünschter Farbauszüge

▸ Mindestauflösung für Halbtonbilder (Graustufen, Farbe, Duplex)

> ‣ Mindestauflösung für Strichbilder (farbunabhängig)

> ‣ Zulassung von 4c und Schmuckfarben

> ‣ Zulassung von Lab- und ICC-basierten Farbräumen

Diese zusätzlichen Prüfkriterien sind durch die entsprechenden Voreinstellungen in den jeweiligen PDF/X-3 Sets vorbelegt, können aber im Dialog direkt und nach Bedarf angepasst werden.

Abbildung 21.52
PDF/X-3 Sets

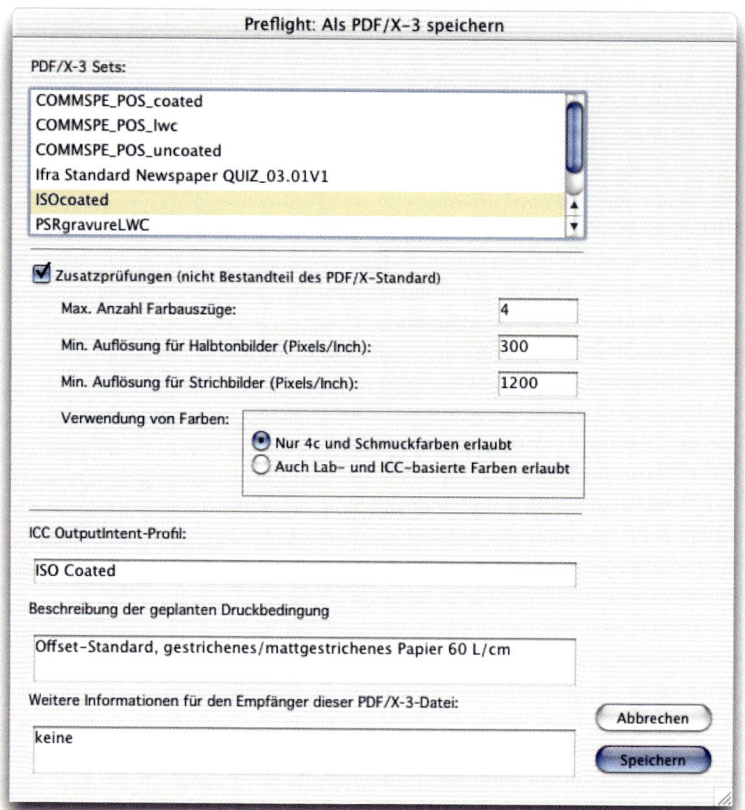

Endlich kann man auf SPEICHERN klicken, den Speicherort angeben und hoffen, dass der PDF/X-3 Inspector keine Probleme bzw. Fehler in der Datei festgestellt hat und eine positive Bestätigung ausgibt, dass die Konvertierung ein voller Erfolg war (siehe Abbildung 21.53).

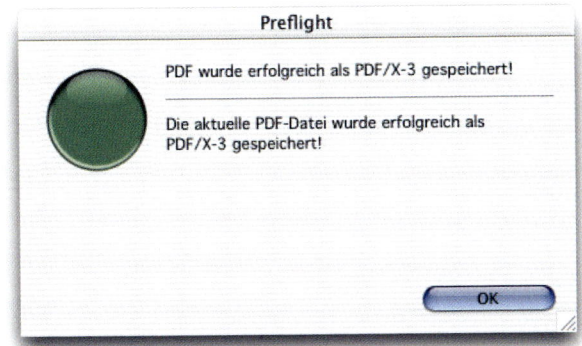

Abbildung 21.53
Das gewünschte Ergebnis:
ein voller Erfolg!

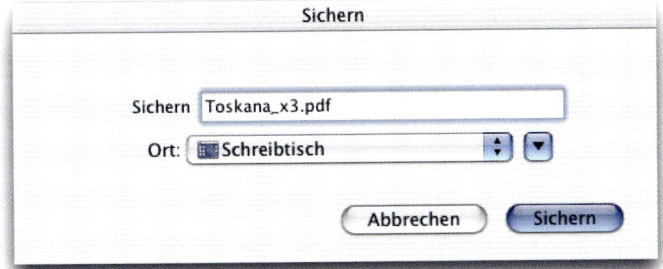

Abbildung 21.54
Speichern als geprüfte
PDF/X-3-Datei

War die Konvertierung nicht ganz so erfolgreich und werden Probleme gemeldet, erscheint ein Hinweis mit der Möglichkeit, sich unter REPORT... die »Mängelliste« präsentieren zu lassen (siehe Abbildung 21.56). Es genügt natürlich nicht zu wissen, dass an der Datei irgendetwas nicht PDF/X-3-konform ist, man muss schließlich auch wissen, was. Probleme sollten aber auf jeden Fall an der Quelle behoben und nicht in der PDF-Datei »geflickt« werden.

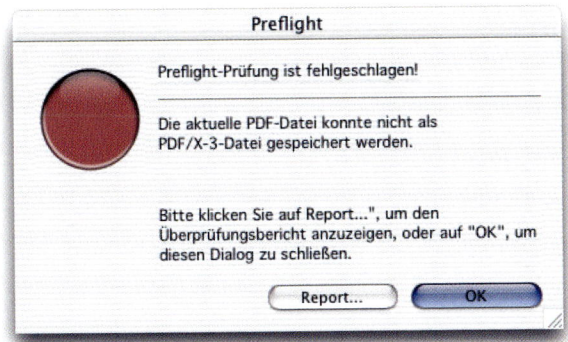

Abbildung 21.55
Traurige Fehlleistung

Abbildung 21.56
Mängelbericht

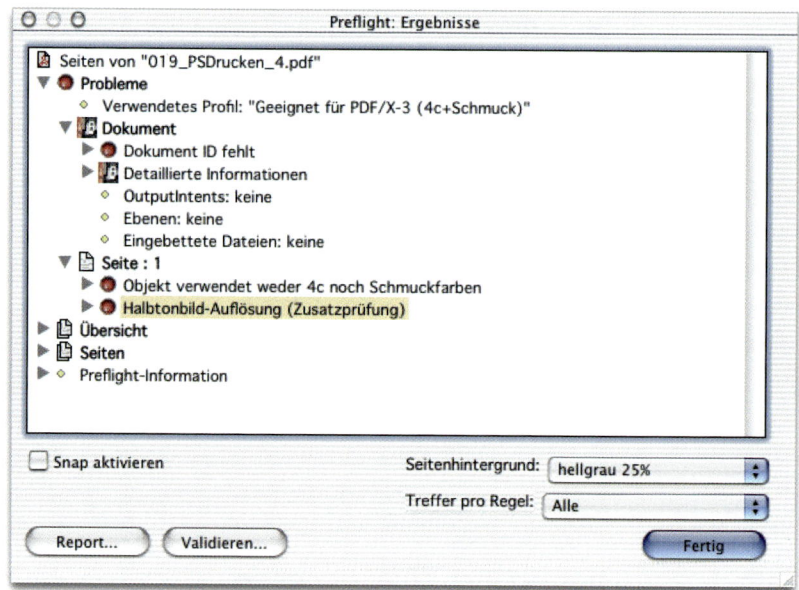

Kapitel 2

22

PostScript-Farbmanagement

22.1 Farbdatenverarbeitung in PostScript

Dem Begriff »PostScript-Farbmanagement« begegnet man an verschiedenen Stellen im Laufe eines Arbeitsprozesses. So zum Beispiel bei den Speicheroptionen einer EPS-Datei oder im DRUCKEN-Dialog eines PostScript-Druckertreibers. Doch was ist PostScript-Farbmanagement, wo liegt der Unterschied zum ICC-Farbmanagement und wie wirken sie zusammen? Um eine Antwort zu finden, ist es nötig, die verschiedenen Entwicklungsschritte von PostScript nachzuvollziehen.

PostScript Level 1

Die beiden Technologien ICC-Colormanagement und PostScript-Farbmanagement zur Farbdatenverarbeitung haben gewisse Gemeinsamkeiten – beide stützen sich auf die Forschungsergebnisse der CIE – und doch sind sie nicht gleich. PostScript, die von Adobe 1985 entwickelte plattform-, anwendungs- und auflösungsunabhängige Seitenbeschreibungssprache, die es ermöglicht, eine komplette Druckseite aus Text, Bild und Grafik in hoher Qualität zu beschreiben und schließlich ein Ausgabegerät damit anzusteuern, kann bereits seit PostScript Level 1 Farbdaten verarbeiten und ist in seinen Grundzügen auch heute noch aktuell. Allerdings gab es in PostScript Level 1 zunächst nur die beiden Farbräume RGB und Graustufen. RGB ist direkt oder indirekt auch über HSB-Werte definierbar, die durch einfaches Umrechnen in RGB-Werte umgewandelt werden.

Die einzige Möglichkeit, die es gibt, um Farbkanäle in begrenztem Maß zu überformen, sind Transferkurven. Insgesamt handelt es sich also um eine geräteabhängige, farbmetrisch nicht spezifizierte Farbverarbeitung und ein Farbraumtransformationsmodell, das grundsätzlich »ideale« Druckfarben voraussetzt. Die Standardformel für eine einfache Farbraumkonvertierung von RGB nach CMY(K) lautet:

cyan   = 1.0 - red
magenta   = 1.0 - green
yellow   = 1.0 - blue

Die Farbwerte wurden eins zu eins zum jeweiligen Ausgabegerät geschickt, doch gab es nur wenig Möglichkeiten, so Einfluss auf die Farbwiedergabe zu nehmen, dass gleiche Farbwerte auf unterschiedlichen Ausgabegeräten überall gleich aussahen. Später dann folgte eine Erweiterung von PostScript Level 1, die es fortan erlaubte, auch CMYK-basierte Farbräume zu beschreiben und auszugeben.

Die vorerst nur von wenigen Farbdruckern unterstützte Erweiterung von PostScript Level 1 brachte auch die beiden neuen PostScript-Operatoren »setundercolorremoval« (Unterfarbenreduktion UCR) und »setblackgeneration« (Schwarzaufbau), die es gestatteten, eine für den Auflagendruck angemessenere

Farbtransformation von RGB nach CMYK zu erzielen, als es mit der oben erwähnten einfachen Umrechnung möglich ist.

PostScript Level 1 kennt das Konzept der Host-basierten Separation nach Technote 5044 (technisches Dokument von Adobe, das kein fester Bestandteil von PostScript Level 1 ist) und somit die Umsetzung der Farbseparation in der Anwendungssoftware auf dem Computer (Host) und nicht im Ausgabegerät. Für die Ausgabe von Bildern kennt PostScript Level 1 beispielsweise nur den Operator »image«, der grundsätzlich immer im Farbraum DeviceGray ausgibt. Technote 5044 bezieht sich zusätzlich auf den Operator »colorimage« – der erst in PostScript Level 2 definitiv implementiert wurde.

Insgesamt stehen damit aber in PostScript Level 1 ausschließlich Operatoren und Pseudo-Operatoren (zum Beispiel für Sonderfarben) zur Verfügung, die es erlauben, Farben ausschließlich geräteabhängig zu definieren, womit auch das farbliche Ergebnis stark vom jeweiligen Ausgabegerät bzw. bei der Erzeugung von Separationen vom Druckprozess abhängt. Colormanagement war in PostScript Level 1 also noch nicht vorgesehen.

PostScript Level 2

PostScript Level 2 schließlich brachte zwei neue und wichtige Konstruktionen für den Umgang mit Farbe. Einerseits wurde statt der Pseudo-Operatoren in PostScript Level 1 ein offizieller Weg eingeführt, um Sonderfarben sauber zu definieren (Separation-Farbraum). Andererseits wurden CIE-basierte Farbräume möglich in Form von *Color Space Arrays* (CSA) und *Color Rendering Dictionary* (CRD) – die beiden PostScript-Äquivalente von ICC-Eingabe- und Ausgabeprofilen –, um Farben geräteunabhängig zu beschreiben. Hier zeigen sich auch die ersten Ansätze von Colormanagement. Denn als die Investitionskosten für PostScript-Farbdrucker endlich in einem erschwinglichen Bereich lagen und sich immer mehr Grafik-Designer einen eigenen Farbdrucker anschafften, kam auch der Wunsch auf, Farbdaten verwaltet auszugeben. Somit wurde schließlich farbmetrisch spezifizierte Farbverarbeitung möglich – vorerst nur für ein- und dreikomponentige Farbräume (CIEBasedA, CIEBasedABC), das heißt für Graustufen, RGB, Lab, und erst später in PostScript 3 bzw. in der PostScript-Level-2-Erweiterung 2017 auch vierkomponentige Farbräume (CIEBasedDEF/DEFG), um auch CMYK-Eingangsfarbwerte nach CIE-XYZ umzurechnen.

Für CIE-basierte Farbräume ist aufgrund der Komplexität einer Farbraumtransformation über den geräteunabhängigen Referenzfarbraum – in PostScript immer CIE-XYZ – eine Host-basierte Separation nach Technote 5044 nicht mehr genug leistungsfähig und bedarf der ebenfalls in PostScript Level 2 eingeführten optionalen InRIP-Separation; denn laut Adobe sollte eine Separation der Daten so spät wie möglich erfolgen oder mit anderen Worten erst im RIP. Text, Bilder und Grafiken sollten nach den Vorstellungen von Adobe künftig nur noch im RGB- oder Lab-Farbraum bearbeitet und verarbeitet werden. Aus diesem Grund wurden noch einige wichtige Colormanagement-Bestandteile in PostScript Level 2 integriert:

- ‣ CIE-Lab-Farbraum als medienneutrale Referenz

- ‣ EPS-Dateien können direkt mit Lab-Farbwerten arbeiten.

- ‣ EPS-Dateien im RGB-Farbraum können ein Profil enthalten.

- ‣ InRIP-Separation von Lab- und RGB-Daten

Die technologische Umsetzung einer Farbraumtransformation über das Gamut Mapping und die Berücksichtigung von drucktechnischen Parametern entwickelte sich in zwei verschiedene Richtungen: Auf der einen Seite gab es Adobe und die PostScript-Seitenbeschreibungssprache mit CSAs und CRDs, und auf der anderen Seite das International Color Consortium (ICC), das sich bei der Farbverwaltung nicht einfach an ein einziges Dateiformat binden wollte und ein Hilfsmittel in Form von ICC-Profilen entwickelte, das von verschiedenen Grafikformaten genutzt werden kann. Zudem soll das Colormanagement auf Betriebssystemebene erfolgen, wogegen das PostScript-Farbmanagement-Modell geräteunabhängiges Colormanagement bei der Konvertierung von RGB nach CMYK während des Druckens erreicht und nicht an einer früheren Stelle im Prozess.

Aus verschiedenen Gründen kam es nie zu einer Verschmelzung dieser beiden Technologien; es gibt bis heute keine PostScript-Seitenbeschreibung, die ein ICC-Profil enthalten kann, da ein PostScript-Interpreter nichts damit anzufangen weiß (damit ist nicht das Einbetten eines ICC-Profils als PostScript-Kommentar in einer EPS-Datei gemeint). Die Arbeitsweise einer Anwendung mit aktiviertem Colormanagement funktioniert nach dem Prinzip, dass Daten mit einem Quellprofil geöffnet und für die Ausgabe mit einem Zielprofil verrechnet werden, so dass bereits farbangepasste Daten das Programm verlassen. Die Ausgabe von PostScript-Daten erfolgt also entweder bereits farbkorrigiert, oder eine farbkorrigierte Ausgabe ist nicht gewünscht. ICC-Profile werden aber nicht mit der PostScript-Datei mitgeschickt – selbst dann nicht, wenn im Layout platzierte Bilder mit eingebettetem Quellprofil vorhanden sind. In einer PostScript-Ausgabe sind sie nicht mehr vorhanden.

Mit PostScript Level 2 wurden bereits große Teile der geräteunabhängigen Funktionen des ICC-Colormanagements umgesetzt, wobei in PostScript der CIE-XYZ-Farbraum als geräteneutraler Referenzfarbraum verwendet wird. Zudem wird ein so genanntes Color Space Array (CSA) benötigt, das einem ICC-Quellprofil entspricht, sowie ein Color Rendering Dictionary (CRD), das PostScript-Äquivalent eines ICC-Ausgabeprofils.

Color Space Array (CSA)

Ein CSA stellt eine Umrechnungsvorschrift dar, um Eingangsfarbwerte (zum Beispiel die Farbwerte der Pixel einer Bilddatei) in den Referenzfarbraum CIE-XYZ umzurechnen – vergleichbar mit dem Input-Bereich eines ICC-Profils.

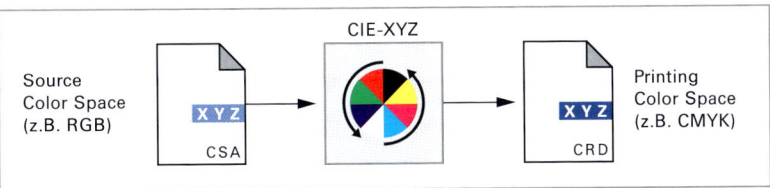

Abbildung 22.1
Funktion eines Color Space Arrays

Das CSA enthält mathematische Algorithmen und Parameter zur Transformation eines Eingangsfarbraums in den Referenzfarbraum (zum Beispiel RGB → XYZ). Bei der Umrechnung werden zudem der Weißpunkt und der Schwarzpunkt des Eingangsfarbraums berücksichtigt (das heißt die hellste und die dunkelste Stelle eines Bildes), und zwar durch ein Gamut Mapping im Hinblick auf Weiß- und Schwarzpunkt des Zielfarbraums (CIE-XYZ).

Werkzeuge, mit denen ein Anwender ein CSA direkt erzeugen und den Daten zuordnen kann, gibt es grundsätzlich keine. Für gängige kalibrierte Farbräume (wie beispielsweise sRGB) stehen CSAs hingegen ohne weiteres zur Verfügung, nicht aber für das RGB eines x-beliebigen Scanners. Möglich ist nur der indirekte Weg, der als Ausgangslage ein ICC-Profil verwendet. So gibt es zum Beispiel einige DTP-Applikationen wie Photoshop, die es gestatten, beim Drucken in Post-Script oder beim Speichern einer EPS-Datei den Daten zugeordnete ICC-Profile als CSA beizufügen, indem die Option PostScript-Farbmanagement im Drucken- bzw. Speichern-Dialog aktiviert wird. Es gibt auch Optionen in den Farbeinstellungen gewisser Anwendungen, die es erlauben, beim Drucken geräteunabhängige Farben zu verwenden, indem eine Umwandlung der Farbinformationen des Dokuments in den Farbraum des Druckers ausgelöst wird und dabei die Quellprofile eines Dokuments auf dem Host-Rechner in den Lab-Farbraum (PostScript-Sprachversion 2016) bzw. nach CIEBasedDEF/DEFG (ab PostScript-Sprachversion 2017) konvertiert und als CSA in den Druckvorgang aufgenommen werden, welches der Drucker nun dazu verwendet, um mit seinem internen CMS in seinen Farbraum zu konvertieren. Das unabdingbare Gegenstück zu einem CSA ist das CRD oder *Color Rendering Dictionary* (Farbumrechnungswörterbuch), das benötigt wird, um geräteunabhängige Farben (XYZ) in den Farbraum des Druckers umzurechnen (zum Beispiel XYZ → CMYK). Dazu wird in der Regel das Standard-CRD verwendet, das jeder PostScript-RIP bereithält, oder auch ein anderes CRD, sofern die Anwendung über eine Option verfügt, die es erlaubt, ein individuelles ICC-Profil (zum Beispiel für den Proofdrucker) in ein CRD zu konvertieren und zusammen mit dem CSA des Dokuments zum Drucker zu übertragen. Der umgekehrte Weg (aus einem CSA oder einem CRD ein ICC-Profil zu erzeugen) ist allerdings nicht möglich.

Color Rendering Dictionary (CRD)

Ein CRD beschreibt also, wie man von CIE-XYZ zu einem bestimmten Gerätefarbraum kommt, und löst dabei gleichzeitig das Problem unterschiedlich großer Farbräume durch ein Gamut Mapping. Rein strukturell sind CRDs den CSAs sehr ähnlich und enthalten gleichermaßen mathematische Algorithmen und Parameter, um XYZ-Werte in den Ausgabefarbraum (zum Beispiel XYZ → CMYK) zu transformieren. Grundsätzlich werden CRDs nur auf CIE-basierte Farbräume angewendet und wirken sich nicht auf geräteabhängige Farbräume wie Device-Gray, DeviceRGB, DeviceCMYK, DeviceN sowie Separation-Farbräume aus.

CRDs werden insbesondere auch für eine InRIP-Separation benötigt, um geräteunabhängige Farben in den Ausgabefarbraum umzurechnen. Dazu muss eine Möglichkeit bestehen, das vorhandene Standard-CRD (PostScript-Level-2- und -3-RIP) durch ein anderes (das einen bestimmten Druckprozess charakterisiert) zu ersetzen, das heißt in den RIP zu laden – entweder als statische Zuordnung für eine Druckerwarteschlange oder dynamisch mit dem PostScript-Datenstrom. Lange Zeit gab es weder eine spezielle Software, um aus einem ICC-Ausgabeprofil (zum Beispiel ein Prooferprofil) ein CRD zu erzeugen, noch die Möglichkeit, anhand von zwei CRDs auf einem Proofdrucker den Auflagendruck zu simulieren.

Adobes PostScript Level 2 von 1992 weist also noch einige Mängel im Colormanagement-Konzept auf, das vergleichsweise deutlich weniger Möglichkeiten bietet als der erst später verabschiedete ICC-Standard. Im PostScript-Farbmanagement-Konzept von Level 2 fehlen noch einige wichtige Funktionen:

▸ Bei der InRIP-Separation von Lab- oder RGB-Daten ist es nicht möglich, ein Proofer- und ein Druckerprofil im RIP miteinander zu verrechnen.

▸ CMYK-Daten können vom RIP nicht mittels eines Proofer- und Druckerprofils einem Proofdrucker angepasst werden.

▸ EPS-Dateien im CMYK-Farbraum können kein Profil enthalten.

▸ Rendering Intents sind nicht explizit vorgesehen.

Somit ist es also unter PostScript Level 2 nicht möglich, mit Lab-/RGB- oder mit CMYK-Daten den Auflagendruck auf einem Proofdrucker zu simulieren. Denn bei PostScript geht es letzten Endes nur darum, von einer PostScript-codierten Seitenbeschreibung eine möglichst farbgetreue Wiedergabe auf einem bestimmten Ausgabegerät zu erzielen. Das weitaus universellere Konzept von ICC-Profilen sieht hingegen vor, von beliebigen Geräten auf beliebig anderen Geräten (wie beispielsweise auch auf einem Monitor) eine farblich angepasste Wiedergabe zu erzielen. Ebenso wenig ist ein Drucker (Laser- oder Tintenstrahl) absolute Endstation einer Druckausgabe; es ist vielmehr so, dass man zum Beispiel nur den Auflagendruck auf einem Tintenstrahldrucker simulieren möchte. Um ein solches Vorhaben zu realisieren, ist ein *bidirektionales* Konzept wie das von ICC-Profilen notwendig – ein Konzept, das zwei Transformationsrichtungen abdeckt: eine Richtung, um vom im Profil charakterisierten Gerätefarbraum zum Verbindungsfarbraum zu transformieren (zum Beispiel CMYK → Lab), und eine andere Richtung, um vom Verbindungsfarbraum zum Gerätefarbraum zu transformieren (Lab → CMYK). Dieses bidirektionale Konzept eines ICC-Profils erlaubt somit das flexible Kombinieren mehrerer Profile miteinander. Im Vergleich dazu ist ein CSA oder ein CRD ein *unidirektionales* Profil, das immer nur in einer Richtung transformieren kann.

Farbverarbeitung in einem PostScript-Level-2-Interpreter

Die Farbverarbeitung und Rasterung in einem PostScript-Level-2-Interpreter mit Implementierung der Druckparameter direkt im RIP erfolgt in zwei Schritten:

1. *Color Specification* (geräteunabhängig) bzw. Beschreibung der Eingabefarbwerte (RGB → XYZ)

2. *Color Rendering* (geräteabhängig) bzw. Umsetzung in den Gerätefarbraum (XYZ → CMYK).

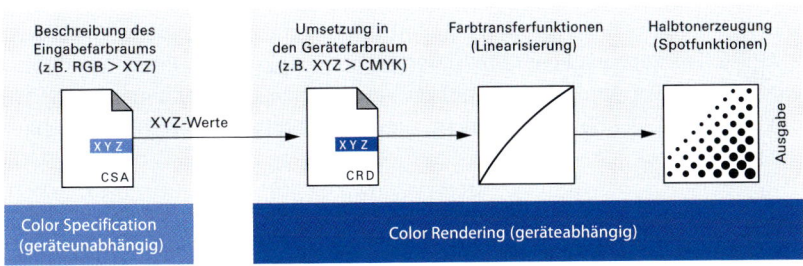

Abbildung 22.2
Farbverarbeitung in einem PostScript-Level-2-Interpreter

PostScript-Erweiterung ab Version 2016

Im Sommer 1995 machte Adobe die Erweiterung von PostScript Level 2 für RIPs ab Version 2016 bekannt. Für die Farbdatenverarbeitung unter PostScript bestand somit erstmals die Möglichkeit, im RIP ein Proofer- und ein Druckerprofil miteinander zu verrechnen. Zudem brachte die Revision weitere CIE-basierte Farbräume (CIEBasedDEF/DEFG), um auch CMYK-Eingangsfarbwerte nach CIE-XYZ zu transformieren. Mit dem Druckertreiber kann man nun den CMYK-Daten sowohl ein ICC-Zielprofil (Proofer) als auch ein ICC-Simulationsprofil (Druckprozess) zuweisen, die nun in CRDs umgerechnet und im RIP miteinander verrechnet werden. Ganz entgegen dem ursprünglichen RGB-/Lab-Workflow-Konzept von Adobe wird damit lediglich das Arbeiten mit CMYK-Daten optimiert. Die Simulation des Auflagendrucks auf einem Proofdrucker bei der Verarbeitung von RGB-/Lab-Daten ist damit also nicht möglich.

Es ist nun aber nicht grundsätzlich so, dass jeder Level-2-RIP ab Version 2016 oder jeder Level-3-RIP diese Funktion auch unterstützt. RIP-Hersteller haben zum Teil eigene Lösungen entwickelt, um ICC-Profile für Druck und Proof im RIP zuzuweisen, die auch nur zum Teil auf den technologischen Rahmen von Adobe zurückgreifen.

PostScript Level 3

Mit PostScript Level 3 wurde die Seitenbeschreibungssprache schließlich um weitere Farbraumbeschreibungen erweitert. Zu den CIE-basierten Farbräumen von PostScript Level 2 gesellte sich die Variante für vierkomponentige (CMYK) Farbräume mit der Bezeichnung CIEBasedDEF/DEFG. Damit wird eine geräteunabhängige Farbraumbeschreibung von CMYK-Eingangsfarbwerten möglich, was nützlich ist für bereits separierte CMYK-Bilddaten, die aber weiterhin farblich

> **Hinweis**
>
> Seit der Druckertreiber-Version 8.1 stehen die verschiedenen Rendering Intents auch beim Verrechnen der Profile zur Verfügung.

charakterisiert werden sollen. Zudem wird es in PostScript Level 3 möglich, standardisierte Farbräume wie CIE-Luv in einem CSA abzubilden. Neu ist auch der geräteabhängige Farbraum DeviceN für mehrkomponentige Farbräume, um beispielsweise Duplex-Bilder zu beschreiben.

22.2 Das PostScript-Farbmanagement-Modell

Das PostScript-Farbmanagement-Modell kennt drei mögliche Pfade für farbverwaltetes Drucken, wobei nur Pfad 3 geräteunabhängig ist. Als Referenzfarbraum wird CIE-XYZ (verwandt mit CIE-Lab) verwendet und als Farbraummatrix ein CSA, das einem ICC-Quellprofil entspricht, und ein CRD als PostScript-Version eines Ausgabeprofils.

Pfad 1

Bei Pfad 1 konvertiert der Treiber anhand eines Quellprofils (CSA) und des Druckerprofils (CRD) die RGB-Daten in den Farbraum des Ausgabegeräts (CMYK) und schickt die bereits konvertierten CMYK-Daten zum Drucker. Verwendet wird dieser Pfad bei Druckern, die nicht über eine entsprechende Funktionalität verfügen, um eine Farbraumtransformation durchzuführen. Die entstandene Seitenbeschreibung ist geräteabhängig, da sie ein CRD für einen ganz bestimmten Drucker enthält.

Abbildung 22.3
Pfad 1

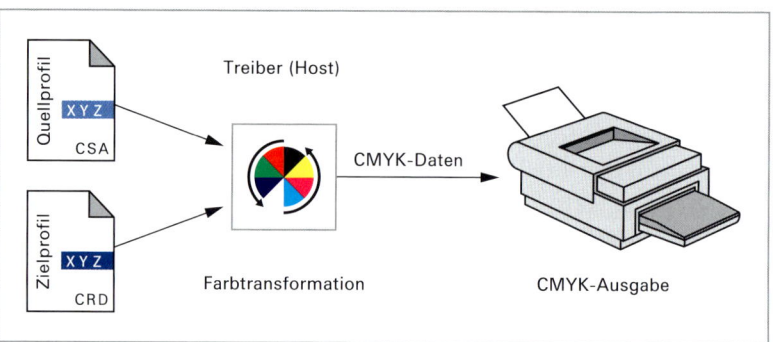

Pfad 2

Genau wie bei Pfad 1 verwendet der Treiber ein Quellprofil (CSA) und ein Druckerprofil (CRD). Das Quellprofil wird als Beschreibung des Farbraums (Color Space, CS) zusammen mit dem Druckerprofil (CRD) und den RGB-Daten zum Drucker übertragen, der die Farbraumtransformation vornimmt. Die entstandene Seitenbeschreibung ist geräteabhängig, da sie ein CRD für einen ganz bestimmten Drucker enthält. Der Unterschied zu Pfad 1 besteht einzig darin, dass die Farbraumtransformation im Drucker erfolgt.

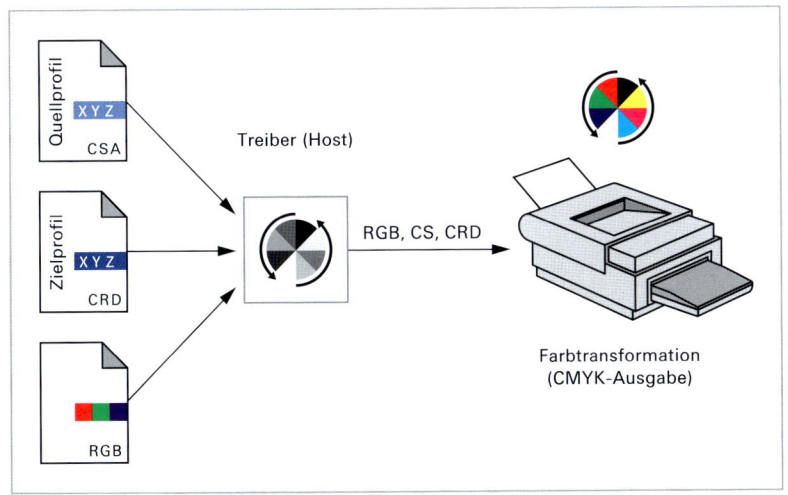

Abbildung 22.4
Pfad 2

Pfad 3

Bei Pfad 3 sendet der Treiber die Daten in den Quellfarbraum (RGB). In diesem Fall wird nur die Beschreibung des Quellfarbraums (Color Space, CS) zusammen mit den RGB-Daten zum Drucker übertragen. Um den Pfad von CIE-XYZ in den Druckerfarbraum zu vervollständigen, wird das im Drucker vorhandene CRD verwendet.

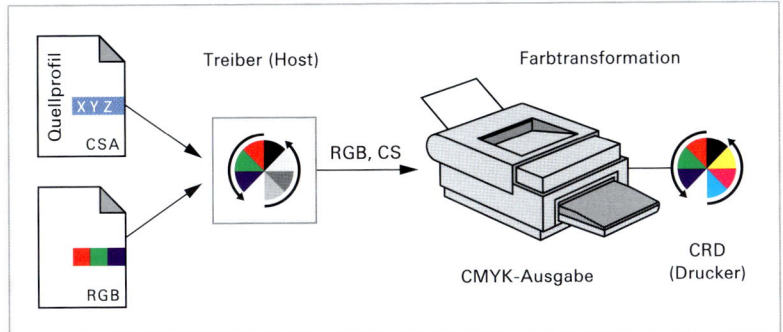

Abbildung 22.5
Pfad 3

Kapitel 23

Proof

23.1 Simulation des Auflagendrucks

Der Proof oder Prüfdruck ist eines von zahlreichen wichtigen Kontrollverfahren in der ganzen Prozesskette, vom Entwurf bis zur Druckausgabe. Er soll den späteren Auflagendruck auf einer ganz bestimmten Druckmaschine, auf einem ganz bestimmten Bedruckstoff, unter ganz bestimmten Druckbedingungen, möglichst in jeder Hinsicht absolut verbindlich simulieren. Einerseits dient er zur Farbabstimmung zwischen Auftraggeber und Druckvorstufe und andererseits dient der vom Kunden unterzeichnete Proof – das »Gut zum Druck« – als farbverbindliche Vorlage für den Drucker an der Maschine, der die Farben beim Auflagendruck auf die Farben des Proofs abstimmt. Entsprechend hoch sind auch die Anforderungen, die ein Proof erfüllen muss, um als so genannter *Kontraktproof* rechtsverbindlich zu sein.

Die rasanten technologischen Entwicklungen in der grafischen Industrie – von der traditionellen analogen Filmbelichtung und Plattenkopie bis zu den modernen digitalen CtP-Anlagen (Computer-to-Plate) und Digitaldruckverfahren – erfordern neue Proofverfahren, die in immer kürzerer Zeit immer günstigere Proofs herstellen.

Ursprünglich diente der erste Abzug des Auflagendrucks als Proof, wobei eventuelle Fehlerkorrekturen oder gar Änderungen zu diesem Zeitpunkt praktisch unmöglich oder nur sehr moderat durchgeführt werden konnten. Die Fixkosten für das Einrichten der Druckmaschine, die Film- und Plattenkopie sind zu kostenintensiv, als dass man hier die Übung einfach abbrechen könnte, um unschöne Fehler zu bereinigen – ganz zu schweigen von der stillstehenden Druckmaschine. Man suchte also nach neuen, speziellen Prooflösungen und fand in der Einführung von so genannten *Andruckmaschinen* eine erste Lösung auf dem Weg zu eigenständigen Proofsystemen, die es zumindest erlauben, Fehlerkorrekturen auf einen früheren Zeitpunkt der Produktion zu verlagern. Abgelöst oder ergänzt wurden die Andruckmaschinen schließlich durch *Analogproof-Systeme*. Rein digitale Prooflösungen wurden zwingend notwendig durch das zunehmende Aufkommen von Digitaldrucksystemen und CtP-Plattenbelichtern, die ganz ohne Film auskommen und ausschließlich digitale Daten verarbeiten. Die erreichbare Qualität mit heutigen *Digitalproof-Systemen* – die zum großen Teil auf Tintenstrahldruckern der mittleren und oberen Preisklasse basieren, unterstützt durch ausgereifte Proofsoftware-Lösungen verschiedener Hersteller – ist heute vergleichbar gut und zum Teil sogar besser als herkömmliche Analogproof-Verfahren.

Was kann und soll geprüft werden?

Um unliebsame Überraschungen beim späteren Auflagendruck zu vermeiden, lassen sich fast alle wichtigen Aspekte eines Druckauftrags anhand eines Prüfdrucks im voraus begutachten, überprüfen und nötigenfalls – ohne größere Koten zu verursachen – korrigieren. Sämtliche Arbeitsprozesse, angefangen bei der Kreation, über das Herstellen des definitiven druckfertigen Layouts bis zur endgültigen Druckausgabe sollen in jeder Phase einer Überprüfung unterzogen werden.

Prüfkriterien

Prüfkriterien kann man dabei je nach Arbeitsphase unterteilen in rein formale gestalterische Kriterien, sachliche und inhaltliche Kriterien sowie drucktechnische bzw. verfahrensspezifische Kriterien.

Phase 1 – Kreation

Hier geht es um formale und gestalterische Prüfkriterien:

- Idee
- Form
- Gestaltung
- Farbgebung (subjektiv)
- Typografie
- Gesamteindruck

Phase 2 – Datenaufbereitung

Hier kommen sachliche und inhaltliche Prüfkriterien zum Tragen:

- Endformat
- Beschnitt
- Layoutumbruch (Text, Bild)
- Vollständigkeit
- Stand (Bild, Grafiken, Logos)
- Inhalt (Logos, Bilder, Grafiken, Text, Sprachversion)
- Bildabmessungen
- Bildausschnitt (Bildgeometrie, Bildwinkel)
- Bildmontage/Bildretusche
- Bildverarbeitung
- Bildinhalt (Bildaussage, Anmutung)
- Text (Inhalt, Orthografie, Rechtschreibung)
- Mikrotypografie usw.

Phase 3 – Datenausgabe/Druck

Hier werden drucktechnische bzw. verfahrensspezifische Prüfkriterien angelegt:

▸ Verfahrensspezifische Farbwiedergabe von Bilddaten (mit generischen ICC-Profilen)

▸ Verfahrensindividuelle, farbmetrisch verbindliche Wiedergabe von Bilddaten (mit individuellen ICC-Profilen)

▸ Tonwertwiedergabe

▸ Bildschärfe (Unscharfmaskierung)/Detailzeichnung

▸ Rasterparameter (Rasterwinkelung, Rasterpunktform, Rasterweite)

▸ Interferenzen (Objektmoiré)

▸ Über-/Unterfüllungen (Trapping)

▸ Überdrucken/Aussparen

▸ Farben (4c und/oder Sonderfarben)

▸ Volltondichte

▸ Tonwertzunahme

▸ Graubalance

In Phase 1 und 2 gibt es zahlreiche Prüfkriterien, die sich auch beliebig erweitern lassen. In Abhängigkeit von der jeweiligen Arbeitsphase, den gewünschten Prüfkriterien und somit auch von der erforderlichen und notwendigen Präzision bzw. Qualität stehen verschiedene Proofverfahren zur Wahl, die ihre Vor- und Nachteile haben.

23.2 Anforderungen an einen Proof

Wie bereits erwähnt, sind die Anforderungen an einen Prüfdruck sehr unterschiedlich und hängen von der jeweiligen Arbeitsphase, der Art des Auftrags, den erforderlichen Qualitätsansprüchen und somit auch von der Verbindlichkeit in Bezug zum späteren Auflagendruck ab.

Neben den recht einfachen Anforderungen, inhaltliche und Layout-Fehler aufzudecken, ist das zentrale Kriterium eines Proofs aber in erster Linie die visuelle und messtechnische Beurteilung der Farbwiedergabe von Bildern und Grafiken. Dabei spielen der Bedruckstoff (Papierweiß, Papierfärbung) und dessen unmittelbare Auswirkungen auf Tonwertzunahme (TZ) bzw. Tonwertveränderungen und Graubalance eine wichtige Rolle. Ebenso sollte ein Proof die Möglichkeit bieten, druckspezifische Parameter – wie das Trapping (Über-/Unterfüllungen), überdruckende bzw. aussparende Seitenelemente und auch Rasterpunkte – zu überprüfen, um Interferenzen und störende Objektmoirés aufzudecken, was hauptsächlich im Bereich von Druckerzeugnissen für Textilien von Bedeutung ist.

Rasterparameter

Nicht jedes Proofverfahren ist gleichermaßen gut geeignet, um sämtliche Prüfkriterien zu erfüllen. So können Rasterpunkte beispielsweise nur von Proofverfahren dargestellt werden, die auf bereits belichteten Farbauszugsfilmen basieren, wie der Analogproof oder der Andruck. Ein exaktes, verbindliches Proofergebnis setzt allerdings voraus, dass der dazu verwendete RIP genau derselbe ist oder zumindest denselben PostScript-Level hat wie der RIP, der bei der späteren Bebilderung für den Auflagendruck eingesetzt wird. Bei den Digitalproof-Systemen ist das Simulieren der Rasterpunkte den High-End-Systemen mit besonders hoher Auflösung vorbehalten, wobei es mittlerweile aber bereits Methoden gibt, die es auch einem niedrigauflösenden Proofsystem erlauben, die Rasterpunkte zu simulieren (siehe »Rastersimulationsverfahren für den Kontraktproof« weiter unten). Die Forderung, denselben RIP zu verwenden, kann leider bei weitem nicht von jedem System erfüllt werden.

Trapping, Überdrucken, Aussparen

Prüfkriterien wie Trapping und überdruckende oder aussparende Seitenelemente werden nur von Andruck und Analogproof erfüllt (auch bezüglich Farbverbindlichkeit) sowie – im Falle eines Digitalproofs – vom Softproof am Monitor. Zahlreiche moderne DTP-Applikationen und spezielle Prüftools bieten die Möglichkeit, Überfüllungen, überdruckende oder aussparende Seitenelemente mit einer »Überdrucken-Vorschau« darzustellen. Farbverbindlich sind sie allerdings kaum. Ob im Digitalproof überdruckende Elemente exakt dargestellt werden, hängt unter anderem vom verwendeten RIP ab. Ein original Adobe PostScript-3-RIP beispielsweise ist durchaus in der Lage, das Überdrucken korrekt darzustellen – auch bei Composite-PDF-Daten. In der Regel ist es aber so, dass die meisten Digitalproof-Systeme und Farbdrucker überdruckende Elemente einer Composite-Datei aussparend wiedergeben. InDesign und Acrobat erlauben es hingegen, im DRUCKEN-Dialog überdruckende Elemente bei der Ausgabe zu simulieren; dadurch werden sie direkt als Bilddaten gerendert. Eine andere Möglichkeit, überdruckende und überfüllte Seitenelemente zu proofen, besteht darin, separierte PostScript-Dateien im RIP wieder zusammenzuführen – sofern der RIP diese Funktion unterstützt.

Graubalance, Volltondichte, Tonwertzunahme

Die Graubalance, die einen wesentlichen Einfluss auf die Farbwiedergabe hat, sollte unbedingt im Proof ersichtlich werden und dabei möglichst wenig Interpretationsspielraum offen lassen. Volltondichte (DV) sowie Tonwertzunahme (TZ) im Druck, welche die Graubalance empfindlich beeinträchtigen können, sollten gleichermaßen überprüfbar sein. Der Andruck bietet hier aufgrund des mitgeführten Kontrollstreifens auf dem Andruckbogen die besten Voraussetzungen, um das spätere Druckergebnis genau zu simulieren. Der Analogproof ist in dieser Hinsicht aber nur verbindlich, wenn der Proof dem späteren Auflagendruck präzise entspricht. Denn wurden die Daten beispielsweise für den Auflagendruck auf Zeitungspapier hergestellt und kann das Proofsystem kein Auflagenpapier verarbeiten, stimmt auch der Graustufenkeil auf dem Proof nicht mehr. Denn oft lassen sich bei Analogproof-Systemen keine spezifischen Volltondichten und Tonwertzunahmen einstellen. Der Digitalproof hingegen bietet rein messtechnisch eine verbindliche Kontrolle der Graubalance, der Volltondichte und der Tonwertzunahme (siehe »Der Ugra/FOGRA-Medienkeil CMYK« weiter unten). Diese Kontrollmöglichkeit ist sehr wichtig, da es Digitalproof-Systeme gibt, die zu Schwankungen in der Graubalance neigen. Bilddaten mit korrekter Graubalance werden im Auflagendruck dann plötzlich farbstichig wiedergegeben, da der Drucker aufgrund des Proofs die Farbführung der Druckmaschine ändert.

Sonderfarben

Für die exakte Simulation von Sonderfarben kommt eigentlich nur der Andruck mit den richtigen Sonderfarben in Betracht, insbesondere bei Verwendung von Metallic-Farben. Analog- und Digitalproof-Systeme basieren ausschließlich auf CMYK, womit auch Sonderfarben zwangsläufig in diesem Farbmodus simuliert werden. Das Resultat einer vierfarbig aufgebauten Sonderfarbe ist zudem stark abhängig von der jeweiligen Farbtransformation, die je nach Softwarehersteller unterschiedlich ausfallen kann. Je nach den spektralen Eigenschaften der Primärfarben und des Proofmediums und somit je nach Umfang des Gerätefarbraums eines Digitalproof-Systems ist aber dennoch (zumindest näherungsweise) eine farbmetrisch korrekte Wiedergabe von Sonderfarben zu erwarten – mit Ausnahme von Metallic-Farben. Häufig sind für Pantone-Sonderfarben spezielle Lab-Farbtabellen in der RIP-Software hinterlegt, um Lab-Farbwerte in den CMYK-Farbraum des Ausgabesystems zu konvertieren. Dies geschieht unter Berücksichtigung des maximal darstellbaren Farbraums des jeweiligen Proofmediums, ohne dabei aber die anderen CMYK-Daten zu beeinflussen.

23.3 Verschiedene Proofverfahren

Grundsätzlich gibt es verschiedene Verfahren, um einen Proof herzustellen, die sich im Laufe der Zeit entwickelt haben und heute zum Teil auch immer noch eingesetzt werden – je nach betriebsinternem Arbeitsablauf, nach Art des Auftrags, nach Qualitätsansprüchen und nicht zuletzt nach den erwünschten Prüfkriterien.

Je weiter ein Auftrag fortgeschritten ist, desto geringer darf der Interpretationsspielraum sein und desto präziser muss die farbmetrische Wiedergabequalität eines Prüfdrucks sein. Denn für die grafische Industrie stellt die kompromisslose Farbverbindlichkeit eines Proofs ein zentrales Qualitäts- und somit Prüfkriterium dar; nicht jeder Farbausdruck ist auch ein farbverbindlicher Proof! Man unterscheidet zwischen Softproof und Hardcopy-Proofs, bei den Hardcopy-Verfahren zusätzlich zwischen Analog- und Digitalproof-Verfahren.

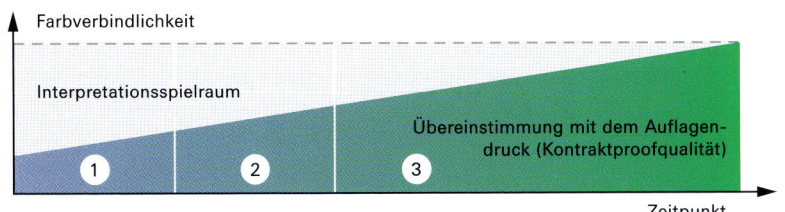

Abbildung 23.1
Interpretationsspielraum
bezüglich Farbverbindlichkeit beim Proofen

① Entwurf- und Layoutphase
  – Laserdrucker
  – Softproof mit unkalibriertem Monitor

② Bilddatenaufbereitung
  – Softproof mit kalibriertem Monitor

③ Datenausgabe/Druck (Prüfdruck zur Datenkontrolle)
  – Kalibriertes und profiliertes Digitalproofsystem
  – Kalibriertes Analogproofsystem

Farblaserkopie (Xerografie)

Spricht man in Fachkreisen von einem Proof, meint man damit in aller Regel nie eine ganz gewöhnliche Kopie von einem Laserdrucker. Ganz anders dagegen im Lager der Amateure! Stolz wird das »selbstgestrickte« Layout aus der Office-Applikation auf dem hausinternen Bürodrucker ausgegeben und der Druckerei als »Proof« beigelegt.

Im professionellen Umfeld hat eine Farblaserkopie durchaus ihre Berechtigung, aber nur solange es um rein formale, gestalterische, sachliche und inhaltliche Kriterien geht, die es zu überprüfen gilt – also während der gesamten Entwurfs-, Präsentations- und Layoutphase, aber niemals als farbverbindlicher Proof!

Vorteile

Die Vorteile einer Laserkopie sind die schnelle, unkomplizierte Ausgabe (auch von mehreren Kopien) und somit die Verfügbarkeit eines Prüfmittels während der Entwurfs- und Layoutphase, wo drucktechnische und verfahrensspezifische Prüfkriterien noch nicht relevant sind. Ebenso ist auch die hohe Auflösung (bis 1200 dpi) für das Prüfen feiner Linien und Details sowie Schriften während der Layoutphase vorteilhaft. Die Kosten für eine einzelne Kopie sind vergleichsweise sehr gering, was besonders in der Entwurfs- und Layoutphase von großem Vorteil ist, da in dieser Arbeitsphase recht häufig inhaltliche Änderungen und Satzkorrekturen vorgenommen werden.

Nachteile

Da Laserdrucker von Natur aus sehr empfindlich auf Temperatur- und Feuchtigkeitsschwankungen reagieren, werden sie auch zu einem äußerst labilen, unkontrollierbaren Ausgabesystem (das gilt auch für kalibrierte Laserdrucker!), womit sich die Farbwiedergabe laufend ändern kann. Für eine farbmetrisch korrekte Farbwiedergabe und somit für eine Simulation des späteren Auflagendrucks sind sie gänzlich ungeeignet. Die Farbausdrucke wirken zudem oft sehr unnatürlich und stark glänzend. Der Aufwand, mit einem Farblaserdrucker annähernd Proofqualität zu erreichen, ist zu groß und setzt voraus, dass das Gerät in einem klimatisierten Raum steht und täglich neu linearisiert wird.

Softproof

Als Softproof bezeichnet man die unmittelbare visuelle und laufend aktualisierte Darstellung des späteren Druckergebnisses am Bildschirm; er zählt als solcher zur Kategorie der Digitalproof-Verfahren. Er dient dem Gestalter oder Bildbearbeiter noch während der kreativen Phase oder der Datenaufbereitung zum Beurteilen der Farbwiedergabe und liefert einen ersten Eindruck des zu erwartenden Druckergebnisses. Ein Softproof als Prüfmittel ist aber grundsätzlich mit äußerster Vorsicht zu genießen! Er setzt voraus, dass der Monitor Hardware- oder Software-kalibriert ist und dass stets die gleichen konstanten Lichtverhältnisse (wie beim Kalibrieren) herrschen – vorzugsweise eine Lichtquelle mit kontinuierlichem Spektrum oder Normlicht –, um äußere Einflüsse auf die Farbwahrnehmung und somit auch Farbschwankungen während der Bearbeitungsphase weitgehend zu eliminieren. Das größte Problem beim Softproof ist sicher die Tatsache, dass ein Monitor selbstleuchtend ist und die Farben des späteren Drucks durch additive Farbmischung mit Rot, Grün und Blau simulieren muss (siehe Kapitel 1, Abschnitt »Das Prinzip der additiven Farbmischung«), während ein Druckerzeugnis auf Papier beleuchtet wird und die Farben in subtraktiver Farbmischung entstehen (siehe Kapitel 1, »Das Prinzip der subtraktiven Farbmischung«). Ein weiteres Problem ist der RGB-Farbraum eines Monitors, der immer größer ist als der CMYK-Farbraum eines Druckverfahrens und wesentlich gesättigtere, reinere Farben umfasst als eine Druckwiedergabe. Auch sind bei weitem nicht alle Farben, die ein Monitor darstellen kann, im Vierfarbendruck realisierbar. Doch bieten die meisten modernen DTP-Applikationen die Option an, sich die Farben am Monitor dem späteren Druckergebnis angepasst – das heißt im verfahrensangepassten Vorschau-Modus (ICC-Softproof) – darstellen zu lassen; die Farben am Monitor wirken dadurch in der Regel stumpfer und weniger gesättigt.

Dennoch hat der Softproof eine nicht zu unterschätzende Bedeutung, denn Farben werden nun einmal nicht alleine messtechnisch beurteilt, sondern immer wieder auch nach rein visuellen, subjektiven Kriterien. Das kann bei einem unkalibrierten, farbstichigen Monitor und zusätzlich wechselnden, ungünstigen Lichtverhältnissen zum absoluten Blindflug werden und verdient manchmal den Namen Proof nicht mehr. Selbst Farbreflexe auf dem Bildschirm können bereits einen störenden Einfluss auf das Softproof-Ergebnis haben (auch bei einem kalibrierten Monitor).

Vorteile

Die Vorteile des Softproofs liegen ganz klar in der unmittelbaren, schnellstmöglichen und auch kostengünstigen Kontrollmöglichkeit. Zudem kann man bestimmte Details durch Heranzoomen in starker Vergrößerung betrachten.

Nachteile

Durch die niedrige Auflösung eines Monitors (72 bzw. 96 ppi) und die farbliche Ungenauigkeit ist keine exakte Vorhersage des Auflagendrucks möglich. Insgesamt ist der Softproof also keine Alternative zum rechtsverbindlichen Kontraktproof.

Nicht wegzudenken bei einem Softproof – wie auch bei allen anderen Digitalproof-Verfahren – ist ein ausgereiftes Colormanagement-System (CMS), das es überhaupt erst ermöglicht, die Farbwiedergabeeigenschaften eines Druckprozesses auf einem gewöhnlichen Tintenstrahldrucker oder anderen Ausgabesystemen zu simulieren. Das Colormanagement hat geradezu strategische Bedeutung, denn ohne Colormanagement ist ein erfolgreiches Proofen gar nicht möglich.

ICC-Softproof

Beim so genannten *ICC-Softproof* erfolgt die Simulation des Auflagendrucks rein temporär in der laufenden Anwendungssoftware unter Verwendung eines ICC-Profils vom jeweiligen Quellfarbraum (zum Beispiel ECI-RGB-Arbeitsfarbraum oder Scannerprofil), das mit dem ICC-Profil des Simulationsfarbraums (Druckprozess) und dem »perceptual« bzw. fotografischen Rendering Intent verrechnet und anschließend vom Simulationsfarbraum in den Farbraum des Monitors (individuelles ICC-Monitorprofil) konvertiert wird. Soll das Papierweiß am Monitor ebenfalls simuliert werden, ist beim Verrechnen des ICC-Simulationsprofils mit dem ICC-Monitorprofil der »absolute colorimetric« Rendering Intent zu wählen. Soll das Papierweiß nicht mitsimuliert werden, wählt man den »relative colorimetric« Rendering Intent (siehe Kapitel 19, Abschnitt »Gamut Mapping«).

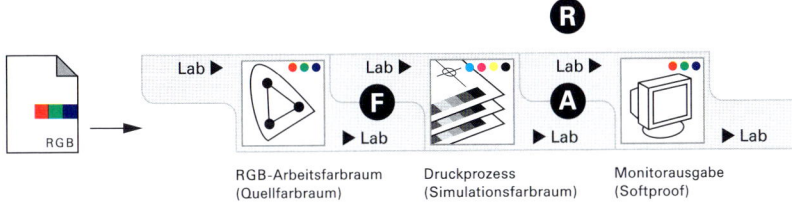

Abbildung 23.2
Profilverknüpfung für den Softproof am Monitor

RGB-Arbeitsfarbraum (Quellfarbraum)   Druckprozess (Simulationsfarbraum)   Monitorausgabe (Softproof)

Analogproof

Ein Analogproof wird immer von einem Satz belichteter Farbauszugsfilme hergestellt, das heißt man verwendet die gleichen Filme (auch ab digitalen Daten), wie sie auch bei der späteren Plattenbelichtung verwendet werden. Die einzelnen Farbauszüge werden beim so genannten *Overlay-Proofverfahren* auf je einen farbigen, lichtempfindlichen Schichtträger (Cyan, Magenta, Gelb, Schwarz) belichtet und anschließend in Folge übereinander auf einen speziellen Papierträger aufgebracht. In der Regel ist daher die Oberfläche des Proofs – bedingt durch die Schichtträger – glänzend, was den farblichen Eindruck durchaus stark verfälschen kann, besonders wenn der spätere Auflagendruck auf ungestrichenes Offsetpapier oder Zeitungspapier erfolgt, das zudem einen leicht gräulichen und stumpfen Eindruck erzeugt und die Farbe vergleichsweise auch stärker aufsaugt als gestrichenes Papier. Beim so genannten *Laminat-Proof* werden anhand der Farbauszüge die verschiedenen Farben des Films belichtet und als Laminat auf Auflagenpapier aufgebracht.

Bekannte Analogproof-Systeme sind:

- Chromalin (DuPont)
- Matchprint (3M)
- Agfaproof (Agfa)
- Color Art (Fuji)

Analogproof-Systeme sind so genannte *geschlossene Systeme*. Das heißt, sie verarbeiten nur spezielle Materialien des Herstellers, und auch die Farbwiedergabe kann vom Benutzer kaum beeinflusst werden.

Vorteile

Da die Filme, die für den Analogproof verwendet werden, bereits mit den korrekten Rasterparametern (Rasterweite, Rasterwinkelung, Rasterpunktform) wie für den Auflagendruck belichtet wurden, sind auch Überfüllungen, überdruckende oder aussparende Seitenelemente »hart« in den Farbauszügen vorhanden. Damit lässt sich auch überprüfen, ob störende Moirés durch sich überlagernde Strukturen (Textilien, Lautsprecherboxen usw.) mit der Rasterstruktur (aufgrund falscher Rasterwinkelungen oder Interferenzerscheinungen) entstehen oder ob die Überfüllungen in der Datei korrekt angelegt wurden. Ebenso kann damit auch überprüft werden, ob fälschlicherweise überdruckende Elemente im Dokument vorhanden sind. Um die Gewissheit zu haben, dass diese Prüfkriterien exakt dem späteren Auflagendruck entsprechen, sollte man für den Proof denselben RIP verwenden wie bei der späteren Belichtung. Insgesamt bietet ein Analogproof eine sehr zuverlässige Drucksimulation – mit Ausnahme von Analogproofs all derjenigen Systeme, die keine Auflagenpapiere verarbeiten und es nicht ermöglichen, andere Volltondichten und Tonwertzuwächse zu definieren. Auch heute wird noch oft ein Digitalproof-System auf den Analogproof angepasst.

Nachteile

Ein Nachteil des Analogproofs ist das eher aufwändige und auch nicht gerade besonders günstige Verfahren an und für sich. Zudem kann immer nur ein einzelner Proof auf einmal hergestellt werden. Benötigt man aber mehrere Proofs als Vorlage für verschiedene Druckereien (weil beispielsweise ein Inserat oder gleich eine ganze Inserateserie an mehreren Orten gleichzeitig gedruckt werden sollen), wäre ein Andruck wohl die bessere und für diesen Fall auch die wirtschaftlichere Lösung. Da Analogproofs in der Regel auf CMYK basieren, werden auch Sonderfarben wie Pantone oder HKS nur annäherungsweise mit CMYK simuliert (siehe Kapitel 10, Abschnitt »Sonderfarben und Proof«). Ein weiterer Nachteil von Analogproof-Systemen ist, dass nicht alle Systeme den Einsatz von

Auflagenpapier ermöglichen. Durch die glänzende Oberfläche der Schichtträger und die Verwendung eines Papiers, das nicht dem späteren Auflagendruck entspricht, stellt der Analogproof in gewissen Fällen doch eher eine unzuverlässige Vorlage für den Drucker dar. Der Kunde erhält einen verfälschten Eindruck vom späteren Ergebnis, was nicht selten zu bösen Streitereien zwischen Auftraggeber und Druckvorstufe führt. Zudem arbeitet ein Analogproof-System in aller Regel mit fest definierten Volltondichten und Tonwertzunahmen, die einem Druck auf gestrichenes Papier entsprechen. Für den Druck auf ungestrichene Offsetpapiere oder Zeitungspapier ist ein Analogproof also bestenfalls eine Notlösung und stellt somit eher einen idealisierten Proof dar, mit einem mehr oder weniger großen Interpretationsspielraum bezüglich der Farbverbindlichkeit. Durch das zunehmende Aufkommen von CtP (Computer-to-Plate) wird ein Analogproof ohnehin gänzlich überflüssig, denn wo keine Filme mehr als Informationszwischenträger anfallen, kann auf diese Weise auch nichts mehr geprooft werden.

Andruck

Je nach Qualitätsanspruch, gewünschtem Auflagenpapier oder speziellen Sonderfarben und natürlich abhängig vom vorhandenen Budget, kommt auch ein so genannter *Andruck* auf Auflagenpapier als Prüfdruck in Betracht. Man zählt ihn zu den Analogproof-Verfahren; er stellt das wohl exakteste Proofverfahren dar, das es überhaupt gibt. Für den Andruck werden die bereits für den späteren Auflagendruck belichteten Platten in einer speziellen Andruck-Offsetmaschine verwendet. Der Andruck auf Auflagenpapier kann somit auch alle Anforderungen erfüllen, die an einen verbindlichen Proof – als Vorlage für den Drucker und zur Simulation des Auflagendrucks – gestellt werden. Selbst die Farbreihenfolge im Druck, die je nach Druckmaschine oder Sujet unterschiedlich ist, kann dabei eingehalten werden.

Vorteile

Argumente, die für einen Andruck sprechen, gibt es viele. Er steht für eine absolut verbindliche Farbwiedergabe und ist für jeden Drucker eine Garantie, dass die Farben des Andrucks auch im Auflagendruck problemlos erreicht werden können; es werden auch die üblichen Kontrollelemente am Rande mitgedruckt, die eine genaue Prozesskontrolle ermöglichen. Selbst Sonderfarben können auf diese Weise verbindlich angedruckt und geprüft werden.

Auftraggeber und Druckvorstufe erhalten somit eine äußerst exakte Vorstellung vom späteren Druckergebnis, womit auch langwierige Rechtsstreitereien ausgeschlossen sind – sofern sich die Druckerei beim späteren Auflagendruck genau an die Vorgaben hält. Bei Bedarf kann auch eine beliebige Anzahl Andrucke in kürzester Zeit realisiert werden.

Nachteile

Natürlich gibt es auch Nachteile, die aber aus rein technischer Sicht verschwindend klein sind. Einzig die Tatsache, dass eine Andruck-Offsetmaschine in der

Regel wesentlich langsamer läuft als beispielsweise eine Rollenoffsetmaschine, kann dazu beitragen, dass das Druckergebnis im Vergleich zu den original Produktionsbedingungen geringfügige Abweichungen aufweisen kann. Passerdifferenzen, die bei schnell laufenden Maschinen vermehrt zu leichten Farbtonverschiebungen führen können, sind natürlich beim Andruck kaum auszumachen. Solche Fehler, die im Auflagendruck nicht gänzlich zu vermeiden sind, sollten ohnehin nicht absichtlich simuliert werden und dürfen die halbe Rasterweite des Auflagendrucks nicht überschreiten.

Ein weiterer Nachteil, den man in Kauf nehmen muss, sind die Kosten. Besonders günstig ist ein Andruck als Prüfmittel nicht. Die Filme und/oder Platten sind belichtet, die Andruckmaschine vollständig eingerichtet – genau wie beim späteren Auflagendruck. Wurden zudem Sonderfarben angedruckt, müssen die Farbwerke wieder komplett gereinigt werden. Das alles braucht seine Zeit und kostet auch dementsprechend. Um Zeit und damit Kosten zu sparen, werden von speziellen Druckereien, die ausschließlich Andrucke erzeugen, oft ganze Sammelformen mit verschiedenen Aufträgen erstellt und gleichzeitig angedruckt.

Sind Fehler zu korrigieren und muss erneut angedruckt werden, ist ein Andruck schnell einmal das teuerste Proofverfahren.

Digitalproof

Heute steht der Digitalproof an oberster Stelle der Proofverfahren und ist mittlerweile auch das wirtschaftlichste und schnellste Verfahren, da keine bereits belichteten Filme benötigt werden wie bei einem Analogproof oder Andruck, denn der Proof erfolgt direkt ab digitalen Daten. Die Farbwiedergabequalität und damit die Farbverbindlichkeit sind vergleichbar gut oder sogar besser und erreichen bei professionellen Digitalproof-Systemen der mittleren und oberen Preisklasse eine mittlere Farbabweichung von $\Delta E \geq 2$ (siehe Kapitel 6, Abschnitt »Das CIE-Lab-System«).

Digitalproof-Verfahren wurden zwingend notwendig durch neue technologische Errungenschaften wie Digitaldruck-Systeme und CtP-Plattenbelichter, die ganz ohne Filme auskommen. Somit entstand die Notwendigkeit, direkt ab digitalem Datenbestand zu proofen. Für Digitalproofs, die als Kontraktproof in Frage kommen, werden heute hauptsächlich Tintenstrahldrucker der mittleren bis oberen Preisklasse (High-End-Systeme) eingesetzt. Thermotransfer- und Thermosublimationsdrucker sind ebenfalls möglich, allerdings mit der Einschränkung, dass mit Thermosublimationsdruckern keine Kontraktproofs erzeugt werden können, da sie echte Halbtöne generieren, das heißt sie steuern die Tonwertwiedergabe durch mehr oder weniger Farbauftrag (3D). Dies entspricht nicht dem Prinzip des Offsetdrucks (2D), der unechte Halbtöne erzeugt. In geradezu atemberaubendem Tempo verbessern sich Qualität und Leistungsfähigkeit von Tintenstrahl-Drucksystemen – allen voran EPSON – mit immer höheren Auflösungen (bis 1500 x 1500 dpi beim neusten Veris-Proofer), immer optimaler aufeinander abgestimmten Proofmaterialien (Tinte, Papier) und auch immer leistungsstärkeren RIP-Lösungen, mit Lab-Kalibrierung und zahlreichen hinterlegten Standardprofilen für ausgewählte Kombinationen von Proofmedium, Tinte und Drucker.

Vorteile

Die Vorteile eines Digitalproofs gegenüber einem Analogproof oder einem Andruck sind einerseits die Kosten, die durch das Wegfallen der Filme vergleichsweise sehr gering sind, und andererseits die schnelle Verfügbarkeit eines Proofs aufgrund einer kurzen Produktionszeit (bis 32 A3-Seiten pro Stunde). Denn ein Digitalproof erfordert lediglich einen einzigen Arbeitsgang. Auch die Farbverbindlichkeit ist im Vergleich zu einem Analogproof heute bereits sehr hoch und zum Teil sogar besser ($\Delta E \geq 2$). Durch die äußerst flexible Simulationstechnik mittels Colormanagement-System (CMS) ist es zudem möglich, einen x-beliebigen Druckprozess auf einem kalibrierten und profilierten Tintenstrahldrucker präzise zu simulieren. Ebenso interessant sind auch die immer geringer werdenden Anschaffungskosten für ein komplettes Proofsystem, mit allem was notwendig ist, um damit einen farbverbindlichen Kontraktproof zu erstellen. Damit findet gleichzeitig auch eine Verlagerung der Prooferzeugung statt, weg vom spezialisierten Druckvorstufenbetrieb und hin zu Grafik- und Werbeagenturen, Verlagen usw.

Nachteile

Der sicher größte Nachteil im Vergleich zu einem Andruck oder Analogproof ist die fehlende Möglichkeit, alle Rasterparameter zu kontrollieren und dabei eventuelle Moirés rechtzeitig zu erkennen. Doch heute gibt es bereits Geräte mit genügend hoher Auflösung sowie RIP-Software die es erlaubt, sogar die Rasterpunkte zu simulieren. Nachteilig kann sich unter Umständen auch auswirken, dass Digitalproof-Systeme keine in sich geschlossenen Systeme sind und somit verschiedene Komponenten in unterschiedlicher Kombination und von unterschiedlichen Herstellern zusammenkommen, die möglicherweise nicht optimal zusammenwirken. Somit ist auch der resultierende Proof nicht für jeden Zweck gleichermaßen gut geeignet.

Imposition-Proof

Im Gegensatz zum farbverbindlichen Colorproof im A3+-Format dient der als Imposition-, Bogen-, Stand- oder Formproof bezeichnete Prüfdruck in erster Linie dazu, die Genauigkeit des Ausschießens bzw. die Anordnung der Seiten auf der gesamten Druckform zu kontrollieren, damit die Seiten schließlich auch in der richtigen Reihenfolge im Auflagendruck erscheinen. Er umfasst auch sämtliche Druckkontrollelemente, Passkreuze, Beschnittzeichen, Falzzeichen usw. Ob er gleichzeitig auch als farbverbindlicher Kontraktproof gelten soll, hängt vom individuellen Arbeitsablauf ab. Oft werden sogar beidseitig bedruckte, registerhaltige Formproofs auf speziellen, beidseitig beschichteten Proofmedien erstellt – eine Art »Blaupause«. Für die einfache Standkontrolle oder als farbverbindlicher Kontraktproof werden großformatige Inkjet-Printer eingesetzt, die zum Teil flexible Möglichkeiten bieten: So können lediglich geringauflösende, schnelle Layout- oder Standproofs ausgegeben werden oder farbverbindliche Kontraktproofs in höchster Qualität.

23.4 Verschiedene Inkjet-Verfahren

Für das Herstellen von digitalen Kontraktproofs kennt man in der grafischen Industrie mehrere verschiedene Verfahren, die aber zugunsten des aktuellen Inkjet-Verfahrens immer mehr in den Hintergrund treten und wahrscheinlich ganz verschwinden werden. Denn bisherige Techniken wie Thermotransfer-Verfahren, Thermosublimation und elektrofotografische Verfahren (Xerografie) können immer nur gerade einen Teil von all den Anforderungen erfüllen, die an einen Kontraktproof gestellt werden. Deshalb werde ich mich hier lediglich auf das Inkjet-Verfahren (Tintenstrahldruck) konzentrieren – das Verfahren der Zukunft im digitalen Proofing, das letztlich nahezu alle Anforderungen in hoher Qualität erfüllt.

Die Inkjet-Technologie kennt insgesamt drei verschiedene Verfahren, Tinte auf Papier zu übertragen, die nacheinander entwickelt wurden und es immer zum Ziel hatten, die Schwächen der Vorgänger zu beheben.

Angefangen hat es Mitte der 80er-Jahre mit dem *Continuous-Flow-Verfahren* (*continuous* = kontinuierlich) und dem großformatigen Iris-Proofer der Firma Iris Graphics. Bei diesem Verfahren werden kontinuierlich Tintentropfen erzeugt, die mit hoher Geschwindigkeit durch eine Anzahl feiner Düsen als winzig kleine Farbtröpfchen (wenige Picoliter) auf die Papieroberfläche gespritzt werden. Ein elektrisches Feld richtet sie dabei aus. Überall dort, wo keine Tinte aufgetragen werden soll, wird sie von einem Deflektor abgelenkt und fällt in eine Abtropfschale, was nicht gerade sehr wirtschaftlich ist und einen hohen Tintenverschleiß zur Folge hat, der sich kostentreibend auf das Endprodukt, den Proof auswirkt. Heute gibt es Systeme, die überschüssige Tinte zurückfließen lassen (Veris von Creo) und die dank der äußerst präzisen Platzierung der Tintentröpfchen eine hohe Auflösung und eine ausgezeichnete Proofqualität ergeben.

Um die Schwäche dieses Systems – den hohen Tintenverschleiß – zu beheben, wurde das *Bubble-Jet-Verfahren* entwickelt, das zur Kategorie der *Drop-on-Demand-Verfahren* zählt. Es werden nur Farbtropfen erzeugt, wenn sie auch gebraucht werden. Ein Heizelement unmittelbar vor der Düsenöffnung erhitzt die Tinte blitzartig auf über 100° C, wodurch sich eine Luftblase bildet, die sich ausdehnt und dadurch die Tinte vor der Luftblase mit großer Wucht aus der Düse auf Papier sprüht. Neue Tinte aus dem Vorratsbehälter wird angesaugt, indem das Heizelement in ebenso rascher Folge wieder abgekühlt wird, wodurch die Luftblase zusammenfällt und sich ein Vakuum mit starker Saugkraft bildet.

Durch das Erzeugen von Luftblasen wird im Vergleich zum Continuous-Flow-Verfahren der Farbausstoß pro Sekunde stark verlangsamt, was eine geringere Bildauflösung zur Folge hat und somit auch nicht die gleich hohe Qualität erzielt. Dieser ganze Vorgang konnte allerdings nicht wesentlich beschleunigt werden, worauf ein weiteres Verfahren entwickelt wurde, nämlich das heute meistverwendete *Piezo-Verfahren*, das technische Höchstleistungen erbringt. Genau wie das Bubble-Jet-Verfahren gehört es zur Kategorie der »Drop-on-Demand«-Verfahren. Für den Tintenausstoß sorgt eine Membran, die mittels Piezo-Kristall durch Anlegen von abwechselnd positiver und negativer Spannung in Schwingung versetzt wird. Mit jeder Schwingung wird ein Tintentröpfchen aus der Düse gesprüht. Die damit erreichbare Sprühgeschwindigkeit von $\geq 25\,000$ Tropfen pro Sekunde sorgt für feinste Auflösung bei höchster Präzision und liegt im Bereich eines Continuous-Flow, bei gleichzeitig geringem Tintenverbrauch. Der Druckkopf eines EPSON-Tintenstrahldruckers mit einer Tropfengröße von maximal 3,3 Picoliter (Picoliter = 1 Milliardstel Liter) ist ein technologisches Meisterwerk.

Das Bubble-Jet-Verfahren brachte mittlerweile noch weitere, auf dem gleichen Funktionsprinzip basierende Technologien hervor mit dem Ziel, die Vielfalt der Farbabstufungen und die Druckqualität insgesamt zu steigern, nämlich die Drop Modulation Technology™ und die P-POP Technology™.

Die *Drop Modulation Technology* besitzt zwei Heizelemente statt nur einem. Für großflächige Bereiche werden beide Heizelemente erhitzt, was zu größeren Tropfen führt; bei feinen Farbverläufen wird nur ein Element erhitzt, was auch kleinere Tropfen ergibt.

Mit der *P-POP Technology (Plain Paper Optimized Printing)* soll eine optimale Druckqualität auf unbeschichteten Papieren erzielt werden. Eine klare flüssige Emulsion, der so genannte *Ink Optimizer*, wird unmittelbar vor dem Tintentropfen auf die Papieroberfläche aufgetragen, vermischt sich mit diesem und verhindert, dass der Tropfen verläuft und ausfranst. Das Ergebnis sind randscharfe und wasserfeste Druckpunkte. Für den Kontraktproof genügt die Qualität allerdings nicht.

Die neuste Weiterentwicklung beim Continuous-Flow-Verfahren ist die so genannte *Multi-Drop-Array-Technologie* (Veris-Proofer). Bei der bisherigen Technologie wird pro Tintendüse eine gerade Linie auf dem Bedruckstoff platziert. Bei der neuen Technologie werden neun Linien pro Düse generiert, was eine erhebliche Steigerung der Druckgeschwindigkeit bewirkt. Jeder der rund 1 000 000 Tropfen, die pro Sekunde auf das Papier übertragen werden, hat die gleiche Größe, Form und Geschwindigkeit, was ein hohes Maß an Genauigkeit ergibt, da sich der Druckkopf weniger schnell bewegen muss. Durch automatisches Ausgleichen von Schwankungen (bedingt durch äußere Einflüsse) ist auch die geforderte Wiederholbarkeit eines Proofs gegeben. Heute ist die Entwicklung von Proofsystemen für den Druck von Halbtonproofs *(Continuous-tone Proof)*, wie auch von Systemen für die Ausgabe von echten Rasterproofs *(Halftone Proof)* bereits auf einem technischen Höchststand.

23.5 Qualitätsanforderungen an ein Digitalproof-System

Digitalproofs wurden lange Zeit von der grafischen Industrie nicht gleichermaßen als verbindlich akzeptiert wie ein Analogproof oder im Idealfall sogar ein Andruck. Mittlerweile erreichen sie eine Qualität, die vergleichbar gut oder sogar besser ist. Letzten Endes sind aber unter anderem die Qualität und Präzision des zugrunde liegenden Ausgabesystems entscheidend und somit auch das erreichbare Qualitätsniveau. Das zentrale Qualitätsmerkmal, dem auch das größte Gewicht beigemessen wird bei der Evaluation eines geeigneten Proofsystems, ist die erreichbare Farbverbindlichkeit, das heißt die farbmetrisch präzise Wiedergabe bzw. Simulation der Farben des Auflagendrucks. Als weniger wichtiges Qualitätsmerkmal hingegen wird die Simulation des Rasterverfahrens eingestuft, das durchaus einen geringfügigen Einfluss auf die Farbwiedergabe haben kann, aber dennoch von untergeordneter Bedeutung ist. Die Fähigkeit, die Rasterelemente eines amplitudenmodulierten Rasters (AM) zu simulieren – ein frequenzmodulierter Raster (FM) ist nicht möglich –, hängt einerseits von der adressierbaren Auflösung des Ausgabegeräts ab und andererseits von den Möglichkeiten des RIPs (siehe »Rastersimulationsverfahren für den Kontraktproof« weiter unten).

Qualitätsmerkmale eines Proofsystems

Farbverbindlichkeit/Dokumentenechtheit

Die farbmetrisch exakte Simulation der Farben des Auflagendrucks – im Rahmen definierter oder vereinbarter Toleranzwerte, gemessen als E-Werte – ist das entscheidende Qualitätsmerkmal eines jeden Digitalproof-Systems. Werden solche Toleranzwerte mehrheitlich stark überschritten, wird auch ein Proof nicht als druckverbindlich akzeptiert. Toleranzwerte für das Papierweiß und die Primärfarben (CMYK) sind in der ISO-Norm 12647-2 (Offsetdruck) definiert. Mittlere und maximale Toleranzwerte (ΔE) zwischen den bunten Farbfeldern des Ugra/FOGRA-Medienkeils CMYK (siehe »Kontrollmittel« weiter unten) auf dem Proof und auf dem Auflagendruck wurden von der FOGRA festgelegt.

Prüfmittel:

▸ Toleranzwerte für Papierweiß und Primärfarben der ISO-Norm 12647-2 (Offsetdruck)

▸ Ugra/FOGRA-Medienkeil CMYK und dazugehörige Referenz- und Toleranzwerte für das mittlere und maximale ΔE vergleichbarer Farbfelder auf Proof und Auflagendruck

Farbumfang

Der Farbumfang eines Ausgabesystems, das für Prüfdrucke verwendet werden soll, muss den Farbumfang des zu simulierenden Druckprozesses vollständig umfassen. Das heißt alle Farben des Auflagendrucks auf ein glanzgestrichenes Papier (auf dem der Offsetdruck den größten Farbumfang erreicht) müssen simuliert werden können. Bei den meisten Digitalproof-Systemen besteht bezüglich des darstellbaren Farbumfangs genügend Spielraum. Je nach Größe des Gerätefarbraums ist ein Proofsystem auch mehr oder weniger in der Lage, Sonderfarben farbmetrisch korrekt zu simulieren.

Prüfmittel:

▸ Ugra/FOGRA-Medienkeil CIELAB ohne jegliches Colormanagement ausgeben, wodurch die Farben möglichst gesättigt gedruckt werden. Ausgewertet wird die Zeile »I« des Medienkeils (siehe »Ugra/FOGRA-Medienkeil CIELAB« weiter unten).

▸ Farbraumvergleich im Lab-Koordinatensystem (Farbton, Farbsättigung) anhand der a*- und b*-Werte

Druckstabilität

Ein Proofsystem sollte in der Lage sein, mehrere Exemplare desselben Dokuments aufeinanderfolgend in Serie, aber auch über Tage und Wochen genau gleich zu drucken.

Prüfmittel:

▸ Testform ISO 12642 (928 Farbfelder) oder Ugra/FOGRA-Medienkeil CMYK (= repräsentative Auswahl der Testform ISO 12642)

▸ Vergleich der ΔE-Werte zwischen aufeinanderfolgenden Exemplaren bzw. von nach Tagen oder Wochen gedruckten. Als Referenz dient das erstgedruckte Exemplar, wobei die Toleranzwerte insgesamt geringer sein müssen als im zu simulierenden Druckprozess.

Farbkonstanz

Von einem guten Proofsystem wird zudem auch erwartet, dass es keine Farbschwankungen innerhalb eines Ausdrucks aufweist. Visuell am deutlichsten erkennbar werden solche Schwankungen in einer neutralgrauen, homogenen Fläche, die aus CMY (chromogenes Grau) aufgebaut ist.

Prüfmittel:

Visueller (unter Normlicht D50) und messtechnischer Vergleich mehrerer gleich großer Stücke einer neutralgrauen, homogenen Fläche, verteilt über die Gesamtfläche des Proofmediums. Messtechnisch dient der farbmetrische Abstand (ΔE) zum Mittelwert aller Farborte in einem Diagramm als Vergleich.

Kurz- und langfristige Farbstabilität

Ein Proof sollte eine gewisse Resistenz gegenüber Licht- und anderen Umwelteinflüssen aufweisen – unter der Voraussetzung, dass er an einem lichtgeschützten Ort aufbewahrt wird. Mit der langfristigen Farbstabilität ist ein Zeitraum von mehreren Monaten oder Jahren gemeint, mit der kurzfristigen Farbstabilität die wenigen Minuten, nachdem ein Proofdruck an der Oberfläche getrocknet ist. Farbveränderungen nach wenigen Minuten oder Stunden sind möglicherweise auch die Folge einer Interaktion zwischen Farbe und Proofmedium (chemische Reaktion) oder durch äußere Einflüsse bedingt, wie beispielsweise Ozon. Für den Proof ist eine langfristige Farbstabilität von zwei bis drei Monaten erwünscht, und für die kurzfristige Farbstabilität sollte der Proof im Idealfall nach etwa 30 Minuten keine Farbveränderungen mehr aufweisen.

Prüfmittel:

▸ Referenzmessung des Proofs nach der empfohlenen Trocknungszeit (einige Minuten)

▸ Weitere Messungen desselben Proofs in zeitlich regelmäßigen Abständen von Stunden, Tagen und Wochen

Remote-Proofing

Je nach betrieblichen Anforderungen sollte es auch möglich sein, dass mehrere Geräte des gleichen Typs (betriebsinterne oder geografisch weit auseinander liegende) genau dasselbe Proofergebnis liefern, das heißt die Farben absolut identisch wiedergeben. Die Proofsysteme sollten sich also wenn möglich gleich verhalten. Das setzt eine hochwertige und regelmäßige Kalibrierung (vorzugsweise Lab-Kalibrierung) voraus.

Prüfmittel:

▸ Die gleiche Testform auf mehreren Geräten des gleichen Typs ausdrucken und die ΔE-Werte zwischen den Druckexemplaren ermitteln.

▸ Voraussetzung ist eine konsequente Linearisierung der Geräte.

Proofmedium

Sollte das Proofsystem nicht in der Lage sein, Auflagenpapier zu verarbeiten, ist darauf zu achten, dass die Oberfläche – insbesondere der Glanz – des zu verwendenden Spezialpapiers dem späteren Auflagenpapier möglichst nahe kommt. Ebenso sind auch die Papierformate, die ein Proofsystem verarbeiten kann, ein wichtiger Qualitätsaspekt.

PostScript-Version des RIPs

Da von einem Proof in erster Linie erwartet wird, dass er den späteren Auflagendruck präzise simuliert, ist der PostScript-Level des verwendeten RIPs ein entscheidendes Qualitätsmerkmal. Verwenden Proofsystem und Bebilderungssystem (Belichter) für den Druck nicht denselben PostScript-Level, ist nicht garantiert, dass der Proof den Auflagendruck verbindlich simuliert.

Ugra-Testform

Um all die erwähnten Qualitätsmerkmale bei der Evaluation oder Qualitätsprüfung eines Proofsystems zu testen, gibt es eine spezielle Testform von der Ugra, welche die erwähnten Kontrollelemente sowie verschiedene Testbilder zum Überprüfen der Wiedergabequalität von Tertiärfarben, Hauttönen, Neutraltönen usw. zusammenfasst. Die »Testform zur Evaluation von digitalen Proofsystemen« finden Sie unter www.ugra.ch oder www.fogra.org.

Weitere wichtige Qualitätsmerkmale

Natürlich gibt es noch weitere ebenso wichtige Merkmale eines Proofsystems wie Auflösung, Wiedergabe von Schrift, Linien, Verläufen, druckbedingte Strukturen wie Körnung oder Glätte sowie das Verhalten in Lichter- und Schattenbereichen und die Passergenauigkeit, auf die ich aber hier nicht näher eingehen möchte. Ebenso wichtig und von ebenso zentraler Bedeutung für die Qualität eines Proofs sind auch das Zusammenwirken von Tinte und Proofmedium sowie die Qualität des Colormanagement-Systems.

23.6 Proofmedien

Die meisten im Handel erhältlichen Papiere für Tintenstrahldrucker enthalten zum Teil große Mengen optischer Aufheller, die das Proofergebnis maßgeblich beeinträchtigen und daher nicht verwendet werden sollten.

Optische Aufheller

Von der Waschmittelwerbung her weiß man, dass optische Aufheller die Wäsche weißer als weiß machen sollen. Aber auch bestimmten Papiersorten werden optische Aufheller *(OBA – Optical Brightening Agents)* beigemischt, um die Wirkung eines Druckerzeugnisses in besonderem Maße zu unterstreichen. Optische Aufheller sind synthetische, chemische bzw. fluoreszierende Stoffe, die das Licht so brechen, dass es für das Auge weiß wirkt; das heißt kurzwellige unsichtbare UV-Strahlung – die auf eine Papieroberfläche fällt – wird in einem anderen spektralen Bereich mit größerer Wellenlänge und somit im sichtbaren Bereich als blaues Licht reflektiert. Dadurch erscheint die Oberfläche heller und weißer als eine vergleichbare ohne Zusatz von optischen Aufhellern.

Was für den Betrachter als hochwertig und edel gelten mag, kann beispielsweise beim Erfassen von Messwerten mittels Spektralfotometer für ein ICC-Profil zu ungenauen Messwerten führen. Denn die meisten Messgeräte verwenden eine (virtuelle) Normlichtquelle, die einer bestimmten Tageslichtart entspricht (siehe Kapitel 2, Abschnitt »Lichtquellen«) und nur sichtbares Licht aussendet (D50 ohne UV-Anteil), womit die Messergebnisse abweichen von dem, was das menschliche Auge tatsächlich wahrnimmt. Denn im richtigen Tageslicht sind gewisse UV-Anteile vorhanden. Somit enthält das reflektierte Licht einen erheblichen Anteil an »umgeleitetem« UV-Licht, womit der farbliche Eindruck durchaus stark von den Messergebnissen abweichen kann. Optische Aufheller in Proofmedien führen dazu, dass die resultierende Farbwiedergabe nicht die Anforderungen eines rechtsverbindlichen Kontraktproofs erfüllt, denn die Farben werden dadurch stark verfälscht wiedergegeben.

Sollwerte für das Papierweiß

Sollwerte für das Papierweiß verschiedener Papiertypen für den Offsetdruck sind in der ISO 12647-2 und in den Vorgaben zum Ugra/FOGRA-Medienkeil CMYK hinterlegt. Je näher der Wert eines Proofmediums an den Sollwert heranreicht, desto besser ist es auch für Proofzwecke (Kontraktproof) geeignet. Besonders erwähnenswert sind die Proofmedien von EPSON (zum Beispiel »Proofing Paper Semimatte«), die mit ihrem Weißpunkt besonders gut die

Anforderungen von FOGRA und BVDM erfüllen (www.epson.de). Ebenfalls gute Werte erreicht das Proofmedium »GRAPP23osemimatt« (www.grapp.info).

	Papiertyp 1 (gestrichen)	Papiertyp 4 (ungestrichen)	Quiz (IFRA-Zeitungsprofil)
L	93,0	92,0	82,6
a	0,00	0,00	0,30
b	-3,00	-3,00	3,40

Proofmedium und Tinte

Ebenso wenig wie die Tinte ist auch das Proofmedium allein maßgebend für einen farbverbindlichen Proof. Vielmehr ist das optimale Zusammenwirken beider Komponenten dafür maßgebend, wie groß der maximal darstellbare Farbraum ist, um den Farbraum des Offsetdrucks auf gestrichenem Papier gleichermaßen wie den Farbraum des Tiefdrucks zu simulieren bzw. abzudecken. Die Interaktion zwischen Tinte und Proofmedium entscheidet auch in hohem Maße über die Trocknungszeit, die Farbstabilität und die Haltbarkeit eines Proofs sowie über die Bildwiedergabequalität. Es ist also nicht gleichgültig, welchen Bedruckstoff man für den Proofdruck verwendet, um das ganze Potenzial aller qualitätssteigernden Maßnahmen und Möglichkeiten eines Proofsystems voll auszuschöpfen und damit den Anforderungen eines Kontraktproofs (siehe »Der digitale Kontraktproof« weiter unten) zu genügen.

Proofmedien sind eigentlich High-Tech-Produkte mit ganz besonderen Eigenschaften und unterscheiden sich in verschiedener Hinsicht von normalen Inkjet-Papieren. Normalpapier absorbiert die Tinte sehr schnell und lässt sie tief in das Material eindringen. Dadurch ist sie rasch trocken, aber die Druckpunkte wirken blass und unscharf. Zudem wird das Papier je nach Farbauftrag wellig. In der Regel schwankt bei Normalpapier auch die qualitative Konsistenz; sie kann von Lieferung zu Lieferung stark variieren, womit die Anforderung der Wiederholbarkeit eines Proofs in keiner Weise erfüllt werden kann. Ganz anders verhalten sich dagegen High-End-Proofmedien, die aus mehreren Schichten bestehen, welche ganz unterschiedliche Aufgaben erfüllen. Die Papieroberfläche besteht aus einer Farbenfixierschicht, welche die Farbstoffe mehr an der Oberfläche hält und verhindert, dass sie zu tief in das Material diffundieren. Dadurch ergibt sich generell eine bessere Bildschärfe und Auflösung. Unterhalb der Farbenfixierschicht befindet sich die Lösungsmittel-Absorptionsschicht, die für das schnelle Trocknen der Tinte verantwortlich ist. Beide Schichten zusammen bilden die so genannte *Aufnahmeschicht*, die wiederum über einer Polyethylenschicht (PE) aufgebracht ist. Die PE-Schicht wiederum verhindert, dass die Tinte direkt mit dem Papierträger in Berührung kommt, und schließt somit eine direkte Interaktion aus. Diese kunststoffbeschichteten Spezialpapiere weisen zudem auch ein sehr gleichmäßiges Farbannahmeverhalten auf und kennen kein Wegschlagen der Farbe. Die Beschaffenheit dieser speziellen Proofmedien erfüllt somit die

Forderungen nach schnellem Trocknen sowie exzellent scharfen Druckpunkten und garantieren eine gleich bleibende, stabile Qualität.

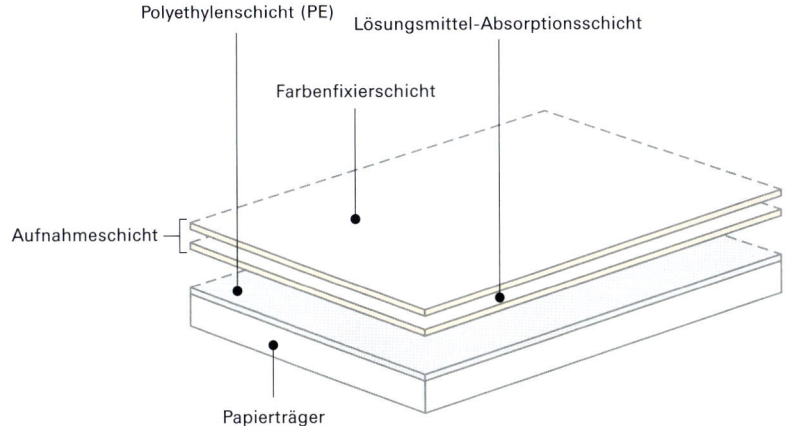

Polyethylenschicht (PE)

Lösungsmittel-Absorptionsschicht

Farbenfixierschicht

Aufnahmeschicht

Papierträger

Abbildung 23.3
Verschiedene Schichten eines High-End-Proofmediums

23.7 Tinten

Farbstoff- und Pigment-Tinten

Bei den Tinten unterscheidet man zwischen so genannten Farbstoff-Tinten und Pigment-Tinten. *Farbstoff-Tinten,* bei denen das eigentliche Farbmittel, der Farbträger vollständig in der Tinte aufgelöst ist, bieten in der Regel einen sehr großen Farbraum, verhalten sich aber in puncto Farbstabilität weniger gut als *Pigment-Tinten*, die echte Pigmente enthalten, dafür über einen eingeschränkten Farbraum verfügen. Für den Proofdruck sind Farbstoff-Tinten aus mehreren Gründen besser geeignet als Pigment-Tinten. Außer dem größeren Farbraum, den sie bieten, trocknen sie auch schneller und sind weniger metamer. Zudem erfüllen sie ebenso mühelos die Forderung nach langfristiger Farbstabilität über einen Zeitraum von zwei bis drei Monaten, in dem sich die Farben des Proofs nicht sichtbar verändern dürfen. Da die vergleichsweise wässrige Substanz von Farbstoff-Tinten im Druck weit höhere Dichten ergibt als fetthaltige Offset-Farben, werden sie sorgfältig auf den Offsetdruck kalibriert – der grundsätzlich als Zielvorgabe für den Proof gilt. Denn im Gegensatz zu den konventionellen Druckfarben gibt es bei Tinten für Inkjet-Drucker keine Standards und folglich auch keine Referenzdaten. Die Vielzahl an Druckköpfen und Tintenmarken macht dies schon rein technisch unmöglich. Die meisten Tinten können aber den Offsetdruck-Farbraum mühelos abbilden.

Ultrachrome-Tinten

Ultrachrome-Tinten stellen eine ganz neue Tintentechnologie für den Digitalproof mit Inkjet-Druckern dar. Sie vereinen die Vorzüge einer sehr guten Farbstabilität bzw. Lichtechtheit von Pigment-Tinten mit den Vorzügen eines großen Farb-raums von Farbstoff-Tinten.

Grundsätzlich handelt es sich aber um Pigment-Tinten, bei denen jedes Pig-mentteilchen von einem speziellen Harzmantel umhüllt ist, der zwei wichtige Funktionen erfüllt. Einerseits soll er die Verbindung auf der Papieroberfläche verbessern und andererseits das Pigment vor Oxidation an der Luft schützen. Ganz allgemein weisen Pigment-Tinten gegenüber Farbstoff-Tinten den Vorteil einer besseren Farbstabilität auf. Die Pigmentteilchen vernetzen sich besser auf dem Proofmedium und setzen sich auf der Oberfläche ab, was auch zu einem wesentlich schärferen Bild führt – ganz im Gegensatz zu Farbstoff-Tinten, die tie-fer in die Papieroberfläche eindringen, verlaufen und dadurch ein unscharfes Druckbild ergeben.

Ein weiterer Vorteil der Ultrachrome-Tinten ist ihr sehr ausgewogenes *Fading*-Verhalten (Verblassen). Die Pigmente vernetzen sich unmittelbar auf der Ober-fläche des Proofmediums und weisen ein ebenso schnelles wie konstantes Trocknungsverhalten auf. Dabei zeigen sich auch keinerlei Schwankungen in den einzelnen Farben. Dennoch ist der Wahl des Proofmediums und dem Tinten-auftrag ganz besondere Aufmerksamkeit zu schenken, um einen größtmögli-chen Farbraum damit zu erzielen, was insbesondere für die korrekte Wiedergabe von Sonderfarben entscheidend ist.

Das Sortiment der Ultrachrome-Tinten umfasst zusätzlich eine optionale und wesentlich dunklere Schwarztinte »Matt«, die speziell für matte Proofpapiere vorgesehen ist und den Farbraum in der Tiefenzeichnung vergrößert.

23.8 Proofsoftware

Um die Fähigkeiten und Möglichkeiten eines Proofdruckers im Rahmen des tech-nisch Machbaren optimal auszuschöpfen, gehört neben dem geeigneten Proof-medium und der Tinte auch eine leistungsfähige und den jeweiligen Anforderun-gen gerecht werdende Proofsoftware mit zu den qualitätsbestimmenden Komponenten eines ganzen Proofsystems.

Die ersten Jahre des digitalen Proofens waren gekennzeichnet durch unflexible Hardware-RIPs (spezieller Rechner mit RIP-Software), die in der Regel nur gerade ein ganz bestimmtes Proofsystem ansteuern konnten. Heute arbeitet man vorwiegend mit Software-RIPs, die auf einem ganz gewöhnlichen Rechner (Printserver) und durch verschiedene Treibermodule meistens eine beachtliche Anzahl von Ausgabegeräten verschiedenster Hersteller ansteuern können. Oft gibt es neben der Standardlösung einer Proofsoftware weitere Produktlinien für klar definierte Aufgabenstellungen (wie beispielsweise den Großformatdruck, Flexo-, Sieb- oder Tiefdruck) mit entsprechend optimiertem Funktionsumfang, sowie spezielle Zusatzmodule für den Rasterproof (Dot Simulation, Dot-for-Dot Simulation) usw. Wichtig ist dabei, dass RIP und Drucksystem harmonisch zusammenwirken. Unterschiede zwischen den verschiedenen RIP-Lösungen gibt es auch bei den unterstützten Dateiformaten. Die meisten unterstützen zumindest zwei bis drei Formate aus der PostScript-Familie (PS, EPS, PDF, PDF/X, DCS), andere noch zusätzlich verschiedene TIFF-Varianten (TIFF, TIFF 6.0, TIFF/IT-P1), JPEG, PSD, zahlreiche RIP-Formate und viele mehr.

Doch der springende Punkt einer jeden RIP-Software ist die Unterstützung von ICC-Profilen bzw. von einem ICC-basierten Colormanagement-Workflow – der Schlüssel zum farbverbindlichen, digitalen Kontraktproof als Mittel zur Qualitätssicherung vor dem Auflagendruck. Heute bieten zahlreiche Prooflösungen bereits eine Vielzahl von ICC-Profilen – mit passender Linearisierung – zusammen mit der eigenen Software an, für verschiedenste Kombinationen aus Drucksystem (auch verschiedener Hersteller), Proofmedium und Tinte, was den Aufbau von Remote-Proofing-Workflows sehr erleichtert. Daneben sollte es aber auch möglich sein, Fremdprofile bzw. eigene ICC-Profile einzulesen, dann erst wird das Ganze richtig professionell.

Bisher galt es als selbstverständlich, dass man für sein Proofsystem eigene, individuelle ICC-Profile erstellte, um damit hochwertige Proofs zu generieren. Dazu braucht man geeignete Messtechnik (Spektralfotometer), Profilierungssoftware und natürlich eine RIP-Software, die mit diesen Profilen richtig umgehen und sie auch einlesen kann. Ebenso wünschenswert ist die Möglichkeit, sowohl eigene wie auch Standard-Profile zu editieren. Im Falle von geräteneutralen Daten in RGB oder Lab sollte auch für den Umrechnungsschritt vom Quellfarbraum (RGB oder Lab) zum Simulationsfarbraum (Druckprozess) ein eigener Rendering Intent bestimmbar sein und nicht nur vom Simulationsprofil zum Zielfarbraum (Proofer). Eine professionelle Proofsoftware sollte darüber hinaus auch die Möglichkeit bieten, den Ugra/FOGRA-Medienkeil sowie eine Informationszeile mit Erstellungsdatum, Uhrzeit, verwendeten Profilen usw. einzufügen – beide zwingend erforderlich auf einem Kontraktproof (siehe »ECI-Richtlinien und Proof« weiter unten). Außerdem ist eine direkt im RIP integrierte Auswertungsmöglichkeit für den Medienkeil wünschenswert. Zu den wichtigen Standardfunktionen, die man von einem RIP erwarten darf, gehört neben dem Arbeiten mit Hotfoldern oder Druckerwarteschlangen (Queues), denen man bestimmte Profile zuweisen kann, auch das gleichzeitige Drucken, während bereits neue Daten gerippt werden. Das Gleiche gilt für das Hinzufügen von Beschnitt und Passermarken sowie das Drehen von Druckjobs zur besseren Papiernutzung.

23.9 Kalibrierung von Digitalproof-Systemen

Hat man einmal sein Ausgabesystem profiliert, ist es besonders im Midrange-Segment eher unüblich, dass man sein Proofsystem in regelmäßigen Abständen einer Qualitätskontrolle unterzieht, das heißt erneut kalibriert. Doch nur das Kalibrieren vor dem Erstellen individueller Profile und das regelmäßige Nachkalibrieren des Ausgabesystems garantieren eine gleich bleibende und somit verbindliche Farbwiedergabe und begünstigen ein Remote-Proofing auf der Basis von Standard-ICC-Profilen an verschiedenen Standorten und mit verschiedenen Geräten.

So wenig wie wir uns jeden Tag genau gleich gut fühlen, gibt es auch kein Ausgabesystem, das über Wochen und Monate immer mit der gleichen Konstanz Farben auf Papier überträgt. Farbkonstanz ist aber nicht gleich bedeutend mit Farbverbindlichkeit, sondern beschreibt lediglich die Stabilität eines technischen oder mechanischen Prozesses, der aber die Farbverbindlichkeit bei Instabilität ungünstig beeinträchtigen kann. Instabil kann sich ein Ausgabesystem beispielsweise verhalten, wenn es wechselnden Umgebungsbedingungen wie Temperaturschwankungen, unterschiedlicher Luftfeuchtigkeit und Wechseln von Verbrauchsmaterial wie Proofmedium, Tinte oder mechanischen Verschleißteilen unterworfen ist. Um solche unvermeidlichen Prozessschwankungen auszugleichen, welche die Farbkonstanz und letzten Endes auch die Farbverbindlichkeit untergraben, führt man eine so genannte *Kalibration* durch. Das Proofsystem befindet sich danach wieder in einem bestimmten Grundzustand, der auf einem vorgegebenen Standard basiert.

Das Stabilisieren eines Proofdruckers bedeutet aber auch eine gleichmäßige, konstante Geschwindigkeit, mit der das Proofmedium transportiert wird, eine gleichmäßige Farbabgabe der Tintendüsen über die ganze Breite und Länge der bedruckbaren Fläche und die genaue Positionierung des Druckkopfs. Inzwischen verfügen immer mehr professionelle Proofsysteme über eine integrierte Software, die einzig dazu dient, die Stabilität des ganzen Systems konstant zu halten. So werden beispielsweise alle Ausgabesysteme desselben Typs vom Hersteller auf die gleichen Grundwerte kalibriert, die sich nun bei Bedarf oder besser in regelmäßigen Zeitabständen wieder auf der genau gleichen Basis erneut kalibrieren bzw. nachkalibrieren (justieren) lassen.

Kalibrieren ist also gleich bedeutend mit Eichen oder Einstellen eines Geräts auf Standardwerte. Dazu werden die Grundfarben CMYK und eventuell zusätzliche Farben wie ein helles Cyan und ein helles Magenta auf vorgegebene Standardwerte gebracht; es wird sichergestellt, dass das Gerät eine gleichmäßige, lineare Gradation über den ganzen Tonwertbereich zwischen Vollton und Papierweiß bei allen Grundfarben erreicht. Für eine Kalibration würde in der Regel ein Densitometer genügen, um damit die Flächendeckungen (Dichten) zu messen. Da jedoch Digitalproof-Systeme nicht dieselben Farben verwenden wie der Offsetdruck, sind auch ihre Farborte unterschiedlich, weshalb es nicht genügt, sie einfach densitometrisch zu messen. Denn zwei Farbfelder im Proof und im Auflagendruck können durchaus dieselbe Dichte haben, doch im visuellen Vergleich werden sie dennoch unterschiedlich wahrgenommen. Moderne Proofsoftware-Lösungen führen die Kalibration zunehmend im geräteneutralen Lab-Farbraum durch, wozu man als Messtechnik ein Spektralfotometer einsetzt, das später auch für die Profilierung und Kontrolle der Proofs verwendet wird. Damit wird die Flächendeckung von Cyan, Magenta und Schwarz – das heißt die Gleichmäßigkeit der Tonwertabstufungen zwischen Papierweiß und dem spezifizierten minimalen L*-Wert (Luminanz) – als Spektralwerte erfasst und linearisiert; für Gelb erfolgt dies zwischen dem Papierweiß und dem spezifizierten maximalen C*-Wert (Chrominanz), weil der L*-Wert bei Gelb zu kleine Schwankungen anzeigt.

Lab-Kalibrierung

Die Lab-Kalibrierung eines Proofsystems ist ursprünglich ein Konzept aus der High-End-Welt des Proofens und hat sich mittlerweile auch im Massenmarkt, das heißt im Midrange-Segment, durchgesetzt. Die Linearisierung eines Proofsystems auf Basis der Lab-Farbmessung erlaubt ein wesentlich exakteres Kalibrieren auf einen vorgegebenen Standard als mit densitometrischen Messungen. Zudem lassen sich räumlich und geografisch weit auseinander liegende Proofsysteme auf den vorgegebenen Standard bringen, womit auch bei Remote-Proofing eine exakte Übereinstimmung der Proof-Ergebnisse erzielt wird.

Ein System wird kalibriert, um:

▸ die Ausgabequalität zu optimieren.

▸ einen Grundzustand wieder herzustellen.

▸ verschiedene Systeme aneinander anzupassen.

▸ ein System einem Referenzsystem anzugleichen.

▸ eine optimale Grundlage für die nachfolgende Profilierung (Gerätecharakterisierung) nach ICC-Standard zu schaffen.

23.10 Profilierung von Digitalproof-Systemen

Nach dem Kalibrieren bzw. Linearisieren eines Ausgabegeräts folgt das Profilieren. Ein ICC-Ausgabeprofil ist eine Charakterisierungsdatei, welche die gerätespezifischen Farbwiedergabeeigenschaften eines Ausgabegeräts in Bezug zu einem farbmetrischen und somit geräteunabhängigen Referenzfarbraum (Lab) beschreibt.

Insbesondere im digitalen Proofing ist ein Colormanagement-System (CMS) von tragender Bedeutung, um auf einem Proofdrucker erfolgreich den späteren Auflagendruck zu simulieren. Einmal abgesehen von zahlreichen anderen Faktoren, die Einfluss auf die Farbwiedergabe eines Proofsystems haben können, lässt schon allein die Tatsache, dass ein Proofdrucker ganz andere Farben verwendet als der Offsetdruck (wobei auch noch die Farborte unterschiedlich sind), erahnen, dass dieselben CMYK-Farbinformationen auf dem Proofdrucker bestimmt anders aussehen werden als im Auflagendruck. Will man also den Offsetdruck mit einem digitalen Proofsystem simulieren, benötigt man ein Colormanagement-System (CMS), welches die zu druckenden Farbinformationen so verändert bzw. beschreibt, dass das Proofsystem die Farben genauso wiedergibt, dass sie farbmetrisch mit dem Auflagendruck identisch sind (im Rahmen definierter Toleranzen). Dazu ist es notwendig, dass zunächst einmal alle Komponenten der gesamten Prozesskette nach einem bestimmten Standard kalibriert werden. Erst anschließend wird ihr individuelles Farbwiedergabeverhalten in spezifischen ICC-Geräteprofilen beschrieben.

Das ICC-Profil für den Proofdrucker – als wichtiger Bestandteil eines CMS – wird auf Basis von Referenzdaten und individuellen Messdaten (anhand einer Testdatei) von einer Profilierungssoftware errechnet, wozu eine Profilierungssoftware und ein Messsystem (Spektralfotometer) benötigt werden. Die gleiche Software wird auch dazu verwendet, um ein Ausgabeprofil für den Druckprozess zu erstellen. Benötigt wird zudem eine digitale Testdatei, die einerseits die spezielle Testform IT8.7/3 BVD/FOGRA zur Profilerstellung enthält und mit ihren 928 kleinen Farbfeldern den gesamten Farbraum des Offsetdrucks umfasst, deren prozentuale CMYK-Anteile in einer zugehörigen Datei referenziert sind (Referenzdaten). Andererseits enthält die Testdatei auch den Medienkeil CMYK, den Medienkeil CIELAB, Verläufe und weitere Testbilder, die zusätzlich für den visuellen Vergleich dienen. Als Referenzwerte für die Testform IT8.7/3 kommen in der Regel ISO-Normwerte bzw. die von der FOGRA zur Verfügung gestellten Werte zur Anwendung.

Nun erfolgt die Ausgabe dieser digitalen Testdatei auf dem Proofdrucker (ohne jegliches Colormanagement) und wird nach rund dreißig Minuten Trocknungszeit mit einem Spektralfotometer über alle Farbfelder ausgemessen. Die erste gedruckte Testform wird im Vergleich zum kalibrierten, standardisierten Offsetdruck derselben Testform vermutlich deutliche Farbabweichungen aufweisen. Auf der Basis der spektralfotometrisch erfassten Messwerte und der Referenzwerte erstellt die Profilierungssoftware ein ICC-Profil für den Proofdrucker und beschreibt damit die Farbwiedergabeeigenschaften, das heißt die Abweichungen des Proofers zur Referenz.

Wird nun die gleiche Testform erneut auf dem Proofer ausgegeben, diesmal aber mit eingeschaltetem Colormanagement unter Verwendung des ICC-Profils des Druckprozesses als Simulationsfarbraum und des neu erstellten ICC-Profils des Proofers als Zielfarbraum (und einem farbmetrischen Rendering Intent), sollte nun das Ergebnis dem Offsetdruck weitgehend entsprechen. Denn prinzipiell sollte der Proof die in der Norm verlangten Farbwerte zeigen – ebenso der Druck. Zum Schluss sollte man das Proofergebnis noch einem kritischen visuellen Vergleich mit dem Referenzdruck unter Normlicht D50 unterziehen und dem Offsetdruck anpassen, was unter Umständen ein Editieren des Proofer-Profils erfordert.

Die Qualität von ICC-Profilen

Selbst der qualitativ beste Proofdrucker (Hardware) und optimal aufeinander abgestimmte Komponenten wie Proofmedium und Tinte sind noch lange keine Garantie für ein farbverbindliches Proofergebnis, sprich einen Kontraktproof. Softwaremäßige Schwachstellen lauern in Form der verwendeten ICC-Farbprofile im gesamten Profilverknüpfungsprozess eines Colormanagement-Systems. Die ICC-Profile können von verminderter Qualität sein – angefangen beim Eingabeprofil des Scanners, dem Ausgabeprofil des Monitors, über individuell- oder

Standardprofile für den Druckprozess bis zum Profil des Proofdruckers für verschiedene Proofmedien (die heute sehr oft im Lieferumfang des Proofsystems enthalten sind). Entscheidend ist ihre Farbanpassungsfähigkeit, die je nach Software zur Profilerstellung unterschiedlich ausfallen kann. Besonders die individuellen und herstellerabhängigen Gamut-Mapping-Strategien führen unter formal gleichen Bedingungen zu unterschiedlichen Farbergebnissen (siehe Kapitel 19, Abschnitt »Gamut Mapping«).

Standardprofile

Wer nach ICC-Standard arbeitet (Separation, Druck) und nach den Richtlinien und Normen internationaler Organisationen und Branchenverbänden Prüfdrucke erstellt, kann auf zahlreiche ICC-Standardprofile für den Druckprozess zugreifen und wird damit weitgehend davon entlastet, eigene individuelle Profile zu erzeugen, Spektralfotometer und Profilierungssoftware zu erwerben oder Profile beim spezialisierten Dienstleister einzukaufen. Das Gleiche gilt auch für Profile von Proofdruckern. Diese sind genauso aufwändig zu erstellen wie Profile für verschiedene Druckprozesse auf unterschiedlichen Papiertypen. Für jedes Proofmedium, das eine andere Oberflächenbeschaffenheit aufweist (wie glänzend, halbmatt, matt), um damit den Auflagendruck möglichst exakt zu simulieren, ist ein eigenes Farbprofil nötig. Moderne, leistungsfähige Proof-software verschiedener Hersteller bietet standardmäßig solche Profile an für verschiedene Kombinationen von Proofdrucker, Proofmedium und Tinte.

Man hat es also heute vergleichsweise einfacher, die ganze Prozesskette auf der Basis von erprobten Standardprofilen aufzugleisen und erreicht damit auch eine erhöhte Produktionssicherheit und Kostenersparnis. Die Qualität von Proofsoftware für Proofdrucker wird zunehmend durch die Möglichkeit einer internen Lab-Kalibrierung bzw. Nachlinearisierung des Ausgabesystems auf ein hohes Niveau gestellt und bewegt sich im Rahmen erforderlicher Toleranzwerte.

23.11 Rastersimulationsverfahren für den Kontraktproof

Die Simulation der Rasterpunkte – die gleichen wie im späteren Auflagendruck – wird von modernen Digitalproof-Systemen im Inkjet-Verfahren nicht standardmäßig ausgegeben. In manchen Situationen sind aber genau die Rasterparameter (Rasterweite, Rasterpunktform, Rasterwinkel) ein wichtiges und wünschenswertes Prüfkriterium für den Kontraktproof.

Für die Bildaussage besonders wichtige und feine Details, die im Proof noch deutlich und scharf zu sehen sind, im Auflagendruck aber nicht mehr, fallen nicht selten der im Druck verwendeten Rastertechnologie zum Opfer. Oder Bilder, die im Proof noch anmutig und weich erscheinen, sind im Druck plötzlich hart, und die Wirkung ist nicht mehr dieselbe. Besonders gefürchtet sind die unvorhersehbaren Moirés, verursacht durch Überlagerung frequenzgleicher Strukturen von Bild und Raster im Druck.

Um auch diesem Prüfkriterium bzw. dieser Anforderung an einen Kontraktproof gerecht zu werden, entwickelte man besondere Methoden, um Rasterpunkte mit einem auf der Fehlerdiffusion (Rasterverfahren aus der Familie der Frequenzmodulation) basierenden Inkjet-Drucker auf möglichst exakte Weise zu simulieren. Dies wird in entscheidendem Maße von der RIP-Software gesteuert und ist in Anbetracht der vom Inkjet-Drucker verwendeten und vom Amplitudenraster (AM) des Offsetdrucks abweichenden Rastertechnologie auch nicht ganz einfach. Zudem kann eine noch so gute RIP-Software zur Simulation der Rasterpunkte nur dann ihr ganzes Potenzial ausspielen, wenn das Proofsystem ein technologisches Höchstmaß an Präzision erbringen kann, was gleich bedeutend ist mit einer genügend hohen adressierbaren Auflösung von $\geq$ 1500 dpi und einer punktgenauen Platzierung der winzig kleinen Tintentröpfchen, um randscharfe Punkte zu erzeugen. Solche Systeme findet man nur im absoluten High-End-Segment wie beispielsweise beim neuen Veris-Proofer von Creo oder bei den Sherpa-Proofsystemen von Agfa.

Für den Rasterproof gibt es zwei völlig unterschiedliche Lösungsansätze. Die eine Variante simuliert direkt ab PostScript- oder PDF-Daten lediglich die Struktur des Rasters vom späteren Auflagendruck und wird als *Dot Simulation* oder Punktsimulation bezeichnet. Die andere Variante gibt direkt ab CtP-Bitmap-Rasterdaten jeden einzelnen Rasterpunkt auf absolut identische Weise wieder – genau wie im späteren Auflagendruck – und wird als *Dot-for-Dot Simulation* bezeichnet.

Dot Simulation

Bei dem als »Dot Simulation« bezeichneten Verfahren wird also lediglich die Struktur des Amplitudenrasters grob nachgeahmt, wobei die resultierende Rosettenstruktur nicht wirklich die gleiche ist. Hält man sich vor Augen, dass ein Digitalproof-System die Farben des Auflagendrucks mit seinem eigenen Verfahren (Fehlerdiffusion), seinen eigenen Farben und unter Einbezug eines Colormanagement-Systems simulieren muss, kann man sich gut vorstellen, dass die zu simulierenden und für den Offsetdruck typischen Rasterpunkte nicht auf die gleiche Weise zustande kommen, obschon sie optisch gleich aussehen. Hier werden andere Farben ganz einfach mit dem späteren Auflagendruck verglichen und so erzeugt, dass sie rein farbmetrisch mit dem Auflagendruck übereinstimmen. Da einerseits der Punktaufbau ganz anders erfolgt und andererseits die Auflösung eines Digitalproof-Systems nicht an die eines CtP- oder Filmbelichters heranreicht, handelt es sich wirklich nur um eine Rastersimulation und nicht um eine verbindliche und exakte Rasterwiedergabe. Sie ist aber dennoch ausreichend, um einige mögliche Moiré-Typen (Objekt- und Struktur-Moiré) oder andere störende Strukturen frühzeitig aufzudecken.

Das Prinzip der Dot Simulation basiert auf konventionellen Rastertechnologien, wie beispielsweise dem *Agfa Balanced Screening (ABS)*, und erzielt damit mühelos die geforderte Kontraktproof-Qualität. Er wurde von Agfa für die eigenen Sechsfarben-Sherpa-Proofsysteme optimiert, weist im Übrigen aber die genau gleichen Merkmale auf wie die Rastertechnologie für die Plattenbelichtung. Da auch der gleiche Datenbestand wie für den RIP des Plattenbelichters verwendet wird, ist eine zusätzliche Fehlerquelle ausgeschlossen und Qualitätsverluste werden vermieden.

Dot-for-Dot Simulation

Echtes Rasterproofing *(Halftone Proof)* bzw. Punkt-für-Punkt-Simulation auf Basis von CtP-Bitmap-Daten hat gegenüber der Dot Simulation den gewichtigen Vorteil, dass auf dem Proof alle Details der Rasterung genau so zu sehen sind wie im späteren Auflagendruck. Jeder einzelne Rasterpunkt hat auf dem Proof die exakt gleiche Form, Größe und Farbe und wird genau so gedruckt, wie er auch im späteren Druck erscheint. Das hat besonders dann Vorteile, wenn noch Sonderfarben mit im Spiel sind und die Gefahr von Moirés durch falsche Rasterwinkel besonders groß ist. Ebenso ist auch die Struktur der Rosetten absolut identisch und lässt dadurch alle erdenklichen Formen von Moirés, die im Druck entstehen können, exakt vorhersehen. Dabei können auch verschiedene Rasterpunktformen und CtP-Kennlinien berücksichtigt werden. Sind die Rasterpunkte zu klein, um von der Druckmaschine gedruckt zu werden, lässt sich das bereits auf dem Proof deutlich erkennen.

Thermotransfer-Rasterproof

Eine andere und nahe liegende Lösung, um Rasterproofs herzustellen (die sich in Europa aber nicht so recht durchsetzen konnte), besteht darin, dass man spezielle Prooffolien benützt (ganz ähnlich wie für den Analogproof), die sich in bestimmten CtP-Systemen direkt ab den digitalen Daten belichten lassen, um dann auf Papier übertragen zu werden. Nachteilig wirkt sich nur aus, dass die Farben der Folien nicht der Europaskala entsprechen, sondern auf dem amerikanischen SWOP-Standard basieren. Es gibt sogar spezielle Prooffolienbelichter wie das Approval-System von Kodak, das auch Sonderfarben mit den vier Prozessfarben-Folien simulieren kann, ohne zusätzliche Kosten zu verursachen. Eingesetzt wird es aber nur noch in äußerst seltenen Fällen.

23.12 Der digitale Kontraktproof

Nicht jeder Farbausdruck auf einem Laser- oder Tintenstrahldrucker ist automatisch auch ein Proof! Für eine Druckerei ist es aber häufig schwierig zu beurteilen, ob die angelieferten Proofs – oder die als solche bezeichneten Farbausdrucke – für eine Farbabstimmung an der Maschine wirklich geeignet sind.

Ein so genannter Kontraktproof bedeutet, dass zwischen Prooflieferant bzw. Datenerzeuger und Druckerei ein rechtsverbindlicher Vertrag – das heißt ein Abkommen (Kontrakt) – besteht, in dem sich die Druckerei verpflichtet, die Farben des Proofs – im Rahmen definierter Toleranzwerte – im Auflagendruck zu erreichen. Wird kein zufrieden stellendes Druckergebnis erzielt, kann der Prooflieferant bzw. Datenerzeuger mit Rechtsmitteln gegen die Druckerei vorgehen.

Für einen rechtsgültigen Kontraktproof muss sich der Erzeuger von Daten und Prüfdrucken konsequent an Richtlinien bzw. branchenübliche Standards und Normen halten, die von verschiedenen Organisationen und Branchenverbänden gemeinsam ausgearbeitet wurden und die auch entsprechende Publikationen, Arbeits- und Kontrollmittel sowie dazugehörige Referenzdaten für eine konsequente Qualitätskontrolle zur Verfügung stellen. Damit wird gleichzeitig eine saubere, klar definierte Schnittstelle zwischen Prooflieferant und Druckerei geschaffen.

Vorgaben und Richtlinien für den rechtsverbindlichen Kontraktproof

Die FOGRA (Deutsche Forschungsgesellschaft für Druck- und Reproduktionstechnik in München) sowie der BVDM (Bundesverband Druck und Medien in Wiesbaden) erarbeiten gemeinsam Vorgaben und Richtlinien für das Erstellen von Druckdaten und Kontraktproofs bis hin zum fertigen Druckerzeugnis. Zahlreiche Forschungsprojekte, Richtlinien und Normen, die von der FOGRA erarbeitet werden und auf internationalen sowie deutschen Standards basieren, sind vom BVDM finanziert. Als deutsche Vertretung in der ISO (International Standard Organisation) ist die FOGRA auch beteiligt, wenn Standards auf internationaler Ebene erarbeitet werden, wie beispielsweise die DIN/ISO-Norm 12647 für Druckdaten, Proofs und den Druck. Zusammen mit der Ugra, dem Schweizer Pendant der FOGRA, werden auch zahlreiche Kontrollmittel zur Qualitätssicherung über die ganze Prozesskette hinweg, von der Datenerstellung über den Proof bis zum Druck, entwickelt und vertrieben. Ebenso erstellt die FOGRA aber auch Gutachten in Streitfällen, die auf der DIN/ISO-Norm 12647 basieren. FOGRA und BVDM zählen mittlerweile zu den Mitgliedern der ECI (European Color Initiative), einem Zusammenschluss von Farbmanagement-Profis aus führenden Betrieben im Bereich kreative und technische Druckvorstufe, Druckereien, internationalen Agenturen und Verlagen, welche die Idee eines durchgängigen Colormanagement-Workflows auf der Basis von ICC-Profilen vorantreiben. Die ECI-Mitglieder ihrerseits testen solche Vorgaben und Richtlinien von FOGRA und BVDM auf ihre Praxistauglichkeit hin und stellen schließlich der Allgemeinheit entsprechende Hilfs- und Arbeitsmittel zur Verfügung.

23.13 Arbeitsmittel

Das wichtigste Arbeitsmittel auf dem Weg zum Kontraktproof sind dabei die ISO-Profile (Druckprozess), die unentgeltlich von der Website der ECI (www.eci.org) heruntergeladen werden können. Die Basis zu diesen Profilen – unterteilt in die am häufigsten verwendeten Papiertypen – bilden die Charakterisierungsdaten der ISO-Norm 12647 als Nachfolgenorm der Europaskala. Im Falle eines Rechtsstreits kann man sich also nicht mehr auf Aussagen wie »Proof oder Druck nach Europaskala« berufen. Diese ISO-Profile für einen standardisierten Druckprozess haben zwei wesentliche Funktionen. Einerseits werden sie für die Separation von RGB-Daten nach CMYK verwendet – die somit auch die Vorgaben der

ISO 12647 erfüllen – und andererseits kommen sie zum Einsatz, um den Druck gemäß ISO 12647 mit einem Proofsystem (auch für den Softproof am Monitor) zu simulieren. Dabei werden die Daten (Quellfarbraum) zuerst mit dem ISO-Profil (Simulationsfarbraum) verrechnet und anschließend mit dem Profil des Proofdruckers (Zielfarbraum) – das oft standardmäßig im Proofsystem hinterlegt ist – oder für den Softproof mit einem individuellen Monitorprofil.

Separation und Drucksimulation (Hard- und Softproof) gemäß ISO 12647

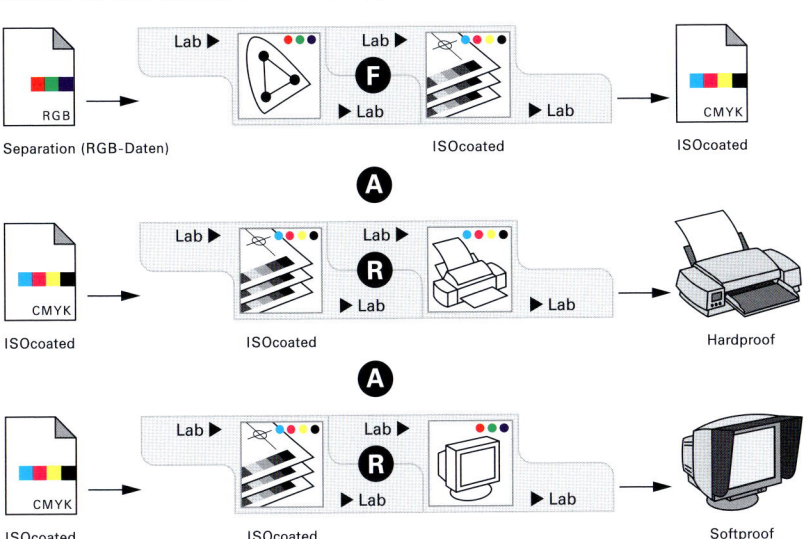

Abbildung 23.4
Profilverknüpfung für die Separation, den Hardproof und den Softproof

Sofern das Profil des Proofdruckers gewissenhaft und sorgfältig erstellt wurde und das Proofsystem regelmäßig linearisiert wird, stellen die ISO-Profile eine gute Voraussetzung dar, um damit einen rechtsverbindlichen Kontraktproof gemäß Vorgaben und Richtlinien von FOGRA, BVDM und ECI zu erstellen. Zudem sind die ISO-Profile Bestandteil eines kompletten Systems zur Qualitätssicherung für den Proof und den Offsetdruck. Sie basieren auf den gleichen Charakterisierungsdaten (Farbmessdaten) wie der Ugra/FOGRA-Medienkeil CMYK. Ein auf diese Weise erzeugter Proof wird auch als *ICC-Proof mit generischem Profil* (ISO-Profile nach DIN/ISO 12647-2 Offset-Standard) bezeichnet. In diesen Vorgaben und Richtlinien ist unter anderem definiert, dass die Farbwiedergabe des Proofs an den jeweiligen Papiertyp angepasst sein muss, für die es gemäß ISO 12647-2 auch klar definierte Farbvorgaben gibt. Um zu überprüfen, ob ein Digitalproof diese Vorgaben einhält, muss auf einem Kontraktproof zwingend der Ugra/FOGRA-Medienkeil CMYK vorhanden sein, der auch im Falle eines Gutachtens durch die FOGRA als allein gültige Grundlage zur objektiven Bewertung eines Proofs gilt. Ebenso ist auch eine zusätzliche Kontrollzeile mit dem Dateinamen, den verwendeten Farbprofilen, dem Datum und der Uhrzeit der Prooferstellung zwingend vorgeschrieben. Nur wer diese Kontrollmittel beim Proof konsequent verwendet und sich an die Richtlinien der FOGRA und des BVDM beim Erstellen eines Prüfdrucks hält, ist in der Lage, einen rechtsverbindlichen Kontraktproof herzustellen.

23.14 Kontrollmittel

Der Ugra/FOGRA-Medienkeil

In jedem Produktionsprozess, der gewisse Qualitätskriterien erfüllen soll, sind auch Maßnahmen vorgesehen, um die Resultate der einzelnen Arbeitsschritte zu prüfen, das heißt zu messen, und die dabei erfassten Werte mit Vorgaben oder Spezifikationen zu vergleichen und nötigenfalls Fehler zu korrigieren. Kontroll- bzw. Prüfmittel sind somit in einem gewissen Sinne auch Vorsorgemaßnahmen, um unnötige Kosten, die durch Fehler entstehen, zu sparen. Ebenso dienen sie aber auch als Grundlage zur Prozessoptimierung und deren Konstanthaltung. In der Folge werden solche Prüfmittel systematisch in die gesamte Prozesskette eines Druckauftrags eingebaut, um damit die Möglichkeit zu schaffen, wichtige Parameter messtechnisch genau zu verfolgen. Damit werden auch die Risiken eines unkontrollierten Blindflugs weitgehend ausgeschaltet.

Der Ugra/FOGRA-Medienkeil CMYK

Eines dieser zahlreichen Kontrollelemente ist der Ugra/FOGRA-Medienkeil CMYK in der neusten Version 2.0, der zwingend auf einem Prüfdruck vorhanden sein muss, um als Kontraktproof zu gelten. Mit ihm kann der Nachweis erbracht werden, dass der Proof und später der Druck nach Standard-Vorgaben gemäß FOGRA/BVDM (MedienStandard Druck) erfolgt sind. Beziehen kann man den Ugra/FOGRA-Medienkeil unter: www.ugra.ch oder www.fogra.org.

Der Nachweis, dass ein rechtsverbindlicher Kontraktproof vorliegt und damit auch ein standardisierter Druck mit den angelieferten Daten möglich ist, wird erbracht, indem der Medienkeil, der als CMYK-TIFF-Datei vorliegt (auch als EPS erhältlich), in die Datei importiert und mit dem Job zusammen verarbeitet, geprooft und ausgedruckt wird. Er sollte also alle farbverändernden Bearbeitungsschritte – in einem ICC-Arbeitsablauf auch alle Farbtransformationen – und Prozessgrößen durchlaufen.

Aufbau des Medienkeils

Der Medienkeil umfasst eine Anzahl CMYK-Farbfelder, die alle innerhalb den von der ISO-Norm 12647-2 geforderten Farbwerttoleranzen gedruckt werden müssen, und gibt Antwort auf folgende Fragen:

1. Erfüllt der Digitalproof den gewünschten Druckstandard?

2. Erfolgte der Auflagendruck nach Druckstandard?

3. Wurde der Auflagendruck nach dem vorliegenden Digitalproof gedruckt?

Hinweis

Im Medienstandard Druck wird die TIFF-Version des CMYK-Medienkeils empfohlen, da sich dieses Dateiformat uneingeschränkt für einen ICC-Colormanagement-Workflow eignet. Die EPS-Version wird nur dann benötigt, wenn der gesamte Arbeitsfluss auf korrekte Farbwiedergabe hin überprüft werden soll und sichergestellt ist, dass das CMS Farbprofile an EPS-Dateien anfügen kann.

Abbildung 23.5
Ugra/FOGRA-Medienkeil
CMYK

Ugra/FOGRA-Medienkeil CMYK-TIFFV2.0

Die Farbfelder des Medienkeils umfassen die reinen Prozessfarben C, M, Y in Flächendeckungsgraden von 100 %, 70 % und 40 %, die Sekundärfarben R, G, B (R = M+Y, G = C+Y, B = M+C) in Flächendeckungsgraden von 100 %, 70 % und 40 % (Gesamtflächendeckungssumme für R, G, B jeweils 200 %, 140 %, 80 %) sowie weitere Mischfarben (Tertiärfarben). Weiter umfasst der Keil auch ein Weißfeld (Papierweiß), einen Graustufenkeil, der nur mit Schwarz aufgebaut ist, und einen weiteren Graustufenkeil, der aus einer bestimmten Kombination von CMY-Werten aufgebaut ist (chromogen) und je nach Druckverfahren mehr oder weniger neutrale Grautöne ergibt (Graubalance).

Mit zum Lieferumfang des Medienkeils gehört auch eine Excel-Datei (»MkPruef.xls«) der FOGRA mit den Sollwerten (CIE-LAB) und den Toleranzwerten (ΔE) für vier verschiedene Papiertypen zur messtechnischen Kontrolle eines Proofs. Diese werden mittels Spektralfotometer in Lab-Werten ermittelt und nicht als CMYK-Prozentwerte. Denn in der modernen Reproduktionstechnik werden alle Ein- und Ausgabeprozesse grundsätzlich farbmetrisch charakterisiert und ICC-Profile für alle Teilprozesse erstellt. Auch die neuen Druckstandards (ISO 12647/1-3) legen Zielfarbwerte und Toleranzwerte als CIE-LAB- bzw. ΔE-Werte fest. Dennoch erlaubt der CMYK-Medienkeil sowohl eine konventionelle Flächendeckungskontrolle im Druck als auch eine spektralfotometrische Kontrolle der (ICC-)Farbanpassung im Proof.

Nachweis 1
Für den Nachweis, dass der Proof den gewünschten Druckstandard erfüllt, werden die Messwerte des Medienkeils auf dem Proof mit den Sollwerten des Druckstandards verglichen und daraus die ΔE-Werte ermittelt.

Nachweis 2
Für den Nachweis, dass der Auflagendruck nach Druckstandard erfolgte, werden die Messwerte des Medienkeils auf dem Druckbogen mit den Sollwerten des Druckstandards verglichen und daraus die ΔE-Werte ermittelt.

Nachweis 3
Stellt sich heraus, dass der Auflagendruck den Druckstandard nicht erfüllt, werden schließlich die Messwerte des Medienkeils auf dem Druckbogen des Auflagendrucks mit den Messwerten des Proofs verglichen. Dieser Schritt dient als Nachweis, dass der Auflagendruck zumindest nach den Vorgaben des Proofs erfolgt ist.

Liegen die ermittelten Messwerte grundsätzlich innerhalb der Toleranzwerte, kann daraus geschlossen werden, dass die Farbverarbeitung (Kalibration, Colormanagement-System, Druck) des ganzen Druckjobs korrekt erfolgt ist.

Die nachfolgende Grafik zeigt einen typischen Workflow mit dem CMYK-Medienkeil beim Digitalproof und Auflagendruck unter Verwendung von ICC-Farbtransformationen.

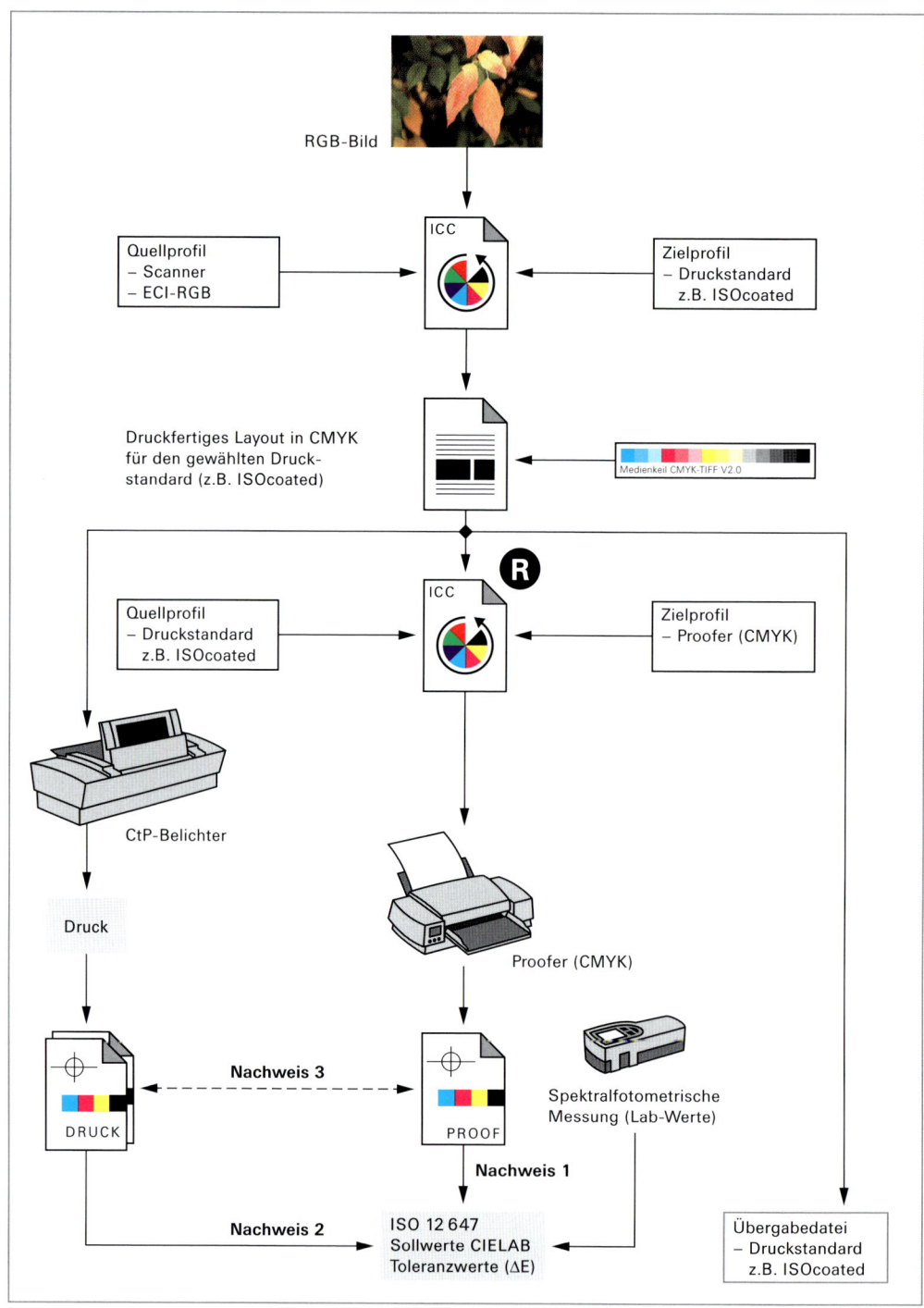

Abbildung 23.6
Workflow mit dem CMYK-Medienkeil bei Digitalproof und Auflagendruck

Für die Messwerte des CMYK-Medienkeils gelten nach Angabe des jeweiligen Papiertyps folgende Toleranzwerte (ΔE-Werte), die bei einem rechtsverbindlichen Proof nicht überschritten werden dürfen:

Toleranzwerte	Max. E
Farbton des Bedruckstoffs bzw. Papierweiß	ΔE 3
Mittelwert der Farbabweichung bei allen Farbfeldern	ΔE 4
Maximale Farbabweichung	ΔE 10
Farbabweichung der Primärfarben	ΔE 5

Der Ugra/FOGRA-Medienkeil CMYK dient in einem Ausgabeprozess also einerseits für die Kontrolle der (ICC-)Farbanpassung im Proof (mittels Spektralfotometer) und andererseits für die visuelle und messtechnische Kontrolle der Solldichten und Tonwertveränderungen der Prozessfarben im Auflagendruck (mittels Densitometer).

ICC-Arbeitsablauf mit dem Medienkeil CMYK

Der Ugra/FOGRA-Medienkeil CMYK wird beispielsweise bereits in die Layoutdatei importiert – ohne jegliche vorgängige ICC-Farbtransformation. Anschließend wird zusammen mit den verfahrensspezifischen (Standard-CMYK) oder verfahrensangepassten (individuelles CMYK) CMYK-Bilddaten eine Composite-PostScript-Datei und danach eine PDF-Übergabedatei erstellt. Von dieser PDF-Datei (vorzugsweise direkt vom Übergabe-Datenträger) wird nun ein Proof ausgegeben. Erfolgt bei der Proofausgabe gleichzeitig eine ICC-Farbtransformation (um beispielsweise von verfahrensspezifischen CMYK-Daten einen verfahrensangepassten Proof zu erstellen), wird infolgedessen der Medienkeil – dem in diesem Fall dasselbe Quellprofil zugewiesen wird – einer ICC-Farbtransformation unterworfen. Diese Farbtransformation hat zur Folge, dass die reinen Prozessfarben C, M, Y, K des Medienkeils auf dem Proof nicht mehr nur aus ihrer eigenen Farbkomponente aufgebaut sind, sondern auch Anteile der anderen Prozessfarben enthalten. Dasselbe geschieht mit den Sekundärfarben R, G, B und den übrigen Tertiärfarben. Da das Proofsystem den Auflagendruck so gut wie möglich simulieren soll, ist dieser im ersten Augenblick recht seltsame Effekt aber absolut korrekt und erwünscht. Denn die farbmetrischen Vergleichsmessungen mit dem Spektralfotometer zwischen dem Medienkeil auf dem Proof und dem Medienkeil im Auflagendruck sollten möglichst identische Farbwerte ergeben.

Achtung

Man muss sich stets vor Augen halten, dass ein Digitalproof immer nur einen anderen Ausgabeprozess simulieren soll und nie eine eigenständige Druckausgabe ist. Eine Art »Chamäleon«, das sich individuell seiner Umgebung anpassen kann!

Abbildung 23.7
ICC-Arbeitsablauf mit dem
Medienkeil CMYK

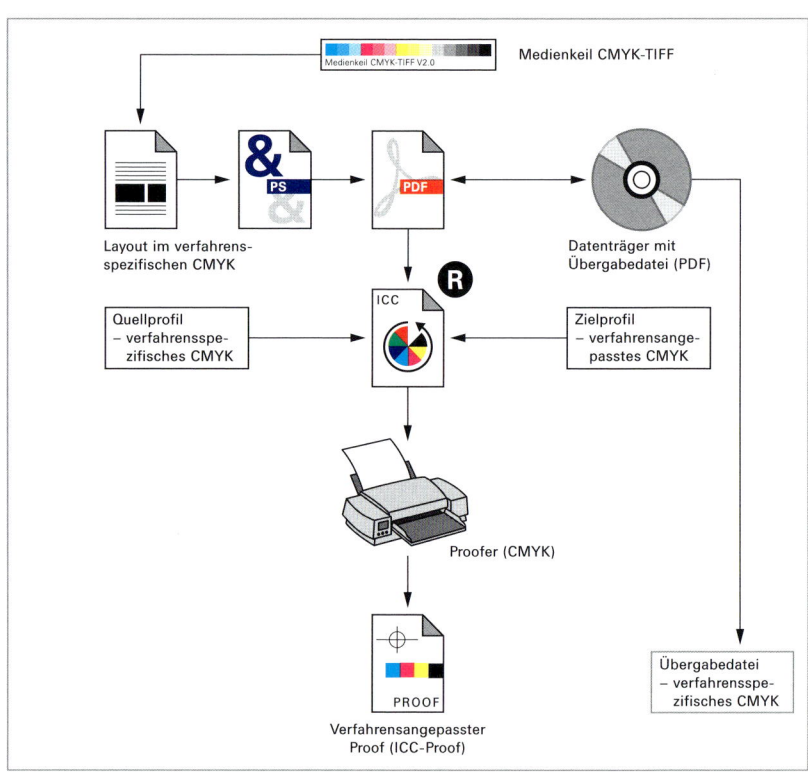

Für noch wesentlich größere Verwirrung sorgt dabei der chromogene Graustufenkeil. Sämtliche Graustufen des Keils sind aus einer bestimmten Kombination von CMY-Flächendeckungsgraden aufgebaut. Mit anderen Worten, er ist geräteabhängig definiert und speziell für den Offset-Standard angelegt. Unter standardisierten Druckbedingungen wird er auch näherungsweise neutralgrau wiedergegeben (Graubalance). Doch bereits eine Änderung der Papierklasse oder das Simulieren eines individuellen Druckprozesses (in Abweichung zum Offset-Standard) führt dazu, dass die Graustufenskala nicht mehr neutralgrau wiedergegeben wird. Denn jeder Druckprozess in Zusammenhang mit einem bestimmten Bedruckstoff hat eine andere, eigene Graubalance (siehe Kapitel 19, Abschnitt »Graubalance«). Die chromogene Graustufenskala wird also in den allermeisten Fällen nicht neutralgrau wiedergegeben. Damit darf man aber auf keinen Fall Rückschlüsse auf die Graubalance der Bildinhalte ziehen! Die chromogene Graustufenskala erlaubt nur einen relativen Vergleich zwischen Proof und Druck und niemals eine absolute Bewertung.

Auswertungssoftware für den Medienkeil CMYK

Nicht jede RIP-Software für Digitalproof-Systeme gehört zu den besonders innovativen Lösungen mit bereits integriertem Medienkeil CMYK samt Auswertungssoftware zur Qualitätskontrolle nach Branchenstandard.

Als zusätzlich zu erwerbende Software für die Auswertung des herstellerunabhängig konzipierten CMYK-Medienkeils kommen verschiedene Softwareprodukte in Betracht. Besonders für Druckereien interessant sind beispielsweise Lösungen, die außer der Kontrolle des Medienkeils für den Proof und Druck nach ISO 12647-2 oder Prozessstandard Offsetdruck auch die Kontrolle von Druckkennlinien und Volltondichten bzw. Volltonfärbungen ermöglichen.

MeasureTool

Die bis zur Vorgängerversion noch kostenlose Software *MeasureTool* aus dem Paket *ProfileMaker* von GretagMacbeth gibt es infolge eines stark erweiterten Funktionsumfangs der Version 5 nicht mehr gratis. Im Vergleich zur Vorgängerversion, die ausschließlich den Medienkeil CMYK auswerten konnte, kann die neue Version neben verschiedenen Layoutvarianten des Medienkeils auch den Druck nach ISO 12647-2 auswerten, unterstützt dabei eine Vielzahl von Messgeräten und stellt insgesamt eine umfangreiche Software für Farbmessung, Qualitätskontrolle und Messwert-Analyse dar (www.gretagmacbeth.com).

BasICColor Control

Die Software *BasICColor Control* von Color Solutions erlaubt die Übernahme von Messdaten verschiedener Messgeräte zur Auswertung des Ugra/FOGRA-Medienkeils CMYK 2.0. Neben der Auswertung der Messdaten gemäß den Vorgaben der FOGRA lassen sich zusätzlich eigene Toleranzen definieren. Zudem ist die Druckauswertung gemäß ISO 12647-2 möglich sowie das Ansteuern eines speziellen Haftetiketten-Druckers, um die Ergebnisse in Form einer Etikette auf dem Proof anzubringen (www.basiccolor.de).

Prinect Profile Toolbox

Ganz neu ist das Software-Modul *Prinect Profile Toolbox* von Heidelberg, ein weiteres Modul aus einer umfassenden Softwaresuite vernetzbarer Komponenten eines gesamten Workflow-Konzepts. Es vereint die Software *PrintOpen 5* zum Erstellen von ICC-Profilen für Proofsysteme und Druckmaschinen mit der Software *Quality Monitor* zur Auswertung des CMYK-Medienkeils und weiterer Testcharts wie IT8.7/3, ECI 2002, Druckkontrollstreifen usw. Es eignet sich zur Kontrolle und permanenten Überwachung der Farbqualität in Proof und Druck. Für den so genannten *Certified Proof* wird sogar ein übersichtlicher Bericht erstellt, der die Qualitätskontrolle auf einen Blick ermöglicht (www.heidelberg.com).

Best Remote Control

Die Software *Best Remote Control* der Firma Best – Wegbereiter des Digitalproofs für den Massenmarkt – erlaubt außer der Auswertung eigener Kontrollkeile eines Best-ColorProof-Systems einzig die Auswertung des Ugra/FOGRA-Medienkeils CMYK 2.0 (www.bestcolor.de).

Certified Proof

Als reine Proof-Kontrollsoftware kommt *Certified Proof* von CGS in Betracht, die zudem auch einen Etikettendrucker ansteuern kann (www.cgs.de).

Color Verifier

Das zusätzlich freischaltbare Modul *Color Verifier* als Option zur Proofsoftware *EFI Colorproof* erlaubt das Auswerten des Ugra/FOGRA-Medienkeils CMYK 2.0 (www.bestcolor.de, www.efi.de).

Der Ugra/FOGRA-Medienkeil CIELAB

In einem modernen ICC-Arbeitsablauf werden Bilddaten oft medienneutral aufbereitet. Das heißt sie liegen in einem geräteunabhängigen RGB-Arbeitsfarbraum (zum Beispiel ECI-RGB) oder im Lab-Farbraum vor und sind somit noch unabhängig von einer bestimmten Druckausgabe. Erst am Ende der Prozesskette werden sie für einen spezifischen Ausgabeprozess angepasst. Innerhalb dieser Prozesskette werden die Bilddaten zahlreichen ICC-Farbtransformationen unterworfen, die sich mit dem Medienkeil CMYK nicht kontrollieren lassen, der ausschließlich für einen CMYK-basierten Arbeitsablauf geeignet ist und bestenfalls am Ende der Prozesskette für die druckspezifischen Teilfertigungsschritte eingesetzt werden kann. Für eine medienneutrale Arbeitsweise steht der Ugra/FOGRA-Medienkeil CIELAB als geräteneutrales Kontrollmittel zur Verfügung und erlaubt sowohl eine visuelle als auch messtechnische Kontrolle beliebiger ICC-Farbtransformationen. Die zugehörigen Lab-Referenzwerte liegen in Form einer ASCII-Tabelle vor.

Der Ugra/FOGRA-Medienkeil CIELAB dient in einem medienneutralen Arbeitsablauf ausschließlich als Kontrollmittel zum Überprüfen von (ICC-)Farbtransformationen und somit der verwendeten ICC-Farbprofile. Er eignet sich hauptsächlich zur Überprüfung von Farbumfang, Farbtreue und zur Kontrolle der Farbraumanpassung (Gamut Mapping). Insbesondere kann damit die Wirkung des »perceptual« Rendering Intents eines bestimmten Ausgabeprofils überprüft und verglichen werden. Der Medienkeil CIELAB ist also nicht vorgesehen für die Kontrolle des Druckprozesses, das heißt zum Überprüfen der Volltondichten (DV), des Tonwertzuwachses (TZ) usw. Dazu muss der Medienkeil CMYK verwendet werden. Beziehen kann man den Ugra/FOGRA-Medienkeil-CIELAB unter www.ugra.ch oder www.fogra.org.

Aufbau des Medienkeils

Der CIELAB-Medienkeil setzt sich aus drei Farbfeldreihen des Lab-Farbraums zusammen, die je einer bestimmten Sättigungsstufe (C = Chroma) aus der mittleren Ebene der L-Achse (L = Luminanz 50) entnommen sind und je 16 Farbfelder im Farbtonwinkel $\Delta h = 22{,}5°$ umfassen (siehe Kapitel 6, Abschnitt »Das CIE-Lab-System«).

Die oberste Zeile »I« entspricht dabei dem äußersten Farbring des Lab-Farbraums mit einer maximalen Sättigung (C = 100) und beschreibt die Grenzen eines *idealen* Farbraums (der durch extrem bunte Körperfarben aufgespannte Raum), der aber praktisch von keinem CMYK-Druckprozess dargestellt werden kann. Bei einer ICC-Farbtransformation wird die Reihe »I« infolgedessen komprimiert.

Die mittlere Zeile »R« beschreibt die Grenzen eines *realen* Farbraums und ist von zahlreichen – aber nicht allen – CMYK-Druckprozessen (zum Beispiel Offsetdruck und Tiefdruck auf gestrichenes Papier) darstellbar. Diese Farbfelder werden unter Umständen leicht komprimiert.

Die unterste Zeile »M« beschreibt die Grenzen eines *minimalen* Farbraums und kann praktisch von allen CMYK-Druckprozessen (zum Beispiel Zeitungsdruck) dargestellt werden. Diese Farbfelder werden in der Regel kaum komprimiert.

Daneben enthält der Medienkeil auch eine in Lab-Werten definierte Grauachse.

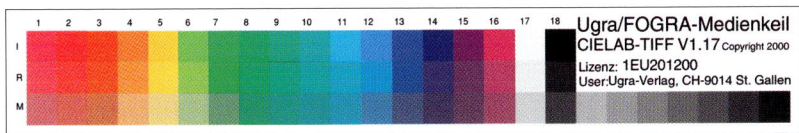

Abbildung 23.8
Ugra/FOGRA-Medienkeil
CIELAB

Mit diesen drei verschiedenen Farbumfängen unterschiedlicher Farbsättigung können nun anhand der Lab-Referenzwerte die ∆E-Werte im Druckprozess ermittelt werden. Im Idealfall weisen die Lab-Werte der untersten Zeile »M« keine ∆E-Abweichungen auf und sind mit den Referenzwerten identisch. Hingegen dürfte die oberste Zeile »I« vermutlich starke Abweichungen zeigen.

CIELAB-Medienkeil – Prüfkriterien

Der CIELAB-Medienkeil ermöglicht beispielsweise die Kontrolle jeder einzelnen ICC-Farbtransformation mit direkten Rückschlüssen auf die Bildwiedergabe. Ist zum Beispiel die Graustufenskala im Medienkeil nicht neutralgrau, wird auch die Grauachse im Bild verschoben sein.

Im Gegensatz zum CMYK-Medienkeil, der nur einen relativen und messtechnischen Vergleich der Graustufenskala zwischen Proof und Druck ermöglicht, erlaubt der CIELAB-Keil eine absolute, unmittelbare Kontrolle der Grauachse nach einer ICC-Farbtransformation. Denn durch die Farbtransformation des CIELAB-Medienkeils in ein spezifisches CMYK werden den Lab-Werten der Farbfelder – und somit auch der Grauachse – CMYK-Werte zugeordnet (unter Berücksichtigung des verwendeten Rendering Intents und des jeweiligen verfahrensspezifischen Schwarzaufbaus), die je nach Qualität des ICC-Profils eine neutrale Grauachse ergeben sollten.

Wird der CIELAB-Keil in ein verfahrensindividuelles CMYK transformiert, so ermöglicht er sowohl einen visuellen als auch einen messtechnischen Vergleich zwischen Proof und Druck, wobei die Farbfelder im Idealfall zwischen Proof und Druck übereinstimmen. Ebenso wird auch die Grauachse im Idealfall neutralgrau dargestellt.

Grundsätzlich gilt, dass der CIELAB-Medienkeil – in den Formaten TIFF, EPS und PDF – immer im selben Farbraum wie die Bilddaten vorliegen muss. Im Falle von ECI-RGB-Bilddaten muss der Keil also vorab einer ICC-Farbtransformation unterzogen werden. Dazu wird als Quellfarbraum ein Lab-D50-Profil und als Zielfarbraum das ECI-RGB-Profil mit dem (relativ farbmetrischen) Rendering Intent verwendet. Werden Lab-Daten geprooft, kann der CIELAB-Medienkeil ohne vorherige ICC-Farbtransformation »mitlaufen«. Der weitere Arbeitsablauf erfolgt prinzipiell genauso wie beim CMYK-Medienkeil.

Abbildung 23.9
ICC-Arbeitsablauf mit dem
Medienkeil CIELAB

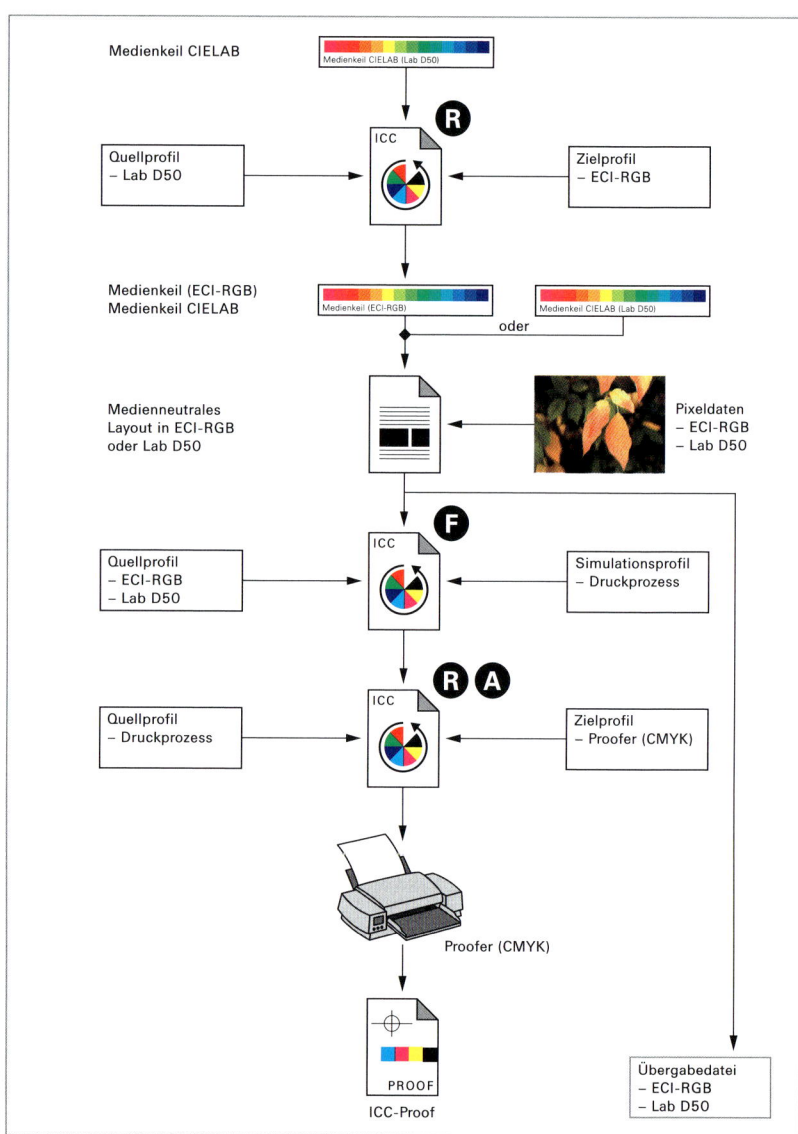

23.15 Visuelle Referenz für den Proof – Altona Testsuite

In der grafischen Industrie bereits als Standard etabliert hat sich das im Dezember 2003 erschienene Anwendungspaket der *Altona Testsuite*, das in Zusammenarbeit von Ugra, FOGRA, BVDM und der ECI erarbeitet, getestet und herausgegeben wurde. Es dient speziell zur Überprüfung von digitalen Ausgabegeräten wie Proofsystemen und digitalen oder konventionellen Drucksystemen. Es kann aber auch dazu verwendet werden, um die Einhaltung der PDF/X-Spezifikation und die Farbgenauigkeit von Soft- und Hardware in einem PDF-Workflow zu überprüfen. Die Altona Testsuite enthält unter anderem eine Anzahl verschiedener Referenzdrucke – auf verschiedenen Bedruckstoffen – zu den ISO-Profilen (www.eci.org) und stellt die logische Ergänzung zur ISO 12647 oder zum Prozess-Standard Offsetdruck dar. Damit verfügen nun alle, die gemäß ISO 12647 arbeiten oder in Zukunft arbeiten wollen, über ein komplettes System zur Qualitätssicherung für den standardisierten Druck und Proof. Mit zu diesem System gehört auch der Ugra/FOGRA-Medienkeil CMYK, der auf einem Kontraktproof zwingend vorhanden sein muss.

Das Arbeiten mit Standards und Normen, das nur auf Farbmessung, also auf messtechnischer Kontrolle beruht, zeigt in der Praxis im rein visuellen Vergleich zum Teil große Unterschiede. Mit diesen Referenzdrucken hat man ein weiteres wichtiges Instrument für die visuelle Vergleichskontrolle von Proof und Druck zur Verfügung. Ebenso helfen sie beim Feintuning des Proofsystems und beim Einrichten einer Druckmaschine. Denn ein messtechnisch korrekter Testproof muss auch eine gute visuelle Übereinstimmung mit dem Referenzdruck aufweisen. Auf diese Weise kann man auch ungeeignete Proofmedien aufspüren, die zu viele optische Aufheller enthalten, denn sie zeigen trotz korrekter Messwerte rein visuell unbefriedigende Ergebnisse.

Eine Druckerei kann beispielsweise anhand der Referenzdrucke die Plattenbelichtung und den Druck optimieren, bis das Druckergebnis mit dem Referenzdruck übereinstimmt. Denn auch Standards und Normen für Separation, Proof und Druck entbinden nicht von der Aufgabe, den Auflagendruck auf den Proof abzustimmen, sie schaffen nur optimale Rahmenbedingungen, um das Ziel in möglichst kurzer Zeit zu erreichen. Die Referenzdrucke werden zudem zur visuellen Kontrolle von Monitor (Softproof) und Proof (Hardproof) verwendet. Lieferanten von Druckdaten und Proofs können also damit einerseits ihre Proofsysteme überprüfen und andererseits auch testen, ob ihre PDF/X-3-Dateien sauber und messtechnisch korrekt verarbeitet werden.

Anwender, die gemäß ISO 12647 arbeiten, finden im Anwendungspaket unter anderem drei verschiedene Testdateien in digitaler Form (PDF):

▸ Altona Measure

▸ Altona Visual

▸ Altona Technical

Für die beiden Dateien »Altona Measure« und »Altona Visual« liegen entsprechende Referenzdrucke für die Papiertypen glänzend gestrichen, matt gestrichen, LWC, ungestrichen weiß und ungestrichen gelblich bei, mitsamt den dazugehörigen ISO-Profilen. Die Testdatei »Altona Technical« dient zum Überprüfen des Überdrucken-Verhaltens eines RIPs. Mit zum Lieferumfang gehören auch Färbungsstandards auf allen Papiertypen, Charakterisierungsdaten und natürlich auch eine ausführliche Dokumentation.

Ein typischer Arbeitsablauf könnte folgendermaßen aussehen: Die Druckvorstufe verwendet für die Bilddatenaufbereitung eines der ISO-Profile (für den vorgesehenen Papiertyp) beim Softproof am Monitor und separiert anschließend die druckfertigen Daten damit. Dasselbe ISO-Profil dient auch als Proof-Referenz für den Hardproof. Anhand des mitgeprooften Ugra/FOGRA-Medienkeils CMYK erfolgt die messtechnische Vergleichskontrolle, ob die ISO-Vorgaben korrekt und im Rahmen der Toleranzwerte umgesetzt wurden. Schließlich wird der Proof noch visuell unter Normlicht D50 mit dem entsprechenden Referenzdruck verglichen. Das Umgebungslicht hat dabei einen maßgeblichen Einfluss auf das farbliche Ergebnis eines Prüfdrucks, da die Farben metamer sind und je nach spektraler Strahlungsverteilung der Lichtquelle unterschiedliche Farben gleich aussehen können. Für solche Zwecke gibt es spezielle Normlichtkästen, man nennt sie auch *Abmusterungslicht*.

23.16 ECI-Richtlinien und Proof

Die ECI (European Color Initiative), deren wichtigstes Ziel es ist, den Austausch von medienneutral aufbereiteten Farbdaten nach ICC-Standard zu fördern und effiziente Colormanagement-Workflows für die gesamte Printmedienproduktion einzuführen, hat unter anderem die *ECI-Richtlinien* als Arbeitsmittel erstellt, die dem Anwender dabei helfen sollen, ICC-Workflows einzurichten, medienneutrale Farbverarbeitung weitgehend zu automatisieren und den Austausch von ICC-fähigen Farbdaten sicher zu gestalten, damit Daten vom Empfänger einwandfrei in ICC-basierten Arbeitsabläufen weiterverarbeitet werden können.

Unter anderem gibt es auch Richtlinien zur Herstellung von ICC-Proofs auf der Basis von individuellen und generischen ICC-Profilen (zum Beispiel Offset-Standard), das heißt verfahrensangepassten bzw. verfahrenstypischen oder medienneutralen (Lab, ECI-RGB) Daten. Das erforderliche Kontrollmittel ist dabei der bereits erläuterte Ugra/FOGRA-Medienkeil CMYK bzw. CIELAB, der zur visuellen und messtechnischen Bewertung von Proof und Auflagendruck dient. In den ECI-Richtlinien findet man unter anderem verschiedene Proof-Varianten, die verbindlich festgelegt sind (www.eci.org) und nachfolgend kurz erläutert werden.

In den allgemeinen Richtlinien zum Proof werden folgende Informationen als zwingend vorhandene Angaben in Form einer Fußzeile auf dem ICC-Proof gefordert:

- Erstellungsdatum des Proofs sowie Uhrzeit

- Dateiname der geprooften Daten

- Simulierter Druckprozess (Ausgabeabsicht)

- ICC-Quellprofil (korrekter Name des Profils)

- ICC-Zielprofil (korrekter Name des Profils)

- Gegebenenfalls ICC-Simulationsprofil (korrekter Name des Profils)

- Verwendetes Proofsystem

Die Angaben zu den Profilen erlauben die schnelle Kontrolle, ob beim Herstellen des Proofs auch die richtigen Profile verwendet wurden. Ist das nicht der Fall, wird auch der vorliegende Proof von vornherein als nicht verbindlich akzeptiert.

23.17 ICC-Proof-Varianten

Idealisierter ICC-Proof

Mit einem idealisierten ICC-Proof ist ein so genannter *Vollgamut-Proof* von medienneutralen Lab- oder ECI-RGB-Daten im maximal darstellbaren CMYK-Farbraum des Proofdruckers gemeint. Da der CMYK-Farbumfang eines Proofers in der Regel größer ist (oder sein sollte) als der Farbumfang eines traditionellen Druckprozesses, sollten die medienneutralen Daten nicht ohne individuelle ICC-Farbtransformation in den Farbraum des Proofdruckers ausgedruckt werden. Dadurch wird verhindert, dass die Anwendungssoftware, der Druckertreiber oder der PostScript-RIP des Ausgabegeräts die Daten intern in ein beliebiges und somit unkontrolliertes CMYK konvertiert, das nicht dem vollen Farbumfang (Gamut) des Proofers entspricht. Der maximal darstellbare Farbumfang des Proofdruckers ist somit dafür maßgebend, wie stark der Lab- bzw. ECI-RGB-Farbraum der vorliegenden Daten beschnitten wird. Ein idealisierter Proof kann direkt aus der Anwendungsdatei (zum Beispiel XPress oder Photoshop) erfolgen. Für Pixelbilder wird der fotografische bzw. »perceptual« Rendering Intent verwendet, und für Vektorgrafiken in der Regel der relativ farbmetrische Rendering Intent.

Der Ugra/FOGRA-Medienkeil CIELAB (Lab-D50) wird dabei mitgeprooft und muss im Falle von RGB-Pixeldaten vorab mittels einer ICC-Farbtransformation und dem relativ farbmetrischen Rendering Intent in den Farbraum der Pixeldaten transformiert werden.

Abbildung 23.10
Idealisierter ICC-Proof
mit medienneutralen
RGB-Daten

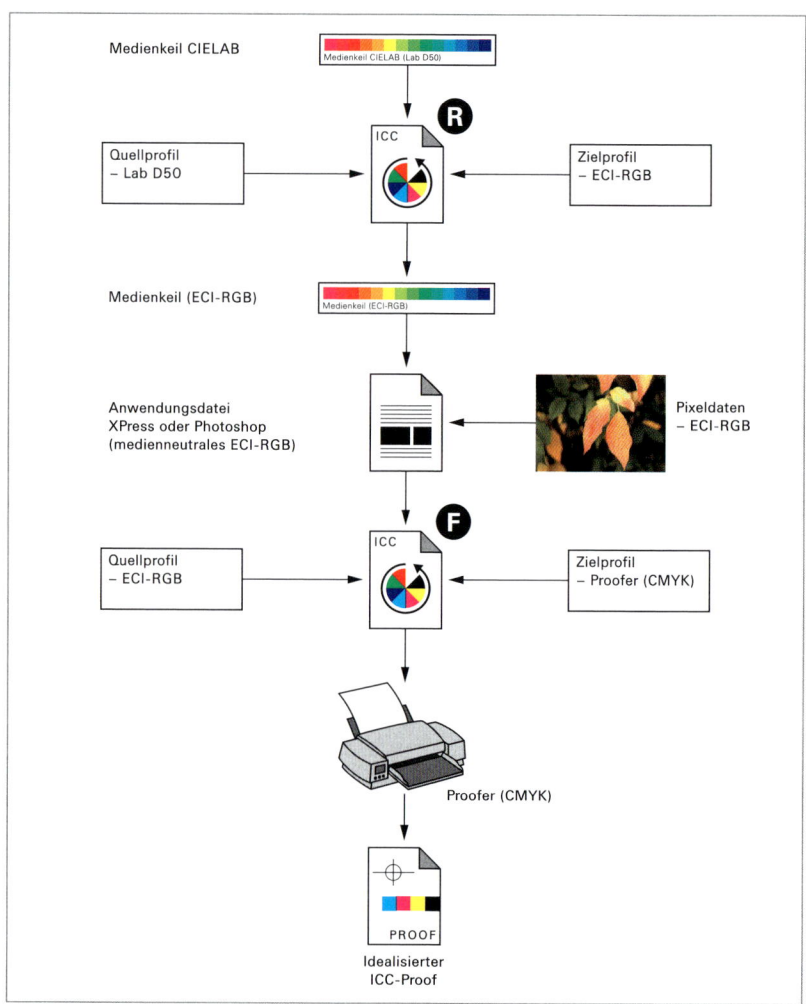

Beim Proofen von Lab-Daten (Lab-D50) kann der CIELAB-Medienkeil ohne vorherige Transformation direkt wie die übrigen Daten mit dem fotografischen Rendering Intent in den Farbraum des Proofdruckers (CMYK) transformiert werden.

Ein idealisierter ICC-Proof zum Visualisieren der medienneutral gespeicherten Daten stellt grundsätzlich nie den späteren Auflagendruck dar. Es handelt sich gewissermaßen um einen neutralen Proof, der in seinem Farbraum nur durch die Grenzen des Proofsystems beschränkt wird. Er kann beispielsweise zur Begutachtung von gestalterischen und inhaltlichen Prüfkriterien dienen, aber niemals als farbverbindliche Vorlage für den Drucker.

Abbildung 23.11
Idealisierter ICC-Proof mit
Lab-Daten

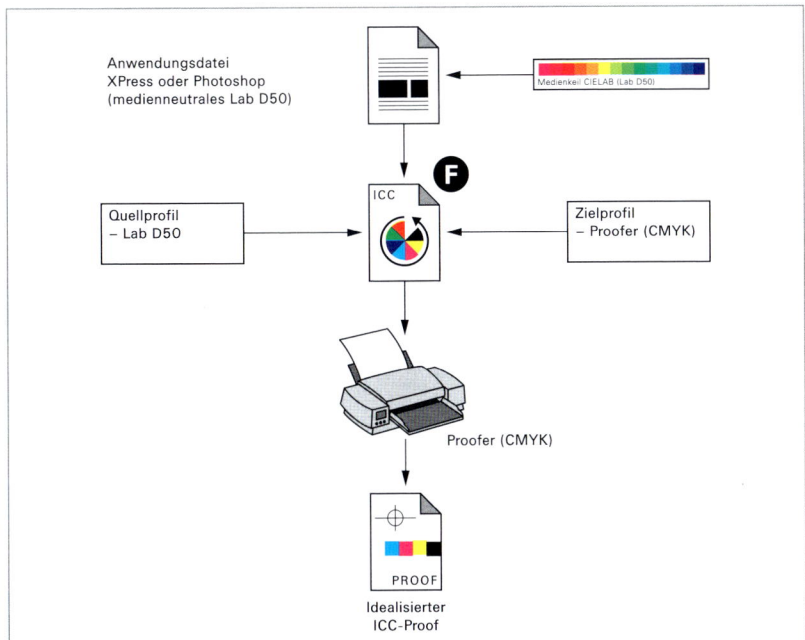

ICC-Proof/ICC-Contract-Proof

Ein *ICC-Proof* bzw. ein *ICC-Contract-Proof* stellt die farbliche und sachliche Simulation des späteren Auflagendrucks eines spezifischen Druckprozesses auf einem bestimmten Bedruckstoff dar und sollte folgende Kriterien des Auflagendrucks möglichst präzise – im Rahmen vereinbarter Toleranzen – simulieren:

▸ Farbliche Erscheinung der Bilder, Grafiken und Sonderfarben (visuelle Beurteilung)

▸ Tonwertzunahme (implizit in den Bildern, Grafiken, Farben)

▸ Papierweiß

▸ Verfahrensbedingte Merkmale wie Tonwertabrisse in den Lichtern

▸ Farbmetrische Messwerte (Lab, XYZ) der bunten Farbfelder des mitgeprooften Ugra/FOGRA-Medienkeils CMYK für die messtechnische Beurteilung beim Proofen von CMYK-Daten

Für das Herstellen eines ICC-Proofs werden die Farbdaten einer fertigen Übergabedatei (PDF) – direkt ab Übergabe-Datenträger – vom Quellfarbraum (Daten) über den Simulationsfarbraum (Druckprozess) in den Zielfarbraum (Proofdrucker) transformiert.

Beim Proofen von Lab- oder ECI-RGB-Daten wird als Simulationsfarbraum das ICC-Profil des späteren, individuellen Druckprozesses verwendet, wobei für den Transformationsschritt vom Quellfarbraum (Lab oder ECI-RGB) zum Simulationsfarbraum (Druckprozess-CMYK) die Farbraumanpassungsmethode »perceptual« gewählt wird. Sofern das Proofsystem Auflagenpapier verarbeiten kann, wird für den nächsten Transformationsschritt vom Simulationsfarbraum hin zum Zielfarbraum (Proofer CMYK) die Methode »relative colorimetric« verwendet. Für den Fall, dass kein Auflagenpapier verarbeitet werden kann, wählt man »absolute colorimetric«, um auch das Papierweiß zu simulieren.

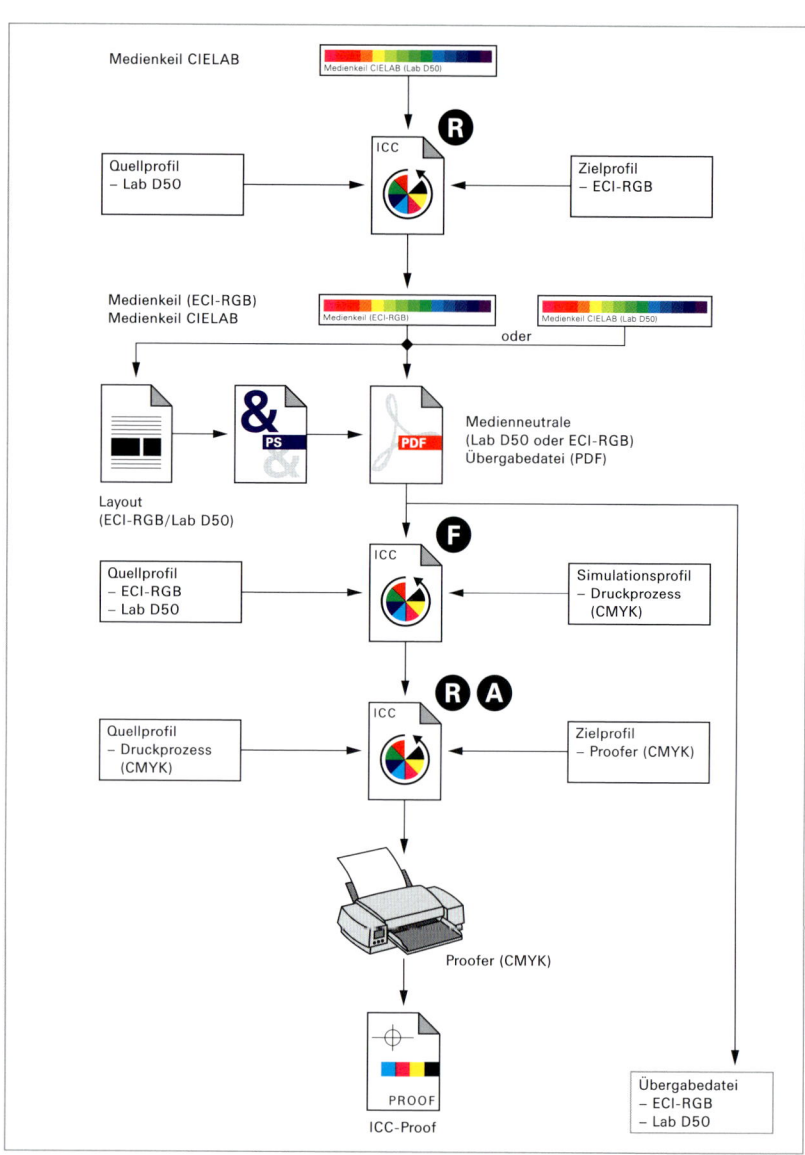

Abbildung 23.12
ICC-Proof mit medienneutralen Lab- oder ECI-RGB-Daten

Liegen die Daten bereits im verfahrensangepassten CMYK-Farbraum vor, kann direkt vom Quellfarbraum (Druckprozess-CMYK) in den Zielfarbraum (Proofer-

CMYK) konvertiert werden – je nach Proofmedium mit der Methode »relative colorimetric« oder »absolute colorimetric«.

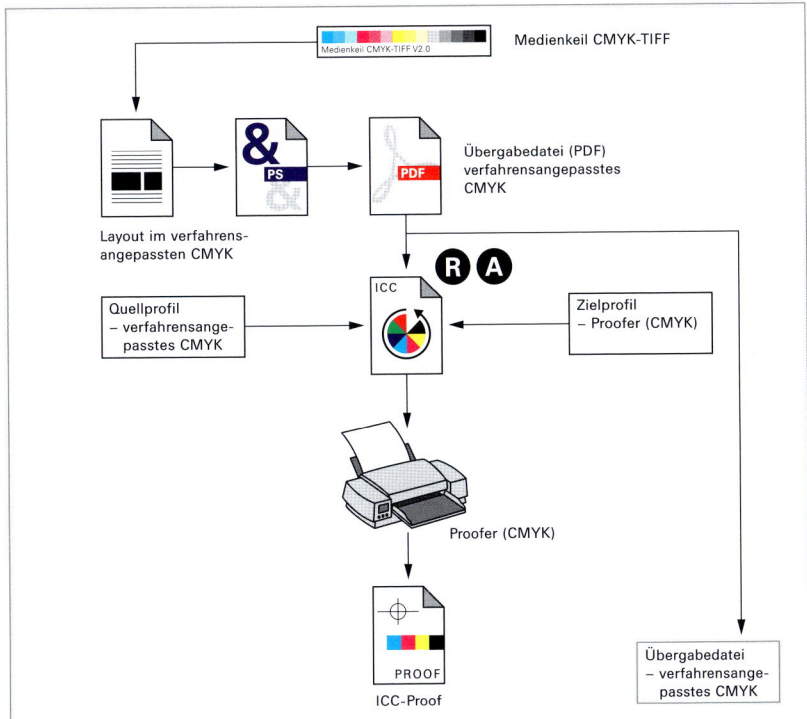

Abbildung 23.13
ICC-Proof mit verfahrens-
angepassten CMYK-Daten

Einer der beiden Ugra/FOGRA-Medienkeile CIELAB oder CMYK muss dabei grundsätzlich immer mitgeprooft werden und sollte dazu im Farbraum der Bild-daten bereits in die Austauschdatei integriert sein. Sofern Lab-Daten verarbeitet werden, kann dazu der CIELAB-Medienkeil ohne jegliche ICC-Farbtransformation verwendet werden. Sind die Bilddaten hingegen im medienneutralen ECI-RGB-Farbraum angelegt, muss der CIELAB-Medienkeil mit dem relativ colorimetri-schen Rendering Intent zuerst in den Farbraum der Bilddaten (ECI-RGB) transfor-miert und anschließend zusammen mit den übrigen Daten allen weiteren Farb-transformationsschritten unterworfen werden. Werden verfahrensangepasste CMYK-Daten verarbeitet, kann der Ugra/FOGRA-Medienkeil CMYK (TIFF) direkt in der Ausgabedatei platziert werden.

ICC-Proof mit generischen Profilen

Das Vorgehen zum Erzeugen eines ICC-Proofs mit generischen Profilen ist prinzi-piell das gleiche wie beim ICC-Proof. Der einzige Unterschied liegt beim verwen-deten Simulationsprofil (Druckprozess), das nach Absprache mit dem Daten-empfänger auch ein so genanntes *generisches* ICC-Profil sein kann, wie zum Beispiel eines der bereits erwähnten ISO-Profile für verschiedene Papierklassen, welche auf den Charakterisierungsdaten der ISO 12647-2 basieren. Mit einem generischen Profil ist also grundsätzlich ein ICC-Profil gemeint, das auf einer Drucknorm und somit anhand von über mehrere Betriebe gemittelten Charakterisierungsdaten erstellt wurde.

Ein ICC-Proof mit generischen Profilen simuliert damit unter Umständen nur annäherungsweise den späteren Auflagendruck, außer die Daten werden auch mit dem für den Proof verwendeten generischen Profil für den Auflagendruck separiert, womit der ICC-Proof mit generischen Profilen automatisch zum ICC-Proof wird und den späteren Auflagendruck somit auch präzise simuliert.

Es kann aber auch sein, dass die Daten (Lab, ECI-RGB oder auch Standard-CMYK) mit einem individuellen, firmenspezifischen ICC-Profil für den Auflagendruck separiert werden. Somit weicht auch das Proofergebnis vom späteren Auflagendruck ab.

Proofen von PDF/X-3-Dateien

Die sich in der grafischen Industrie allmählich etablierende ISO-Norm PDF/X-3 für den »blinden« Datenaustausch kompletter Druckvorlagen macht ganz klare Vorschriften, wie eine PDF/X-3-Datei geprooft werden soll, um verbindlich zu sein.

Der Proof muss grundsätzlich von der jeweiligen PDF/X-3-Übergabedatei erstellt werden, und zwar unter Verwendung des im *Output Intent* (Ausgabeabsicht) definierten ICC-Ausgabeprofils für den vorgesehenen Druckprozess. Dabei ist aber keineswegs vorgeschrieben, dass in einer PDF/X-3-Datei zwingend ICC-Profile für Bilder oder Objekte verwendet werden müssen. Es ist absolut zulässig, Dateiinhalte ausschließlich mit CMYK und Sonderfarben (geräteabhängig) aufzubauen bzw. auch ICC-basiertes RGB oder Lab-basierte Farben (geräteunabhängig) zu verwenden. Bei medienneutralen RGB-Daten muss allerdings zwingend ein ICC-Profil vorhanden sein, das die Farben der Daten genau charakterisiert, um PDF/X-konform zu sein. Ebenso zwingend muss auch ein ICC-Profil im Output Intent vorhanden sein, was auf zwei Arten erfolgen kann:

- ▸ Das ICC-Profil wird der Datei angehängt.

- ▸ Die Datei muss einen Verweis (Link) auf die Charakterisierungsdatenbank des ICC (www.color.org) enthalten.

Das im Output Intent der PDF/X-Datei hinterlegte ICC-Ausgabeprofil dient vorerst nur zu Informationszwecken für den Datenempfänger und muss grundsätzlich im weiteren Verarbeitungsprozess durch entsprechende Vorgaben und Einstellungen aktiviert werden. Einige Proofsysteme bieten die Option an, automatisch das jeweilige ICC-Ausgabeprofil im Output Intent bei der Proofsimulation zu verwenden. Ferner sollte es aber auch eingesetzt werden, um Daten, die außer CMYK und Sonderfarben auch ICC-basierte oder Lab-basierte Farben benutzen, damit zu separieren. Einige PostScript-RIPs verwenden automatisch das im Output Intent eingebettete ICC-Ausgabeprofil für die Separation der Daten.

Die Verbindlichkeit eines Proofs ist also nicht gegeben, wenn ein idealisierter Proof (das heißt ein Vollgamut-Proof) erstellt oder ein anderes ICC-Ausgabeprofil als das im Output Intent hinterlegte verwendet wird. Das eingebettete Profil kann gegebenenfalls auch jederzeit als Kopie aus der PDF/X-3-Datei extrahiert und an geeigneter Stelle gespeichert werden, indem man im PDF/X-3-Inspector auf ICC-Profil extrahieren klickt. Wie bei jedem anderen Proof auch, darf man nie das Simulationsprofil (Druckprozess) mit dem Profil des Proofdruckers (Ausgabe- bzw. Zielprofil) verwechseln. Beim Proofen sind immer mindestens zwei ICC-Profile im Spiel. Zunächst wird die PDF/X-3-Datei mittels ICC-Ausgabeprofil in den Farbraum des zu simulierenden Druckprozesses umgesetzt und von dort mittels ICC-Profil des Proofdruckers in den Farbraum des Proofsystems. Nähere Angaben zum PDF/X-3-Standard finden Sie in Kapitel 21, »Colormanagement-Workflows«.

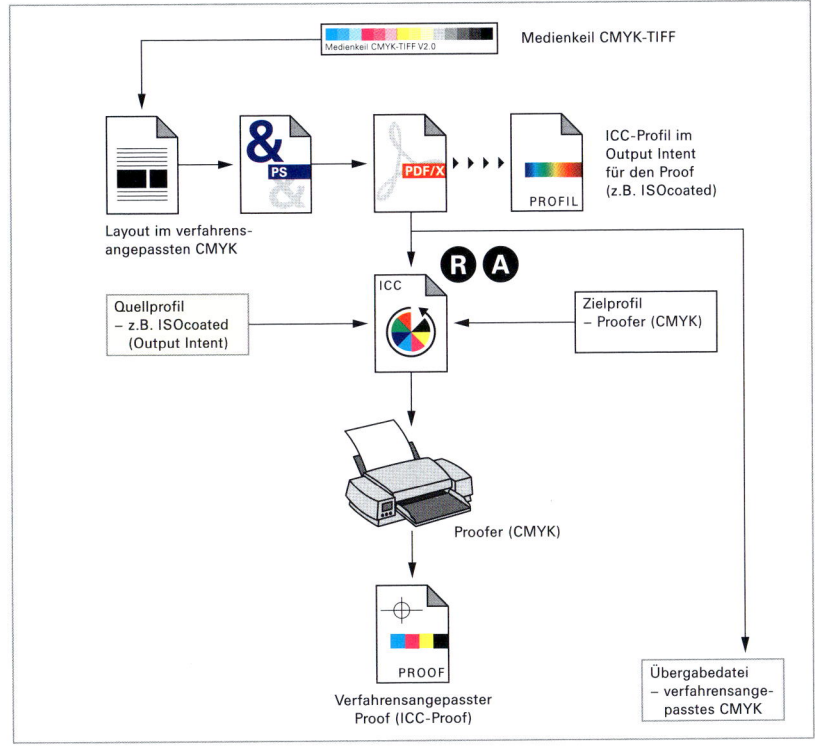

Abbildung 23.14
Proofen einer PDF/X-3-Datei mit verfahrensangepassten CMYK-Daten

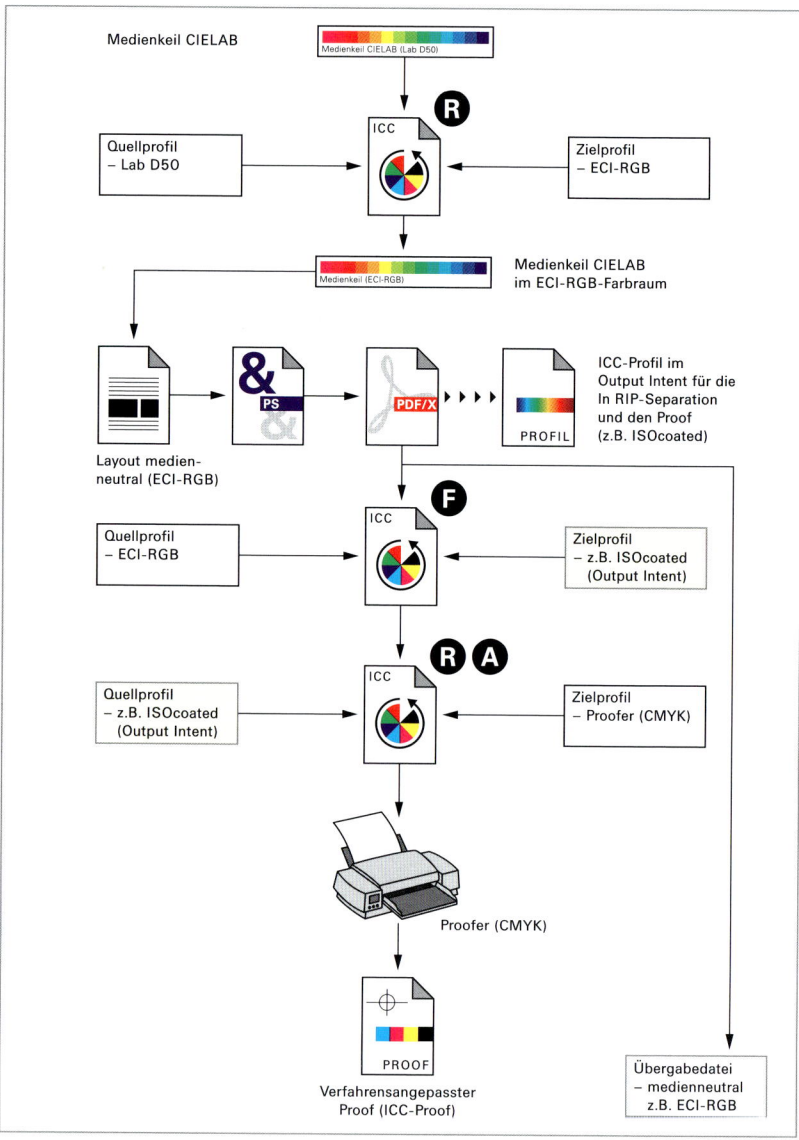

Medienkeil CIELAB

Medienkeil CIELAB (Lab D50)

ICC ®

Quellprofil
– Lab D50

Zielprofil
– ECI-RGB

Medienkeil (ECI-RGB)

Medienkeil CIELAB
im ECI-RGB-Farbraum

Layout medien-
neutral (ECI-RGB)

PS &

PDF/X

PROFIL

ICC-Profil im
Output Intent für die
In RIP-Separation
und den Proof
(z.B. ISOcoated)

ICC Ⓕ

Quellprofil
– ECI-RGB

Zielprofil
– z.B. ISOcoated
(Output Intent)

ICC Ⓡ Ⓐ

Quellprofil
– z.B. ISOcoated
(Output Intent)

Zielprofil
– Proofer (CMYK)

Proofer (CMYK)

PROOF

Verfahrensangepasster
Proof (ICC-Proof)

Übergabedatei
– medienneutral
z.B. ECI-RGB

Index

Symbole

Numerisch

A

S

T

Sabine Hamann

Logodesign

- Grundlagen der digitalen Gestaltung von Logos: Elemente, Transformationen, Marken
- Ideenfindung und technische Umsetzung am Computer
- Redesign von Logos und nationale Gestaltungsunterschiede

Die Gestaltung von Logos gehört sicherlich zu den spannendsten und zugleich anspruchsvollsten Aufgaben eines Grafikers.

Doch was macht ein »gutes« Logo aus? Was haben Signet, Piktogramm oder Emblem mit der Gestaltung von Logos zu tun? Wie kann man Formen und Teilelemente effektvoll kombinieren und zu neuen Ideen gelangen? Und wie können diese Ideen am Computer optimal realisiert werden, ohne dass es bei der Produktion für unterschiedliche Medien später zu Problemen kommt?

Sabine Hamann geht all diesen Fragen nach und verbindet dabei die Darstellung theoretischer Grundlagen mit der systematischen Analyse von Logos. Nach einem kurzen Überblick über alle relevanten Begrifflichkeiten und Entwicklungen arbeitet sie die Grundlagen visueller Gestaltung und ihre Bedeutung für die Erstellung von Logos heraus. Vor diesem Hintergrund werden Konstruktion und Wirkungsweise zahlreicher bekannter Logos untersucht. Dabei spielen Form, Zusammensetzung, Kombination und Transformation einzelner Grundelemente sowie der Umgang mit Buchstaben-, Wort- und Bildmarken eine wichtige Rolle. Eine Checkliste für eigene Entwürfe, Hinweise zum Redesign von Logos sowie das Thema Markenbildung runden dieses nützliche und spannende Buch ab.

Aus dem Inhalt:
- Was unterscheidet Logos von Signets, Trademarks oder Ikons?
- Was macht ein »erfolgreiches« Logo aus?
- Grundlagen visueller Gestaltung: Teilelemente, Platzierung, Kontrast, Texturen
- Grundelemente und Formen für die Gestaltung von Logos
- Formen kombinieren und transformieren
- Logoarten und Markentypen: Buchstaben-, Bild- und Wortmarken
- Modernisierung und Redesign
- Logo-Entwürfe prüfen und beurteilen
- Logos und Markenbildung
- Beispielprojekte bekannter Designer

Probekapitel und Infos erhalten Sie unter: **www.mitp.de**

ISBN 3-8266-1413-5

Die index-Reihe

index farbe
ISBN 3-8266-1306-6

Über 1100
Farbkombinationen

Farbtöne von natürlich
bis progressiv

Alle Farben mit CMYK-
und RGB-Werten

index Idee
ISBN 3-8266-1307-4

Grafische Effekte und
typografischhe Umsetzung

Es ist schwer auf
Kommando kreativ zu sein!

Nutzen Sie diesen Ideen-
Pool um zu Ihrem eigenen
„Flow" zu finden!

index Schrift
ISBN 3-8266-1379-1

Schriften für DTP, Screen,
Dekor

Schriftmuster und
Beispielanwendungen

Mit zahlreichen
Opentype-Fonts

index Layout
ISBN 3-8266-1464-X

Broschüren, Poster / Flyer,
Webdesign, Anzeigen,
Newsletter, Seitenlayout
Briefpapier

Starke Ideen im handlichen
Powerbook!

Funkenflug
ISBN 3-8266-1467-4

Mehr als 150 zündende
Konzepte, Design-Ideen
und WarmUp-Übungen, die
Ihre Inspiration beflügeln

Hingucker, kreatives
Treibstoff-Depot und Mind-
Stretcher zugleich

index Logo
ISBN 3-8266-1507-7

Inspiration für die
Logo-Entwicklung

Hintergrundwissen für
die Praxis

Probekapitel und Infos erhalten
Sie unter: **www.mitp.de**